Rybach

Physik für Bachelors

Johannes Rybach

Physik für Bachelors

Lehr- und Übungsbuch

4., überarbeitete und erweiterte Auflage

Mit 301 Bildern und 21 Tabellen

HANSER

Autor:

Prof. em. Dr. rer. nat. Johannes Rybach

FSC
www.fsc.org
MIX
Papier aus verantwortungsvollen Quellen
FSC® C004592

Bibliografische Information der Deutschen Nationalbibliothek:
Die Deutsche Nationalbibliothek verzeichnet diese Publikation in der Deutschen Nationalbibliografie; detaillierte bibliografische Daten sind im Internet über http://dnb.d-nb.de abrufbar.

Internet: www.hanser-fachbuch.de

Lektorat: Dipl.-Ing. Natalia Silakova-Herzberg
Herstellung: Anne Kurth
Covergestaltung: Max Kostopoulos
Titelbild: © shutterstock.com/MYOUNG GYU KIM
Coverkonzept: Marc Müller-Bremer, www.rebranding.de, München
Satz: Kösel Media GmbH, Krugzell
Druck und Bindung: Firmengruppe Appl, aprinta druck Wemding
Printed in Germany

Print-ISBN 978-3-446-45843-7
E-Book-ISBN 978-3-446-46072-0

VORWORT ZUR 1. AUFLAGE

Weil Physik die grundlegende Naturwissenschaft ist, gehört sie in vielen Studiengängen zu den Basisfächern. Manchen Studierenden flößt ihre thematische Breite und theoretische Tiefe allerdings großen Respekt ein – verständlich bei dem oft lückenhaften Physikunterricht in der Schule.

Zusätzlich hat sich das Studium geändert: Die kompakte Bachelor-Ausbildung verlangt ein intensives Selbststudium, und in den spezialisierten Master-Studiengängen werden anschließend auch an Fachhochschulen wissenschaftliche Grundlagenkenntnisse vorausgesetzt. Darum sind selbsterklärende, also anschauliche und verständliche Lehrbücher immer wichtiger geworden.

Dieses Buch unterstützt Sie, liebe Leserin und lieber Leser, auf vielfältige Weise beim Studium der Physik:

- Die Darstellung ist sprachlich lebendig und begrifflich prägnant. Natürlich gehören auch Gleichungen und Formeln dazu, die jeweils sorgfältig eingeführt und verständlich erläutert werden. Die übersichtliche Gestaltung der Buchseiten und ihr zweifarbiger Druck sollen die Lesbarkeit noch erhöhen.
- Der Stoff ist sinnvoll ausgewählt – auch im Hinblick auf Prüfungen – und übersichtlich strukturiert. Viele rot markierte Verweise (Abschnitt X) betonen außerdem Zusammenhänge und Analogien zwischen den Kapiteln: Diese Verbindungen gehören ja gerade zu den Stärken der Physik.
- Die sogenannte moderne Physik wird in dieser elementaren Darstellung nicht ausgeklammert, denn viele technische Anwendungen nutzen bereits Quanteneffekte oder benötigen die Relativitätstheorie. Der wachsenden Bedeutung optischer Technologien wurde ebenfalls durch ein eigenes Kapitel Rechnung getragen.

Beispiele, Infos und Übungsaufgaben

In solchen Kästen finden Sie vollständig durchgerechnete Beispiele zur Erläuterung der Gesetze und Gleichungen, und zwar unmittelbar nach ihrer Einführung.
Am Ende jedes Kapitels stehen Testfragen und exemplarische Übungsaufgaben. Sie sollen wichtige Anwendungen der Gesetze demonstrieren und das Verständnis prüfen sowie vertiefen. Die ausführlichen Musterlösungen (im Anhang) vermitteln die typischen Lösungsideen, Lösungsstrategien und Lösungswege für solche Probleme.
In weiteren Kästen finden Sie zusätzliche Infos. Eilige Leser könnten sie übergehen, aber vielleicht wäre das schade: Sie ergänzen spezielle Aspekte, erläutern bestimmte Anwendungen, und manche sind einfach nur interessant …

Hinweise
In der Randspalte finden Sie die Bezeichnungen der wichtigen Gesetze und Gleichungen. An manchen Stellen steht wie hier zusätzlicher Text, sozusagen Klartext: Klassische Missverständnisse, häufige Denkfehler und typische Verständnisprobleme werden dort unmittelbar klargestellt.

Dieses Buch ist vollständig in dem Sinne, dass alle wesentlichen Informationen für Studierende mit Physik im Nebenfach darin zu finden sind. Vieles muss aber gerafft oder als Übersicht dargestellt werden; dann verweisen Zitate auf die [Quellen], zum Beispiel Lehr- und Handbücher der Mathematik, Technik oder Chemie. Außerdem sind ergänzende Physikbücher und Aufgabensammlungen im Anhang zusammengestellt.

In kleinerem Druck finden Sie Anmerkungen im Text. Sie können, sollten aber nicht überlesen werden, so wie diese: Mein Dank gilt vor allem meiner Familie, aber auch meinem Lehrer Prof. Dr. Gernot Decker. Ich danke dem Verlag und namentlich Herrn Jochen Horn für die sehr gute Zusammenarbeit. Nicht zuletzt bedanke ich mich bei meinen Studenten, die mich seit vielen Jahren durch Stirnrunzeln, Fragen und Rückmeldungen bei der Lehre unterstützen.

Krefeld, im September 2007 *Johannes Rybach*

VORWORT ZUR 4. AUFLAGE

Vor etwa einem Jahrzehnt ist dieses erste Physik-Lehrbuch für die damals neuen Bachelor-Studiengänge erschienen. Nach drei stetig verbesserten Auflagen darf es als Standardwerk für die Physiklehre im Nebenfach gelten, vor allem im Grundstudium der Ingenieurwissenschaften.

Für das „digitale Studium" mit unterschiedlichen elektronischen Medien – ergänzend oder alternativ zum weiterhin „modernen" gedruckten Buch – wurde das Werk ins E-Book-Format übertragen. Sowohl Layout als auch Inhalt erfuhren dabei eine gründliche Modernisierung. Für den ungewöhnlichen Aufwand danke ich dem Hanser-Verlag sehr, namentlich Frau Natalia Silakova und Frau Christina Kubiak.

Unverändert geblieben ist die konsequente Ausrichtung des Lehrbuches auf Studierende, die ohne Vorkenntnisse in Physik einsteigen müssen, aber motiviert dabei bleiben sollen – im besten Fall sogar mit Freude an neuen Erkenntnissen und Zusammenhängen. Ihnen allen wünsche ich viel Erfolg bei der Arbeit mit der vierten Auflage von „Physik für Bachelors".

Langenfeld, im August 2019 *Johannes Rybach*

INHALTSVERZEICHNIS

3 THERMODYNAMIK

4 ELEKTRIZITÄT UND MAGNETISMUS

6 QUANTEN UND ATOME

ANHANG

1 EINSTIEG

1.1 Motivation

Aus welchem Grund greifen Sie zu diesem Physikbuch? Möchten Sie nur die Prüfung in einem Nebenfach bestehen? Interessiert Sie ein ganz spezielles Thema wie Wellenoptik oder Atomphysik? Brauchen Sie lediglich Hintergrundwissen für ein technisches Problem?

Leider, so werden Sie dann feststellen, erreicht man in der Physik mit Nachschlagen und Auswendiglernen nicht viel: Alle Gebiete sind miteinander verknüpft, und noch die modernste Quantentheorie baut auf der klassischen Mechanik auf. Genau das ist der Vorteil, sagen die Physiker: Man kommt mit dem Verständnis weniger Prinzipien aus, um die gesamte Vielfalt der Natur zu verstehen. Auch aus diesem Grund ist die Physik die Basis vieler anderer Wissenschaften geworden.

Außerdem hat sich ihre Arbeitsweise als erfolgreich und vorbildlich erwiesen: Aus der Fülle der *Phänomene* werden *Gesetze* abgeleitet und vorzugsweise in der klaren Sprache der *Mathematik* formuliert. Sie bilden den Kern einer *Theorie*, die anschließend durch *Experimente* überprüft wird. So entstehen *Modelle*, die naturgemäß nur Näherungen oder Teilaspekte der Wirklichkeit darstellen. Dennoch ermöglichen sie Vorhersagen für den Ablauf *physikalischer Prozesse* oder sogar für neuartige Phänomene. Auch *technische Anwendungen* können auf dieser Basis entwickelt werden.

Vielleicht müssen Sie sich also gründlicher mit der Physik beschäftigen, als Sie ursprünglich vorhatten. Das wird sich lohnen, denn die Physik vermittelt Kenntnisse und Konzepte, die über das Studium hinaus für eine lange Berufspraxis gültig bleiben.

1.2 Physikalische Größen

Die Physik ist keineswegs „Angewandte Mathematik" (obwohl der Physiker die Mathematik ständig anwendet): Reine Zahlenwerte ergeben in der Naturbeschreibung keinen Sinn, weil die Eigenschaften von *Dingen* und die Konsequenzen von *realen Vorgängen* beschrieben werden sollen. Gegenstände der Physik sind also **Größen**, die als Produkt eines *Zahlenwertes* und einer *Einheit* (auch: „Maßzahl" und „Maßeinheit") dargestellt werden:

Physikalische Größe = Zahlenwert · Einheit

Die beiden Faktoren einer Größe G werden vereinbarungsgemäß durch unterschiedliche Klammern gekennzeichnet:

$$G = \{G\} \cdot [G]$$

Offensichtlich ist die **Einheit** elementar für konkrete Angaben wie etwa *Messergebnisse*: Die Angabe „100 m" benennt zum Beispiel eine *Länge* (auch „*Strecke*" oder „*Weg*") und bezeichnet einhundert Vielfache der Längeneinheit *Meter*. Die Größe „100 s" gibt dagegen ein *Zeitintervall* an, währenddessen einhundert Mal die Zeiteinheit *Sekunde* verstreicht.

Einheiten

Damit kein Missverständnis entstehen kann: Eine eckige Klammer bedeutet „Die Einheit von … ist …". Für eine Länge gilt zum Beispiel: $[l]$ = m; für ein Zeitintervall $[\Delta t]$ = s. (Manchmal sieht man die *Einheit* statt der Größe in der Klammer; das ist *falsch*.)

1.3 Maßsystem und Standards

Größen

Verwenden Sie bei Rechnungen *immer* Größen und *vorzugsweise* SI-Einheiten. Das ist nicht nur physikalisch korrekt, sondern bietet bei der Umformung komplizierter Gleichungen auch eine wertvolle Ergebniskontrolle. Viele Beispiele in den folgenden Kapiteln zeigen, dass über die Basiseinheiten auch scheinbar schwierige Zusammenhänge einfach herzustellen sind.

Für genaue und überall vergleichbare Größenangaben müssen die Einheiten international definiert und durch *Normale* bzw. *Standards* repräsentiert sein. Das Erstere leistet seit 1960 das **Internationale Einheitensystem** („Système International d'Unités", darum auch abgekürzt **SI**); mittlerweile ist es in der Europäischen Union und den meisten anderen Staaten sogar gesetzlich vorgeschrieben. Die *Normierung* ist Aufgabe staatlicher Metrologie-Institute (die nicht Wetter-, sondern Messkunde betreiben). In Deutschland hat den gesetzlichen Auftrag dazu die ***P**hysikalisch-**T**echnische **B**undesanstalt* (PTB) in Braunschweig.

Eine grundlegende Änderung hat das SI im Jahr 2019 erfahren: Sämtliche Einheiten werden seitdem auf *Naturkonstanten* zurückgeführt, die universal und unabhängig von Messmethoden gelten. Insbesondere kann nun auf das „Urkilogramm" **(Bild 1.1)** verzichtet werden, das seit 1889 unter größter Sorgfalt aufbewahrt wird, aber dennoch rund 50 Mikrogramm (Tabelle 1.3) „leichter" geworden ist. Nach der Ablösung des „Urmeter" im Jahr 1960 ist damit das letzte anschauliche Normal nur noch ein Museumsstück.

In der Mechanik (Kapitel 2) werden lediglich drei SI-Einheiten benötigt: neben den oben erwähnten Meter und Sekunde noch das *Kilogramm* zur Angabe einer **Masse.** Diese drei werden als *Basiseinheiten* für die entsprechenden **Basisgrößen** bezeichnet.

Kilogramm

Die Basiseinheit der Masse ist *nicht* das Gramm. „g" wurde zwar früher zusammen mit „cm" im *cgs-System* verwendet, aber in *metrischen Systemen* wie dem früheren MKS und dem heutigen SI ist nur das Kilogramm sinnvoll.

Die SI-Einheit der Zeit ist die Sekunde. Sie kann durch „Atomuhren" mit sehr hoher Genauigkeit standardisiert werden. **Bild 1.2** zeigt die derzeit modernste „Cäsium-Fontäne" der PTB, zusammen mit ihrem Zwilling, die sich gegenseitig kontrollieren. In einer solchen „Springbrunnenuhr" werden die Cäsiumatome mithilfe von Laserstrahlen extrem gekühlt (Info 3.1) und dadurch verlangsamt, sodass sich die Genauigkeit nochmals deutlich erhöht. Daher beträgt die theoretische Gangabweichung nur 1 Sekunde in 30 Millionen Jahren.

Bild 1.1 Das „Urkilogramm", ein Zylinder aus Platin-Iridium, diente bis 2019 als Massenormal. Trotz sorgfältigster Aufbewahrung unter Glasglocken verlor er an Substanz.

Bild 1.2 Die offizielle Zeitangabe wird in Deutschland von Cäsium-Atomuhren der PTB abgeleitet. Das Bild zeigt das modernste Zwillingspaar mit der höchsten bisher erreichten Genauigkeit.

Die PTB betreibt übrigens auch einen Zeitsender für die Verbreitung des Zeitnormals. Jedermann kann also mit einer „Funkuhr" unmittelbar diesen Standard nutzen. Unter anderem beruht die Präzision der Positionsbestimmung und Navigation auf der Erde – z. B. mit dem Global Positioning System (GPS) – letztlich auf der Genauigkeit von Atomuhren.

Wegen des exakten Zeitnormals ist die Einheit der **Länge** 1 m seit 1983 als die Strecke definiert, die das Licht im Vakuum in der Zeit 1/299 792 458 s zurücklegt. Dazu musste die **Lichtgeschwindigkeit** c_0 als *Naturkonstante* exakt festgelegt werden [CODATA]:

Vakuum-Lichtgeschwindigkeit: c_0 = 299 792 458 m/s

Lichtgeschwindigkeit

Info 1.1: Konstanz der Lichtgeschwindigkeit

Dass es sich tatsächlich um eine Konstante handelt, begründete Albert Einstein (1879 – 1955) in seiner „Speziellen Relativitätstheorie" (Abschnitt 2.7.4.1). Erstaunlicherweise kann c_0 nicht nur nicht übertroffen werden, sondern bleibt auch bei der Überlagerung von Geschwindigkeiten konstant – das wurde experimentell gezeigt (Info 5.4).
Bei einem materiellen Gegenstand, der mit einer bestimmten, im Vergleich zu c_0 kleinen Geschwindigkeit in Fahrtrichtung aus einem fahrenden Auto geworfen wird, addiert sich selbstverständlich die Fahrzeuggeschwindigkeit zur Wurfgeschwindigkeit. Für das *Licht* der Autoscheinwerfer gilt das aber *nicht*; es breitet sich genauso schnell aus wie bei einem stehenden Auto!

In der gesamten Physik benötigt man neben den drei mechanischen Basisgrößen des SI nur noch vier weitere. Alle sieben sind mit ihren Einheiten und Bezeichnungen in Tabelle 1.1 zusammengefasst:

Tabelle 1.1 Basisgrößen und Basiseinheiten des SI

Art der Basisgröße	Name der Basiseinheit	Formelzeichen für die Basisgröße	Symbol für die Basiseinheit
Länge	Meter	l	m
Zeit	Sekunde	t	s
Masse	Kilogramm	m	kg
Elektrische Stromstärke	Ampere	I	A
Temperatur	Kelvin	T	K
Lichtstärke	Candela	I_V	cd
Stoffmenge	Mol	n	mol

Falls Sie in der Tabelle so wichtige Größen wie „Kraft" oder „elektrische Spannung" vermissen: Diese sind nicht elementar und können mit ihren Einheiten aus den Basisgrößen *abgeleitet* werden.

Beispiel 1.1: Abgeleitete und SI-fremde Einheiten

Das Licht legt pro Sekunde einen Weg von etwa 300 Millionen Metern zurück. (Dies gilt, wie oben angegeben, im Vakuum, z. B. im Weltall. In Luft ist die Strecke unwesentlich geringer. Die Ursache dafür wird in Abschnitt 5.1.1 erläutert.) Die abgeleitete Einheit für die Vakuum-Lichtgeschwindigkeit ist also:

$$[c_0] = \mathrm{m/s}$$

Das gilt für Geschwindigkeiten allgemein. Während allerdings bei Wellen – auch Licht ist eine Wellenerscheinung, siehe Abschnitt 5.4 – häufig das Symbol *c* verwendet wird, ist in der Mechanik das Symbol *v* üblich:

$$[v] = \mathrm{m/s}$$

Als SI-fremde Maßeinheit, die aber vertraut und anschaulich ist, kann man außerdem „Kilometer pro Stunde" (aber niemals „Stundenkilometer") angeben:

$$1\,\frac{\mathrm{m}}{\mathrm{s}} = \frac{(1/1000)\,\mathrm{km}}{(1/3600)\,\mathrm{h}} = 3{,}6\,\frac{\mathrm{km}}{\mathrm{h}}$$

Es gibt etliche andere Einheiten außerhalb des SI, die sogar gesetzlich zulässig sind. Für die Größe *Zeit* sind das neben der *Stunde* („hora") und der *Minute* auch der Tag („dies") und das *Jahr* („annus"):

$$1\mathrm{a} = 365\ \mathrm{d} = 365 \cdot 24\ \mathrm{h} = 365 \cdot 24 \cdot 60\ \mathrm{min}$$

Inkonsequenterweise, aber aus verständlichen Gründen haben viele der abgeleiteten SI-Einheiten spezielle Namen bekommen; diese ehren meistens einen verdienten Wissenschaftler. Alle in diesem Buch verwendeten Einheiten-Namen sind in Tabelle 1.2 zusammengestellt.

Tabelle 1.2 Abgeleitete SI-Einheiten mit selbständigen Namen

Größe	Übliches Symbol bzw. Formelzeichen	Name	Einheitenzeichen	Beziehung zu anderen SI-Einheiten	Einführung in Abschnitt
Frequenz	*f*	Hertz	Hz	= 1/s	2.6.1
Kraft	*F*	Newton	N	$= \mathrm{kg \cdot m/s^2}$	2.2.2
Druck	*p*	Pascal	Pa	$= \mathrm{N/m^2}$	2.8.1
Energie, Arbeit	*E, W*	Joule	J	= N · m = W · s	2.3.1
Leistung	*P*	Watt	W	= J/s	2.3.5
Elektrische Ladung	*Q*	Coulomb	C	= A · s	4.1.1
Elektrische Spannung	*U*	Volt	V	= W/A	4.1.3
Elektrische Kapazität	*C*	Farad	F	= C/V	4.1.4
Elektrischer Widerstand	*R*	Ohm	Ω	= V/A	4.2.2
Elektrischer Leitwert	*G*	Siemens	S	= A/V	4.2.3
Magnetischer Fluss	*Φ*	Weber	Wb	= V · s	4.4.2
Magnetische Flussdichte	*B*	Tesla	T	$= \mathrm{Wb/m^2}$	4.3.2
Induktivität	*L*	Henry	H	= Wb/A	4.4.4
(Radio-) Aktivität	*A*	Becquerel	Bq	= 1/s	6.5.3
Energiedosis	*D*	Gray	Gy	= J/kg	6.5.3
Äquivalentdosis	*H*	Sievert	Sv	= J/kg	6.5.3

Symbole

Manche physikalischen Größen werden je nach Zusammenhang mit *unterschiedlichen Symbolen* bezeichnet. Zum Beispiel kommt die Einheit „Meter" in diesem Buch zusammen mit folgenden Buchstaben vor: *x, y, z* (kartesische Koordinate), *a, b, c* (Seite eines Dreiecks), *r, R* (Kreisradius), *h* (Höhe), *l* (Länge), *d* (Durchmesser oder Abstand) und *s* (Wegstrecke). Andererseits ist die Vielfalt lateinischer Buchstaben begrenzt (griechische werden zusätzlich benutzt, vor arabischen und kyrillischen schrecken die meisten Physiker zurück). Darum können einige Symbole (z. B. *E, n, c*) *unterschiedliche Größen* bezeichnen! Ihre Bedeutung erschließt sich aber jeweils aus dem Zusammenhang.

Zusammengesetzte Einheiten

Manche Produkte von Einheiten tauchen so häufig auf, dass sie wie eine eigene Einheit verwendet werden. Beispiele in dieser Tabelle sind „Newtonmeter", „Amperesekunde" und „Voltsekunde", die oft sogar entsprechende Einheitenzeichen bekommen („Nm, As, Vs"). In diesem Buch werden sie der Deutlichkeit halber als Produkt angegeben, wie z. B. (N · m).

1.4 Größenordnungen

Der Zahlenwert einer physikalischen Größe kann in der Natur extrem klein oder enorm groß auftreten. Man unterscheidet – relativ grob, aber in einer sinnvollen Stufung – **Größenordnungen** von Zahlenwerten als Potenzen von zehn (10^n). Statt der klassischen Schreibweise oder der Exponentialschreibweise können auch *Vorsätze* (bzw. *Vorsilben*) verwendet werden, wie etwa beim *Kilogramm*:

$$1000\ \text{g} = 10^3\,\text{g} = 1\ \text{kg}$$

Die gebräuchlichsten Vorsätze mit ihren Abkürzungen sind in Tabelle 1.3 zusammengestellt.

Tabelle 1.3 Vorsätze und Vorsatzzeichen für dezimale Vielfache und Teile

Exa	E	10^{18}
Peta	P	10^{15}
Tera	T	10^{12}
Giga	G	10^{9}
Mega	M	10^{6}
Kilo	k	10^{3}
Hekto	h	10^{2}
Dezi	d	10^{-1}
Zenti	c	10^{-2}
Milli	m	10^{-3}
Mikro	µ	10^{-6}
Nano	n	10^{-9}
Piko	p	10^{-12}
Femto	f	10^{-15}
Atto	a	10^{-18}

Häufig sind **Abschätzungen** oder *Überschlagsrechnungen* mit der Genauigkeit einer Größenordnung, also bis auf einen Faktor 10, ausreichend und sinnvoll. Das gilt zum einen für die Kontrolle einer Berechnung, die mit Taschenrechner oder Computer durchgeführt wird: Mit einem kleinen Vorzeichenfehler beim Exponenten liefert die Maschine völlig sinnlose Ergebnisse! Zum anderen kann man oft mit einigen groben Schätzwerten eine Information gewinnen, die sich der exakten Berechnung völlig entzieht.

Info 1.2: Fermi-Probleme

Solche „unmöglichen" Fragestellungen werden auch als „Fermi-Probleme" bezeichnet: Der berühmte italienisch-amerikanische Physiker Fermi hat die Sprengkraft der ersten Atombombe (im Juli 1945) offenbar lediglich mithilfe einiger Papierschnipsel abgeschätzt. Er warf sie nach der Explosion (natürlich in sicherer Entfernung) einfach in die Höhe und beobachtete, dass sie von der Druckwelle einige Meter fortgeweht wurden. Das Ergebnis seiner darauf basierenden Überschlagsrechnung stimmte gut – nämlich zumindest in der Größenordnung – überein mit den Resultaten der langwierigen Auswertungen von vielen komplizierten Messapparaturen.

Beispiel 1.2: FERMI-Abschätzung

Aufgabe: Für ein irisches „Buch der Rekorde" soll das dickste Seilknäuel der Welt aufgewickelt werden. Es muss 4 m dick werden, wobei das Seil 4 mm Durchmesser hat. Welche Seillänge muss für den Rekordversuch zur Verfügung stehen?
Lösung: Das Volumen des Seils kann durch einen *Zylinder* angegeben werden, dessen Höhe der gesuchten Seillänge entspricht. Dieses Volumen setzt man für eine Abschätzung der Maximallänge einfach gleich dem angestrebten *Kugelvolumen*. (Wegen der Wickel-Lücken wird der Bedarf etwas geringer sein, aber eine exakte Rechnung ist eben unmöglich.)

$$\pi r^2 l_{\max} = \frac{4}{3}\pi R^3 \Rightarrow l_{\max} = \frac{4R^3}{3r^2}$$

Mit r = 2 mm und R = 2 m ergibt sich:

$$l_{\max} = \frac{4\cdot(2\,\mathrm{m})^3}{3\left(2\cdot 10^{-3}\,\mathrm{m}\right)^2} = \frac{8\,\mathrm{m}^3}{3\cdot 10^{-6}\,\mathrm{m}^2} \approx 2{,}7\cdot 10^6\,\mathrm{m}$$

Die *Größenordnung* der Seillänge beträgt also 10^6 m = 1000 km.

Tabelle 1.4 Einige Größenordnungen in SI-Einheiten

Masse unserer Galaxis (Milchstraßensystem)	10^{41} kg
Masse der Erde	10^{25} kg
Masse eines Menschen	10^{2} kg
Masse des Wasserstoffatoms (H)	10^{-27} kg
Durchmesser unserer Galaxis	10^{21} m
Durchmesser der Erde	10^{7} m
Größe eines Menschen	10^{0} m
Durchmesser des H-Atomkerns (Proton)	10^{-15} m
Alter der Erde (ca. ¼ des Universums)	10^{17} s
Lebenserwartung eines Menschen	10^{9} s
Periode zwischen Herzschlägen	10^{0} s
Flugzeit des Lichtes durch ein Proton (hypothetisch)	10^{-24} s
Lichtjahr (Strecke, die in 31 536 000 s mit c_0 zurückgelegt wird)	10^{16} m

Beispiel 1.3: Rechnen mit c_0

Aufgaben: Berechnen Sie die Flugzeit des Lichtes t_P für eine Strecke, die dem Durchmesser des Wasserstoff-Atoms entspricht (Tabelle 1.4)! Wie bestimmt man andererseits die Längeneinheit „Lichtjahr", die in der letzten Zeile dieser Tabelle angegeben ist?
Lösungen: Mit der Definition der Geschwindigkeit aus Beispiel 1.1 und dem abgerundeten Zahlenwert für c_0 aus Abschnitt 1.3 erhält man für t_P:

$$t_P = \frac{d_P}{c_0} = \frac{10^{-15}\,\mathrm{m}}{3\cdot 10^8\,\mathrm{m/s}} = 3{,}3\cdot 10^{-24}\ \mathrm{s}$$

Ein Lichtjahr ist die Strecke, die das Licht in einem Jahr zurücklegt. Obwohl die Einheit „Lj" bzw. „ly" im Internationalen Einheitensystem nicht enthalten ist, wird sie in der Astronomie viel verwendet. Ihre Berechnung ergibt:

$$1\mathrm{Lj} = c_0 t = 3\cdot 10^8\,(\mathrm{m/s})\cdot 60\cdot 60\cdot 24\cdot 365\mathrm{s} = 9{,}46\cdot 10^{15}\mathrm{m}$$

1.5 Messgenauigkeit

Im physikalischen Laborpraktikum stößt man wie bei jeder technischen Messung auf ein scheinbar unbefriedigendes Phänomen: Wenn zum Beispiel die Fallzeit einer Kugel zehnmal mit einer Stoppuhr bestimmt wird, so sind oft alle zehn Messergebnisse verschieden. Welches ist denn nun die „richtige" Fallzeit; welches Ergebnis ist „wahr"?

Fehlerrechnung

Die Fehlerrechnung ist besonders fehlerträchtig in Bezug auf Symbole und Definitionen – es fängt ja schon damit an, dass der Begriff „Fehler" falsch ist. In vielen Darstellungen werden auch unterschiedliche Symbole verwendet, oder gleiche Symbole mit unterschiedlicher Bedeutung. In dieser Situation tut eine *Norm* gut (genau dazu ist sie auch da). Für die „Grundlagen der Messtechnik" gilt DIN 1319, Teile 1 – 4.

Richtig und wahr ist vor allem, dass jede Messung mit *Fehlern* behaftet und darum „unsicher" ist: Dem „wahren Wert" kann man sich prinzipiell nur so gut wie möglich annähern. Diese **Messunsicherheit** hat nichts mit *echten* Fehlern zu tun (wie dem Einsatz einer Sanduhr oder dem verzögerten Uhrenstopp nach längerer Kaffeepause). Auch bei größter Sorgfalt können *systematische Messfehler* auftreten (z. B. dass die Uhr zu schnell läuft) – diese muss man erkennen, und abstellen oder korrigieren.

Die zweite Kategorie stellen *zufällige* bzw. *statistische* Fehler dar (z. B. können die Reaktionszeiten bei jeder einzelnen Messung anders sein, aber rein zufällig mal kleiner und mal größer). Ihre mathematische Behandlung liefert das plausible Ergebnis, dass bei solchen „normal verteilten" Messwerten (s. u.) x_i der arithmetische **Mittelwert** $\bar{x}$ aus allen n Messungen dem „wahren Wert" am nächsten kommt:

$$\bar{x} = \frac{\sum_{i=\ldots n} x_i}{n} \qquad \text{Formel 1.1}$$

Mittelwert

Aber auch Messwerte in einem Intervall um den Mittelwert herum sind „richtig" und werden bei einer Fortsetzung der Messreihe mit einer gewissen (zu größeren Abweichungen abnehmenden) Wahrscheinlichkeit auftreten! Dieses Intervall (der „*Vertrauensbereich*") lässt sich bestimmen, wenn man die benötigte Wahrscheinlichkeit (das „*Vertrauensniveau*") vorgibt; üblich sind z. B. 68,3 % oder 95,0 %. Zur Berechnung benötigt man zunächst die **Standardabweichung der Einzelmessung**:

$$s_x = \sqrt{\frac{1}{n-1}\sum_{i=1}^{n}\left(x_i - \bar{x}\right)^2} \qquad \text{Formel 1.2}$$

Standardabweichung der Einzelmessung

Sie kann als ein Maß für die *Streuung* der Messwerte interpretiert werden, wenn die Messung $(n-1)$-mal *wiederholt* wird. Sind die Messwerte „normal verteilt", so liegen sie symmetrisch um den Mittelwert. Die **Normalverteilung** nach C. F. GAUSS (1777 – 1855) für sehr viele Messungen (mathematisch formuliert: $n \to \infty$) wird von der *Glockenkurve* in **Bild 1.3** beschrieben. Sie hat ihr Maximum, also den am häufigsten gemessenen Wert, beim Mittelwert $\bar{x}$, und in das Intervall $\bar{x} \pm s_x$ fallen 68,3 % der Messwerte. Anders formuliert: Wenn man sehr häufig misst, ist der Vertrauensbereich für ein Vertrauensniveau von 68,3 % gerade durch die Standardabweichung s_x gegeben.

Um nun zum Vertrauensbereich für kleinere (und im Laborpraktikum zumutbare) Anzahlen n zu gelangen, wird die Standardabweichung des Mittelwertes $\Delta\bar{x}$ gebildet und noch mit dem sogenannten t-Faktor multipliziert; das ergibt die **statistische Messunsicherheit**:

$$u_x = t \cdot \Delta\bar{x} = \frac{t}{\sqrt{n}} s_x \qquad \text{Formel 1.3}$$

Statistische Messunsicherheit

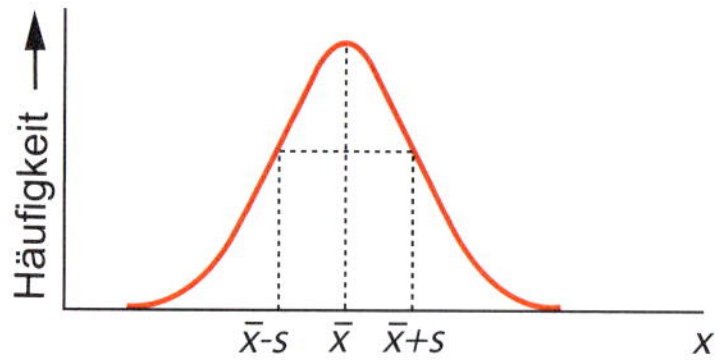

Bild 1.3 *Die GAUSSsche Normalverteilung wird durch die Glockenkurve dargestellt.*

Der t-Faktor berücksichtigt sowohl die Anzahl der Messungen n als auch das gewünschte Vertrauensniveau. Natürlich steckt dahinter wiederum mathematische Statistik, aber im Physiklabor darf man t einfach in Mathematik- oder Praktikumsbüchern nachschlagen [Schäfer, Walcher]. Anschaulich ist $\Delta\bar{x}$ bzw. u_x ein Maß für die *Zuverlässigkeit* des Mittelwertes. Das wird vor allem deutlich, wenn in einem Diagramm das Intervall $\bar{x} \pm s_x$ als *Fehlerbalken* symmetrisch zum Messwert eingezeichnet wird. Zahlenangaben sind oft leichter zu interpretieren, wenn man die statistische Messunsicherheit *relativ* zum Mittelwert angibt, zum Beispiel in Prozent.

Beispiel 1.4: Mittelwert und Vertrauensbereich

Aufgabe: Die Fallzeit t_F einer Kugel wird zehnmal mit einer einfachen Stoppuhr gemessen: 1,21 s; 1,20 s; 1,23 s; 1,19 s; 1,21 s; 1,22 s; 1,2 s; 1,24 s; 1,20 s; 1,18 s; dabei sollen die *systematischen* Messfehler vernachlässigbar sein. Geben Sie das Ergebnis des Experimentes für ein Vertrauensniveau von 95 % an!

Lösung: Das wahrscheinlichste (dem „wahren" Wert am besten entsprechende) Ergebnis ist der Mittelwert (Formel 1.1):

$$\bar{t}_F = \frac{1{,}21 + \ldots + 1{,}18}{10}\,\mathrm{s} = 1{,}209\,\mathrm{s}$$

Die Standardabweichung (Formel 1.2) ist hier:

$$s_t = \sqrt{\frac{(1{,}21 - 1{,}209)^2 + \ldots + (1{,}18 - 1{,}209)^2}{9}}\,\mathrm{s} = 0{,}0179\,\mathrm{s}$$

Bei dem geforderten Vertrauensniveau und $n = 10$ beträgt der t-Faktor 2,23. Damit ist die Messunsicherheit (Formel 1.3):

$$u_t = \frac{2{,}23 \cdot 0{,}0179}{\sqrt{10}}\,\mathrm{s} = 0{,}0126\,\mathrm{s}$$

Das Messergebnis einschließlich der sinnvoll abgerundeten statistischen Messunsicherheit lautet also:

$$t_F = (1{,}209 \pm 0{,}013)\,\mathrm{s}$$

Der relative Fehler beträgt demnach ±(0,013/1,209) = ±0,0108 = ±1,08 %. Für ein Vertrauensniveau von 68,3 % würde sich übrigens ein nur etwa halb so großes Vertrauensintervall ergeben; dann dürfte ja auch fast ein Drittel der Messwerte außerhalb liegen.

Die Statistik bzw. Fehlerrechnung ist keine physikalische Disziplin, aber notwendiges Handwerkszeug für physikalische Messungen. Das Handwerk wird natürlich noch aufwendiger, wenn *zwei* oder mehr gemessene Größen voneinander *abhängig* sind. Das kommt häufig vor, und dann wird eine *Regressionsanalyse* erforderlich, die bei grafischer Darstellung zu einer *Ausgleichskurve* führt. Auch der Fall, dass eine gesuchte Größe aus der Mehrfach-Messung mehrerer Einzelwerte ermittelt wird und *Fehler-*

fortpflanzung auftritt, erfordert höheren mathematischen Aufwand (sowie ggf. Nachschlagen in den oben zitierten Büchern).

Als Konsequenz aus der begrenzten Genauigkeit physikalischer Größen ist es notwendig, Zahlenangaben auf **signifikante Stellen** zu beschränken. Auch für den Mittelwert aus wenigen, vielleicht ungenauen Messungen liefert ein Taschenrechner ja acht oder zwölf Stellen. Wenn aber schon die zweite Stelle bei jeder Einzelmessung verschieden ausfällt, darf man beim Mittelwert höchstens die dritte oder vierte angeben – je nach Vertrauensbereich. Ansonsten wird eine *Scheingenauigkeit* vorgespiegelt, die nutzlos und sogar unseriös ist. Andererseits verlangt die Konvention, dass auch „glatte Zahlen" mit allen signifikanten Stellen angegeben werden müssen, um ihre *tatsächliche* Genauigkeit zu dokumentieren.

Beispiel 1.5: Signifikante Stellen

Aufgabe: Wie zuverlässig – also auf wie viele Stellen genau – sind die folgenden Angaben: 2574 µm; 1,999 kg; 5700 kg; 0,027 35 s; 20,00 mm; 0,000 855 2 s?
Lösung: Alle sind auf vier Stellen genau. Dies gilt auch für die letzte, denn: 0,000 8552 s = 855,2 µs. Die manchmal zitierte „Zahl der Stellen hinter dem Komma" ist unmaßgeblich!
Hinweis: Bei Rechenoperationen bestimmt natürlich der ungenauere Term die signifikanten Stellen des Ergebnisses, z. B.:

$$3{,}9 \cdot 10^3\ \text{m} + 0{,}7931\,\text{m} \approx 3{,}9\,\text{km}$$

1.6 Vektoren und Koordinaten

Viele physikalische Größen haben über Zahlenwert und Einheit hinaus eine weitere wichtige Eigenschaft: eine *Richtung*. Während diese Angabe für eine Masse m offensichtlich keinen Sinn ergibt (m ist ein *Skalar*), kann z. B. ein Weg im dreidimensionalen Raum sehr unterschiedlich zurückgelegt werden. Die Strecke $\vec{s}$ muss demnach durch einen *Vektor* beschrieben werden (meistens, wie auch in diesem Buch, mit einem Pfeil über dem Symbol gekennzeichnet). Grafisch wird $\vec{s}$ tatsächlich durch einen Pfeil dargestellt, dessen Spitze die Richtung und dessen Länge seinen Betrag $|\vec{s}|$ angibt (also das Produkt aus Zahlenwert und Einheit).

Für Vektoren gelten natürlich andere Rechenregeln als für Skalare. So erfolgt ihre Addition nicht arithmetisch, sondern *geometrisch*: In **Bild 1.4** sind beispielsweise zwei Strecken dargestellt, deren Länge gleich, deren Richtung jedoch senkrecht zueinander orientiert ist. Die Vektorsumme kann grafisch durch Aneinanderreihen der Pfeile und Verbinden des ersten Pfeilanfangs mit dem zweiten Pfeilende konstruiert werden. Bei Strecken wird der resultierende Vektor auch „Verschiebung" genannt (Beispiel 1.6). Eine Alternative zur zeichnerischen Addition ist die Parallelogramm-Methode, die vor allem bei der Addition von Kräften sehr anschaulich ist (Abschnitt 2.2.3).

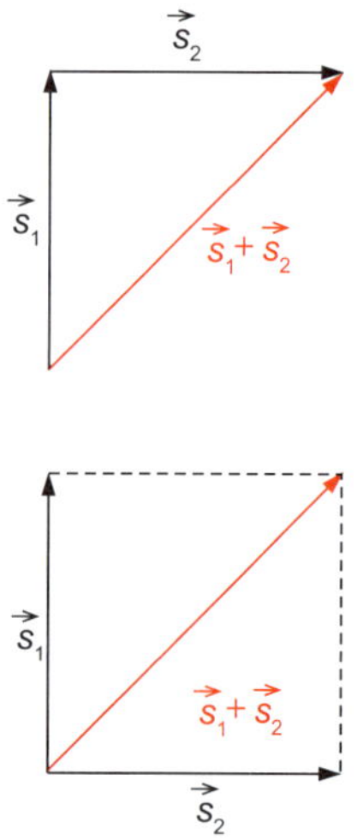

Bild 1.4 Die Addition von Vektoren erfolgt geometrisch durch Aneinanderreihen (oben) oder durch die Parallelogramm-Methode (unten, im Spezialfall Rechteck).

Beispiel 1.6: Verschiebung

Aufgabe: Ein Wanderer legt zunächst 1 km in nördlicher und dann dieselbe Strecke in östlicher Richtung zurück (**Bild 1.4**). Wie groß ist danach die „Verschiebung", d. h. seine Entfernung zum Ausgangsort?

Lösung: Diese Strecke (im Alltag auch die „Entfernung in Luftlinie" genannt) kann wegen des rechten Winkels zwischen den Vektoren sehr einfach nach dem Satz des PYTHAGORAS („Nützliche mathematische Beziehungen" im Anhang) berechnet werden:

$$\begin{aligned} \left|\vec{s}_1 + \vec{s}_2\right| &= \sqrt{\left|\vec{s}_1\right|^2 + \left|\vec{s}_2\right|^2} \\ &= \sqrt{(1\,\text{km})^2 + (1\,\text{km})^2} \approx 1{,}4\ \text{km} \end{aligned}$$

Kompliziertere Vektoradditionen verlangen entweder eine zeichnerische Lösung (unüblich) oder die Addition der Vektorkomponenten (s. u.).

Die *Subtraktion* wird einfach als Addition eines negativen Vektors (mit umgekehrter Richtung) vorgenommen. Leicht ist auch die *Multiplikation mit einem Skalar* einzusehen: Sie ändert nur den Betrag (die „Pfeillänge") des Vektors. Die Multiplikation zweier Vektoren kann dagegen entweder einen Skalar („inneres Produkt") oder wieder einen Vektor ergeben („Kreuzprodukt"). Die Erläuterung erfolgt in diesem Buch mittels der typischen physikalischen Größen „Arbeit" und „Drehmoment" (Abschnitt 2.3.1 sowie Abschnitt 2.5.1).

Um die Lage des Vektors im Raum anzugeben, benutzt man meistens ein *kartesisches* (rechtwinkliges) *Bezugssystem* mit den **Koordinaten** x, y und z wie in **Bild 1.5**. (Oft, wie bei vielen Aufgaben in diesem Buch, genügen aber auch nur eine oder zwei Dimensionen zur Beschreibung eines physikalischen Problems.) Die Projektion auf die drei Achsen liefert die **Komponenten** des Vektors. Mit ihnen werden *mathematische* Vektoroperationen (wie die rechnerische Addition) durchgeführt. Für Vektoradditionen im *dreidimensionalen* Raum – wenn etwa der Wanderer aus Beispiel 1.6 aus irgendeinem Grund vom Boden abhebt – wird der Satz des PYTHAGORAS erweitert und auf die Komponenten des Vektors angewandt:

$$|\vec{s}| = \sqrt{s_x^2 + s_y^2 + s_z^2} \qquad \text{Formel 1.4}$$

Häufig verringert es den Schreibaufwand, wenn die Koordinaten eines Vektors in eine Spalte untereinander geschrieben werden („Matrix-Schreibweise“):

$$\vec{s} = \begin{pmatrix} s_x \\ s_y \\ s_z \end{pmatrix} \qquad \text{Formel 1.5}$$

Rechenoperationen für die einzelnen Komponenten können dann *zeilenweise* durchgeführt werden.

Der in **Bild 1.5** ebenfalls dargestellte **Einheitsvektor** hat selbst den Betrag 1. Er ergänzt somit den Betrag einer Größe zu einem Vektor:

$$\vec{e} = \vec{e}_x + \vec{e}_y + \vec{e}_z \qquad \text{Formel 1.6}$$

$$\vec{s} = |\vec{s}| \cdot \vec{e} = s \cdot \vec{e} \qquad \text{Formel 1.7}$$

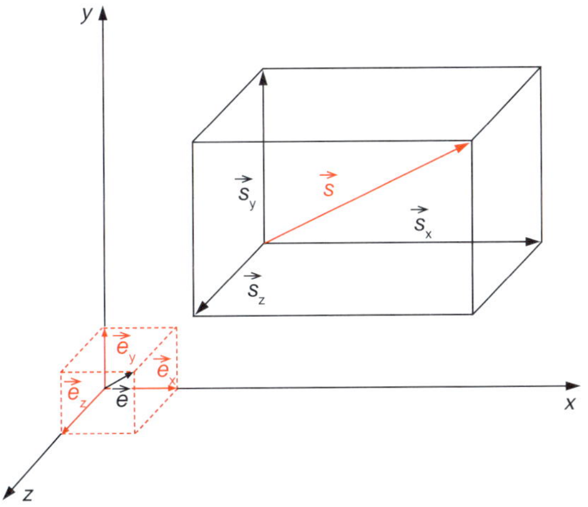

Bild 1.5 Die Komponentendarstellung eines Vektors.

In Zusammenhängen, die keine explizite Vektordarstellung erfordern, wird in diesem Buch nur der *Betrag* eines Vektors angegeben. (Perfektionisten können den Einheitsvektor wie im rechten Teil von Formel 1.7 jeweils gedanklich ergänzen.)

Eine besondere Bedeutung in der *Mechanik* hat der **Ortsvektor** $\vec{r}$; er beschreibt mathematisch die Lage (und Bewegung) eines Punktes *P* im Raum **(Bild 1.6)**. Physikalisch ist das häufig ein kleines Teilchen, das als *Massenpunkt* betrachtet wird (Abschnitt 2.1). Der Ortsvektor kann alternativ mittels seines Betrages und der beiden Winkel δ und φ auch in räumlichen *Polarkoordinaten* angegeben werden, die bei rotationssymmetrischen Problemen wie Kreisbewegungen praktisch sind (Abschnitt 2.4.1).

Verschiebung

Die *Verschiebung* ist zu unterscheiden vom *Gesamtweg*. Sie ist immer ein Vektor (bzw. in *einer* Dimension eine Differenz, z. B. $\Delta x = x_2 - x_1$), während der Weg krummlinig sein kann. (Am besten beschreibt man solche Wege mit dem Ortsvektor.) Wenn der Wanderer aus Beispiel 1.6 nach langem Umherirren versehentlich wieder am Ausgangspunkt ankommt, war der insgesamt zurückgelegte Weg groß, aber die Verschiebung null.

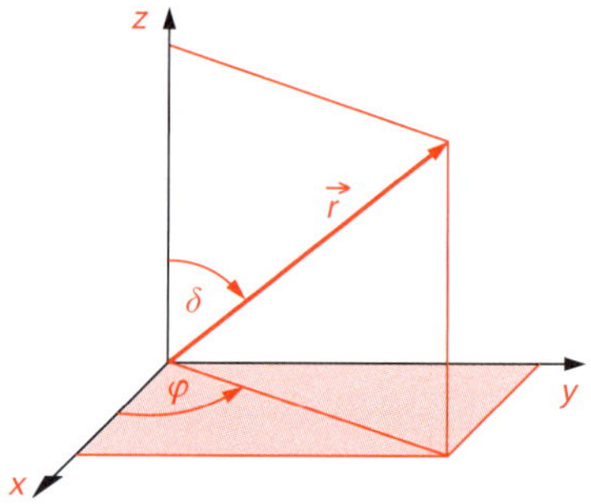

Bild 1.6 Der Ortsvektor gibt die Lage eines Punktes in Bezug auf ein Koordinatensystem an. Sowohl die kartesischen Koordinaten (*x, y, z*) als auch Polarkoordinaten $r = \sqrt{x^2 + y^2 + z^2}$, δ, φ sind gebräuchlich.

Zusammenfassung: Einstieg

- *Physikalische Größen* bestehen aus Zahlenwert und Einheit.
- Das *Internationale Einheitensystem* (SI) verwendet 7 Basisgrößen und entsprechende Basiseinheiten; sie sind durch *Normale* definiert.
- Grundlegend (und für die gesamte Mechanik ausreichend) sind *Masse* (kg), *Zeit* (s) und *Länge* (m); andere Größen bzw. Einheiten werden abgeleitet.
- *Größenordnungen* (10^n) sind für Abschätzungen sinnvoll und oft ausreichend.
- Die (grundsätzlich unvermeidliche) *Messunsicherheit* setzt sich aus systematischen und zufälligen Fehlern zusammen. Erstere müssen korrigiert werden, Letztere sind als Vertrauensbereich Bestandteil des Messergebnisses (das nur mit den *signifikanten Stellen* angegeben werden darf).
- Viele physikalische Größen haben eine Richtung im Raum und werden als *Vektoren* dargestellt; diese können in einem kartesischen Koordinatensystem durch ihre Komponenten in Richtung der x-, y- und z-Achsen angegeben werden.

Testfragen zu Kapitel 1

1. Wie lauten die Basiseinheiten der Mechanik?
2. Mit welcher Naturkonstante wird die Einheit „m" definiert?
3. Die Lebenserwartung von Studenten beträgt mittlerweile ca. 100 Jahre. Wie viele Sekunden sind das?
4. Ihr Professor kündigt an, er wolle die Vorlesung heute auf ein Mikrojahrhundert ausdehnen. Wie lange wird er Sie belehren?
5. Welche räumliche Ausdehnung hat ein Laserpuls von einer Picosekunde Dauer?
6. Ein Hörsaal von 15,52 m Länge und 8,13 m Breite soll einen neuen Bodenbelag erhalten. Geben Sie den Flächenbedarf
   a) physikalisch sinnvoll,
   b) handwerkergerecht an!
7. Wie viele Tennisbälle (d = 6 cm) passen in einen Rucksack, der 20 Liter fasst?
8. Die Masse der Sonne beträgt ungefähr $2 \cdot 10^{30}$ kg; sie besteht im Wesentlichen aus Wasserstoffatomen mit der Masse $1{,}67 \cdot 10^{-27}$ kg. Schätzen Sie ihre Anzahl ab!

9. Welche Verteilung der Messwerte erhalten Sie, wenn Sie tausendmal die Fallzeit eines Balles messen?

10. Welche Typen von Fehlern können bei Messreihen auftreten?

Übungsaufgaben zu Kapitel 1

A1.1: Flugzeug-Verschiebung

(zu Abschnitt 1.6)

Ein Flugzeug fliegt zunächst 40 Kilometer nach Norden, schwenkt dann um 60° nach Nordwest und legt nochmals 70 km zurück.

a) Wie groß ist seine Verschiebung?

b) Unter welchem Winkel (vom Flughafen aus gesehen) liegt das Ziel? (Zeichnerische und rechnerische Lösung!)

A1.2: Laufzeit-Messung

(zu Abschnitt 1.3, Abschnitt 1.5)

Bei einer Mondlandung (**Bild 1.7**) wurde ein Lichtreflektor aufgebaut. Damit kann die Entfernung des Mondes von der Erde (l = 384 Mm) mit einem Laserpuls exakt gemessen werden.

a) Wie weit entfernt vom Laser muss der Pulsempfänger aufgebaut werden? (Beide sollen sich am Äquator befinden.)

b) Wie groß ist die Unsicherheit der Abstandsmessung Δl, wenn die Laufzeit auf Δt_l = 1 ns genau bestimmt werden kann?

Bild 1.7 Mondoberfläche mit Lichtreflektor

A1.3: Jahr-Abschätzung

(zu Abschnitt 1.5)

Eine für Überschlagsrechnungen nützliche Abschätzung ist: 1 a = $\pi \cdot 10^7$ s. Welchen relativen Fehler nimmt man dabei in Kauf?

A1.4: Erdradius

(zu Abschnitt 1.4)

Sie liegen am Strand unmittelbar an der Wasserlinie. Ein 2 m hohes Motorboot verschwindet in 5 km Entfernung hinter dem Horizont. Welchen Radius hat die Erde?

A1.5: Reifenabrieb

(zu Abschnitt 1.4)

Wenn Fermi hätte abschätzen wollen, wie viel Reifengummi *bei jeder Umdrehung* eines Autorades auf der Straße bleibt: Wie wäre er (ohne Taschenrechner) vorgegangen?

A1.6: Digitale Speicher

(zu Abschnitt 1.4)

Ein *Byte* entspricht in der digitalen Datentechnik einer Folge von 8 *Bit*, also Binärziffern mit dem Wert 0 oder 1. Man kann damit einen Buchstaben, eine Ziffer oder ein Sonderzeichen speichern.

a) Wie viele Zeichen sind darstellbar?

b) Wie viele Druckseiten mit 2000 Zeichen kann man auf digitalen Speichermedien jeweils pro GByte unterbringen?

c) Wie viele Bücher?

2 MECHANIK

Die Mechanik stellt den klassischen und sinnvollen Zugang zur gesamten Physik dar. In diesem Kapitel werden grundlegende Begriffe eingeführt, die in allen weiteren (auch den „moderner" erscheinenden) gültig und wichtig sind.

2.1 Kinematik

Kinematik kann etwas banal mit „Bewegungslehre" übersetzt werden – und zwar als „reine Lehre", da nach den *Ursachen* der Bewegung erst im folgenden Kapitel „Dynamik" gefragt wird. Auch die Einflüsse der körperlichen Ausdehnung und der Struktur bewegter Körper werden vernachlässigt, indem man *Massepunkte* untersucht. Je nach Größenordnung der Bewegungsbahn kann das eine gute Näherung für ein Elementarteilchen sein, für den Schwerpunkt eines Autos, oder sogar für einen Himmelskörper. Allerdings werden *Kreisbewegungen* auf ein folgendes Kapitel verschoben (Abschnitt 2.4) und zunächst nur **Translationen** behandelt.

2.1.1 Eindimensionale Bewegungen

Alle wesentlichen Charakteristika einer Massenpunkt-Bewegung lassen sich bereits in *einer* Dimension, also entlang einer Geraden, darstellen. Das Koordinatensystem aus Bild 1.5 reduziert sich damit zu einer Achse, wie in **Bild 2.1** gezeichnet.

2.1.1.1 Geschwindigkeit

Als anschauliches Beispiel soll die Fahrt eines Autos entlang einer geraden Straße untersucht werden. Es befindet sich zu der Zeit t_1 an der Stelle s_1 und zu einem späteren Zeitpunkt t_2 am Ort s_2 (statt der Koordinatenbezeichnungen x, y oder z im dreidimensionalen Raum genügt hier das Symbol s für die Streckenlänge). Der zurückgelegte Weg ist offensichtlich die Differenz $\Delta s = s_2 - s_1$ der Abstände zum Ursprung vor und nach der Fahrt. (In diesem Fall ist der Weg des Autos identisch mit seiner *Verschiebung*; Abschnitt 1.6).

Bild 2.1 Eindimensionales Koordinatensystem (z. B. zur Beschreibung der geradlinigen Bewegung eines Autos).

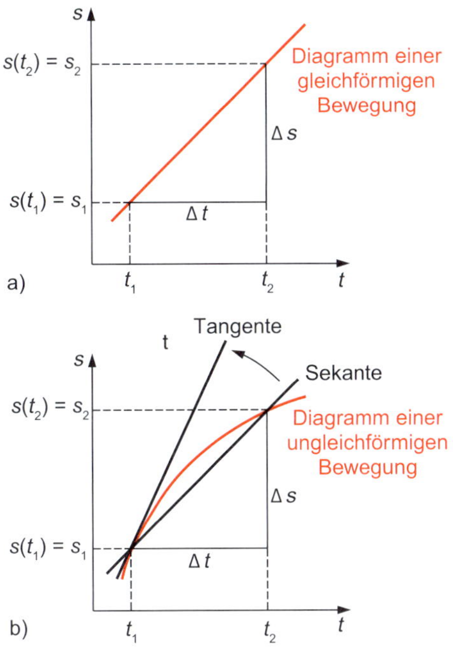

Bild 2.2 Weg-Zeit-Diagramme einer gleichförmigen (oben) und einer ungleichförmigen Bewegung (unten).

Das Verhältnis von Δs zur verstrichenen Zeit $\Delta t = t_2 - t_1$ wird in einem **Weg-Zeit-Diagramm** dargestellt, das mathematisch nichts anderes ist als der *Graph* der Funktion *s*(*t*). Eine **gleichförmige Bewegung** wie in **Bild 2.2 (oben)** wird durch eine *Gerade* beschrieben; sie stellt einen *linearen* Zusammenhang zwischen *s* und *t* dar: In jeweils gleichen Zeitintervallen Δt werden exakt gleiche Strecken Δs zurückgelegt; insofern sind die eingezeichneten Intervalle *repräsentativ* für das Verhältnis $\Delta s/\Delta t$. Dieser Quotient gibt mathematisch die *Steigung* der Geraden an (als *Steigungsdreieck*) und physikalisch die *Geschwindigkeit*:

$$v_{\text{gleichförmig}} = \frac{\Delta s}{\Delta t} \qquad \text{Formel 2.1}$$

Geschwindigkeit bei gleichförmiger Bewegung

Demgegenüber beschreibt die gebogene Kurve in **Bild 2.2 (unten)** eine **ungleichförmige Bewegung**. Man kann ihren Verlauf im Weg-Zeit-Diagramm durch eine Gerade (wie oben) annähern, die sie dann zweimal als *Sekante* schneidet. So erhält man die *Durchschnittsgeschwindigkeit* $\bar{v}$. Will man jedoch die *Momentangeschwindigkeit* – z. B. genau zum Zeitpunkt t_1 – wissen, so muss die Sekante zur *Tangente* an die Kurve werden. Deren Steigung gibt nun (gewissermaßen mittels eines infinitesimal kleinen Steigungsdreiecks, dessen Seitenverhältnis vom Differenzenquotienten zum *Differenzialquotienten* wird) die universelle Definition der **Geschwindigkeit**:

$$v(t) = \lim_{\Delta t \to 0} \frac{\Delta s}{\Delta t} = \frac{ds}{dt} = \dot{s} \qquad \text{Formel 2.2}$$

Momentangeschwindigkeit

Wieder mathematisch gesprochen handelt es sich um eine *Differenziation*. Der Grenzwert („limes“) stellt die *Ableitung* der Funktion *s*(*t*) nach der Zeit *t* dar, wobei dies

Differenziale

In der Mathematik bezeichnen Differenziale wie „ds" in Formel 2.2 symbolisch einen Grenzwert; sie sind als „unendlich kleine Differenzen" zu verstehen und treten vor allem als *Differenzialquotienten* auf. In der Physik wird mit solchen Größen durchaus wie mit endlichen gerechnet; sie werden interpretiert als „so kleine Intervalle, dass die Regeln der Differenzialrechnung gelten". Andererseits lassen sich dann sogar die Regeln der Bruchrechnung weiter anwenden.

wegen des häufigen Auftretens aus Bequemlichkeit – aber immerhin nach einem Vorschlag des großen Physikers Isaac Newton (1643–1727) – auch durch einen Punkt über der Größe gekennzeichnet werden kann.

Beispiel 2.1: Durchschnittsgeschwindigkeit

Aufgabe: Auf Ihrer Autobahnfahrt über 40 km dürfen Sie 100 km/h fahren. Die Hälfte der Strecke besteht aber aus Baustellen mit Begrenzung auf 60 km/h. Wie groß ist die mittlere Geschwindigkeit?
Lösung: Achtung, nicht vorschnell „80 km/h" raten! Die korrekte Berechnung erfolgt mit der Definition der gleichförmigen Geschwindigkeit (Formel 2.1):

$$\bar{v} = \frac{s_{\text{gesamt}}}{t_{\text{gesamt}}}$$

Die gesamte Fahrzeit ermittelt man ebenfalls mit Formel 2.1:

$$t_{\text{gesamt}} = \frac{s_{\text{Baustelle}}}{t_{\text{Baustelle}}} + \frac{s_{\text{AB}}}{v_{\text{AB}}} = \frac{20\,\text{km}}{60\,\text{km/h}} + \frac{20\,\text{km}}{100\,\text{km/h}} = 0{,}533\,\text{h}$$

Die Lösung ist also:

$$\bar{v} = \frac{40\,\text{km}}{0{,}53\ \text{h}} = 75{,}0\ \text{km/h}$$

Beispiel 2.2: Momentangeschwindigkeit

Aufgabe: Bei einem Experiment wird die Zeitabhängigkeit des zurückgelegten Weges eines Teilchens durch die komplizierte Funktion

$$s(t) = 2t^3 - 11t^2 + 3t + 5$$

beschrieben. Wie hoch ist die Geschwindigkeit nach drei Sekunden?
Lösung: Die Funktion wird nach der Zeit abgeleitet; nach den Regeln der Differenzialrechnung (Anhang) erhält man:

$$\dot{s} = 3 \cdot 2t^2 - 2 \cdot 11t^1 + 1 \cdot 3t^0 + 0 = 6t^2 - 22t + 3$$

Für $t = 3$ s ergibt sich also:

$$\dot{s} = v = (54 - 66 + 3)\,\text{m/s} = -9\ \text{m/s}$$

Das Teilchen bewegt sich mit der Geschwindigkeit -9 m/s „rückwärts" (wegen des Minuszeichens entgegen der *s*-Achse des Bezugssystems).

2.1.1.2 Beschleunigung

Zeitliche Änderungen der Geschwindigkeit werden als *Beschleunigungen* bezeichnet (auch die mit negativem Vorzeichen, die bei einer Bremsung auftreten). Für die **Momentanbeschleunigung** a gilt (analog zu $v = \dot{s}$):

Momentanbeschleunigung

$$a = \frac{\mathrm{d}v}{\mathrm{d}t} = \dot{v} = \frac{\mathrm{d}}{\mathrm{d}t}\left(\frac{\mathrm{d}s}{\mathrm{d}t}\right) = \ddot{s} \qquad \text{Formel 2.3}$$

Mathematisch betrachtet ist a also die zweite Ableitung des Weges und die erste Ableitung der Geschwindigkeit nach der Zeit. Physikalisch ergibt sich als SI-Einheit: $[a] = \text{m/s}^2$.

Noch häufiger als Bewegungen mit konstanter Geschwindigkeit („gleichförmige Bewegungen") kommen in der Natur solche mit konstanter Beschleunigung vor („gleichmäßig beschleunigte Bewegungen"). Statt des Differenzialquotienten kann dann wieder ein Differenzenquotient für beliebige Intervalle benutzt werden.

$$a_{\text{gleichmäßig}} = \frac{\Delta v}{\Delta t} \qquad \text{Formel 2.4}$$

Gleichmäßige Beschleunigung

Beispiel 2.3: Gleichmäßige Beschleunigung

Aufgabe: Mithilfe eines sehr guten Automatikgetriebes kann eine Limousine innerhalb von 7 Sekunden „ruckfrei" eine Geschwindigkeit von 100 km/h erreichen. Wie groß ist die Beschleunigung?
Lösung: Für dieses Zahlenbeispiel muss – wie bei fast allen Berechnungen – in die entsprechenden SI-Einheiten umgerechnet werden:

$$a = \frac{100\,\text{km}/\text{h}}{7\text{s}} = \frac{100(1000\,\text{m}/3600\ \text{s})}{7\text{s}} = \frac{(100/3.6)\,\text{m}/\text{s}}{7\text{s}} = 4\,\text{m}/\text{s}^2$$

In Abschnitt 2.1.1.4 zeigt sich, dass eine solche Beschleunigung noch erheblich übertroffen werden kann, wenn die *Fallbeschleunigung* wirkt: Aus guten Gründen sollte *dieser* Fall allerdings vermieden werden.

2.1.1.3 Bewegungsgleichung

Im Sonderfall *gleichmäßig beschleunigter* Bewegungen (a = const.) kann sogar aus der Beschleunigung für jeden Zeitpunkt die Geschwindigkeit und der zurückgelegte Weg berechnet werden, und zwar mithilfe der Integralrechnung.

Info 2.1: Integralrechnung

Die Umkehrung der Differenziation – mit deren Hilfe oben die Zeitfunktionen $v(t)$ aus $s(t)$ und $a(t)$ aus $v(t)$ bestimmt wurden – ist die *Integration*. Sie bestimmt die *Stammfunktion* zu einer abgeleiteten Funktion, hier also $s(t)$ aus $v(t)$ bzw. $v(t)$ aus $a(t)$. So wie die graphische Darstellung der Ableitung die *Tangente* an die Kurve für einen bestimmten Zeitpunkt ist, so kann man als grafische Veranschaulichung des Integrals die *Fläche* unter einer Kurve betrachten, bei einem *bestimmten Integral* zwischen den *Integrationsgrenzen*, also in einem Zeitintervall.
Die in diesem Buch benötigten Integrale, auch das der Funktion $f(x) = x^n$, sind im Anhang zusammengestellt.

Mit der Vorstellung, dass jeweils über „unendlich viele" Geschwindigkeitsänderungen dv und Zeitintervalle dt „summiert" – also integriert – wird, ist die Berechnung der Geschwindigkeit als Funktion der Zeit für a = const. leicht nachvollziehbar:

$$a = \frac{\mathrm{d}v}{\mathrm{d}t} \Rightarrow \mathrm{d}v = a\mathrm{d}t \Rightarrow \int \mathrm{d}v = \int a\mathrm{d}t = a\int \mathrm{d}t$$

Für die Geschwindigkeit erhält man also nach der Integration:

$$v(t) = at + C$$

Die Integrationskonstante C für dieses *unbestimmte Integral* erweist sich (wenn man $t = 0$ setzt) als die *Anfangsgeschwindigkeit* v_0, von der aus v wegen der Beschleunigung a mit der Zeit t anwächst (oder, für $a < 0$, sich verringert):

$$v(t) = v_0 + at \qquad \text{Formel 2.5}$$

Der Weg in Abhängigkeit von der Zeit wird analog berechnet:

$$v = \frac{\mathrm{d}s}{\mathrm{d}t} \Rightarrow \mathrm{d}s = v\mathrm{d}t \Rightarrow \int \mathrm{d}s = \int v\mathrm{d}t$$

Mit Formel 2.5 folgt daraus:

$$\int \mathrm{d}s = \int (v_0 + at)\mathrm{d}t = v_0 \int \mathrm{d}t + a \int t\mathrm{d}t$$

In diesem Fall ist die Integrationskonstante der *Anfangsweg* s_0. Den Ausdruck für den *Weg* als Funktion der Zeit nennt man eine **Bewegungsgleichung**:

Bewegungsgleichung für konstante Beschleunigung

$$s(t) = \frac{1}{2}at^2 + v_0 t + s_0 \qquad \text{Formel 2.6}$$

Erdbeschleunigung

Richtung *und* Größe der Erdbeschleunigung bleiben (an demselben Ort) immer gleich. Das gilt auch für einen nach oben geworfenen Körper, der langsamer wird und im Umkehrpunkt sogar ruht. (Sonst würde er dort stehenbleiben!)

Beispiel 2.4: Bewegungsgleichung

Aufgabe: Welchen Weg legt die Limousine aus dem Beispiel 2.3 während der Beschleunigungsphase zurück? Welche Strecke ist zwei Sekunden später hinzugekommen, wenn a auf 3 m/s² verringert wird?

Lösung: Beim Start sind sowohl die Anfangsgeschwindigkeit v_0 auch der Anfangsweg s_0 null (der Ursprung des Koordinatensystems wird in den Startpunkt gelegt). Dann ergibt das Zahlenbeispiel für Formel 2.6:

$$s = \frac{1}{2} \cdot 4\frac{\mathrm{m}}{\mathrm{s}^2} \cdot (7\,\mathrm{s})^2 = 98\,\mathrm{m}$$

Die nächste Berechnung beginnt mit der Anfangsgeschwindigkeit 100 km/h. Weil der *zusätzlich* zurückgelegte Weg gefragt ist, wird $s_0 = 0$ gesetzt:

$$s = \frac{1}{2} \cdot 3\frac{\mathrm{m}}{\mathrm{s}^2} \cdot (2\,\mathrm{s})^2 + \frac{\left(\frac{100}{3{,}6}\right)\mathrm{m}}{\mathrm{s}} \cdot 2\,\mathrm{s} + 0 = 61\,\mathrm{m}$$

Nochmals Symbole

Symbole für physikalische Größen werden immer *kursiv* geschrieben, wie zum Beispiel „*g*" für die Erdbeschleunigung. Eigentlich kann man sie darum nicht mit Einheiten wie „g" für Gramm verwechseln. Auch Naturkonstanten wie die Vakuum-Lichtgeschwindigkeit c_0 und die Elementarladung *e* schreibt man übrigens kursiv. Die EULERsche Zahl e (Anhang) hingegen ist eine Zahl wie 1, 2, 3.

2.1.1.4 Der freie Fall

Das wichtigste Beispiel für eine gleichmäßig beschleunigte Bewegung ist der *freie Fall* – der in dem Sinne „frei" ist, dass die Luftreibung vernachlässigt werden kann. Dann gilt für alle Körper unabhängig von ihrer Masse und Form die *Fallbeschleunigung g*. Auf der Erde (daher heißt sie auch *Erdbeschleunigung*) beträgt ihr Wert im Mittel:

$$g = 9{,}81\frac{\mathrm{m}}{\mathrm{s}^2}$$

Die Ursache des Falls ist eine *Kraft*, die einerseits von der Masse des Fallkörpers, andererseits aber von der Masse des anziehenden Körpers abhängt (Abschnitt 2.7.2). Daher ist die Fallbeschleunigung auf anderen Planeten, Monden etc. unterschiedlich. Auf der Erde beeinflussen lokale Dichteunterschiede den Zahlenwert von *g*.

Die häufig zitierten *Fallgesetze* ergeben sich unmittelbar aus der Bewegungsgleichung (Formel 2.6) mit $a = g$, $v_0 = 0$ und $s_0 = 0$ (durch geeignete Wahl des Koordinatenursprungs).

Beispiel 2.5: Freier Fall

Aufgabe: Wie lange dauert der Sprung von einem 10 m hohen Sprungbrett im Schwimmbad, und mit welcher Geschwindigkeit taucht der Springer ins Wasser ein?
Lösung: Die *Fallzeit* beträgt nach Formel 2.6 mit $s = h$:

$$h = \frac{1}{2}gt^2 \Rightarrow \qquad t = \sqrt{2h/g}$$
$$= \sqrt{2 \cdot 10\,\mathrm{m} / 9{,}81\,\mathrm{m/s^2}} \qquad = 1{,}43\,\mathrm{s}$$

Die *Geschwindigkeit* beim Eintauchen ist dann:

$$v = gt = 9{,}81\,\mathrm{m/s^2} \cdot 1{,}43\,\mathrm{s} = 14\,\mathrm{m/s}$$

In der aus dem Alltag vertrauten Einheit km/h beträgt der Zahlenwert:

$$v = (3600/1000) \cdot 14\,\mathrm{km/h} \approx 50\,\mathrm{km/h}$$

Beispiel 2.6: Senkrechter Wurf

Aufgabe: Auf dem Schrottplatz hebt ein Kran ein Autowrack mit 4 m/s hoch. Plötzlich, in 15 m Höhe, löst sich der Blechhaufen.

a) Nach welcher Zeit scheppert er auf den Boden?
b) Mit welcher Geschwindigkeit?
c) Aus welcher Höhe?

Lösung: a) Hier muss die Bewegungsgleichung (Formel 2.6) in vollem Umfang und für den *gesamten Bewegungsablauf* angewandt werden. Als Nullpunkt des (eindimensionalen) Koordinatensystems wählt man am einfachsten den Schrottplatzboden. Dann ist $s_0 = +15$ m, $v_0 = +4$ m/s, aber $g = -9{,}81$ m/s² (wegen der nach *unten* gerichteten Beschleunigung). Gesucht ist der Zeitpunkt, zu dem $s(t) = 0$ wird:

$$\frac{g}{t}t^2 + v_0 t + s_0 = 0$$

Diese quadratische Gleichung kann z. B. mit der *p-q-Formel* (Anhang) gelöst werden und wird dafür zunächst auf die *Normalform* gebracht:

$$t^2 \frac{2v_0}{g}t + \frac{2s_0}{g} = 0 \Rightarrow t_{1,2} = -\frac{v_0}{g} \pm \sqrt{\frac{v_0^2}{g^2} - \frac{2s_0}{g}}$$

Durch Einsetzen der Zahlenwerte (unter Beachtung der Vorzeichen) erhält man $t_{1,2} = (0{,}41 \pm 1{,}80)$ s; der positive Wert ist der gesuchte: $t_1 = 2{,}21$ s.

b) Formel 2.5 liefert die *Geschwindigkeit* zu diesem Zeitpunkt:

$$v = -9{,}81\,\mathrm{m/s^2} \cdot 2{,}21\,\mathrm{s} + 4\,\mathrm{m/s} = -17.68\,\mathrm{m/s}$$

Das Vorzeichen gibt die Richtung *nach unten* an. Mit dem Faktor 3,6 für die Umrechnung in km/h (Beispiel 2.5) erhält man - 63,6 km/h.

c) In der maximalen Höhe (bei der Umkehrung der Bewegungsrichtung) wird die Geschwindigkeit null. Formel 2.5 liefert dafür die Zeit $t_U = -v_0/g = 0{,}41$ s. Für diesen Zeitpunkt erhält man schließlich aus Formel 2.6 die Koordinate $s_{max} = s(t = 0{,}41\ \mathrm{s}) = 15{,}82$ m.

2.1.2 Bewegungen in zwei und drei Dimensionen

Selbstverständlich gelten die im letzten Abschnitt beschriebenen Gesetzmäßigkeiten auch für beliebig komplizierte Bewegungen in beliebig ausgewählten Koordinatensystemen – nur die Beschreibung ist etwas umständlicher. **Bild 2.3** zeigt als Beispiel den Ortsvektor $\vec{r}$ in einem zweidimensionalen Koordinatensystem zu zwei Zeitpunkten t_1 und t_2. In den zugehörigen Bahnpunkten P_1 und P_2 sind die unterschiedlich gerichteten Geschwindigkeitsvektoren $\vec{v}(t_1)$ und $\vec{v}(t_2)$ eingezeichnet; für sie gilt jeweils:

Vektorielle Definition der Beschleunigung

$$\vec{v}(t) = \lim_{\Delta t \to 0} \frac{\Delta \vec{r}}{\Delta t} = \frac{d\vec{r}}{dt} = \dot{\vec{r}} \qquad \text{Formel 2.7}$$

Die Momentanbeschleunigung $\vec{a}\,(t_2)$ ergibt sich hier aus der Grenzwertbildung für die vektorielle Geschwindigkeitsänderung $\Delta\,\bar{v}$ Zeitintervall Δt:

$$\vec{a}(t_2) = \lim_{\Delta t \to 0} \frac{\Delta \vec{v}}{\Delta t} = \frac{d\vec{v}}{dt} = \dot{\vec{v}} = \ddot{\vec{r}} \qquad \text{Formel 2.8}$$

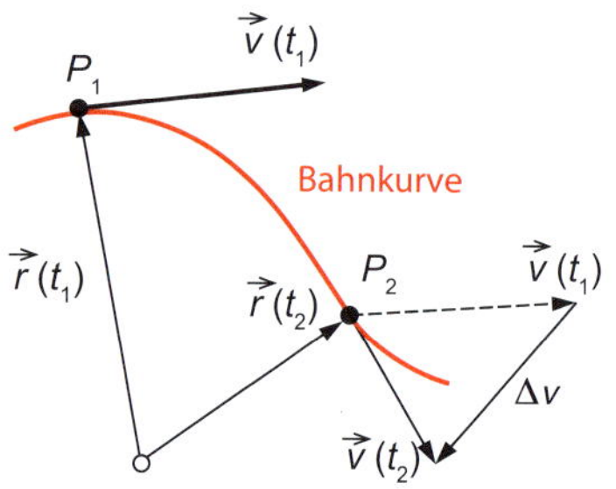

Bild 2.3 Die Bewegung in zwei oder drei Dimensionen wird durch den Ortsvektor beschrieben; auch die Geschwindigkeit und die Beschleunigung sind Vektoren.

2.1.2.1 Überlagerung eindimensionaler Bewegungen

Anschaulicher und leichter zu berechnen werden solche Probleme, wenn man die Komponenten des Ortsvektors getrennt betrachtet bzw. eine Addition von Vektoren in Richtung der Koordinatenachsen durchführt. Dann zeigt sich das **Superpositionsprinzip** der Kinematik:

> Bewegungen entlang den drei Koordinatenachsen beeinflussen sich nicht gegenseitig, sondern überlagern sich ungestört.

Das Superpositionsprinzip generell hat in der Physik eine große Bedeutung, da es für viele gerichtete Größen gilt. Unmittelbar verständlich wird es bei der Addition konstanter *Geschwindigkeiten* wie in Beispiel 2.7:

Beispiel 2.7: Überlagerung von Boots- und Strömungsgeschwindigkeit

Aufgabe: In **Bild 2.4** wird das Boot während der Fahrt ans andere Ufer von der Strömung mitgenommen. Mathematisch handelt es sich um eine Vektoraddition der Geschwindigkeiten (ähnlich wie im Beispiel 1.6 für Strecken). Mit den Zahlenwerten (bzw. den Beträgen der Vektoren) v_{Boot} = 3 m/s und $v_{\text{Strömung}}$ = 4 m/s erhält man:

$$v_{\text{gesamt}} = \sqrt{4^2 + 3^2}\,\text{m/s} = 5\,\text{m/s}$$

Der Winkel ergibt sich aus tan α = 4/3 zu 53°.

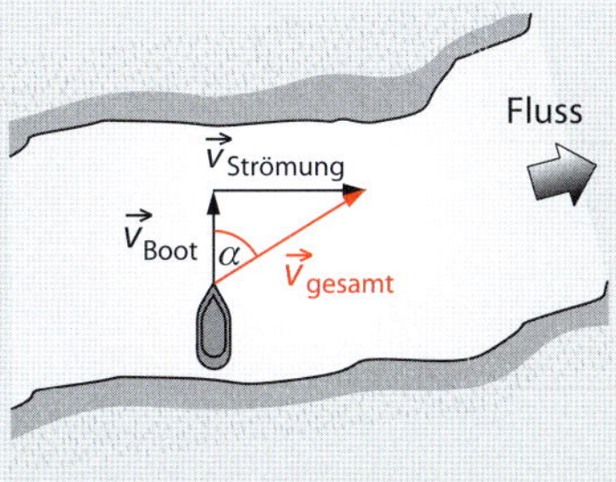

Bild 2.4 Die Strömungsgeschwindigkeit überlagert sich der Bootsgeschwindigkeit.

Natürlich gilt das Superpositionsprinzip auch für die Überlagerung beschleunigter Bewegungen. Ein einfaches Beispiel ist der *waagerechte Wurf*, bei dem einer gleichförmigen Horizontalbewegung senkrecht ein freier Fall überlagert wird. Der Ortsvektor in **Bild 2.5** hat zwei Komponenten, und der Massenpunkt P bewegt sich entlang eines Parabel-Astes.

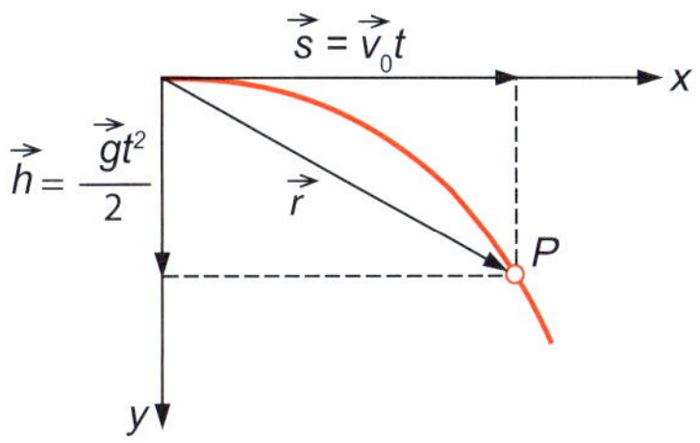

Bild 2.5 Überlagerung einer gleichförmigen (waagerecht) mit einer gleichmäßig beschleunigten Bewegung (senkrecht).

Beispiel 2.8: Waagerechter Wurf

Aufgabe: Wie weit können Sie springen, wenn Sie aus vollem Lauf einfach die Beine anziehen?
Lösung: Gesucht ist die Sprung- oder Wurfweite w. Nehmen wir an, Sie laufen 100 m in 10 s, dann ist v_0 = 10 m/s. Die Beinlänge schätzen wir mit 1 m ab. (Das ist die „Fallstrecke" h.) Die Lösungsidee ist, dass während der Fallzeit in *senkrechter* Richtung

$$t = \sqrt{2h/g}$$

die *waagerechte* Bewegung auf dem Weg $w = v_0 \cdot t$ ungestört weitergeht. Durch Einsetzen von t erhält man:

$$w = v_0\sqrt{\frac{2h}{g}} = 10\frac{\text{m}}{\text{s}}\sqrt{\frac{2\cdot 1\text{m}}{9{,}81\,\text{m}/\text{s}^2}} = 4{,}5\,\text{m}$$

Das ist nicht schlecht, aber intelligenter ist es, sich vom Absprungbalken abzustoßen, d. h. auch eine Anfangsgeschwindigkeit nach oben zu überlagern. Dann wird der waagerechte Sprung ein „schiefer Wurf" (s. u.).

Für das Verständnis des „Klassikers der Kinematik", den *schiefen Wurf*, zerlegt man einfach den (schrägen) Vektor der Anfangsgeschwindigkeit in seine horizontalen und vertikalen Komponenten **(Bild 2.6)** und wendet dann ein wenig Trigonometrie an. Die mathematische Behandlung entspricht der im Beispiel 2.6, wobei lediglich eine gleichförmige waagerechte Bewegung wie in Beispiel 2.8 überlagert ist. Ein spezieller Fall wird in Aufgabe A2.9 durchgerechnet.

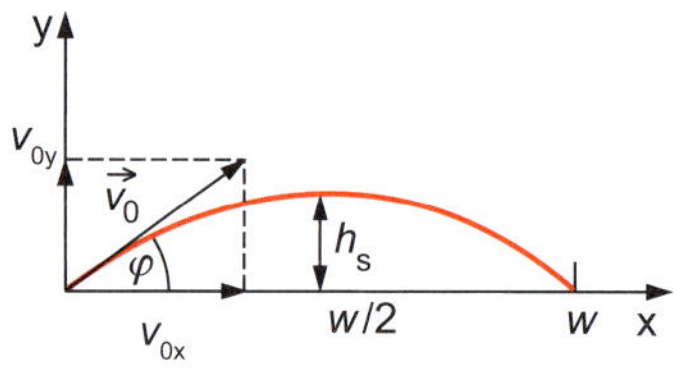

Bild 2.6 Der schiefe Wurf verläuft vollständig in einer Ebene.

2.1.2.2 Bezugssysteme und Transformationen

Die mathematischen Koordinatensysteme, die zur Lokalisierung von Massenpunkten verwendet werden, sind im physikalischen Sinn *Bezugssysteme*. Diese können nicht nur im Ursprung gegeneinander verschoben sein, sondern sich auch relativ zueinander bewegen. Je nach Bewegung kann die Wahl des geeigneten Bezugssystems die Beschreibung sogar erheblich vereinfachen.

Ein gutes Beispiel ist die Bootsfahrt über einen Fluss in Beispiel 2.7. Als Beobachter am Ufer (im Bezugssystem „Land“) musste die vektorielle Überlagerung der Bootsgeschwindigkeit mit der Strömungsgeschwindigkeit untersucht werden. Den Bootsführer (im Bezugssystem „Wasser“) interessiert vielleicht nur, nach welcher Zeit er den Fluss überquert hat. In seinem Bezugssystem – das sich mit $v_{\text{Strömung}}$ gegenüber dem Bezugssystem „Land“ bewegt – wird die Beschreibung eindimensional.

Beispiel 2.9: Wechsel des Bezugssystems

Aufgabe: Zwei Radfahrer sind 3 km voneinander entfernt und fahren mit jeweils 15 km/h aufeinander zu. Ein Hund läuft mit 20 km/h zwischen ihnen hin und her, bis sich alle drei treffen. Welchen Weg legt der Hund zurück?
Lösung: Diese auf den ersten Blick komplizierte Aufgabe wird einfach, wenn man das Bezugssystem „Straße“ verlässt und sich gedanklich auf eines der Fahrräder begibt.
Wegen ihrer *Relativgeschwindigkeit* von 30 km/h benötigen die Radfahrer bis zur Begegnung die Zeit:

$$\Delta t = \frac{\Delta s_{\text{Radfahrer}}}{\Delta v_{\text{relativ}}} = \frac{3\,\text{km}}{30\,\text{km/h}} = 0{,}1\,\text{h}$$

Der Weg des Hundes ist dann:

$$s_{\text{Hund}} = v_{\text{Hund}} \cdot \Delta t = 20\,\text{km/h} \cdot 0{,}1\,\text{h} = 2\,\text{km}$$

Der gedankliche oder tatsächliche Wechsel des Bezugssystems spielt in der Physik eine große Rolle. Besondere Bedeutung haben gerade solche Bezugssysteme, die sich mit konstanter Geschwindigkeit $\vec{v}_B$ gegeneinander bewegen. Für die Ortsvektoren desselben Massenpunktes gilt dann:

$$\vec{r}' = \vec{r} + \vec{v}_B t \qquad \text{Formel 2.9}$$

Die Ableitung nach der Zeit zeigt den physikalisch plausiblen Sachverhalt, dass vom jeweils anderen Bezugssystem aus betrachtet die Relativgeschwindigkeit $\vec{v}_B$ einfach addiert werden kann:

$$\frac{d\vec{r}'}{dt} = \frac{d\vec{r}}{dt} + \frac{d}{dt}(\vec{v}_B t) \Rightarrow \vec{v}' = \vec{v} + \vec{v}_B \;(\text{da } \vec{v}_B = \text{const.}) \qquad \text{Formel 2.10}$$

Aus der zweiten zeitlichen Ableitung ergibt sich, dass insbesondere die Beschleunigung in beiden Bezugssystemen gleich ist:

$$\frac{\mathrm{d}\vec{v}'}{\mathrm{d}t} = \frac{\mathrm{d}\vec{v}}{\mathrm{d}t} + 0 \rightarrow \vec{a}' = \vec{a}$$ Formel 2.11

Einen solchen Übergang zwischen gleichförmig gegeneinander bewegten Bezugssystemen nennt man nach GALILEO GALILEI (1564 – 1642) eine GALILEI-*Transformation*. Im folgenden Kapitel kann durch die Einführung des *Inertialsystems* und der *Kraft* begründet werden, warum physikalische Vorgänge in solchen Bezugssystemen absolut gleich ablaufen.

Info 2.2: LORENTZ-Transformation

Wie in Info 1.1 erwähnt, kann bei der Addition von $\vec{v}$ und $\vec{v}_B$ die Lichtgeschwindigkeit c_0 keinesfalls überschritten werden. Tatsächlich gilt die klassische GALILEI-Transformation nur für deutlich kleinere Geschwindigkeiten (aber dennoch für fast alle physikalischen Vorgänge in dieser Welt). Eine allgemeingültige Beschreibung liefert erst die *LORENTZ-Transformation*. Vor allem bei Geschwindigkeiten nahe c_0 beschreibt sie drastische Veränderungen von Raum und Zeit *(Längen-Verkürzung, Zeitdehnung)*. Hinzu kommt eine *relativistische Massenzunahme*. Diese Effekte können erst im Rahmen der „Speziellen Relativitätstheorie" von ALBERT EINSTEIN interpretiert und – im besten Fall – verstanden werden (Abschnitt 2.7.4).

Zusammenfassung: Kinematik

- Das Verhältnis (der Quotient) von zurückgelegter Wegstrecke eines Massenpunktes zur dafür benötigten Zeit heißt (Durchschnitts-)Geschwindigkeit, deren zeitliche Änderung (mittlere) Beschleunigung. Die Momentanwerte werden durch Differenziation der Funktionen $s(t)$ bzw. $v(t)$ berechnet.
- Für konstante Beschleunigungen a (wie speziell die Erdbeschleunigung g) kann eine *Bewegungsgleichung* (mittels Integration) aufgestellt werden. Sie gestattet insbesondere die Berechnung des Weges aus der Beschleunigung und der (Anfangs-) Geschwindigkeit (zum Beispiel beim freien Fall).
- Bewegungen entlang unterschiedlicher Raumachsen (beschrieben durch die Komponenten des Ortsvektors) überlagern sich gemäß dem *Superpositionsprinzip* ungestört (zum Beispiel bei Würfen).
- Bewegungen in gegeneinander verschobenen oder gleichförmig gegeneinander bewegten Bezugssystemen verlaufen jeweils gleich. Es gilt die GALILEI-Transformation (aber nur, wenn die Relativgeschwindigkeit viel kleiner als die Lichtgeschwindigkeit ist).

2.2 Dynamik

Während die Kinematik Bewegungen nur geometrisch beschreibt, fragt die Dynamik, warum eine *Masse* – eine *endlich* große, nicht mehr nur der Massen-*Punkt* aus Abschnitt 2.1 – überhaupt in Bewegung kommt oder ihren Bewegungszustand ändert, also eine *Beschleunigung* erfährt. Die Ursache dafür ist immer eine *Kraft*, und genau mit diesem Zusammenhang wird die Kraft auch definiert.

Dabei wirkt die eine der beiden Eigenschaften der Masse – ihre *Trägheit*, die sich einer Bewegungsänderung widersetzt. Ihre andere Eigenschaft ist die *Schwere*, die eine Anziehung von Massen untereinander verursacht. Wegen der großen Masse der Erde verursacht diese Eigenschaft eine weitere Kraft, die im Alltag wichtigste überhaupt, nämlich die *Gewichtskraft*.

2.2.1 NEWTONsche Axiome

Die klassische (nichtrelativistische) Mechanik heißt auch *NEWTONsche Mechanik*. Sie kann mit drei Grundsätzen beschrieben werden, deren Bedeutung schon aus ihren Bezeichnungen hervorgeht: Man nennt sie entweder *Gesetze*, *Prinzipien* oder *Axiome* (d. h. Aussagen, deren Gültigkeit ohne Beweis vorausgesetzt werden kann). Im Gegensatz zu mathematischen Axiomen gibt es für diese drei physikalischen aber zahlreiche experimentelle Beweise.

2.2.1.1 Trägheitsgesetz

> Ein Körper bleibt in Ruhe oder bewegt sich mit konstanter Geschwindigkeit (weiter), wenn keine Kraft auf ihn wirkt.

Mit dem Symbol $\vec{F}$ für die Kraft – die offensichtlich auch eine gerichtete Größe ist – lässt sich das Axiom mathematisch knapp so formulieren:

$$\vec{F} = 0 \Rightarrow \vec{v} = \text{const.} \Leftrightarrow \vec{a} = 0$$

Masse

Was kann man sich unter der *Masse* eines Körpers vorstellen? Sicherlich keine unmittelbar anschauliche Eigenschaft wie Größe oder Dichte, und schon gar nicht sein Gewicht! Der scheinbar so vertraute Begriff „Masse" ist tatsächlich nur über *Kraftwirkungen* zu definieren. Warum aber ein Stück Materie sich gegen Bewegungsänderungen „wehrt" oder irgendein anderes über große Entfernungen anzieht: das kann niemand *anschaulich* erklären. In der *Allgemeinen Relativitätstheorie* (Abschnitt 2.7.4.2) wird diese Tatsache aber mathematisch und physikalisch vollständig begründet.

Für diese Erkenntnis bedurfte es wohl NEWTONS „fast göttlicher Geisteskraft" (Grabstein-Inschrift) – denn dieses Gesetz ist experimentell kaum nachzuweisen! Auf der Erde stört vor allem die Reibung (Abschnitt 2.2.3.4), und wie Newtons Vorgänger glauben auch heute noch viele Menschen, dass der „natürliche" und von selbst angestrebte Zustand eines Körpers (auch ihres eigenen) der Ruhezustand sei. Erst mit modernen Methoden (zum Beispiel mit einer Luftkissenbahn wie in **Bild 2.7**) und vor allem im Weltraum lässt sich das Trägheitsprinzip demonstrieren.

Bezugssysteme, die dem Trägheitsgesetz genügen, heißen **Inertialsysteme**. Jeder Körper befindet sich relativ zu einem solchen System in Ruhe oder bewegt sich mit *konstanter* Geschwindigkeit, da keine (beschleunigende) Kraft auf ihn wirkt. Insbesondere verlaufen Bewegungen jeweils in ihren eigenen Inertialsystemen also ununterscheidbar gleich. Zum Beispiel fällt ein Ball im fahrenden Zug in exakt gleicher Weise wie auf dem Bahnsteig, solange der Zug nicht positiv oder negativ beschleunigt wird (oder in einer Kurve fährt, was eine Radialbeschleunigung, Abschnitt 2.4.2, bewirkt.)

Mit der Definition des Inertialsystems wird deutlich, dass „absoluter Stillstand" nicht feststellbar ist, aber auch keine physikalische Relevanz besitzt. Übrigens ist unsere Erde für viele Betrachtungen näherungsweise ein Inertialsystem, obwohl sie ja eine komplizierte Bewegung im Weltall vollführt.

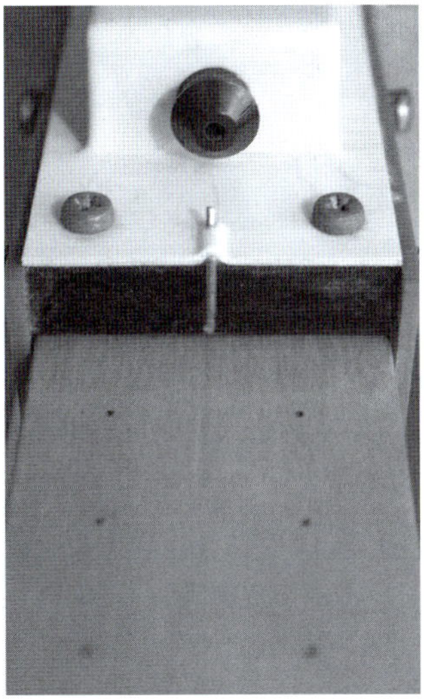

Bild 2.7 Nahezu reibungsfrei wird die Bewegung eines Körpers auf einem Luftkissen, z. B. die eines Gleiters auf der abgebildeten durchlöcherten Pressluftschiene. Diese „Luftkissenbahn" wird häufig für Demonstrations-Experimente eingesetzt.

2.2.1.2 Aktionsgesetz

Die Beschleunigung eines Körpers ist proportional zur wirkenden Kraft und umgekehrt proportional zu seiner Masse.

$$\vec{a} = \frac{\vec{F}}{m} \quad \text{Formel 2.12}$$

Aktionsgesetz

Da die Beschleunigung $\vec{a}$ ein Vektor ist (und die Masse m ein Skalar), muss auch die Kraft ein Vektor sein. Für sie gilt das Superpositionsprinzip (Abschnitt 2.1.2.1), d. h. die resultierende Kraft setzt sich im Allgemeinen vektoriell aus mehreren Kräften zusammen. Dieses *Kräfteparallelogramm* wird gemäß Bild 1.4 (unten) konstruiert.

2.2.1.3 Reaktionsgesetz

Wirkt ein Körper auf einen zweiten mit einer bestimmten Kraft, so wirkt der zweite auf den ersten zurück mit der gleichen, aber entgegengerichteten Kraft.

Wenn man die zweite Kraft als Reaktion auf die erste, angreifende Kraft interpretiert, kann man auch formulieren:

$$\vec{F}_{\text{actio}} = -\vec{F}_{\text{reactio}} \quad \text{Formel 2.13}$$

Reaktionsgesetz

In der Natur treten Kräfte also immer *paarweise* auf: als Kraft und Gegenkraft – dafür gibt es eine Fülle von Beispielen, auch in diesem Buch.

2.2.2 Folgerungen aus den NEWTONschen Axiomen

Die wichtigste Konsequenz aus diesen drei Gesetzen ist die exakte Definition der *Kraft*. Zu ihrer allgemeingültigen Formulierung muss außerdem der *Impuls* eingeführt werden.

2.2.2.1 Kraft und Impuls

Dem zweiten Axiom entnimmt man durch Umstellung der Formel 2.12 die klassische Definition der **Kraft**:

Grundgesetz der Mechanik

$$\vec{F} = m\vec{a} \qquad \text{Formel 2.14}$$

Die SI-Einheit ist offensichtlich $[F]$ = kg · m/s^2. Zu Ehren des großen NEWTON ist zusätzlich eine abgeleitete Einheit mit der Bezeichnung „N“ eingeführt worden (Tabelle 1.2).

Diese Kraftdefinition, die auch als „Grundgesetz der Mechanik“ bezeichnet wird, gilt nur für zeitlich konstante Massen m. Zwar ist diese Bedingung meistens erfüllt, aber eben nicht immer (z. B. bei Raketen, die Teile ihrer Gesamtmasse als verbrannten Treibstoff abstoßen; Abschnitt 2.2.2.2).

Wenn man die Geschwindigkeit mit der Masse zum Produkt ergänzt, erhält man eine wichtige *Bewegungsgröße*, den **Impuls**:

Impuls

$$\vec{p} = m\vec{v} \qquad \text{Formel 2.15}$$

mit der Einheit $[p]$ = kg · m/s. Eine Kraft bewirkt offensichtlich dessen zeitliche Änderung:

Definition der Kraft

$$\vec{F} = \frac{\mathrm{d}\vec{p}}{\mathrm{d}t} = \dot{\vec{p}} \qquad \text{Formel 2.16}$$

Das „Grundgesetz der Mechanik“ (Formel 2.14) ist natürlich für m = const. in dieser Definition enthalten:

$$\vec{F} = \frac{\mathrm{d}}{\mathrm{d}t}(m\vec{v}) = m\left(\frac{\mathrm{d}\vec{v}}{\mathrm{d}t}\right) = m\vec{a} \qquad \text{Formel 2.17}$$

Reaktion

Das Reaktionsgesetz gilt immer für *zwei* Körper. Wenn zum Beispiel ein Fußballspieler gegen einen Ball tritt (d. h. eine Kraft auf ihn ausübt), spürt er die Gegenkraft des Balles (aufgrund dessen Trägheit) an seinem Fuß. Falls nun in demselben Augenblick ein anderer Spieler in entgegengesetzter Richtung gegen den Ball tritt, ist die Summe der Kräfte auf den Körper null; der Ball bleibt liegen. Dies ist aber *keine* Gegenkraft im Sinne des dritten NEWTONschen Axioms!

2.2.2.2 Abgeschlossenes System und Impulserhaltungssatz

Wenn in einem *System* von Massen nur innere Kräfte zwischen ihnen wirken (also insbesondere keine Reibung auftritt), so spricht man von einem *abgeschlossenen System*. Das Reaktionsgesetz fordert für jede innere Kraft eine Gegenkraft:

$$\vec{F} = -\vec{F}_2 \text{ oder } \vec{F}_1 + \vec{F}_2 = 0$$

Mit der allgemeinen Kraft-Definition (Formel 2.17) folgt dann:

$$\frac{\mathrm{d}}{\mathrm{d}t}(m_1\vec{v}_1) + \frac{\mathrm{d}}{\mathrm{d}t}(m_2\vec{v}_2) = 0 \Rightarrow \frac{\mathrm{d}}{\mathrm{d}t}(m_1\vec{v}_1 + m_2\vec{v}_2) = 0$$

Wenn aber die Summe der Impulse zeitlich unveränderlich ist, heißt das:

$$m_1\vec{v}_1 + m_2\vec{v}_2 = \text{const.}$$

beziehungsweise:

$$\vec{p}_1 + \vec{p}_2 = \text{const.} \qquad \text{Formel 2.18}$$

Diese Konstanz der Impulssumme – unter Berücksichtigung der Vorzeichen bzw. des Vektorcharakters – zeigt sich auch für mehr als zwei Impulse, und darum kann man den **Impulserhaltungssatz** allgemein formulieren:

In einem abgeschlossenen System ist die Summe der Impulse konstant.

Der Impulssatz ist der erste einer Reihe wichtiger *Erhaltungssätze* der Physik, mit denen sich zahlreiche Probleme übersichtlich behandeln lassen. Zum Beispiel versteht man so das zunächst verblüffende Verhalten einer Kugelpendel-Kette **(Bild 2.8)**: Auch wenn eine Kugel alle anderen gleichzeitig anstößt, wird ihr Impuls nur an die letzte Kugel dieses „abgeschlossenen Systems" übertragen, und diese schwingt aus.

Auch das **Rückstoßprinzip** des Raketenantriebs beruht auf der Impulserhaltung. Die Verbrennungsgase des Treibstoffes haben zwar eine kleine Masse, werden aber mit sehr hoher Geschwindigkeit ausgestoßen. Der resultierende Impuls

$$p_{\text{Gas}} = \mathrm{d}m \cdot v_{\text{Gas}}$$

erzwingt einen gleichen, aber entgegen gerichteten Impuls der gesamten Rakete:

$$p_{\text{Rakete}} = (m - \mathrm{d}m)\, v_{\text{Rakete}} = -p_{\text{Gas}}$$

Eine längere Rechnung mit Integration über die Antriebszeit [Leute] zeigt das plausible Ergebnis, dass für eine hohe Endgeschwindigkeit die Verringerung der Masse möglichst groß sein muss. Um den Weltraum zu erreichen, ist übrigens das Mehrstufenprinzip unumgänglich, bei dem durch Abstoßen der „Startstufen" **(Bild 2.9)** das Massenverhältnis zusätzlich verbessert wird.

Erhaltungssätze

Der Impulssatz würde zulassen, dass bei dem Kugelgestell in **Bild 2.8** statt *einer* Kugel mit der *gleichen* Geschwindigkeit zwei mit der *halben* Geschwindigkeit abgestoßen werden. Das würde aber den Erhaltungssatz für die kinetische Energie in diesem System verletzen, da diese mit dem Quadrat der Geschwindigkeit steigt (Abschnitt 2.3.3). Alle Erhaltungssätze gelten immer, also auch gleichzeitig.

a)

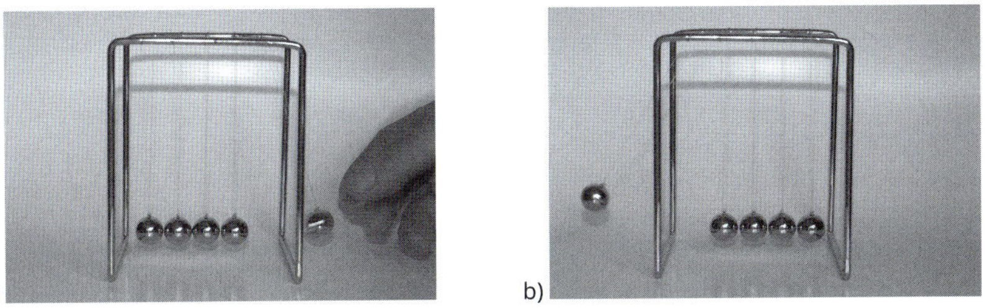

b)

Bild 2.8 Wenn rechts der Impuls einer Kugel in das System hineingegeben wird (a), schwingt am Ende eine Kugel nach links (b); dasselbe gilt für 2, 3 oder 4 stoßende Kugeln!

Beispiel 2.10: Schwebende Rakete

Aufgabe: Bei welchem Gasausstoß $\mathrm{d}m_{\text{Gas}}/\mathrm{d}t$ schwebt eine Rakete der Masse 100 Tonnen mit der Brenngasgeschwindigkeit 4000 m/s gerade über dem Startplatz?
Lösung: Zum Schweben muss ein *Kräftegleichgewicht* zwischen der nach unten wirkenden (Gewichts-)Kraft gemäß Formel 2.14 bzw. Formel 2.20 (Abschnitt 2.2.3.2) und der durch den Gasimpuls gemäß Formel 2.16 erzeugten (Schub-)Kraft nach *oben* herrschen:

$$m_{\text{Rakete}}g = \frac{dp}{dt} = \frac{d}{dt}(m_{\text{Gas}}v_{\text{Gas}}) = \frac{dm_{\text{Gas}}}{dt}v_{\text{Gas}}$$

Für den benötigten Gasausstoß erhält man also:

$$\frac{dm_{\text{Gas}}}{dt} = \frac{m_{\text{Rakete}}g}{v_{\text{Gas}}}$$

Mit der Erdbeschleunigung g = 9,81 m/s² und dem Umrechnungsfaktor 1 t = 10³ kg ergibt sich:

$$\frac{dm_{\text{Gas}}}{dt} = \frac{10^5\ \text{kg} \cdot 9{,}81\ \text{m/s}^2}{4 \cdot 10^3\ \text{m/s}} = 245\frac{\text{kg}}{\text{s}}$$

Bei einem realen Start muss die Schubkraft natürlich größer sein, damit die Rakete wirklich abhebt **(Bild 2.9)**; andererseits nimmt ihre Gesamtmasse kontinuierlich – und erheblich – ab.

2.2.3 Mechanische Kräfte

Bereits in der Mechanik kann man mehrere Typen von Kräften unterscheiden, die zum Teil „nur" theoretische, zum Teil aber auch erhebliche praktische Bedeutung haben. In Kapitel 4 werden die ebenso wichtigen elektrischen und magnetischen Kräfte hinzukommen.

2.2.3.1 Trägheitskraft

Wenn ein Bezugssystem gegenüber einem anderen mit $\vec{a}_B$ beschleunigt wird – z. B. ein Auto gegenüber der Straße –, dann wirkt im beschleunigten System eine ganz reale Kraft auf Massen. (Für Sportwagenfahrer ist das bei positiven Beschleunigungen ein Teil des Reizes und bei negativen ein Teil des Risikos.) Ursache ist die *Trägheit* der Masse: Vom System „Straße" aus betrachtet versucht die Masse einfach, ihren Bewegungszustand jeweils beizubehalten. Insofern ist die Trägheitskraft $\vec{F}_T$ im System „Auto" eine Scheinkraft, die aber tatsächlich bestimmt werden kann:

$$\vec{F}_T = -m\vec{a}_B \qquad \text{Formel 2.19}$$

2.2.3.2 Gewichtskraft

Beim freien Fall (Abschnitt 2.1.1.4) wird eine Beschleunigung von Massen mit der Erdbeschleunigung g beobachtet. Wenn keine Fallbewegung möglich ist – zum Beispiel, weil der Mensch bereits auf dem Boden steht oder liegt – wirkt die Erdbeschleunigung trotzdem weiter und verursacht gemäß der Grundgleichung der Mechanik (Formel 2.14) die **Gewichtskraft**:

Gewichtskraft

$$G = mg \qquad \text{Formel 2.20}$$

Da sie – wie die Erdbeschleunigung – immer zum Mittelpunkt der Erde gerichtet ist, kann auf die Vektorschreibweise verzichtet werden. Die so definierte Gewichtskraft ist allerdings nur eine pragmatische Konvention, die ausschließlich auf der Erde und nahe deren Oberfläche angewandt werden darf! Das „Gewicht" eines Raumfahrers auf dem Mond müsste zum Beispiel mit einer Fallbeschleunigung von 1,62 m/s² bestimmt werden, und das „Gewicht" des Mondes selbst in Bezug auf die Masse der Erde mit dem vollständigen Gravitationsgesetz aus Abschnitt 2.7.2.

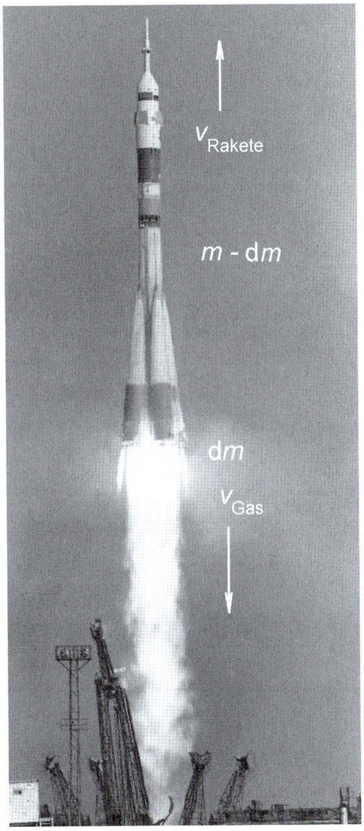

Bild 2.9 Aufgrund des Impulssatzes bewegt sich eine Rakete in die entgegengesetzte Richtung wie die ausgestoßenen Brenngase.

Beispiel 2.11: Trägheit im Auto

Aufgabe: Am Rückspiegel des PKW aus Beispiel 2.3 sowie Beispiel 2.4 hängt ein Talisman (Babyschuh, Fußballwimpel, Fuchsschwanz, ...) an einer Schnur. Welchen Winkel bildet dieser mit der Senkrechten beim Beschleunigen mit 4 m/s²?

Lösung: Zusätzlich zur Erdbeschleunigung g wirkt im PKW die „Trägheitsbeschleunigung", die umgekehrt gleich der Beschleunigung des Autos im Bezugssystem „Straße" ist: $\vec{a}_T = -\vec{a}_B$ **(Bild 2.10)**. Der Vektor der resultierenden Beschleunigung $\vec{a}_{res}$ ließe sich z. B. nach der Parallelogramm-Methode (Bild 1.4) konstruieren. Berechnen kann man den Winkel α zwischen $\vec{a}_{res}$ und dem (senkrechten) Vektor $\vec{g}$ mit:

$$tan\,\alpha = \frac{|\vec{a}_T|}{|\vec{g}|} = \frac{4\ \text{m}/\text{s}^2}{9{,}81\ \text{m}/\text{s}^2} = 0{,}41 \Rightarrow \alpha = 22{,}3^\circ$$

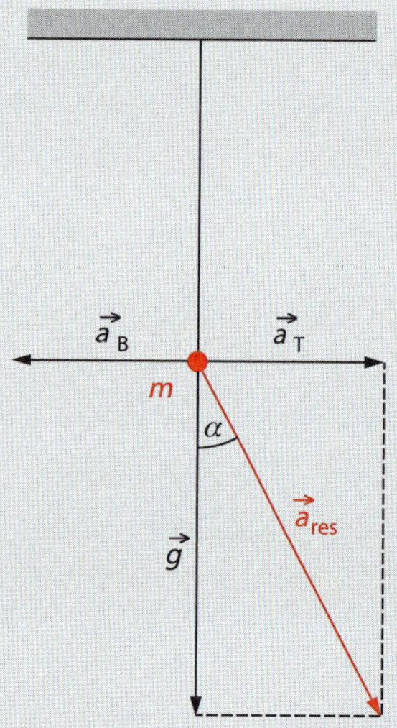

Bild 2.10 Im Moment des Anfahrens entsteht im Bezugssystem Auto zusätzlich zur Erdbeschleunigung eine „Trägheitsbeschleunigung"; die Schnur wird sich in demselben Winkel *α* wie der resultierende Vektor einstellen.

Info 2.3: Massen, Waagen und Gewichte

Im täglichen Leben gelten „Gewicht" und „Masse" als Synonyme. Tatsächlich machen Waagen einen *Massenvergleich* durch Messung der jeweiligen *Gewichtskraft* – am deutlichsten zu sehen bei einer Balkenwaage **(Bild 2.11).** Andere Waagen, zum Beispiel die in Ihrem Badezimmer, besitzen eine kompliziertere Mechanik bzw. Elektronik, dürfen wegen des Vergleiches mit einer Bezugsmasse aber auch „kg" anzeigen. Ihr persönliches „Gewicht" ist also in Wirklichkeit Ihre Masse! „Wiegen" Sie z. B. 80 kg, so registriert die Waage die *Gewichtskraft*:

$$G_{\text{Person}} = 80\,\text{kg} \cdot 9{,}81\ \text{m/s}^2 \approx 800\,\text{N}$$

Bei der Zuordnung der gemessenen Größe „Gewichtskraft" zu der angezeigten Größe „Masse" spricht man von einer *Kalibrierung* der Waage. Da exakte Wägungen für Handel, Medizin usw. wichtig sind, wird die Kalibrierung bei vielen Waagen staatlich kontrolliert und heißt dann *Eichung*.
Übrigens können Sie sich auf der Erde die Maßeinheit der Kraft „ein Newton" jederzeit vergegenwärtigen, indem Sie eine Tafel Schokolade von 100 g Masse in die Hand nehmen:

$$G_{\text{Schoko}} = 0{,}1\,\text{kg} \cdot 9{,}81\ \text{m/s}^2 \approx 1\,\text{N}$$

(Auch der lineare Zusammenhang zwischen Gewichtskraft und Masse lässt sich experimentell – mittels des Verzehrs der Schokolade – leicht bestätigen.)

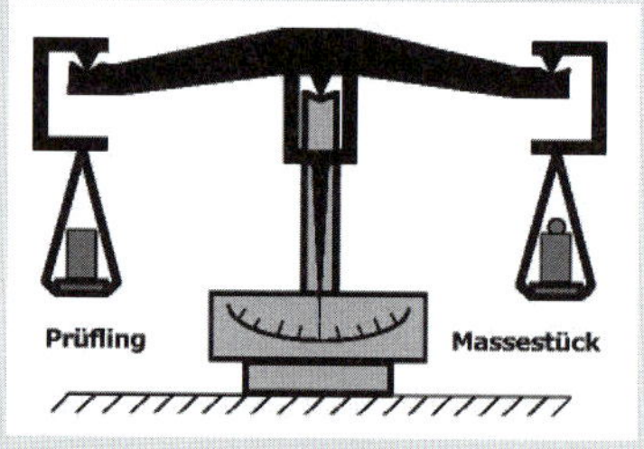

Bild 2.11 Bei der klassischen Balkenwaage werden die Gewichtskräfte gleicher Massen verglichen (sie erzeugen gleiche Drehmomente, Abschnitt 2.5.1; Prinzipskizze nach [Bantel]).

Ein Begriff, der in diesem Zusammenhang oft genannt wird, ist „Schwerkraft". In der Tat ist *Schwere* diejenige Eigenschaft von Massen, die eine gegenseitige Anziehung bewirkt. Die andere Eigenschaft von Massen ist ihre *Trägheit* (Abschnitt 2.2.3.1). Es fällt auf, dass die formale Beschreibung der jeweils verursachten Kräfte genau gleich ist. Tatsächlich kann zum Beispiel ein Raumfahrer in einem fensterlosen Raumschiff weder subjektiv noch objektiv unterscheiden, ob er fernab von allen Massen mit g beschleunigt wird und seine *träge* Masse spürt, oder ob er noch auf der Rampe steht und seine *schwere* Masse durch die Gewichtskraft $G = mg$ spürt. Dennoch ist die *Identität* beider Eigenschaften alles andere als trivial; sie konnte erst von ALBERT EINSTEIN in seiner *Allgemeinen Relativitätstheorie* (Abschnitt 2.7.4.2) vollständig erklärt werden.

2.2.3.3 Federkraft und HOOKEsches Gesetz

Wenn eine Kraft an einem elastischen Körper angreift, z. B. an einer Schraubenfeder wie in **Bild 2.12,** wird diese so weit gedehnt, bis ihre Federkraft umgekehrt gleich der angreifenden ist (z. B. der Gewichtskraft einer Masse) – bei diesem *Kräftegleichgewicht* ist die resultierende Kraft null und die Bewegung kommt zur Ruhe.

Bis zur Elastizitätsgrenze ist die Federkraft F_F proportional zur Längenänderung s der Feder.

$$F_F = ks$$ Formel 2.21

HOOKEsches Gesetz

Dieser Zusammenhang wird als **HOOKEsches Gesetz** bezeichnet und k als *Federkonstante*. An der Längenskala eines so konstruierten *Dynamometers* lässt sich also direkt die angreifende Kraft ablesen. Wenn dies eine Gewichtskraft ist, spricht man von einer *Federwaage*.

Eine allgemeinere Analyse zeigt, dass die Kraft pro Querschnittsfläche eines elastischen Materials F/A („Spannung") proportional zu der relativen Deformation $\Delta l/l$ („Dehnung") ist. Die Proportionalitätskonstante E („Elastizitätsmodul") ist eine für technische Anwendungen wichtige Materialeigenschaft [Kuchling]. Mit den Symbolen σ für die Spannung und ε für die Dehnung lautet eine weitere Formulierung des HOOKEschen Gesetzes:

$$\sigma = E\varepsilon$$ Formel 2.22

2.2.3.4 Reibungskraft

Die Bewegung eines Körpers auf einer Unterlage wird durch eine *Reibungskraft* F_R gehemmt, die natürlich der bewegenden Kraft entgegen gerichtet und von der Oberflächen-Beschaffenheit abhängig ist. Anschaulich kann man sich – eventuell mikroskopisch kleine – Rauigkeiten vorstellen, die sich miteinander „verhaken" **(Bild 2.13)**.

Zunächst muss eine *Haftreibung* überwunden werden, bis *Gleitreibung* eintritt. Diese kann von einer der wichtigsten menschlichen Erfindungen beseitigt werden: Beim *Rad* tritt nur noch *Rollreibung* auf. In jedem Fall ist die Reibungskraft proportional der senkrecht zur Bewegung wirkenden *Normalkraft* F_N, sodass ein einfaches **Reibungsgesetz** resultiert:

$$F_R = \mu F_N$$ Formel 2.23

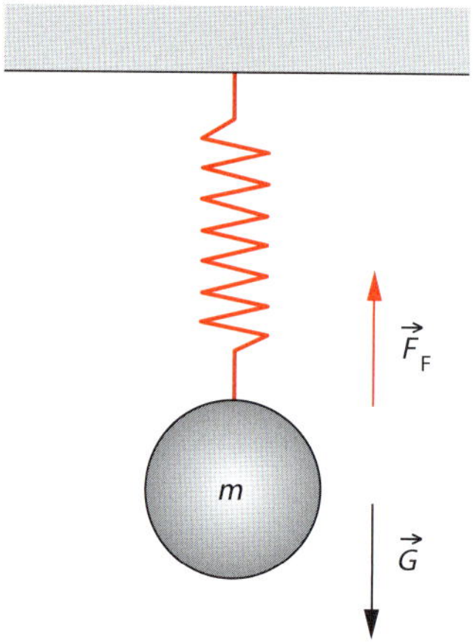

Bild 2.12 Die elastische Kraft einer Federwaage ist der Gewichtskraft einer Masse entgegengesetzt gleich.

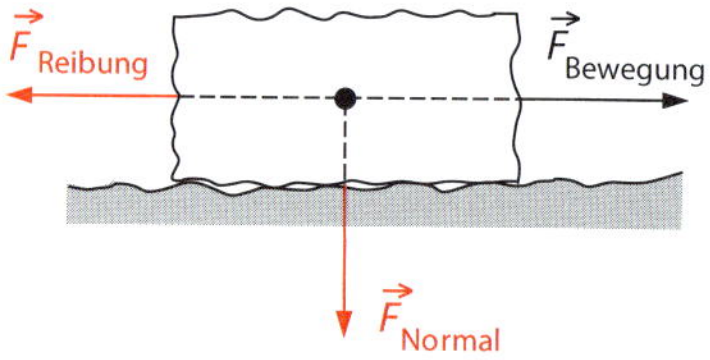

Bild 2.13 Die äußere Reibung entsteht durch die Rauigkeit der Oberflächen. (Die Kräfte greifen formal im Schwerpunkt des Klotzes an; Abschnitt 2.5.1.)

Die Haftreibungszahl μ_H kann zwischen 0,15 und 0,8 liegen und die Gleitreibungszahl μ_G zwischen 0,1 und 0,6 (Beispiel 2.14). Für die Rollreibung μ_R ist ein typischer Wert 0,01 (z. B. Eisenbahnräder auf Schienen); bei Fahrzeugen ist μ_R ein Bestandteil des *Fahrwiderstandes*.

Übrigens wird diese Art der Reibung „*äußere*" genannt und damit von der komplizierteren *inneren Reibung* in Flüssigkeiten und Gasen unterschieden (Abschnitt 2.8.3). Dass diese viel geringer ist, macht man sich bei der Schmierung von Lagern etc. zu Nutze.

Normalkraft

Viele Vektorgleichungen in diesem Buch werden nicht ausdrücklich vektoriell formuliert. Dies unterbleibt wegen der Übersichtlichkeit, aus Bequemlichkeit, oder weil die Richtung eindeutig ist, etwa bei der Gewichtskraft in Formel 2.20. Formel 2.23 *ist* jedoch *keine* Vektorgleichung, da die Normal- und die Reibungskraft senkrecht aufeinander stehen.

Beispiel 2.12: Reibung und Trägheit bei Tisch

Sie können bei Ihrem nächsten Festessen mühelos dieTischdecke unter allem Geschirr und Besteck wegziehen, wenn das ruckartig geschieht (also die Beschleunigung groß genug ist). Konkret muss die Haftreibungskraft kleiner als die Trägheitskraft sein:

$$F_R = \mu_H \cdot F_N \leq F_T = ma$$

Da die Normalkraft (wie meistens) gleich der Gewichtskraft $G = mg$ ist, resultiert die Ungleichung

$$a \geq \mu_H g$$

Bei einer Haftreibungszahl von 0,4 benötigen Sie also $a \approx 4\ \text{m/s}^2$. (Tipp: Erst einmal mit Wassergläsern üben, vielleicht sogar mit leeren!)

Zusammenfassung: Dynamik

- Die klassische Mechanik gründet auf drei Gesetzen (*NEWTONsche Axiome*):

1. Ein Körper behält seinen Bewegungszustand bei, wenn keine Kraft auf ihn wirkt.
2. Seine Beschleunigung ist proportional zur Kraft und umgekehrt proportional zur Masse.

3. Wirkt ein Körper auf einen anderen mit einer bestimmten Kraft, so wirkt der mit einer gleichen, entgegengesetzten Kraft zurück.

- Die Kraft ist (oder bewirkt) die zeitliche Änderung des Impulses. Falls die Masse konstant bleibt, gilt das *Grundgesetz der Mechanik*: $\vec{F} = m\vec{a}$.
- In einem abgeschlossenen System bleibt der *Impuls* erhalten.
- Die wichtigsten mechanischen Kräfte sind die *Trägheitskraft* (als Scheinkraft im beschleunigten Bezugssystem) und die *Gewichtskraft*. In der Praxis spielen noch die *Federkraft* und vor allem die *Reibungskraft* eine Rolle. Alle werden in der SI-Einheit „Newton" angegeben.

2.3 Arbeit, Energie und Leistung

In der Umgangssprache werden Begriffe wie „Energie", „Kraft", „Power" oder„Arbeit" sehr unscharf und manchmal synonym verwendet. In der Physik bezeichnen sie völlig verschiedene Größen, mit einer Ausnahme: Energie und Arbeit haben nicht nur dieselbe Einheit, sie können tatsächlich ineinander umgewandelt werden. Zum Beispiel wird beim Anheben eines Steines *Hubarbeit* verrichtet, die anschließend oben als *Lageenergie* gespeichert ist. Lässt man den Stein los – Vorsicht, Füße! – wird diese Energie in *Beschleunigungsarbeit* umgewandelt. Beim Aufprall ist die *Bewegungsenergie* maximal und kann z. B. *Verformungsarbeit* verrichten – schlimmstenfalls an den Füßen …

2.3.1 Mechanische Arbeit

Das Beispiel des Stein-Anhebens ist insofern typisch, als gegen eine Kraft – hier die Gewichtskraft – über einen Weg – hier die Höhe – die **Arbeit** W an einem Körper bzw. einer Masse verrichtet wird. In diesem speziellen Fall ist die Berechnung von W einfach, da Weg und Kraft in dieselbe Richtung weisen und als Skalare behandelt werden können:

$$W_{\text{Hub}} = Gh \qquad \text{Formel 2.24}$$

Als SI-Einheit erhält man offensichtlich: $[W] = \text{N} \cdot \text{m} = (\text{kg} \cdot \text{m}^2)/\text{s}^2$. Außerdem ist die äquivalente Einheit $[W] = \text{J}$ üblich, die an den englischen Physiker und Brauereibesitzer (!) James Joule (1818 – 1889) erinnert.

Um jeden beliebigen Fall von mechanischer Arbeit beschreiben zu können, muss man sowohl die Kraft als auch den Weg mit *Vektoren* beschreiben und deren Produkt untersuchen. Ein klassisches Beispiel für unterschiedliche Richtungen der beiden Vektoren ist die Schlittenfahrt in **Bild 2.14**. Das Produkt der beiden Vektoren $\vec{F}$ und $\vec{s}$ ergibt einen Skalar, weil die Arbeit eine *ungerichtete* Größe ist. Es heißt in der Vektorrechnung generell **Skalarprodukt** und lautet hier:

$$W = \vec{F} \cdot \vec{s} = \left|\vec{F}\right|\left|\vec{s}\right| \cos\alpha \qquad \text{Formel 2.25}$$

In diesem winterlichen Beispiel führt das Skalarprodukt zu dem plausiblen Ergebnis, dass eine Kraft *parallel* zur Wegstrecke den effektivsten Krafteinsatz bringt ($\alpha = 0°$, daher cos $\alpha = 1$); hingegen eine Kraft nach oben – also senkrecht zum Weg ($\alpha = 90°$, daher cos $\alpha = 0$) – für heitere Unterbrechungen sorgen mag, aber die Fortbewegung und folglich die mechanische Arbeit verschwinden lässt.

Für die ganz allgemeine Beschreibung einer Schlittenfahrt und aller anderen Bewegungen muss man auch wechselnden Krafteinsatz auf gekrümmten Wegen erfassen. Das läuft auf die Integration über kleinste Wegelemente hinaus, auf denen die Kraft jeweils konstant ist, und liefert die universelle Definition der **mechanischen Arbeit**:

$$W = \int_{s_1}^{s_2} \vec{F} \cdot d\vec{s} = \int_{s_1}^{s_2} F \cos\alpha \, ds \qquad \text{Formel 2.26}$$

2.3.2 Potenzielle Energie

Arbeit und Energie

Als physikalische Größen sind Arbeit und Energie formal identisch. In manchen Büchern wird darum auf das Symbol *E* konsequent verzichtet. Die Unterscheidung von *W* als Energieumsatz und *E* als Arbeitsvermögen dient aber der Verständlichkeit.

Mechanische Arbeit kann als **potenzielle Energie** gespeichert werden. Das einfachste Beispiel ist die *Lageenergie*, die eine Masse *m* nach einer Hubarbeit (Formel 2.24) besitzt:

$$E_{\text{pot}} = W_{\text{Hub}} = Gh = mgh \qquad \text{Formel 2.27}$$

Ein anderes Beispiel für gespeicherte Arbeit ist die *elastische Energie* nach der Verformung einer Feder (Abschnitt 2.2.3.3). Verlängert man diese mit der (stetig zunehmenden) Kraft *F* um die Strecke *s*, so gilt wegen des HOOKEschen Gesetzes (Formel 2.21):

$$E_{\text{elast}} = \int_0^s F \, ds = \int_0^s ks \, ds = \frac{ks^2}{2} \qquad \text{Formel 2.28}$$

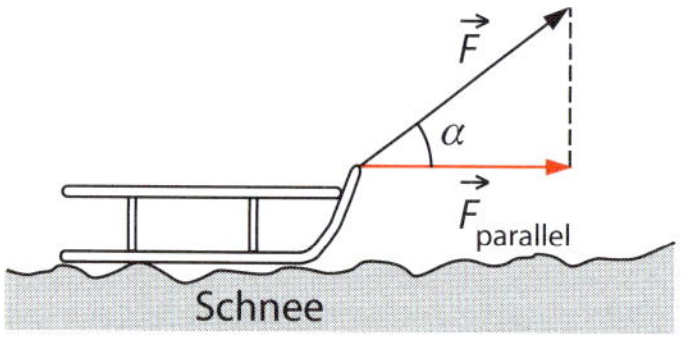

Bild 2.14 Mechanische Arbeit beim Schlittenziehen mit schrägem Seil.

Potenzielle Energie

Genau genommen wird eine potenzielle Energie immer in einem *System* gespeichert. Bei der Feder leuchtet das sofort ein. Im Falle der Hubarbeit gegen die Gewichtskraft gehört die Masse der Erde mit zum System, weil sie das *Gravitationsfeld* und damit die *Massenanziehung* erst bewirkt (Abschnitt 2.7.3).

Beispiel 2.13: Rheinfall-Energie

Aufgabe: In der Nähe des schweizerischen Ortes Schaffhausen fällt der Rhein eine Stufe von 23 m hinab **(Bild 2.15)**. Die „durchschnittliche Sommerabflussmenge" wird mit 600 m³/s angegeben. Welche potenzielle Energie wird pro Sekunde freigesetzt?

Lösung: Mit der bekannten *Dichte* $\varrho = m/V$ von Wasser [Kuchling] lässt sich seine Masse und damit die potenzielle Energie gemäß Formel 2.27 berechnen:

$$\begin{aligned} E_{\text{pot}} &= \rho V g h \\ &= 10^3 (\text{kg/m}^3) \cdot 600\,\text{m}^3 \cdot 9{,}81 (\text{m/s}^2) \cdot 23\,\text{m} \\ &= 135 \cdot 10^6 \,\text{kg} \frac{\text{m}^2}{\text{s}^2} = 135\,\text{MJ} \end{aligned}$$

Die Größe „Energie pro Zeit" entspricht der *Leistung* (Abschnitt 2.3.6).

Bild 2.15 Der Rheinfall bei Schaffhausen im Sommer.

Integrationsgrenzen

Jeder Mathematiker würde bei einem bestimmten Integral die Integrationsgrenzen anders benennen als die Variable, über die integriert wird, oder zumindest durch einen Index oder einen Strich unterscheiden. Hier kommt es nur auf die physikalische Aussage im Sinne einer Aufsummierung an, und deshalb werden die Mathematiker um Toleranz gebeten.

2.3.3 Kinetische Energie

In der Einleitung wurde ein Stein betrachtet, an dem aufgrund seiner Lageenergie eine Beschleunigungsarbeit nach unten verrichtet wird. Dieses Beispiel illustriert gleichzeitig die *Bewegungsenergie* oder *kinetische Energie*, die er beim Fallen gewinnt. Für die **Beschleunigungsarbeit** gilt (bei Berücksichtigung von $a = \mathrm{d}v/\mathrm{d}t$ und $v = \mathrm{d}s/\mathrm{d}t$):

$$W_\mathrm{B} = \int_0^s F\mathrm{d}s = \int_0^s ma\mathrm{d}s = \int_0^v mv\mathrm{d}v = E_\mathrm{kin}$$

Die Integration über die (anwachsende) Geschwindigkeit bis zu einem Wert v liefert die entsprechende kinetische Energie:

$$E_\mathrm{kin} = \frac{1}{2}mv^2 \quad \text{Formel 2.29}$$

Kinetische Energie

2.3.4 Energieerhaltungssatz der Mechanik

Wenn die Umwandlung der beiden Energieformen E_pot und E_kin in einem *abgeschlossenen System* (wie beim Impulserhaltungssatz in Abschnitt 2.2.2.2, also ohne *Reibung*) abläuft, gilt ein weiterer *Erhaltungssatz*:

$$E_\mathrm{pot} + E_\mathrm{kin} = \text{const.} \quad \text{Formel 2.30}$$

Mechanische Energie kann in einem abgeschlossenen System weder verloren gehen noch gewonnen werden.

Energieerhaltungssatz der Mechanik

Info 2.4: Ideale und reale Energieerhaltung

Natürlich ist die Vernachlässigung der Reibung eine weltfremde *Idealisierung* – ein wenig äußere oder innere Reibung gibt es in jedem realen System. Dennoch hat dieser rein mechanische Energieerhaltungssatz seinen Wert für zahlreiche Probleme, bei denen man die Reibung vernachlässigen und die man so mit einer ganz einfachen *Energiebilanz* lösen kann. Ein Beispiel ist der Ausdruck für die Fallgeschwindigkeit, die ein Körper durch die Umwandlung von potenzieller Energie in kinetische erreicht:

$$mgh = \frac{1}{2}mv^2 \Rightarrow v = \sqrt{2gh}$$

In diesem und vielen anderen Fällen ist eine rein kinematische Berechnung wie in Abschnitt 2.1.1.4 viel schwieriger.
Genauere Untersuchungen zeigen, dass durch Reibung mechanische Arbeit in die Energieform *Wärme* umgewandelt wird. Wenn man diese hinzunimmt und auch alle weiteren berücksichtigt – chemische, elektrische, atomare usw. – gelangt man zur vielleicht fundamentalsten Aussage der Physik, dem 1. Hauptsatz der Thermodynamik (Abschnitt 3.4.2). Seine Aussage ist im Wesentlichen, dass das Prinzip der Energieerhaltung nicht nur in abgeschlossenen mechanischen Systemen, sondern universell und global gilt.

Beispiel 2.14: Skifahren mit Reibung

Aufgabe: Ein Skifahrer gleitet reibungsarm einen 15 m hohen Hügel hinab. Auf der angrenzenden, nicht beschneiten Wiese kommt er nach 30 m zum Stehen. Berechnen Sie seine Höchstgeschwindigkeit und den Gleitreibungskoeffizienten der Skier auf der Wiese!
Lösung: Nach der Info 2.4 gilt näherungsweise für die Höchstgeschwindigkeit (am Fuß des Hügels):

$$\begin{aligned} v_{\max} &= \sqrt{2gh} \\ &= \sqrt{2 \cdot 9{,}81\,\mathrm{m/s^2} \cdot 15\,\mathrm{m}} = 17{,}2\,\mathrm{m/s} = 62\,\mathrm{km/h} \end{aligned}$$

Die kinetische Energie wird in Reibungsarbeit W_R umgewandelt. Mit Formel 2.23 und $F_N = G$ lautet die Energiebilanz:

$$W_R = F_R s = \mu_G mgs = E_{kin}$$

Für den Gleitreibungskoeffizienten erhält man also mit Formel 2.29 und v_{max}:

$$\mu_G = \frac{\frac{1}{2} m v_{\max}^2}{mgs} = \frac{2gh}{2gs} = \frac{15\,\mathrm{m}}{30\,\mathrm{m}} = 0{,}5$$

Da die Masse des Skifahrers sowohl in die kinetische Energie als auch in die Reibungsarbeit eingeht, gilt das Ergebnis für beliebige Werte – in der Praxis könnte allerdings die Trägheit dieser Masse beim Übergang vom Schnee zur Wiese eine Rolle spielen und den Gleitvorgang ruckartig beenden.

2.3.5 Stoßgesetze

Der Energieerhaltungssatz bestimmt gemeinsam mit dem Impulserhaltungssatz (Abschnitt 2.2.2.2) den Ablauf von *Stößen* – am anschaulichsten zwischen Kugeln oder kugelähnlichen Teilchen. Sie spielen in vielen Bereichen der Physik eine wichtige Rolle, z. B in der kinetischen Theorie der Wärme (Abschnitt 3.3.3). Die wichtigste Unterscheidung zwischen den Stoßarten betrifft den elastischen und den unelastischen Ablauf.

Beim **elastischen Stoß** bleibt die Summe der kinetischen Energien aller Stoßpartner erhalten; für die Impulse gilt das ohnehin. Besonders übersichtlich ist der *gerade* und *zentrale* Stoß wie bei der Kugelpendel-Kette in **Bild 2.8**: Da in diesem Beispiel auch noch die Massen gleich sind, erhält die letzte Kugel exakt die Geschwindigkeit der ersten. Zwar würde der Impulssatz erlauben, dass z. B. zwei Kugeln mit jeweils halber Geschwindigkeit wegfliegen, aber in den Energiesatz geht die Geschwindigkeit wegen Formel 2.29 quadratisch ein!

Erfolgt der elastische Stoß *schief*, aber *zentral*, müssen nur die Komponenten der Impulse bei diesem zweidimensionalen Prozess berücksichtigt werden (Aufgabe A2.15). Bei *nicht zentralen* Stößen tritt in der Regel Rotation auf, die einen Teil der linearen kinetischen Energie aufnimmt.

Weitere Fallunterscheidungen betreffen die Massen der Stoßpartner. Besonders wichtig ist der Fall, dass eine Masse sehr viel größer ist als die andere und im Extremfall eine Wand mit „unendlich großer“ Masse darstellt. Bei senkrechtem Aufprall kehrt sich die Richtung der Teilchengeschwindigkeit um und ihr Betrag bleibt erhalten, sodass die (elastische) Wand den zweifachen Teilchenimpuls aufnehmen muss:

$$\Delta p_{\mathrm{T}} = \left(m_{\mathrm{T}} v_{\mathrm{T}}\right) - \left(-m_{\mathrm{T}} v_{\mathrm{T}}\right) = 2 m_{\mathrm{T}} v_{\mathrm{T}} = -\Delta p_{\mathrm{Wand}}$$

Bei **inelastischen** Stößen gilt natürlich weiterhin der globale Energiesatz, aber ein Teil der kinetischen Energie wird in Reibungs- bzw. Verformungsarbeit umgewandelt. Man stelle sich z. B. zwei Stahlkugeln wie in **Bild 2.8** durch solche aus Knetgummi ersetzt vor. Besonders leicht übersieht man den speziellen, aber typischen Fall, dass diese Kugeln mit gleicher Masse nach dem Stoß verkoppelt sind. (Knetgummi klebt!) Der Impulssatz fordert dann, dass wegen der doppelten Masse die Geschwindigkeit halbiert wird:

$$m v_1 + m \cdot 0 = 2m \frac{v_1}{2}$$

Für die kinetische Energie bedeutet das aber:

$$E_{\mathrm{kin,nach}} = \frac{1}{2} 2m \left(\frac{v_1}{2}\right)^2 = \frac{1}{4} m v_1^2 = \frac{1}{2} E_{\mathrm{kin,vor}}$$

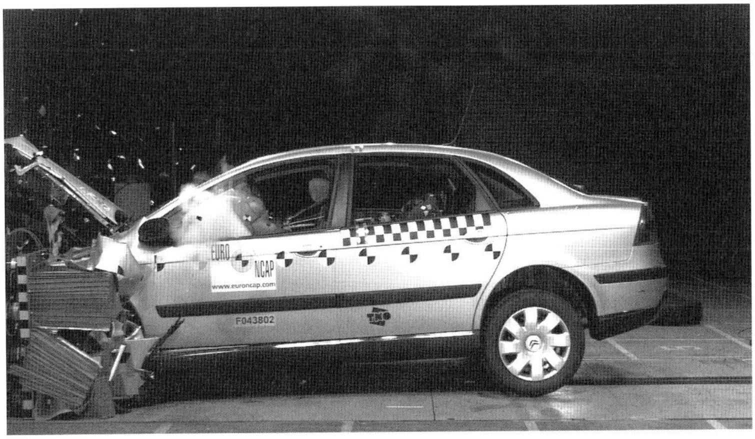

Bild 2.16 Beim „Crashtest“ von Automobilen wird durch einen inelastischen Stoß Bewegungsenergie in Deformationsarbeit umgewandelt.

Die Hälfte der ursprünglichen Bewegungsenergie muss also in *Deformationsarbeit* umgewandelt worden sein – die Kugeln sind nun etwas platt. Bei der Entwicklung von *Autos* wird konstruktiv dafür gesorgt, dass diese Deformationsarbeit nur außerhalb der Passagierzelle verrichtet wird (**Bild 2.16**).

2.3.6 Leistung und Wirkungsgrad

Wenn mehr Arbeit in einem bestimmten Zeitintervall verrichtet wird, oder wenn die gleiche Arbeit in kürzerer Zeit verrichtet wird, dann ist die *Leistung* größer:

Leistung

$$P = \frac{\mathrm{d}W}{\mathrm{d}t}$$ Formel 2.31

Mit $\mathrm{d}W = \vec{F} \cdot \mathrm{d}\vec{s} = \vec{F} \cdot \vec{v} \cdot \mathrm{d}t$ gilt für ein Teilchen mit der Geschwindigkeit $\vec{v}$, auf das die Kraft $\vec{F}$ wirkt:

Leistung

$$P = \vec{F} \cdot \vec{v}$$ Formel 2.32

Gemäß Tabelle 1.2 ist die SI-Einheit: $[P]$ = J/s = W („Watt"). Offensichtlich kann mit diesem Zusammenhang die Arbeit bzw. Energie auch in der Einheit „Wattsekunde" angegeben werden:

$$[W] = [E] = \mathrm{N} \cdot \mathrm{m} = \mathrm{J} = \mathrm{W} \cdot \mathrm{s}$$

Vielfache davon sind „Kilowattstunden" (kWh), die zum Beispiel Energieversorger in Rechnung stellen. – Übrigens ist die antike Leistungseinheit „Pferdestärke" (1 PS = 736 W) inzwischen ungesetzlich, aber gleichwohl unausrottbar.

Die *Momentanleistung* ist in der Technik häufig verschieden von der *mittleren Leistung*; man muss also *Spitzenleistung* und *Dauerleistung* auseinanderhalten, zum Beispiel bei Maschinen. (Auch die elektrische Ausgangsleistung von Verstärkern in der Audiotechnik wird oft missverständlich spezifiziert.)

Für reale Maschinen muss außerdem beachtet werden, dass sie eine größere Leistung aufnehmen als sie abgeben, etwa wegen der Reibung. Der **Wirkungsgrad** η gibt dieses Verhältnis an; eine ganz allgemeine Definition lautet:

Wirkungsgrad

$$\eta = \frac{P_{\text{abgegeben}}}{P_{\text{aufgenommen}}}$$ Formel 2.33

Wegen der unvermeidlichen Verluste in allen Maschinen und bei allen Energieumwandlungen ist η immer kleiner als 1. Eine präzisere Definition des Wirkungsgrades ist mittels thermodynamischer Kreisprozesse möglich (Abschnitt 3.5.2).

Nochmals Symbole

Einige Symbole in der Mechanik kann man sich leichter einprägen, wenn man ihre Ursprünge kennt, vor allem: ***v**elocity, **a**cceleration, **f**orce, **e**nergy, **w**ork, **p**ower.*

Info 2.5: Pumpspeicher-Kraftwerk

Eine großtechnische Anwendung des Energiesatzes (Formel 2.30), die mit dem Einsatz regenerativer Energiequellen immer wichtiger geworden ist, stellt die Speicherung elektrischer Energie durch Umwandlung in mechanische Lageenergie dar. Im Bedarfsfall, d. h. bei „Spitzenlast" im Stromnetz oder mangelnder Sonnen- bzw. Windenergie, kann diese potenzielle in elektrische Energie zurückgewandelt werden.

Dazu wird Wasser von elektrischen Pumpen in ein großes Oberbecken gefördert. Zur Rückwandlung strömt das Wasser mit wachsender kinetischer Energie nach unten und treibt dort Turbinen und damit elektrische Generatoren an. Wegen des begrenzten Wirkungsgrades der Maschinen gewinnt der Energieversorger allerdings nicht die gesamte eingesetzte Energie zurück. **Bild 2.17** zeigt beispielhaft eine solche Anlage in den USA.

Die (theoretische) Leistung eines solchen Kraftwerks lässt sich mittels der potenziellen Energie leicht abschätzen: Zum Beispiel lassen bei einer Anlage der deutschen Kraftwerkgruppe „Edersee" die Rohre einen Abfluss von 180 Tonnen Wasser pro Sekunde über eine Höhendifferenz von 335 m zu. Damit erhält man:

$$\begin{aligned} P &= \frac{\Delta W}{\Delta t} = \frac{mgh}{1\text{s}} \\ &= 1{,}8 \cdot 10^5 \text{kg} \cdot 9{,}81 \left(\text{m}/\text{s}^2\right) \cdot 335 \text{m} / (1\text{s}) \\ &\approx 6 \cdot 10^8 \text{W} \cdot \text{s}/\text{s} = 600 \text{MW} \end{aligned}$$

Dies ist eine für Kraftwerke typische Größenordnung.

Die Leistung des Rheinfalls aus dem Beispiel 2.13 kann man analog berechnen zu:

$$P = 135 \text{MJ}/\text{s} = 135 \text{MW}$$

Tatsächlich wird ein kleiner Teil des Rheinstromes (25 m^3/s) vor dem großen Fall abgeleitet und damit eine elektrische Leistung (lediglich 5,6 kW) erzeugt.

Bild 2.17 Ein Pumpspeicherwerk speichert elektrische Arbeit als potenzielle Energie von Wasser.

Zusammenfassung: Arbeit, Energie und Leistung

- Die *mechanische* Arbeit ist das Produkt aus Kraft und Weg. Da nur die Kraftkomponente in Wegrichtung zählt, wird das Skalarprodukt beider Vektoren berechnet.
- *Potenzielle Energie* ist gespeicherte Arbeit, z. B. als Lageenergie oder elastische Energie.
- Die *kinetische Energie* (Bewegungsenergie) kann Arbeit verrichten.
- Für beide Energieformen gilt in abgeschlossenen Systemen (ohne Reibung oder ähnliche Systemverluste) der *Energieerhaltungssatz* der Mechanik: $E_{kin} + E_{pot} = \text{const.}$
- Die Definition der *Leistung* ist „Arbeit pro Zeit"; ihre Einheit „Watt".
- Arbeit kann in den synonymen Einheiten Wattsekunde, Newtonmeter oder Joule gemessen werden.

2.4 Kinematik und Dynamik der Kreisbewegung

In diesem Kapitel sollen die Erkenntnisse über lineare und allgemein krummlinige Bewegungen auf die *Kreisbewegung* eines Massepunktes angewandt werden. Von einer *Rotation* spricht man meistens bei ausgedehnten Körpern, deren einzelne Massenelemente aber ebenfalls auf Kreisen um eine *Drehachse* umlaufen. Dabei zeigen sich Analogien zur Translation, aber auch neuartige Größen und Effekte.

2.4.1 Grundbegriffe der Kreisbewegung

Wenn sich ein Massenpunkt gleichförmig auf einer Kreisbahn bewegt, wird der Ortsvektor $\vec{r}$ bei dieser ebenen Bahn einfach zum Kreisradius r (**Bild 2.18**). Im Folgenden sollen zunächst die *Beträge* der Vektoren betrachtet werden, mit denen die Kreisbewegung beschrieben wird.

Bild 2.18 zeigt, dass der periodisch auf der Kreisbahn zurückgelegte Weg des Massenpunktes wie gewohnt durch s entlang dem Kreisumfang, ebenso jedoch mittels des Winkels φ angegeben werden kann. Dabei wird φ nicht im Gradmaß, sondern im Bogenmaß als *Radiant* gemessen (mit der Abkürzung „rad").

$$\varphi = \frac{s}{r}$$ Formel 2.34

Die SI-Einheit ist: $[\varphi]$ = m/m = 1. Für Umrechnungen zwischen Grad- und Bogenmaß betrachtet man den *Vollkreis*: $\varphi = 360° = 2\pi r/r = 2\pi$. Dann ist 1 rad = 57,3° und 1° = 17 mrad. Bei kleinen Winkeln ($\varphi \leq 0{,}1$ rad) wird s „annähernd gerade", und in dem „fast rechtwinkligen" Dreieck mit den Seiten r, r, s gilt $\sin\varphi \approx \tan\varphi \approx \varphi$ – das ist eine oft praktische Näherung bei Rechnungen.

In formaler Analogie zur linearen Bewegung wird die **Winkelgeschwindigkeit** ω und die **Winkelbeschleunigung** α durch zeitliche Ableitung des Winkels eingeführt:

Winkelmaße

Eigentlich selbstverständlich, aber in der Praxis manchmal die Ursache von Rätseln oder gar Fehlern: Dem Taschenrechner oder Computer muss natürlich mitgeteilt werden, ob man im Grad- oder im Bogenmaß zu rechnen beabsichtigt! Übrigens entfällt die „Hilfsmaßeinheit" Radiant zwar bei Rechnungen; aber die Angabe mit Vorsätzen wie „mrad" ist durchaus üblich, z. B. in Tabelle 1.3.

$$\omega = \frac{\mathrm{d}\varphi}{\mathrm{d}t} = \dot{\varphi}$$ Formel 2.35

$$\alpha = \frac{\mathrm{d}\omega}{\mathrm{d}t} = \ddot{\varphi}$$ Formel 2.36

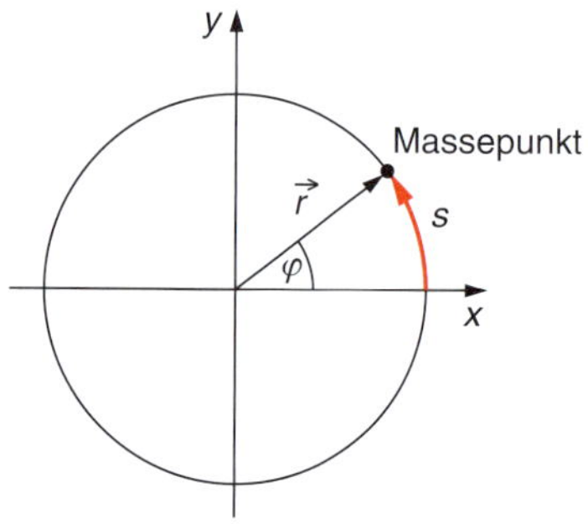

Bild 2.18 Bei einer ebenen Kreisbahn kann der Weg s eines Massenpunktes durch den Radius r sowie den Winkel φ beschrieben werden.

Alternativ – und noch näher an der bekannten Beschreibung – betrachtet man die *Bahn* des Massenpunktes, also den Kreis. Der Zeitbedarf für einen Umlauf wird als **Periodendauer** T bezeichnet, und die Umläufe pro Sekunde als (Dreh-)**Frequenz** f. Dann gilt:

$$f = \frac{1}{T} \qquad \text{Formel 2.37}$$

mit der Einheit [f] = 1/s = Hz (nach Heinrich Hertz, 1857 – 1894). Der Weg pro Umlauf ist offensichtlich der Kreisumfang $2\pi r$. Die konstante **Bahngeschwindigkeit** v_B ergibt sich also als der Quotient

$$v_B = \frac{2\pi r}{T} = 2\pi r f \qquad \text{Formel 2.38}$$

Andererseits erhält man wegen $s = \varphi r$:

$$v_B = \omega r \qquad \text{Formel 2.39}$$

Der Zusammenhang zwischen Bahn- und Winkelgeschwindigkeit wurde hier für den gleichförmigen Umlauf eines Massenpunktes gezeigt, er gilt aber für alle Drehbewegungen, insbesondere auch für beschleunigte. Es hat sich als praktisch erwiesen, die „Drehgrößen" auch mit „axialen" Vektoren zu beschreiben. Wie aber ist die *Orientierung* dieser Vektoren zueinander, wohin zeigt insbesondere die Winkelgeschwindigkeit? Anschaulich ist ihre Richtung nicht zu verstehen, sie resultiert vielmehr aus dem *Vektorprodukt* von $\vec{r}$ und $\vec{v}_B$ (das jedoch verständlicher erst mit der Rotation starrer Körper in Abschnitt 2.5.1 eingeführt werden kann). Plausibel ist immerhin, dass $\vec{r}$ und $\vec{v}_B$ ständig ihre Richtung ändern und nur die Richtung der *Drehachse* konstant bleibt (**Bild 2.19**). Diese wählt man als Orientierung des Vektors $\vec{\omega}$, und zwar im Drehsinn einer *Rechtsschraube*: In Richtung von $\vec{\omega}$ betrachtet verläuft die Kreisbewegung also im Uhrzeigersinn.

Die zeitliche Ableitung der Bahngeschwindigkeit $\dot{\vec{v}}_B = \vec{a}_B$ heißt übrigens *Bahn-* oder *Tangentialbeschleunigung*; sie hat natürlich die Richtung von $\vec{v}_B$ und ist auf analoge Weise vektoriell mit $\vec{r}$ verknüpft. Daraus folgt, dass die Winkelbeschleunigung $\vec{\alpha}$ dieselbe Richtung wie $\vec{\omega}$ hat.

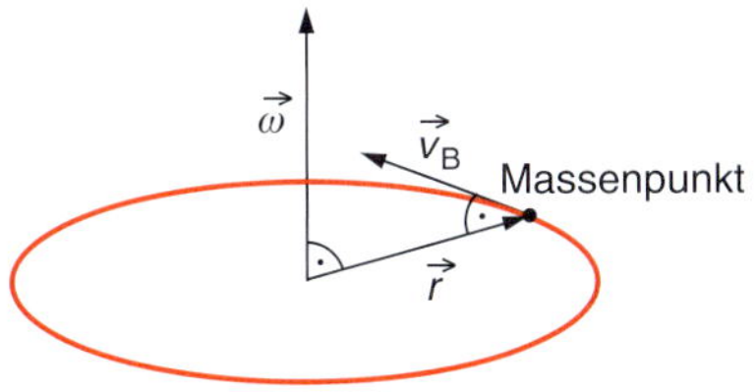

Bild 2.19 Die Winkelgeschwindigkeit ist ein Vektor, der in Richtung der Drehachse zeigt und den Drehsinn der Bewegung festlegt.

Kreisfrequenz

Die Frequenz f, obwohl hier aus einer Kreisbewegung abgeleitet, ist nicht die „Kreisfrequenz"! Bei der gleichförmigen Rotation handelt es sich um eine periodische Bewegung, wie bei einer Schwingung. Der Zusammenhang wird besonders anschaulich, wenn man sich den umlaufenden Massenpunkt auf eine Ebene projiziert vorstellt. Bei Schwingungen wird häufig die *Kreisfrequenz* $\omega = 2\pi f$ *angegeben* (Abschnitt 2.6.1). Mit $\varphi = 2\pi$ und $t = T$ kann man sich leicht überzeugen, dass die Kreisfrequenz mit der *Winkelgeschwindigkeit* identisch ist.

2.4.2 Radialbeschleunigung

Auch bei konstanter Winkelgeschwindigkeit handelt es sich bei der Kreisbahn des Massepunktes um eine *beschleunigte Bewegung*, da die Bahngeschwindigkeit $\vec{v}_B$ ja ein Vektor ist, dessen Richtung sich dauernd ändert (auch wenn ihr Betrag konstant bleibt). Diese kontinuierliche Richtungsänderung in radialer Richtung wird konsequenterweise als *Radialbeschleunigung* $\vec{a}_r$ bezeichnet. Ihr formaler Zusammenhang mit der Bahngeschwindigkeit lässt sich leicht aus den geometrischen Beziehungen herleiten, die **Bild 2.20** zeigt:

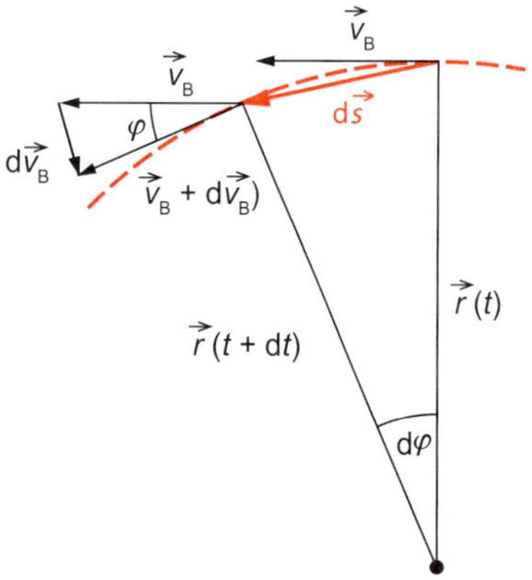

Bild 2.20 Skizze zur Bestimmung der Radialbeschleunigung $\vec{a}_r$; die eigentlich infinitesimalen Größen sind „stark vergrößert" dargestellt.

Der Radiusvektor $\vec{r}$ steht senkrecht auf der Bahngeschwindigkeit $\vec{v}_B$; beide haben sich nach dem sehr kleinen (eigentlich „unendlich" kleinen) Zeitintervall dt um $d\varphi$ gedreht. Um $\vec{r}$ in die neue Position zu bringen, muss $d\vec{s}$ vektoriell addiert werden, ebenso verhält es sich mit $\vec{v}_B$ und $d\vec{v}_B$. Wegen der Parallelverschiebung von $\vec{v}_B$ sind die Dreiecke $\vec{r}(t)$, $\vec{r}(t + dt)$, $d\vec{s}$ sowie $\vec{v}_B$, $\vec{v}_B + d\vec{v}_B$, $d\vec{v}_B$ geometrisch ähnlich, sodass der Winkel $d\varphi$ in beiden gleich ist. Wenn $d\vec{v}_B$ infinitesimal klein wird, steht dieser Vektor exakt senkrecht auf $\vec{v}_B$. Aus dem oberen Dreieck in **Bild 2.20** kann man dann ablesen:

$$\tan d\varphi = \sin d\varphi = d\varphi = \frac{d\vec{v}_B}{\vec{v}_B}$$

Die Definition der Radialbeschleunigung:

$$a_r = \frac{dv_B}{dt}$$

lässt sich also umformen:

$$a_r = v_B \frac{d\varphi}{dt} = v_B \omega$$

Ersetzt man mit Formel 2.38 bzw. Formel 2.39 entweder die Winkelgeschwindigkeit oder die Bahngeschwindigkeit durch den Bahnradius, so erhält man schließlich die beiden äquivalenten Ausdrücke:

Radialbeschleunigung in Abhängigkeit von der Bahngeschwindigkeit

$$a_r = \frac{v_B^2}{r} \qquad \text{Formel 2.40}$$

Radialbeschleunigung in Abhängigkeit von der Winkelgeschwindigkeit

$$a_r = r\omega^2 \qquad \text{Formel 2.41}$$

Die Radialbeschleunigung als Vektor $\vec{a}_r$ ist, wie schon ihr Name sagt, *radial* orientiert, also wie der Radiusvektor, diesem aber *entgegengerichtet*. Das wird anschaulich schon durch ihre Funktion deutlich, nämlich einen Massepunkt auf seiner Kreisbahn zu halten. Wegen dieser Ausrichtung zum Mittelpunkt heißt sie auch *Zentripetal-Beschleunigung*.

Beispiel 2.15: Wäscheschleuder

Aufgabe: Nasse Wäsche wird meistens geschleudert, um das Waschwasser aus dem Stoff zu ziehen. Schätzen Sie die typische Radialbeschleunigung im Vergleich zur Erdbeschleunigung g ab!
Lösung: Die Winkelgeschwindigkeit im Schleudergang einer mittelmäßigen Waschmaschine (f = 1400 U/min) beträgt:

$$\omega = 2\pi f = 2\pi \cdot 23{,}3\,\mathrm{s}^{-1}$$

Mit dem typischen Trommeldurchmesser von 50 cm erhält man die Radialbeschleunigung:

$$a_\mathrm{r} = r\omega^2 = 0{,}25\,\mathrm{m} \cdot (2\pi \cdot 23{,}3)^2\,\mathrm{s}^{-2} \approx 5360\,\mathrm{m/s^2}$$

Sie beträgt also ungefähr das 550-fache der Erdbeschleunigung! (Meistens schreibt man einfach: $a_\mathrm{r} \approx 550g$.)

Beispiel 2.16: Radialbeschleunigung im Auto

Aufgabe: Der Talisman am Rückspiegel des PKW aus dem Beispiel 2.11 zeigt in einer mit der konstanten Bahngeschwindigkeit von 100 km/h durchfahrenen Kurve wieder eine Schräglage mit dem Winkel 22,3°. Welchen Radius hat die Kurve?
Lösung: In diesem Fall steht die Trägheitsbeschleunigung a_T im Gleichgewicht mit der *Radialbeschleunigung* a_r. Das **Bild 2.10** ist – um 90° gedreht – wieder anwendbar und zeigt:

$$\tan\alpha = \frac{|\vec{a}_\mathrm{T}|}{|\vec{g}|} = \frac{|\vec{a}_\mathrm{r}|}{|\vec{g}|}$$

Daraus erhält man mit Formel 2.40:

$$a_\mathrm{r} = g\tan\alpha = \frac{v_\mathrm{B}^2}{r}$$

Der Bahn- bzw. Kurvenradius ist also:

$$r = \frac{v_\mathrm{B}^2}{g \cdot \tan\alpha} = \frac{(100/3{,}6)^2\,(\mathrm{m/s})^2}{9.81\,(\mathrm{m/s^2}) \cdot \tan(22{,}3^\circ)} = 192\,\mathrm{m}$$

2.4.3 Radialkräfte

Für Massen ergibt das Produkt mit einer Beschleunigung immer eine Kraft – das fordert das zweite Newtonsche Gesetz $F = ma$. Die beiden Radialkräfte sind ein Beispiel für ein Kräftepaar, das je nach Bezugssystem unterschiedlich wahrgenommen wird:

Um eine reale Masse im Sinne der Dynamik (nicht nur einen kinematischen Massenpunkt) auf einer Kreisbahn zu halten, bedarf es aus Sicht des ruhenden Betrachters einer **Zentripetalkraft** („Haltekraft“)

$$F_\mathrm{ZP} = ma_\mathrm{r} = mr\omega^2 = \frac{mv_\mathrm{B}^2}{r} \qquad \text{Formel 2.42}$$

Die Masse verursacht nämlich aufgrund ihrer Trägheit die entgegengerichtete **Zentrifugalkraft** („Fliehkraft“)

Radial und tangential

Obwohl die Zentrifugalkraft radial wirkt, fliegt eine Masse *nicht* in diese Richtung, wenn die Zentripetalkraft entfällt (z. B. ein Seil reißt). Es entfällt lediglich die Kraft, die die Masse gegen ihre Trägheitskraft auf eine Kreisbahn zwingt. Die Flugbahn ist nun die *Tangente* an den Kreis: Die Masse fliegt einfach geradeaus weiter.

$$\vec{F}_{ZF} = -\vec{F}_{ZP} \qquad \text{Formel 2.43}$$

die der rotierende Beobachter in seinem Bezugssystem beschreibt.

Beschleunigungen im rotierenden System

Nicht weniger als vier physikalisch verschiedene Beschleunigungen (ohne alternative Bezeichnungen) müssen in rotierenden Bezugssystemen unterschieden werden: Winkelbeschleunigung α, Bahnbeschleunigung a_B, Radialbeschleunigung a_r und CORIOLIS-Beschleunigung a_C. Die ersten beiden entfallen bei gleichförmig rotierenden Systemen, die letzte tritt nur bei Bewegungen senkrecht zur Drehachse auf. Die Zentripetalbeschleunigung a_r ist insofern die wichtigste, als sie die Kreisbewegung erst bewirkt.

Trägheitskräfte wie die Zentrifugalkraft werden häufig als „Scheinkräfte“ (Abschnitt 2.2.3.1) bezeichnet, obwohl sie sich sehr real auswirken (F_{ZF} etwa in Straßenkurven, auf dem Karussell oder bei der Verringerung der Gewichtskraft (Aufgabe A2.17). Wechseln Sie zum Verständnis (gedanklich) das Bezugssystem, gehen Sie z. B. aus dem rotierenden Karussell auf die „ruhende“ Erdoberfläche: An jedem Punkt der Kreisbahn „möchte“ die Masse ihre Geschwindigkeit beibehalten, das heißt mit $\vec{v}_B$ geradeaus weiterfliegen, wie es das 1. NEWTON-Gesetz verlangt. (Genau dieser Fall tritt tatsächlich ein, wenn die Zentripetalkraft wegfällt, also die Reibungskraft in der Kurve bzw. die Haltekraft der Kette beim Karussell: Die Masse verlässt *tangential* die Kreisbahn.) Nur im rotierenden Bezugssystem müssen Sie eine *radial* wirkende (Schein-) Kraft einführen, um dieses – von außen betrachtet – selbstverständliche Verhalten zu beschreiben!

2.4.4 CORIOLIS-Beschleunigung und -Kraft

Eine weitere (Schein-)Kraft in rotierenden Bezugssystemen entsteht, wenn Massen sich mit einer Geschwindigkeit v_r *radial* bewegen, d. h. senkrecht zur Drehachse, also zum Beispiel vom Mittelpunkt zum Rand wie in **Bild 2.21**. Ein Beobachter *im* rotierenden System stellt fest, dass eine gekrümmte Bahnkurve resultiert, also eine *zusätzliche Beschleunigung* a_C senkrecht zu v_r auf die Masse wirkt. Die entsprechende Kraft $F_C = ma_C$ heißt **CORIOLIS-Kraft** nach GASPARD GUSTAVE DE CORIOLIS (1792 – 1843); formuliert wurde sie übrigens bereits 1775 von PIERRE-SIMON LAPLACE.

Für den Beobachter *außen*, im ruhenden Bezugssystem, ist F_C nur eine Scheinkraft: Das Bezugssystem dreht sich einfach unter der (trägen) Masse während ihrer Bewegung nach außen hinweg – aus diesem Grund kommt die Masse um die Strecke s versetzt am Rand an.

Für eine konstante Radialgeschwindigkeit v_r lässt sich a_C leicht herleiten: Die Bewegungsgleichung (Formel 2.6) beschreibt die Strecke s ganz allgemein mit:

$$s = \frac{1}{2} a_C t^2$$

andererseits gilt hier mit Formel 2.39:

$$s = v_B t = r\omega t$$

oder wegen $r = v_r t$:

$$s = v_r \omega t^2$$

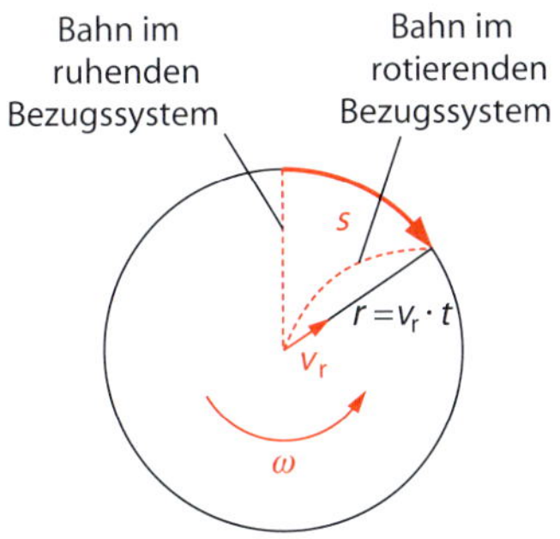

Bild 2.21 Im ruhenden Bezugssystem verläuft die Bahn $r = v_r \cdot t$ geradlinig. Im rotierenden Bezugssystem muss die CORIOLIS-Beschleunigung a_c senkrecht zur Bahn eingeführt werden, um deren Krümmung zu beschreiben.

Durch Gleichsetzen mit der Bewegungsgleichung (Formel 2.6) erhält man die **CORIOLIS-Beschleunigung**:

$$a_C = 2v_r\omega \qquad \text{Formel 2.44}$$

CORIOLIS-Beschleunigung

Bei vektorieller Formulierung mittels des Kreuzproduktes (Abschnitt 2.5.1) bestätigt die Mathematik den physikalisch plausiblen Sachverhalt, dass $\vec{F}_c$ sowohl senkrecht zu $\vec{v}_r$ als auch zur Winkelgeschwindigkeit $\vec{\omega}$ – die ja in der Drehachse liegt – gerichtet ist:

$$\vec{F}_C = 2m(\vec{v}_r \times \vec{\omega})$$

Beispiel 2.17: Schüsse im rotierenden Bezugssystem

Ein klassisches Experiment zeigt, wie auf einem rotierenden Drehstuhl mit einer Luftpistole auf eine Zielscheibe geschossen wird **(Bild 2.22).** Trotz sorgfältigen Zielens verfehlt jede Kugel das Zentrum. Für die schadenfrohen Zuschauer im ruhenden System (Hörsaal) ist der Fall klar: Während des Kugelfluges dreht sich die Zielscheibe ja weiter.

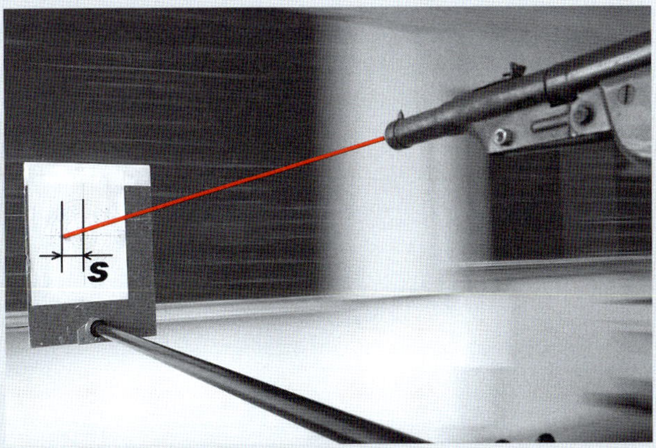

Bild 2.22 Ein rotierender Schütze beobachtet eine Ablenkung der Pistolenkugel senkrecht zur Schussbahn durch die CORIOLIS-Kraft.

Der frustrierte Schütze bestimmt schließlich die Strecke s – um die seine Kugel abgelenkt wird (vgl. **Bild 2.22**) und um die er also *vorhalten* muss – aus der allgemeinen Bewegungsgleichung. Dazu setzt er die in seinem Bezugssystem auftretende Coriolis-Beschleunigung (Formel 2.44) ein:

$$s = \frac{1}{2} a_C t^2 = \frac{1}{2} a_C \left(\frac{r}{v_r} \right)^2 = \frac{\omega r^2}{v_r}$$

Mit typischen Versuchsdaten (eine Umdrehung pro Sekunde, also $f = 1$ Hz, Abstand zur Zielscheibe, d. h. Radius $r = 1$ m, Kugelgeschwindigkeit $v_r = 100$ m/s) kann er abschätzen:

$$s = \frac{2\pi \cdot 1\text{s}^{-1} \cdot (1\text{m})^2}{100\text{m}/\text{s}} = 6\text{cm} \qquad \text{Formel 2.45}$$

Im Maschinenbau muss die Coriolis-Kraft beim Zusammentreffen von schnellen Dreh- und Radialbewegungen berücksichtigt werden; ansonsten spielt sie keine große Rolle in der Technik. Umso dramatischer ist ihre Wirkung auf strömende *Luftmassen*, also Winde, die auf der rotierenden Erde Geschwindigkeitskomponenten senkrecht zur Drehachse haben: **Bild 2.23** zeigt als Beispiel, wie ein Tiefdruckwirbel entsteht. Natürlich haben diese auf der Nord- und Südhalbkugel entgegengesetzten Drehsinn.

In Abhängigkeit von der Energiezufuhr bilden sich auf diese Weise unter bestimmten Bedingungen auch Wirbelstürme; für ihre zerstörerische Wirkung kommt es aber auf den Drehsinn nicht an …

Bild 2.23 Die Coriolis-Kraft bewirkt bei Luftmassen, die von allen Seiten in ein Tiefdruckgebiet strömen, eine Rotationsbewegung.

Info 2.6: Der historische Pendelversuch von FOUCAULT

Im Jahr 1851 führte LEON FOUCAULT (1819–1868) – ähnlich wie der weniger berühmte VIVIANI schon 1661 – einen spektakulären Versuch im Pantheon zu Paris durch: eine Messingkugel von 28 kg Masse wurde an einem 67 m langen Stahlfaden in Pendel-Schwingungen versetzt (ähnlich dem „mathematischen Pendel" in Abschnitt 2.6.1). Auf zeitgenössischen Bildern sieht man zahlreiche Zuschauer eine merkwürdige Erscheinung bestaunen: Die Schwingungsebene dreht sich ohne äußeren Einfluss um ca. 12° pro Stunde!
Natürlich ist dies nur eine scheinbare Rotation. Tatsächlich sorgt die große, träge Pendelmasse (und die reibungsarme Aufhängung) für eine stationäre Schwingung, und die Erde mitsamt dem Pantheon und den Zuschauern dreht sich unter dem Pendel hinweg – vom Weltall aus gesehen. Auf der rotierenden Erde muss man zur Erklärung jeweils die CORIOLIS-Kraft betrachten, die aufgrund der Geschwindigkeitskomponente des Pendels senkrecht zur Erd- bzw. Drehachse wiederum senkrecht dazu auf die Masse wirkt. In beiden Bezugssystemen kommt man zum gleichen Ergebnis: Die Erde, die im geozentrischen Weltbild lange als ruhender Mittelpunkt der Welt angesehen worden war, *dreht sich* – „Und sie bewegt sich doch!" (Legendärer Ausspruch von GALILEO GALILEI nach seinem Inquisitionsprozess im 17. Jahrhundert).

Zusammenfassung: Kreisbewegung

- *Winkelgeschwindigkeit* ω und *Bahngeschwindigkeit* v_B sind alternative Beschreibungen der Kreisbewegung eines Massenpunktes mit dem Bahnradius r: $v_B = \omega r$
- Die ständige Richtungsänderung der Bahngeschwindigkeit macht die Kreisbahn zu einer beschleunigten Bewegung.
- Die Radialbeschleunigung hat im rotierenden Bezugssystem die *Zentrifugalkraft* zur Folge, deren Gegenkraft – die *Zentripetalkraft* – Massen auf der Kreisbahn hält.
- Bei radialen Bewegungen (senkrecht zur Drehachse) tritt außerdem die *CORIOLIS-Kraft auf*, die senkrecht zur Drehachse sowie zur Radialgeschwindigkeit wirkt.

2.5 Rotation starrer Körper

Bisher wurde die Ausdehnung von bewegten Körpern vernachlässigt – für einen Massen-Punkt ist die Drehung um seine eigene Achse unerheblich. In diesem Kapitel wird ein System von vielen Massepunkten bzw. Masseelementen mit festem (starrem) Abstand zueinander untersucht. Jeder einzelne Massenpunkt beschreibt bei der Rotation eine Kreisbahn, der gegebenenfalls eine Translation überlagert sein kann; in diesem Fall betrachtet man den *Schwerpunkt* des Körpers.

2.5.1 Drehmoment

Der in **Bild 2.24** skizzierte Körper – ein Schwungrad, eine Scheibe oder Ähnliches – soll mit einer beliebig gerichteten Kraft $\vec{F}$, die in unterschiedlichen Abständen $\vec{r}$ von der Drehachse angreifen kann, so wirkungsvoll wie möglich in Rotation versetzt werden. Jedes Kind wird per Intuition zunächst den Abstand maximal wählen – also hier am Rand der Scheibe ziehen – und seine Kraft nicht parallel oder schräg, sondern genau senkrecht zu $\vec{r}$ einsetzen.

Was experimentell so kinderleicht gelingt, verlangt zur mathematischen Formulierung die Multiplikation zweier Vektoren mit einem neuen Vektor als Ergebnis, nämlich dem **Drehmoment** als *Vektor*- oder *Kreuzprodukt*:

Drehmoment

$$\vec{M} = \vec{r} \times \vec{F} \qquad \text{Formel 2.46}$$

Die SI-Einheit des Drehmomentes ist $[M] = \mathrm{m} \cdot \mathrm{N} = \mathrm{N} \cdot \mathrm{m}$. Der *Betrag* des Drehmomentes ergibt sich nach den Regeln der Vektorrechnung als:

Rechtsschraubenregel

$$\vec{M} = |\vec{r}| \cdot |\vec{F}| \cdot \sin\alpha$$

Das ist auch physikalisch plausibel, denn für $\alpha = 90°$ wird das Produkt maximal, und es verschwindet für 0°, wenn zum Beispiel in **Bild 2.24** ineffektiv in Richtung des Abstandsvektors $\vec{r}$ gezogen wird. Die *Richtung* von $\vec{M}$ steht senkrecht auf den beiden anderen Vektoren, zeigt also entlang der Drehachse. Die beiden verbleibenden Möglichkeiten werden durch die „*Rechtsschraubenregel*" unterschieden (manch einer verbindet mit der Bezeichnung „Korkenzieherregel" eine plastischere Vorstellung, aus welchen Gründen auch immer):

> Wenn der erste Vektor im Kreuzprodukt auf kürzestem Wege in Richtung des zweiten gedreht wird, zeigt der Produktvektor in die Bewegungsrichtung einer Rechtsschraube.

Newtonmeter

Obwohl es sich um eine andere physikalische Größe handelt, ist die SI-Einheit des Drehmomentes dieselbe wie die der Arbeit bzw. der Energie. Tatsächlich gestattet das SI sogar, bei Umrechnungen „Joule" oder „Wattsekunden" statt „Newtonmeter" einzusetzen. *Aber*: die Arbeit ist eine *ungerichtete* Größe und resultiert aus dem *Skalarprodukt* von Kraft und Weg (Abschnitt 2.3.1).

In **Bild 2.24** zeigt der Drehmomentvektor $\vec{M}$ also parallel zur Drehachse ins Buch hinein. Diese Richtung wird durch die Vektorrechnung erklärt und hat keine anschauliche Bedeutung wie bei der Vektoraddition; allerdings gibt sie den Drehsinn für die resultierende Rotation an. Diese wird dann durch den Vektor der Winkelgeschwindigkeit $\vec{\omega}$ (Formel 2.35 und **Bild 2.19**) beschrieben, der parallel zu $\vec{M}$ gerichtet ist.

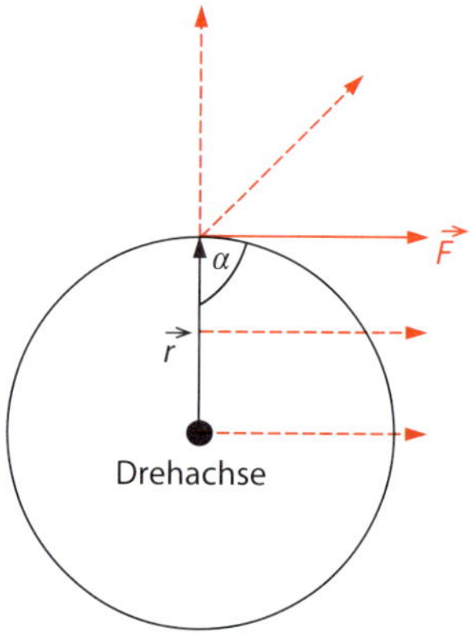

Bild 2.24 Das Drehmoment ist ein Vektorprodukt; es kommt also auf Betrag und Richtung der beteiligten Größen an.

Eine ebenso übersichtliche wie wichtige Anwendung des Drehmomentes ist der **Hebel**. Dies ist eine der einfachsten und ältesten Maschinen mit dem Zweck, im Produkt $W = \vec{F} \cdot \vec{s}$ (Formel 2.25) die Kraft auf Kosten des Weges zu reduzieren. Dabei bleibt die Arbeit natürlich gleich, denn es gilt $[M] = \mathrm{N} \cdot \mathrm{m} = [W]$.

Meistens stehen beim Hebel Kraft und Abstand zur Drehachse annähernd senkrecht aufeinander, sodass die Gleichung für die beiden Drehmomente (Formel 2.46) einfach

„Kraft mal Kraftarm gleich Last mal Lastarm" formuliert werden kann. Man unterscheidet zweiarmige Hebel (wie bei der Balkenwaage in **Bild 2.11**) von einarmigen wie in **Bild 2.25** (bei dem die Bezeichnung offenbar besonders gut passt).

Beispiel 2.18: Unterarm-Hebel

Aufgabe: Welche Muskelkraft im Oberarm ist nötig, um einen Bierkrug (bayerisch: „Maß") beim Weg vom Fass zum Tisch zu halten?

Lösung: Der Bierinhalt des Kruges soll 1 l betragen; das entspricht recht genau einer reinen Biermasse von 1 kg. Von Braufesten wird jedoch berichtet, dass häufig knapp eingeschenkt wird und 1 kg eher die *Gesamtmasse* darstellt. Mit dieser Annahme und mit den Abständen zur Drehachse aus **Bild 2.25** kann abgeschätzt werden:

$$F_{\text{Muskel}} \cdot |\vec{r}_{\text{M}}| = G_{\text{Krug}} \cdot |\vec{r}_{\text{K}}| \Rightarrow F_{\text{Muskel}} = \frac{|\vec{r}_{\text{K}}|}{|\vec{r}_{\text{M}}|} mg$$

$$F_{\text{Muskel}} = 10 \cdot 1\,\text{kg} \cdot 9{,}81\ \text{m/s}^2 \approx 100\,\text{N}$$

Die Konstruktion des Unterarmes macht also einen eher ungünstigen Gebrauch vom Hebelgesetz. Dennoch werden zum Beispiel beim Münchener Oktoberfest Kellnerinnen mit fünf oder mehr Maßkrügen in jeder Hand gesehen.

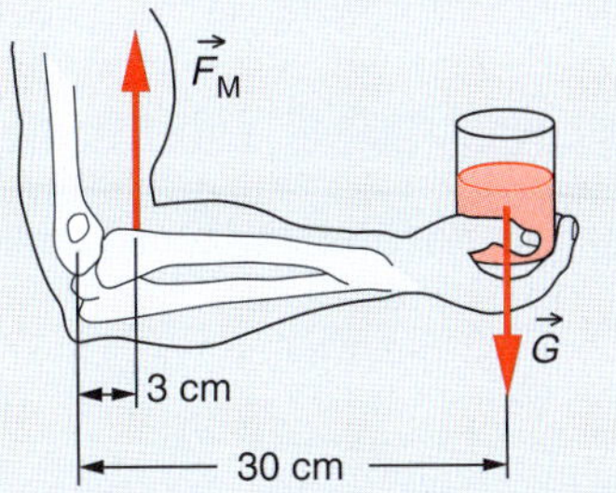

Bild 2.25 Die aufgewandte Muskelkraft ist hier wesentlich größer als die Gewichtskraft.

2.5.2 Schwerpunkt, Gleichgewicht und Statik

Viele Probleme der Mechanik lassen sich mit Massenpunkten beschreiben. Wenn die Eigenschaften der Masse selbst – also Trägheit oder Schwere – eine Rolle spielen, sollte man eher von *Punktmassen* sprechen: Man stellt sich die Gesamtmasse konzentriert in einem Punkt vor. Besonders übersichtlich ist das natürlich bei symmetrischen Körpern wie der Kugel. Beispielsweise bewirkt die Erdmasse eine Gewichtskraft, die zum *Mittelpunkt* der Erdkugel gerichtet ist. Dort ist der **Massenmittelpunkt** der Erde, und genau der zieht wiederum andere Massen an (wie vom Gravitationsgesetz in Abschnitt 2.7.2 noch exakter beschrieben wird).

Bei unsymmetrischen Körpern ist der Massenmittelpunkt oft schwer zu lokalisieren. Dessen technische Bedeutung rührt unter anderem daher, dass alle durch die Massenverteilung bewirkten Kräfte sich genau kompensieren, wenn der Körper im Massenmittelpunkt gelagert wird. Speziell gilt das für die Gewichtskräfte („Schwerkräfte") auf die Masseelemente, darum heißt dieser Punkt auch **Schwerpunkt**.

Moment

In der *technischen* Mechanik wird puristisch von „Momenten" gesprochen, solange keine Drehung tatsächlich resultiert. Dafür gibt es einen Strauß von speziellen Bezeichnungen: Biege-, Gier, Nick-, Kipp-, Anfahr-, Abtriebsmoment usw., je nach technischer Fragestellung. Sie alle heißen in der Physik „Drehmoment".

Für Drehungen muss man die Kräfte natürlich in Kombination mit den Abständen vom Lagerpunkt (dem möglichen Drehpunkt) als *Drehmomente* beschreiben. Ein Körper dreht sich gerade *nicht*, wenn die Summe aller Drehmomente null ist. Dann ist der Körper im *Gleichgewicht*.

Ob das Gleichgewicht *stabil* ist, hängt von der Position des Lagerpunktes in Bezug auf den Schwerpunkt ab. **Bild 2.26** zeigt als einfaches Beispiel einen homogenen Quader, dessen Schwerpunkt genau im Zentrum liegt. Wird er dort auch gelagert **(a),** so ist das Gleichgewicht *indifferent*: die Summe der Drehmomente verschwindet in jeder Position. In **(b)** ist das Gleichgewicht *labil*, da der Schwerpunkt oberhalb des Lagerpunktes ist; bei geringer Auslenkung kippt der Klotz. In **(c)** befindet sich der Körper im *stabilen* Gleichgewicht, da er oberhalb des Schwerpunktes aufgehängt ist. Auslenkungen verursachen nun Drehmomente, die den Körper in seine stabile Lage zurückdrehen.

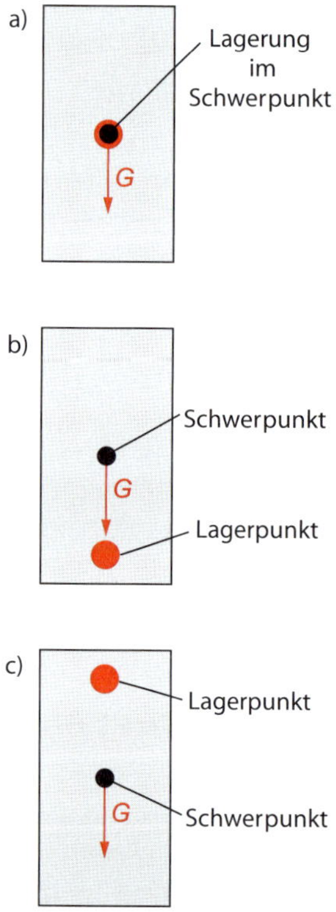

Bild 2.26 Indifferentes (a), labiles (b) und stabiles (c) Gleichgewicht hängen von der Position des Lagerpunktes in Bezug auf den Schwerpunkt ab.

In der **Statik**, einem wichtigen Teilgebiet der theoretischen Mechanik, steht gerade die *Verhinderung* von Bewegungen im Mittelpunkt: Sie untersucht, unter welchen Voraussetzungen zum Beispiel Baukräne *nicht* abknicken und Brücken *nicht* einstürzen. Im Detail ist das ein weites und unwegsames Feld; die beiden *Grundbedingungen* lassen sich aber sehr einfach formulieren: Alle Kräfte und Drehmomente müssen sich jeweils gegenseitig aufheben:

$$\sum_i \vec{F}_i = 0; \quad \sum_i \vec{M}_i = 0$$

2.5.3 Trägheitsmoment

Nun soll ein Drehmoment $\vec{M}$ tatsächlich eine Drehung verursachen. Wie wirkt sich dann die Trägheit der um die Drehachse verteilten *Masse* aus? Mit den bekannten Gleichungen lässt sich zunächst der Beitrag eines (infinitesimal kleinen beziehungsweise punktförmigen) Massenelementes dm im Abstand r von der Drehachse angeben. Für seine lineare Beschleunigung gilt $F = \mathrm{d}m \cdot a$. Hier interessiert aber die Winkelbeschleunigung α (Formel 2.36). Da die Bahngeschwindigkeit v_B mit der Winkelgeschwindigkeit ω gemäß Formel 2.38 durch $v_B = \omega r$ verknüpft ist, gilt für α:

$$\alpha = \frac{\mathrm{d}\omega}{\mathrm{d}t} = \frac{\mathrm{d}v_B}{\mathrm{d}t} \cdot \frac{1}{r} = a\frac{1}{r} = \frac{F}{\mathrm{d}m} \cdot \frac{1}{r}$$

Daraus erhält man für die Kraft:

$$F = \mathrm{d}mr\alpha$$

Dies eingesetzt in Formel 2.46 ergibt den Betrag des Drehmomentes, der durch die Trägheit eines Masseelementes verursacht wird:

$$M = \left(\mathrm{d}mr^2\right)\alpha$$

Die letzte Gleichung gilt analog zum Grundgesetz der Mechanik für Translation

$$F = \mathrm{d}m \cdot a$$

hier für eine *Winkelbeschleunigung* durch ein *Drehmoment*. Der Vergleich zeigt, dass sich die Trägheit des Massenelementes in diesem Fall proportional zum Quadrat seines Abstandes von der Drehachse auswirkt. Durch Integration über alle Massenelemente summiert man ihre Beiträge zum gesamten **Massenträgheitsmoment**:

Drehmasse

Das Massenträgheitsmoment wird gelegentlich als „Drehmasse" bezeichnet. Bei der *linearen* Bewegung verursacht die Masse unabhängig von ihrer Verteilung immer die *gleiche* Trägheit. Der wesentliche Unterschied bei der Rotation ist, dass diese Wirkung nun entscheidend von der Lage der Drehachse abhängt. Bei einer Stange ist z. B. das Trägheitsmoment bei einer Drehung um die Längsachse viel kleiner als bei der Drehung um eine Querachse. Die Drehachse kann auch asymmetrisch zur Massenverteilung liegen, oder sogar außerhalb.

Massenträgheitsmoment

$$J = \int_0^{m_{\text{ges}}} r^2 \mathrm{d}m \qquad \text{Formel 2.47}$$

Damit kann man auch das Grundgesetz der Mechanik für Rotation allgemein formulieren:

$$\vec{M} = J\vec{\alpha} \qquad \text{Formel 2.48}$$

So wie die Masse bei der Beschreibung linearer Bewegungen hat auch das Trägheitsmoment skalaren Charakter; seine SI-Einheit ist offensichtlich: $[J] = \mathrm{kg} \cdot \mathrm{m}^2$. Die Integration ist bei unregelmäßigen Körpern und beliebig orientierten Drehachsen schwierig, aber die meisten technisch wichtigen Masseverteilungen sind achsensymmetrisch, sodass „schichtweise" integriert werden kann wie im Beispiel 2.19.

Beispiel 2.19: Trägheitsmoment einer Schwungscheibe

Schwungscheiben, die von alten Spielzeugautos bis zu modernen Energiespeichern viele technische Anwendungen finden, sind *Vollzylinder* großer Masse. Massenelemente im gleichen Abstand r von der Drehachse, also auf Hohlzylindern der Dicke dr mit der Masse dm, liefern jeweils gleiche Beiträge zu J **(Bild 2.27).**

Die Masse eines solchen Hohlzylinders mit der Höhe h wird mittels der Dichte $\varrho = \mathrm{d}m/\mathrm{d}V$ ausgedrückt. (Dadurch kann einfach über den Zylinderradius integriert werden.):

$$\mathrm{d}m = \varrho \mathrm{d}V = \varrho \cdot 2\pi r \mathrm{d}r \cdot h$$

Dies in Formel 2.47 eingesetzt ergibt:

$$J = 2\pi\varrho h \int_0^R r^3 \mathrm{d}r = \frac{1}{2}\pi\varrho h R^4$$

Mit der Masse des Vollzylinders

$$m = \varrho\pi R^2 h$$

lautet das Ergebnis schließlich:

$$J = \frac{1}{2} m R^2$$

Die über den Radius verteilte Masse des Vollzylinders wirkt demnach so, als sei die Hälfte davon auf dem Außenrand konzentriert.

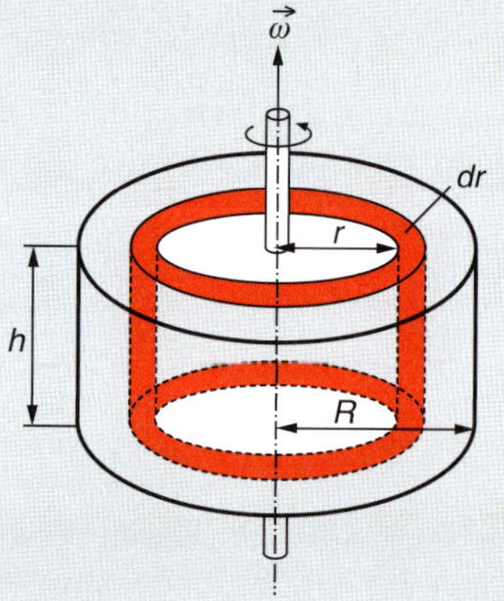

Bild 2.27 Das Trägheitsmoment eines Vollzylinders ist die Summe der Beiträge von Hohlzylindern der Dicke d*r*, integriert über den Zylinderradius *R*.

Im Allgemeinen ist das Massenträgheitsmoment unterschiedlich für unterschiedliche Drehachsen. Die Achsen mit maximalem und minimalem Trägheitsmoment werden als *freie Achsen* des Körpers bezeichnet. Um sie kann ein Körper bei freier Rotation stabil rotieren. Die entsprechenden Formeln können für diverse geometrische Körper im Bedarfsfall nachgeschlagen werden [Kuchling].

Info 2.7: Satz von Steiner

Gelegentlich werden Studierende im Laborpraktikum, aber auch Techniker beim Maschinenbau mit der Komplikation gequält, dass die Drehachse *nicht* mit der Symmetrieachse oder einer anderen freien Achse zusammenfällt. Glimpflich ist dieser Fall, wenn sie zumindest in einem Abstand *x parallel* verläuft.

Qualitativ ist sofort klar, dass J_x größer als J_s im symmetrischen Fall sein muss, da sich für einen Teil der Massenelemente der Abstand zur (verschobenen) Drehachse vergrößert. Quantitativ berechnet man den zusätzlichen Beitrag mit dem *Satz von Steiner*:

$$J_x = J_s + m x^2$$

Wird die Drehachse zum Beispiel um $x = R/2$ aus der Mitte verschoben, so ergibt sich:

$$J_x = mR^2 + m\left(\frac{R}{2}\right)^2 = \frac{3}{4} m R^2$$

2.5.4 Rotationsenergie und Drehimpuls

Nach dem letzten Abschnitt ist klar, dass der in Abschnitt 2.3.3 eingeführte Ausdruck für die kinetische Energie der *Translation* bei der *Rotation* starrer Körper unbrauchbar ist, da fast jedes Massenelement eine unterschiedliche Bahngeschwindigkeit hat. Für alle gleich ist jedoch die *Winkelgeschwindigkeit*. Mit ω und dem Trägheitsmoment J lautet der analoge Ausdruck zu Formel 2.29 für die **Rotationsenergie**:

$$E_{\text{rot}} = \frac{1}{2} J \omega^2 \qquad \text{Formel 2.49}$$

Rotationsenergie

Mit diesen beiden Größen kann auch der **Drehimpuls** $\vec{L}$ angegeben werden (der in populären Beschreibungen auch „Drall“ genannt wird; in der Atomphysik hat „Spin“ eine verwandte Bedeutung):

$$\vec{L} = J \cdot \vec{\omega} \qquad \text{Formel 2.50}$$

Drehimpuls

Seine Einheit ist: $[L] = \text{kg} \cdot \text{m}^2/\text{s}$. Die Richtung des Vektors $\vec{L}$ ist dieselbe wie die von $\vec{\omega}$ (und eines eventuell die Rotation bewirkenden Drehmomentes $\vec{M}$), also axial. Für den Drehimpuls gilt – ebenfalls analog zur linearen Bewegung – in einem abgeschlossenen System (in der Praxis also bei vernachlässigbarer Luft- und Lagerreibung) ein *Erhaltungssatz*:

$$\vec{M} = 0 \Rightarrow \vec{L}_{\text{gesamt}} = \text{const.} \qquad \text{Formel 2.51}$$

Wenn keine äußeren Drehmomente wirken, bleibt die Summe der Drehimpulse in einem System konstant.

Drehimpuls-Erhaltungssatz

Info 2.8: Impulserhaltung praktisch

Die „Summe der Drehimpulse“ bezieht sich auf die Beträge *und* die Richtungen, wie im linearen Fall: Wenn Sie eine Pistolenkugel abfeuern (nicht ausprobieren!), spüren Sie einen „Rückschlag“: Die Pistole wird mit einer Geschwindigkeit entgegen der Kugelgeschwindigkeit bewegt, die dem umgekehrten Massenverhältnis entspricht. Die Produkte – als Vektoren – müssen umgekehrt gleich sein, damit der ursprüngliche Impuls im Gesamtsystem „Pistole mit Kugel im Lauf“ gleich, also null, bleibt:

$$m_{\text{Kugel}} \cdot \vec{v}_{\text{Kugel}} = -\left(m_{\text{Pistole}} \cdot \vec{v}_{\text{Pistole}}\right) \Leftrightarrow \vec{p}_{\text{gesamt}} = 0$$

Schalten Sie eine elektrische Handbohrmaschine ein (vorsichtig ausprobieren!), wird sich diese in umgekehrter Richtung wie der Bohrer mit einer Winkelgeschwindigkeit drehen, die vom Verhältnis der Trägheitsmomente abhängt:

$$J_{\text{Bohrer}} \cdot \vec{\omega}_{\text{Bohrer}} = -\left(J_{\text{Maschine}} \cdot \vec{\omega}_{\text{Maschine}}\right) \Leftrightarrow \vec{L}_{\text{gesamt}} = 0$$

Zum sinnvollen Gebrauch der Bohrmaschine müssen Sie also ein äußeres Drehmoment einbringen (und die Maschine gut festhalten).
Ein solches Drehmoment benötigt auch ein Hubschrauber **(Bild 2.28)**. Der Rumpf würde aufgrund des Drehmomentes der Rotorblätter rotieren, wenn ihn die Luftschraube am Heck nicht „festhalten“ würde. Alternativ können natürlich zwei gegenläufig kreisende Rotoren verwendet werden.

Bild 2.28 Der Heckrotor eines Hubschraubers bewirkt ein Gegen-Drehmoment zu den großen Rotorblättern mit senkrechter Drehachse.

Beispiel 2.20: Pirouette

Aufgabe: Bestimmen Sie das minimale Trägheitsmoment einer Eiskunstläuferin der Masse m = 50 kg!
Lösung: Mit einer wenig galanten, aber im Sinne einer Größenabschätzung plausiblen Näherung betrachten wir die Dame als Vollzylinder mit dem Durchmesser 40 cm. Dann gilt für ihr Trägheitsmoment nach Beispiel 2.19:

$$J_{\min} = \frac{1}{2} mR^2 = \frac{1}{2} \cdot 50\,\text{kg} \cdot (0{,}2\,\text{m})^2 = 1\,\text{kg} \cdot \text{m}^2$$

Aufgabe: Um eine schnelle Rotation einzuleiten, dreht die Eistänzerin sich zunächst zweimal pro Sekunde mit ausgebreiteten Armen ($J_{max} = 3 \cdot J_{min}$) und zieht diese dann an den Körper **(Bild 2.29).** Wie groß ist nun die Drehfrequenz?
Lösung: Wegen der Drehimpulserhaltung ist

$$J \cdot \omega = J \cdot 2\pi f = \text{const.}$$

Wenn J auf ein Drittel sinkt, muss f den dreifachen Wert annehmen: $f_{max} = 6\ \text{s}^{-1}$.

Bild 2.29 Eiskunstläuferin mit Pirouette bei minimalem Trägheitsmoment und hoher Winkelgeschwindigkeit, erkennbar an der großen Zentrifugalkraft.

Zusammenfassung: Rotation starrer Körper

- Das *Drehmoment* ist das Vektorprodukt aus der Kraft und dem Ortsvektor $\vec{r}$ ihres Angriffspunktes (in Bezug auf die Drehachse). Stehen beide senkrecht aufeinander, entspricht r dem Abstand des Angriffspunktes („Kraft mal Kraftarm").
- Der *Schwerpunkt* entspricht dem Massenmittelpunkt. Oft genügt es, dessen Bewegung oder Wirkung zu beschreiben. Die Lage des Schwerpunktes bezüglich des Lagerpunktes bestimmt das Gleichgewicht.
- Bei Drehbewegungen wirkt sich die Verteilung der Massen bezüglich der Drehachse als *Trägheitsmoment* aus; der Abstand eines Massenelements geht quadratisch ein.
- Die *kinetische Energie der Rotation* und der *Drehimpuls* werden analog zu den linearen Größen mit dem Trägheitsmoment und der Winkelgeschwindigkeit formuliert. Für den Drehimpuls gilt ebenfalls ein Erhaltungssatz.
- Alle wichtigen Größen der Drehbewegung sind den analogen Größen der geradlinigen Bewegung in Tabelle 2.1 gegenübergestellt:

Tabelle 2.1: Analogie zwischen Translation und Rotation

Translation	Gleichung	Einheit	Rotation	Gleichung	Einheit
Weg	s	m	Winkel	φ	rad
Geschwindigkeit	$v = \mathrm{d}s/\mathrm{d}t$	m/s	Winkelgeschwindigkeit	$\omega = \mathrm{d}\varphi/\mathrm{d}t$	$\mathrm{rad/s} = \mathrm{s}^{-1}$
Beschleunigung	$a = \mathrm{d}v/\mathrm{d}t$	$\mathrm{m/s^2}$	Winkelbeschleunigung	$\alpha = \mathrm{d}\omega/\mathrm{d}t$	$\mathrm{rad/s^2} = \mathrm{s}^{-2}$
Masse	m	kg	Trägheitsmoment	$J = \int r^2 \mathrm{d}m$	$\mathrm{kg \cdot m^2}$
Kraft	$F = ma = \mathrm{d}p/\mathrm{d}t$	$\mathrm{N = kg \cdot m/s^2}$	Drehmoment	$M = J\alpha = \mathrm{d}L/\mathrm{d}t$	$\mathrm{N \cdot m}$
Impuls	$p = mv$	$\mathrm{kg \cdot m/s = N \cdot s}$	Drehimpuls	$L = J\omega$	$\mathrm{kg \cdot m^2/s = N \cdot m \cdot s}$
Arbeit	$W = \int F \mathrm{d}s$	$\mathrm{N \cdot m = J = W \cdot s}$	Arbeit	$W = \int M \mathrm{d}\varphi$	$\mathrm{N \cdot m = J = W \cdot s}$
Kinetische Energie	$E = m^2/2$	$\mathrm{N \cdot m = J = W \cdot s}$	Kinetische Energie	$E = J\omega^2/2$	$\mathrm{N \cdot m = J = W \cdot s}$
Leistung	$P = \mathrm{d}W/\mathrm{d}t$	W = J/s	Leistung	$P = \mathrm{d}W/\mathrm{d}t$	W = J/s

2.6 Schwingungen und Wellen

Bei einer gleichförmigen Rotation kehrt ein Massepunkt nach einem Umlauf – bzw. einer *Periodendauer* – in seine Ausgangsposition zurück. Dasselbe geschieht bei einer periodisch hin und zurück verlaufenden Bewegung nach Auslenkung aus der Ruhelage, einer *Schwingung*. Eine *Schwingung* wird als *harmonisch* bezeichnet, wenn sie mit den gleichen (elementaren) mathematischen Mitteln wie die Kreisbewegung behandelt werden kann, sie anschaulich also einer Projektion des umlaufenden Massepunktes auf eine Ebene entspricht (Abschnitt 2.4.1). Man muss ungedämpfte (reibungsfreie) und gedämpfte (reale, auch absichtlich gehemmte) Schwingungen unterscheiden, außerdem freie und erzwungene.

2.6.1 Freie ungedämpfte Schwingungen

Eine *freie harmonische Schwingung* lässt sich am besten durch ein waagerechtes Federpendel veranschaulichen: Eine Masse m soll wie in **Bild 2.30** reibungsfrei zwischen zwei gleichen Schraubenfedern gleiten können. Zieht man sie um eine Strecke x nach links, entsteht eine rücktreibende elastische Kraft (und zwar nach dem HOOKEschen Gesetz (Abschnitt 2.2.3.3) *proportional zur Auslenkung*; das ist charakteristisch für einen solchen **harmonischen Oszillator**. Wegen der Massenträgheit geht die Bewegung über die Ruhelage hinaus bis zur Position $-x$, und periodisch so weiter.

Außer dem sichtbaren Masseklotz „pendelt" bei jeder Schwingung *Energie*. Beim Federpendel wird elastische Energie – also potenzielle – in kinetische Energie und wieder zurück umgewandelt. Zur Herleitung der **Schwingungsgleichung** setzt man jedoch die *Kräfte* gleich:

$$ma = -kx \Rightarrow m\ddot{x} + kx = 0$$

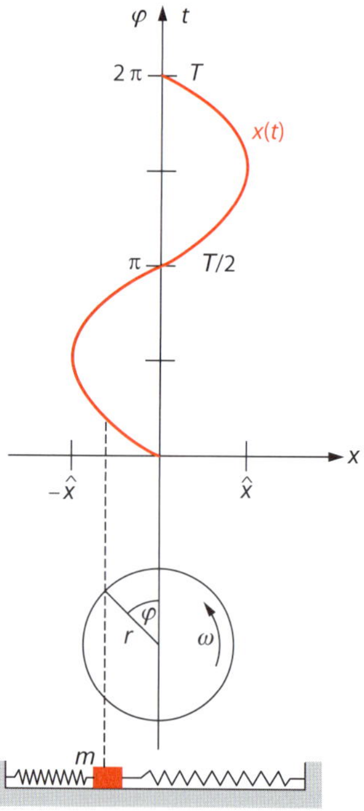

Bild 2.30 Bei der harmonischen Federschwingung wird die Auslenkung x formal gleich beschrieben wie der Winkel φ bei einer gleichförmigen Rotation.

und erhält nach Umstellung:

Schwingungsgleichung des Federpendels

$$\ddot{x} = -\frac{k}{m}x \qquad \text{Formel 2.52}$$

Wegen der linear mit der Auslenkung anwachsenden Rückstellkraft ist die resultierende Beschleunigung proportional zu x. Die maximale Auslenkung $\hat{x}$ – dem Kreisradius r in **Bild 2.30** entsprechend – wird **Amplitude** der Schwingung genannt. Die Analogie legt auch bildlich nahe, dass die periodischen Sinus- oder Kosinusfunktionen:

$$x = \hat{x}\cos(\omega t + \varphi_0) = \hat{x}\sin(\omega t + \varphi_0 + \pi/2) \quad \text{Formel 2.53}$$

jeweils Lösungen dieser Differenzialgleichung („DGL“) sein sollten. Die Größe ω heißt hier *Kreisfrequenz*, hat aber eine analoge Bedeutung und dieselbe Einheit wie die Winkelgeschwindigkeit (Formel 2.35). Der Drehwinkel $\varphi = \omega t + \varphi_0$ wird **Phasenwinkel** (oder kurz „Phase“) genannt, wobei der „Nullphasenwinkel“ φ_0 den Phasenwinkel zum Zeitpunkt $t = 0$ angibt ($\varphi_0 = 2\pi$ entspricht einer Periodendauer T im Zeitbereich).

Um den Beginn der Schwingung mit maximaler Auslenkung darzustellen, wird im Folgenden als Lösung der DGL die Kosinusfunktion für $\varphi_0 = 0$ verwendet und zweimal nach der Zeit abgeleitet – nach den für periodische Funktionen besonders einfachen Regeln der Differenzialrechnung (Anhang) – um die Geschwindigkeit und die Beschleunigung als Funktion der Zeit zu ermitteln:

$$x(t) = \hat{x}\cos\omega t \quad \text{Formel 2.54}$$

$$v(t) = \dot{x} = -\omega \cdot \hat{x}\sin\omega t \quad \text{Formel 2.55}$$

Auslenkung, Geschwindigkeit und Beschleunigung bei der harmonischen Schwingung

$$a(t) = \ddot{x} = -\omega^2 \cdot \hat{x}\cos\omega t \quad \text{Formel 2.56}$$

In **Bild 2.31** sind die drei Zeitfunktionen dargestellt. Physikalisch drücken die Phasenverschiebungen das Wechselspiel von Geschwindigkeit und Beschleunigung in Abhängigkeit von der Auslenkung aus. Beim Start mit maximaler Auslenkung $\hat{x}$ ist die Geschwindigkeit v natürlich noch null, die Beschleunigung a aber maximal (und entgegen x, also rücktreibend gerichtet). Für $x = 0$, also in der Ruhelage, ist dann die Geschwindigkeit maximal, die Beschleunigung wechselt die Richtung usw.

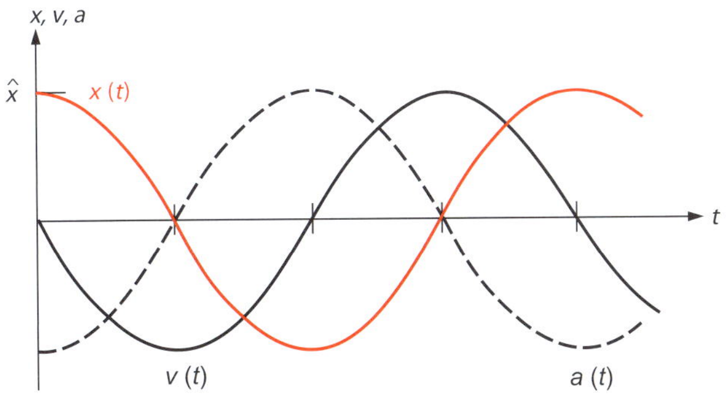

Bild 2.31 Beschleunigung, Geschwindigkeit und Auslenkung sind beim harmonischen Oszillator jeweils um π/2 bzw. *T*/4 phasenverschoben.

Senkrechtes Federpendel

Nur aus didaktischen Gründen pendelt die Masse hier waagerecht. Bei einem *senkrechten* Federpendel ist zusätzlich die Federdehnung durch das Gewicht der Masse zu berücksichtigen (einfach durch Verschiebung des Nullpunktes). Im elastischen Bereich der Feder sind die Gesetzmäßigkeiten ansonsten gleich.

Der Vergleich von $x(t)$ und $a(t)$ zeigt, dass $a = -\omega^2 x$ gilt. Die DGL liefert also für die Kreisfrequenz:

Eigenfrequenz des Federpendels

$$\omega_0 = \sqrt{\frac{k}{m}} \quad \text{Formel 2.57}$$

Der Index „0“ kennzeichnet die **Eigenfrequenz** des Systems, die sich bei freier Schwingung „von selbst“ einstellt. Physikalisch plausibel ist, dass ω_0 durch die Massenträgheit und die Federsteifheit (beschrieben durch k) bestimmt wird. Natürlich gelten auch hier die Beziehungen zwischen Kreisfrequenz und Frequenz $\omega_0 = 2\pi f_0$ sowie Frequenz und Periodendauer $f_0 = 1/T$.

Beispiel 2.21: Mathematisches Pendel

Der Name des Pendels weist auf eine Idealisierung hin: Eine Masse – z. B. eine Metallkugel – an einem Faden wird als punktförmig und der Faden als masselos und dehnungsfrei angenommen; auch Reibung wird vernachlässigt **(Bild 2.32).** Nach Auslenkung des Pendels erzeugt die tangentiale Komponente der Gewichtskraft ein rückstellendes Drehmoment:

$$M_r = -lG\sin\varphi$$

Offensichtlich ist dieses Pendel *kein* harmonischer Oszillator, da M_r über die nichtlineare Sinusfunktion vom Auslenkwinkel abhängt. Für kleine φ (bis etwa 5° bzw. 0,09 rad) kann man jedoch $\sin\varphi \approx \varphi$ setzen:

$$M_r = -lmg\varphi$$

Ein dem entgegen gerichtetes Drehmoment wird vom Trägheitsmoment der Masse m im Abstand l von der Aufhängung verursacht:

$$M_t = J\alpha = ml^2\ddot{\varphi}$$

Da beide gleich sein müssen, erhält man nach Division durch ml^2 die Schwingungsgleichung:

$$\ddot{\varphi} = -\frac{g}{l}\varphi$$

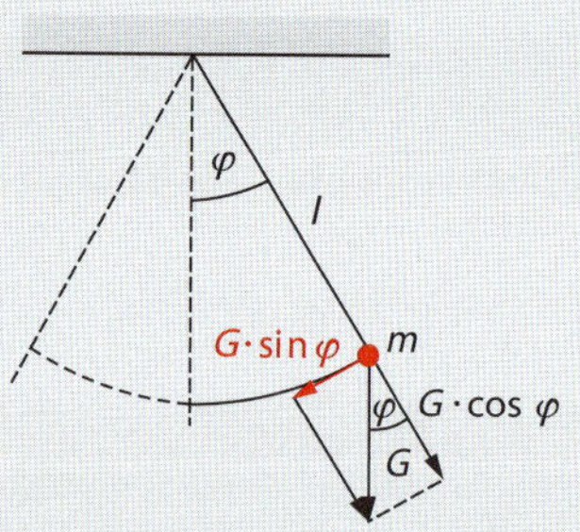

Bild 2.32 Beim mathematischen Pendel schwingt eine idealisierte Punktmasse.

Diese DGL ist vom selben Typ wie Formel 2.54 beim Federpendel. Dort wird die Schwingung von der Masse und der Federkonstante bestimmt, während hier gilt:

$$\omega = \sqrt{\frac{g}{l}} \text{ bzw. } T = 2\pi\sqrt{\frac{l}{g}}$$

Die Schwingungsdauer ist also beim Fadenpendel – entgegen der Intuition vieler Studierender – *unabhängig* von der Masse; eine sehr „schwere“ Kugel schwingt keineswegs „langsamer“, da die Masse sowohl die Gewichtskraft als auch das Trägheitsmoment bestimmt.
Bei einem *physikalischen Pendel* kann die ausgedehnte Massenverteilung nicht vernachlässigt werden. Durch die *reduzierte Pendellänge* l_r, die das tatsächliche Trägheitsmoment J und den Abstand l_s zwischen Aufhängung und Schwerpunkt enthält, lässt sich aber dieselbe Gleichung anwenden:

$$l_r = \frac{J}{ml_s}$$

In physikalischen Laborpraktika rund um die Welt werden junge Menschen damit beschäftigt, mittels der Schwingungsdauer solcher Pendel die Erdbeschleunigung g zu messen. Ein Vergleich aller Messdaten würde zeigen, dass g durchaus vom Messort abhängt. Zum einen liegt das an der Abplattung der Erd-„Kugel" an den Polen und der unterschiedlichen Gravitationsrichtung (Abschnitt 2.7.2), zum anderen ändern Erdschichten mit abweichender Dichte – etwa durch Erze oder Salze – die resultierende Erdbeschleunigung.

2.6.2 Freie gedämpfte Schwingungen

Bei realen Schwingungen wird immer ein Teil der pendelnden Energie in Reibungsarbeit – und damit in Wärmeenergie (Abschnitt 3.2) – umgewandelt. Zum Aufstellen dieser Schwingungsgleichung muss zusätzlich eine Reibungskraft F_R mit dem Reibungskoeffizienten β in Formel 2.54 eingefügt werden, die meistens proportional zur Geschwindigkeit, aber natürlich ihr entgegen gerichtet ist.

$$ma = -kx - \beta v \Rightarrow m\ddot{x} + \beta\dot{x} + kx = 0 \qquad \text{Formel 2.58}$$

Mit der Kreisfrequenz (Formel 2.57) und dem **Abklingkoeffizienten** $\delta = \beta/(2m)$ erhält man die Differenzialgleichung:

$$\ddot{x} + 2\delta\dot{x} + \omega_0^2 x = 0 \qquad \text{Formel 2.59}$$

Schwingungsgleichung des gedämpften Federpendels

Wie nicht selten bei DGL findet man die Lösung durch Nachdenken, Raten und Ausprobieren (oder Nachschlagen):

$$x(t) = \hat{x}e^{-\delta t}\cos(\omega t + \varphi_0) \qquad \text{Formel 2.60}$$

Die Kreisfrequenz der gedämpften Schwingung ω ist dabei gegenüber der Eigenfrequenz ω_0 im ungedämpften Fall verringert:

$$\omega = \sqrt{\omega_0^2 - \delta^2} \qquad \text{Formel 2.61}$$

Eigenfrequenz des gedämpften Federpendels

In **Bild 2.33** ist der zeitliche Verlauf der Schwingung nach einer Auslenkung um $\hat{x}$ dargestellt. Der periodischen Funktion ist nun die Exponentialfunktion $x(t) = e^{-\delta t}$ überlagert, die eine zeitlich abklingende Amplitude der Schwingung beschreibt. (Ihr Graph wird die sogenannte *Einhüllende* der Kosinusfunktion genannt.) Das Maß für den Abklingvorgang ist das **logarithmische Dekrement**:

$$\wedge = \ln\frac{x_n}{x_{n+1}} = \delta T \qquad \text{Formel 2.62}$$

Logarithmisches Dekrement

Ob eine Schwingung bei großer Dämpfung überhaupt zustande kommt, hängt vom Verhältnis der Abklingkonstanten zur Eigenfrequenz ab: Für $\delta > \omega_0$ in Formel 2.61 verliert die Frequenz ihre mathematische Definition (sie wird komplex) und ihren physikalischen Sinn; das ist der *Kriechfall* ohne jede Schwingung. Der **aperiodische Grenzfall** tritt für $\delta = \omega_0$ ein; dabei würde sich in **Bild 2.33** die Auslenkung x von $\hat{x}$ aus nur noch exponentiell dem Wert null nähern (ebenfalls ohne Schwingung). Dieser Spezialfall hat eine technische Bedeutung zur *Dämpfung* unerwünschter Schwingungen (etwa bei „Stoßdämpfern" im Auto, die im Wesentlichen als *Schwingungsdämpfer* arbeiten; siehe auch Aufgabe A2.22).

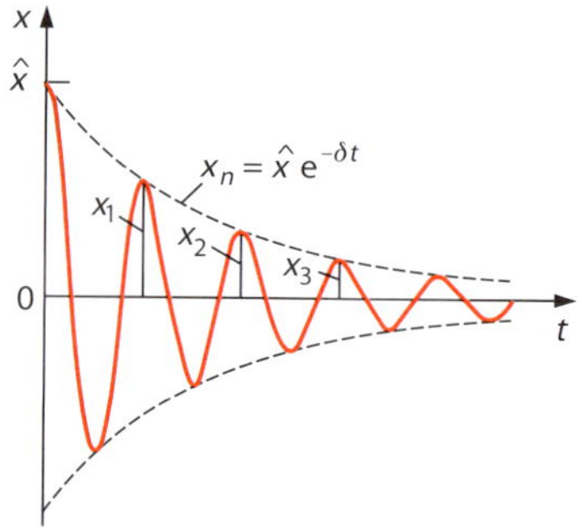

Bild 2.33 Bei einer gedämpften Schwingung klingt die Amplitude exponentiell mit der Zeit ab.

2.6.3 Erzwungene Schwingungen

Bisher wurde der Oszillator einmal angestoßen (zum Beispiel das Federpendel einmal bis $\hat{x}$ ausgelenkt) und dann sich selbst überlassen. Eine wichtige Variante ist, dass dauernd eine periodische Kraft $F = \hat{F}\cos\omega_F t$ mit der *Erregerfrequenz* ω_F am Schwinger angreift. Nach einer gewissen Einschwingzeit folgt der Oszillator mit dieser aufgeprägten Kreisfrequenz, er wird zum *Resonator*. Die Schwingungsgleichung für das Federpendel lautet dann:

$$m\ddot{x} + \beta\dot{x} + kx = \vec{F}\cos\omega_F t$$

beziehungsweise nach Umstellung:

$$\ddot{x} + 2\delta\dot{x} + \omega_0^2 x = \frac{\hat{F}}{m}\cos\omega_F t \qquad \text{Formel 2.63}$$

Die Konsequenzen werden wegen der etwas umständlichen Rechnungen hier nur qualitativ und nur für den *eingeschwungenen Zustand* diskutiert. **Bild 2.34** zeigt das entscheidende Ergebnis: Wenn die Erregerfrequenz deutlich kleiner oder größer als die Eigenfrequenz des Oszillators ist, passiert wenig; das Federpendel bewegt sich mit kleiner Amplitude. Erst in der Nähe der *Resonanzfrequenz* ω_R, die bei ungedämpften Schwingungen mit der Eigenfrequenz ω_0 zusammenfällt (bzw. bei ω im gedämpften Fall) wird die Amplitude sehr groß, bei kleiner Abklingkonstante δ – die darum auch *Dämpfungskonstante* heißt – eventuell gefährlich groß (Info 2.9).

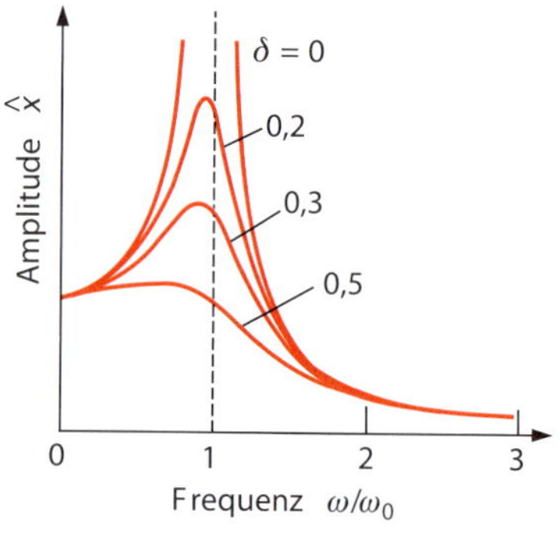

Bild 2.34 Die Anregung eines schwach gedämpften Oszillators kann zu sehr großen Schwingungsamplituden führen.

Um das zu verstehen, muss man zusätzlich die Phasenverschiebung zwischen Oszillator und Erreger betrachten **(Bild 2.35).** In der Nähe der Resonanz ist die Phasenverschiebung zwischen Erreger- und Schwingungsamplitude $\pi/2$. Dann ist aber die Geschwindigkeit des Schwingers, die ja um $\pi/2$ voreilt **(Bild 2.31),** ständig in Phase mit der treibenden Kraft, sodass ständig die maximale Beschleunigungsarbeit am System verrichtet und dort als Schwingungsenergie gespeichert werden kann.

Eine spezielle technische Anwendung der Resonanz ist die *Schwingungsisolierung* von empfindlichen Messapparaturen wie Analysenwaagen oder Interferometern (Abschnitt 5.5.4). Man verwendet Unterbauten großer Masse auf geeigneten Federn, damit die Eigenfrequenz des isolierten Systems sehr viel niedriger als die Frequenz von Erschütterungen beziehungsweise Schwingungen des Bodens ist.

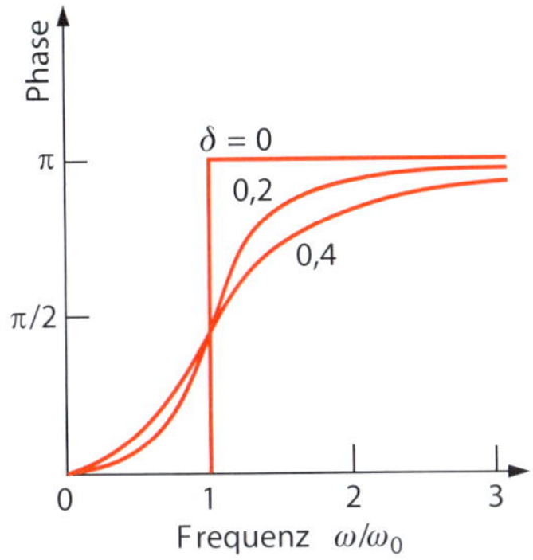

Bild 2.35 Die Ursache für die großen Schwingungsamplituden bei der Resonanz ist der Frequenzgang der Phase.

Info 2.9: Resonanzkatastrophen

Als spektakulärste Resonanzkatastrophe ging der Einsturz der Tacoma-Brücke im Jahr 1940 **(Bild 2.36)** in die Technikgeschichte ein. Wegen einer starken Windanströmung und der periodischen Ablösung von Luftwirbeln wurden Torsionsschwingungen der Fahrbahn angeregt. (Inzwischen gehen die Experten allerdings von einer *selbsterregten Schwingung* aus, die keine bestimmte Frequenz voraussetzt.)
Bereits 90 Jahre vorher hatten im Gleichschritt marschierende Soldaten eine französische Hängebrücke durch resonante Biegeschwingungen zum Einsturz gebracht.
Heute ist nicht nur diese Gangart (auf Brücken) vielfach untersagt. Gefährdete Konstruktionen werden über ihre *Statik* hinaus (Abschnitt 2.5.2) auf mögliche Schwingungszustände untersucht, deren Eigenfrequenzen man dann mit *Schwingungsdämpfern* gezielt dämpft. Bei gefährdeten Hochhäusern kann man zum Beispiel ein sehr großes physikalisches Pendel einbauen, das die periodisch zugeführte Anregungsenergie – etwa von einem Erdbeben – aufnimmt.

Bild 2.36 Die erste Tacoma Narrows Bridge wurde zu Torsionsschwingungen angeregt.

2.6.4 Überlagerung von Schwingungen

Schwingungen können auf vielfältige Weise zusammengesetzt sein beziehungsweise überlagert werden. Bei *einem* Oszillator gilt das Superpositionsprinzip: Die Schwingungen überlagern sich ungestört. Werden *zwei* Oszillatoren gekoppelt – zum Beispiel zwei Federpendel durch eine weitere Feder –, so kann ein Energieaustausch zwischen beiden Systemen stattfinden, der wiederum periodisch verläuft. In der folgenden Übersicht sind die technisch wichtigsten Fälle aufgeführt.

2.6.4.1 Räumliche Überlagerung

Wenn Schwingungen in verschiedenen Richtungen möglich sind – bei einer Masse zum Beispiel durch vier „kreuzförmig" angeordnete Federn wie in **Bild 2.37** –, so überlagern sie sich geometrisch in Abhängigkeit von ihrer Amplitude, Frequenz und Phasenlage. Allgemein muss zu jedem Zeitpunkt die resultierende Auslenkung durch Vektoraddition bestimmt werden.

Interessant ist der Fall gleicher Amplituden und ganzzahliger Frequenzverhältnisse, bei dem **LISSAJOUS-Figuren** auftreten. Die einfachste Figur ist eine Ellipse für *gleiche* Frequenzen, also $f_x/f_y = 1$. Deren Exzentrizität wird maximal, nämlich zu einer diagonalen Geraden, wenn die Schwingungen in Phase sind **(Bild 2.38).** Das andere Extrem ist der Kreis, der jeweils bei einer Phasenverschiebung um $\Delta\varphi = 90° = T/4$ entsteht. In **Bild 2.39** sind von den vielen anderen möglichen LISSAJOUS-Figuren beispielhaft die für das Frequenzverhältnis $f_x/f_y = 2/3$ dargestellt.

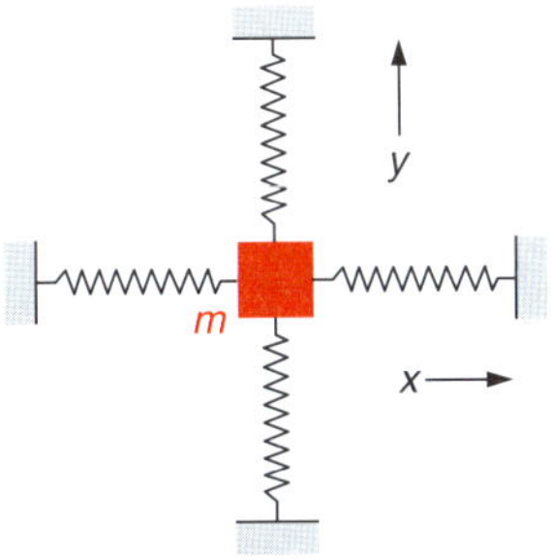

Bild 2.37 Modell einer mechanischen Schwingung in *x*- und *y*-Richtung.

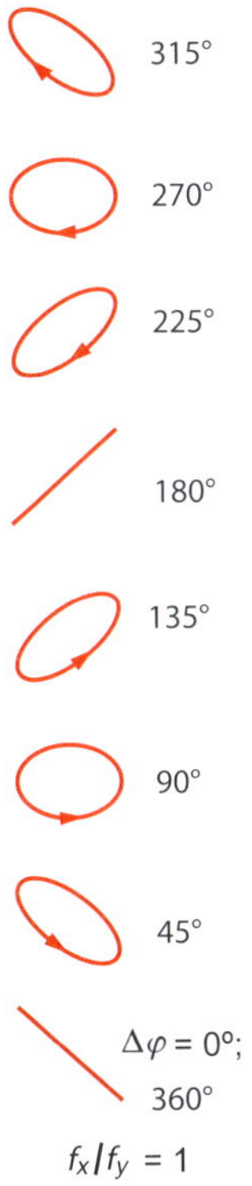

Bild 2.38 LISSAJOUS-Figuren für ein Frequenzverhältnis von 1.

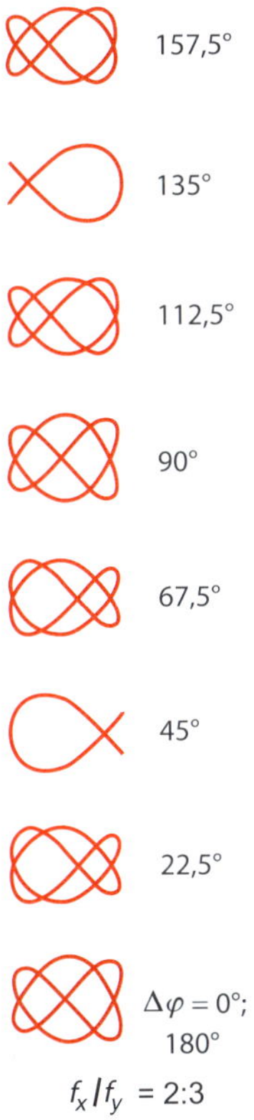

Bild 2.39 LISSAJOUS-Figuren für ein Frequenzverhältnis von 2/3.

Besonders elegant lassen sich solche Schwingungs-Überlagerungen in der Elektrotechnik mittels eines (Elektronenstrahl-)Oszilloskops (Abschnitt 4.7.1.2) darstellen. Die Auswertung der Figuren ist allerdings außerhalb des physikalischen Anfängerpraktikums zur aussterbenden Kunst geworden.

Info 2.10: FOURIER-Synthese und -Analyse

Durch die Überlagerung von harmonischen Schwingungen mit ihren *Oberschwingungen* gemäß der FOURIER-Reihe kann eine beliebige periodische Schwingung erzeugt werden, zum Beispiel die in der Digitaltechnik wichtige Rechteckschwingung.
Noch wichtiger ist aber der umgekehrte Weg, nämlich eine komplizierte Schwingung bzw. Welle auf ihre harmonischen Bestandteile hin zu untersuchen. Das Ergebnis einer solchen FOURIER-Analyse ist ein *Spektrum* des Frequenzgemisches. Es stellt die Amplituden der beteiligten „Sinus-Schwingungen" in Abhängigkeit von ihren Frequenzen dar. (Man nennt dies eine „FOURIER-Transformation vom Zeitbereich in den Frequenzbereich".) Auf diese Weise kann man auch die Eigenfrequenzen von komplizierten, oft mehrdimensionalen Oszillatoren untersuchen, um – durch *Filterung*, d.h. gezielte Schwächung – Resonanzeffekte zu vermeiden (oder, wie bei Musikinstrumenten, gegebenenfalls zu nutzen).

2.6.4.2 Zeitliche Überlagerung

Wenn die Frequenzen der beiden überlagerten Schwingungen – nun *gleicher* Orientierung – identisch sind, kommt es für das Ergebnis entscheidend auf die Phase an: Stimmt auch diese überein, so addieren sich einfach die Amplituden. Man nennt eine solche Überlagerung *konstruktive Interferenz*, die zu einer *Verstärkung* der Schwingung führt. Im allgemeinen Fall resultiert je nach Phasenunterschied eine mehr oder weniger große Verstärkung beziehungsweise Abschwächung (*destruktive Interferenz*), oder sogar (bei gleichen Amplituden und $\Delta\varphi = 180° = T/2$) die *Löschung*. Ihre eigentliche Bedeutung haben diese Interferenzeffekte allerdings für Wellen, und da besonders für elektromagnetische Wellen wie die des Lichts (Abschnitt 5.4.1).

Wichtig ist die Überlagerung zweier Schwingungen, die sich in der Frequenz *unterscheiden*, und besonders wichtig, wenn der Frequenzunterschied *klein* ist. Die Addition der beiden Schwingungen

$$x_1 = \hat{x}\cos\omega_1 t \text{ und } x_2 = \hat{x}\cos\omega_2 t$$

(ihre Phasendifferenz kann vernachlässigt werden, und die Amplituden sollen gleich sein) ergibt:

$$x_1 + x_2 = \hat{x}\left(\cos\omega_1 t + \cos\omega_2 t\right)$$

Mit dem entsprechenden Additionstheorem aus dem mathematischen Anhang erhält man:

$$x_1 + x_2 = 2x_\mathrm{m}\cos\left(\frac{\omega_1 - \omega_2}{2}\cdot t\right)\cdot\cos\left(\frac{\omega_1 + \omega_2}{2}\cdot t\right)$$

Wichtig ist der erste Term, denn er beschreibt eine **Schwebung** zwischen den beiden Schwingungen: Mit der halben Differenzfrequenz, der *Schwebungsfrequenz*, wechselt die Amplitude zwischen Maximum und Minimum, die je nach Verstärkung oder Löschung der überlagerten Schwingungen entstehen. In **Bild 2.40** ist ein Beispiel dargestellt, einschließlich der *Einhüllenden* (rot gezeichnet) und der Periodendauer T_s der Schwebung.

Man spricht auch von einer *Modulation* der Schwingung, die wiederum bei elektromagnetischen Wellen ihre wichtigsten Anwendungen hat. Da zum Beispiel die Lichtfrequenz in der Größenordnung 10^{14} Hz liegt, kann man in der Optik nur Frequenz-*Differenzen* mittels *Interferenz* messen (Abschnitt 5.5.4). Auch in der Funktechnik spielen Schwebungen eine große Rolle. In der Akustik (Info 2.11) werden sie als periodische Lautstärkeschwankungen sogar hörbar – allerdings verwendet der in diesem Zusammenhang oft zitierte Klavierstimmer statt einer Stimmgabel heute ein elektronisches Frequenzmessgerät.

2.6.4.3 Gekoppelte Schwingungen

Wenn zwei schwingungsfähige Systeme sich gegenseitig beeinflussen bzw. Schwingungsenergie austauschen, spricht man von *gekoppelten* Schwingungen. Zum Beispiel wird, wenn nur eines der mit einer Feder gekoppelten Pendel in **Bild 2.41** angestoßen wird, das andere allmählich auch zu schwingen beginnen und schließlich die gesamte Energie übernehmen. Anschließend kommt es selbst wieder zur Ruhe, während das andere mit maximaler Auslenkung schwingt, und so weiter mit periodischer Wiederholung. Auch hier entstehen durch die Wechselwirkung *Schwebungen* zwischen den beiden Schwingungen. Da ihre Maxima und Minima *abwechselnd* durchlaufen werden, sind die beiden Schwebungen um $T_s/2$ zeitlich versetzt.

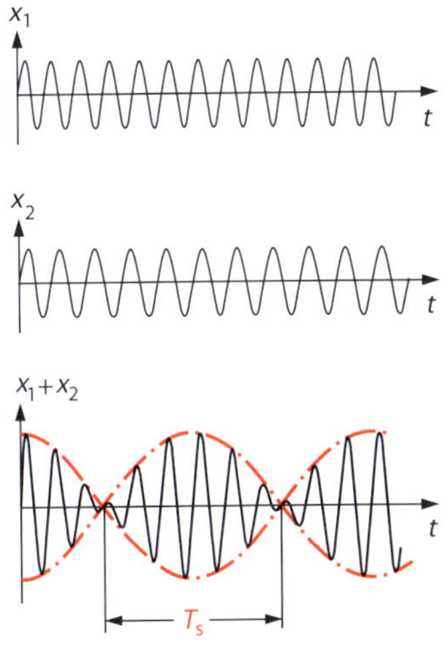

Bild 2.40 Die Überlagerung zweier Schwingungen mit gleicher Amplitude und nahezu gleicher Frequenz ergibt eine Schwebung.

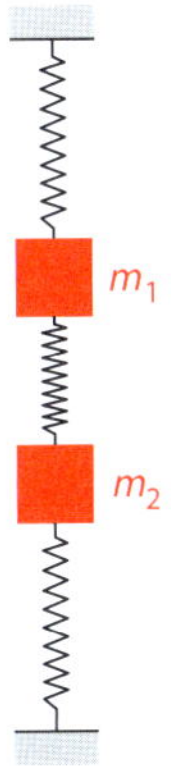

Bild 2.41 Modell zweier gekoppelter mechanischer Schwingungen.

Ursache der Schwebung sind zwei *Fundamentalschwingungen* des gekoppelten Systems: die eine bei exakt gleicher Phase der Pendel ($\Delta\varphi = 0$) und die andere bei „Gegentakt“ ($\Delta\varphi = 180°$). Die letztere ist aber wegen der Eigenschaften der Koppelfeder etwas in der Frequenz erhöht. Man kann einen *Kopplungsgrad* angeben, der die Schwebungsfrequenzen und damit die Periodendauer des gegenseitigen Energieaustausches bestimmt. Treten *n* Oszillatoren in Wechselwirkung, so gibt es *n* Fundamentalschwingungen. Diese Zahl kann sehr groß werden, zum Beispiel bei Molekülen oder Festkörpern (Abschnitt 6.4.1).

2.6.5 Harmonische Wellen

Schwingungen können sich ausbreiten in dem Sinne, dass *viele* mechanisch gekoppelte Oszillatoren einander jeweils in Schwingung versetzen und dieser Zustand sich *fortpflanzt*. Einen Modellversuch dazu zeigt **Bild 2.42**. Dabei bleibt der einzelne Oszillator natürlich an seinem Platz, nur der Schwingungszustand (genauer die Phase) und die Schwingungsenergie pflanzen sich fort.

In der Natur treten mechanische Wellen besonders eindrucksvoll an Wasseroberflächen auf (wenn man zum Beispiel den legendären Stein in den still ruhenden See geworfen hat), aber auch *im* Wasser oder in Luft, dann als **Schallwellen**. Im ersten Fall handelt es sich um eine **Transversalwelle**: Die Wassermoleküle schwingen quer zur Ausbreitungsrichtung. Schallwellen in Flüssigkeiten und Gasen sind hingegen typische **Longitudinalwellen**: Die Oszillatoren, z. B. die Luftmoleküle, schwingen in Ausbreitungsrichtung, sodass periodische Verdichtungen der Luft auftreten und man auch von Druckwellen spricht; Info 2.11).

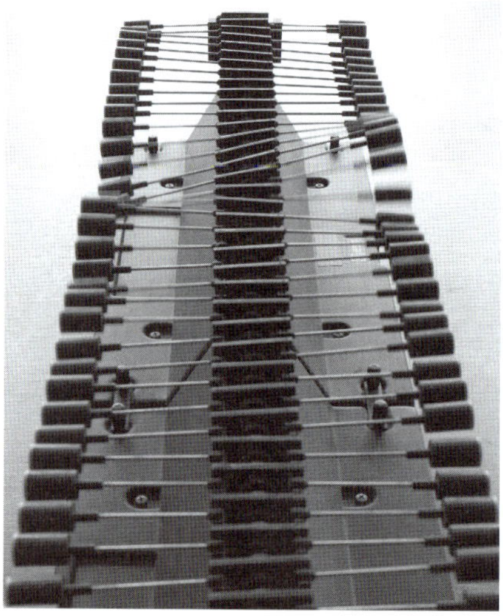

Bild 2.42 Bei dieser „Wellenmaschine" sind Oszillatoren mechanisch gekoppelt, sodass die Schwingung sich als Welle ausbreiten kann.

Info 2.11: Schallwellen und der Doppler-Effekt

Typische Sender für Schallwellen sind die Stimmbänder und der Rachenraum beim Menschen, elektrodynamische Lautsprecher (Bild 4.34) oder Musikinstrumente. Sie erzeugen *Töne*, also harmonische Wellen, oder *Klänge*, also Überlagerungen von Tönen. Ein gutes Beispiel sind Orgelpfeifen, in denen *stehende Schallwellen* entstehen. Dabei handelt es sich um eine *Grundwelle* und deren *Oberwellen*, also Vielfache der Grundwelle. (Sollte man statt Musik allerdings nur *Geräusche* hören, würde die Luft zwar periodisch, aber nicht harmonisch zu Schwingungen angeregt.)
Da die Schallgeschwindigkeit c_s in Luft 342 m/s bei 20 °C beträgt [Kuchling] und der Mensch Frequenzen von ca. 20 Hz bis 20 000 Hz hört (darüber beginnt der technisch und medizinisch wichtige *Ultraschall*), ist die größte relevante Wellenlänge:

$$\lambda = \frac{c_s}{f} = \frac{342\,\mathrm{m/s}}{20(1/\mathrm{s})} \approx 17\,\mathrm{m}$$

und die kleinste λ = 17 mm.

Diese Wellenlängen verändern sich, wenn entweder der Sender oder der Empfänger sich bewegen. (Viel zitiert und oft gehört: das Martinshorn von Einsatzwagen im Straßenverkehr.) Wegen des ruhenden Ausbreitungsmediums Luft müssen Fallunterscheidungen getroffen werden, aber der qualitative Effekt ist anschaulich klar: Bei einer *Annäherung* wird die Wellenlänge verringert („gestaucht") und die Töne klingen höher, bei *Entfernung* werden sie tiefer.
Näherungsweise ist die Frequenzverschiebung bei diesem DOPPLER-Effekt der Differenzgeschwindigkeit zwischen Sender und Empfänger proportional:

$$\Delta f \approx f_0 \frac{\Delta v}{c_s}$$

Bei einem sich mit 50 km/h nähernden bzw. entfernenden Rettungswagen, der einen 2000-Hz-Ton akustisch abstrahlt, ergibt sich jeweils eine Verschiebung um:

$$\Delta f \approx 2 \cdot 10^3\,\text{Hz} \frac{50/3{,}6(\text{m/s})}{342\,\text{m/s}} \approx 80\,\text{Hz}$$

Die Tonänderung um ±4 % hört man vor allem beim schnellen Vorbeifahren des Wagens sehr deutlich.
Bei *Lichtwellen* entfallen das Ausbreitungsmedium (Info 5.4) und die Fallunterscheidungen, aber der DOPPLER-Effekt ist noch bedeutsamer. Vor allem zeigt er die kontinuierliche Ausdehnung des Weltalls durch die *Rotverschiebung* des Lichtes entfernter Sterne.

Meistens sind dies *harmonische Wellen*, deren zeitlicher und räumlicher Verlauf wiederum durch eine Sinus- oder Kosinusfunktion beschrieben werden kann. Die Auslenkung y einer eindimensionalen transversalen Welle an der Stelle $x = 0$ kann man also beschreiben mit:

$$y(t,0) = \hat{y} \sin \omega t$$

Nach einer Zeit t ist die Welle am Ort x angekommen. Beide Größen sind verknüpft über die vom Medium abhängige **Phasengeschwindigkeit** $c = x/t$, sodass für y an dieser Stelle gilt:

$$y(t,x) = \hat{y} \sin \omega (t \pm x/c)$$

Im Argument der Sinusfunktion steht die *Phase*, die – im Gegensatz zur stationären Schwingung – bei der Welle nicht nur von der Zeit, sondern auch vom Weg abhängt. **Bild 2.43** zeigt, dass die harmonische Bewegung darum entweder über der Zeit an einem bestimmten Ort auf dem Ausbreitungsweg dargestellt werden kann, oder über der Ausbreitungsrichtung für eine bestimmte Zeit („Momentaufnahme").

Der Periodendauer T im Zeitbereich zwischen Punkten gleicher Phase entspricht die **Wellenlänge** λ in der räumlichen Darstellung. Für die Ausbreitungsgeschwindigkeit gilt also wegen $T = 1/f$:

$$c = \frac{\lambda}{T} = \lambda f \qquad \text{Formel 2.64}$$

Natürlich breiten sich Wellen im Allgemeinen nicht nur linear, sondern räumlich aus. Dann nennt man die Flächen gleicher Phase **Wellenflächen**. Breitet sich eine Welle z. B. von einem Punkt (einem „Sender") in alle Richtungen aus, so sind die Wellenflächen konzentrische Kugeln, man spricht von *Kugelwellen*. Ist der Sender eine Fläche, entstehen *ebene Wellen*. Oft kann man allerdings in großem Abstand vom Sender auch Kugelwellen als eben betrachten.

Sinuswellen

Bei einer harmonischen Welle ist die Auslenkung eine periodische Funktion sowohl der *Zeit* als auch des *Ortes* (bzw. Ausbreitungsweges). Veranschaulichen kann man sich das, indem man zunächst die Position *eines* Teilchens – zum Beispiel eines Wassermoleküls – im zeitlichen Verlauf nacheinander verfolgt (**Bild 2.43** oben). *Viele* schwingende Teilchen liefern zu *einem* bestimmten Zeitpunkt dieselbe Kurve (**Bild 2.43** unten).

Ein auf den ersten Blick sehr spezieller, bei vielen Anwendungen aber enorm wichtiger Fall liegt vor, wenn *exakt gleiche* ebene Wellen *entgegengesetzt* durch ein Medium laufen und sich dabei phasengleich überlagern, d. h. konstruktiv interferieren. Dann bilden sich **stehende Wellen** aus. Typischerweise erreicht man das durch Reflexion an beiden Enden eines sogenannten **Resonators**. Die Bezeichnung weist darauf hin, dass auch hier eine Resonanz auftritt, wenn die Wellen sich bei genau passendem Abstand der Reflektoren verstärken.

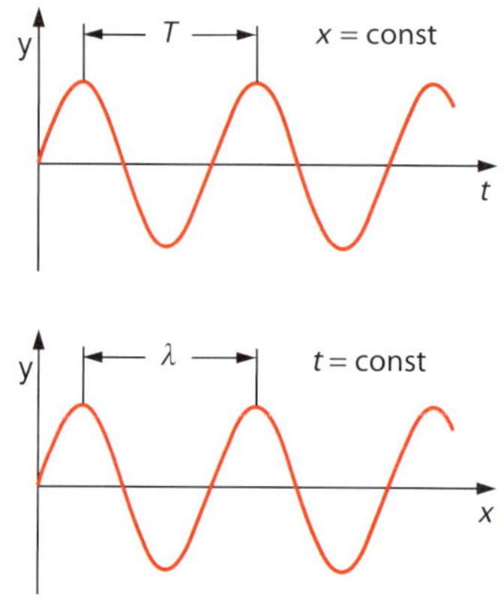

Bild 2.43 Harmonische Wellen können sowohl über ihren zeitlichen Verlauf als auch über die Ausbreitungsrichtung als Sinuskurve dargestellt werden.

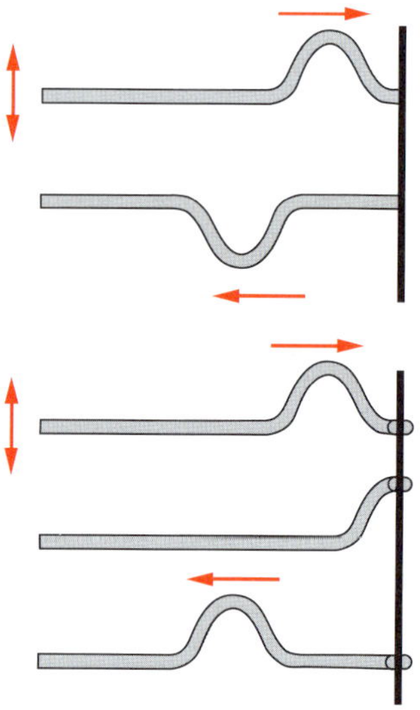

Bild 2.44 Bei der Reflexion einer Seilwelle am „festen Ende“ (oben) tritt ein Phasensprung von 180° ein, der am losen Ende unterbleibt.

Bei der Reflexion kann übrigens ein **Phasensprung** um 180° bzw. $\lambda/2$ auftreten – z. B. wird ein „Wellenberg“ zum „Wellental“ –, wenn die Ausbreitungsgeschwindigkeit im reflektierenden Medium kleiner ist; dies ist wenig anschaulich, spielt aber in der Optik eine große Rolle (Abschnitt 5.4.1). Eine einzelne *Seilwelle* wie in **Bild 2.44** macht den Vorgang deutlicher: Ist das Seil an einer reflektierenden Wand *fest* angebracht (oben), muss dort ein *Knoten* der Schwingung sein, also ein Minimum der Auslenkung (die maximale Auslenkung nennt man auch *Schwingungsbauch*). Nach der Reflexion der Welle wechselt die Auslenkung das Vorzeichen, was $\Delta\varphi = 180°$ entspricht. Am losen Ende hingegen, wie unten im Bild, läuft der Wellenberg als solcher zurück.

Zusammenfassung: Schwingungen und Wellen

- Bei freien ungedämpften Schwingungen sind die rücktreibende Kraft bzw. die entsprechende Beschleunigung proportional zur Auslenkung. Solche *harmonischen* Schwingungen können mit der Sinus- oder Kosinusfunktion beschrieben werden.
- Energetisch betrachtet findet eine ständige Umwandlung von potenzieller Energie in kinetische und zurück statt; durch Dämpfung wird ein Teil als Reibungsarbeit bzw. Wärme aus dem System entfernt.

- Die *Eigenfrequenz* ist für einen harmonischen Oszillator charakteristisch; sie verringert sich durch Dämpfung.
- Die Amplitude einer gedämpften Schwingung verringert sich gemäß der Abklingkonstante exponentiell. Jenseits der aperiodischen Grenze tritt statt einer Schwingung nur noch der Kriechfall ein.
- Durch eine periodisch wirkende Kraft können Schwingungen erzwungen werden. Nahe der Eigenfrequenz des Oszillators tritt *Resonanz* auf.
- Schwingungen überlagern sich ungestört sowohl räumlich als auch zeitlich. Im ersten Fall können *Lissajous-Figuren* entstehen, im zweiten *Schwebungen*. Auch die Kopplung zweier Oszillatoren führt zu Schwebungen wegen des periodischen Energieaustausches.
- Bei vielen gekoppelten Oszillatoren breitet sich eine Schwingung als Längs- oder Querwelle mit einer vom Medium abhängigen *Phasengeschwindigkeit* aus. Harmonische Wellen können sowohl in Abhängigkeit von der Zeit als auch vom Ort mit der (Ko-)Sinusfunktion beschrieben werden.

2.7 Gravitation und Himmelsmechanik

Dieses Thema ist eines der ältesten und aktuellsten, schwierigsten und spannendsten der gesamten Physik. Wahrscheinlich hat der Blick in den Weltraum Philosophie und Naturwissenschaft überhaupt erst begründet. Im Kern rätselhaft sind die Gravitationskräfte der Himmelsmechanik bis heute – auch wenn ihre Gesetze exakt bekannt sind.

2.7.1 Keplersche Gesetze

Auf der Basis von genauen astronomischen Beobachtungen (Info 2.12) fand Johannes Kepler (1571 – 1630) empirisch drei Gesetzmäßigkeiten für die Planetenbahnen in unserem Sonnensystem. Sie haben sich als allgemeingültig für sämtliche Himmelskörper herausgestellt:

Ellipsenbahn

Eine überlieferte (unfaire) Prüfungsfrage lautet: Was befindet sich im *anderen* Brennpunkt der Ellipse? Bei klarem Kopf ist die Antwort „nichts" selbstverständlich. Allerdings kann die Ellipse zum Kreis *entarten* (wie annähernd bei der Erdbahn); dann fallen die beiden Brennpunkte zusammen.

1. Die Bahnen der Planeten sind *Ellipsen*, in deren einem Brennpunkt die Sonne steht.
2. Ein „Fahrstrahl" von der Sonne zum Planeten überstreicht *in gleichen Zeiten gleiche Flächen*
3. Die *Quadrate der Umlaufzeiten* zweier Planeten verhalten sich wie die *Kuben der großen Halbachsen* ihrer Bahnellipsen.

- **Zum 1. Gesetz:** Speziell bei der Erdbahn ist die Abweichung vom Kreis – der eine „entartete" Ellipse mit nur einem Brennpunkt $F_1 = F_2$ darstellt – sehr gering. Ihre *Exzentrizität e* beträgt nur 0,017 **(Bild 2.45)**.

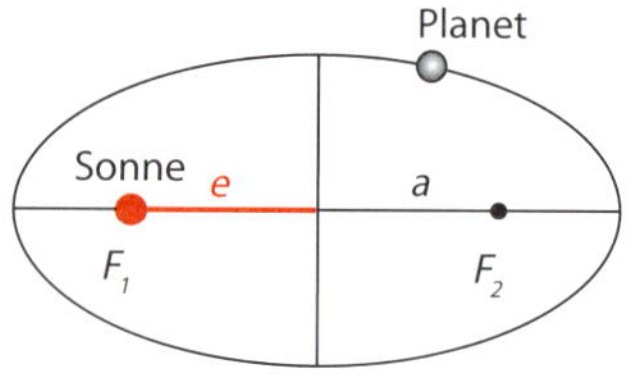

Bild 2.45 Zur Erläuterung des ersten KEPLERschen Gesetzes.

- **Zum 2. Gesetz:** Die Konsequenz aus dem zweiten Gesetz ist offenbar, dass die Bahngeschwindigkeit v_B mit kleinerem Abstand des Planeten zur Sonne wächst und für größere Abstände wieder abnimmt **(Bild 2.46)**. Die moderne Interpretation für den KEPLERschen „Fahrstrahl" ist der Ortsvektor $\vec{r}(t)$ von der Sonne zum Planeten, der beim Kreis einfach zum Radius r wird. Ohne mathematische Klimmzüge kann man im Grenzfall des Kreises zeigen, dass r und v_B über den Drehimpuls L der Planetenmasse m_p verknüpft sind. Aus Formel 2.50, Formel 2.47 sowie Formel 2.39 folgt nämlich:

$$L = J\omega = m_p r^2 \omega = m_p r v_B$$

Da der Drehimpuls einen Erhaltungssatz erfüllt, gilt für den rechten Ausdruck:

$$m_p r v_B = \text{const.}$$

Die Planetenmasse m_p ist zweifellos eine Konstante; darum muss bei kleinerem r die Bahngeschwindigkeit v_B anwachsen und umgekehrt. Derselbe Zusammenhang lässt sich auch für Ellipsen allgemein beweisen, und das hat die von KEPLER geforderte Gleichheit der Flächen zur Folge.

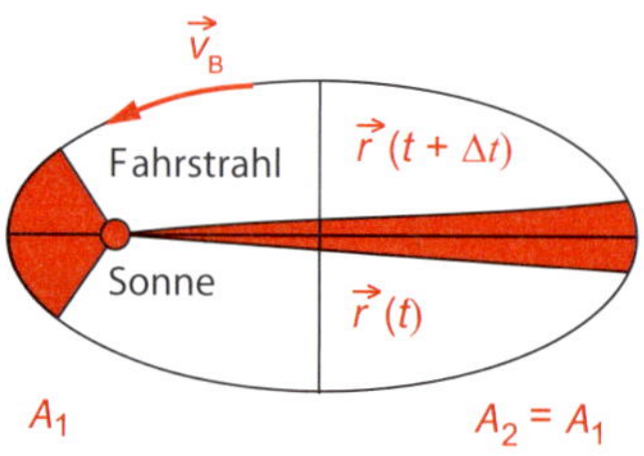

Bild 2.46 Zur Erläuterung des zweiten KEPLERschen Gesetzes.

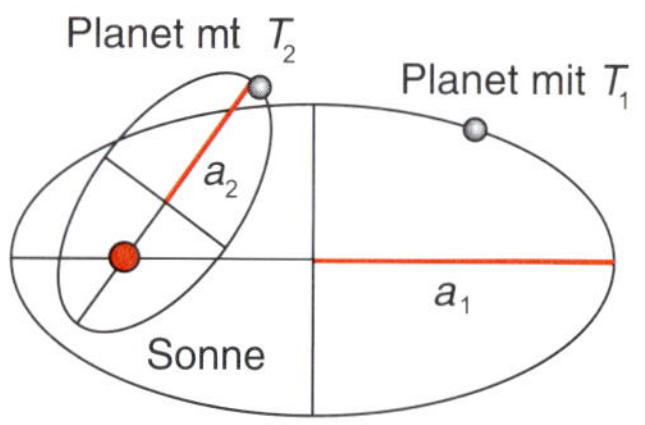

Bild 2.47 Zur Erläuterung des dritten KEPLERschen Gesetzes.

- **Zum 3. Gesetz:** Mit den Bezeichnungen aus **Bild 2.47** lautet die mathematische Formulierung:

$$\frac{T_1^2}{T_2^2} = \frac{a_1^3}{a_2^3} \qquad \text{Formel 2.65}$$

2.7.2 Newtonsches Gravitationsgesetz

Kepler konnte seine Gesetze nicht begründen. Erst Newton erkannte viele Jahrzehnte später, dass eine Kraft *zwischen den beiden beteiligten Massen* für die Bahnbeschleunigung sorgt und als Gegenkraft zur Zentrifugalkraft wirkt. Diese **Gravitationskraft** F_G ist jeweils proportional zu den beiden Massen und umgekehrt proportional zum Quadrat ihres Abstands:

$$F_G = \gamma \frac{m_1 m_2}{r^2} \quad \text{Formel 2.66}$$

Der Abstand r bezieht sich auf die Massenmittelpunkte (Abschnitt 2.5.2). Newton hat eigens die Integralrechnung erfunden, um mathematisch zeigen zu können, dass die auf einer ausgedehnten Kugel verteilten Massenelemente dm exakt dieselbe Gesamtkraft bewirken wie die hypothetisch gleiche Punktmasse im Kugelzentrum. Die Richtung von F_G ist also durch die Verbindungslinie der Massenmittelpunkte und deren *Anziehung* bestimmt.

Die in Abschnitt 2.2.3.2 eingeführte Gewichtskraft G entspricht gerade der Gravitationskraft F_G, die der Massenmittelpunkte der Erde auf eine andere Masse auf der Erdoberfläche ausübt, also im Abstand des Erdradius. Natürlich gilt das auch umgekehrt – nur wegen der enormen Erdmasse fällt zum Beispiel ein Apfel deutlich sichtbar in Richtung Erdmittelpunkt, und die Erde „fällt" ihm nur vernachlässigbar wenig entgegen.

Gravitationskraft oder Gewichtskraft?

Häufig wird bereits die Gewichtskraft mit F_G bezeichnet, in schlimmen Fällen die Gravitationskraft dann genauso. In diesem Buch soll das eigene Symbol G betonen, dass die Gewichtskraft *speziell* für die *Oberfläche* von Himmelskörpern definiert wurde. Natürlich ist sie von überragender praktischer Bedeutung auf der Erde als $G = mg$ (Formel 2.20).

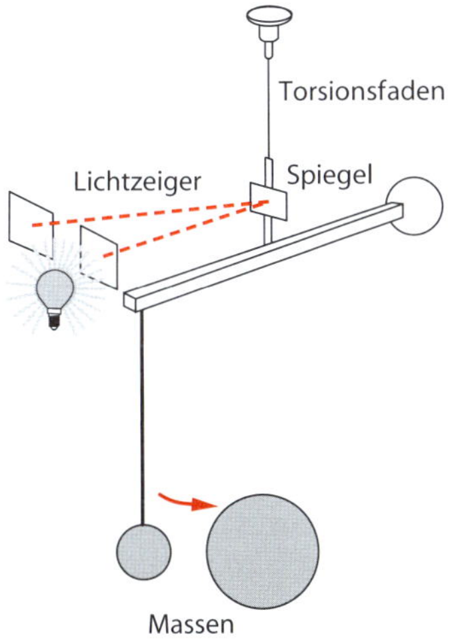

Bild 2.48 Die Gravitationsdrehwaage misst die Gravitationskraft zwischen den beiden Kugeln mithilfe eines Lichtzeigers.

Henry Cavendish (1731 – 1810) bestimmte mit einer empfindlichen Drehwaage **(Bild 2.48)** die **Gravitationskonstante**. Der genaueste, seit 2014 geltende Wert lautet [CODATA]:

$$\gamma = 6{,}67408(31)10^{-11}\,\mathrm{m}^3/\left(\mathrm{kg}\cdot\mathrm{s}^2\right)$$

Gravitationskonstante

Die Gravitationskonstante γ (oft auch mit dem Symbol G bezeichnet, das in diesem Buch aber für die *Gewichtskraft* verwendet wird) ist wirklich eine Naturkonstante. Das zeichnet sie vor der *Fallbeschleunigung g* aus, die als *Erdbeschleunigung* den mittleren Wert 9,81 m/s² hat. Die Fallbeschleunigung ist aber von der Masse des anziehenden Himmelskörpers abhängig (und dort sogar von der lokalen Dichte).

Bei dieser international gebräuchlichen Schreibweise geben die Ziffern in Klammern den Absolutwert der Standardabweichung des Mittelwertes an, mit Bezug auf die entsprechenden Ziffern des Messwertes. Er entspricht also dem Abschnitt 1.5 eingeführten Vertrauensbereich für das Vertrauensniveau 68,3 %. Die vollständige Angabe lautet:

$$\gamma = (6{,}674\,08 \pm 0{,}000\,31)10^{-11}\,\mathrm{m}^3 \cdot \left(\mathrm{kg} \cdot \mathrm{s}^{-2}\right)$$

Das entspricht einer relativen Messunsicherheit von $4{,}7 \cdot 10^{-5}$ beziehungsweise 0,0047 %.

Info 2.12: Astronomie vor Kepler

Aus vielen alten Kulturen sind Zeugnisse der Himmelskunde überliefert, z. B. von den Ägyptern und Mesopotamiern. Über diese *mythischen* Deutungen sind erstmals die Griechen hinausgegangen, allen voran **Aristoteles** (384–322 v. Chr.) und **Ptolemäus** (83–161). Ihren *philosophischen* Überlegungen entsprach ein *geozentrisches Weltbild* mit der ruhenden Erde im Zentrum am besten. Auch *theologische* Maximen, die den Menschen und seine Erde als Mittelpunkt der Schöpfung postulierten, wurden bis ins Mittelalter als „Beweise" dafür durchgesetzt. Dieses Bezugssystem führt jedoch zu sehr komplizierten Planetenbahnen („Epizyklen").

Nikolaus Kopernikus (1473–1543) wagte gedanklich und gegen den Zeitgeist, die Sonne ins Zentrum und die Planeten auf Kreisbahnen zu setzen. Seine Theorie wurde allerdings erst in seinem Todesjahr veröffentlicht (und von kirchlichen Instanzen verboten). Auch **Galileo Galilei** (1564–1642) musste dem von ihm verbreiteten *heliozentrischen Weltbild* im berühmten Inquisitionsprozess von 1633 förmlich abschwören.

Zu dieser Zeit hatte der kaiserliche Hofastronom **Tycho de Brahe** (1546–1601) in Prag bereits alle Beobachtungsdaten gesammelt (aber selbst nur zu einem „faulen Kompromiss aus Geo- und Heliozentrik" verdichtet [Leute]), die sein direkter Amtsnachfolger **Johannes Kepler** benötigte. 1609 und 1619 veröffentlichte dieser seine überaus erfolgreichen Gesetze, die heute noch auf jeden Satelliten angewendet werden können.

Beispiel 2.22: Anziehungskraft zwischen Personen

Aufgabe: Bei einer gesellschaftlichen Veranstaltung fühlen sich zwei Personen voneinander angezogen. Um den physikalischen Hintergrund dieses Phänomens zu klären, soll die Gravitationskraft zwischen ihnen für eine typische Party-Distanz von einem Meter berechnet werden.

Lösung: Die Massen der beiden Personen werden mit 50 kg bzw. 80 kg abgeschätzt. Dann erhält man aus Formel 2.66:

$$F_{\mathrm{G}} = 6{,}674 \cdot 10^{-11}\,\frac{\mathrm{m}^3}{\mathrm{kg} \cdot \mathrm{s}^2} \cdot \frac{50\,\mathrm{kg} \cdot 80\,\mathrm{kg}}{1\,\mathrm{m}^2} \approx 0{,}3\,\mu\mathrm{N}$$

Diese Anziehungskraft entspricht der *Gewichtskraft* – also der Gravitationskraft durch die Erde – von 30 µg Masse und dürfte unmerklich sein. Wahrscheinlich hat die zwischenmenschliche Attraktivität eine andere Ursache.

Eine wichtige Konsequenz aus dem Gravitationsgesetz (Formel 2.66) ist, dass man damit die *Erdmasse* aus der Gleichsetzung von G und F_{G} bestimmen, also „die Erde wiegen" kann. Für einen beliebigen Körper – zum Beispiel einen Apfel – gilt:

$$m_{\mathrm{Apfel}}\, g = \gamma \frac{m_{\mathrm{Apfel}} m_{\mathrm{Erde}}}{r_{\mathrm{Erde}}^2} \Rightarrow m_{\mathrm{Erde}} = \frac{g r_{\mathrm{Erde}}^2}{\gamma} = \frac{9{,}81\,\mathrm{m/s}^2 \cdot \left(6{,}37 \cdot 10^6\,\mathrm{m}\right)^2}{6{,}674 \cdot 10^{-11}\,\frac{\mathrm{m}^3}{\left(\mathrm{kg} \cdot \mathrm{s}^2\right)}} = 5{,}97 \cdot 10^{24}\,\mathrm{kg}$$

Eine weitere interessante Folgerung ergibt sich, wenn man daraus und aus dem Volumen der Erdkugel die mittlere Dichte berechnet:

$$\bar{\varrho}_E = \frac{m_E}{\frac{4}{3}\pi \bar{r}_E^3} = \frac{5{,}97 \cdot 10^{24}}{\frac{4}{3}\pi \cdot \left(6{,}37 \cdot 10^6 \,\mathrm{m}\right)^3} = 5{,}5 \cdot 10^3 \,\frac{\mathrm{kg}}{\mathrm{m}^3}$$

Bodenproben von der *Erdkruste* weisen Dichten von lediglich 2,5 ... 4 kg/dm³ auf. Das weist darauf hin, dass der *Erdkern* von einer völlig anderen Beschaffenheit sein muss. Tatsächlich besteht er aus einem im Zentrum *festen* und bis zur maximal 40 km dicken Kruste *flüssigen* Stoffgemisch mit ca. 80 % Eisenanteil.

Beispiel 2.23: Geostationärer Satellit

Aufgabe: In welcher Entfernung zum Massenmittelpunkt der Erde muss ein geostationärer Satellit (z. B. zur Verteilung von Fernsehprogrammen) positioniert werden?
Lösung: „Geostationär" bedeutet, dass die Winkelgeschwindigkeit des Satelliten auf seiner Kreisbahn mit derjenigen der Erddrehung ω_E übereinstimmt. Gleichzeitig muss die Gravitationskraft als Gegenkraft zur Zentrifugalkraft den Satelliten auf diesem Kreisradius halten. Mit Formel 2.42 und Formel 2.66 lautet der Lösungsansatz:

$$m_{Sat} r \omega_E^2 = \gamma \frac{m_{Sat} m_E}{r^2}$$

Auf die Satellitenmasse kommt es nicht an – sie wirkt sich auf beide Kräfte gleich aus. Für den Radius gilt also:

$$r^3 = \frac{\gamma m_E}{\omega_E^2}$$

Mit $\omega_E = 2\pi/(24\ \mathrm{h}) = 7{,}27 \cdot 10^{-5}\ \mathrm{s}^{-1}$ und der oben berechneten Erdmasse erhält man:

$$r = \sqrt[3]{\frac{6{,}674 \cdot 10^{-11}\,\mathrm{m}^3 \cdot \left(\mathrm{kg} \cdot \mathrm{s}^2\right)^{-1} \cdot 5{,}98 \cdot 10^{24}\ \mathrm{kg}}{\left(7{,}27 \cdot 10^{-5}\right)^2 \mathrm{s}^{-2}}} = 42244\,\mathrm{km}$$

(Um die *Höhe* des Satelliten über der Erdoberfläche zu berechnen, müsste man noch den Erdradius subtrahieren!)

2.7.3 Gravitationsfeld

Die Masse der Erde verändert offenbar den Raum um sie herum dergestalt, dass andere Massen eine Kraft erfahren. (Dies gilt selbstverständlich für jede Masse, aber die Erde ist sehr anschaulich, weil jeder diese Kraft als „Gewicht" spürt!) In einer formalen und allgemeingültigen Beschreibungsweise bezeichnet man einen solchen Zustand als *Feld*, und wegen der in ihm auftretenden Kraftwirkungen als *Kraftfeld*. Das Feld um eine Masse heißt *Gravitations-* oder *Schwerefeld*.

Ein Feld ist immer nur indirekt durch die Kraftwirkung nachweisbar, hier also durch die Gravitationskraft auf eine Probemasse. Um zu einer Definition für die *Stärke* des Feldes zu gelangen, die von der speziellen Probemasse m_p unabhängig ist, *normiert* man die Kraft auf m_p. Zum Beispiel ist die *Gravitationsfeldstärke* an der Erdoberfläche der Quotient aus der Gewichtskraft G einer beliebigen Probemasse und der Probemasse m_p selbst. In dieser Beschreibung ist die bekannte Erdbeschleunigung g identisch mit der **Gravitationsfeldstärke**:

Tabellenwerte

In Tabellenwerken sind Materialkonstanten usw. häufig nicht in den SI-Einheiten aufgelistet, sondern in solchen, die eine platzsparende Darstellung erlauben. Dichten werden zum Beispiel in kg/dm³ oder g/cm³ angegeben – darauf muss man bei Berechnungen achten!

Gravitationsfeldstärke

$$\vec{g} = \frac{\vec{G}}{m_P} = \frac{\vec{F}_G}{m_P} \qquad \text{Formel 2.67}$$

Wegen der quadratischen Abnahme der Gravitationskraft (Formel 2.66) mit dem Abstand r gilt für den Betrag der Feldstärke ebenso $|\vec{g}| \sim 1/r^2$ **(Bild 2.49).**

Die *Richtung* der Feldstärke ergibt sich aus den Kraftvektoren, die an jedem Ort zum Massenmittelpunkt zeigen. In einer Art graphischer Verallgemeinerung der Vektorpfeile führt man *Kraftlinien* bzw. *Feldlinien* ein, die offenbar durch ihren Abstand gleichzeitig die relative Stärke des Feldes angeben. (In **Bild 2.49** nimmt die Liniendichte radial nach außen ab.)

Wenn in diesem Kraftfeld Hubarbeit geleistet wird, wächst bekanntlich die potenzielle Energie $E_{pot} = mgh$ (Abschnitt 2.3.2), und zwar unabhängig vom Ort, abhängig nur vom Weg h. Wiederum durch Normierung auf die Masse kann man das allgemeingültige **Potenzial** V in Abhängigkeit von der Höhe h definieren:

$$V(h) = \frac{E_{pot}}{m} = gh \qquad \text{Formel 2.68}$$

Dieses Potenzial ist offenbar jeweils auf Kugeln im Abstand $r_E + h$ vom Massenmittelpunkt um die Erdkugel herum gleich; die Kugeln sind *Äquipotenzialflächen*, die senkrecht auf den Feldlinien stehen. Wenn man den *Verlauf* von $V(r)$ um die Erdmasse aufträgt, erhält man den *Potenzialtopf* in **Bild 2.50.** Die Darstellung des Potenzialverlaufs in Kraftfeldern spielt eine wichtige Rolle in der Elektrostatik (Abschnitt 4.1.3), aber auch bei der Veranschaulichung von Schwingungen und Quantenprozessen in der Atom- und Kernphysik.

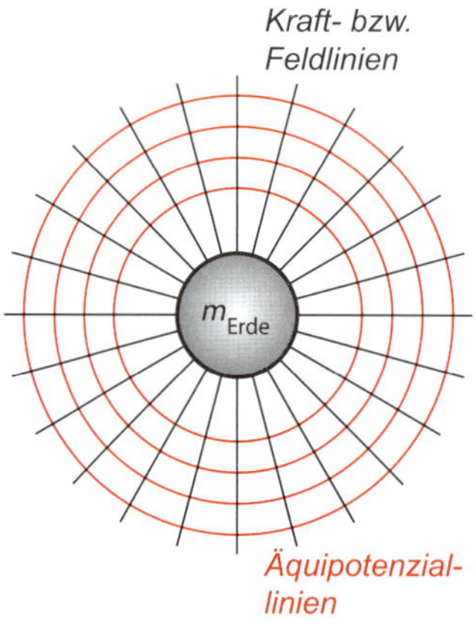

Bild 2.49 Das Gravitationsfeld der Erde ist radial gerichtet. Senkrecht zu den Feldlinien stehen die Linien gleichen Potenzials (räumlich: Äquipotenzialflächen).

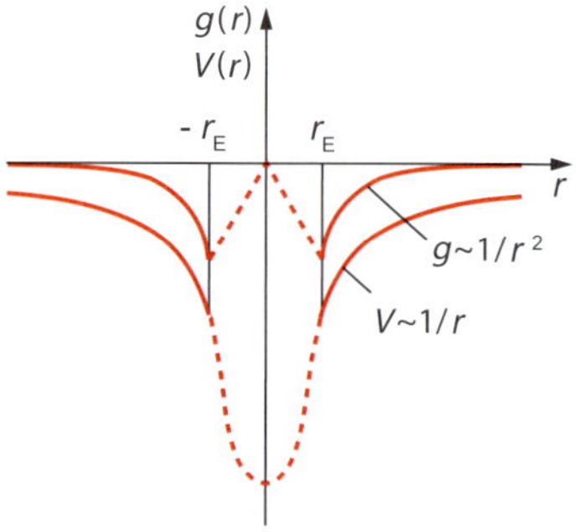

Bild 2.50 Der Feldstärkeverlauf und der Gravitations-„Potenzialtopf" für die Erdmasse (innerhalb der Erdkugel gestrichelt).

2.7.4 Ergebnisse der EINSTEINschen Relativitätstheorien

Die *Allgemeine Relativitätstheorie* von ALBERT EINSTEIN wurde 1916 veröffentlicht. Sie erklärt vor allem die Himmelsmechanik auf eine neuartige, aber schlüssige und widerspruchsfreie Weise. Ihr ging 1905 die *Spezielle Relativitätstheorie* voraus, die unter anderem die Mechanik im Weltraum exakt beschreibt sowie die Energiequellen der Sterne erklärt.

Die EINSTEINschen Erkenntnisse gelten als unanschaulich und kompliziert, deshalb gibt es viele theoretische und populäre Darstellungen in umfangreichen Büchern [EINSTEIN]. Da jedoch beide Theorien nicht nur im Weltraum, sondern auch auf der Erde konkrete Konsequenzen und Anwendungen haben (Info 1.1 und Info 2.2), sollen im Folgenden zumindest ihre Resultate zusammengestellt werden.

2.7.4.1 Spezielle Relativitätstheorie

Der Kern dieser Theorie ist die Frage, ob es ein *absolutes*, ruhendes Bezugssystem gibt, das **Inertialsystem** schlechthin, in das mittels GALILEI-Transformationen (Abschnitt 2.2.2.2) alle Bewegungen überführt werden können. Für das Licht sollte ein „Äther“ genannter Stoff mit seltsamen bzw. wiedersprüchlichen Eigenschaften diesen Bezug liefern.

Allerdings musste die Äther-Hypothese nach sorgfältigen Untersuchungen verworfen werden (Info 5.4). Tatsächlich laufen in allen *gleichförmig gegeneinander bewegten* Systemen physikalische Vorgänge exakt gleich ab; alle sind Inertialsysteme. Diese Tatsache wird als **Relativitätsprinzip** bezeichnet.

Probleme mit der Beschreibung von Bewegungen entstehen nun, weil Informationen zwischen den Systemen höchstens mit der Lichtgeschwindigkeit c_0 ausgetauscht werden können (in einschlägigen Gedankenexperimenten und auch in Wirklichkeit meistens tatsächlich mit Lichtsignalen). Diese aber ist nur *endlich* groß, sodass die *gleichzeitige* Beobachtung eines Ereignisses aus Bezugssystemen mit unterschiedlicher Eigengeschwindigkeit nicht mehr möglich ist. Sogar die Synchronisation von Uhren für diesen Zweck wäre ja nur mit entsprechend verzögerten Signalen durchführbar.

Von diesem Problem ausgehend stellte EINSTEIN fest, dass die Annahmen eines absoluten Raumes und einer unabänderlich verlaufenden Zeit – so fest verankert sie auch in der Erfahrung und Anschauung des Menschen scheinen – mit diesen Voraussetzungen nicht verträglich sind. Die Eigenschaft der Lichtgeschwindigkeit, bei allen – auch überlagerten – Bewegungen *konstant* und gleichzeitig die Grenzgeschwindigkeit für alle Bewegungsabläufe von Massen zu sein, hat für Raum und Zeit die Konsequenz, dass sie nicht mehr separat betrachtet werden dürfen. Die drei Dimensionen des Raumes muss man sich zusammen mit der Zeit als ein *vierdimensionales Kontinuum* vorstellen – aber genau dabei versagt die Anschauung.

Immerhin gibt es experimentelle Beweise für sämtliche Annahmen und Konsequenzen der Speziellen Relativitätstheorie, und es gibt einen vollständigen mathematischen Apparat für ihre Anwendung. Dessen wichtigster Teil ist die LORENTZ-Transformation (Info 2.2), die beim Wechsel von Bezugssystemen statt der klassischen GALILEI-Transformation angewandt werden muss. Mit ihr kann man einen **relativis-**

tischen Faktor k definieren, der wesentlich von der Relativgeschwindigkeit v_r der beiden Bezugssysteme abhängt:

Relativistischer Faktor

$$k = \frac{1}{\sqrt{1 - \frac{v_r^2}{c_0^2}}}$$ Formel 2.69

Da die Lichtgeschwindigkeit c_0 so groß ist, unterscheidet sich k bei nahezu allen irdischen Beobachtungen von Vorgängen unwesentlich von 1, und die Physik NEWTONS (mit der Transformation nach GALILEI) bleibt unverändert.

Beispiel 2.24: Relativistische Effekte

Aufgabe: Der Geschwindigkeits-Weltrekord für Landfahrzeuge liegt bei 1200 km/h. Könnte diese Relativgeschwindigkeit zwischen Fahrzeug und Beobachtern relativistische Effekte bewirken? Wie groß ist k für ein utopisches Raumfahrzeug, das 60 % der Lichtgeschwindigkeit erreicht, wie groß für ein Elementarteilchen mit $v = 0{,}998 \cdot c_0$?

Lösung: Der relativistische Faktor hat im ersten Fall den Wert:

$$k = \frac{1}{\sqrt{1 - \left(\frac{(1200/3{,}6)\,\text{m/s}}{3 \cdot 10^8\,\text{m/s}}\right)^2}} \approx \frac{1}{\sqrt{1 - 10^{-12}}} \approx 1$$

Auch bei diesen Geschwindigkeiten beschreibt die klassische Mechanik Bewegungsvorgänge noch völlig korrekt. – Für das Raumschiff gilt:

$$k = \frac{1}{\sqrt{1 - \left(\frac{0{,}6 \cdot c_0}{c_0}\right)^2}} = \frac{1}{\sqrt{1 - 0{,}36}} = \frac{1}{0{,}8} = 1{,}25$$

Bei solchen Geschwindigkeiten muss auf jeden Fall relativistisch korrigiert werden.
Für das Elementarteilchen ergibt sich $k \approx 16$; in seinem Bezugssystem wirken sich relativistische Effekte also geradezu dramatisch aus.

Der relativistische Faktor hat unmittelbar Einfluss auf die *Koordinatentransformation*, aber auch auf die Zeit, die nunmehr im vierdimensionalen Kontinuum zwingend enthalten ist. Mittelbar muss auch die *Masse* betroffen sein, da sonst durch eine hohe Beschleunigungsarbeit vor allem Elementarteilchen mit ihren kleinen Massen auf Überlichtgeschwindigkeit gebracht werden könnten.

Die **Zeitdilatation** (Zeitdehnung) im Bezugssystem des bewegten Körpers im Vergleich zu dem des Beobachters wird als Funktion der Relativgeschwindigkeit beschrieben durch:

Zeitdilatation

$$t_r(v_r) = k t_{\text{Beob}}$$ Formel 2.70

Zum ersten Mal wurde dieser Zusammenhang bei sehr schnellen Elementarteilchen („Myonen“) aus der sekundären kosmischen Strahlung nachgewiesen, die in einigen tausend Meter Höhe entstehen. Nach der klassischen Theorie hätte die Lebensdauer der Myonen von etwa 2 µs selbst mit nahezu Lichtgeschwindigkeit ($0{,}998 \cdot c_0$) nicht ausgereicht, um die Erdoberfläche zu erreichen. Die maximale Weglänge wäre:

$$s_{\text{Myon}} \approx 3 \cdot 10^8\,(\text{m/s}) \cdot 2 \cdot 10^{-6}\,\text{s} = 600\,\text{m}$$

Da nach Beispiel 2.24 der relativistische Faktor etwa 16 beträgt, ist die Lebensdauer im Bezugssystem der Erde auf 32 µs verlängert. (Im Bezugssystem des Myons bleibt es bei 2 µs, dort geht der Zerfallsprozess unverändert weiter!)

Die Zeitdilatation war der erste relativistische Effekt, der auch mit irdischen Objekten experimentell bestätigt werden konnte. Gemäß der populären Formulierung „Bewegte Uhren gehen langsamer“ wurde zum Beispiel eine hochgenaue Atomuhr 15 Stunden lang in einem Flugzeug mit 500 km/h $\approx 5 \cdot 10^{-7} \cdot c_0$ transportiert und dann mit einer stationären verglichen. Die Verzögerung betrug in diesem Fall etwa 6 Nanosekunden und übertraf damit deutlich die Messunsicherheit der Uhren selber. (Bei solchen Messungen muss außerdem der Einfluss der Gravitation auf die Zeit gemäß der Allgemeinen Relativitätstheorie berücksichtigt werden.) Inzwischen läuft gewissermaßen ein „Dauerversuch“ mit den Satelliten der Navigationssysteme, deren Funksignale ohne relativistische Korrekturen unbrauchbar wären.

In gewisser Weise äquivalent ist die Beschreibung des relativistischen Einflusses durch die **Längenkontraktion**:

$$l_{\mathrm{r}}(v_{\mathrm{r}}) = \frac{1}{k} l_{\mathrm{Beob}}$$ Formel 2.71

Längenkontraktion

Zum Beispiel hat im Bezugssystem des oben erwähnten Myons die Erde eine Relativgeschwindigkeit von $0{,}998 \cdot c_0$, wodurch sich ihr Abstand für das Teilchen nach Formel 2.71 verkürzt. Auch so lässt sich erklären, dass die Lebensdauer des Myons zum Erreichen der Erdoberfläche ausreicht.

Besondere Bedeutung für wissenschaftliche und technische Anwendungen auf der Erde hat der relativistische **Massenzuwachs**:

$$m_{\mathrm{r}} = k m_{\mathrm{Beob}} = k m_0$$ Formel 2.72

Massenzuwachs

Die Masse im Bezugssystem des Beobachters m_0 wird auch *Ruhemasse* genannt. Elektrisch geladene Elementarteilchen, insbesondere Elektronen mit ihrer kleinen Masse, können in einem elektrischen Feld sehr stark beschleunigt werden (Abschnitt 4.7.1.2). Nach klassischer Rechnung würde schon bei einer moderaten Beschleunigungsspannung (nämlich 256 kV, Beispiel 4.15) die Lichtgeschwindigkeit übertroffen. Tatsächlich verhindert das der relativistische Massenzuwachs. Auch bei den typischen Betriebsbedingungen klassischer Bildröhren (Abschnitt 4.7.1.2) wirkt sich m_{r} bereits aus und ist bei der Ablenkung des Elektronenstrahls zu berücksichtigen. Erst recht müssen die Ablenkungsmagnete der großen Elementarteilchen-Beschleunigerringe für relativistische Massen und deren sehr viel größere Zentrifugalkräfte ausgelegt werden.

Massenzuwachs

Die Unterscheidung von Masse und Materie ist hier besonders wichtig. Selbstverständlich gibt es keine substanzielle Zunahme wie eine Schwellung oder gar Atomvermehrung. Was zunimmt, ist die Eigenschaft der Materie, träge und schwer zu sein – und das nennt man ihre Masse.

Unmittelbar deutlich wird der Einfluss des Faktors k, wenn man die normierte relativistische Masse $m_{\mathrm{r}}/m_0 = k$ über der normierten Relativgeschwindigkeit v_{r}/c_0 aufträgt **(Bild 2.51)**. Bei 5 % der Lichtgeschwindigkeit weicht m_{r} zwar erst um 1 ‰ von der Ruhemasse m_0 ab; in vielen Fällen muss aber bereits dann relativistisch gerechnet werden.

Eine Beschleunigungsarbeit vergrößert in der klassischen Physik die Energie der Masse. Sie wächst – als kinetische Energie gemäß Formel 2.29 – mit dem Quadrat der Geschwindigkeit. Wo bleibt diese Energie bei der Annäherung an die Lichtgeschwindigkeit, wenn praktisch keine Zunahme der Geschwindigkeit einer Masse mehr zu erzielen ist? Verletzt die Spezielle Relativitätstheorie das Prinzip der Energieerhaltung?

Diese Frage wird durch die vielleicht wichtigste, auf jeden Fall aber folgenreichste Gleichung der EINSTEINschen Theorie (manche sagen: der gesamten Physik) beantwortet:

Energie-Masse-Äquivalenz

$$E = mc_0^2$$ Formel 2.73

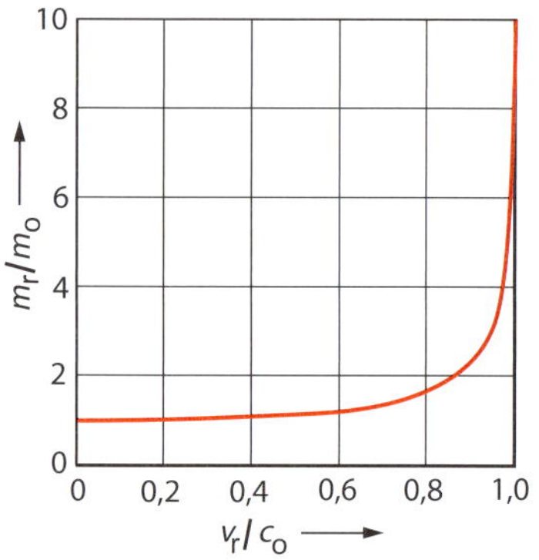

Bild 2.51 Der relativistische Faktor wirkt sich bei hohen Relativgeschwindigkeiten sehr stark aus.

Für die Beschleunigungsarbeit bedeutet das: Der Zuwachs an Masse ist ein Zuwachs an Energie; *statt* der kinetischen Energie wächst die Masse. In Wirklichkeit geht die Äquivalenz der beiden Größen aber noch viel weiter. Auf der Ebene der Elementarteilchen kann Energie *direkt* in Masse umgewandelt werden, unter bestimmten Bedingungen entsteht aus purer Strahlung Materie („Paarbildung“ von Elektronen und Positronen). Der umgekehrte Prozess ist allerdings noch erheblich wichtiger: Ebenfalls bei Elementarteilchen, nämlich bei den im Atomkern gebundenen Protonen und Neutronen, kann Masse direkt in Energie umgewandelt werden (Abschnitt 6.5.4). Diese *Kernenergie* hat wegen des großen Zahlenwertes von c_0 eine völlig andere Größenordnung als in der klassischen Physik vorher bekannt und freizusetzen war. Der theoretische Energieinhalt eines Kilogramms Materie – die man aber glücklicherweise nicht technisch nutzbar beim Kaufmann erstehen kann – beträgt:

$$E = 1\,\text{kg} \cdot \left(3 \cdot 10^8\ \text{m/s}\right)^2 \approx 10^{17}\,\text{N} \cdot \text{m} \approx 2{,}8 \cdot 10^{10}\ \text{kWh}$$

Mit dieser Masse beziehungsweise Energie könnte man entweder für 10^8 s = 3,17 a ein großes Kraftwerk (1 GW) betreiben oder eine – erwiesenermaßen – äußerst zerstörerische Bombe bauen.

2.7.4.2 Allgemeine Relativitätstheorie

Im Zusammenhang mit der Trägheitskraft wurde bereits erwähnt, dass sich Schwere und Trägheit einer Masse unter bestimmten Versuchsbedingungen identisch *auswirken* (Abschnitt 2.2.3). ALBERT EINSTEIN zeigte, dass beide Eigenschaften identisch *sind*. Dieses *Äquivalenzprinzip* ist die Basis der Allgemeinen Relativitätstheorie. Sie erweitert die spezielle Theorie für Bezugssysteme mit *konstanter* Relativgeschwindigkeit auf solche, die gegeneinander *beschleunigt* werden.

Zur Interpretation des Unterschiedes kann man sich zunächst vorstellen, dass Bahnen von Teilchen oder Wellen, die aus einem ruhenden Bezugssystem beobachtet *geradlinig* verlaufen, aus einem beschleunigten Bezugssystem heraus betrachtet *gekrümmt* erscheinen. Denselben Effekt soll gemäß dem Äquivalenzprinzip nun die Gravitation in der Nähe einer Masse bewirken. Um das zu erklären, musste EINSTEIN den *Raum krümmen*, allerdings in den vier Dimensionen des Raum-Zeit-Kontinuums. Die vierte Dimension ist unserem Verstand nicht zugänglich, darum behilft man sich zur Veranschaulichung oft mit einer zweidimensionalen Membran – zum Beispiel aus Gummi –, die durch eine aufgelegte Masse in die dritte Dimension hinein eine Delle bekommt. Rollt eine Kugel in der Nähe dieser Masse am Rand der Delle entlang, so wird sie natürlich abgelenkt. Ähnlich bewegt sich die Erde in der „Delle", die die Masse der Sonne im Raum-Zeit-Kontinuum verursacht.

Spektakulär war nun EINSTEINS Vorhersage, dass natürlich auch *Lichtstrahlen* eine solche Ablenkung in der Nähe großer Massen wie der Sonne erfahren. Sie bewegen sich weiter geradlinig, aber der Raum ist dort eben gekrümmt. Für das Licht eines Sternes, der eigentlich *hinter* der Sonne steht und unsichtbar sein sollte, ist der Effekt allerdings minimal ($\alpha \approx 1{,}7$ Bogensekunden; **Bild 2.52**). Der Stern erscheint unmittelbar neben dem Sonnenrand und ist darum nur bei einer Sonnenfinsternis beobachtbar. Dieser Nachweis gelang einer englischen Physikergruppe im Jahr 1919, und von da an war EINSTEIN nicht nur einer der bedeutendsten Wissenschaftler, sondern bis heute auch einer der populärsten.

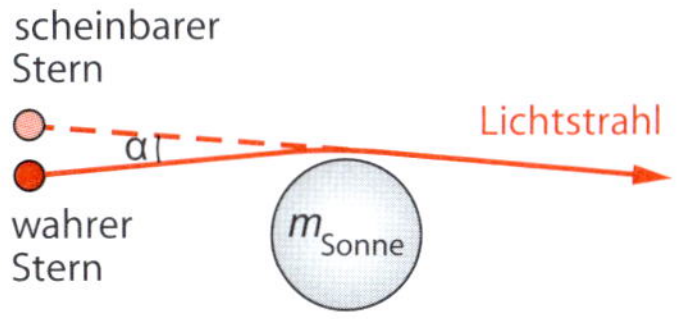

Bild 2.52 Der eigentlich von der Sonne verdeckte Stern wird sichtbar, weil sein Licht von ihrem Gravitationsfeld abgelenkt wird.

Zu den ebenso populären wie wichtigen Konsequenzen der Gravitationswirkung auf Licht gehört die Existenz *schwarzer Löcher*. Kollabierte und extrem hoch verdichtete Sterne müssen den Berechnungen nach alle Strahlung in der Umgebung gravitativ „aufsaugen". Da sie dadurch perfekt schwarz erscheinen, sind sie auf keine Weise direkt nachzuweisen. Allerdings verraten sie sich in Doppelstern-Systemen durch die Ablenkung ihrer sichtbaren Partner gemäß den KEPLERschen Gesetzen (Abschnitt 2.7.1). Die Existenz schwarzer Löcher, auch in unserer Galaxis, gilt inzwischen als gesichert.

Von weitreichender Bedeutung sind Gravitation und Allgemeine Relativitätstheorie auch für die Kosmologie. Unabhängig von vielen weiteren Spekulationen, die die Phantasie von Wissenschaftlern ebenso wie die von Science-Fiction-Liebhabern anregen, ist das Weltall mit hoher Wahrscheinlichkeit *unbegrenzt*, aber zugleich *endlich*.

Zum Verständnis hilft wieder der Rückschritt in zwei Dimensionen: Für viele Lebewesen (einschließlich einiger zweibeiniger) ist die Erde eine Scheibe. Unter dieser Voraussetzung können sie nicht verstehen, dass die Erdkugel zwar eine *endliche* Oberfläche hat, aber *unbegrenzt* umrundet werden kann. Für den Rest der Lebewesen beginnt das Verständnisproblem eine Dimension höher: Eine (sehr lange) Reise geradeaus in den Weltraum würde irgendwann am Startplatz enden!

Zusammenfassung: Gravitation und Himmelsmechanik

- Himmelskörper wie Planeten, Monde und Satelliten bewegen sich auf *Ellipsenbahnen* im Schwerefeld eines anderen Himmelskörpers.
- Die Größe der Ellipsen steht in einem festen Verhältnis zu den *Umlaufzeiten*. Nahe der Masse (in einem Brennpunkt der Ellipse) wird die Bahngeschwindigkeit größer.
- Die *Gravitationskraft* zweier Körper aufeinander ist proportional zu ihren beiden Massen und umgekehrt proportional zum Quadrat ihres Abstandes.
- Fernwirkungen wie die Gravitation beschreibt man mit einem *Feld*, dessen Verlauf Kraftlinien veranschaulichen. Die Feldstärke ist als normierte Kraft definiert, das Potenzial als normierte Energie. Verschiebungen auf *Äquipotenzialflächen* benötigen keine Arbeit.
- Die *Spezielle Relativitätstheorie* erklärt für gleichförmig bewegte Bezugssysteme Zeitdilatation, Längenkontraktion und Massenzuwachs, außerdem die physikalische Identität von Masse und Energie.
- Die *Allgemeine Relativitätstheorie* erklärt die Gravitation mit Krümmungen im Raum-Zeit-Kontinuum aufgrund der Massen.

2.8 Flüssigkeiten und Gase

Im Gegensatz zu Festkörpern (Abschnitt 6.4) haben Flüssigkeiten zwar eine veränderliche Form, aber immerhin ein nahezu konstantes Volumen. Für Gase gilt auch das nicht; sie füllen jedes Gefäß vollständig aus (wobei sich allerdings ihr Druck ändert). Die Konsequenzen für die Statik und Dynamik der Materie in diesen Zuständen werden im Folgenden zusammengefasst.

Richtung des Drucks

Formel 2.74 ist *keine* Vektorgleichung, obwohl sie die Kraft enthält. Der Druck ist ein Skalar, weil er in alle Richtungen gleich wirkt. Die durch einen Druck ausgeübte Kraft, z. B. auf einen Kolben, ist aber immer senkrecht zur Oberfläche gerichtet. (Alle anderen Komponenten heben sich auf.)

2.8.1 Druck

2.8.1.1 Kolbendruck

Ruhende Gase und Flüssigkeiten üben auf Flächen Kräfte aus. Der Quotient aus der in senkrechter Richtung wirkenden Gesamtkraft und der Fläche selbst heißt **Druck**:

Definition des Drucks

$$p = \frac{F}{A}$$ Formel 2.74

Die SI-Einheit ist: $[p]$ = N/m² = Pa („Pascal" nach Blaise Pascal, 1623 – 1663). Außerdem werden noch einige *historische Einheiten* verwendet: 133,3 Pa = 1 Torr = 1 mmHg (Höhe einer Quecksilbersäule bei 0 °C); 10^5 Pa = 1 bar. Dies entspricht ziemlich genau dem atmosphärischen Luftdruck auf Meereshöhe. Da die Wetterkundler sich so ungern von „mbar" – Millibar – trennten, wird der Luftdruck häufig in hPa – Hektopascal – angegeben, um die vertrauten Zahlenwerte zu bewahren.

Der von außen erzeugte *Kolbendruck* ist im Inneren eines Mediums überall gleich. Weil Flüssigkeiten außerdem kaum kompressibel sind, kann man mit *hydraulischen Pressen* enorme Kräfte ausüben **(Bild 2.53)**.

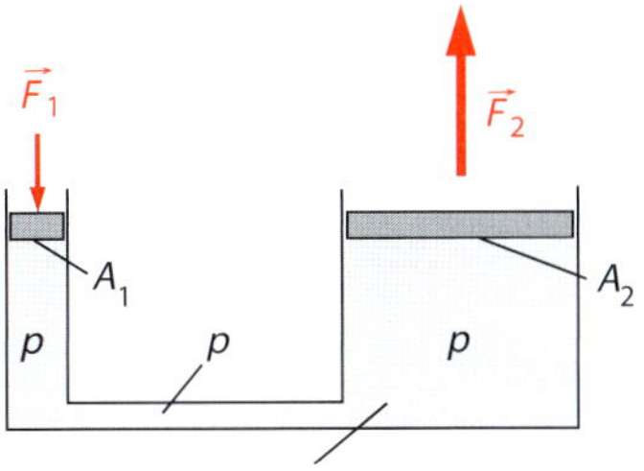

Bild 2.53 Bei der hydraulischen Presse wird die Kraft im Verhältnis der Flächen vergrößert. Der Weg verkleinert sich entsprechend, sodass die Arbeit gleich bleibt.

2.8.1.2 Schweredruck

Bereits die Gewichtskraft von Flüssigkeiten und Gasen verursacht einen Druck, den *Schweredruck*. (Die Summe mit dem Kolbendruck heißt *statischer Druck*.)

Auf eine Fläche A drückt die Gewichtskraft G der Gas- oder Flüssigkeitssäule mit der Höhe h **(Bild 2.54).** Mit der Dichte $\varrho = m/V = m/(Ah)$ erhält man für die Gewichtskraft: $G = mg = \varrho Ahg$ und schließlich für den **Schweredruck** $p_s = G/A$:

$$p_s = \varrho g h \qquad \text{Formel 2.75}$$

Schweredruck

Der Schweredruck ist offenbar völlig unabhängig von der Gefäßform, auch bei schiefen oder gewundenen Röhren. Da diese Tatsache naiven Interpretationen der Kraft auf Bodenflächen widerspricht, wird sie als *hydrostatisches Paradoxon* bezeichnet.

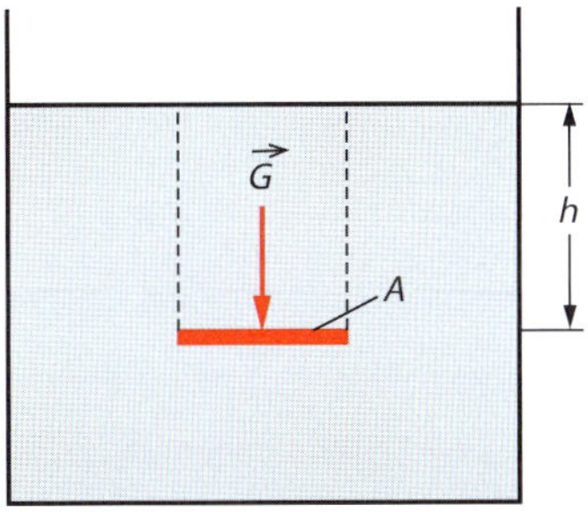

Bild 2.54 Der Schweredruck in einer Flüssigkeit wächst linear mit der Tiefe.

Beispiel 2.25: Schweredruck beim Tauchen

Aufgabe: Welchen Druck spürt ein Taucher in 10 m Wassertiefe?
Lösung: Nach Formel 2.75 ist der Schweredruck durch die Wassersäule wegen der Wasserdichte von $\varrho_W = 10^3$ kg/m³:

$$p_s = 10^3 \left(\mathrm{kg/m^3}\right) \cdot 9{,}81 \left(\mathrm{m/s^2}\right) \cdot 10\,\mathrm{m}$$
$$\approx 10^5 \left(\mathrm{kg \cdot m/s^2}\right)/\mathrm{m^2} = 10^5\,\mathrm{Pa}$$

Der gesamte Schweredruck in dieser Wassertiefe ist also doppelt so hoch wie der Normaldruck durch die Luftsäule an der Wasseroberfläche allein. Damit wird verständlich, dass in großen Tauchtiefen Schutzanzüge oder sogar massive Kapseln erforderlich sind.

2.8.1.3 Luftdruck

Eine der ersten Demonstrationen des Luftdrucks stammt von OTTO VON GUERICKE (1602 – 1686). Er evakuierte die *Magdeburger Halbkugeln* und ließ 2-mal 8 Pferde anspannen, um sie auseinanderzuziehen (**Bild 2.55**; ein Baum oder ein Haus hätte zwar ein Gespann ersetzt, aber den geringeren Schaueffekt geliefert). Bei einem Durchmesser der Halbkugeln von 42 cm gelang der Versuch insofern, als die Trennung *nicht* möglich war.

Bild 2.55 Das Relief auf dem Guericke-Denkmal in Magdeburg zeigt nur die „inneren" 2-mal 4 Pferde, auf den meisten zeitgenössischen Darstellungen sind 16 Pferde zu sehen.

Beispiel 2.26: Magdeburger Halbkugeln und inkompressible Luftsäule

Die Kraft, mit der beide Halbkugeln aufeinander gepresst wurden (Komponenten parallel zur Trennfläche *A* kompensieren sich), betrug wegen des Luftdrucks p_L:

$$F = p_L A = 10^5 \left(\mathrm{N/m^2}\right) \cdot \pi \cdot \left(0{,}21\,\mathrm{m}\right)^2 \approx 14\,\mathrm{kN}$$

Das entspricht der Gewichtskraft von 1,4 t Masse! Offenbar ist das die Masse der *Luftsäule* über der Erdoberfläche.
Eine naive Berechnung der Höhe dieser Luftsäule – die für den Normaldruck p_0 in Meereshöhe verantwortlich ist – ergibt mit Formel 2.75 und der Luftdichte ϱ_L = 1,3 kg/m³:

$$h = \frac{p_0}{\varrho_L \cdot g} = \frac{10^5\,\mathrm{N/m^2}}{1{,}3\left(\mathrm{kg/m^3}\right) \cdot 9{,}81\left(\mathrm{m/s^2}\right)} \approx 8000\,\mathrm{m}$$

Nach diesem offensichtlich falschen Ergebnis würden die höchsten Berge bereits ins Vakuum des Weltalls ragen!

Das Beispiel 2.27 (s. u.) zeigt deutlich, dass bei einer Berechnung des Luftdrucks die *Kompressibilität* von Gasen berücksichtigt werden muss. Sie bewirkt, dass die Dichte eine Funktion des Drucks, und damit der Luftdruck eine nun nicht mehr lineare, sondern exponentielle Funktion der Höhe wird:

Barometrische Höhenformel

$$p_L(h) = p_0 \cdot \mathrm{e}^{-\frac{\varrho_L \cdot g}{p_0} h} \qquad \text{Formel 2.76}$$

Diese **barometrische Höhenformel** gilt vereinfachend für konstante Temperatur und ohne Luftströmungen, zeigt aber ausreichend genau die tatsächliche exponentielle Abnahme des Luftdrucks: Jeweils nach der *Halbwertshöhe* reduziert sich der

Druck auf die Hälfte. In **Bild 2.56** ist der Luftdruck $p_L(h)$ normiert auf den Normaldruck p_0 dargestellt.

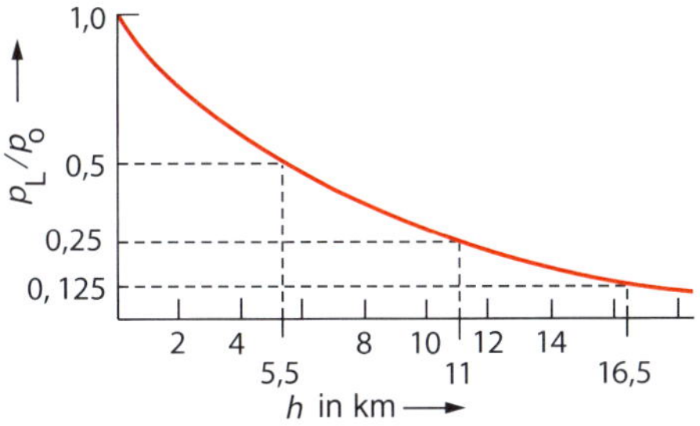

Bild 2.56 Die barometrische Höhenformel beschreibt den Druckabfall in der Atmosphäre, mit Halbwertshöhen von 5,5 km, 11 km usw.

Beispiel 2.27: Luftdruck-Halbwertshöhe

Aufgabe: In welcher Höhe „über dem Meeresspiegel" ist der Luftdruck nur noch halb so groß wie auf dem Meeresspiegel?

Lösung: Beim Rechnen mit der Exponentialfunktion gibt es eine typische Vorgehensweise: Um h aus dem Exponenten in Formel 2.76 zu extrahieren, bildet man erst den Kehrwert auf beiden Seiten der Gleichung und logarithmiert sie dann (ln x ist die *Umkehrfunktion* von e^x, Anhang):

$$\ln\frac{p_0}{p_L(h)} = \frac{\varrho_L \cdot g}{p_0}\cdot h \Rightarrow h = \frac{p_0}{\varrho_L \cdot g}\ln\left(\frac{p_0}{p_L(h)}\right)$$

Für den Normaldruck setzt man sinnvollerweise den jährlichen Mittelwert ein (p_0 = 1013 hPa). Als erste Halbwertshöhe ergibt sich dann:

$$h_{1/2} = \frac{101300\left(\mathrm{kg\cdot m/s^2}\right)/\mathrm{m^2}}{1{,}3\left(\mathrm{kg/m^3}\right)\cdot 9{,}81\left(\mathrm{m/s^2}\right)}\cdot \ln 2 = 5{,}5\,\mathrm{km}$$

Entsprechend berechnet man $h_{1/4}$ = 11 km usw. **(Bild 2.56)**.

Bemerkung: Exponentialfunktionen zur Basis e = 2,718 28... mit dem in **Bild 2.56** gezeigten typischen Verlauf spielen in Physik und Technik eine große Rolle. Neben dem Abklingen einer gedämpften Schwingung (Abschnitt 2.6.2) beschreiben sie z. B. die Entladung von Kondensatoren (Info 4.5), die Schwächung elektromagnetischer Wellen (Abschnitt 6.3.3.3) und den Zerfall radioaktiver Atomkerne (Abschnitt 6.5.3.2).

2.8.1.4 Auftrieb

Eine direkte Folge des unterschiedlichen Schweredruckes in Flüssigkeitsschichten oder Gasschichten unterschiedlicher Höhe ist der *Auftrieb*. Er stellt eine der Gewichtskraft entgegen gerichtete Kraft dar, deren Betrag man am Beispiel eines in Flüssigkeit getauchten Zylinders leicht berechnen kann **(Bild 2.57)**.

Die Auftriebskraft als Differenz der Kräfte unten sowie oben ($F_u > F_o$) ergibt sich aus den Drücken $p_{u,o} = \varrho_F g h_{u,o}$ als Produkt mit den (hier gleichen) Flächen A; der Index „F" steht für die Flüssigkeit:

$$F_A = \varrho_F g \cdot \left(h_u - h_o\right) A = \varrho_F g V = m_F g = G_F$$

Das Ergebnis ist als **Prinzip des ARCHIMEDES** bekannt:

Der Auftrieb eines Körpers ist gleich dem Gewicht der von ihm verdrängten Flüssigkeit (bzw. des verdrängten Gases).

Aus dem Gleichgewicht des Körpergewichtes und der Auftriebskraft ergeben sich *Schwimmen* oder im Grenzfall *Schweben* eines Körpers; aus dem Ungleichgewicht *Aufsteigen* oder *Sinken* (bei Schiffen meistens durch das Eindringen von Wasser, was das *verdrängte* Wasservolumen natürlich verringert).

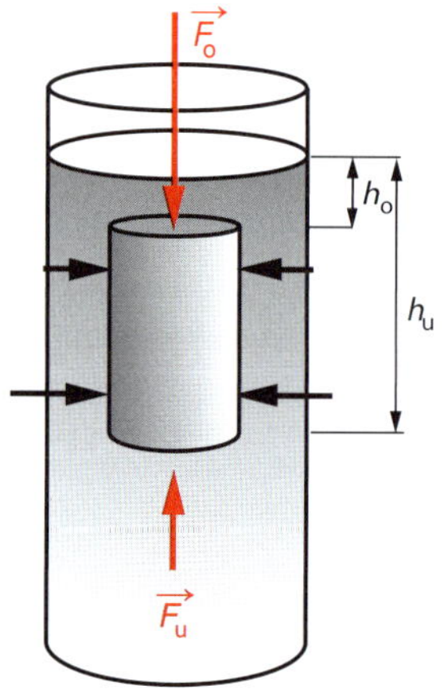

Bild 2.57 Der Auftrieb entsteht durch die Differenz des Schweredruckes auf Unter- und Oberseite des Zylinders. (Die seitlichen Komponenten heben sich auf.)

Beispiel 2.28: Auftrieb eines Gasballons

Aufgabe: Welche Nutzlast kann ein Ballon (m_B = 10 g) tragen, der mit 20 l Helium (ϱ_{He} = 0,15 kg/m³) gefüllt wird? Wie viele Ballons tragen einen Menschen?
Lösung: Der Betrag der Auftriebskraft muss mindestens gleich den Gewichtskräften von Ballonhülle, Gasfüllung und Nutzlast sein:

$$F_A = G_B + G_{He} + G_N$$

Da nach dem Prinzip des ARCHIMEDES der Auftrieb gleich dem Gewicht der verdrängten Luft ist, erhält man für die Nutzlast:

$$G_N = m_L g - m_{He} g - m_B g$$

Mit der Dichte $m = \varrho V$ folgt daraus:

$$G_N = g\left(\varrho_L V_B - \varrho_{He} V_B - m_B\right) = g\left(V_B\left(\varrho_L - \varrho_{He}\right)\right) - m_B$$

Einsetzen der gegebenen Zahlenwerte ergibt:

$$G_N = 9{,}81\frac{\mathrm{m}}{\mathrm{s}^2}\left(0{,}02\,\mathrm{m}^3\left(1{,}3 - 0{,}15\right)\frac{\mathrm{kg}}{\mathrm{m}^3} - 0{,}01\,\mathrm{kg}\right)$$
$$= 0{,}13\,\mathrm{kg}\frac{\mathrm{m}}{\mathrm{s}^2} = 130\,\mathrm{mN}$$

Die Gewichtskraft eines Menschen der Masse 80 kg beträgt etwa 800 N. (Allerdings verursacht er selbst einen kleinen Auftrieb.) Um ihn schweben zu lassen, sind also über 6000 Ballons notwendig. Die Verkäufer auf Jahr- und Weihnachtsmärkten mit den bunten Ballontrauben sind demnach auch bei großen Vorräten nicht in Gefahr!

2.8.2 Oberflächenspannung

Die *Oberflächenspannung* σ ist eigentlich eine *potenzielle Energie*, die auf eine Fläche normiert wird: Im Inneren einer Flüssigkeit kompensieren sich die gegenseitigen Anziehungskräfte der Moleküle *(„Kohäsion")*, während an der Oberfläche die Resultierende aller Kräfte nach innen gerichtet ist. Es muss also Arbeit W geleistet werden, um ein Molekül gegen diese Kraft nach außen zu befördern und die Oberfläche A zu vergrößern; diese Arbeit ist als **Oberflächenenergie** dort gespeichert:

$$\sigma = \frac{\mathrm{d}W}{\mathrm{d}A} \quad \text{Formel 2.77}$$

(SI-Einheit: $[\sigma] = \mathrm{N} \cdot \mathrm{m/m^2} = \mathrm{N/m}$). Das hat zwei Konsequenzen:

- Minimale Oberfläche bedeutet minimale Energie (die ein physikalisches System im Gleichgewicht immer anstrebt). Bei gegebenem Volumen hat die Kugel die geringste Oberfläche. Darum nimmt ein Flüssigkeitstropfen Kugelform an (wenn nicht andere Kräfte wie Gewicht oder Reibung an ihm zerren; insofern hat die übliche künstlerische Darstellung von Regentropfen eine gewisse Berechtigung).
- Wenn zusätzlich *Adhäsionskräfte* z. B. an einer Gefäßwand auftreten, kann die Oberflächenenergie mechanische Arbeit leisten. Das bekannteste Beispiel ist die *Kapillarität* in sehr dünnen Röhrchen (oder engmaschigen Geweben), die Wasser als *benetzende Flüssigkeit* gegen die Schwerkraft aufsteigen lässt. Die Natur bedient sich bei jeder Pflanze dieses Effektes und schafft damit sogar den Nährstofftransport in über 100 m hohen Bäumen. Technische Anwendungen reichen vom Kerzendocht bis zur Heatpipe (Abschnitt 3.2.3).

2.8.3 Strömungen

Die Dynamik von Flüssigkeiten und Gasen ist ein weites Feld, das wegen wichtiger Anwendungen – etwa der Aerodynamik – stellenweise intensiv beackert wird. Dieser Überblick beschränkt sich auf die Grundgesetze in reibungsfreien Flüssigkeiten beziehungsweise nicht komprimierten Gasen und erläutert anschließend die wichtigsten Konsequenzen der Viskosität.

2.8.3.1 Reibungsfreie Strömungen

Einen Zusammenhang zwischen der Strömungsgeschwindigkeit und dem Strömungsquerschnitt – in der Praxis also dem Rohrdurchmesser – stellt die *Kontinuitätsgleichung* her **(Bild 2.58)**:

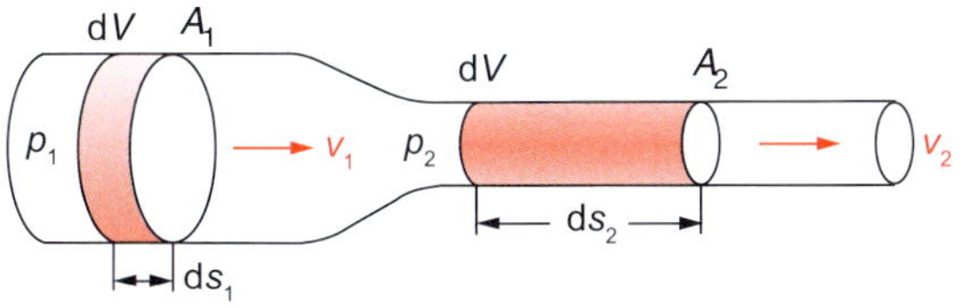

Bild 2.58 Die Kontinuitätsgleichung sagt aus, dass bei konstantem Medienvolumen eine Rohrverengung die Strömungsgeschwindigkeit steigert.

Die Zylindervolumina in beiden Rohrabschnitten $V_{1,2} = A_{1,2}\mathrm{d}s_{1,2}$ müssen wegen des als inkompressibel angenommenen Mediums gleich bleiben, demnach auch die Volumenströme $\mathrm{d}V_{1,2}/\mathrm{d}t = A_{1,2}\mathrm{d}s_{1,2}/\mathrm{d}t = A_{1,2} \cdot v_2$. Daraus folgt sofort die **Kontinuitätsgleichung**:

Kontinuitätsgleichung

$$\frac{v_1}{v_2} = \frac{A_2}{A_1}$$ Formel 2.78

Eine alternative Formulierung mit dem Zusammenhang $A(\mathrm{d}s/\mathrm{d}t) = \mathrm{d}V/\mathrm{d}t$ lautet:

$$\dot{V} = \text{const.}$$

Die Kontinuitätsgleichung verlangt einen konstanten Volumenstrom; daher verhalten sich die Strömungsgeschwindigkeiten umgekehrt wie die Strömungsquerschnitte.

(Leider ist diese Beziehung auf ideale Flüssigkeiten bzw. Gase beschränkt und nicht auf Verkehrsströme und die Folgen von Fahrbahn-Verengungen anwendbar.)

Daniel Bernoulli (1700 – 1782) ermittelte nun, woher eigentlich die Beschleunigungsarbeit für die Masse im Volumen V_1 stammt. Seine berühmte Gleichung stellt einen Zusammenhang zwischen der *Strömungsgeschwindigkeit* und dem *Druck* her.

Die Beschleunigungsarbeit $W = F\mathrm{d}s = pA\mathrm{d}s = pV$ bewirkt einen Zuwachs an kinetischer Energie. Wegen des Energieerhaltungssatzes muss folgende Bilanz gelten:

$$Vp_1 + \frac{1}{2}mv_1^2 = Vp_2 + \frac{1}{2}mv_2^2$$

Die Division durch V ergibt:

$$p_1 + \frac{\varrho}{2}v_1^2 = p_2 + \frac{\varrho}{2}v_2^2$$

Darin bezeichnet p den bereits bekannten statischen Druck. Der zweite Term gibt jeweils einen dynamischen, von der Strömungsgeschwindigkeit abhängigen Druck an, der **Staudruck** genannt wird. Beide addieren sich zum konstanten Gesamtdruck p_0; das ist die **Bernoulli-Gleichung**:

Bernoulli-Gleichung

$$p + \frac{\varrho}{2} \cdot v^2 = p_0 = \text{const.}$$ Formel 2.79

Bei höherer Strömungsgeschwindigkeit, also steigendem Staudruck, sinkt der statische Druck.

Für diese Bernoullische Gleichung gibt es zahlreiche Anwendungen. In **Bild 2.59** sind als Beispiel die Stromlinien für einen *Zerstäuber* eingezeichnet. Die kleineren Linienabstände resultieren aus größeren Wegen für den Luftstrom, was höhere Strömungsgeschwindigkeiten und damit einen geringeren Druck („Unterdruck“) zur Folge hat; der „saugt“ die Flüssigkeit an. Die wichtigste Anwendung ist sicher die Umströmung eines Tragflügels **(Bild 2.60)**: Durch geeignete Profilierung sorgt man dafür, dass die Luftgeschwindigkeit *über* dem Flügel etwas größer ist als darunter. Dadurch ist der statische Druck oben etwas *kleiner* als unten und der Flügel trägt (zum Beispiel ein Flugzeug, bei dem allerdings je nach Flügelprofil und Anstellwinkel weitere Kräfte berücksichtigt werden müssen).

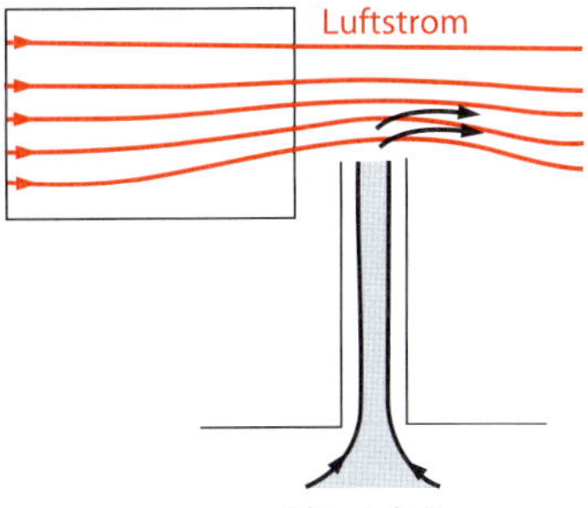

Bild 2.59 In einem Zerstäuber wird durch die Verringerung des statischen Drucks Flüssigkeit angesaugt.

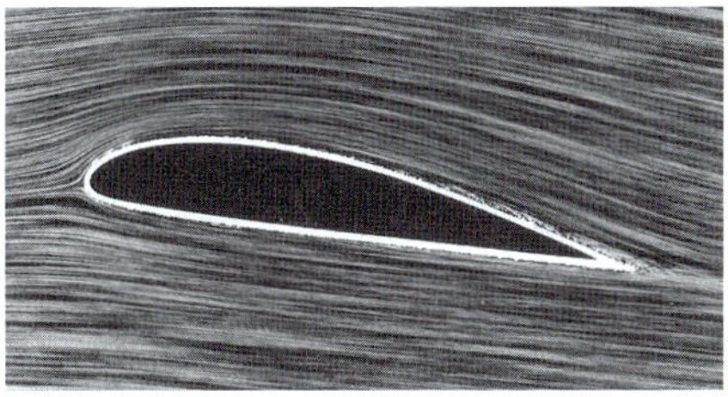

Bild 2.60 Die höhere Umströmungsgeschwindigkeit über dem Tragflügel verringert dort den statischen Druck und „hebt" den Flügel.

2.8.3.2 Viskose Strömungen

Wenn die *innere Reibung* in einer Strömung nicht mehr vernachlässigt werden kann, wird die **Viskosität** η des Mediums zur maßgeblichen Größe (SI-Einheit: Pa · s). Sie bestimmt die Reibungskraft bei einer **laminaren Strömung**, bei der man das Medium gedanklich in Schichten zerlegen kann, die ähnlich aufeinander gleiten wie feste Körper bei der äußeren Reibung (Abschnitt 2.2.3.4). Damit wird plausibel, dass die Strömungsgeschwindigkeit v_r von der Mitte eines Rohres zum Rand hin auf null abnimmt. Genauere Überlegungen zeigen eine quadratische Abhängigkeit vom Radius r, sodass ein parabolisches Geschwindigkeitsprofil resultiert **(Bild 2.61)**.

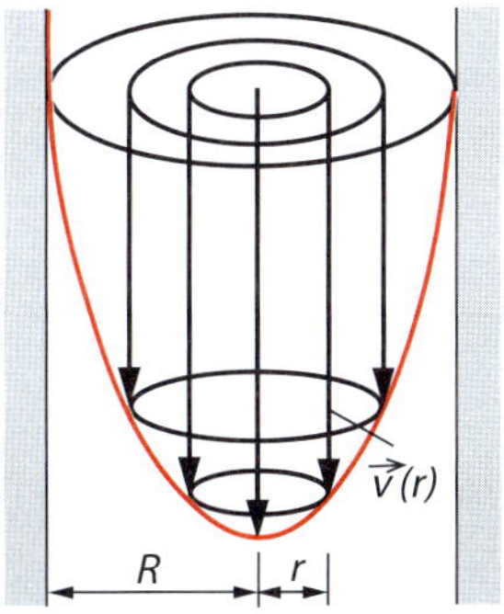

Bild 2.61 Mit innerer Reibung in einer Flüssigkeit nimmt die Strömungsgeschwindigkeit in einem Rohr vom Rand (mit v = 0) zur Mitte quadratisch zu.

Mit diesem Zusammenhang lässt sich auch der Druckabfall längs eines Rohres in Abhängigkeit vom Rohrdurchmesser interpretieren. Für praktische Anwendungen ist meistens wichtiger, wie ein Volumenstrom $\Delta V/\Delta t$ der viskosen Flüssigkeit bei einer bestimmten Druckdifferenz Δp über die Rohrlänge Δl vom Rohrradius R abhängt. Den Zusammenhang gibt das **Gesetz von Hagen-Poiseuille** an:

$$\frac{\Delta V}{\Delta t} = \frac{\pi R^4}{8\eta} \cdot \frac{\Delta p}{\Delta l}$$

Formel 2.80 — Gesetz von Hagen-Poiseuille

Wie man sieht, ist der Radius die entscheidende Größe, da er mit der vierten Potenz eingeht. Das ist für technische Anwendungen wichtig, hat aber natürlich auch für den Blutkreislauf im menschlichen Körper medizinisch relevante Auswirkungen.

Die Viskosität selbst wird häufig mittels der *Reibungskraft* auf eine Kugel mit Radius r und Geschwindigkeit v bestimmt. Das **Stokessche Gesetz** für diesen Fall lautet:

Gesetz von Stokes

$$F_R = 6\pi r v \eta \qquad \text{Formel 2.81}$$

Beim Kugelfallviskosimeter setzt man die (um den Auftrieb korrigierte) Gewichtskraft der Kugel gleich ihrer Reibungskraft in der Flüssigkeit (zum Beispiel einem Öl) und misst bei bekanntem Kugelradius die Sinkgeschwindigkeit. In studentischen Laborpraktika ist oft die wichtigste Erkenntnis, dass die Viskosität η von der Temperatur abhängt und die Kugel an sonnigen Tagen von Messung zu Messung schneller fällt ...

Bei hohen Strömungsgeschwindigkeiten können die modellhaft aufeinander gleitenden Gas- oder Flüssigkeitsschichten nicht mehr allen Beschleunigungsvorgängen (z. B. an Rohrbiegungen oder Hindernissen) folgen. Sie rollen sich dann von der langsamsten Grenzschicht her ein und bilden *Wirbel* **(Bild 2.62)**: Das ist der Übergang von der laminaren zur **turbulenten Strömung**. Zur Charakterisierung dieses Übergangs, zum Beispiel in *Rohren* mit dem Radius r und der Strömungsgeschwindigkeit v, hat sich die **Reynolds-Zahl** *Re* bewährt:

$$Re = \frac{r \varrho v}{\eta} \qquad \text{Formel 2.82}$$

Bei komplizierteren Geometrien wird r durch eine entsprechende „charakteristische Länge“ l der Anordnung ersetzt – das macht die Strömungslehre ein wenig zur „Kunst“ oder zur Erfahrungswissenschaft. Folglich kann man auch nur empirisch begründen, dass für $Re < 1000$ die Strömung mit Sicherheit laminar bleibt und für $Re > 1500$ immer turbulent ist. Das Übergangsgebiet gilt als instabil.

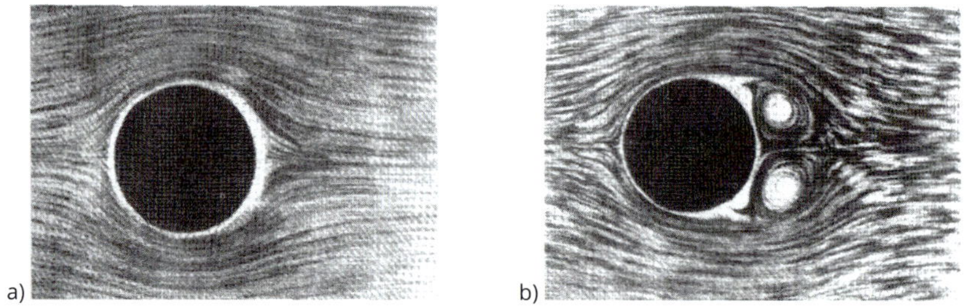

Bild 2.62 Mit steigender Geschwindigkeit schlägt die laminare Strömung um ein Hindernis (a) in eine turbulente um (b). Die sich von der Grenzschicht her aufrollenden Wirbel entziehen der linearen Teilchenbewegung kinetische Rotationsenergie.

Beispiel 2.29: Reynolds-Zahl des Blutstroms

Aufgabe: Die Hauptarterie im menschlichen Körper („Aorta“) hat einen Durchmesser von 2 cm und wird vom Blut (η = 4 mPa · s) mit 30 cm/s durchströmt. Welche Strömungsform bildet sich aus?
Lösung: Die Reynolds-Zahl ist zwar dimensionslos, doch wegen der korrekten Zahlenwerte müssen trotzdem SI-Einheiten verwendet werden. Da „Blut dicker als Wasser“ ist (ein physikalisch zutreffendes Sprichwort), wird die Dichte 5 % höher abgeschätzt. Damit erhält man aus Formel 2.82:

$$Re = \frac{0{,}01\,\text{m} \cdot 1050\left(\text{kg}/\text{m}^3\right) \cdot 0{,}3\,\text{m}/\text{s}}{4 \cdot 10^{-3}\left(\text{kg} \cdot \text{m}/\text{s}^2\right) \cdot \text{s}/\text{m}^2} \approx 800$$

Die Strömung bleibt also normalerweise im laminaren Bereich – und das ist gut so.

Weil in *turbulent* strömenden Medien ein erheblicher Anteil der linearen Bewegungsenergie in Rotationsenergie umgewandelt wird, steigt der *Strömungswiderstand* stark an. Ein populäres Beispiel aus der Technik ist die daraus resultierende, stark erhöhte Reibungskraft F_R bei Fahrzeugen. Bekanntlich wird sie wesentlich von deren Form bestimmt, wobei Quader eher ungünstig sind, Kugeln schon besser, und lang gezogene „Tropfen“ als ideal gelten (weil sich die „Stromlinien“ dann wieder laminar schließen können wie in **Bild 2.62** a). Für eine Kugel im Luftstrom gilt zum Beispiel bei nicht zu großen Geschwindigkeiten v:

$$F_\text{R} = \frac{1}{2} c_\text{W} \varrho_\text{L} A v^2 \qquad \text{Formel 2.83}$$

Reibungskraft einer Kugel im Gasstrom

Offenbar spielt die „Querschnittsfläche“ A des Körpers (bei der Kugel kreisförmig) eine Rolle, aber auch der *Widerstandsbeiwert* c_W. Dieser dimensionslose Koeffizient kann Werte zwischen 1,33 beim Fallschirm und 0,05 beim Tropfen annehmen. Für die Kugel gilt: $c_\text{W} = 0{,}45$.

Als Maß für die „Windschlüpfigkeit“ hängt c_W bei realen Fahrzeugen von der Oberfläche und vielen Details der Formgebung ab, die in *Windkanälen* untersucht werden **(Bild 2.63)**. Wegen seiner Auswirkungen auf den Kraftstoffverbrauch ist der c_W-Wert eine der wenigen physikalischen Größen (außer Drehmoment und Leistung), die in der Werbung für Automobile eine Rolle spielen. Bei modernen Fahrzeugen konventioneller Bauart – wie dem in **Bild 2.63** – liegt er unter 0,3.

Bild 2.63 Die möglichst laminare Umströmung einer Autokarosserie wird im Windkanal mithilfe von Rauchfäden untersucht.

Zusammenfassung: Flüssigkeiten und Gase

- Der *statische Druck* setzt sich aus dem Kolbendruck und dem Schweredruck zusammen. Letzterer verursacht die *Auftriebskraft*. Er nimmt in der Luftatmosphäre exponentiell mit der Höhe ab.
- Die *Oberflächenspannung* stellt eine potenzielle Energie dar, die Flüssigkeits-Oberflächen minimiert und bei der *Kapillarität* Bewegungsarbeit leisten kann.
- Bei reibungsfreien Strömungen ist die Geschwindigkeit dem Querschnitt umgekehrt proportional *(Kontinuitätsgleichung)*. Mit höherer Strömungsgeschwindigkeit sinkt der statische Druck *(BERNOULLI-Gleichung)*.
- Die *innere Reibung* wird von der Viskosität des strömenden Mediums bestimmt. Bei großen Strömungsgeschwindigkeiten geht die laminare in eine turbulente Strömung über.

Testfragen zu Kapitel 2

1. Ein Feuerwehrmann spritzt waagerecht in die Flammen. Wie kann er die Reichweite des Strahles vergrößern?
2. Ihre Computerfestplatte, in deren Spezifikation sie den Wert „10 *g*" gelesen haben, fällt beim Einbau aus 1 m Höhe auf den 1 cm dicken Teppich. Funktioniert sie noch?
3. Der Startblock auf der achten Bahn einer Sprintstrecke ist 7 m weiter von der Startpistole entfernt als der erste. Der Läufer dort wird mit 0,01 s Rückstand Zweiter. Gibt es einen physikalischen Grund für einen Protest?
4. Mit welcher Größe hat NEWTON die Kraft universell definiert?
5. Warum funktioniert ein Raketentriebwerk auch im Weltall?
6. Eine Wasserrakete wird mit Luft statt mit Wasser befüllt. Warum steigt sie viel weniger hoch, obwohl sie doch leichter ist?
7. Warum schießt man für eine zerstörerische Wirkung die Pistolenkugel ab und nicht die Pistole selbst (obwohl die doch eine viel größere Masse hat)?
8. Wie hoch könnte eine Person der Masse 90 kg mit 1 kWh im Schwerefeld der Erde theoretisch gehoben werden?
9. Warum pumpen Elektrizitätswerke Wasser in Bergseen?
10. Warum kann man mit einer Federwaage Massen vergleichen?
11. Wie wirkt der Schleudergang von Waschmaschinen?
12. Wie wirkt es sich auf die Erdrotation aus, wenn die Bäume ihre Blätter verlieren?
13. Ein unglücklicher Student sitzt zusammengekauert auf einem schnell rotierenden Drehstuhl. Was kann er tun, um die Drehzahl zu verringern?
14. Wie heißt die Gegenkraft zur Zentrifugalkraft? Beispiele?
15. Durch welche Effekte kann sich das Gewicht eines Menschen an den Polen von dem am Äquator unterscheiden (ohne Diät)?
16. Was ist ein geostationärer Satellit? Wie wird er „am Himmel befestigt"?

17. Es soll gerade Eisenbahnstrecken geben, bei denen eine Schiene stärker abgenutzt wird als die andere. Welche Kraft könnte das bewirken; wie verlaufen diese Strecken?

18. Wie können Sie in einem geschlossenen Raum nachweisen, dass sich die Erde dreht?

19. Was geschieht, wenn Sie auf einem Karussell mit einer Wasserpistole in Richtung der Drehachse spritzen?

20. Wie entsteht die Luftmassenrotation bei einem Wirbelsturm?

21. Was pendelt beim „mathematischen Pendel" außer einer materiellen Kugel oder Ähnlichem?

22. Wie lautet die typische Differenzialgleichung für den harmonischen Oszillator?

23. Ein Planet verringert auf seiner Umlaufbahn den Abstand zur Sonne. In welcher Weise ändert sich seine Bahngeschwindigkeit?

24. Mit welcher Größe kann man den KEPLERschen Flächenstrahlsatz erklären?

25. Welche Gestalt haben die Äquipotenzialflächen im Schwerefeld des Mondes?

26. Warum können Elektronen keine Photonengeschwindigkeit erreichen?

27. Ein futuristisches Raumschiff ist mit $0{,}9 \cdot c_0$ unterwegs. Wenn Sie es von der Erde aus beobachten: Welche Basisgrößen ändern sich?

28. Wie verhält sich das Raum-Zeit-Kontinuum in der Nähe eines schwarzen Loches?

29. Wie ist die Allgemeine Relativitätstheorie erstmals experimentell überprüft worden?

30. Wodurch werden die Magdeburger Halbkugeln zusammengepresst?

31. Ein Ball fällt in Luft. Welche *drei* Kräfte greifen an ihm an?

32. Welche Einheit hat die Oberflächenspannung?

33. Bei einem Experiment sinken Kugeln in Öl. Während der Langzeitmessung fällt die Heizung aus; wie ändert sich die Fallgeschwindigkeit?

34. Engländer behaupten manchmal, es regne „Cats and Dogs". Warum ist es unwahrscheinlich, dass Regentropfen diese Formen annehmen?

Übungsaufgaben zu Kapitel 2

A2.1: Raumsonde

(zu Abschnitt 2.1.1.1)

Eine Raumsonde nähert sich gleichförmig der Sonne, die 8,31 Lichtminuten von der Erde entfernt ist. Im Zeitpunkt t_1 hat sie den Abstand $3{,}2 \cdot 10^{10}$ m, ein Jahr später $2{,}1 \cdot 10^{9}$ m.

a) Welchen Abstand hat die Sonne von der Erde?

b) Wie groß ist die Geschwindigkeit der Raumsonde?

c) Wie lange dauert der Flug von der Erde zur Sonne?

A2.2: Förderband

(zu Abschnitt 2.1.1.1)

Ein Förderband mit 30 Grad Neigung zur Waagerechten überwindet einen Höhenunterschied von 30 Metern in einer Minute. Wie groß ist die Geschwindigkeit des Fördergutes auf dem Band?

A2.3: Bremsvorgang

(zu Abschnitt 2.1.1.3)

Zwei Autos fahren mit 100 km/h hintereinander auf der Autobahn. Der Abstand von Stoßstange zu Stoßstange beträgt 15 m. Als der erste Fahrer unerwartet mit $-5\ \text{m/s}^2$ zu bremsen beginnt, dauert es beim zweiten noch 1 s („Schrecksekunde"), bis er ebenfalls bremst.

a) Wie hat sich dann der Abstand schon verringert?

b) Wie schnell fährt der erste Wagen dann?

c) Mit welcher (negativen) Beschleunigung muss der zweite Fahrer bremsen, um nicht aufzufahren?

d) Wie lange dauert die Bremsung des ersten Autos?

e) Welchen Weg legt jeder der beiden Wagen bis zum Stillstand zurück?

A2.4: Münzenfall

(zu Abschnitt 2.1.1.4)

Ein Tourist wirft auf einer mittelalterlichen Burg eine Münze in einen Brunnen; ihren Aufprall hört er nach 3,00 Sekunden. Wie tief ist der Brunnen exakt? (Hinweis: Die Schallgeschwindigkeit beträgt dort 345 m/s.)

A2.5: Fall und Wurf

(zu Abschnitt 2.1.1.3)

Bei Bauarbeiten an einem „Wolkenkratzer" fällt in 100 m Höhe eine Schraube in die Tiefe. Nach einer „Schrecksekunde" wirft der Bauarbeiter zornig die Mutter hinterher, sodass beide zur gleichen Zeit unten auftreffen (zum Glück, ohne Schaden anzurichten).

a) Wie lange dauert der Fall (bei vernachlässigbarer Luftreibung)?

b) Wie groß war die Wurfgeschwindigkeit bzw. Anfangsgeschwindigkeit?

c) Berechnen Sie beide Endgeschwindigkeiten!

d) Zeichnen Sie jeweils s-t- sowie v-t-Diagramme!

A2.6: Fall im Zug

(zu Abschnitt 2.1.2.2)

In einem ICE fällt bei der konstanten Geschwindigkeit von 250 km/h auf gerader Strecke eine Handtasche aus der 2,5 m hohen Ablage.

a) Welche Bahnkurve sieht die mitreisende Besitzerin?

b) Nach welcher Zeit kann sie ihre Tasche in einem Meter Höhe auffangen?

c) Berechnen Sie die Bahnkurve, die ein Beobachter vom Bahndamm aus wahrnimmt!

A2.7: Waagerechtes Förderband

(zu Abschnitt 2.1.2.1)

Ein Förderband verläuft an seinem Ende waagerecht zwei Meter über dem Boden des Lagerraumes. Wie weit fliegt der erste Brocken, wenn er mit 1 m/s abgeworfen wird?

A2.8: Weitsprung

(zu Abschnitt 2.1.2.1)

Für den Weitsprung des Beispiels 2.8 starten Sie im zweiten Versuch durch kräftiges Abstoßen vom Boden mit der Geschwindigkeit 11 m/s in einem Winkel von 20° zur Waagerechten.

a) In welcher Entfernung landen Sie? (Nur der Schwerpunkt soll betrachtet werden.)

b) Welche maximale Höhe erreichen Sie?

A2.9: Schiefer Ziegelwurf

(zu Abschnitt 2.1.2.1)

Bei einem Sturm löst sich ein Dachziegel und rutscht über das Dach (mit 35° Neigung gegen die Waagerechte), bis er an der Dachkante (10 m hoch) eine Geschwindigkeit von 8 m/s erreicht hat. In welcher Entfernung von der Hauswand trifft er auf den Boden?

A2.10: Gerichteter Impuls

(zu Abschnitt 2.2.2.2)

In einen Eisenbahnwagen der Masse 15 Tonnen wird während der Fahrt mit 2 m/s eine Tonne Sand eingefüllt. Am Ziel fällt die Ladung durch eine Klappe heraus.

a) Wie groß ist die Geschwindigkeit des gefüllten Wagens?

b) Wie groß ist die Geschwindigkeit nach der Leerung?

A2.11: Effektive Gewichtskraft

(zu Abschnitt 2.2.3.2)

Eine Person mit 80 kg Masse steht in einem Aufzug auf einer (intakten) Personenwaage, die aber nur 60 kg anzeigt. Berechnen Sie die Beschleunigung des Aufzugs!

A2.12: Haftreibung

(zu Abschnitt 2.2.3.4)

Auf einem geneigten Brett beginnt ein Holzklotz beim Winkel 30° gegen die Waagerechte zu rutschen. Wie groß ist der Haftreibungskoeffizient?

A2.13: Kräftezerlegung

(zu Abschnitt 2.2.3)

Eine Paket mit der Masse 13 kg wird unsymmetrisch an zwei Schnüren aufgehängt, die jeweils bei 100 N Belastung reißen **(Bild 2.64)**. Hält oder fällt das Paket?

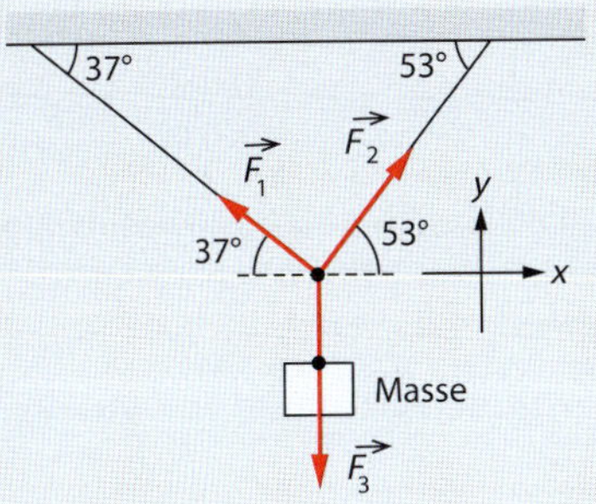

Bild 2.64

A2.14: Arbeit an einer Kiste

(zu Abschnitt 2.3.1, Abschnitt 2.3.2)

Eine Kiste der Masse 50 kg wird mithilfe eines Seils rutschend in einen Lagerraum gezogen; dabei beträgt der Seilwinkel 45°, der Weg 20 m und der Gleitreibungskoeffizient 0,4. Anschließend wird sie in ein 75 cm hohes Regal gehoben. Wie groß ist insgesamt die physikalische Arbeit?

A2.15: Zweidimensionaler Stoß

(zu Abschnitt 2.3.5)

Bei einem Billardspiel wird die weiße Kugel so auf eine rote gestoßen, dass diese unter dem Winkel von $\alpha = 40°$ in die Ecktasche rollt **(Bild 2.65)**. Um welchen Winkel β wird dabei die weiße abgelenkt? (Reibung, Rotation und Energieverluste vernachlässigen!)

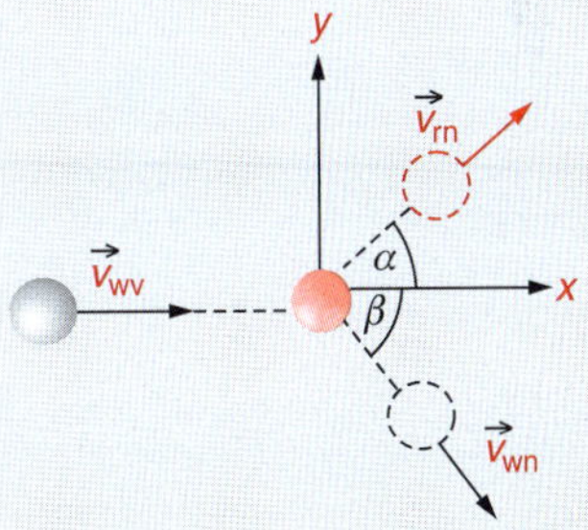

Bild 2.65

A2.16: Auto-Leistung

(zu Abschnitt 2.3.6)

Schätzen Sie die Leistung ab, die der Motor eines Autos der Masse 1 t besitzen muss, wenn es mit 100 km/h auf einer Straße mit 10% Steigung fährt! Der Rollreibungskoeffizient beträgt 0,02, und die Luftwiderstandskraft ist doppelt so groß wie die Kraft, die der Fahrwiderstand verursacht.

A2.17: Effektive Fallbeschleunigung

(zu Abschnitt 2.4.2)

Den Einwohnern von Paris wird eine gewisse Leichtigkeit nachgesagt. Prüfen Sie nach, ob dieser Effekt von der Zentrifugalbeschleunigung verursacht wird! (Paris liegt auf 49° nördlicher Breite; der mittlere Erdradius beträgt 6370 km; siehe 2. Umschlagseite.)

A2.18: HOOKEsches Gesetz und Zentrifugalkraft

(zu Abschnitt 2.4.3)

Ein Stein der Masse 2 kg hängt an einem Stahlfaden der Länge 1 m und des Durchmessers 0,3 mm. Dann wird er im Kreis herumgeschleudert, bis bei 200 N Belastung der Faden reißt. (Der Elastizitätsmodul von Stahl ist 210 GPa.)

a) Wie groß ist die elastische Dehnung des Fadens in Ruhe?

b) Wie groß sind der Auslenkwinkel und die Winkelgeschwindigkeit im Moment des Reißens?

c) Mit welcher Geschwindigkeit fliegt der Stein weg?

A2.19: CORIOLIS-Kraft

(zu Abschnitt 2.4.4)

Ein Hochgeschwindigkeitszug fährt auf der geografischen Breite 53°30′ mit 300 km/h nach Süden.

a) Wie groß ist die Geschwindigkeitskomponente senkrecht zur Erdachse?

b) Wie groß ist die CORIOLIS-Beschleunigung?

c) Welche CORIOLIS-Kraft wirkt auf den Zug mit der Masse 400 Tonnen?

A2.20: Drehmoment einer Leiter

(zu Abschnitt 2.5.1)

Eine Leiter von 5 m Länge steht auf rauem Untergrund und lehnt im Winkel von 60° zum Boden an einer glatten Wand. Mit welcher Kraft drückt sie dagegen, wenn eine Person mit 80 kg Masse auf halbe Höhe hinaufgestiegen ist? (Die Masse der Leiter wird vernachlässigt.)

A2.21: Seiltrommel

(zu Abschnitt 2.5.3)

Auf ein Seil, das auf eine Trommel mit dem Durchmesser 50 cm und der Masse 5 kg aufgewickelt ist, wirkt eine Kraft von 20 Newton. (Die Masse und Ausdehnung des Seiles sollen vernachlässigt werden.)

a) Wie groß ist das Trägheitsmoment der Trommel?

b) Wie groß ist die Winkelgeschwindigkeit nach fünf Sekunden, wenn die Trommelarretierung versehentlich gelöst wird?

c) Welche kinetische Energie enthält die rotierende Trommel dann? Vergleichen Sie mit der entsprechenden Energie der Translation!

A2.22: Schwingendes Auto

(zu Abschnitt 2.6.1)

In ein Auto der Masse 1200 kg mit defekten Stoßdämpfern, aber guter Federung, steigen vier Personen, die jeweils 75 kg auf die Waage bringen; das Auto sinkt dadurch 5 cm tiefer. Mit welcher Periodendauer schwingt das Gefährt nach dem ersten Schlagloch?

A2.23: Satellit

(zu Abschnitt 2.7.2)

Ein GPS-Satellit soll die Erde in 20 200 km Höhe umkreisen.

a) Wie groß ist seine Bahngeschwindigkeit dort?

b) Wie lange dauert ein Umlauf?

A2.24: Druck auf Konservenglas

(zu Abschnitt 2.8.1)

Bei 20 °C beträgt der Sättigungsdampfdruck (Abschnitt 3.2.2) von Wasser 2,34 kPa. Mit welcher Kraft wird dann der Deckel (11 cm Durchmesser) auf ein evakuiertes Glas mit sauren Gurken gepresst?

A2.25: Auftrieb von Eis

(zu Abschnitt 2.8.1.4)

Eine Gruppe leichtsinniger Eisfischer möchte auf eine Eisscholle treten, die 30 cm dick ist und eine Fläche von 12 m² hat.

a) Wie tief ist die Scholle bereits eingetaucht?

b) Bei welcher Besetzung sinkt die Scholle? (Alle Fischer sollen „Normalgewicht" haben; die Dichte von Eis bei 0 °C beträgt 0,92 kg/dm³.)

A2.26: Oberflächenspannung von Quecksilber

(zu Abschnitt 2.8.2)

Durch ein Missgeschick haben sich 8000 Quecksilberkügelchen mit dem Radius 0,1 mm auf dem Fußboden verteilt. Sie werden aufgesammelt und bilden eine größere Kugel. (σ_{Hg} = 465 mN/m, ϱ_{Hg} = 13,55 kg/dm³)

a) Welche Energie wird dabei frei?

b) Wie hoch würde das Quecksilber in einem Röhrchen mit 0,2 mm Innendurchmesser steigen, wenn es eine benetzende Flüssigkeit wie Wasser wäre? (Tatsächlich tritt *Kapillardepression* auf, in einem eingetauchten Röhrchen *sinkt* also der Pegel.)

A2.27: Feuerwehrspritze

(zu Abschnitt 2.8.3)

In einem Feuerwehrschlauch von 10 cm^2 Innenquerschnitt strömt Wasser mit 0,5 m/s. Die Spritzdüse erzeugt einen Druckabfall von 0,2 Megapascal.

a) Wie schnell strömt das Wasser in der Düse?

b) Welchen Durchmesser hat sie?

c) Wie hoch kann die Feuerwehr maximal damit spritzen?

3 THERMODYNAMIK

Der historische Begriff „Thermodynamik“ wird häufig mit „Wärmelehre“ übersetzt. Zwar ist die Assoziation zu mechanischen *Kräften* (wie in Abschnitt 2.2) etwas irreführend, aber tatsächlich wird in mechanischen Systemen immer ein Teil ihrer *Energie* durch Reibungsarbeit in **Wärme** umgewandelt; dies ist messbar durch einen Anstieg der *Temperatur* (Abschnitt 3.1).

Wärme ist also eine Form von **Energie**, die auch selbstständig von einem Körper mit höherer Temperatur auf einen mit niedrigerer übergeht (aber nie umgekehrt, ohne dass zusätzlich Arbeit eingesetzt wird). Offensichtlich ist es sinnvoll, sie als thermischen Anteil der **inneren Energie** eines Systems zu betrachten und auf diese Weise den Energieerhaltungssatz (Formel 2.30) zum ersten Hauptsatz der Wärmelehre zu vervollständigen (Abschnitt 3.4).

Die mechanische Interpretation der thermischen Energie geht aber tiefer und ist gleichzeitig anschaulicher: Sie stellt die Summe der potenziellen und kinetischen Energien aller Materiebausteine dar. Im einfachen Modell des „idealen Gases“ (Abschnitt 3.3) entspricht sie zum Beispiel der gesamten kinetischen Energie aller Gasteilchen. Diese „kinetische Gastheorie“ liefert wegen der großen Teilchenzahl zwar nur *statistische Aussagen*; diese stimmen jedoch mit den makroskopischen Messgrößen der Thermodynamik überein.

3.1 Temperatur

Die Temperatur ist ein Maß für die thermische Energie eines Körpers beziehungsweise – im Sinne der kinetischen Theorie – für die mittlere Energie der Teilchen eines Gases. Subjektiv empfindet man sie zwar über die menschliche Haut, aber objektiv und in einem großen Bereich wird die Temperatur mit **Thermometern** gemessen (Abschnitt 3.1.3).

Physikalisch handelt es sich bei der Temperatur um eine **Zustandsgröße**. Die **Zustandsgleichung** für ideale Gase (Abschnitt 3.3.2) verknüpft sie zum Beispiel mit dem Volumen einer Stoffmenge und mit dem Gasdruck. Solche Zustandsgrößen sind stets unabhängig von der Art bzw. dem Verlauf der Zustandsänderung. Für die Temperatur ist es zum Beispiel gleichgültig, auf welchem Wege die Energieabgabe bzw. -aufnahme eines Körpers erfolgt; die anschließend enthaltene innere Energie und damit die Messgröße Temperatur sind immer gleich. Übrigens sind Wärme und Arbeit *keine* Zustandsgrößen, da ihr Wert vom Verlauf des Prozesses abhängt (Abschnitt 3.4.1).

3.1.1 Skalen und Fixpunkte

Als SI-Basisgröße hat die Temperatur nach William Thomson, später Lord Kelvin of Largs (1824 – 1907), die Einheit **Kelvin:** $[T] = \mathrm{K}$. In dieser Einheit müssen auch Temperaturdifferenzen ΔT angegeben werden. Daneben gibt es die **Celsius-Skala** mit derselben Skalenteilung. Sie ist im 18. Jahrhundert mit den am leichtesten zu realisierenden *Fixpunkten* definiert worden, nämlich der Schmelz- und Siedetemperatur von

Wasser bei Normaldruck (1013,25 hPa). Dem *Eispunkt* wird die Temperatur 0 °C und dem *Siedepunkt* 100 °C zugeordnet.

Es gibt mindestens acht verschiedene Temperaturskalen. In den USA wird bis heute die von FAHRENHEIT vorgeschlagene Skala verwendet. Er definierte als unteren Fixpunkt die tiefste Temperatur des Winters 1708/1709 (– 17,8 °C, in Danzig) und als oberen seine Körpertemperatur (37,8 °C; Ort und Zeitpunkt unbekannt).

Der exakteste Fixpunkt ist der **Tripelpunkt** von Wasser, in dem es bei einem ganz bestimmten Druck gleichzeitig fest, flüssig und gasförmig auftritt (Abschnitt 3.2.2). Damit wird die KELVIN-Skala definiert:

> 1 K ist der 273,16te Teil der Temperatur des Tripelpunktes von Wasser.

Da der oben angegebene Eispunkt bei $T = 273{,}15$ K liegt, lautet die Umrechnung zwischen KELVIN und CELSIUS-Temperatur (die zur Identifizierung meistens das Symbol ϑ erhält):

$$T\,/\,K = \vartheta\,/\,℃ + 273{,}15 \qquad \text{Formel 3.1}$$

Der Nullpunkt der KELVIN-Skala ist als **absoluter Nullpunkt** zwar theoretisch definiert, aber aus prinzipiellen Gründen nur näherungsweise erreichbar (Info 3.1). Als weitere Fixpunkte verwendet man daher die Siede- bzw. Schmelztemperaturen von international vereinbarten Gasen und Metallen und inter- bzw. extrapoliert linear.

Info 3.1: Grenzen und Fixpunkte der Temperaturskala

Mit großem technischem Aufwand (Vorkühlung mit flüssigem Stickstoff und Helium, *Laserkühlung* zur Geschwindigkeitsreduktion der Atome, dann Selektion einzelner, besonders langsamer Atome) kann man sich dem absoluten Nullpunkt bis auf die Größenordnung „nK" nähern. Das dabei entstehende BOSE-EINSTEIN-*Kondensat* hat neuartige Welleneigenschaften, die unter anderem Lasereffekte (Abschnitt 6.3.2) mit Atomen ermöglichen. Übrigens fordert die HEISENBERGsche Unschärfebeziehung (Abschnitt 6.1.3), dass auch am absoluten Nullpunkt eine „Restbewegung" der Teilchen erhalten bleibt, die als *Nullpunktsenergie* bezeichnet wird.
Auch am anderen Ende der Temperaturskala treten spektakuläre physikalische Effekte auf: Bei Temperaturen über 10^6 K ist die Verschmelzung von Wasserstoff-Atomkernen wie in der Sonne möglich (Abschnitt. 6.5.4.2).
Im technisch wichtigen Temperaturbereich zwischen den Extremen nutzt man u. a. folgende Schmelztemperaturen T_{sm} und Siedetemperaturen T_{sd} als Fixpunkte:

Helium	$T_{sd} = 4{,}2$ K
Wasserstoff	$T_{sd} = 20{,}35$ K
Sauerstoff	$T_{sd} = 90{,}19$ K
Quecksilber	$T_{sm} = 234{,}31$ K
Quecksilber	$T_{sd} = 629{,}81$ K
Schwefel	$T_{sd} = 717{,}82$ K
Gold	$T_{sm} = 1337{,}33$ K
Platin	$T_{sm} = 2042$ K
Wolfram	$T_{sm} = 3653$ K

KELVIN-Skala

Das Zeichen „°" fehlt absichtlich vor dem „K": Im Gegensatz zu allen anderen Temperaturskalen wird die KELVIN-Skala seit 1968 *nicht* mehr in Grade – also Intervalle oder Schritte – eingeteilt. Temperaturen sollten, Temperaturdifferenzen *müssen* in dieser SI-Einheit angegeben werden.

Tripelpunkt

Der *Tripelpunkt* von Wasser liegt bei 273,16 K und definiert die *Einheit* der absoluten Temperatur. (Aus praktischen Gründen ist die Skalierung der KELVIN-Skala an die CELSIUS-Skala angeglichen.) Der *Eispunkt* von Wasser unterscheidet sich um –0,01 K; er gibt die *Verschiebung* der beiden Skalen gegeneinander an.

3.1.2 Thermische Ausdehnung

Festkörper, Flüssigkeiten und Gase dehnen sich – bis auf wenige Ausnahmen – bei einer Temperaturerhöhung nach allen Seiten aus. Bei Gasen ist allerdings das Volumen mit dem Druck verkoppelt, darum wird dieser Fall separat behandelt (Abschnitt 3.3.2). Andererseits interessiert für Festkörper (vor allem in Stabform) oft nur die *Längenänderung* Δl. Sie ist direkt proportional zur ursprünglichen Länge l_0, aber auch zur Temperaturänderung ΔT:

Thermische Längenänderung

$$\Delta l = a l_0 \Delta T \qquad \text{Formel 3.2}$$

Der Proportionalitätsfaktor α heißt **Längenausdehnungskoeffizient**. Er ist seinerseits schwach temperaturabhängig, aber im Temperaturbereich von 0 bis 100 °C als Materialkonstante anzusehen; eine Auswahl wichtiger Werte ist in Tabelle 3.1 zusammengestellt. Die neue Gesamtlänge $l = l_0 + \Delta l$ erhält man also aus:

Thermische Gesamtlänge

$$l = l_0 + (1 + a\Delta T) \qquad \text{Formel 3.3}$$

Tabelle 3.1 Ausdehnungskoeffizienten einiger Festkörper und Flüssigkeiten

Material (0…100 °C)	Längenausdehnungskoeffizient α in 10^{-6}/K	Material bei 20 °C	Volumenausdehnungskoeffizient γ in 10^{-5}/K
Aluminium	24	Quecksilber	18,2
Eisen, Stahl	10…16	Wasser	20,7
(Supra-)Invar	0,3…0,9	Benzin	106
Glas	6…9	Ethanol	110
Quarzglas	0,45	Siliconöl	90…160

Bild 3.1 Auf diesem historischen Bild hatte die thermische Längenausdehnung noch dramatische Konsequenzen. Später gab es Ausdehnungsfugen („Schienenstoß"); heute werden sehr fest verlegte Schienen unter mechanischer Spannung verwendet.

Um das Volumen eines Festkörpers nach thermischer Ausdehnung zu berechnen, zerlegt man es gedanklich in Würfel der Kantenlänge l. Für jeden gilt (Anhang):

$$V = l^3 = l_0^3\left(1+\alpha\Delta T\right)^3 = V_0\left(1+3\alpha\Delta T+3\alpha^2\Delta T^2+\alpha^3\Delta T^3\right)$$

Da α die Größenordnung 10^{-6} hat, können die Terme mit α^2 und α^3 vernachlässigt werden. Mit dem **Volumenausdehnungskoeffizienten** $\gamma = 3\alpha$ (da α für jede Würfelkante gleich ist) bestimmt man das Gesamtvolumen schließlich zu:

$$V = V_0\left(1+\gamma\Delta T\right) \qquad \text{Formel 3.4}$$

Beispiel 3.1: Längenausdehnung einer Eisenbahnschiene

Aufgabe: Bei Gleisreparaturen im Winter (–10 °C) ist ein 50 m langes Schienenstück bündig eingepasst worden. Welcher Längenzuwachs stellt sich im Sommer (30 °C) ein? Welche mechanische Spannung entsteht? (Elastizitätsmodul von Stahl: $E = 2 \cdot 10^{11}$ N/m²) Welche Kraft komprimiert (bzw. verbiegt, siehe **Bild 3.1**) die Schiene, wenn ihre Querschnittsfläche 30 cm² beträgt?

Lösung: Mit dem mittleren Längenausdehnungskoeffizienten aus Tabelle 3.1 liefert Formel 3.2:

$$\begin{aligned}\Delta l &= \alpha l_0 \Delta t \\ &= 13\cdot 10^{-6}\,\mathrm{K}^{-1}\cdot 50\,\mathrm{m}\cdot 40\,\mathrm{K} = 26\,\mathrm{mm}\end{aligned}$$

Das Hookesche Gesetz (Formel 2.22) lautet in vollständiger Formulierung:

$$\frac{\Delta l}{l} = \frac{1}{E}\cdot\frac{F}{A}$$

Es ergibt die mechanische Spannung:

$$\frac{F}{A} = 2\cdot 10^{11}\,\frac{\mathrm{N}}{\mathrm{m}^2}\cdot\frac{0{,}026\,\mathrm{m}}{50\,\mathrm{m}} = 104\cdot 10^6\,\frac{\mathrm{N}}{\mathrm{m}^2}$$

Damit entsteht eine Kraft von:

$$F = 104\cdot 10^6\,\mathrm{N/m^2}\cdot 30\cdot 10^{-4}\,\mathrm{m}^2 = 312\,\mathrm{kN}$$

Diese entspricht also der Gewichtskraft einer Masse von über 31 Tonnen!

Dieselbe Gesetzmäßigkeit gilt für Flüssigkeiten, aber die Koeffizienten sind um mindestens eine Größenordnung höher (Tabelle 3.1). Hier ist auch die Angabe der thermisch veränderten Dichte sinnvoll:

$$\varrho = \frac{\varrho_0}{1+\gamma\Delta T} \approx \varrho_0\left(1-\gamma\Delta T\right) \qquad \text{Formel 3.5}$$

Eine Ausnahme von der linearen Abhängigkeit zwischen Temperatur und Volumen bzw. Dichte zeigt ausgerechnet das Wasser. Zwischen 0 und 4 °C ist γ negativ **(Bild 3.2)**, sodass eine **Dichteanomalie** auftritt. Sie sorgt in der Natur dafür, dass Gewässer von oben nach unten zufrieren und am Grund 4 °C warm bleiben – das hat schon so manchen Goldfisch im Gartenteich gerettet. (Außerdem gehört zur Anomalie des Wassers, dass sich das Volumen beim Übergang in den Aggregatzustand „Eis" vergrößert, Abschnitt 3.2.2).

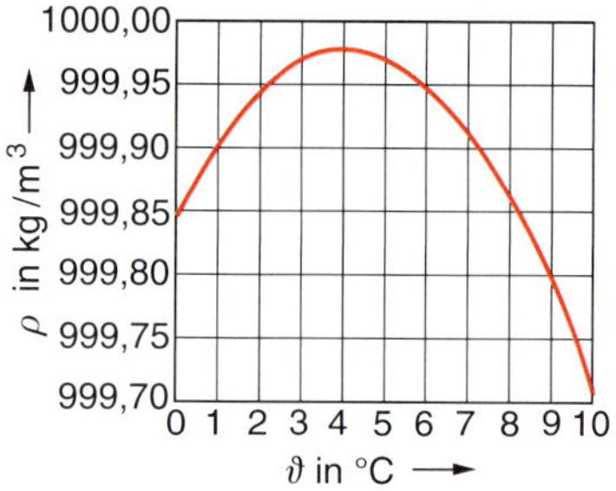

Bild 3.2 Bei 4 °C ist das Volumen von Wasser minimal und dementsprechend die Dichte maximal.

Info 3.2: Konsequenzen der thermischen Ausdehnung

Für Metalle wie Eisen und Stahl ist $\alpha \approx 10^{-5}\ K^{-1}$. Bei langen Bauwerken wie Rohrleitungen oder Brücken resultieren schon für jahreszeitlich bedingte Temperaturschwankungen erhebliche Längenänderungen, die konstruktiv aufgefangen werden müssen. Als Beispiel zeigt **Bild 3.3** die Rollenlager einer historischen Moselbrücke (bei sommerlichen Temperaturen).
Mit speziellen Metall-Legierungen wie (Supra-)Invar-Stahl bleibt die Längenausdehnung bis zu zwei Größenordnungen geringer. Sie werden für optische Präzisionsgeräte benötigt, früher auch für Lochmasken in klassischen Röhrenbildschirmen.
Ähnliche Werkstoffprobleme gibt es für Glas ($\alpha \approx 9 \cdot 10^{-6}\ K^{-1}$), das bei lokalen Temperaturänderungen zerbricht. Bei Quarzglas ist die Ausdehnung eine Größenordnung kleiner ($\alpha \approx 0{,}5 \cdot 10^{-6}\ K^{-1}$), und vergleichbar günstige Werte weisen Glaskeramiken für Kochfelder auf (Bild 4.39).
Bei den Flüssigkeiten ist Quecksilber ($\gamma = 18{,}2 \cdot 10^{-5}\ K^{-1}$) interessant für klassische Thermometer (Abschnitt 3.1.3).

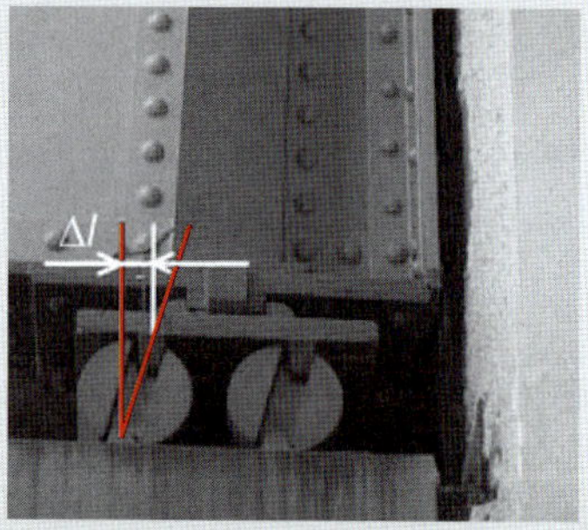

Bild 3.3 Die stählerne Moselbrücke in Traben-Trarbach liegt auf Rollenlagern; je nach Temperatur vergrößert sich die Fuge zum historischen Torhaus (rechts).

Benzin weist zwar nur $\gamma = 106 \cdot 10^{-5}\ K^{-1}$ auf, aber das reicht bei randvollem Autotank im Sommer fürs Überlaufen.

3.1.3 Temperaturmessung

Voraussetzung für alle Temperaturmessungen ist eine trivial erscheinende, aber keineswegs selbstverständliche Erfahrung, die sogar als **0. Hauptsatz der Thermodynamik** bezeichnet wird. In einer anwendungsbezogenen Formulierung lautet er:

Bringt man Körper unterschiedlicher Temperatur in Wärmekontakt, so kommen sie ins thermische Gleichgewicht und nehmen dieselbe Temperatur an.

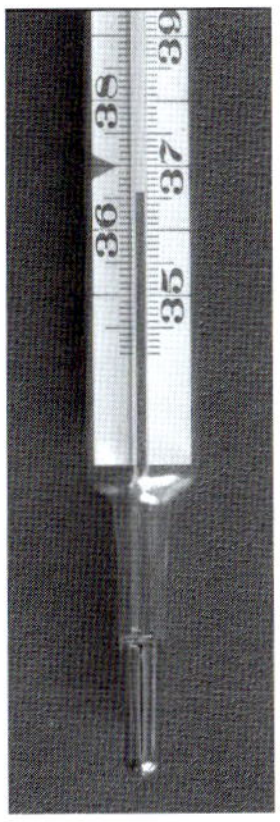

Bild 3.4 Quecksilberthermometer wie dieser klassische Fiebermesser sind genau (aber zerbrechlich, und wegen der giftigen Hg-Dämpfe weitgehend verboten).

Theoretisch lässt sich der 0. Hauptsatz mit der *Entropie* begründen (Abschnitt 3.5.5). Praktisch nutzen lässt er sich mit **Thermometern**, die bei gutem Wärmekontakt exakt die Temperatur des Messobjektes annehmen und anzeigen.

Die klassische Ausführung des Thermometers besteht aus einer Flüssigkeit in einem Glasgefäß und nutzt die unterschiedlichen Volumenausdehnungskoeffizienten γ beider Stoffe. Für Quecksilber ergibt sich z. B. ein effektiver Koeffizient von:

$$\gamma_{\text{eff}} = \gamma_{\text{Hg}} - 3\alpha_{\text{Glas}} = \left(0{,}181 \cdot 10^{-3} - 3 \cdot 9 \cdot 10^{-6}\right)\text{K}^{-1} = 0{,}154 \cdot 10^{-3}\,\text{K}^{-1}$$

Natürlich formt man das Gefäß so geschickt **(Bild 3.4)**, dass man mit Quecksilber von –30 °C bis +300 °C sowie mit (gefärbtem) Alkohol von –110 °C bis +50 °C messen kann.

Die unterschiedliche Längenausdehnung von zwei verschiedenen Metallen wird beim *Bimetallstreifen* ausgenutzt **(Bild 3.5)**. Bei Temperaturänderungen resultiert eine Verbiegung, die entweder einen Zeiger bewegt wie in **Bild 3.6** oder – für Regelzwecke wie im Bügeleisen – einen elektrischen Kontakt öffnet und schließt.

Am weitesten verbreitet sind mittlerweile *elektrische* Messverfahren. Sie nutzen entweder die Widerstandsänderung eines Metalls (z. B. eines Platindrahtes) bzw. Halbleiters oder die Kontaktspannung von Thermoelementen (Abschnitt 4.7.4). *Optische* Messverfahren beruhen auf den Strahlungsgesetzen (Abschnitt 3.2.3.3) und werden von der Überwachung von Stahlwalzstraßen bis zur modernen Fiebermessung im Ohr verwendet.

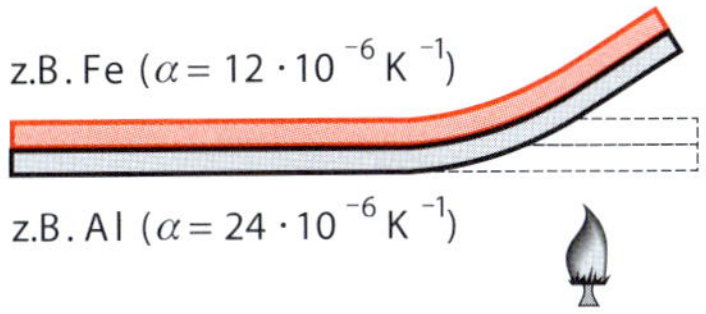

Bild 3.5 Zwei unterschiedliche, mechanisch verbundene Metallstreifen („Bimetall") verbiegen sich bei Temperaturänderungen.

Bild 3.6 Mit einem spiralförmigen Bimetallstreifen lassen sich einfache und robuste Thermometer bauen.

Zusammenfassung: Temperatur

- Die *Temperatur* ist eine Zustandsgröße, also unabhängig von der Art und dem Verlauf der Zustandsänderung (z. B. der Erwärmung).
- Als SI-Basisgröße wird die Temperatur in *Kelvin* gemessen, beginnend beim absoluten Nullpunkt. Die Celsius-Grade sind gleich skaliert, mit 0 °C = 273,15 K.
- Die Längen- und Volumenausdehnung sind der Temperaturänderung direkt proportional. Als *Anomalie* hat das Wasser allerdings ein Dichtemaximum bei 4 °C.
- *Thermometer* stehen wegen des 0. Hauptsatzes im thermischen Gleichgewicht mit dem Messobjekt. Sie nutzen Ausdehnungsdifferenzen verschiedener Materialien oder die Temperaturabhängigkeit elektrischer bzw. optischer Effekte.

3.2 Wärme

Die Wärme als Energie, konkret eine **Wärmemenge**, wird wie die mechanische Arbeit in N · m (bzw. J oder W · s) gemessen – sie entsteht ja unvermeidlich bei allen mechanischen Bewegungen durch *Reibungsarbeit*. Aber auch elektrische, chemische und atomare Energie lässt sich – absichtlich oder zwangsläufig – in Wärmeenergie umwandeln.

In alten Physikbüchern (und modernen Diätplänen) kommt noch die ungesetzliche Einheit „Kalorie" vor (1 cal = 4,1868 J). Sie stammt aus der antiken Wärmelehre, die den Wärmestoff „Caloricum" bzw. „Kalor" als Träger der Wärme vermutete. Heute geben Kalorien die chemische Energie von Nahrungsmitteln als „Brennwert" an. Oft wird allerdings nicht deutlich, dass es sich in den Kochrezepten meistens um „große Kalorien" (kcal) handelt.

3.2.1 Wärmekapazität

Wenn ein Körper der Masse m erwärmt wird, erhöht sich seine Temperatur: ΔT ist das Maß für die zugeführte Wärmemenge ΔQ. Die Erfahrung zeigt, dass unterschiedliche Stoffe bei gleicher Masse verschiedene Wärmemengen zum Erreichen der gleichen Temperatur benötigen. Äquivalent ist die Feststellung, dass sie unterschiedliche Wärmemengen bei gleicher Temperaturänderung speichern können:

Spezifische Wärmekapazität

$$\Delta Q = cm\Delta T \quad \text{Formel 3.6}$$

Die **spezifische Wärmekapazität** c hat die SI-Einheit $[c]$ = J/(kg · K). Sie ist für feste und flüssige Stoffe zwar temperaturabhängig, aber die Werte in Tabelle 3.2 sind für die meisten praktischen Berechnungen ausreichend genau. Eine Besonderheit weisen ihrer Natur nach die Gase auf: Bei konstantem Volumen V ergibt sich eine kleinere Wärmekapazität c_V als bei konstant gehaltenem Druck p, da c_p die zur Vergrößerung des Gasvolumens verrichtete (und gespeicherte) Arbeit berücksichtigt (Abschnitt 3.4.1).

Die spezifischen Wärmekapazitäten unbekannter Stoffe lassen sich mit der **Kalorimetrie** bestimmen. Das Verfahren beruht auf der Anwendung des „0. Hauptsatzes" (Abschnitt 3.1.1) in einem thermisch isolierten System, sodass die von der wärmeren Komponente – etwa einem heißen Metallklotz – abgegebene Wärmemenge vollständig von der kälteren – meistens Wasser – aufgenommen wird. Bei bekannten Massen lässt sich unter dieser Voraussetzung aus der gemessenen **Mischungstemperatur** z. B. die spezifische Wärmekapazität des Metalls bestimmen (Beispiel 3.3).

Tabelle 3.2 Spezifische Wärmekapazität *c* einiger Stoffe (bei 20 °C)

Material	*c* in J/(kg · K)
Wasser	4182
Eis (bei 0 °C)	2100
Holz trocken/natürlich	ca. 1500/2500
Sand/Gestein/Ziegel/Beton	ca. 850
Glas	ca. 800
Aluminium	896
Eisen/Stahl	460
Kupfer	382
Blei	129

Beispiel 3.2: Wärmeinhalt einer Badewanne

Aufgabe: Ihre Badewanne soll mit 200 l Wasser von 40 °C gefüllt werden; die Zulauftemperatur beträgt 10 °C. Wie groß ist der Energiebedarf zum Erwärmen des Wassers? Wie lange dauert die Aufheizung mit Sonnenenergie bei einer *Solarkonstante* von 1 kW/m² (Info 4.10) und 1 m² Wandlerfläche?

Lösung: Die spezifische Wärmekapazität von Wasser ist mit 4182 J/(kg · K) die höchste von allen Flüssigkeiten und Festkörpern (Tabelle 3.2). Die Masse ergibt sich aus der Dichte $\varrho = 1000\ \text{kg/m}^3$ zu 200 kg (1 Liter entspricht 1 dm³). Nach Formel 3.6 beträgt die erforderliche Wärmemenge:

$$\Delta Q = 4182 \frac{\text{J}}{\text{kg} \cdot \text{K}} \cdot 200\text{kg} \cdot 30\text{K} \approx 25\,\text{MJ}$$

Ihr Energieversorger wird vermutlich Kilowattstunden in Rechnung stellen (1 kWh = 1000 · 60 · 60 W · s). Also bezahlen Sie für:

$$\Delta Q = \frac{25 \cdot 10^6}{3{,}6 \cdot 10^6}\,\text{kWh} \approx 7\,\text{kWh}$$

Bei Vernachlässigung aller Verluste benötigt die Sonne für die Aufheizung das Zeitintervall:

$$\Delta t = \frac{\Delta Q}{P} = \frac{25 \cdot 10^6\,\text{W} \cdot \text{s}}{10^3\,\text{W}} = 25 \cdot 10^3\ \text{s} \approx 7\,\text{h}$$

Solarenergie wird sinnvollerweise über längere Zeiträume gesammelt beziehungsweise gespeichert (und zwar gerade mittels der hohen Wärmekapazität von Wasser).

3.2.2 Aggregatzustände

Wärmemengen können nicht nur mit Temperaturänderungen eines Stoffes verknüpft sein, sondern auch mit der Änderung seines **Aggregatzustandes**. In diesem Abschnitt soll das *Wasser* als Beispiel dienen; dann handelt es sich im gefrorenen Zustand um *Eis* und im gasförmigen um *Wasserdampf*. In **Bild 3.7** ist der Temperaturverlauf in Abhängigkeit von der zu- oder abgeführten Wärme schematisch dargestellt; dabei wird zunächst Normaldruck vorausgesetzt.

Verdampfungs-enthalpie

Die Verdampfungswärme berücksichtigt eigentlich nur einen Teil der insgesamt zu leistenden Arbeit beim Wechsel des Aggregatzustandes: Da sich dabei die Dichte ändert, muss zusätzlich gegen den Dampfdruck eine Volumenarbeit verrichtet werden; beides zusammen nennt man Verdampfungsenthalpie (Abschnitt 3.4.3.3 sowie Beispiel 3.8). Grundsätzlich gilt das für alle Phasenübergänge mit Volumenänderung!

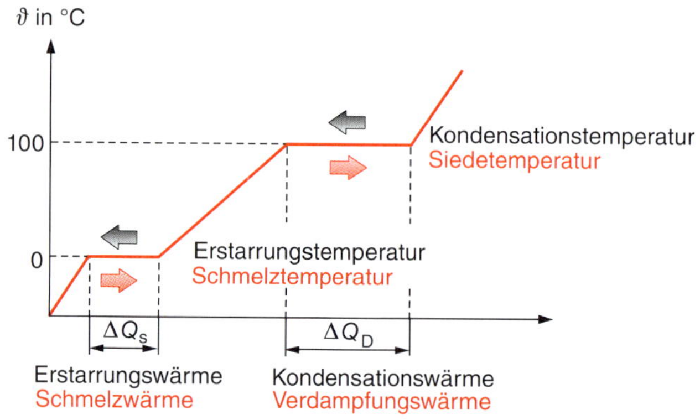

Bild 3.7 Wärmezufuhr und -abfuhr ändern nicht nur die Temperatur, sondern auch den Aggregatzustand von reinen Stoffen wie Wasser.

Die Kurvenstücke mit positiver Steigung werden durch Formel 3.6 beschrieben; allerdings ist die spezifische Wärmekapazität für Eis, Wasser und Wasserdampf natürlich unterschiedlich (z. B. $c_{\text{Eis}} = 2100$ J/(kg · K)).

Bei den waagerechten Kurvenstücken wird jeweils eine **Haltetemperatur** erreicht, nämlich beim *Schmelzen* des Eises bzw. *Sieden* des Wassers. Beide Aggregatzustände sind in diesen Bereichen jeweils gleichzeitig vorhanden, darum spricht man auch von einer *Koexistenz der Phasen*. Die bei diesen Temperaturen zugeführten Wärmemengen heißen **latente Wärme**; sie kann beim Abkühlen als **Kondensationswärme** bzw. **Erstarrungswärme** zurückgewonnen werden. Offensichtlich entsprechen sie der Bindungsenergie der Wassermoleküle in der Flüssigkeit beziehungsweise der Austrittsarbeit beim Verdampfen (wie bei der Oberflächenspannung in Abschnitt 2.8.2). Die Zahlenwerte für Wasser betragen $q = 334$ kJ/kg (**spezifische Schmelzwärme**) und $r = 2256$ kJ/kg (**spezifische Verdampfungswärme**). In Tabelle 3.3 sind diese beiden Kenngrößen sowie die Haltetemperaturen für weitere wichtige Stoffe zusammengestellt. Die latenten Wärmemengen berechnet man gemäß $\Delta Q_S = mq$ bzw. $\Delta Q_D = mr$.

Sowohl beim Schmelzen/Erstarren als auch beim Verdampfen/Kondensieren gibt es einige praktisch bedeutsame *Besonderheiten*: Eine **Gefrierpunktserniedrigung** entsteht durch gelöste Stoffe (etwa Salz im Wasser); entsprechend gibt es eine **Siedepunktserhöhung** für Lösungen. Allgemein ist das Verhalten von *Mehrstoffsystemen* komplizierter und kann hier nicht weiter behandelt werden.

Tabelle 3.3 Schmelztemperatur ϑ_{sm}, Siedetemperatur ϑ_{sd}, spezifische Schmelzwärme q und spezifische Verdampfungswärme r einiger Stoffe bei Normaldruck

Material	ϑ_{sm}/°C	ϑ_{sd}/°C	$q/\frac{\text{kJ}}{\text{kg}}$	$r/\frac{\text{kJ}}{\text{kg}}$
Wasser	0	100	334	2257
Aluminium	660	2450	397	10900
Blei	327	1750	23	8600
Eisen	1535	2735	277	6339
Ethanol	–114	78	108	840
Gold	1064	2700	66	1650

Tabelle 3.3 *Fortsetzung*

Material	ϑ_{sm}/°C	ϑ_{sd}/°C	$q / \frac{kJ}{kg}$	$r / \frac{kJ}{kg}$
Platin	1769	4300	111	2290
Quecksilber	-39	357	12	285
Sauerstoff	-219	-183	14	213
Stickstoff	-210	-196	26	201
Wolfram	3380	192	5500	4350
Helium	-	-269	-	21
Argon	-189	-186	-	163
Kohlenstoffdioxid	-57	-79	184	574
Butan	-138	-1	29,3	385

Beispiel 3.3: Bleigießen

Aufgabe: Eine Bleikugel mit 50 g Masse wird auf 400 °C erhitzt; dann gießt man das flüssige Metall in einen Liter Wasser (und interpretiert die bizarren Formen). Wie warm wird das Wasser, wenn es zuvor Raumtemperatur (20 °C) hatte und keine Wärmeverluste auftreten?

Lösung: Die *Energiebilanz* muss mehrere Beiträge berücksichtigen: Das Blei kühlt sich a) zunächst bis zur Erstarrungstemperatur ab, liefert dann b) die Erstarrungswärme und kühlt sich anschließend c) weiter ab bis zur *Mischungstemperatur* ϑ_M. Die vom Blei abgegebenen Wärmemengen werden d) vom Wasser aufgenommen.

a) Die spezifische Wärmekapazität im flüssigen Zustand von Blei soll etwa so hoch sein wie im festen (vgl. Tabelle 3.2). Damit (und mit der Schmelztemperatur ϑ_{sm} aus Tabelle 3.3) lautet Formel 3.6:

$$\Delta Q_{\text{Blei,fl}} = 129 \frac{\text{J}}{\text{kg} \cdot \text{K}} \cdot 0{,}050 \text{ kg} \cdot (400 - 327)\text{K} = 471 \text{ J}$$

b) Mit der spezifischen Schmelzwärme q für Blei aus Tabelle 3.3 ergibt sich:

$$\Delta Q_{\text{Blei,S}} = 23 \frac{\text{kJ}}{\text{kg}} \cdot 0{,}050 \text{kg} = 1150 \text{J}$$

c) Die Abkühlung des festen Bleis bis zur Mischungstemperatur ϑ_M liefert:

$$\Delta Q_{\text{Blei,fest}} = 129 \frac{\text{J}}{\text{kg} \cdot \text{K}} \cdot 0{,}050 \text{kg} \cdot (327 - \vartheta_M) \text{ K}$$

d) Die vom Wasser aufgenommene Wärmemenge berechnet man analog mit Formel 3.6:

$$\Delta Q_{\text{Wasser}} = 4182 \frac{\text{J}}{\text{kg} \cdot \text{K}} \cdot 1 \text{kg} \cdot (\vartheta_M - 20) \text{ K}$$

Durch Gleichsetzen aller vom Blei *abgegebenen* mit der vom Wasser *aufgenommenen* Wärmemenge erhält man:

$$\vartheta_M \approx 21°\text{C}$$

Offenbar besteht beim Bleigießen an Silvester keine Gefahr, dass man sich anschließend im Wasser die Finger verbrennt.

Während die meisten Stoffe sich beim Schmelzen ausdehnen, zeigt Wasser das umgekehrte Verhalten. Der **Dichtesprung** beim Erstarren beträgt ca. 10 %; die resultierende Volumenzunahme führt in der Natur zur *Erosion* (der wir die allmähliche Formung von Landschaften aus dem ursprünglichen Felsgestein verdanken).

Wasser lässt sich mit Sorgfalt bis etwa – 10 °C abkühlen (**Erstarrungsverzug**). Der entsprechende **Siedeverzug** über 100 °C hinaus kann gefährlich werden, da die Verdampfung dann explosionsartig erfolgt (darum hat der Chemiker „Siedesteinchen" im Glaskolben). Andererseits *verdunstet* auch kaltes Wasser, da an seiner Oberfläche immer einige Moleküle die Austrittsarbeit aufbringen. (Ihre Energie ist nicht für alle gleich, sondern gehorcht einer statistischen *Verteilung*, die durchaus hohe Einzelwerte zulässt; Abschnitt 3.3.3.3). Da auf diese Weise die mittlere Energie sinkt, beobachtet man *Verdunstungskälte*.

Die Darstellung von ϑ über Q bei Normaldruck **(Bild 3.7)** enthält nur einen Teil der Information über die Aggregatzustände. Tatsächlich sind die Phasenübergänge *druckabhängig*, und diesen Zusammenhang liefert das p-ϑ-Diagramm in **Bild 3.8** wiederum für das besonders wichtige Beispiel Eis/Wasser/Wasserdampf.

Im *Tripelpunkt* sind alle drei Phasen gleichzeitig vorhanden, und zwar bei der Temperatur 0,01 °C = 273,16 K und dem Druck 610,6 Pa (diese Temperatur liefert den oberen Fixpunkt der KELVIN-Skala (Abschnitt 3.1.1). Die *Schmelzpunktskurve* **A** von Wasser lässt bei der logarithmischen Darstellung in **Bild 3.8** kaum erkennen, dass sie – im Gegensatz zu der von „gewöhnlichen Stoffen" – eine *negative* Steigung hat. Folglich schmilzt Eis allein durch die Erhöhung des Druckes. Die *Regelation* des Eises (einschließlich des erneuten Gefrierens bei Druckentlastung) trägt zur „Gletscherwanderung" bei und liefert einen willkommenen Beitrag zum Gleiten von Schlittschuhen, das ja nur auf einem Wasserfilm über dem Eis bei *innerer Reibung* möglich ist.

Kurve **B** in **Bild 3.8** beschreibt die **Sublimation**, also den direkten Übergang von der festen in die gasförmige Phase. Eine Anwendung für Wasser bzw. Eis besteht in der Gefriertrocknung von Lebensmitteln. Bekannt ist auch die Sublimation von gefrorenem Kohlenstoffdioxid (CO_2; „Trockeneis"). Sie ist durch die Abkühlung der Luft wiederum mit der Kondensation kleinster Wassertröpfchen verbunden, die allgemein als *Nebel* bezeichnet werden (s. u.).

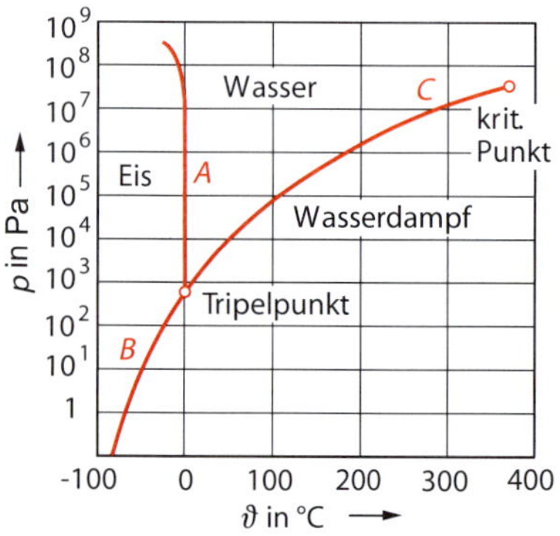

Bild 3.8 Das Zustandsdiagramm von Wasser zeigt die Grenzkurven zwischen den drei Aggregatzuständen, die sich im Tripelpunkt treffen.

Info 3.3: Druck und Schlittschuhlaufen

Eine anschauliche Deutung der Regelation liefert das *Prinzip vom kleinsten Zwang* von LE CHATELIER: Das Wasser „weicht dem Druck aus“, indem es sein Volumen verringert. Für bewegte Schlittschuhe ist diese überlieferte Erklärung allerdings Gegenstand aktueller wissenschaftlicher Diskussionen. Eine Abschätzung für $l = 200$ mm lange und $b = 3$ mm breite Kufen zeigt, dass bei einer Sportlermasse von 80 kg ein Druck entsteht von lediglich:

$$p = \frac{G}{2A} = \frac{mg}{2lb} = \frac{80\,\mathrm{kg} \cdot 9{,}81\,\mathrm{m/s^2}}{2 \cdot 0{,}2\,\mathrm{m} \cdot 0{,}003\,\mathrm{m}} = 654000 \frac{\mathrm{N}}{\mathrm{m^2}} = 654\ \mathrm{kPa}$$

Aus **Bild 3.8** kann man qualitativ schließen, dass erst Drücke in der Größenordnung MPa relevant sind; tatsächlich würden über 10 MPa für eine Schmelzpunktabsenkung um nur 1 K benötigt!
Ganz offensichtlich sind weitere Effekte beteiligt: Zunächst spielt banale Reibungswärme eine Rolle. Außerdem zeigen Festkörper einen Oberflächeneffekt durch fehlende Bindungskräfte (ähnlich wie bei der Oberflächenspannung von Flüssigkeiten, Abschnitt 2.8.2), der die Moleküle leicht verschiebbar macht. Bei Eis kann man sich einen extrem dünnen „Wasserfilm“ an der Oberfläche vorstellen, der bis weit unterhalb der Schmelztemperatur erhalten bleibt („surface melting“). Diese Erscheinung wird zusätzlich durch die Metalloberfläche der Schlittschuhkufe beeinflusst, die neue Bindungen der Wassermoleküle ermöglicht.
Auch beim Schlittschuhlaufen scheint die Praxis mehr Vergnügen zu bereiten als die Theorie.

Die Dampfdruckkurve von Wasser **C** wird nach oben vom **kritischen Punkt** begrenzt: Oberhalb der zugehörigen Temperatur von 374 °C gibt es keinen physikalischen Unterschied mehr zwischen Flüssigkeit und Dampf. Zwischen dieser Grenze und dem Tripelpunkt ist die Siedetemperatur mithilfe des Drucks beliebig einstellbar.

Über jeder Flüssigkeit (und eigentlich auch über jedem Festkörper) stellt sich der **Sättigungsdampfdruck** durch ein Gleichgewicht von Verdampfen und Kondensieren ein. Wenn andere Gase wie etwa Luft vorhanden sind, so gilt das **Gesetz von DALTON**:

Gesetz von DALTON

Der Druck des Gasgemisches ist gleich der Summe der Drücke, die jedes einzelne Gas hätte, wenn es den Gesamtraum allein ausfüllen würde („Partialdrücke“).

Sieden tritt ein, sobald der Dampfdruck gleich dem äußeren Luftdruck wird. Unter *vermindertem Druck* kann Wasser selbstverständlich bereits bei Raumtemperatur sieden (was als Vorlesungsversuch immer wieder Staunen hervorruft). Blut ist übrigens kein „besonderer Saft“, sondern besteht im Wesentlichen aus Wasser. Bei der Körpertemperatur von ca. 37 °C siedet Blut bei etwa 60 hPa. Gemäß der barometrische Höhenformel (Abschnitt 2.8.1) entspricht dies in der Atmosphäre einer Höhe von 22 km.

Sieden unter erhöhtem Druck nutzt man zum Beispiel beim Dampfdrucktopf. Der Dampfdruck selbst sorgt dafür, dass die Siedetemperatur steigt und damit die Garzeit sinkt. Zur Schonung der Küchendecke sollte der Topf allerdings mechanisch stabil sein: Wie die Tabellenwerte [Kuchling] zeigen, bewirkt eine Siedetemperatur von 120 °C bereits eine Verdoppelung des Dampfdruckes. Die zusätzliche Kraft auf einen Deckel von 20 cm Durchmesser beträgt also:

$$F = A\Delta p = \pi r^2 \Delta p = \pi (0{,}1\,\mathrm{m})^2 \cdot 10^5\,\mathrm{N/m^2} = 3142\ \mathrm{N}$$

Dies entspricht der Gewichtskraft von 320 kg Masse beziehungsweise 4 normal beleibten Menschen.

Der Sättigungsdampfdruck gibt bei Wasserdampf in Luft auch die *maximale Feuchte* an, die man bei bekanntem Druck als *absolute Feuchte* in kg/m^3 angeben kann, und die gemäß der Dampfdruckkurve eben temperaturabhängig ist. Die *relative Feuchte*, angegeben in %, bezieht sich auf dieses Maximum. Sinkt die Temperatur unter den entsprechenden *Taupunkt*, so kondensiert der Dampf, und in Luft bildet sich Nebel (z. B. in einigem Abstand über dem Kochtopf; der gasförmige Wasserdampf selbst ist natürlich transparent). Kondensationskeime in der Luft wie Staubteilchen begünstigen die Bildung dieser kleinsten Wassertröpfchen.

3.2.3 Wärmetransport

Wärme als Energieform kann auf sehr unterschiedliche Weise von einem Ort zu einem entfernten anderen übertragen werden: Bei der **Konvektion** wird sie *in* und *mit* einem Stoff transportiert, meistens in Wasser oder Luft. Bei der **Wärmeleitung** erfolgt der Transport *durch Materie hindurch*, oft kombiniert mit Übergängen zwischen verschiedenen Materialien. **Wärmestrahlung** gehört zum Spektrum elektromagnetischer Wellen (Abschnitt 4.6.3) und kann als „Infrarot-Strahlung“ der Optik zugerechnet werden (Kapitel 5). Die vollständige Beschreibung ihrer Gesetzmäßigkeiten verlangt sogar die Einführung von „Energiequanten“ und markiert damit den Beginn der modernen Atom- und Quantenphysik (Kapitel 6). In diesem Abschnitt wird die Strahlung als Wärmetransportmechanismus allerdings zunächst rein phänomenologisch behandelt.

3.2.3.1 Konvektion

Gase und Flüssigkeiten können aufgrund ihrer Wärmekapazität thermische Energie aufnehmen und mitführen. In der Natur spielt die Konvektion mittels Luft (Thermik, Winde) und Wasser (Golfstrom) eine überragende Rolle. Bei technischen Anwendungen sind – bis auf den Übergang von der Wärmequelle auf das Transportmedium und den weiteren zur Wärmesenke – im Wesentlichen Probleme der Strömungsmechanik zu lösen (Abschnitt 2.8.3).

Wegen der Dichteänderung bei Erwärmung und des daraus resultierenden Auftriebs entsteht **freie Konvektion**. Die Verteilung der Wärme in einem Raum erfolgt zum Beispiel überwiegend durch freie Konvektion der Luft. Die Transportleistung einer Heizung (oder Kühlung) wird allerdings durch **erzwungene Konvektion** deutlich verbessert. Dazu erhöhen eine Pumpe – zum Beispiel im Rohrsystem einer Warmwasserheizung – bzw. ein Gebläse die Strömungsgeschwindigkeit. (Dass vor allem das Letztere mit Geräuschen verbunden ist, ärgert viele Computer-Besitzer. Eine elegante Alternative ist manchmal das Wärmerohr; Info 3.4.)

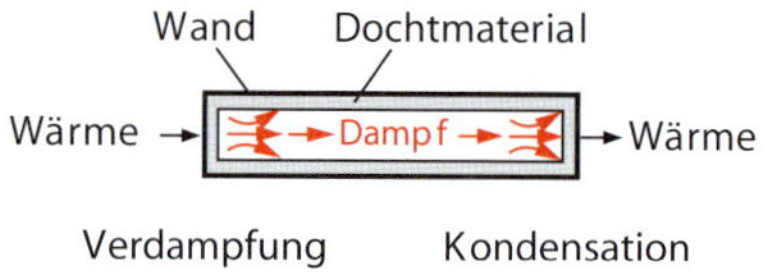

Bild 3.9 Wärmerohre funktionieren auf der Basis von Verdampfung, Kondensation und Kapillarität.

Info 3.4: Wärmetransport mit Phasenübergängen

Mit Kältemaschinen (Abschnitt 3.5.2, Info 3.7) lässt sich unter zusätzlichem Energieeinsatz der Wärmetransport von einem kühleren zu einem wärmeren Raum durchführen – solche Geräte heißen Kühlschrank, Klimaanlage oder Wärmepumpe. Ihre Effizienz beruht auf der Verdampfung eines Kältemittels, zum Beispiel im Innenraum einer Gefriertruhe, und der anschließenden Kondensation außerhalb. Die hohe Verdampfungswärme (vgl. etwa *r* für Butan in Tabelle 3.3) entzieht dem Innenraum wesentlich mehr Energie, als die erzwungene Konvektion des Kältemittels allein transportieren könnte.
Dasselbe Prinzip nutzt das Wärmerohr („heatpipe"), aber mittels freier Konvektion und Kapillarität **(Bild 3.9)**. Das Kältemittel verdampft am wärmeren Ende und kühlt dabei zum Beispiel einen Computer-Prozessor. Der Dampf strömt zum kälteren Ende und kondensiert, wobei er die entsprechende Kondensationswärme abgibt. Das Kondensat wird von einem Dochtmaterial aufgesaugt und durch Kapillarkraft zurücktransportiert.

3.2.3.2 Wärmeleitung

Wenn zwei Seiten eines Körpers dauerhaft auf unterschiedlicher Temperatur gehalten werden wie der Metallstab in **Bild 3.10**, so fließt ein **Wärmestrom** $\Phi = \Delta Q/\Delta t$. Plausiblerweise ist er direkt proportional zur Temperaturdifferenz $\Delta T = T_1 - T_2$ sowie zur Querschnittsfläche A und umgekehrt proportional zur Länge Δl (die bei praktischen Anwendungen häufig eine Dicke ist, z. B. die einer Fensterscheibe wie in Beispiel 3.4):

$$\Phi = \lambda A \frac{\Delta T}{\Delta l} \qquad \text{Formel 3.7}$$

Wärmestrom

Einige wichtige Werte für die Wärmeleitfähigkeit sind in Tabelle 3.4 zusammengestellt. Dabei fällt auf, dass Metalle ebenso gut den Wärmestrom wie den elektrischen Strom leiten. Tatsächlich beruht beides auf der hohen Beweglichkeit der Elektronen. (Aber die Definitionen und Einheiten der Ströme sind völlig verschieden!) *Schlechte* Wärmeleiter spielen für die **Wärmedämmung** in der Bauphysik eine Rolle. Fast ideale Eigenschaften – nächst dem Vakuum – hat *Luft*. Um diese zu nutzen, aber ihre Konvektion zu verhindern, wird sie in poröse Materialien wie Glaswolle oder Hartschaum (Handelsname u. a. „Styropor") eingeschlossen.

λ heißt **Wärmeleitfähigkeit** und hat die SI-Einheit $[\lambda] = \mathrm{W/(m \cdot K)}$, da Φ als zeitliche Änderung einer Energie die Einheit der Leistung, also Watt besitzt. $\Delta T/\Delta l$ wird auch als *Gradient* der Temperatur bezeichnet; seinen Verlauf zeigt **Bild 3.11**.

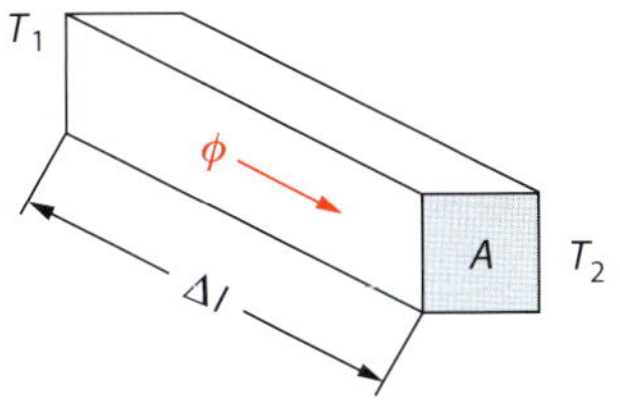

Bild 3.10 Der Wärmestrom durch einen (ansonsten isoliert gedachten) Stab wird durch die Temperaturdifferenz an beiden Enden hervorgerufen.

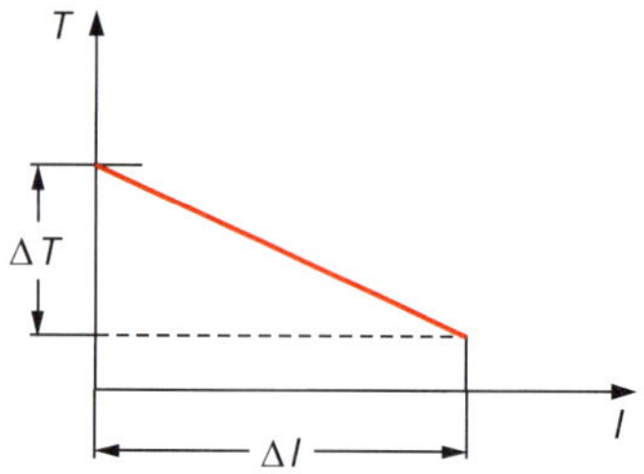

Bild 3.11 Temperaturgradient entlang dem Stab aus Bild 3.10.

Tabelle 3.4 Wärmeleitfähigkeit einiger Stoffe bei 20 °C in W/(m · K)

Gute Wärmeleiter		Schlechte Wärmeleiter		Wärmedämmstoffe	
Silber	427	Eis	2,3	Vakuum	0,0
Kupfer	399	Glas	0,9...1,1	Luft	0,026
Aluminium	220	Kalkstein	2,2	Glaswolle	0,042
Messing	142	Ziegelstein	0,6	Holz	0,1 ... 0,2
Eisen	81	Wasser	0,6	Kork	0,04...0,06
Stahl/V2A-St.	45/15	Beton	2,1	Styropor	0,03...0,045

Beispiel 3.4: Wärmeleitung einer Glasscheibe

Aufgabe: Wie groß ist bei einem alten Haus der Wärmeverlust durch Leitung in den Fensterscheiben (5 mm Dicke, 10 m² Gesamtfläche), wenn im Winter (–10 °C) innen die „Raumtemperatur" gehalten wird?

Lösung: Nach Formel 3.7 und dem Mittelwert aus Tabelle 3.4 ist der Wärmestrom nach draußen bei 20 °C Innentemperatur:

$$\Phi = 1{,}0\frac{\mathrm{W}}{\mathrm{m \cdot K}} \cdot 10\,\mathrm{m}^2 \cdot \frac{30\,\mathrm{K}}{0{,}005\,\mathrm{m}} = 60\,\mathrm{kW}$$

Zum Ausgleich nur dieses Wärmeverlustes müsste bereits eine sehr leistungsfähige Heizung arbeiten! Glücklicherweise sind die meisten Fenster inzwischen doppelt verglast, und die Abschätzung ist wegen der zusätzlich isolierenden Grenzflächen auf beiden Seiten der Scheibe („Wärmeübergang", s. u.) nicht ganz realistisch.

In der Realität, vor allem in der Bautechnik, ist die Wärmeleitung innerhalb des Materials nur ein Anteil des gesamten **Wärmedurchgangs**, der auch noch den **Wärmeübergang** an der Trennfläche zweier Stoffe mit unterschiedlicher Temperatur berücksichtigt (etwa der Außenwandfläche und der kalten Außenluft). Mit dem **Wärmeübergangskoeffizienten** α gilt für diesen Wärmestrom:

Wärmestrom für Übergang

$$\Phi_{\ddot{\mathrm{u}}} = \alpha A \Delta T \qquad \text{Formel 3.8}$$

α hat die Einheit $[\alpha] = \mathrm{W/(m^2 \cdot K)}$; typische Zahlenwerte liegen beim Wärmeübergang von Hauswänden an Luft zwischen 5 und 20. Mittels λ und α kann man schließlich den berühmten **Wärmedurchgangskoeffizienten** k berechnen, der bei modernen „Niedrigenergiehäusern" als *Wärmedämmwert* U eine große Rolle spielt:

Wärmedurchgangskoeffizient

$$\frac{1}{k}\sum\frac{\Delta l_{\mathrm{n}}}{\lambda_{\mathrm{n}}} + \sum\frac{1}{\alpha_{\mathrm{m}}} \qquad \text{Formel 3.9}$$

Für die übersichtlichen Verhältnisse in **Bild 3.12** erhält man z. B. unter der Annahme, dass $\alpha_i = \alpha_a = \alpha$ ist:

$$\frac{1}{k} = \frac{\Delta l}{\lambda} + \frac{2}{\alpha} \Rightarrow k = \frac{\alpha \cdot \lambda}{2\lambda + \alpha \Delta l}$$

Den gesamten Wärmestrom beim Durchgang durch eine mehrschichtige Wand mit jeweils unterschiedlichen Oberflächen berechnet man (bei bekannten α_m und λ_n) mit:

Wärmestrom für Durchgang

$$\Phi_D = kA\Delta T \qquad \text{Formel 3.10}$$

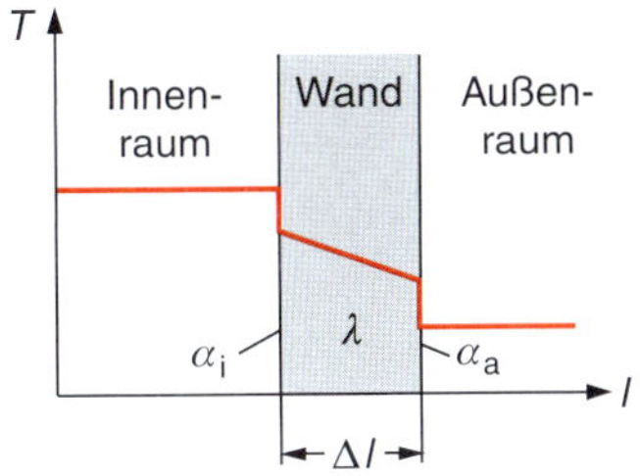

Bild 3.12 Idealisierter Temperaturverlauf durch eine Wand mit Wärmeübergang und Wärmeleitung.

Selbstverständlich verlässt man mit diesen Formeln die präzise Physik, da für die Koeffizienten nur Richtwerte existieren und jede Baustelle anders aussieht. Die praktische Bedeutung der Formel 3.7 bis Formel 3.10 für Näherungsrechnungen ist jedoch sehr groß (Aufgabe A3.6). In **Bild 3.13** erkennt man, wie sich für zwei gleiche Häuser eine unterschiedliche Wärmedämmung des Daches im Winter auswirkt.

Bild 3.13 Die unterschiedliche Wärmedämmung baugleicher Hausdächer erkennt man am besten bei Reif oder Schnee.

3.2.3.3 Wärmestrahlung

Die Ursache der Wärmestrahlung ist die thermische Energie der Materiebausteine. Da diese kontinuierlich – wenn auch nicht gleichmäßig – über alle möglichen Energiezustände verteilt ist, haben auch die ausgesandten elektromagnetischen Wellen ein kontinuierliches Spektrum, vom infraroten über den sichtbaren bis in den ultravioletten Spektralbereich (Abschnitt 4.6.3.3). In demselben Wellenlängenbereich kann Materie diese Strahlung auch wieder *absorbieren*.

Einen *idealen* Absorber – der also unabhängig von der Wellenlänge jegliche Strahlungsenergie aufnimmt – nennt man **schwarzer Körper**. Fast perfekt ist dieser Idealfall mittels Vielfachabsorption im geschwärzten Innern eines Hohlraumes zu realisieren **(Bild 3.14)**.

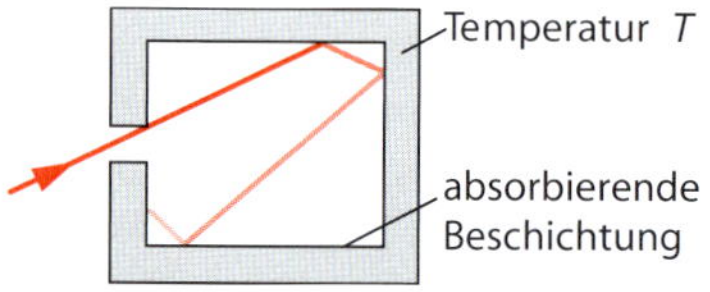

Bild 3.14 Durch Mehrfachabsorption erscheint das Eingangsloch eines Hohlraumes vollkommen schwarz.

Dem tiefschwarzen Loch weist man dann den **Absorptionsgrad** $\alpha = 1$ zu. Der **Emissionsgrad** ε eines entsprechenden *Hohlraumstrahlers* – den man *schwarzer Strahler* nennt – muss bei jeder Temperatur genau gleich dem α sein, wie man mit einem Gedankenexperiment zeigen kann: Stehen sich zwei gleiche Hohlraumstrahler gegenüber und tauschen Energie mittels Strahlung aus, so kann sich wegen des nullten Hauptsatzes (Abschnitt 3.1.3) nicht einer auf Kosten des anderen stärker erwärmen; folglich müssen Emission und Absorption im Gleichgewicht stehen. Das **KIRCHHOFFsche Strahlungsgesetz** lautet entsprechend:

$$\alpha = \varepsilon \quad \text{Formel 3.11}$$

Reale Strahler mit $\alpha = \varepsilon < 1$ werden als *graue Körper* bezeichnet. In Tabelle 3.5 sind einige typische Emissionsgrade aufgelistet. Mit dem LESLIE-Würfel in **Bild 3.15** kann man die unterschiedliche Emission bei gleicher Oberflächentemperatur demonstrieren; insbesondere strahlen reflektierende Oberflächen wegen ihrer geringen Absorption auch wenig Wärmeenergie ab.

Bild 3.15 Mit dem LESLIE-Würfel kann man zeigen, dass bei exakt gleicher Temperatur die schwarze, stark absorbierende Seite (links) auch eine wesentlich größere Leistung abstrahlt als die wenig absorbierende, da reflektierende (rechts).

Tabelle 3.5 Emissionsgrad ε einiger Materialoberflächen bei der Temperatur ϑ

Material	ϑ/°C	ε
Ruß	20	0,95
Nitrolack schwarz glänzend	20	0,83
Menschliche Haut	34	0,95...0,99
Wasser	0...100	0,92
Dachpappe	20	0,90
Schwarzer Körper	unabhängig	1,00
Ziegel	20	0,93
Chrom, poliert	150	0,075
Aluminium, poliert	20	0,04
Aluminium, oxidiert	20	0,3
Messing, poliert	20	0,05
Messing, oxidiert	20	0,6
Stahl, poliert	20	0,3
Stahl, verrostet	20	0,85
Wolfram	2000	0,28

Die „Gesamtstrahlung" über alle Wellenlängen in Abhängigkeit von der Temperatur konnten erstmals Josef Stefan (1835 – 1893) und Ludwig Boltzmann (1844 – 1906) angeben. Die *Intensität*, also die Strahlungsleistung pro Fläche $I = P/A$ beträgt für den schwarzen Körper (bei grauen muss man mit $\varepsilon < 1$ multiplizieren):

$$I = \sigma T^4 \qquad \text{Formel 3.12}$$

Strahlungsgesetz von Stefan-Boltzmann

Die Strahlungskonstante hat den Wert $\sigma = 5{,}6704 \cdot 10^{-8}\ \mathrm{W/(m^2 \cdot K^4)}$. Gegebenenfalls ist zu berücksichtigen, dass gleichzeitig Strahlung aus der Umgebung mit der Temperatur T_2 *absorbiert* wird. Dann lautet das Stefan-Boltzmannsche Gesetz, hier formuliert für die abgestrahlte *Leistung* eines grauen Körpers bei der Temperatur T_1:

$$P = \sigma \varepsilon A \cdot \left(T_1^4 - T_2^4\right) \qquad \text{Formel 3.13}$$

Vollständiges Stefan-Boltzmann-Gesetz

Beispiel 3.5: Strahlungsleistung einer Glühlampe

Aufgabe: Die Wolframwendel einer Halogen-Glühlampe mit der Oberfläche 20 mm² wird durch Stromfluss auf 2000 °C erhitzt („Joulesche Wärme", Abschnitt 4.2.2). Wie groß ist die abgestrahlte Leistung? Was verbleibt nach „Dimmen" auf die halbe Temperatur?
Lösung: Nach Tabelle 3.5 beträgt der Emissionsgrad ε bei dieser Temperatur 0,28. Die Umgebung soll die Temperatur 20 °C und ein ähnliches ε aufweisen. Dann gilt nach Formel 3.13:

$$P = 5{,}67 \cdot 10^{-8} \frac{\mathrm{W}}{\mathrm{m^2 \cdot K^4}} \cdot 0{,}28 \cdot 20 \cdot 10^{-6}\,\mathrm{m} \cdot \left((2273\,\mathrm{K})^4 - (293\,\mathrm{K})^4\right) \approx 8{,}5\,\mathrm{W}$$

Für die Temperatur 1000 °C = 1273 K erhält man nur noch 830 mW! Die Abhängigkeit der Strahlungsleistung von der vierten Potenz der Temperatur bewirkt auch, dass der Term mit T_2 bei normaler Umgebungstemperatur vernachlässigt werden kann.

> Die errechnete *Strahlungsleistung* entspricht fast vollständig der aufgenommenen *elektrischen* Leistung. Allerdings werden bei Glühlampen nur einige Prozent davon im *sichtbaren* Spektralbereich emittiert (siehe unten: „PLANCKsche Strahlungskurven"). Der Rest ist Wärmestrahlung, die bei Lichtquellen unbrauchbar oder sogar unerwünscht ist. Aus diesem Grund sind Glühlampen fast vollständig durch Leuchtstofflampen bzw. LED-Strahler ersetzt worden (Abschnitt 4.7.5.4 sowie Abschnitt 6.4.5).

Die Intensität bzw. die Strahlungsleistung ist keineswegs für alle Wellenlängen gleich, vielmehr hängt das spektrale Maximum in charakteristischer Weise von der Temperatur ab. Das erkennt der Schmied durch den Übergang von der Rotglut zur bläulichen Weißglut an seinem Werkstück, aber auch beim Dimmen klassischer Glühlampen fällt die Farbänderung bereits auf (und wird heute bei LED-Lampen gelegentlich simuliert). Eine pauschale Information über diese Abhängigkeit liefert das **WIENsche Verschiebungsgesetz**, das zumindest für das *Maximum der Emission* die Wellenlänge angibt:

Verschiebungsgesetz von WIEN

$$\lambda_{\text{max}} T = b \qquad \text{Formel 3.14}$$

Die WIEN-Konstante hat den Wert $b = 2898\ \mu\text{m} \cdot \text{K}$. Damit lässt sich z. B. für die strahlende Oberfläche der Sonne das Maximum der Emission bestimmen:

$$\lambda_{\text{max}} = \frac{b}{T} = 2898 \frac{\mu\text{m} \cdot \text{K}}{5800\text{K}} = 0{,}5\,\mu\text{m} = 500\,\text{nm}$$

Diese Wellenlänge entspricht der Farbe „Grün" – darauf hat sich die Natur mit der maximalen Empfindlichkeit des menschlichen Auges evolutionär eingestellt.

Auf diese Weise lassen sich übrigens auch **Farbtemperaturen** für die Fototechnik definieren und an vielen Digitalkameras für den *Weißabgleich* der Farben einstellen. Genormtes *Lampenlicht* entspricht z. B. der Emission einer glühenden Wolframwendel mit der Temperatur 3400 K. In einem völlig anderen Spektralbereich, nämlich im infraroten, strahlt der Mensch. Für eine Hauttemperatur von 37 °C = 310 K berechnet man $\lambda_{\text{max}} = 9{,}35\ \mu\text{m}$. Spezielle Kameras können Personen durchaus mit ihrer eigenen Wärmestrahlung abbilden **(Bild 3.17)**.

Natürlich strahlen alle Temperaturstrahler in einem großen *Bereich* von Wellenlängen. MAX PLANCK (1858 – 1947) gelang es, in seinem **vollständigen Strahlungsgesetz** sowohl die genaue spektrale Verteilung – einschließlich des Wellenlängen Maximums wie in Formel 3.14 – als auch die gesamte abgestrahlte Intensität – wie in Formel 3.12 – eines schwarzen Strahlers zu berechnen.

Für praktische Zwecke werden daraus die **PLANCKschen Strahlungskurven** mit der Temperatur als Parameter ermittelt. **Bild 3.16** zeigt die abgestrahlte Intensität als Funktion der Wellenlänge. Man erkennt, dass mit steigender Temperatur die Gesamtemission mit der Fläche unter den Kurven wächst und die Wellenlänge des Strahlungsmaximums kleiner, also „blauer" wird. Aber auch schon bei 1600 K („dunkle Rotglut") emittiert ein schwarzer Körper – und ebenso ein grauer, z. B. ein Eisenstück – mit einem kleinen Anteil der Gesamtstrahlung im sichtbaren Gebiet des Spektrums.

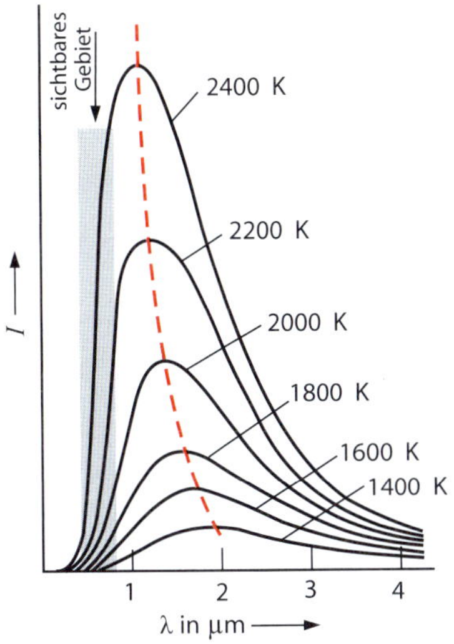

Bild 3.16 PLANKsche Strahlungskurven für verschiedene Temperaturen.

Die Strahlungsgesetze ermöglichen eine berührungslose Temperaturmessung. Mit **Pyrometern** kann man lokal messen, auch mit hoher *zeitlicher* Auflösung, etwa an Walzstraßen für die Produktion von Stahlblechen. Eine hohe *räumliche* Auflösung erreicht man mittlerweile bei der **Thermografie**. **Bild 3.17** zeigt als Beispiel Thermogramme von Studierenden, also Fotografien in deren eigenem (infraroten) „Licht". Typischere Anwendungen sind Wärmebilder von Gebäuden (um Wärmelecks aufzuspüren) oder von elektronischen Schaltungen (um überlastete Bauteile zu identifizieren).

Bild 3.17 Thermogramme sind Fotografien mit Wärmestrahlung.

Zusammenfassung: Wärme

- Die Temperaturänderung eines Körpers von bestimmter Masse ist proportional zur aufgenommenen bzw. abgegebenen Wärmemenge. Die zugehörige Materialkonstante heißt *spezifische Wärmekapazität*.
- Zur Änderung des *Aggregatzustandes* ist jeweils eine bestimmte Energie nötig, die als latente Wärme zurückgewonnen werden kann. Die zugehörigen *Haltetemperaturen* sind druckabhängig.
- Im *p-T*-Diagramm beschreiben *Schmelzpunktkurve*, *Dampfdruckkurve* und *Sublimationskurve* die Koexistenz zweier Phasen. Im *Tripelpunkt* existieren alle drei gleichzeitig. Der Tripelpunkt von Wasser definiert den oberen Fixpunkt der KELVIN-Skala.

- Wärmetransport erfolgt durch *Konvektion* (mit einem strömenden Medium), *Leitung* (unter Berücksichtigung des Übergangs, was den Durchgang definiert) und *Strahlung* (wobei die Intensität und die Wellenlänge des Maximums von der Temperatur abhängen).

3.3 Ideale Gase

Im Gegensatz zu Festkörpern und Flüssigkeiten spielt bei den Gasen der *Druck* als dritte Zustandsgröße (neben Volumen und Temperatur) eine wichtige Rolle. Darüber hinaus steht die mikroskopische Betrachtung im Vordergrund, da die *Anzahl* einzelner Atome bzw. Moleküle statt der Gesamtmasse oft den sinnvolleren Bezug liefert. Bei dem **Modell des idealen Gases** üben diese Teilchen keine Kräfte aufeinander aus. Sie stoßen lediglich untereinander sowie mit der Wand; dabei steht ihnen so viel Raum zur Verfügung, dass ihr Eigenvolumen vernachlässigbar ist und insbesondere Kondensation nicht auftritt. Viele *reale* Gase erfüllen diese Bedingungen in guter Näherung bei nicht zu hohen Drücken und nicht zu niedrigen Temperaturen.

3.3.1 Molare Größen

Die Vorstellung, dass die Teilchen in einem Gasvolumen grundsätzlich – wenn auch mühsam, siehe unten – *abzählbar* sind, führt zum Begriff der **Stoffmenge** n als einer SI-Basisgröße, dem Mol; ihre Einheit ist $[n]$ = mol. Definiert wurde diese Basiseinheit bisher recht anschaulich mit Bezug auf ein bestimmtes Isotop (Abschnitt 6.5.1) des Kohlenstoffatoms:

> Die Stoffmenge 1 mol enthält ebenso viele Teilchen wie 12 g des Kohlenstoff-Isotops C-12, das sind $N_A = 6{,}02214076\ 10^{23}$ Atome oder Moleküle.

Die Teilchenanzahl N_A heißt **AVOGADRO-Konstante**. Seit 2019 ist sie zahlenmäßig festgelegt worden, sodass die Einheit mol nun auf dieser Naturkonstanten basiert. Viele Probleme lassen sich einfacher oder durch Analogien lösen, wenn man die *Masse* und das *Volumen* auf diese Teilchenzahl bzw. die Stoffmenge 1 mol bezieht:

Molare Masse

$$M = \frac{m}{n} \qquad \text{Formel 3.15}$$

Molares Volumen

$$V_m = \frac{V}{n} \qquad \text{Formel 3.16}$$

Wenn man die molare Masse M in kg/kmol angibt, ist sie übrigens zahlengleich der *relativen Atommasse*, wie sie in jedem Periodensystem der Elemente angegeben wird (Abschnitt 6.2.3).

Außerdem zeigt sich, dass im *Normzustand*, d. h. beim Normaldruck p_0 = 1013,25 hPa und bei der Temperatur T_0 = 0 °C, jedes als ideal beschreibbare Gas das gleiche Volumen aufweist:

Molares Normvolumen

$$V_{m0} = 22{,}4140\,\mathrm{m}^3/\mathrm{kmol} \approx 22{,}414\ \mathrm{l/mol}$$

Schließlich ist es manchmal nützlich, statt der spezifischen Wärmekapazität c wie in Formel 3.6 die **molare Wärmekapazität** C_m (auch *Molwärme* genannt) anzugeben. Wegen $m = nM$ gemäß Formel 3.15 gilt:

$$C_\mathrm{m} = Mc \qquad \text{Formel 3.17}$$

Molare Wärmekapazität

3.3.2 Zustandsgleichung

Die drei Zustandsgrößen für ein ideales Gas – Druck, Volumen und Temperatur – sind durch die **Zustandsgleichung** miteinander verknüpft:

$$\frac{pV}{T} = \text{const.} \qquad \text{Formel 3.18}$$

Zustandsgleichung des idealen Gases

Die Konstante in Formel 3.18 lässt sich für genau 1 mol aus den Werten für den Normzustand als **universelle Gaskonstante** R berechnen:

$$R = \frac{p_0 V_{\mathrm{m}0}}{T_0} = 8{,}3145 \frac{\mathrm{J}}{\mathrm{mol} \cdot \mathrm{K}}$$

Mit R kann man nun für ein beliebiges Volumen die **allgemeine Zustandsgleichung** des idealen Gases für die Stoffmenge n formulieren:

$$pV = nRT \qquad \text{Formel 3.19}$$

Allgemeine Zustandsgleichung des idealen Gases

Alternativ wird dieses „Ideale Gasgesetz" häufig auf die Anzahl der Moleküle $N = nN_\mathrm{A}$ bezogen:

$$PV = \frac{N}{N_\mathrm{A}} RT$$

Die übliche Schreibweise verwendet die BOLTZMANN-Konstante $k = R/N_\mathrm{A}$ (Abschnitt 3.3.3.3). Damit lautet die **allgemeine Zustandsgleichung:**

$$pV = NkT \qquad \text{Formel 3.20}$$

Allgemeine Zustandsgleichung (für Moleküle)

Als dritte Möglichkeit kann Formel 3.19 für die Masse $m = nM$ formuliert werden. Dann ist nR durch mR_S zu ersetzen, wobei

$$R_\mathrm{S} = R / M$$

spezielle Gaskonstante heißt. Diese ist – wie der Name sagt – von Gas zu Gas verschieden. Zum Beispiel errechnet man für Wasserstoff:

$$R_{\mathrm{S,H_2}} = \frac{8314{,}5 \dfrac{\mathrm{J}}{\mathrm{kmol} \cdot \mathrm{K}}}{2{,}016 \dfrac{\mathrm{kg}}{\mathrm{kmol}}} = 4124{,}4 \frac{\mathrm{J}}{\mathrm{kg} \cdot \mathrm{K}}$$

Mit der speziellen Gaskonstante lässt sich die Zustandsgleichung so formulieren:

$$pV = mR_\mathrm{S}T \qquad \text{Formel 3.21}$$

Von praktischer Bedeutung sind die folgenden drei Sonderfälle, bei denen jeweils eine der Zustandgrößen in der Zustandsgleichung – und natürlich die Gasmenge – konstant bleiben:

Das **Gesetz von Boyle-Mariotte** gilt für konstante Temperaturen (T = const.):

$$pV = \text{const.} \qquad \text{Formel 3.22}$$

Bei der grafischen Darstellung in **Bild 3.18** (**a**) ergeben sich Hyperbeln, die als *Isothermen* bezeichnet werden. *Isobaren* nennt man die Geraden, die sich für p = const. aus dem ersten **Gesetz von Gay-Lussac** ergeben **(Bild 3.18 b)**:

$$\frac{V}{T} = \text{const.} \qquad \text{Formel 3.23}$$

Eine alternative Beschreibung liefert übrigens Formel 3.4 mit dem Volumenausdehnungskoeffizienten für Gase $\gamma = 1/(273{,}15\ \text{K})$. – Schließlich ergibt das **zweite Gesetz von Gay-Lussac** für V = const.:

$$\frac{P}{T} = \text{const.} \qquad \text{Formel 3.24}$$

Die entsprechenden *Isochoren* – *ebenfalls* Geraden – sind in **Bild 3.18** (**c**) dargestellt.

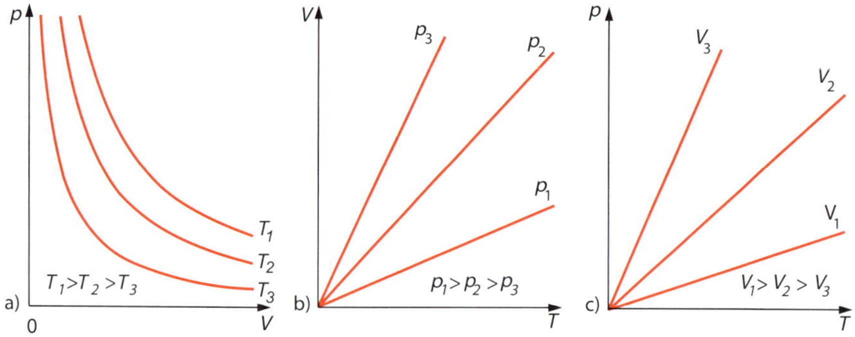

Bild 3.18 Isothermen (a), Isobaren (b) und Isochoren (c) eines idealen Gases.

Info 3.5: Reale Gase

Die allgemeine Zustandsgleichung (Formel 3.19) muss für reale Moleküle bei hohen Drücken und tiefen Temperaturen korrigiert werden. Die gegenseitige Anziehung („Kohäsion") verursacht dann einen zusätzlichen Binnendruck, während ihr Eigenvolumen in dichtester Packung („Kovolumen") das Gasvolumen verringert. Damit lautet die **van-der-Waals-Zustandsgleichung**:

$$\left(p + \frac{an^2}{V^2}\right) \cdot (V - bn) = nRT$$

Die experimentell bestimmten Konstanten a und b sind in Tabellenwerken und Handbüchern tabelliert [Kohlrausch, Kuchling].

Reale Gase lassen sich unterhalb der kritischen Temperatur **(Bild 3.8)** durch Kompression verflüssigen. Außerdem zeigen sie den **Joule-Thomson-Effekt**: Wenn man sie unter Druck ausströmen lässt („gedrosselte Entspannung"), kühlen sie sich geringfügig ab. Beide Effekte nutzt das **Linde-Verfahren** zur Gasverflüssigung.

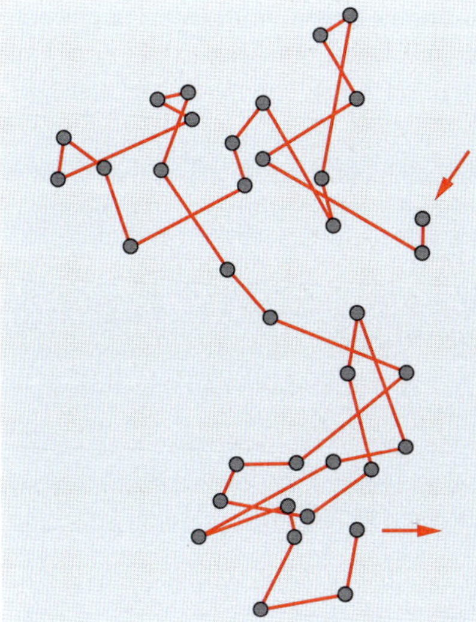

Bild 3.19 Der regellose Weg eines größeren Teilchens bei der BROWNschen Molekularbewegung wird durch zahlreiche Molekülstöße verursacht.

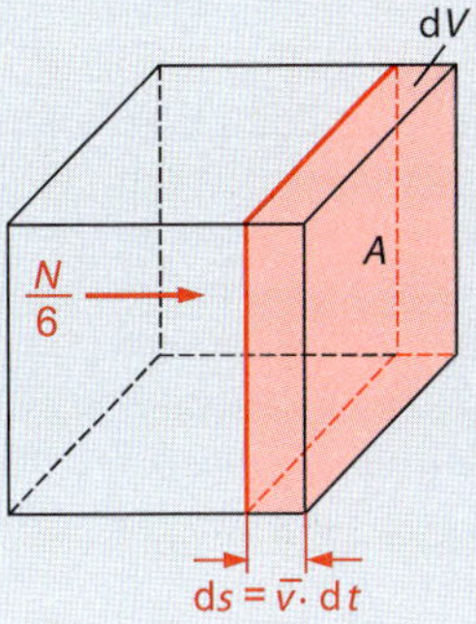

Bild 3.20 Zur kinetischen Theorie des Drucks eines idealen Gases in Abhängigkeit von der Teilchengeschwindigkeit.

3.3.3 Kinetische Gastheorie

Die im letzten Abschnitt bei *makroskopischer* Betrachtung gefundenen Zusammenhänge zwischen den Zustandsgrößen des idealen Gases werden verständlicher, wenn man die Bewegung der Gasatome bzw. Gasmoleküle *mikroskopisch* untersucht. Das leistet die kinetische Gastheorie. Zwar gelten die Gesetze der Mechanik – insbesondere die Stoßgesetze – für jedes einzelne Teilchen, wegen ihrer großen Zahl in typischen Gasvolumina sind aber nur *statistische* Aussagen möglich (z. B. über den Mittelwert aller Teilchengeschwindigkeiten).

Das Modellgas soll aus sehr vielen, sehr kleinen und ideal elastischen Kugeln bestehen, die sich in ständiger ungeordneter Bewegung befinden. Dass dies der Wirklichkeit prinzipiell entspricht, zeigt sich übrigens bei der **BROWNschen Molekularbewegung:** Größere, unter dem Mikroskop sichtbare Staubteilchen (aber auch die Pflanzensporen in Wasser bei der ursprünglichen Entdeckung des Botanikers ROBERT BROWN) werden ständig von den kleinen und darum unsichtbaren Molekülen angestoßen und vollführen eine Zufallsbewegung, die im Englischen „random walk" heißt und von manchen Physikern als „Gang eines Betrunkenen" erkannt und übersetzt wird **(Bild 3.19)**.

3.3.3.1 Druck

Im Folgenden soll der Druck p auf eine Gefäßwand als Resultat der *Stöße* vieler einzelner Gasteilchen interpretiert werden. Deren ungeordnete Bewegung in einem Volumen V – nur aus Gründen der Übersichtlichkeit wird dafür der Hohlwürfel in **Bild 3.20** betrachtet – lässt sich „sortieren", indem man die Komponenten der Geschwindigkeitsvektoren entlang den Koordinatenachsen beziehungsweise den Würfelkanten untersucht.

Da zunächst für alle N Teilchen einheitlich die mittlere Geschwindigkeit $\overline{v}$ angenommen wird (zur tatsächlichen *Verteilung* der Geschwindigkeiten siehe Abschnitt 3.3.3.3), bewegen sich gerade $N/6$ in Richtung der rechten Fläche A, von denen im Zeitintervall $\mathrm{d}t$ nur die im Abstand $\mathrm{d}s \leq \mathrm{d}t$ sie auch erreichen; das sind alle im Volumen $\mathrm{d}V = A\overline{v}\mathrm{d}t$. Da die Proportion $\mathrm{d}V/V = \mathrm{d}N/(N/6)$ gilt, kann man mit der *Teilchendichte* $n_\mathrm{T} = N/V$ schreiben:

$$\mathrm{d}N = \left(n_\mathrm{T}/6\right) \cdot A\overline{v} \cdot \mathrm{d}t$$

Jedes einzelne Teilchen überträgt beim elastischen Stoß gegen die „feste Wand" durch die Richtungsumkehr den Impuls $2m_\mathrm{T} \cdot \overline{v}$ (Abschnitt 2.3.5), alle $\mathrm{d}N$ also den Gesamtimpuls $(n_\mathrm{T}/3)m_\mathrm{T}A\overline{v}^2\mathrm{d}t$. Dessen Ableitung nach der Zeit ist jedoch nach dem zweiten NEWTONschen Axiom gleich der Kraft, sodass folgt (Physiker dürfen $\mathrm{d}t$ „kürzen", siehe die Randnotiz zu Abschnitt 2.1.1.1):

$$F = \left(n_\mathrm{T}/3\right) m_\mathrm{T} A\overline{v}^2$$

Mittlere Teilchengeschwindigkeit

Man muss generell unterscheiden zwischen dem (arithmetischen) Mittelwert der Geschwindigkeit und der mittleren Geschwindigkeit. Die Erstere berechnet man wie üblich nach Formel 1.1, während die Letztere durch Quadrieren, Addieren und Wurzelziehen bestimmt wird. Im Englischen heißen solche Werte „root mean square".

Für den Druck $p = F/A$ ergibt sich daraus:

$$p = \left(n_\mathrm{T}/3\right) m_\mathrm{T}\overline{v}^2$$

Mit der Dichte $\varrho = m/V = Nm_\mathrm{T}/V = n_\mathrm{T}m_\mathrm{T}$ erhält man schließlich:

$$p = \frac{1}{3}\varrho\overline{v}^2 \qquad \text{Formel 3.25}$$

Die fundamentale Bedeutung dieser Beziehung liegt in der Verknüpfung einer makroskopischen, von außen messbaren Zustandsgröße mit einer mikroskopischen Teilcheneigenschaft.

Natürlich ist die Annahme einer einheitlichen mittleren Teilchengeschwindigkeit unrealistisch. Bei tatsächlich unterschiedlichen Geschwindigkeiten muss vielmehr der Gesamtdruck als Summe der entsprechenden Teildrücke p_i für alle $\overline{v}_\mathrm{i}$ berechnet werden (gemäß dem Gesetz von DALTON, Abschnitt 3.2.2). Dies führt zum „mittleren Geschwindigkeitsquadrat" $\overline{v^2}$ und dem statistisch exakten Zusammenhang:

Kinetische Interpretation des Gasdrucks

$$p = \frac{1}{3}\varrho\overline{v^2} \qquad \text{Formel 3.26}$$

Für die übliche MAXWELLsche Verteilung der Geschwindigkeiten (Abschnitt 3.3.3.3) ist der Unterschied zu Formel 3.25 nicht vernachlässigbar; es gilt:

$$\sqrt{\overline{v^2}} \approx 1{,}086 \cdot \overline{v}.$$

Beispiel 3.6: Mittlere Molekülgeschwindigkeit von Wasserstoff

Aufgabe: Wie groß ist die mittlere Geschwindigkeit der Teilchen in Wasserstoffgas bei Normaldruck und 0 °C?

Lösung: Wasserstoff bildet im Normalfall H_2-Moleküle. Die Dichte lässt sich aus der molaren Masse und dem molaren Normvolumen berechnen:

$$\varrho = \frac{m}{V_\mathrm{m}} = \frac{2 \cdot 0{,}001\,\mathrm{kg/mol}}{22{,}4 \cdot 10^{-3}\,\mathrm{m^3/mol}} = 0{,}09\,\frac{\mathrm{kg}}{\mathrm{m^3}}$$

Damit liefert Formel 3.25:

$$\bar{v} = \sqrt{\frac{3 \cdot p}{\varrho}} = \sqrt{\frac{3 \cdot 10^5 \,\text{Pa}}{0{,}09 \,\text{kg}/\text{m}^3}}$$

$$\approx 1800\sqrt{\frac{\text{kg} \cdot \text{m}\left(\text{s}^2 \cdot \text{m}^2\right)}{\text{kg}/\text{m}^3}} = 1800\,\frac{\text{m}}{\text{s}}$$

Die mittlere Geschwindigkeit ist sehr hoch, viel größer zum Beispiel als die einer Gewehrkugel. Der wesentliche Unterschied ist allerdings, dass die Kugel sich (bis zum Ziel) geradlinig bewegt, während ein individuelles Molekül durch Stöße dauernd die Richtung ändert und im Mittel fast „stehen bleibt“.

3.3.3.2 Temperatur und Energie

Formel 3.26 kann mit $\varrho = m/V$ auch wie folgt formuliert werden:

$$pV = \frac{2}{3} \cdot \frac{m}{2}\overline{v^2} = \frac{2}{3}E \qquad \text{Formel 3.27}$$

wobei E die Summe der kinetischen Energien aller Teilchen darstellt. Durch Vergleich mit der allgemeinen Zustandsgleichung (Formel 3.19) erhält man den Zusammenhang

$$\frac{2}{3}E = nRT \qquad \text{Formel 3.28}$$

Da die Stoffmenge n bei einem abgeschlossenen Gasvolumen konstant bleibt – und die allgemeine Gaskonstante R ohnehin –, folgt daraus $T \sim E$:

Die Temperatur eines idealen Gases ist direkt proportional zur mittleren kinetischen Energie der Gasteilchen.

Mit den Beziehungen $n = N/N_A$ sowie $k = R/N_A$ (Abschnitt 3.3.2) erhält man aus Formel 3.28 für die (mittlere) kinetische Energie *eines* Teilchens die berühmte Gleichung:

Temperatur bezogen auf die mittlere Energie eines Teilchens

$$\overline{E} = \frac{1}{2}m\overline{v^2} = \frac{3}{2}kT \qquad \text{Formel 3.29}$$

Indirekt wird dieser grundsätzliche Zusammenhang durch die BROWNsche Molekularbewegung bestätigt. Lässt man in einem Gedankenexperiment T immer kleiner werden, so sollten (in diesem rein kinetischen Modell) schließlich alle Moleküle zur Ruhe kommen: das ist die anschauliche Interpretation des absoluten Nullpunktes der Temperaturskala.

3.3.3.3 MAXWELLsche Geschwindigkeitsverteilung und BOLTZMANN-Faktor

Die regellose Bewegung der Teilchen eines Gases mit unzähligen Stößen untereinander und mit den Gefäßwänden bewirkt, dass praktisch alle Geschwindigkeiten vorkommen, aber mit unterschiedlicher Wahrscheinlichkeit. JAMES CLERK MAXWELL (1831 – 1879) berechnete – für vorgegebene Temperaturen – den Bruchteil dN/N aller insgesamt vorhandenen Teilchen N, die jeweils eine Teilchengeschwindigkeit zwischen v und $v + dv$ besitzen.

Die entsprechenden *Verteilungskurven* (mit T als Parameter) haben eine sehr charakteristische Form **(Bild 3.21)**: Sie sind asymmetrisch, weil größere Geschwindigkeiten $\overline{v}$ als die wahrscheinlichste $\hat{v}$ im Maximum der Kurve häufiger vorkommen als kleinere. (Nach unten ist die Verteilung durch den Nullpunkt begrenzt, während sie bei hohen Geschwindigkeiten asymptotisch verläuft.) Darum ist die mittlere Geschwindigkeit $\overline{v}$ auch einige Prozent größer als die *wahrscheinlichste* $\hat{v}$.

Mit steigender Temperatur wird die Kurve flacher und das Maximum mit $\hat{v}$ verschiebt sich zu höheren Geschwindigkeiten. Wegen des im Jargon „MAXWELL-Schwanz" genannten Kurvenverlaufs rechts können einzelne Gasteilchen extrem hohe Geschwindigkeiten annehmen. Das hat praktische Bedeutung für chemische oder physikalische Prozesse, bei denen mindestens ein paar Atome bzw. Moleküle eine bestimmte *Aktivierungsenergie* erreichen müssen – zu jeder Geschwindigkeit gehört ja eine kinetische Teilchenenergie $E_T = 1/2 m_T v^2$.

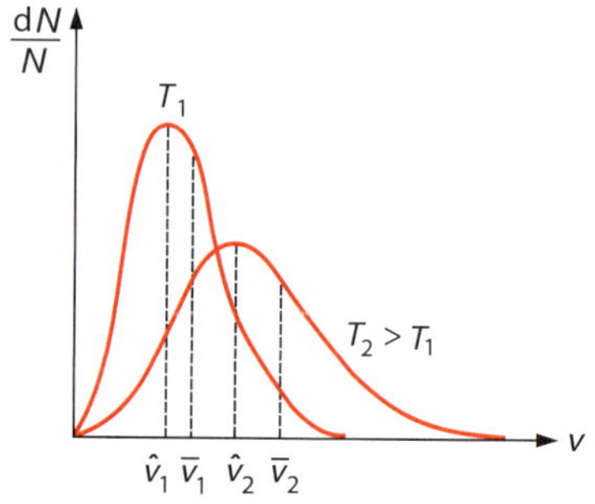

Bild 3.21 MAXWELLsche Geschwindigkeitsverteilung für zwei unterschiedliche Temperaturen (schematisch).

Die MAXWELLsche Geschwindigkeitsverteilung ist also äquivalent zu einer Verteilung von Energiezuständen oder *Energieniveaus*, die LUDWIG BOLTZMANN (1844 – 1906) zuerst für das ideale Gas im thermischen Gleichgewicht abgeleitet hat. Der **BOLTZMANN-Faktor** gibt das Verhältnis der Teilchenzahlen N_1 und N_2 in zwei unterschiedliche Energieniveaus E_1 und E_2 ($E_2 > E_1$) bei einer bestimmten Temperatur T an:

BOLTZMANN-Faktor

$$\frac{N_2}{N_1} = \mathrm{e}^{-\frac{E_2 - E_1}{kT}}$$ Formel 3.30

Die **BOLTZMANN-Konstante** $k = 1{,}380\ 65 \cdot 10^{-23}$ J/K hat sich ebenso wie der gesamte Boltzmann-Faktor als grundlegend für die statistische Physik erwiesen.

Qualitativ erkennt man sofort, dass höhere Energieniveaus immer geringer besetzt sind als niedrigere: $N_2 < N_1$. Bereits in der *barometrischen Höhenformel* (Formel 2.76) war dieser Sachverhalt implizit erkennbar und dort auch sehr plausibel: Die potenzielle Energie der Luftmoleküle wächst mit der Höhe über der Erdoberfläche; darum nimmt ihre Zahl (und folglich der Luftdruck) nach oben hin ab.

Weitere Beispiele für die Anwendbarkeit des BOLTZMANN-Faktors sind das Verdampfen von Flüssigkeiten (Abschnitt 3.2.2), der Austritt von Elektronen aus glühenden Metallen (Abschnitt 4.7.1.1), die Eigenleitung von Halbleitern (Abschnitt 4.7.5.1) und die Besetzung von atomaren Anregungsniveaus (Abschnitt 6.3.2.2).

Zusammenfassung: Ideale Gase

- Die Stoffmenge wird in Mol gemessen. Die in jeweils 1 mol enthaltene Teilchen-Anzahl wird als *AVOGADRO-Konstante* bezeichnet.
- Die drei Zustandsgrößen *T*, *p* und *V* sind über die *Zustandsgleichung* miteinander verknüpft. Wenn jeweils eine von ihnen konstant bleibt, erhält man Gleichungen von *Isothermen*, *Isobaren* und *Isochoren*.
- Die *kinetische Gastheorie* erklärt den Druck durch Impulsübertragung bei den Teilchenstößen auf die Gefäßwände. Die Teilchengeschwindigkeiten sind statistisch verteilt (MAXWELL-Verteilung).
- Die Gastemperatur ist der mittleren kinetischen Teilchenenergie proportional. Für die Energiezustände gilt der BOLTZMANN-Faktor: Höhere Niveaus sind geringer besetzt.

3.4 Zustandsänderungen und erster Hauptsatz

Die kinetische Gastheorie legt anschaulich nahe, dass Änderungen der Zustandsgrößen eines idealen Gases von außen mit Änderungen seiner „inneren Energie" – also der Teilchengeschwindigkeiten – verknüpft sind. Formel 3.27 zeigt, dass das Produkt aus Druck und Volumen proportional der kinetischen Energie der Gasteilchen ist, und Formel 3.29 dasselbe für die Temperatur. Durch Präzisierung des Begriffes **innere Energie** für unterschiedliche Zustandsänderungen gelingt es, den *Energieerhaltungssatz* der Mechanik zu einem allgemeinen Energieprinzip, dem **ersten Hauptsatz der Thermodynamik** zu erweitern.

3.4.1 Volumenänderungsarbeit

Der Energieinhalt eines Gases kann außer durch Wärmezufuhr auch durch eine an ihm geleistete *mechanische Arbeit W* erhöht werden. **Bild 3.22** zeigt schematisch die Kompression eines Gasvolumens *V* in einem Zylinder durch einen Kolben mit der Fläche *A*. Wegen $\mathrm{d}W = F\mathrm{d}s$ und $F = pA$ sowie $\mathrm{d}V = A\mathrm{d}s$ ist die geleistete Arbeit:

$$\mathrm{d}W = -p\mathrm{d}V \qquad \text{Formel 3.31}$$

Das negative Vorzeichen ergibt sich aus der heute gültigen *Konvention*: In das System eingebrachte Arbeit wird *positiv*, abgegebene Arbeit *negativ* angegeben. Mit dem negativen $\mathrm{d}V$ bei der Volumenverkleinerung durch die Kompression erhält man korrekt ein positives $\mathrm{d}W$.

Vorzeichen

Vorzeichen sind in Physik und Technik ein Kapitel für sich. Meistens steckt kein theoretischer Tiefsinn dahinter, sondern eine banale Vereinbarung. Diese kann sich von Zeit zu Zeit ändern, manchmal auch von Buch zu Buch, z. B. von Physik- zu Ingenieurbuch!

Der Prozess muss quasistatisch (konkret: sehr langsam) ablaufen, damit das Gas im *thermischen Gleichgewicht* bleibt. Die gesamte Kompressionsarbeit erhält man dann durch Integration:

$$W = -\int_{V_1}^{V_2} p\mathrm{d}V \qquad \text{Formel 3.32}$$

Falls der besondere Fall vorliegt, dass der Druck bei der Volumenänderung konstant bleibt, ergibt sich im *p*-*V*-Diagramm einfach eine waagerechte Gerade **(Bild 3.23)**.

Dann sieht man auch sofort, dass das Integral – also die Rechteck-Fläche unter dieser „Kurve“ – den Betrag der Arbeit angibt.

Im Allgemeinen wird sich natürlich der Druck $p(V)$ mit dem Volumen ändern. Auch dann gibt die Fläche unter der Kurve die Arbeit an **(Bild 3.24)**; diese hängt nun allerdings vom Verlauf zwischen Anfangs- und Endzustand ab. Der physikalische Grund ist, dass die Wegintervalle zwischen V_1 und V_2 für unterschiedlichen Druck gegen eine unterschiedliche Kraft zurückgelegt werden und damit auch $\mathrm{d}W = \pm F \cdot \mathrm{d}s$ jeweils verschieden ist.

3.4.2 Erster Hauptsatz

Eine genauere theoretische Analyse zeigt, dass bei einem solchen System die Summe aus Volumenänderungsarbeit und Wärmeenergie konstant ist. Wenn z. B. dem Zylinder in **Bild 3.22** eine Wärmeenergie $\mathrm{d}Q$ zugeführt wird, verrichtet er durch Expansion des Gases eine entsprechende Volumenänderungsarbeit $\mathrm{d}W = -p\,\mathrm{d}V$; die **innere Energie** U bleibt dabei konstant. Dies ist die Formulierung des ersten Hauptsatzes für ein ideales Gas:

$$\mathrm{d}U = \mathrm{d}Q - p\mathrm{d}V \qquad \text{Formel 3.33}$$

$$\mathrm{d}U = \mathrm{d}Q + \mathrm{d}W \qquad \text{Formel 3.34}$$

und in integraler Formulierung:

$$\Delta U = Q + W \qquad \text{Formel 3.35}$$

In Worten lautet die Aussage:

Erster Hauptsatz

> Die Vergrößerung der inneren Energie eines Systems ist gleich der Summe aus der von außen zugeführten Wärmemenge und der am System verrichteten Arbeit.

In allgemeingültiger Formulierung mit Bedeutung für die gesamte Physik heißt das:

Erster Hauptsatz

> In einem abgeschlossenen System ist die Summe aller Energien konstant.

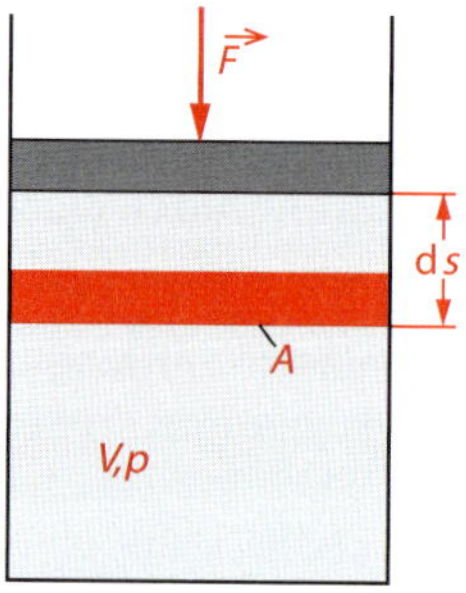

Bild 3.22 Zur Volumenänderungsarbeit W eines Gases (hier bei der Kompression).

Dies ist nichts anderes als die Erweiterung des Energieerhaltungssatzes der Mechanik (Formel 2.30) auf Wärmemengen. Die Erfahrung und alle Experimente zeigen, dass der erste Hauptsatz auch alle anderen Energieformen – wie chemische, elektrische oder atomare – einschließt. Energie kann also weder aus dem Nichts entstehen, noch kann sie dorthin verschwinden. Zum Kummer bestimmter Erfinder bedeutet das in einer weiteren Formulierung die **Unmöglichkeit eines Perpetuum mobile** erster Art (die zweite wird in Abschnitt 3.5.4 ausgeschlossen):

Erster Hauptsatz

> Es gibt keine periodisch arbeitende Maschine oder sonstige Vorrichtung, die mehr Arbeit verrichtet bzw. Energie abgibt, als ihr zugeführt wird.

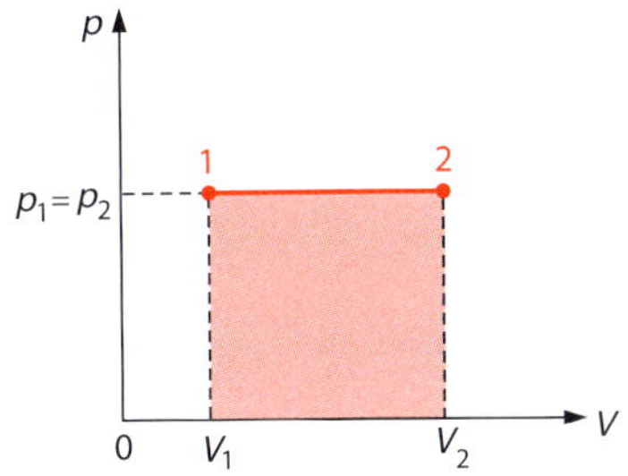

Bild 3.23 Zur Volumenänderungsarbeit *W* bei konstantem Druck.

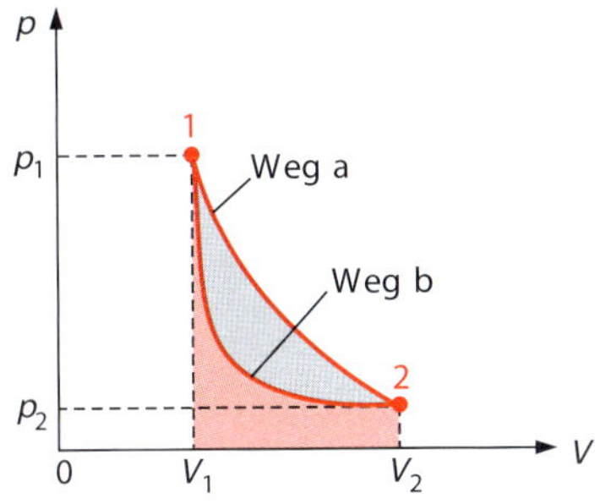

Bild 3.24 Bei vom Volumen abhängigen Druck *p*(*V*) wird *W* wegabhängig.

3.4.3 Zustandsänderungen

Um solche Maschinen genauer zu untersuchen, speziell den Anteil der überhaupt nutzbaren Energie zu bestimmen, werden in Abschnitt 3.5 zyklische Wiederholungen von internen Arbeitsabläufen untersucht, sogenannte *Kreisprozesse*. Diese setzen sich aus **Zustandsänderungen** zusammen, wobei jeweils eine der drei Zustandsgrößen p, V und T konstant bleibt – das ist das Thema der folgenden Abschnitte. Außerdem kann bei einem *adiabatischen* Prozess der Wärmeaustausch mit der Umgebung unterbunden werden. Zur Vereinfachung der Berechnungen wird weiterhin ein ideales Gas in einem Zylinder mit beweglichem Kolben wie in **Bild 3.22** vorausgesetzt.

3.4.3.1 Isotherme Zustandsänderung

Der Zylinder und das Gas sollen durch einen Wärmespeicher mit hoher Wärmekapazität auf **konstanter Temperatur** gehalten werden. $T = \text{const.}$ bedeutet $\mathrm{d}T = 0$ und damit konstante innere Energie mit $\mathrm{d}U = 0$.

> Die innere Energie eines Gases bleibt bei einer isothermen Zustandsänderung gleich.

Der erste Hauptsatz reduziert sich folglich zu:

$$\mathrm{d}Q = p\mathrm{d}V = -\mathrm{d}W$$

Die vom umgebenden Speicher gelieferte Wärme Q wird also vollständig in Volumenänderungsarbeit umgewandelt. Zum Beispiel kann $Q_{12} = -W_{12}$ bei einer *Expansion* des Gases von V_1 auf V_2 gemäß Formel 3.32 und mithilfe der allgemeinen Zustandsgleichung (Formel 3.19) berechnet werden:

$$-W_{12} = \int_{V_1}^{V_2} p\mathrm{d}V = nRT \int_{V_1}^{V_2} \frac{\mathrm{d}V}{V}$$

Die entsprechende Integrationsregel (Anhang) liefert:

Isothermer Prozess

$$-W_{12} = nRT \cdot \ln \frac{V_2}{V_1}$$ Formel 3.36

Wie in **Bild 3.24** mit dem Weg **b** bereits prinzipiell dargestellt, verläuft diese *isotherme Expansion* im p-V-Diagramm entlang einer Kurve von Punkt 1 zu Punkt 2. Der Kurvenverlauf wird hier durch das BOYLE-MARIOTTEsche-Gesetz $p = \text{const.}/V$ als Hyperbel bestimmt (Formel 3.22, **Bild 3.18 a**), und die Volumenänderungsarbeit kann als Fläche unter dieser **Isotherme** interpretiert werden. Analog führt eine isotherme *Kompression zur Abgabe* derselben Wärmemenge $-Q_{21} = W_{21}$ an den Speicher.

Beispiel 3.7: Isotherme Expansion eines Gases

Aufgabe: Ein Mol eines idealen Gases dehnt sich bei 0 °C von 3 l auf 10 l aus. Welche Volumenänderungsarbeit wird verrichtet? Welche Wärmemenge wird aus dem Wärmespeicher entnommen?
Lösung: Die angegebenen Werte werden in Formel 3.36 eingesetzt:

$$-W = 1\,\text{mol} \cdot 8{,}31 \frac{\text{J}}{\text{kmol} \cdot \text{K}} \cdot 273\,\text{K} \cdot \ln \frac{101}{31} \Rightarrow W = -2{,}7\,\text{kJ}$$

Die berechnete Arbeit ist nach Konvention negativ, da sie vom System *abgegeben* wird. Sie wird vollständig dem umgebenden, die Temperatur stabilisierenden Speicher *entnommen*, da in der integralen Formulierung des 1. Hauptsatzes (Formel 3.35)

$$\Delta U = Q + W$$

für U = const. folgt: $Q = -W$. Damit ist die entnommene Wärmemenge:

$$Q = 2{,}7\,\text{kJ}$$

3.4.3.2 Isochore Zustandsänderung

Bei **konstantem Volumen** – also fixiertem Kolben im Modellzylinder aus **Bild 3.22** – verbleibt wegen $\mathrm{d}V = 0$ vom ersten Hauptsatz:

$$\mathrm{d}U = \mathrm{d}Q$$

Eine *zugeführte* Wärmemenge erhöht also ausschließlich die innere Energie und damit die Temperatur. Hinsichtlich des Volumens bedeutet das:

Die innere Energie eines Gases ist nicht vom Volumen, sondern nur von der Temperatur abhängig.

Den quantitativen Zusammenhang zwischen U und T liefert die Definitionsgleichung für die spezifische Wärmekapazität (Formel 3.6) in Abschnitt 3.2.1:

$$\mathrm{d}U = dQ = c_V m \mathrm{d}T$$

Damit erhält man nach Integration:

Isochorer Prozess

$$Q_{12} = c_V m (T_2 - T_1)$$ Formel 3.37

Aus dem zweiten Gesetz von GAY-LUSSAC: p/T = const. (Formel 3.24) kann man weiter folgern, dass infolge der Temperaturerhöhung eine Drucksteigerung erfolgen muss.

Im p-V-Diagramm **(Bild 3.25)** erkennt man tatsächlich, dass die **Isochore** einer *senkrechten Geraden* entspricht. Punkt 1 und Punkt 2 liegen auf unterschiedlichen Isothermen mit $T_2 > T_1$. Wird umgekehrt dem Gas Wärme entzogen und dadurch die innere Energie verringert, so sinken sowohl Temperatur als auch Druck (Umkehrung der Pfeilrichtung).

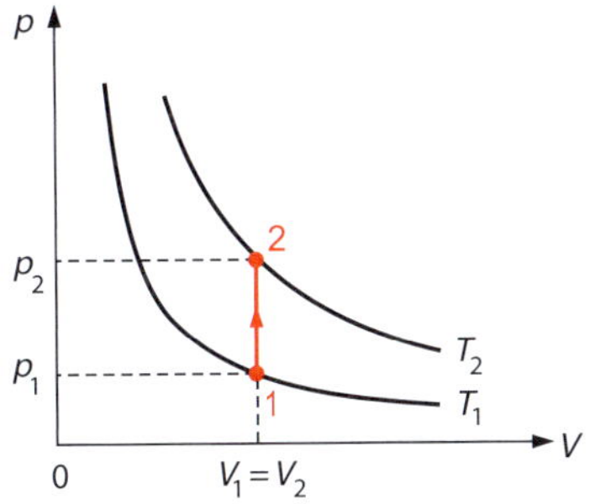

Bild 3.25 Eine isochore Druckänderung wird durch die senkrechte Verbindung von Punkt 1 mit Punkt 2 auf den beiden Isothermen für $T_2 > T_1$ beschrieben.

3.4.3.3 Isobare Zustandsänderung

Bei diesem Prozess soll **konstanter Druck** durch den beweglichen Kolben – also durch eine Änderung des Volumens – eingestellt werden. Analog zu Formel 3.37, aber nun für p = const., erhält man für die ausgetauschte Wärmemenge:

$$dQ = c_p m \mathrm{dT}$$

und somit:

$$Q_{12} = c_p m (T_2 - T_1) \qquad \text{Formel 3.38}$$

Allerdings dient nur ein Teil der zugeführten Wärme zur Erhöhung der inneren Energie. Zur Expansion des Gases wird außerdem eine Volumenänderungsarbeit verrichtet:

$$-W_{12} = p(V_2 - V_1) \qquad \text{Formel 3.39}$$

Diese isobare Expansion wird im p-V-Diagramm durch eine *waagerechte Gerade* dargestellt, die wiederum zwei Isothermen verbindet **(Bild 3.26)**. Die vom System geleistete Volumenänderungsarbeit entspricht der Fläche unter dieser **Isobare**.

Speziell für isobare Zustandsänderungen hat sich in der Thermodynamik die Summe von innerer Energie und Verdrängungsarbeit als **Enthalpie** etabliert:

$$H = U + pV \qquad \text{Formel 3.40}$$

Diese Größe ist beispielsweise praktisch zur Beschreibung einer (bei p = const.) verdampfenden Flüssigkeit. Die *Verdampfungsenthalpie* summiert die im System verbleibende Erhöhung der inneren Energie und die (nutzbare) Ausdehnungsarbeit des Dampfes.

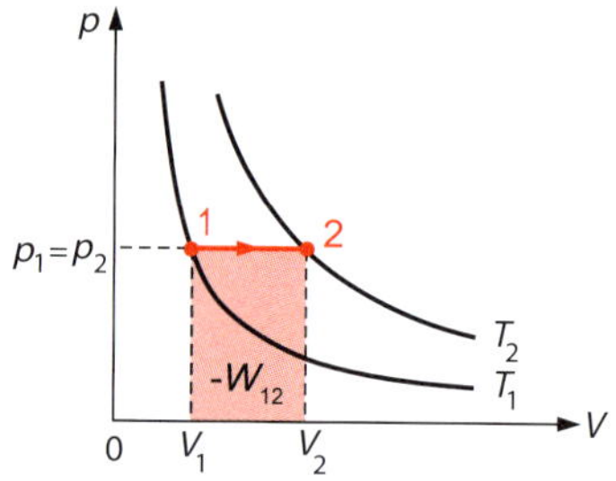

Bild 3.26 Eine isobare Druckänderung wird durch die waagerechte Verbindung von Punkt 1 mit Punkt 2 auf den beiden Isothermen für $T_2 > T_1$ beschrieben.

Beispiel 3.8: Verdampfungsenthalpie von Wasser

Aufgabe: Wie groß sind jeweils die Zunahme der inneren Energie und die Volumenausdehnungsarbeit beim Verdampfen von 1 kg Wasser, wenn das Dampfvolumen 1671 Liter beträgt?
Lösung: Nach Tabelle 3.3 beträgt die gesamte Verdampfungswärme 2257 kJ. Um den Anteil der Verdrängungsarbeit zu bestimmen, werden in Formel 3.39 der Normaldruck der Luft, das ursprüngliche Wasservolumen von 1 l und das Dampfvolumen eingesetzt:

$$W = -\left(1{,}013 \cdot 10^5 \text{ Pa}\right) \cdot \left(1671 - 1\right) \cdot 10^{-3} \text{m}^3$$
$$= -169 \cdot 10^3 \frac{\text{N}}{\text{m}^2} \cdot \text{m}^3 = -169 \text{kJ}$$

Die innere Energie kann aus dem ersten Hauptsatz (Formel 3.35) bestimmt werden:

$$\Delta U = Q + W = 2257 \text{kJ} + \left(-169 \text{kJ}\right) = 2088 \text{kJ}$$

Ein Anteil von 2088/2257 = 93 % der aufgewandten Wärmemenge vergrößert also die innere Energie des Systems, während 7 % als Verdrängungsarbeit gegen die umgebende Luft verrichtet werden.

3.4.3.4 Adiabatische Zustandsänderung

Bei einer adiabatischen Zustandsänderung findet **kein Wärmeaustausch** des Gases mit der Umgebung statt: $dQ = 0$. In der Realität ist das nur näherungsweise durch sehr gute Isolation bzw. sehr schnelle Prozessführung möglich. Dann aber wird bei einer Expansion Volumenänderungsarbeit durch Umwandlung von innerer Energie geleistet. Der erste Hauptsatz lautet hier:

$$\text{d}U = \text{d}W = -p\text{d}V$$

In der Konsequenz muss die Temperatur sinken; mit $\text{d}U = c_V m \text{d}T$ erhält man:

Adiabatischer Prozess

$$-W_{12} = c_V m \left(T_1 - T_2\right) \qquad \text{Formel 3.41}$$

Umgekehrt steigt bei einer adiabatischen Kompression die Temperatur (Beispiel 3.9).

Durch die mathematische Verknüpfung von erstem Hauptsatz und allgemeiner Zustandsgleichung ähnlich wie in Abschnitt 3.4.3.1 kann man schließlich die **Adiabatengleichung** angeben. Mit dem *Adiabatenexponent* $\chi = c_p / c_V$ lautet sie:

$$pV^{\chi} = \text{const.} \qquad \text{Formel 3.42}$$

Der Kurvenverlauf der entsprechenden **Adiabate** ist durch $p = \text{const.}/V^{\chi}$ gegeben und in **Bild 3.27** dargestellt. Im Vergleich zur Isotherme verläuft sie wegen $\chi > 1$ steiler.

Äquivalent zur Adiabatengleichung (Formel 3.42) sind die Umformungen mithilfe der Zustandsgleichung (Formel 3.18):

$$T^{x} / p^{x-1} = T^{x} p^{1-x} = \text{const.} \qquad \text{Formel 3.43}$$

$$TV^{x-1} = \text{const.} \qquad \text{Formel 3.44}$$

Alle drei werden als **Poissonsche Gleichungen** bezeichnet; mit ihrer Hilfe lässt sich zeigen, dass wiederum die Fläche unter der Adiabate die Volumenänderungsarbeit darstellt. Gleichermaßen kann man nachweisen, dass auch die Formel 3.41 denselben Betrag liefert.

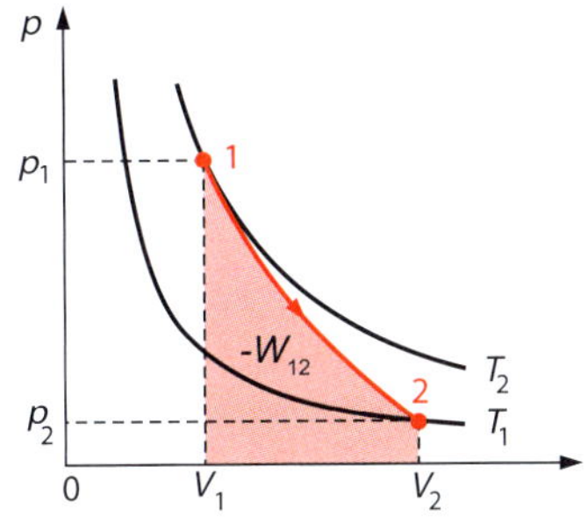

Bild 3.27 Der Kurvenverlauf für die adiabatische Expansion (Pfeilrichtung) bzw. Kompression ist steiler als der für die Isothermen.

Beispiel 3.9: Adiabatische Kompression im Dieselmotor

Beim Dieselmotor wird durch die sehr schnelle Kompression des Kraftstoff-Luft-Gemisches eine nahezu adiabatische Prozessführung erreicht.
Aufgabe: Wie hoch ist die Temperatur des Gases, wenn der Kolben das Gasvolumen im Zylinder auf 1/20 verringert hat?
Lösung: Nach Formel 3.44 gilt:

$$T_1 \cdot V_1^{x-1} = T_2 \cdot V_1^{x-1}$$

also für die Endtemperatur T_2:

$$T_2 = T_1 \cdot \left(\frac{V_1}{V_2}\right)^{x-1}$$

Da Luft den Adiabatenexponenten $\chi = 1{,}4$ hat [Kuchling], ergibt sich (mit $T_1 = 20\,°\text{C}$) die Temperatur T_2 nach der Kompression:

$$T_2 = 293\,\text{K} \cdot 20^{0{,}4} \approx 1000\,\text{K}$$

Damit wird die Zündtemperatur des eingespritzten Dieselöls sicher überschritten.

Info 3.6: Isentrope und polytrope Zustandsänderungen

Die für Einsteiger oft verwirrende Vielfalt der Definitionen in der Thermodynamik bietet auch bei den Zustandsänderungen noch weitere Begriffe: In manchen Büchern wird die *Adiabate* als *Isentrope* bezeichnet. Streng genommen sind das keine Synonyme, vielmehr bezieht sich der erste Begriff auf die konstante *Wärme*, der zweite auf die konstante *Entropie*. Diese mächtige und universelle Größe wird in Abschnitt 3.5.5 erläutert; sie bleibt nur bei *reversiblen* Zustandsänderungen konstant. Für die idealisierten Berechnungen in diesem Kapitel wird dies unterstellt.
In der Realität sind allerdings weder isotherme noch adiabatische (bzw. isentrope) Zustandsänderungen in reiner Form durchführbar. Beim Zwischentyp der *polytropen* Zustandsänderung wird ein Teil der Wärme mit der Umgebung ausgetauscht. Für den neuen Exponenten n in den POISSONschen Gleichungen gilt: $1 < n < \chi$; entsprechend verläuft eine Polytrope immer steiler als eine Isotherme, aber flacher als die entsprechende Adiabate. Puristen können auch noch die *isochore* sowie die *isobare* Zustandsänderung mit $n = \infty$ bzw. $n = 0$ als Sonderfälle der polytropen einordnen.

Zusammenfassung: Zustandsänderungen und erster Hauptsatz

- Bei der Volumenänderung eines idealen Gases wird mechanische Arbeit aufgenommen bzw. abgegeben. Der Zuwachs an *innerer Energie* entspricht bei einem solchen System dieser Arbeit plus der zugeführten Wärme.
- Der *erste Hauptsatz* lautet in allgemeingültiger Formulierung: In jedem abgeschlossenen System ist die Summe der Energien konstant. Darum gibt es kein Perpetuum mobile (erster Art).
- Zustandsänderungen können *isotherm* (T = const.), *isochor* (V = const.), *isobar* (p = const.) oder adiabatisch (Q = *const.*) ablaufen. Letztere führen zu starken Temperaturänderungen bei Kompression oder Expansion.

3.5 Kreisprozesse und zweiter Hauptsatz

Bisher wurden Zustandsänderungen als einmalige und gewissermaßen abstrakte Vorgänge untersucht. Nun sollen sie für technische Anwendungen genutzt werden, also für **Wärmekraftmaschinen**, die Wärmeenergie in mechanische Arbeit umwandeln, oder für **Kältemaschinen** bzw. **Wärmepumpen**, die mittels mechanischer Arbeit Wärmemengen von einem kälteren zu einem wärmeren Reservoir befördern. In beiden Fällen müssen die thermodynamischen Prozesse beliebig oft *zyklisch* wiederholbar sein. Dies bedeutet für die Zustandsänderungen, dass nach jedem Zyklus die drei Zustandsgrößen Druck, Volumen und Temperatur wieder exakt die ursprünglichen Werte erreichen müssen – ansonsten könnte bei typisch tausenden von Arbeitstakten pro Minute eine Maschine sich überhitzen, durch Überdruck explodieren oder bei Verlust des Gasvolumens einfach stehen bleiben.

Im *p*-*V*-Diagramm dargestellt heißt das nichts anderes, als dass die einzelnen Kurven – meistens vier – einen in sich geschlossenen Verlauf ergeben **(Bild 3.28)**. Unabhängig von der genauen Form dieser *Arbeitsdiagramme* nennt man solche zyklischen Abläufe **Kreisprozesse**. Aus der Untersuchung ihrer theoretischen Umkehrbarkeit bzw. tatsächlichen Irreversibilität lässt sich der **zweite Hauptsatz** ableiten.

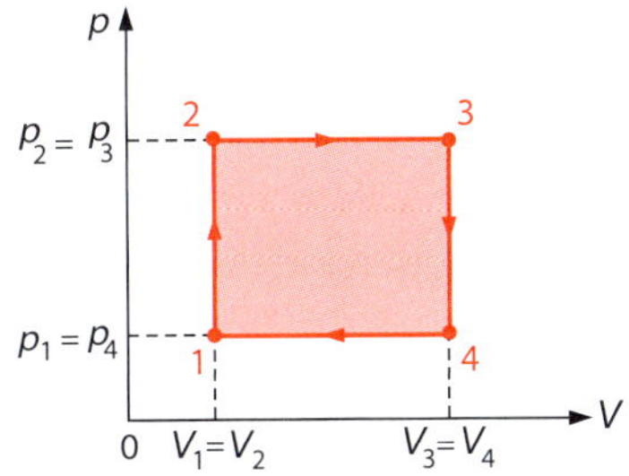

Bild 3.28 Das Arbeitsdiagramm des einfachsten (nur theoretisch möglichen) Kreisprozesses: Abwechselnd sollen *p* sowie *V* geändert und die andere Größe jeweils konstant gehalten werden. Die Volumenänderungsarbeit im Schritt 2 → 3 wird vom System abgegeben, die bei 4 → 1 am Gas verrichtet. Die netto zur Verfügung stehende Arbeit ist die Differenz der Flächen unter beiden Geraden, entspricht also der umschlossenen Fläche.

3.5.1 Kreisprozess von Carnot

In seinen „Betrachtungen über die bewegende Kraft des Feuers" gelang Sadi Carnot (1796 – 1832) noch ohne Kenntnis der Thermodynamik die Beschreibung des *idealen* Kreisprozesses. Dieser setzt sich aus *reversiblen* isothermen und adiabatischen Zustandsänderungen eines idealen Gases zusammen.

Das Gas soll sich wie in Abschnitt 3.4.1 in einem Zylinder mit beweglichem Kolben **(Bild 3.29)** befinden und im **ersten Schritt** durch Kontakt mit einem Wärmespeicher *isotherm* expandieren. Die erforderliche Volumenänderungsarbeit W_{12} wird bei der Temperatur T_1 dem Wärmespeicher als Q_{12} entnommen; nach Formel 3.36 und mit der Vorzeichenkonvention für die vom System abgegebene Arbeit gilt:

$$-W_{12} = Q_{12} = nRT_1 \cdot \ln \frac{V_2}{V_1} \qquad \text{Formel 3.45}$$

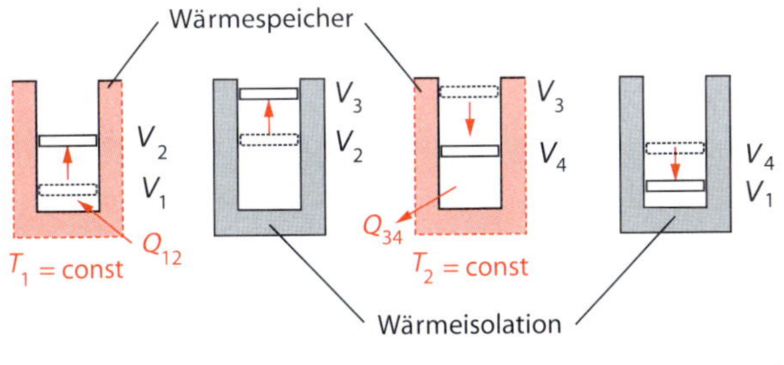

Bild 3.29 Die Schritte des Carnotschen Kreisprozesses (bzw. Arbeitstakte der idealen Carnot-Maschine).

Im Arbeitsdiagramm **(Bild 3.30)** beschreibt die Isotherme für T_1 zwischen den Punkten 1 und 2 mit der Volumenvergrößerung von V_1 auf V_2 diesen ersten Arbeitstakt.

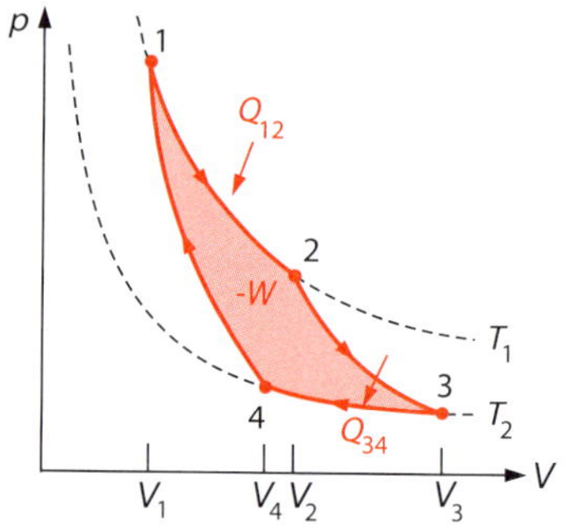

Bild 3.30 Die vier Schritte des CARNOTschen Kreisprozesses im *p-V*-Diagramm.

Im **zweiten Schritt** geht die Expansion weiter bis zum maximalen Volumen V_3, aber durch Isolation des Zylinders nun *adiabatisch*. Da die Ausdehnungsarbeit (Formel 3.40) dabei die innere Energie verringert, kühlt sich das Gas auf die Temperatur T_2 ab. Das Verhältnis der Volumina ist nach der POISSONschen Gleichung (Formel 3.44) mit dem Temperaturverhältnis verknüpft:

$$\frac{T_1}{T_2} = \left(\frac{V_3}{V_2}\right)^{x-1} \qquad \text{Formel 3.46}$$

Der **dritte Schritt** des Kreisprozesses verläuft wieder *isotherm*, nämlich in Kontakt mit einem Wärmespeicher der Temperatur T_2. Bei der Kompression auf das Volumen V_4 wird dem Gas die Wärmemenge $-Q_{34}$ entnommen und dem Speicher zugeführt. Dafür muss die Arbeit W_{34} verrichtet werden:

$$W_{34} = -Q_{34} = nRT_2 \cdot \ln\frac{V_3}{V_4} \qquad \text{Formel 3.47}$$

Wäre eine technische Realisierung der CARNOT-Maschine möglich, so könnte diese Arbeit aus der kinetischen Energie eines Schwungrades stammen, das – durch die Expansion in den ersten beiden Takten angetrieben – wegen seines Trägheitsmomentes nun die Kompression bewirkt.

Im **vierten Schritt** wird das Gas *adiabatisch* weiter bis zum Ausgangsvolumen V_1 verdichtet. Dabei steigt die Temperatur wegen der Erhöhung der inneren Energie wieder auf den ursprünglichen Wert T_1, und nach der Zustandsgleichung pV/T = const. muss auch der Anfangsdruck p_1 wieder erreicht werden. Der nächste Zyklus beginnt also unter den exakt gleichen Bedingungen; insgesamt kann die CARNOT-Maschine somit *periodisch* arbeiten.

Da für den vierten Takt nach POISSON gilt:

$$\frac{T_1}{T_2} = \left(\frac{V_4}{V_1}\right)^{x-1} \qquad \text{Formel 3.48}$$

folgt für das Verhältnis der Volumina mit Formel 3.46:

$$\frac{V_3}{V_2} = \frac{V_4}{V_1} \text{ bzw. } \frac{V_2}{V_1} = \frac{V_3}{V_4}$$

Mithilfe dieser Beziehung kann man nun die insgesamt verrichtete *Arbeit* bilanzieren: In den Takten 2 und 4 sind wegen der adiabatischen Zustandsänderung die Beträge gleich, da sie nach Formel 3.40 jeweils nur von den Temperaturen T_1 und T_2 abhängen. Die im Takt 1 gewonnene Ausdehnungsarbeit ist jedoch größer als die Kompressionsarbeit in Takt 3, sodass sich für die insgesamt aus Wärmeenergie umgewandelte und nach außen abgegebene Arbeit ergibt:

$$-W = -W_{12} - W_{34} = nR\left(T_1 \cdot \ln\frac{V_2}{V_1} - T_2 \cdot \ln\frac{V_3}{V_4}\right)$$

$$= nR\left(T_1 \cdot \ln\frac{V_2}{V_1} - T_2 \cdot \ln\frac{V_2}{V_1}\right)$$

$$-W = nR(T_1 - T_2)\ln\frac{V_2}{V_1} \qquad \text{Formel 3.49}$$

Arbeitsabgabe der CARNOT-Maschine

Wie schon im schematischen **Bild 3.28** wird W im Arbeitsdiagramm der CARNOT-Maschine **(Bild 3.30)** durch die Fläche dargestellt, welche jeweils die beiden Isothermen sowie Adiabaten umschließen. Wegen der willkürlichen Definition des Vorzeichens der Volumenänderungsarbeit in Abschnitt 3.4.1 ist die Arbeitsleistung dieser und aller anderen **Wärmekraftmaschinen** – physikalisch konsequent, aber technisch merkwürdig – *negativ*.

Bisher wurden die Zustandsänderungen im Uhrzeigersinn durchlaufen; dann wandelt die CARNOT-Maschine Wärmeenergie in mechanische Arbeit um. Ebenso kann man die vier Zustandsänderungen aber auch in umgekehrter Reihenfolge („Linksdrehsinn") vornehmen; dann wird durch die *zugeführte* mechanische Arbeit $+W$ dem Wärmespeicher mit der Temperatur T_2 Energie entzogen, dem Gas zugeführt und anschließend an den Speicher mit T_1 abgegeben. Die Wärme wird also gewissermaßen in den wärmeren Speicher *gepumpt*, und wenn dies die technische Anwendung (z. B. für Heizungen) ist, nennt man ein solches System tatsächlich **Wärmepumpe**. Zielt die Anwendung dagegen auf die Abkühlung des ersten Speichers, spricht man von einer **Kältemaschine** (etwa als wesentliches Aggregat eines *Kühl- bzw. Gefrierschrankes* oder einer *Klimaanlage*).

Physikalisch ist das wesentliche Ergebnis dieser Überlegung, dass der CARNOTsche Kreisprozess vollständig *umkehrbar* ist. Diese sogenannte **Reversibilität** hat allerdings eine grundsätzliche Bedeutung, die weit über technische Anwendungen hinausweist.

3.5.2 Reversibilität und Wirkungsgrad

Zur Untersuchung der Reversibilität von Kreisprozessen muss bestimmt werden, welcher *Anteil* von Wärmemenge und mechanischer Arbeit jeweils in die andere Energieform umgewandelt wird. Der CARNOT-Prozess sollte in dieser Hinsicht ideal sein, weil Reibung oder Wärmeverluste ignoriert werden und auch das Arbeitsgas selbst ideale Eigenschaften besitzt. Nur dadurch ist ja die vollständige Umkehrbarkeit der einzelnen Zustandsänderungen überhaupt denkbar.

Nahe liegend ist die Definition des **Wirkungsgrades** η einer Wärmekraftmaschine als das Verhältnis von abgegebener Arbeit und zugeführter Energie:

Wirkungsgrad einer Wärmekraftmaschine

$$\eta = \frac{|W|}{Q}$$ Formel 3.50

Für den idealen CARNOT-Prozess ergibt sich also durch Einsetzen von Q_{12} (Formel 3.45) und $-W$ (Formel 3.49) der *theoretische thermische Wirkungsgrad* $\eta = (T_1 - T_2)/\,T_1$ bzw.:

Thermischer Wirkungsgrad der CARNOT-Maschine

$$\eta = 1 - \frac{T_2}{T_1}$$ Formel 3.51

Offensichtlich wird der Wirkungsgrad null, wenn die Temperaturen gleich sind. Andererseits könnte er den Maximalwert 1 nur erreichen, wenn T_2 gleich dem absoluten Nullpunkt wäre. Sogar mit dieser theoretisch perfekten Maschine gelingt die Umwandlung von Wärme in Arbeit also nur zum Teil!

In der Realität lassen sich adiabatische und isotherme Zustandsänderungen nur unvollkommen durchführen: die ersteren müssten extrem schnell ablaufen, da auch die beste Isolation den Wärmetransport aus dem System heraus nicht vollständig unterbinden kann. Der isotherme Takt müsste hingegen quasistatisch, also extrem langsam ablaufen, um das thermische Gleichgewicht zu gewährleisten. Ähnliches gilt für die Kombination anderer Zustandsänderungen, die durchaus ebenfalls technisch genutzt werden (Abschnitt 3.5.3). Daraus folgt aber, dass jeder reale Kreisprozess, auf dem eine Kraftmaschine bzw. ein Motor beruhen könnte, *irreversibel* ist und einen kleineren Wirkungsgrad als die CARNOT-Maschine hat.

Beispiel 3.10: Die Dampfmaschine

Heute werden nach wie vor Dampfmaschinen verwendet, aber in der modernen Bauform als *Dampfturbine*. Die klassische *Kolbendampfmaschine* stammt aus dem Jahr 1712. Ihr ursprünglich minimaler Wirkungsgrad konnte 1769 von JAMES WATT (1736–1819) entscheidend vergrößert werden.

Aufgabe: Welchen Wirkungsgrad η erreichte die WATTsche Maschine, wenn man als höchste und niedrigste Arbeitstemperatur 110 °C bzw. 55 °C annimmt?

Lösung: Der thermische Wirkungsgrad beträgt nach Formel 3.51:

$$\eta = 1 - \frac{(55+273)\ \mathrm{K}}{(110+273)\ \mathrm{K}} \approx 0{,}14$$

Unter Berücksichtigung der eingesetzten Brennstoffenergie und aller Verluste kommt man allerdings auf einen *effektiven Wirkungsgrad* von nur 2 %.

Dampfturbinen, wie sie heute in Kraftwerken verwendet werden, erreichen dagegen für $T_1 \approx 480$ °C und $T_2 \approx 80$ °C einen thermischen Wirkungsgrad von über 50 %, wenn auch der effektive 20 % kaum überschreitet.

Info 3.7: Leistungszahl von Kältemaschinen und Wärmepumpen

Bei der Umkehrung der idealen Wärmekraftmaschine wird der CARNOTsche Kreisprozess im Links-Drehsinn durchlaufen. Seine Effizienz lässt sich durch den Quotienten

$$\varepsilon = \frac{|Q|}{W}$$

messen, der nun *Leistungszahl* heißt und bei der CARNOT-Maschine durch

$$\varepsilon = \frac{T_2}{T_1 - T_2}$$

bestimmt ist. Für einen idealen Kühlschrank errechnet man zum Beispiel bei einer Außentemperatur von 30 °C für eine Innentemperatur von 7 °C die Leistungszahl:

$$\varepsilon = 280\text{K} / \left((303 - 280)\text{K}\right) = 12{,}2$$

Nur ein Zwölftel der „gepumpten" Energie muss also als mechanische Arbeit eingesetzt werden. Die Leistungszahl sinkt mit höheren Temperaturdifferenzen und ist bei realen Kältemaschinen natürlich stets geringer als beim CARNOT-Prozess. Immerhin ist beim Einsatz von Wärmepumpen statt Heizkesseln interessant, dass bei einer typischen Leistungszahl von 4 nur ein Viertel der zur Verfügung gestellten Wärmemenge für den Antrieb mit Elektro- oder Verbrennungsmotoren eingesetzt werden muss.
Bei der technischen Realisierung solcher Aggregate wird immer ein *Kältemittel* (Ammoniak, Propan/Butan, früher auch FCKW) benutzt, das durch Verdampfen und Kondensieren die *latente Wärme* (Abschnitt 3.2.2) in den Prozess einfügt.

3.5.3 Kreisprozesse bei Motoren

Analog zum CARNOT-Prozess können die Zustandsänderungen und Wirkungsgrade in allen technischen Wärmekraftmaschinen beschrieben werden. Bei eigentlich *offenen* Systemen wie den **Verbrennungsmotoren** wählt man einen idealisierten Vergleichsprozess, der zum Beispiel den Austausch der Abgase gegen Frischluft durch eine isochore Wärmeabgabe annähert.

Der idealen CARNOT-Maschine am nächsten kommt der **Heißluftmotor**, der 1816 von dem Geistlichen ROBERT STIRLING erfunden wurde. Die beiden Isothermen im *p*-*V*-Diagramm **(Bild 3.31)** sind hier durch *Isochoren* verbunden. Während dieser Schritte 2 und 4 wird bei gleichbleibendem Volumen (also ohne Arbeitsleistung) Wärme Q_H an einen Hilfsspeicher abgegeben bzw. davon wieder entnommen.

Die detaillierte Betrachtung der isothermen Prozess-Schritte zwischen den beiden Volumina V_1 und V_2 führt zu Expansions- und Kompressionsarbeiten, die den in Formel 3.45 und Formel 3.47 formulierten äquivalent sind. Entsprechend ergibt sich der gleiche thermische Wirkungsgrad wie bei der idealen CARNOT-Maschine (s. o.).

Die vorübergehende Speicherung der Wärme zwischen isochorer Abkühlung und Erwärmung des Arbeitsgases Luft ist allerdings die entscheidende Komplikation des Prozesses. Reale Stirling-Motoren haben meist geringere Wirkungsgrade als konventionelle Verbrennungsmotoren. Für manche Anwendungen ist aber interessant, dass sie ohne interne Verbrennung mit beliebigen externen Wärmequellen arbeiten. Das Demonstrationsmodell in **Bild 3.32** begnügt sich sogar mit einer Tasse heißen Kaffees.

Für den Antrieb von Kraftfahrzeugen ist der STIRLING-Motor insofern schlecht geeignet, als sich seine Drehzahl nur träge regeln lässt. Besser „Gas geben" kann man mit dem **OTTO-Motor**, der im *ersten* Schritt ein zuvor angesaugtes Benzin-Luft-Gemisch sehr schnell und damit annähernd adiabatisch verdichtet. Im *zweiten* wird mittels einer Funkenentladung („Zündkerze") gezündet; wegen des raschen Temperaturanstieges steigt bei konstantem Volumen (isochor) ebenso rasch der Druck. Mechanische Arbeit wird dann im *dritten* Schritt bei der adiabatischen Ausdehnung verrichtet. Im *vierten* werden die Verbrennungsgase isochor ausgestoßen und der Druck fällt auf den Anfangswert. Die genauere Untersuchung der abgegebenen Arbeit $-W$ zeigt, dass der Wirkungsgrad η von der Verdichtung, also dem Volumenverhältnis $V_{max}/V_{min} < 10$, abhängt.

Die gleiche Abhängigkeit charakterisiert auch den Diesel-Motor, der aber $V_{max}/V_{min} \approx 20$ erreicht. Ein zusätzlicher Vorteil ist, dass durch den starken Anstieg der Temperatur bei der Verdichtung das Kraftstoff-Luft-Gemisch von selbst zündet (Abschnitt 3.4.3.4). Andererseits verursachen die hohen Drücke stärkere Vibrationen und Geräusche; auch verlangen sie eine mechanisch stabilere Konstruktion. Nachteilig ist außerdem, dass die hohe Verbrennungstemperatur die Bildung von (schädlichen) Stickoxiden begünstigt.

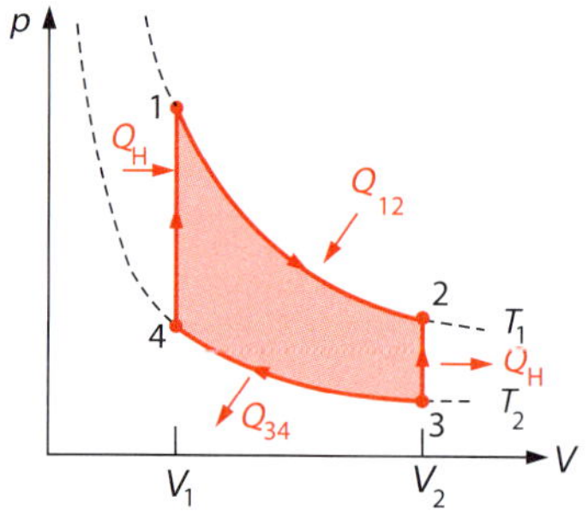

Bild 3.31 Die vier Schritte des reversiblen STIRLINGschen Kreisprozesses im *p*-*V*-Diagramm. Die Wärmemenge Q_H muss in einem Hilfsreservoir zwischengespeichert werden.

Bild 3.32 Das Schwungrad dieses STIRLING-Motors wird von einem Arbeitskolben (im metallischen Zylinder oben) angetrieben. Der Verdrängerkolben im damit verbundenen transparenten Zylinder verschiebt das Arbeitsgas Luft periodisch zwischen der (erwärmten) unteren Metallplatte und der kühlen oberen, sodass Expansion und Kompression sich abwechseln. – Das abgebildete Modell arbeitet so lange, bis der Kaffee kalt ist.

3.5.4 Zweiter Hauptsatz

In den Untersuchungen von Kreisprozessen hat sich die *Reversibilität* des Wärmetransportes durch eine Wärmekraftmaschine als theoretischer Grenzfall herausgestellt. Nur die ideale CARNOT-Maschine arbeitet reversibel, kann also Wärmemengen beliebig zwischen einem Speicher mit höherer Temperatur und einem mit niedrigerer hin und her pumpen. In der Realität verlaufen Kreisprozesse **irreversibel:** Wegen verschiedener Verluste bei den Zustandsänderungen und vor allem wegen der mechanischen Reibung gelangt Wärmeenergie niemals vollständig zum Reservoir mit der höheren Temperatur zurück.

Diese *Vorzugsrichtung* für Wärmeflüsse wird noch deutlicher bei Vorgängen, die „von selbst“ ablaufen, zum Beispiel beim Wärmetransport (Abschnitt 3.2.3): Immer kühlt sich ein Körper mit höherer Temperatur ab und heizt dabei die Umgebung oder einen anderen Körper mit geringerer Temperatur auf. Der Temperaturausgleich ist anschließend – zumindest ohne eine zusätzliche Arbeitsleistung, die aber „neue Energie“ ins System brächte – irreversibel.

Beim Blick auf die gesamte Physik stellt sich heraus, dass dieses Prinzip für *alle* realen, nicht idealisierten Vorgänge gilt. Zum Beispiel kann man in der Mechanik beim „freien Fall“ die Umwandlung von potenzieller Energie eines Balles in kinetische beobachten, wodurch er nach der elastischen Deformation am Boden wieder „hochgeworfen“ wird. Niemals wird der Ball aber die Anfangshöhe und damit die ursprüngliche potenzielle Energie wieder erreichen, da durch Reibung ein Teil davon in Wärme umgewandelt wurde.

Nun würde der *erste Hauptsatz* (Abschnitt 3.4.2) die Möglichkeit zulassen, dass der Ball den Boden ein wenig abkühlt und mit der aufgenommenen Wärmeenergie die ursprüngliche potenzielle Energie doch wiedergewinnt; auf diese Weise könnte das Ballspiel unbegrenzt weitergehen. (Der Boden mag zwar etwas kälter werden, aber sicher strömt genug Wärme aus der Umgebung nach.) Allerdings stutzt der naive Anwender des ersten Hauptsatzes spätestens dann, wenn er diese Möglichkeit zu Ende denkt: Müsste nicht auch gelegentlich ein auf dem Boden liegender Ball so viel Wärmeenergie aufnehmen können, dass er von selbst in die Höhe springt?

Zur Beruhigung aller Fußballspieler und zum Ärger besonders raffinierter Erfinder hat Lord Kelvin bereits 1851 die *Irreversibilität natürlicher und technischer Abläufe* in folgende Formulierung des **zweiten Hauptsatzes** gefasst:

> Es gibt keine periodisch arbeitende Maschine, die Wärme aus einem Reservoir entnimmt und vollständig in mechanische Arbeit umwandelt.

Zweiter Hauptsatz

Zwar ist eine solche Umwandlung für *eine* Zustandsänderung im Kreisprozess denkbar, nicht aber für den vollständigen Zyklus. Der zweite Hauptsatz kann also auch so formuliert werden:

> Ein höherer Wirkungsgrad als der des (reversiblen) Carnot-Prozesses ist nicht erreichbar.

Zweiter Hauptsatz

Ginge das, so könnte zum Beispiel ein Super-Carnot-Schiffsmotor Wärme aus dem unerschöpflichen Reservoir der Weltmeere entnehmen und in mechanische Antriebsarbeit umwandeln. Eine solche Maschine wäre wiederum ein Perpetuum mobile, nur raffinierter als das erster Art (Abschnitt 3.4.2). Der zweite Hauptsatz gilt also auch in der folgenden klassischen Formulierung:

> Es gibt kein Perpetuum mobile zweiter Art.

Zweiter Hauptsatz

3.5.5 Entropie

Offenbar ist die *Irreversibilität* eines physikalischen Vorganges dessen wichtigste thermodynamische Eigenschaft im Hinblick auf energetische Umwandlungen. Die Beschreibung thermodynamischer Prozesse durch die Größe *Energie* und den *ersten Hauptsatz* ist richtig, aber nicht vollständig. Benötigt wird eine weitere, der Energie entsprechende Größe, mit der sich auch der *zweite Hauptsatz* quantitativ formulieren lässt.

Zu Definition dieser Größe soll noch einmal der CARNOT-Prozess als theoretischer Grenzfall perfekter Energieumwandlung betrachtet werden. Die dabei zyklisch und reversibel ausgetauschten Wärmemengen Q_{12} und $-Q_{34}$ sind proportional zu den Temperaturen T_1 und T_2, wie eine Division von Formel 3.45 durch Formel 3.47 unter Berücksichtigung von $V_2/V_1 = V_3/V_4$ aus Formel 3.48 zeigt:

$$\frac{Q_{12}}{Q_{34}} = -\frac{T_1}{T_2} \Rightarrow \frac{Q_{12}}{T_1} = -\frac{Q_{34}}{T_2} \Rightarrow \frac{Q_{12}}{T_1} + \frac{Q_{34}}{T_2} = 0$$

Bezieht man also die *reversibel* ausgetauschten Wärmemengen Q_{rev} auf die jeweiligen Temperaturen beim isothermen Austausch, so kann man eine charakteristische Größe S definieren, deren Änderung hier insgesamt null ist. Diese Größe heißt *Entropie*, und für **Entropieänderungen** gilt:

Änderung der Entropie

$$\Delta S = \frac{Q_{\text{rev}}}{T} \qquad \text{Formel 3.52}$$

Die gesuchte quantitative Formulierung des zweiten Hauptsatzes lautet also:

Zweiter Hauptsatz

Bei reversiblen Kreisprozessen bleibt die Entropie unverändert.

Tatsächlich ist immer die *Änderung* der Entropie zwischen zwei Zuständen $\Delta S = S_2 - S_1$ für die Bewertung eines Prozesses entscheidend. ΔS ist dabei unabhängig vom Weg zwischen S_1 und S_2, also eine *Zustandsgröße*. Man kann theoretisch beweisen – und findet dies in der Praxis bestätigt (Beispiel 3.11) – dass die Entropie bei *irreversiblen* Vorgängen stets *zunimmt*. Sie bestimmt auf diese Weise sogar die *Zeitachse* für selbsttätig ablaufende Vorgänge in der Natur.

Beispiel 3.11: Entropiezunahme mit Temperaturänderung

Die Entropieänderung in Formel 3.52 ist für die *isothermen* Zustandsänderungen beim CARNOT-Prozess definiert. Soll ΔS zum Beispiel für die Mischung zweier Wassermengen unterschiedlicher Temperatur berechnet werden, so muss die infinitesimal kleine Änderung dQ_{rev} bei jeweils veränderten Temperaturen T untersucht und über diese *Entropieelemente* integriert werden.

Aufgabe: Jeweils ein Liter Wasser von 100 °C und 0 °C werden zusammengegossen. Wie groß ist die Entropieänderung in der Mischung?

Lösung: Zu berechnen ist das Integral:

$$\Delta S = \int_{T_1}^{T_2} \frac{dQ_{\text{rev}}}{T}$$

Mit $dQ = cmdT$ nach Formel 3.6 erhält man:

$$\Delta S = c \cdot m \cdot \ln\frac{T_2}{T_1}$$

Für die kalten und heißen Wasservolumina mit jeweils 1 kg Masse sowie der Mischungstemperatur 50 °C und mit der spezifischen Wärmekapazität für Wasser aus Tabelle 3.2 ergibt sich:

$$\Delta S_1 = 4182\frac{\text{J}}{\text{kg}\cdot\text{K}} \cdot 1\,\text{kg} \cdot \ln\frac{323\text{K}}{273\text{K}} = 703\,\text{J/K}$$
$$\Delta S_2 = 4182\frac{\text{J}}{\text{kg}\cdot\text{K}} \cdot 1\,\text{kg} \cdot \ln\frac{323\text{K}}{373\text{K}} = -602\,\text{J/K}$$

Insgesamt nimmt die Entropie also um $\Delta S = 101$ J/K *zu*; der Mischungsvorgang ist ja auch *irreversibel!*

Das Beispiel der Mischungstemperatur weist auf eine weitere Möglichkeit hin, die Größe Entropie zu beschreiben: Offenbar ist mit der *Zunahme der Entropie* eine *Abnahme der Ordnung* verbunden. Der Temperaturausgleich zwischen den unterschiedlich warmen Wasservolumina wird immer von selbst (durch *Diffusion*) ablaufen. Eine selbstständige „ordentliche“ Trennung einer Wassermenge von 50 °C in zwei gleiche Teilvolumina mit 0 °C und 100 °C und dadurch niedrigerer Gesamtentropie ist wohl noch nie beobachtet worden (obwohl sie dem ersten Hauptsatz nicht widerspräche).

Ist ein solcher Vorgang physikalisch *unmöglich* oder nur sehr *unwahrscheinlich*? Um diese Frage beantworten zu können, muss noch einmal – wie bei der kinetischen Gastheorie (Abschnitt 3.3.3) – eine *mikroskopische* Analyse auf der Ebene der einzelnen Moleküle durchgeführt werden. Da die unterschiedliche „Wärmeenergie“ einzelner Wassermoleküle in Form von kinetischer Energie in dieser Weise gar nicht beschreibbar ist, soll ein übersichtlicherer, aber statistisch gleichwertiger Vorgang untersucht werden.

Bild 3.33 a zeigt einen Behälter, in dem sich ein einziges Gasteilchen befindet. Bewegt es sich rein zufällig im Sinne der kinetischen Theorie, so ist die Wahrscheinlichkeit, es in einem bestimmten Augenblick in der linken Hälfte anzutreffen, genau $(1/2)^3$. In **Bild 3.33 b** schwirren zwei Teilchen durch den Behälter. Die Wahrscheinlichkeit, beide gleichzeitig links zu beobachten, ist $(1/2)^2$. Im Sinne der Statistik ist also jeder vierte Versuch erfolgreich. Für drei Teilchen ergibt sich durch Abzählen in **Bild 3.33 c** oder Berechnen von $(1/2)^3$, dass (im Mittel) nur jede achte Beobachtung die Situation „alle Teilchen in der linken Hälfte“ zeigt.

Schon bei 100 Teilchen muss man 10^{30}-mal beobachten, um nur einmal alle in einer Hälfte zu finden. (Ein fleißiger Student, der diese Beobachtung im Rahmen eines Laborpraktikums durchführen und jede Sekunde einmal protokollieren wollte, bräuchte dafür etwa 10^{22} Jahre – im Vergleich zum Alter des Universums von 10^{10} Jahren eine lange Zeit.) Ein typisches Gasvolumen von einem Mol ($V_{m0} = 22{,}4$ l, Abschnitt 3.3.1) enthält aber bereits $N_A \approx 6 \cdot 10^{23}$ Moleküle; nur ein sehr strenger Mathematiker würde dann noch zwischen „sehr unwahrscheinlich“ und „unmöglich“ unterscheiden!

Noch weniger wahrscheinlich ist es, dass die Luftmoleküle in einem Hörsaal kurzzeitig alle auf die falsche Seite wandern. Diese Ausrede für Konzentrationsmangel während der Vorlesung wird zumindest kein Physiker akzeptieren.

Dieselbe statistische Argumentation gilt für Temperaturunterschiede in Flüssigkeiten und anderen Systemen. Nach Ludwig Boltzmann ist nun die Entropie eines Systems (eines „Makrozustandes“) proportional zu der Anzahl W der möglichen Variationen des Systems („Mikrozustände“). Das System von 3 Teilchen in **Bild 3.33 c** hat in diesem Sinne zum Beispiel $W = 8$ Mikrozustände. Die Wahrscheinlichkeit, dass ein geordneter Zustand eintritt – alle Teilchen in einer Hälfte – sinkt natürlich mit der Zahl der Mikrozustände. In demselben Maße steigt aber die Wahrscheinlichkeit, dass *einer* der W Mikrozustände besetzt ist.

Entropie und Ordnung

Der Begriff „Ordnung“ kann missverstanden werden und sollte gedanklich mit „Anordnung“ übersetzt werden. Zum Beispiel können vier Metallwürfel getrennt auf 20 °C, 40 °C, 60 °C und 80 °C erwärmt und dann nach den Temperaturen sortiert werden. Fügt man sie aber zusammen, so wird sich rasch die Mischungstemperatur von 50 °C ausbilden: Die Ordnung geht also verloren (obwohl manchem die *gleiche* Temperatur aller Würfel „ordentlicher“ erscheinen mag).

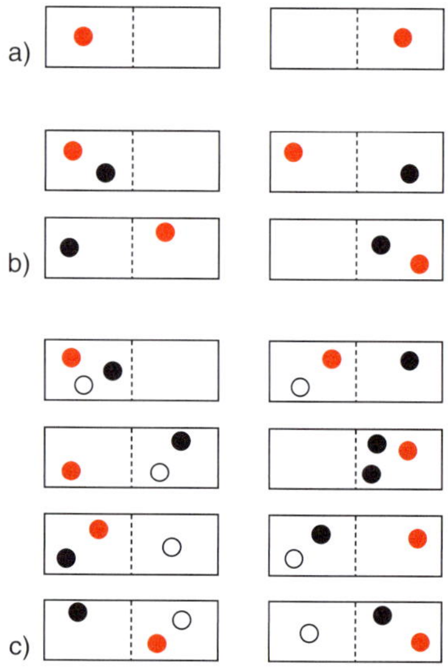

Bild 3.33 Die Chancen, 1, 2 oder 3 Teilchen gleichzeitig in der linken Hälfte eines Gasbehälters anzutreffen, betragen 1 zu 2 (a), 1 zu 4 (b) bzw. 1 zu 8 (c).

Mit der so interpretierten „thermodynamischen Wahrscheinlichkeit" W kann die **Entropie** rein statistisch formuliert werden:

Statistische Definition der Entropie

$$S = k \cdot \ln W \qquad \text{Formel 3.53}$$

wobei k die in Abschnitt 3.3.2 eingeführte bzw. in Abschnitt 3.3.3.3 benutzte *BOLTZMANN-Konstante* ist. Wenn ein vorher geordneter Zustand – zum Beispiel alle Moleküle eines Gases wurden durch eine Trennwand auf einer Seite eines Kastens ähnlich wie in **Bild 3.33** eingesperrt – nach Entfernen der Trennwand sich selbst überlassen wird, so werden die Moleküle sich unverzüglich in dem gesamten Kasten ausbreiten (d. h. alle möglichen Mikrozustände besetzen). In diesem Sinn wird die Entropie größer. Der **zweite Hauptsatz** kann offenbar auch mittels ΔS formuliert werden:

Zweiter Hauptsatz

$$\Delta S \geq 0 \qquad \text{Formel 3.54}$$

> Die Entropie eines abgeschlossenen Systems nimmt bei realen Prozessen stets zu. Nur im idealisierten Grenzfall eines reversiblen Vorganges bleibt sie konstant.

Manche Physiker, aber auch schon Kinder und Jugendliche begründen den Zustand ihrer Behausung, ihres Schreibtisches usw. mit diesem universellen Naturgesetz. Im Einzelfall muss jedoch sorgfältig geprüft werden, ob die Begriffe Ordnung und Unordnung im statistischen Sinn auf diese Makrosysteme angewandt werden dürfen.

Als dritter Hauptsatz wird oft das **NERNSTsche Wärmetheorem** bezeichnet. Etwas vereinfacht sagt es aus, dass der absolute Nullpunkt der Temperatur nicht erreicht werden kann, da dort auch Entropieänderungen verschwinden würden; das ist jedoch bei realen Prozessen unmöglich.

Info 3.8: Entropie und Wärmetod

Nach der Entdeckung der Entropie und deren zwangsläufiger Zunahme – speziell bei allen Prozessen der Energieumwandlung, die immer anteilig Wärme erzeugen – wurde der *Wärmetod* des Universums als Endzustand aller physikalischen Prozesse vorausgesagt. Da in diesem finalen Szenario alle Bestandteile der Welt (auch die erloschenen Sterne einschließlich unserer Sonne) eine gleichmäßige, minimale Temperatur annehmen müssten, sprach man auch vom *Kältetod* – in jedem Fall eine düstere Prognose für die Menschheit mit philosophischen Konsequenzen.
Für diese These muss das Universum als geschlossenes System im thermodynamischen Sinn postuliert werden. Genau das wird von der Kosmologie heute sehr viel vorsichtiger beurteilt, zumal noch nicht einmal alle Bestandteile des Weltalls (wie z. B. die „dunkle Energie“) bekannt sind. Die moderne Variante des Wärmetodes ist der Kollaps des Universums nach der *Kontraktion*, die hypothetisch der unstrittigen *Expansion* des Alls folgen könnte und zu den Bedingungen des *Urknalls* zurückführte.
Wie auch immer: Das Leben auf der Erde stellt mit seinem hohen Ordnungsgrad eine *lokale* Umkehrung des zweiten Hauptsatzes dar, die genau darum wohl zeitlich begrenzt ist. Allerdings wird der Mensch als extreme Organisationsform der Energie sicher noch lange genug existieren, um viele weitere Weltuntergangs-Szenarien ersinnen und verwerfen zu können.

Zusammenfassung: Kreisprozesse und zweiter Hauptsatz

- Der (theoretische) CARNOT*sche Kreisprozess* besteht aus je zwei isothermen und adiabatischen Zustandsänderungen, die vollständig reversibel sind. Er hat darum den höchsten denkbaren Wirkungsgrad.
- Je nach Umlaufsinn des Kreisprozesses unterscheidet man *Wärmekraftmaschinen* und *Kältemaschinen* bzw. *Wärmepumpen*. Die beiden Letzteren werden durch die *Leistungszahl* charakterisiert.
- Auch technische Wärmekraftkraftmaschinen wie *Verbrennungsmotoren* mit Gasaustausch (z. B. Otto- und Dieselmotor) lassen sich durch Vergleichs-Kreisprozesse beschreiben. Alle realen Prozesse sind irreversibel.
- Gemäß dem zweiten Hauptsatz kann keine periodisch arbeitende Maschine Wärmeenergie vollständig in mechanische Arbeit umwandeln; darum gibt es auch kein *Perpetuum mobile zweiter Art*.
- Die *Entropie* ist das Maß für die Reversibilität eines Vorganges. Bei allen irreversiblen, das heißt allen realen Prozessen, nimmt sie zu. Im Sinne der statistischen Physik sind solche Vorgänge wahrscheinlicher.

Testfragen zu Kapitel 3

1. Worin unterscheiden sich die Nullpunkte der CELSIUS- und der KELVIN-Skala?
2. Geben Sie die typische Raumtemperatur in KELVIN an!
3. Warum schaltet ein Bimetallschalter?
4. Was ist beim Wasser „anomal"?
5. Siedet Wasser auf dem gleichen Kocher bei schlechtem oder bei gutem Wetter eher?
6. Warum gleiten Schlittschuhkufen auf Eis?
7. Eine lauwarme Bierdose wird in das Gefrierfach gelegt. Beschreiben Sie stufenweise die energetischen Vorgänge, wenn die Dose dort vergessen wird!
8. Das flüssige Wachs einer Schwimmkerze fließt ins Wasser. Durch welche Wärmemengen erhöht sich dessen Temperatur?
9. Welche grundsätzlichen Möglichkeiten zum Transport von Wärme gibt es?
10. Warum isoliert ein DEWAR-Gefäß thermisch?
11. Wie gelangt bei einer Warmwasserheizung die Wärme aus dem Heizungskeller zu Ihrem Körper?
12. Der Kühlkörper eines elektronischen Bauelements befindet sich a) in Wasser, b) in Hartschaum, c) im Vakuum. Wie wird jeweils die Wärme vorzugsweise abgeführt?
13. Wie transportiert ein Kühlschrank Wärme aus seinem Innern?
14. Warum ist ein Wärmerohr von bestimmtem Durchmesser effizienter als eine gleich dicke Kupferstange?
15. Welche Kenngrößen außer dem Wärmeleitungskoeffizienten spielen beim Wärmetransport durch Hauswände noch eine Rolle?
16. Wie verändert sich die PLANKsche Strahlungskurve eines glühenden Hufeisens, wenn der Schmied es noch stärker erhitzt?
17. Wie wird sich die Farbe der Sonne ändern, wenn sie in einigen Milliarden Jahren kühler wird?
18. Welche Sonderfälle der Zustandsgleichung sind von praktischer Bedeutung?
19. Welche Modellvorstellung verknüpft mechanische Energie und Wärme in Gasen?
20. Wie entsteht die BROWNsche Molekularbewegung?
21. Was würden Sie beobachten, wenn Sie bei der Erwärmung von Wasser ein einzelnes Molekül beobachten könnten?
22. Warum spielt die BOLTZMANN-Konstante sowohl beim Luftdruck als auch beim Verdunsten von Wasser eine Rolle?
23. Was unterscheidet die Enthalpie von der Energie?
24. Was ist ein Perpetuum mobile?
25. Welche Teilprozesse laufen in einer CARNOT-Maschine ab?
26. 100 Kugeln rollen auf einem Rüttelbrett umher. Zufällig sind 75 auf einer Seite versammelt. Mit welcher Größe beschreiben Sie diesen „Ausnahmezustand"? Ist der Zahlenwert in diesem Augenblick größer oder kleiner als normal?
27. Ein neuartiger Automotor soll der Umgebungsluft Wärme entziehen und diese gemäß dem Energiesatz in mechanische Energie umwandeln. Wird das funktionieren?
28. Geben Sie den Ablauf bzw. die Richtung aller physikalischen Prozesse mithilfe des Entropiebegriffes an!

Übungsaufgaben zu Kapitel 3

A3.1: Thermische Ausdehnung

(zu Abschnitt 3.1.2)

Eine Aluminiumkugel hat bei 20,0 °C den Durchmesser 20,00 mm.

a) Bleibt sie in einem Loch von 20,04 mm Durchmesser stecken, wenn man sie zuvor in siedendem Wasser erhitzt hat?

b) Wie groß ist ihr relativer Volumenzuwachs dabei?

A3.2: Bremswärme

(zu Abschnitt 3.2.1)

Ein Radfahrer, der einschließlich Fahrrad die Masse 90 kg hat, fährt unter Einsatz der Rücktrittbremse einen 100 Meter hohen Hügel hinab. Wie steigt die Temperatur der Bremsnabe, wenn 40 % der Wärme an die Umgebung abgegeben wird? (Die Nabe besteht im Wesentlichen aus Stahl und hat die Masse 1 kg.)

A3.3: Bronzezeit-Kochstelle

(zu Abschnitt 3.2.1)

In Irland ist eine Kochstelle aus der Bronzezeit zu besichtigen, welche aus einem Wasserbecken der Größe $120 \times 90 \times 20$ cm^3 besteht, das zum Garen mit kugelförmigen Steinen des mittleren Durchmessers 15 cm gefüllt wurde. Die Steine mit der Dichte von 2700 kg/m^3 sowie der spezifischen Wärmekapazität 0,8 kJ/(kg · K) wurden vorher im Feuer auf 400 °C erhitzt. Wie viele Steine waren erforderlich, um die Wassertemperatur von 20 °C auf Siedetemperatur zu bringen, wenn der Wärmeverlust insgesamt 10 % betrug?

A3.4: Solarkocher

(zu Abschnitt 3.2.2)

Mit dem Prototyp eines Solarkochers – das ist im Wesentlichen ein Hohlspiegel zur Fokussierung der Sonnenstrahlung – soll ein Liter Wasser innerhalb von 10 Minuten von 20 °C zum Sieden gebracht werden.

a) Welche Wärmemenge wird (nur für das Wasser) benötigt?

b) Welchen Durchmesser muss der kreisförmige Spiegel haben, wenn typischerweise 30 Prozent der mittleren Solarkonstanten ($E_0 = 1367$ W/m^2 oberhalb der Atmosphäre) nutzbar sind?

c) Wie lange würde es dann noch dauern, bis das Wasser verdampft ist?

A3.5: Kochtopf-Wärmeleitung

(zu Abschnitt 3.2.3.2)

Ein Stahltopf mit 6 mm Bodendicke und 12 cm Durchmesser wird auf ein Kochfeld mit 120 °C gestellt. Wie schnell schmelzen – ohne Berücksichtigung der Wärmeverluste – 3 kg Eis? (Die Dichte von Stahl kann je nach Legierung durchaus unterschiedlich sein; hier wird 7,8 kg/dm^3 angenommen.)

A3.6: Wärmeübergang am Haus

(zu Abschnitt 3.2.3.2)

Eine Hauswand der Dicke 30 cm aus Ziegelsteinen hat innen und außen den Wärmeübergangskoeffizienten 8 W/(m^2 · K); die Fläche beträgt 200 m^2.

a) Wie viel Heizöl (mit dem spezifischen Heizwert 41 MJ/kg) wird pro Tag verbraucht, wenn die Raumtemperatur (20 °C) trotz einer Außentemperatur von –10 °C gehalten wird?

b) Welche Leistung hat die Heizung?

c) Welche Temperatur hat die Innenwand?

A3.7: Kühlkörper

(zu Abschnitt 3.2.3.2 und Abschnitt 3.2.3.3)

Die Temperatur eines elektronischen Bauteils mit 200 mW Verlustleistung soll durch einen Kühlkörper mit dem Emissionsgrad 0,9 und dem Wärmeübergangskoeffizienten 6 W/(m^2 · K) genau 20 K über der Raumtemperatur gehalten werden. Welche Fläche wird benötigt?

A3.8: Strahlungsintensität

(zu Abschnitt 3.2.3.3)

Ein Helium-Neon-Laser strahlt bei der Wellenlänge 633 nm ein paralleles Lichtbündel mit 2 mm Durchmesser auf eine 2 m entfernte Wand.

a) Welche Intensität hat das Licht dort, wenn die Laserleistung 1 mW beträgt?

b) Welche Strahlungsleistung müsste eine Glühlampe abgeben, um in diesem Abstand dieselbe Intensität zu erreichen?

c) Welche Intensität würde die Glühlampe insgesamt liefern, wenn sie bei der Laserwellenlänge ihr spektrales Maximum abstrahlte?

A3.9: Spraydose im Feuer

(zu Abschnitt 3.3.2)

Das Treibgas in einer Spraydose mit 200 ml Inhalt hat bei Raumtemperatur den zweifachen Atmosphärendruck.

a) Versehentlich gerät die Dose in eine Müllverbrennungsanlage. Schätzen Sie den Innendruck bei 850 °C ab!

b) Spielt die thermische Ausdehnung des Blechbehälters eine Rolle?

A3.10: Kalter Gasballon

(zu Abschnitt 3.3.3)

Ein kugelförmiger Ballon von 40 cm Durchmesser ist mit Helium bei Normaldruck gefüllt.

a) Wie viele Mole des Gases enthält er bei 0 °C?

b) Wie groß ist die gesamte kinetische Energie der Heliumatome bei dieser Temperatur, wie groß bei Raumtemperatur?

c) Wie groß ist die mittlere kinetische Energie eines einzelnen Heliumatoms?

A3.11: Isotherme Gas-Kompression

(zu Abschnitt 3.4.1 und Abschnitt 3.4.3)

2 mol Helium mit 40 % des Normaldrucks werden bei Raumtemperatur isotherm auf den dreifachen Druck komprimiert.

a) Wie groß ist nun das Volumen?

b) Welche Arbeit war erforderlich?

A3.12: Motor-Energie

(zu Abschnitt 3.5.2)

Ein Motor hat die Leistung 5,00 kW und einen Wirkungsgrad von 25 %, dabei gibt er eine Energie von 8 kJ pro Zyklus ab.

a) Welche Energie nimmt er pro Kreisprozess auf?

b) Wie lange dauert ein Zyklus?

A3.13: Wärmepumpe

(zu Abschnitt 3.5.2)

In Aufgabe A3.6 wurde die Leistung ermittelt, die zur konventionellen Heizung eines schlecht isolierten Hauses bei einer Temperaturdifferenz von 30 K erforderlich ist. Welche Leistung benötigt im Vergleich dazu eine Wärmepumpe, die die Hälfte ihres theoretischen „Wirkungsgrades" erzielt?

A3.14: Auto-Entropie

(zu Abschnitt 3.5.5)

Ein Auto der Masse 1500 kg, das mit 100 km/h auf einer Landstraße fährt, muss vor einer Bahnschranke bremsen und so lange warten, dass sich die Bremsen auf die Umgebungstemperatur von 20 °C abkühlen. Wie ändert das die Entropie des Universums?

4 ELEKTRIZITÄT UND MAGNETISMUS

Elektrische Ladungen verändern nachweislich den Raum um sich herum bereits, wenn sie *ruhen*. Die veränderte Eigenschaft des Raumes nennt man *elektrisches Feld*, und der Nachweis kann durch die Kräfte auf andere Ladungen geführt werden.

Bewegen sich die Ladungen (als Strom), so entsteht ein *magnetisches Feld* mit Kraftwirkungen, die technisch außerordentlich große Bedeutung haben. Im freien Raum können sich die beiden unterschiedlichen Felder wechselseitig erzeugen und als *elektromagnetische Welle* mit Lichtgeschwindigkeit ausbreiten.

4.1 Elektrostatik

Die Atome, aus denen sämtliche Materie aufgebaut ist, bestehen aus dem positiv geladenen Kern und einer Hülle aus negativ geladenen Elektronen (Abschnitt 6.2). Beide Arten von Ladungsträgern sind insgesamt in gleicher Zahl vorhanden, sodass Atome nach außen neutral erscheinen. Allerdings können *einzelne Elektronen* innerhalb eines Materials verschoben oder sogar daraus entfernt werden, zum Beispiel durch mechanische Reibung. Ansonsten bedeutet Elektro-*Statik*: Die Ladungen ruhen, Strom fließt erst im nächsten Kapitel.

4.1.1 Elektrische Ladungen und die COULOMB-Kraft

Die atomare Struktur aller Ladungsmengen Q hat zur Folge, dass eine kleinste Einheit existiert, die **Elementarladung**. Sie hat seit 2019 den exakt definierten Wert [CODATA]:

$$e = 1{,}602\,176\,634 \cdot 10^{-19\mathrm{C}}$$

Elektrische Elementarladung

Zu Ehren von CHARLES AUGUSTIN DE COULOMB (1736 – 1806) trägt die Einheit der Ladung $[Q]$ = C bzw. $[e]$ = C seinen Namen. Die abgeleitete SI-Einheit ist wegen des Zusammenhanges mit der Basisgröße „Stromstärke“ (Abschnitt 4.2.1) allerdings $[Q] = [e] = \mathrm{A \cdot s}$ („Amperesekunde“; Tabelle 2.1 und Tabelle 2.2). Das Elektron hat die Ladung $-e$, während das *Proton* als Atomkern-Baustein die Ladung $+e$ besitzt.

Die zweite Konsequenz der atomaren Ladungsstruktur ist, dass ein **Erhaltungssatz** gilt:

> In einem abgeschlossenen System bleibt die Summe aus positiven und negativen Ladungen konstant.

Erhaltungssatz der elektrischen Ladung

Die *Reibungselektrizität* von Kunststoffen (im Kontakt mit Wolle oder dem legendären Katzenfell) oder Glas (im Kontakt mit Leder) beruht auf einer *Ladungstrennung*, wobei die Elektronen einen Überschuss negativer Ladungen in dem einen Material – z. B. dem Kunststoff – bilden und entsprechend einen Mangel in dem anderen hervorrufen. Oft beobachtet man danach einen Ladungsausgleich durch Funken; ist der geladene Körper ein menschlicher, kann das unangenehm, aber kaum gefährlich sein. (Für elektronische Bauteile wie Computer-Prozessoren gilt allerdings das Gegenteil.)

Der Elektronen*mangel* wird als *positive* Ladung interpretiert. Historisch sind die beiden unterschiedlichen Ladungsarten durch die **Kräfte** zwischen ihnen entdeckt worden (u. a. bei *Bernstein*, griechisch *elektron*); für deren Richtung gilt:

> Gleichartig geladene Stoffe stoßen sich ab, ungleichartig geladene ziehen sich an.

In **Bild 4.1** ist die Kraft zwischen den gleichartig geladenen Haaren so viel stärker als die Gewichtskraft, dass dem Kind (nach Reibung an einem Kunststoff-Spielzeug) „die Haare zu Berge" stehen. Denselben Effekt nutzt man technisch zur Ladungsmessung: Beim *Elektrometer* in **Bild 4.2** ist das Drehmoment am beweglichen Flügel proportional zur aufgebrachten Ladungsmenge.

Auf Metallen können die Elektronen leicht verschoben werden, und sie sind wegen der gegenseitigen Abstoßung gleichmäßig verteilt. Äußere Ladungen stören durch Abstoßung oder Anziehung die Gleichverteilung; dieser Effekt heißt **Influenz**. In einem klassischen Experiment **(Bild 4.3)** werden die Elektronen von einem negativ geladenen Kunststoffstab auf die entfernte Kugelseite gedrängt. Trennt man die beiden Halbkugeln unter der Wirkung des Stabes, so sind beide tatsächlich verschieden geladen (und zwar die nähere positiv).

Eine quantitative Gesetzmäßigkeit für diese Kräfte hat COULOMB – in formaler Analogie zum NEWTONschen Gravitationsgesetz (Formel 2.66) – für zwei *Punktladungen* $Q_{1,2}$ im Abstand r gefunden. In skalarer Formulierung lautet das **COULOMB-Gesetz**:

$$F_C = \frac{1}{4\pi\varepsilon_0} \cdot \frac{Q_1 Q_2}{r^2} \qquad \text{Formel 4.1}$$

Die COULOMB-Kraft längs der Verbindungslinie wirkt – anders als die Schwerkraft – bei *gleichartigen* Ladungen *abstoßend*. Streng genommen gilt das Gesetz nur im Vakuum; in guter Näherung aber ebenfalls in Luft. Die theoretischen Punktladungen dürfen – mit der gleichen, aus NEWTONS Integralrechnung resultierenden Begründung wie beim Gravitationsgesetz – auch Kugeln mit r als dem Abstand ihrer Mittelpunkte sein.

Das Gesetz enthält die **elektrische Feldkonstante**, für die seit 2019 gilt [CODATA]:

$$\varepsilon_0 = 8{,}8541878128(13) \cdot 10^{-12} \, \frac{\mathrm{A}^2 \cdot \mathrm{s}^4}{\mathrm{kg} \cdot \mathrm{m}^3}$$

Ihre Einheit ergibt sich aus Formel 4.1 als $[\varepsilon_0] = \mathrm{C}^2/(\mathrm{N} \cdot \mathrm{m}^2)$ und kann wie oben in Basiseinheiten ausgedrückt werden. Mit der Einheit der elektrischen Kapazität „Farad" (Abschnitt 4.1.4) lässt sie sich allerdings einfacher formulieren: $[\varepsilon_0] = \mathrm{F/m}$.

Die alternativen Bezeichnungen für die elektrische Feldkonstante ε_0 zeigen einen in der Physik seltenen Sprachreichtum: „Influenzkonstante", „absolute Dielektrizitätskonstante", „Dielektrizitätskonstante des Vakuums" sowie „Permittivität des leeren Raumes" wurden früher oder werden noch immer als Synonyme verwendet. Ziel ist wahrscheinlich, an gute Lehrbücher der Vergangenheit zu erinnern und nebenbei Anfänger zu verwirren.

Bild 4.1 Ist ein Mensch bis in die Haarspitzen aufgeladen, so stoßen sich die (gleichartig geladenen) Haare ab.

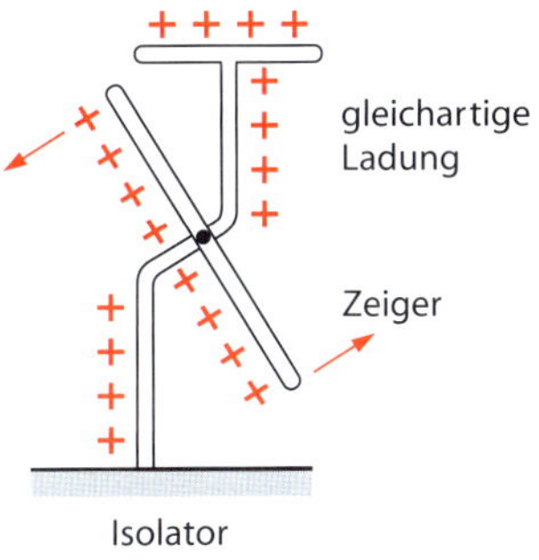

Bild 4.2 Mit einem Zeiger-Elektrometer können Ladungsmengen bestimmt werden.

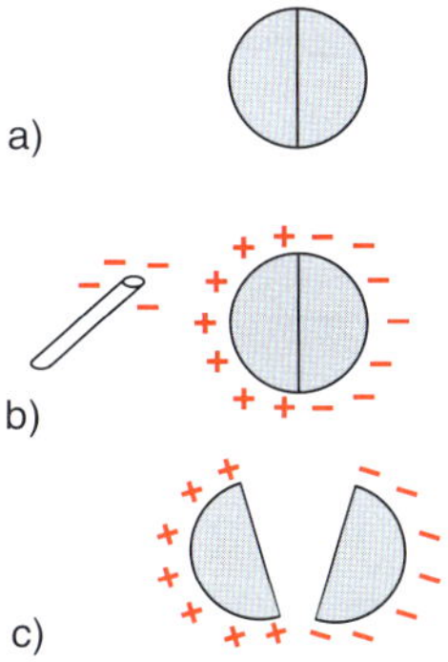

Bild 4.3 Mittels Influenz ist eine Ladungsverschiebung auf Metalloberflächen möglich.

Beispiel 4.1: Größenordnung von COULOMB- und Gravitationskraft

Aufgabe: Muss bei der elektrischen Kraftwirkung zwischen zwei Elektronen die Gravitation zusätzlich berücksichtigt werden?

Lösung: Das Kräfteverhältnis ist nach Formel 4.1 und Formel 2.66:

$$\frac{F_C}{F_G} = \frac{1}{4\pi\varepsilon_0\gamma} \cdot \frac{e^2}{m_e^2}$$

Mit den Zahlenwerten für die beiden Konstanten sowie für Ladung und Masse des Elektrons (Anhang) erhält man:

$$\frac{F_C}{F_G} = \frac{1}{4\pi \cdot 8{,}85 \cdot 10^{-12}\,\frac{A^2 \cdot s^4}{kg \cdot m^3} \cdot 6{,}67 \cdot 10^{-11}\,\frac{m^3}{kg \cdot s^2}} \cdot \frac{\left(1{,}6 \cdot 10^{-19}\right)^2 A^2 \cdot s^2}{\left(9{,}11 \cdot 10^{-31}\right)^2 kg^2} \approx 10^{42}$$

Offenbar ist die elektrische Abstoßung *sehr viel* größer als die gravitative Anziehung.

4.1.2 Elektrisches Feld

Mit derselben Argumentation wie bei der Masse und ihrer Gravitationswirkung (Abschnitt 2.7.3) kann auch bei einer Ladung Q ihre Wirkung auf andere Ladungen durch ein *Kraftfeld* beschrieben werden, das hier *elektrisches Feld* heißt. Dessen Stärke an jedem Ort der Umgebung von Q wird durch eine (kleine) Probeladung Q_P gemessen und zur Verallgemeinerung dann auf Q_P *normiert*; damit erhält man die Definition der **elektrischen Feldstärke**:

$$\vec{E} = \frac{\vec{F}_\mathrm{C}}{Q_\mathrm{P}} \qquad \text{Formel 4.2}$$

Als Einheit von $\vec{E}$ ergibt sich offenbar $[E] = \mathrm{N/(A \cdot s)}$; mit der Einheit der elektrischen Spannung „Volt" (Abschnitt 4.1.3) erhält man allerdings die gebräuchlichere Einheit $[E] = \mathrm{V/m}$. Die Richtung von $\vec{E}$ stimmt mit der des Kraftvektors $\vec{F}_C$ überein, wenn Q_P positiv ist ($\vec{F}_C$ wird vereinbarungsgemäß als anziehend oder abstoßend aus der Perspektive der *felderzeugenden* Ladung Q betrachtet). Wie beim Gravitationsfeld (Abschnitt 2.7.3) kann man durch *Kraftlinien* (welche gewissermaßen die Richtung des Kraftvektors an jedem Ort symbolisieren) den Verlauf des elektrostatischen Feldes grafisch darstellen. Diese **Feldlinienbilder** haben charakteristische Eigenschaften:

Feldlinien

Feldlinienbilder sind bereits die Veranschaulichung eines abstrakten Sachverhaltes bzw. eines theoretischen Modells. *Anschaulichkeit* als solche ist keineswegs falsch, sondern sogar didaktisch wertvoll. Zu banale Bilder für die Feldlinien („wollen sich verkürzen wie Gummibänder", „stoßen sich gegenseitig ab", „zeigen mögliche Wege von Teilchen", ...) führen jedoch zu Widersprüchen.

- Die Feldlinien beginnen gemäß Konvention an den positiven Ladungen („Quellen des elektrischen Feldes") und enden an den negativen („Senken").
- Feldlinien schneiden sich nicht.
- Sie stehen senkrecht auf elektrischen Leitern.
- Die Linien*dichte* ist proportional zur Feldstärke.

Für das Beispiel der Punktladung Q liefert Formel 4.2 mit Formel 4.1 den Ausdruck:

$$\vec{E} = \frac{1}{4\pi\varepsilon_0} \cdot \frac{Q}{r^2} \cdot \vec{e}_\mathrm{r} \qquad \text{Formel 4.3}$$

Darin gibt der Einheitsvektor $\vec{e}_\mathrm{r} = \frac{\vec{r}}{r}$ (Abschnitt 1.6) die Richtung von $\vec{E}$ und damit den Verlauf der Feldlinien an. Diese gehen geradlinig und radial von der Punktladung aus **(Bild 4.4)**. Der Betrag der elektrischen Feldstärke – der ja proportional zur Liniendichte ist – nimmt quadratisch mit dem Abstand von der Ladung ab.

Wo sind in **Bild 4.4** die negativen Ladungen, an denen die Feldlinien enden müssen? Die verbreitete Formulierung, sie seien „in unendlicher Entfernung zu denken", klingt etwas unbefriedigend. Tatsächlich ist bereits die Annahme einer *isolierten Punktladung* sehr abstrakt. In einem klassischen Vorlesungsversuch wird diese Ladungsverteilung durch eine Scheibe im Zentrum und einen entgegengesetzt geladenen Ring außen herum dargestellt. Die Feldlinien symbolisiert man durch Grießkörner, die z. B. in Rizinusöl schwimmen: Die Körner werden durch Influenz polarisiert (s. u.) und orientieren sich so im elektrischen Feld, als würden sie entlang den Feldlinien aufgereiht.

Noch wichtiger – und wegen der *Ladungstrennung* realistischer – ist das Feldlinienbild in **Bild 4.5**: Zwei punkt- oder kugelförmige Ladungen entgegengesetzter Polarität bilden einen elektrostatischen **Dipol**. Eine solche Anordnung kann nicht nur Kräfte in externen elektrischen Feldern erfahren, sondern auch *Drehmomente*. Darum definiert man mithilfe des Ladungsabstands l das **Dipolmoment**

$$\vec{p} = Q\vec{l} \qquad \text{Formel 4.4}$$

Hier bestimmt die Konvention, dass der Abstandsvektor von der negativen zur positiven Ladung (also entgegen der Feldlinienrichtung) zeigt; die Einheit ist offensichtlich $[p] = \mathrm{C} \cdot \mathrm{m}$. Dipolmomente von „polaren“ Molekülen spielen vor allem in der Chemie und der Werkstoffkunde eine große Rolle; sie erklären unter anderem die Dichteanomalie des Wassers (Abschnitt 3.1.2) durch eine elektrostatisch „behinderte“ Packungsdichte der H_2O-Moleküle (Abschnitt 6.4.1).

Bild 4.6 zeigt das Feldlinienbild zwischen zwei parallelen, linear ausgedehnten Ladungsverteilungen ungleicher Polarität. Technisch bedeutsam ist eine solche Anordnung zweier metallischer *Platten*; die Zeichnung stellt dann einen Schnitt durch das dreidimensionale Feldlinienbild dar. Bis auf den Rand ist das elektrische Feld **homogen** (anschaulich erkennbar am gleichen Linienabstand).

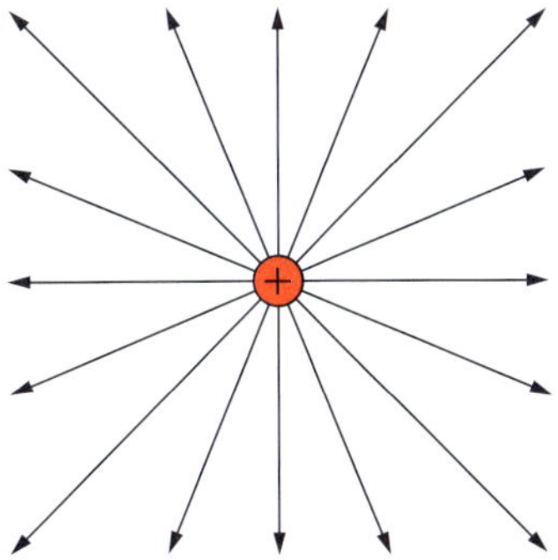

Bild 4.4 Feldlinienbild einer positiven Punktladung. Bei einer negativen Ladung müsste man gemäß Konvention die Pfeilrichtung umkehren.

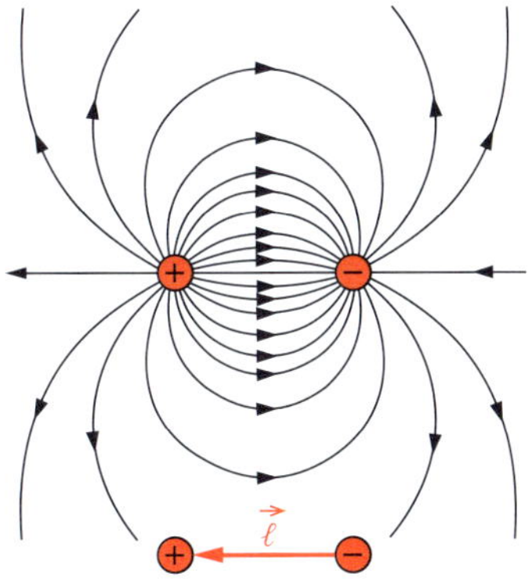

Bild 4.5 Feldlinienbild eines elektrostatischen Dipols. Der Abstandsvektor (unten rot eingezeichnet) ist den Feldlinien entgegen gerichtet.

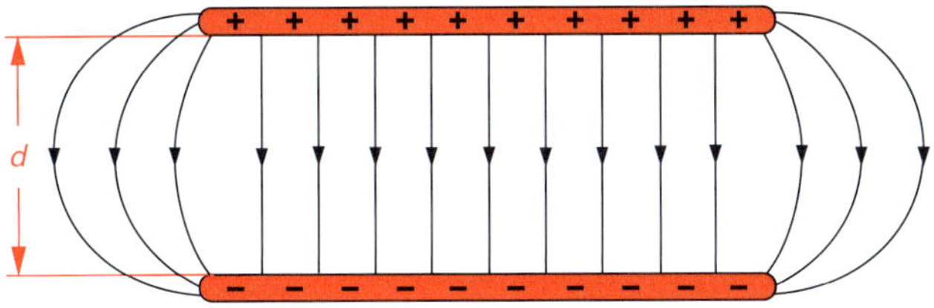

Bild 4.6 Die parallelen und äquidistanten Feldlinien zwischen zwei geladenen Platten zeigen die Homogenität des elektrischen Feldes in diesem Bereich an.

Gleiche Liniendichte bedeutet gleiche Feldstärke. Da die Feldlinien immer senkrecht auf der Metalloberfläche stehen – durch eine tangentiale Kraftkomponente würden anderenfalls die leicht beweglichen Ladungen so verschoben, dass genau das erreicht ist –, muss das Feld am Plattenrand inhomogen werden: Die Feldstärke ist an der Leiteroberfläche höher. Offensichtlich steigt die Liniendichte mit zunehmender Krümmung. Extreme Feldstärken treten darum an Kanten und vor allem *Spitzen* auf.

Die Felderhöhung durch den **Spitzeneffekt** bewirkt, dass *elektrische Entladungen* wie Funken (Abschnitt 4.7.2) vorzugsweise an solchen Stellen entstehen. *Blitzen* in der Natur bietet man darum Blitzableiter an; sonst suchen die sich Bäume, Masten oder Hauskamine. Menschen in flachem Gelände sind in diesem Sinne Spitzen und bei Gewittern wirklich sehr gefährdet!

Info 4.1: Flächenladung, elektrischer Fluss und GAUSSscher Satz

Mit der Feldstärke $\vec{E}$ lassen sich elektrostatische Felder bereits vollständig beschreiben. Eine alternative Darstellung geht unmittelbar von den Ursachen aus, nämlich den Ladungen. Sind diese auf einem Leiter der Fläche *A* gleichmäßig verteilt, ist die **Flächenladungsdichte**:

$$\sigma = \frac{Q}{A}$$

Für eine Kugel erhält man also:

$$\sigma = \frac{Q}{4\pi r^2}$$

Eine solche geladene Kugel bewirkt aber die gleiche Feldlinienverteilung wie die Punktladung aus **Bild 4.4** im Abstand *r*; die Feldstärke auf der Kugeloberfläche muss also identisch sein. Durch Vergleich mit Formel 4.3 erhält man:

$$\sigma = \varepsilon_0 \left|\vec{E}\right|$$

Da die Feldlinien immer senkrecht auf der Leiteroberfläche stehen, kann man einen diesem Skalar entsprechenden Vektor einführen. Er heißt **elektrische Flussdichte**:

$$\vec{D} = \varepsilon_0 \vec{E}$$

Die Flussdichte ist ein Maß für die Feldlinien pro Flächenelement (die man sich anschaulich wie die Strömungslinien in Abschnitt 2.8.3 durch eine Rohr-Querschnittsfläche vorstellen kann). Für den gesamten **elektrischen Fluss** integriert man:

$$\psi = \int_A \vec{D} \mathrm{d}A$$

Im übersichtlichsten Fall (homogenes Feld, ebene Fläche, senkrechter „Durchfluss") wird der Fluss tatsächlich gleich der Ladung:

$$\psi = DA = \sigma A = Q$$

CARL FRIEDRICH GAUSS (1777–1855) zeigte die Allgemeingültigkeit dieser Aussage für beliebige Geometrien und darüber hinaus auch für beliebige Vektorfelder *(GAUSSscher Satz).*
In vielen modernen Darstellungen der Experimentalphysik [Giancoli, Halliday, Tipler] wird übrigens auf die Größe *D* zugunsten der systematischen Formulierung mittels der elektrischen Feldstärke *E* verzichtet, so auch in diesem Buch.

4.1.3 Potenzial und Spannung

Die elektrische Feldstärke wurde im letzten Kapitel mittels der *Kraft* auf eine Probeladung definiert. Die Verschiebung der Probeladung im elektrischen Feld gegen diese Kraft ist also mit *Arbeit* bzw. potenzieller Energie verknüpft, genauso wie die einer Probemasse im Gravitationsfeld (Abschnitt 2.7.3). Durch Normierung auf die Probeladung (konkret durch Division durch Q_P) erhält man wieder das **Potenzial** an einem Ort – diese Größe stellt also eine alternative oder ergänzende Beschreibung des vom Feld erfüllten Raumes dar. Obwohl ihre Definition zunächst recht theoretisch anmutet, bekommt sie doch in der Elektrotechnik eine ganz praktische Bedeutung.

Bild 4.7 zeigt zwei Punkte $P_{1,2}$ in einem beliebigen (hier inhomogenen) elektrischen Feld. Um eine Probeladung jeweils „aus dem Unendlichen“ (wo kein Feld wirkt) an die beiden Punkte zu verschieben, ist die Arbeit W_1 bzw. W_2 erforderlich:

$$W_{1,2} = \int_{P_{1,2}}^{\infty} \vec{F} d\vec{s} = -\int_{\infty}^{P_{1,2}} \vec{F} d\vec{s} = -Q_P \int_{\infty}^{P_{1,2}} \vec{E} d\vec{s}$$

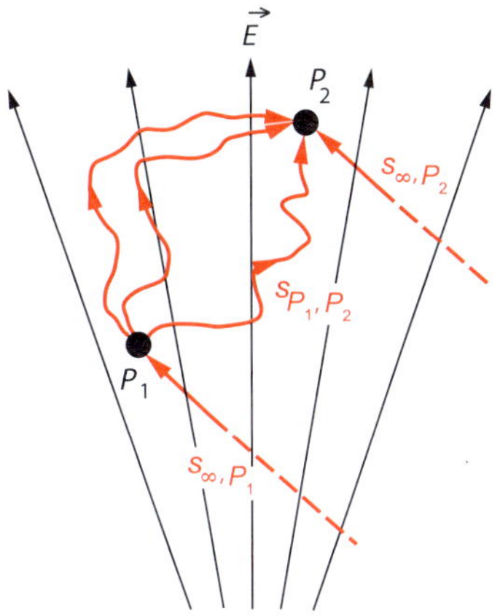

Bild 4.7 Das Potenzial der beiden Punkte ist durch die Verschiebungsarbeit im elektrischen Feld bestimmt. Ihre Potenzialdifferenz hängt aber nicht vom konkreten Verschiebungsweg ab.

Die Vorzeichen sind wieder der Konvention geschuldet: Von der Kraft im Feld verrichtete Arbeit gilt als positiv, gegen sie aufgewendete Arbeit zählt negativ. (Die Richtungen der beiden Vektoren sind dann verschieden.)

An den beiden Punkten besitzt die Probeladung jeweils eine entsprechende *potenzielle Energie*. Die Normierung ergibt das **Potenzial** an P_1 bzw. P_2:

$$\varphi_{1,2} = \frac{W_{1,2}}{Q_P} = -\int_{\infty}^{P_{1,2}} \vec{E} d\vec{s} \qquad \text{Formel 4.5}$$

Elektrisches Potenzial

Von praktischem Interesse ist nun der **Potenzialunterschied** $\Delta\varphi = \varphi_2 - \varphi_1$ zwischen beiden Punkten. Zunächst kann man zeigen, dass die Verschiebung der Probeladung auf den unterschiedlichsten Wegen zu demselben Zuwachs an potenzieller Energie führen muss: Ansonsten könnte man (bei konstantem Feld) ein System mit Energiegewinn konstruieren, also ein Perpetuum mobile! Diese offensichtlich universelle Größe $\Delta\varphi$ heißt **elektrische Spannung** U:

$$\Delta\varphi = \int_{P_1}^{P_2} \vec{E} d\vec{s} = U \qquad \text{Formel 4.6}$$

Für die Einheit der Spannung wird zu Ehren von ALLESSANDRO VOLTA (1745 – 1827) *Volt* verwendet: $[U] = \text{J/C} = \text{N} \cdot \text{m/(A} \cdot \text{s)} = \text{V}$. Damit lässt sich nun die an einer Ladung im elektrischen Feld verrichtete Arbeit sehr einfach beschreiben:

$$W = QU \qquad \text{Formel 4.7}$$

Spannung

Die *elektrische* und die *mechanische* Spannung haben nichts gemein außer dem Namen. Für eine *bildliche Analogie* zur Mechanik eignet sich eher eine Masse im Gravitationsfeld. Die Potenzialdifferenz bei der Gravitationsfeldstärke $\vec{g}$ beträgt nach Formel 2.68 in Abschnitt 2.7.3: $\Delta V = E_{pot}/m = gh$, mit der Einheit $[V] = \mathrm{N \cdot m/kg}$. Diese auf die Masse normierte Energie bzw. Arbeit kann man sich mit einem Wasserfall wie in Bild 2.15 veranschaulichen: Die Potenzialdifferenz ist umso größer, desto höher der obere Wasserspiegel über dem unteren liegt.

Potenzial etc.

Die wichtigste physikalische Größe für Ladungen im elektrischen Feld ist eigentlich die *potenzielle Energie*. Im Alltag und in der Technik wird jedoch die *Spannung* (englisch: „voltage", von der Einheit „Volt") am häufigsten benutzt. Am vielseitigsten ist das *elektrische Potenzial*, das zwischen beiden Begriffen vermittelt: Einerseits drückt es die elektrische *Arbeit* aus, die *pro Ladung* verrichtet worden ist oder verrichtet werden kann; andererseits ist ein Unterschied zwischen den Potenzialen an zwei Orte gerade die *Spannung*.

Der Potenzialbegriff führt zu drei wichtigen Konsequenzen:

- Offensichtlich gibt es immer viele Punkte gleichen Potenzials; sie bilden eine **Äquipotenzialfläche.** Bei einer *Punktladung* oder einer geladenen Kugel sind zum Beispiel alle Äquipotenzialflächen konzentrische Kugeln mit der Ladung im Mittelpunkt (also Flächen gleichen Abstands zur Ladung, auf denen eine Probeladung die gleiche COULOMB-Kraft erfährt und auch die gleiche potenzielle Energie besitzt). Auf diesen Flächen stehen die elektrischen Feldlinien senkrecht – das ist bei den Äquipotenzialkugeln sofort einsehbar, gilt aber allgemein. (**Bild 4.8**; vergleiche dazu auch Bild 2.49 mit den Äquipotenzialflächen im Gravitationsfeld!)
- Im Inneren einer in sich geschlossenen Äquipotenzialfläche ist die Spannung zwischen zwei beliebigen Punkten per Definition null. Technisch lässt sich eine Äquipotenzialfläche durch ein leitendes Material realisieren. Wegen Formel 4.5 ist dann auch die elektrische Feldstärke null: das Innere dieses Raumes ist *feldfrei*. Das Innere eines metallischen Käfigs – eines sogenannten **FARADAY-Käfigs** – ist also ein perfekter Schutz zum Beispiel gegen Blitze, aber auch gegen Störfelder bei empfindlichen Messungen. Kleine elektrische Signale (etwa von Antennen oder in Computernetzwerken) werden darum mit „abgeschirmten" Kabeln übertragen.
- Für eine Spannungsmessung bzw. -angabe braucht man immer ein *Bezugspotenzial*. In der Elektrotechnik wird dafür häufig das Potenzial des Erdreiches gewählt und als „null" definiert. Vor allem die Netzspannung der Energieversorger („Phase") bezieht sich darauf. Schutzleiter sind in der Regel sogar direkt an einen „Erder" angeschlossen.

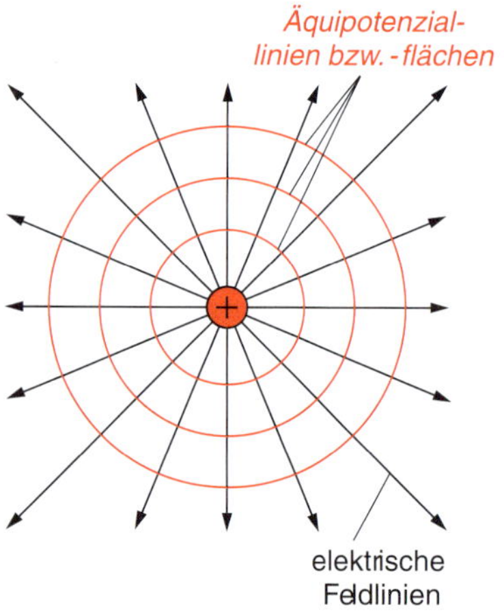

Bild 4.8 Die Äquipotenzialflächen um eine geladene Kugel sind ebenfalls Kugeln.

4.1.4 Kondensator und Kapazität

Im elektrostatischen Sinn ist ein Kondensator eine Vorrichtung zur Speicherung von Ladungen der beiden unterschiedlichen Polaritäten. Die Trennung der Ladungen hat ein elektrisches Feld und eine elektrische Spannung zur Folge. Mit der *Kapazität* lässt sich anschaulich die speicherbare Ladungsmenge bei einer bestimmten Spannung angeben; gleichzeitig wird damit *Energie* gespeichert.

4.1.4.1 Plattenkondensator

Bild 4.6 kann bereits als Schnittbild eines Plattenkondensators interpretiert werden, der sich zunächst noch im Vakuum befinden soll. Der Zusammenhang zwischen der elektrischen Feldstärke und der Potenzialdifferenz bzw. der Spannung in Formel 4.6 bekommt – wenn man die Inhomogenität des Feldes am Rand vernachlässigt – hier die einfache Form

$$U = Ed \qquad \text{Formel 4.8}$$

Auch die Ladungsmenge auf den beiden Platten ist direkt proportional zur Spannung: Je größer die von außen angelegte Spannung ist, desto mehr Ladungen werden getrennt. Andererseits ist nach dieser „Aufladung" des Kondensators die Potenzialdifferenz umso größer, je mehr Ladungen getrennt wurden:

$$Q = CU \qquad \text{Formel 4.9}$$

Die Proportionalitätskonstante C wird als **Kapazität** bezeichnet:

$$C = \frac{Q}{U} \qquad \text{Formel 4.10}$$

Elektrische Kapazität

Ihre SI-Einheit $[C] = \mathrm{A \cdot s/V}$ heißt *Farad* (zu Ehren von MICHAEL FARADAY, 1791–1867).

> Die Kapazität eines Kondensators ist ein Maß dafür, wie viel Ladung bei einer bestimmten Spannung von ihm gespeichert werden kann.

Die Formulierung „... wie viel Ladung gespeichert werden kann" bedeutet konkret „... wie viele Elektronen auf die andere Platte verschoben werden können". In einem Gedankenexperiment kann man sich durchaus vorstellen, dass eines der vielen, ursprünglich gleich verteilten Elektronen in **Bild 4.6** von unten über die Distanz d auf die obere Kondensatorplatte transportiert wird; dabei ist die Arbeit $W = Fd = Eed$ zu verrichten, und es entsteht die Spannung $U = Ed = W/e$. In der Realität werden beide Platten zur Aufladung natürlich mit einer Spannungsquelle verbunden und die Elektronen fließen (als Strom, Abschnitt 4.2.1) „außen herum". Dennoch verursacht dieser „Verschiebungsstrom" ebenso ein Magnetfeld wie ein realer. Die Erklärung dafür liefern die MAXWELLschen Gleichungen (Abschnitt 4.6.2).

Für das wichtige Beispiel des Plattenkondensators im Vakuum erhält man aus Formel 4.10 mit der elektrischen Flächenladungsdichte σ bzw. Flussdichte $D = Q/A = \varepsilon_0 E$ (Info 4.1):

$$C_0 = \frac{Q}{U} = \frac{DA}{U} = \frac{\varepsilon_0 EA}{Ed}$$

Die **Kapazität des Plattenkondensators** ist also:

$$C_0 = \varepsilon_0 \frac{A}{d} \qquad \text{Formel 4.11}$$

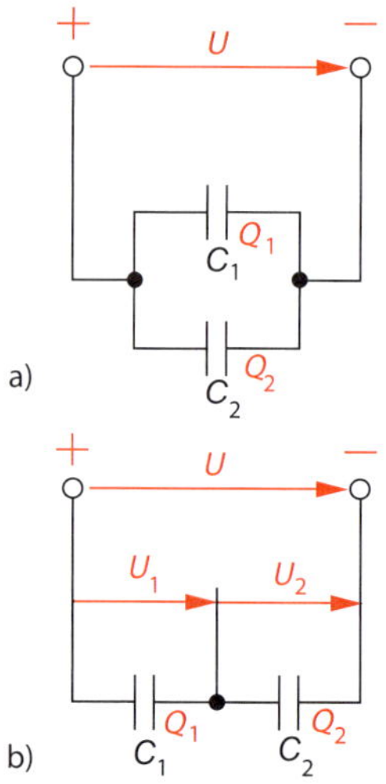

Bild 4.9 Parallelschaltung (a) und Reihenschaltung (b) zweier Kondensatoren; das verwendete Schaltbild ist genormt und gilt für alle technischen Ausführungen.

Info 4.2: Schaltung von Kondensatoren

Formel 4.11 macht bereits plausibel, wie sich die Zusammenschaltung zweier (oder mehrerer) Kondensatoren grundsätzlich auswirken muss: Die **Parallelschaltung** vergrößert die wirksame *Fläche A*, sodass sich die Kapazitäten addieren **(Bild 4.9 a)**. Tatsächlich gilt allgemein:

$$C_{\text{ges}} = \sum_{i=1}^{n} C_i$$

Bei der **Reihen**- bzw. **Serienschaltung (Bild 4.9 b)** liegen die beiden inneren Platten auf demselben Potenzial, sodass eine effektive Vergrößerung des *Abstandes d* resultiert; dieser ist nach Formel 4.11 aber umgekehrt proportional zur Kapazität.

Für die genauere Berechnung kann man voraussetzen, dass aufgrund der Influenz, also der gegenseitigen Abstoßung, die Ladungen auf beiden Kondensatoren gleich sind. Andererseits addieren sich die Teilspannungen zur Gesamtspannung:

$$U = U_1 + U_2 = \frac{Q}{C_1} + \frac{Q}{C_2} = \frac{Q}{C_{\text{ges}}}$$

Division durch *Q* ergibt, dass sich die Kehrwerte der Einzelkapazitäten zum Kehrwert der Gesamtkapazität addieren. Das muss auch für beliebig viele Kondensatoren gelten:

$$\frac{1}{C_{\text{ges}}} = \sum_{i=1}^{n} \frac{1}{C_i}$$

4.1.4.2 Dielektrikum im Kondensator

In einem klassischen, aber viele Studierende verblüffenden Vorlesungsversuch schiebt man zwischen die Platten eines vorher aufgeladenen Kondensators (z. B. den in **Bild 4.10**) berührungslos eine Kunststoffscheibe: Die Spannung zwischen den Platten *sinkt*. Da die Ladung $Q = CU$ (Formel 4.9) gleich bleibt, kann im Produkt *CU* nur die Kapazität gestiegen sein. Anders formuliert: bei der ursprünglichen Spannung lassen sich nun mehr Ladungen speichern.

Tatsächlich werden die Ladungen in den Molekülen des Kunststoffs etwas verschoben, sodass durch **Polarisation** elektrische Dipole entstehen. **Bild 4.11** zeigt schematisch, wie die Dipole mit ihren unkompensierten Ladungen an beiden Enden ein inneres elektrisches Feld aufbauen, wodurch die äußere Feldstärke E geschwächt und letztlich die Spannung $U = Ed$ reduziert wird.

Bild 4.10 Wenn auf eine Platte dieses Kondensators mit einem Katzenfell und einem Kunststoffstab Ladungen aufgebracht werden, so entsteht eine Potenzialdifferenz (hier 5000 Volt).

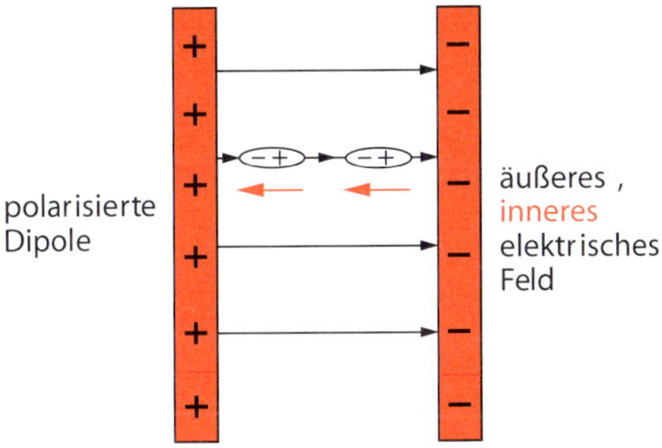

Bild 4.11 Die Polarisation von Dipolen reduziert die elektrische Feldstärke zwischen den Platten.

Noch größere Effekte als durch diese *Verschiebungspolarisation* treten durch die *Orientierungspolarisation* bereits vorhandener Dipole auf, zum Beispiel in Wasser. Das Verhältnis der vergrößerten zur ursprünglichen Kapazität nennt man **Permittivitätszahl**:

$$\varepsilon_r = \frac{C}{C_0} > 1 \qquad \text{Formel 4.12}$$

In Tabelle 4.1 sind Zahlenwerte für ganz unterschiedliche Stoffe zusammengestellt. Offensichtlich ist der Einfluss von Luft sehr gering und kann meistens vernachlässigt werden. Für technische Anwendungen eignen sich u. a. Kunststoffe wie Polypropylen, spezielle Keramiken wie Bariumtitanat und in *Elektrolytkondensatoren* Tantaloxid.

Tabelle 4.1 Permittivitätszahl einiger Materialien

Material	Permittivitätszahl ε_r
trockene Luft	1,000 594
Kunststoffe (z. B. Polystyrol, Polypropylen, PVC)	2,2 … 4,6
Tantaloxid	27
Wasser	81
ND-Keramik (z. B. Titandioxid)	10 … 200
HD-Keramik (z. B. Bariumtitanat)	$10^3 \dots 10^4$

Formal kann der Einfluss von Dielektrika durch die **Permittivität**

$$\varepsilon = \varepsilon_\mathrm{r}\varepsilon_0 \qquad \text{Formel 4.13}$$

erfasst werden. Sie hat – da ε_r als Verhältnis ein reiner Zahlenwert ist – dieselbe Einheit wie die elektrische Feldkonstante. Die Kapazität des „leeren“ Plattenkondensators in Formel 4.11 wird „mit dielektrischer Füllung“ also zu:

Kapazität des Plattenkondensators

$$C = \varepsilon\frac{A}{d} \qquad \text{Formel 4.14}$$

4.1.4.3 Kondensator als Energiespeicher

Zur Aufladung eines Kondensators ist Arbeit erforderlich. (Beim anschaulichen Gedankenversuch in Abschnitt 4.1.4.1 entsprach sie der mechanischen Transportarbeit über den Plattenabstand als Weg gegen die COULOMB-Kraft.) Für eine Einzelladung gilt Formel 4.7; allerdings ändert sich $U = Q/C$ jeweils durch die steigende Aufladung, so dass eine differenzielle Betrachtung notwendig ist:

$$\mathrm{d}W = U\mathrm{d}Q$$

Die Integration ergibt für die Gesamtarbeit:

$$W = \int_0^Q U\mathrm{d}Q = \int_0^Q \frac{Q}{C}\mathrm{d}Q = \frac{1}{C}\int_0^Q Q\mathrm{d}Q = \frac{1}{C}\cdot\frac{Q^2}{2} = \frac{1}{2}\cdot\frac{(CU)^2}{C}$$

Diese Arbeit bewirkt den Aufbau eines elektrischen Feldes, und genau in diesem Feld ist die **Kondensator-Energie** anschließend als eine Form *potenzieller Energie* gespeichert:

Kondensator-Energie (Energie des elektrischen Feldes)

$$E_\mathrm{el} = \frac{1}{2}CU^2 \qquad \text{Formel 4.15}$$

Beispiel 4.2: Energieinhalt eines Plattenkondensators

Aufgabe: Zwei Platten der Größe 1 m² haben 1 cm Abstand und sollen bis zur *Grenzfeldstärke* von $E_\mathrm{max} = 10^6$ V/m (bei der in trockener Luft eine Funkenentladung erfolgt) aufgeladen werden. Wie groß sind die entsprechende *Durchbruchspannung*, die Kapazität, die gespeicherte Ladungsmenge und der Energieinhalt?

Lösung: Die Durchbruchspannung ist nach Formel 4.6:

$$U_\mathrm{max} = E_\mathrm{max}d = 10^6\left(\frac{\mathrm{V}}{\mathrm{m}}\right)\cdot 10^{-2}\mathrm{m} = 10^4\,\mathrm{V}$$

Für die Kapazität liefert Formel 4.11:

$$C = \frac{8{,}85 \cdot 10^{-12} (\mathrm{F/m}) \cdot 1\ \mathrm{m}^2}{10^{-2}\ \mathrm{m}} = 8{,}85 \cdot 10^{-10}\mathrm{F} = 885\ \mathrm{pF}$$

Mit Formel 4.10 lässt sich die Ladung berechnen:

$$Q = CU = 8{,}85 \cdot 10^{-10} (\mathrm{A \cdot s/V}) \cdot 10^4\ \mathrm{V} = 8{,}85\,\mu\mathrm{C}$$

Schließlich erhält man aus Formel 4.15 die gespeicherte Energie:

$$E_{\mathrm{el}} = \frac{1}{2} \cdot 8{,}85 \cdot 10^{-10} \frac{\mathrm{A \cdot s}}{\mathrm{V}} \cdot \left(10^4\ \mathrm{V}\right)^2$$
$$\approx 4{,}4 \cdot 10^{-2} \mathrm{W \cdot s} = 44{,}4\ \mathrm{mJ}$$

Ein Kondensator kann im Verhältnis zu seinem Volumen nur wenig Energie speichern (viel effizienter sind dafür Akkumulatoren, Abschnitt 4.7.3). Seine Energie lässt sich aber in sehr kurzer Zeit abrufen; darin liegt – neben der Verwendung in elektronischen Schaltungen – seine technische Bedeutung. Anwendungsbeispiele sind z. B. Foto-Blitzgeräte und medizinische Defibrillatoren zur Behandlung des Herzkammerflimmerns.

Beispiel 4.3: Kondensatorleistung

Der Kondensator in Defibrillatoren kann bis zu 360 J speichern und diese Energie in 2 ms über großflächige Elektroden an den Patienten abgeben. Die Leistung ist also:

$$P = \frac{E}{\Delta t} = \frac{360\,\mathrm{W \cdot s}}{2 \cdot 10^{-3}\mathrm{s}} = 180\,\mathrm{kW}$$

Da beim Kammerflimmern nur ein solch starker „Elektroschock" lebensrettend wirkt, werden immer mehr automatische Defibrillatoren in öffentlichen Gebäuden angebracht.
Das andere Extrem stellen Doppelschicht-Kondensatoren dar, die nach relativ schneller Aufladung bei kleiner Spannung (einige Volt) lange Zeit Energie liefern, z. B. für das Standlicht an Fahrrädern.
Aufgabe: Welche Kapazität muss ein Kondensator haben, um bei 5 V für 10 min eine Leuchtdiode mit der mittleren Leistung von 50 mW zu betreiben?
Lösung: Mit Formel 4.15 und unter der vereinfachenden Annahme, dass die Leistung gleich bleibt (Kondensatoren entladen sich allerdings gemäß der Exponentialfunktion, Info 4.5) erhält man:

$$P\Delta t = \frac{1}{2} CU^2 \Rightarrow C = \frac{2P\Delta t}{U^2} = \frac{2 \cdot 0{,}05\mathrm{VA} \cdot 600\mathrm{s}}{(5\mathrm{V})^2} = 2{,}4 \frac{\mathrm{A \cdot s}}{\mathrm{V}} = 2{,}4\,\mathrm{F}$$

In der Tat lassen sich Kapazitäten von einigen Farad bei wenigen Volt mit relativ kleinen Kondensatoren realisieren (in der „Doppelschicht"-Bauform mit Bezeichnungen wie „Gold-Cup" u. Ä.).

Zusammenfassung: Elektrostatik

- *Ladungen* treten in Vielfachen der Elementarladung auf und erfüllen einen Erhaltungssatz.
- Gleichartige Ladungen stoßen sich ab, unterschiedliche ziehen sich an. Bei Punktladungen gilt das *Coulomb-Gesetz*.
- Zwischen ruhenden Ladungen entsteht ein elektrisches (Kraft-)*Feld*. Die Feldstärke entspricht der Kraft pro Ladung.

- Das *Potenzial* eines Ortes in einem elektrischen Feld entspricht der Verschiebungsarbeit an einer Ladung dorthin bzw. ihrer potenziellen Energie dort. Potenzialunterschiede werden elektrische *Spannungen* genannt.
- Auf einer *Äquipotenzialfläche* ist keine Verschiebungsarbeit notwendig. Ist sie geschlossen, können in ihrem Inneren keine Spannung und auch kein elektrisches Feld auftreten (leitendes Material als FARADAY-*Käfig*).
- Die Kapazität eines *Kondensators* beschreibt die bei einer bestimmten Spannung speicherbare Ladungsmenge. Kleiner Plattenabstand, große Plattenflächen und ein Dielektrikum vergrößern die Kapazität.

4.2 Strom und Widerstand

In der Elektrostatik stehen die elektrischen Feldlinien immer senkrecht auf den Leiteroberflächen, sodass die Ladungsträger in Ruhe bleiben. In Leitern sind Ladungen aber grundsätzlich beweglich, und sobald eine Potenzialdifferenz zwischen zwei Punkten auftritt, übt das elektrische Feld eine Kraft $\vec{F} = Q\vec{E}$ auf sie aus. Der dadurch entstehende Ladungsfluss bzw. *Strom* wird durch den elektrischen *Widerstand* behindert.

4.2.1 Stromstärke und Stromdichte

Bei einem zeitlich konstanten Ladungsfluss durch einen Leiter – einem *Gleichstrom* – beträgt die **Stromstärke**:

Stromstärke eines Gleichstroms

$$I = \frac{Q}{t}$$

Physikalisch exakt, aber praktisch nur selten von Bedeutung, ist die Definition des Stromes mittels der zeitlich veränderlichen Ladungsmenge, die senkrecht eine bestimmte Fläche A durchströmt:

Elektrische Stromstärke

$$I = \frac{\mathrm{d}Q}{\mathrm{d}t} \qquad \text{Formel 4.16}$$

Damit kann auch die **Stromdichte** angegeben werden:

Definition der Stromdichte

$$J = \frac{I}{A} \qquad \text{Formel 4.17}$$

Die SI-Einheit der Stromstärke – eine der sieben Basiseinheiten, deren ehemalige, noch anschauliche Definition mittels magnetischer Kräfte in Abschnitt 4.3.4 besprochen wird – ist benannt nach ANDRÉ MARIE AMPÈRE (1775 – 1836): [I] = A = C/s. Die SI-Einheit der *Ladung* (Abschnitt 4.1.1) ergibt sich daraus als $[Q]$ = C = A · s.

Info 4.3: Was fließt beim elektrischen Strom?

Die wichtigsten Ladungsträger sind die **Elektronen**; in den wichtigsten Leitern, den *Metallen*, fließen ausschließlich sie (Abschnitt 4.7.4). In *Halbleiterkristallen* wie Silizium verhalten sich darüber hinaus Elektronenlücken im Kristallgitter wie positive Ladungen. (Manchmal werden sie *Defektelektronen* genannt; sie sind aber nicht kaputt, sondern haben die inverse Elektronenladung $+e$). Besser spricht man von **Löchern** und Löcherleitung (Abschnitt 4.7.5, Abschnitt 6.4.4).

Auch in *Gasen* und *Elektrolyten* gibt es negative *und* positive Ladungen. Letztere sind aber in diesem Fall real: Es sind ursprünglich neutrale Atome, die durch den Verlust von Elektronen eine positive Gesamtladung aufweisen und **Ionen** genannt werden (Abschnitt 4.7.2, Abschnitt 4.7.3).
Beim Anschluss einer Spannungsquelle an einen metallischen Leiter beginnen keineswegs die Elektronen durch den Draht zu rasen – auch wenn naive Analogien zu Wasserleitungen das nahelegen. Das Metallgitter enthält sowohl gebundene, um ihre Ruhelage schwingende Elektronen, als auch bewegliche (die „Leitungselektronen"). Bei diesen zeigt sich die Wärmeenergie in zufälligen Translationsbewegungen mit vielen Stößen, ähnlich den von Gasmolekülen (vgl. den „random walk" der kinetischen Wärmetheorie in **Bild 3.19**). Aus diesem Grund spricht man auch von einem *Elektronengas*.
Mit dem Anlegen der Spannung breitet sich das elektrische Feld im Leiter aus, und durch die elektrische Kraft $F = eE$ wird der Zufallsbewegung eine *Drift* überlagert. Während das Feld sich nahezu mit Lichtgeschwindigkeit ausbreitet und die Elektronen zwischen den Stößen immerhin 10^6 m/s erreichen, beträgt die Driftgeschwindigkeit nur ca. 10^{-4} m/s. Vom Lichtschalter bis zur 10 m entfernten Lampe benötigt ein individuelles Elektron also mehr als einen Tag!
Die *technische Stromrichtung* ist historisch vom positiven Pol einer Spannungsquelle zum negativen festgelegt worden. In den allermeisten Fällen fließt der Strom physikalisch also in der entgegengesetzten Richtung.

Bei genauerer Betrachtung zeigt sich, dass die Stromdichte *Vektoreigenschaften* hat, weil sie in vielen praktisch bedeutsamen Fällen der elektrischen Feldstärke im Leiter proportional und *gleichgerichtet ist*:

$$\vec{J} = \varkappa \vec{E} \qquad \text{Formel 4.18}$$

Ohmsches Gesetz

Dies ist das berühmte **Ohmsche Gesetz** in „physikalischer Formulierung", mit der *Leitfähigkeit* $\varkappa$ als Proportionalitätsfaktor. $\varkappa$ ist eine Konstante für viele Materialien, insbesondere für Metalle bei einer festen Temperatur.

4.2.2 Widerstand

In der Technik bevorzugt man die Formulierung des Ohmschen Gesetzes mittels der Ursache des elektrischen Feldes, also der Potenzialdifferenz beziehungsweise Spannung U. Sie ist proportional zum Strom I, und die Proportionalitätskonstante R heißt **elektrischer Widerstand**:

$$U = RI \qquad \text{Formel 4.19}$$

Das Gesetz lautet dann in „elektrotechnischer Formulierung":

$$R = \frac{U}{I} = \text{const.} \qquad \text{Formel 4.20}$$

Die Einheit von $R = U/I$ trägt zu Ehren von Georg Simon Ohm (1789 – 1854) den Namen *Ohm*: $[R]$ = V/A = Ω. Manchmal ist es praktisch, den Kehrwert des Widerstandes zu verwenden. Er heißt *Leitwert* $G = 1/R$ und hat die Einheit *Siemens*: $[G]$ = S (nach Werner von Siemens, 1816 – 1892).

Elektrische Quellen

In der Technik, speziell der elektrischen Energietechnik, ist häufig von „Stromquellen" die Rede. Physikalisch betrachtet wird immer eine Potenzialdifferenz erzeugt; genauer ist also der Begriff „Spannungsquelle". Manchmal kann allerdings ein eingestellter *Strom* konstant gehalten werden, indem die Spannung geregelt wird – dann ist die Bezeichnung technisch plausibel.

Der Widerstand R ist wiederum proportional der Länge l und umgekehrt proportional der Querschnittfläche A eines Leiters:

$$R = \varrho \frac{l}{A} \qquad \text{Formel 4.21}$$

Widerstand eines Leiters

Den Faktor ϱ nennt man *spezifischen Widerstand* mit $[\varrho] = \Omega \cdot m$; er ist der Kehrwert der Leitfähigkeit: $\varrho = 1/\varkappa$.

Widerstand

Der elektrische Widerstand (englisch: „resistance") ist eine physikalische *Größe*, die durch das Verhältnis von Spannung und Strom in einem Stromkreis definiert ist. Das *Bauelement* aus Kohle, Metall, Metalloxiden o. Ä., mit dem der Widerstand technisch realisiert wird, heißt im Deutschen leider genauso (aber englisch: „resistor").

Info 4.4: Äquivalente Formulierungen der OHMschen Gesetzmäßigkeit

Es vertieft das Verständnis der elektrischen Eigenschaften von Leitern, wenn man sich die Äquivalenz der beiden Formulierungen des OHMschen Gesetzes verdeutlicht. Ein Leiter des Querschnittes *A* und der Länge *l* hat zwischen Anfang und Ende die Potenzialdifferenz $\varphi_A - \varphi_B = U$ **(Bild 4.12)**. Dadurch entsteht die elektrische Feldstärke *E*; nach Formel 4.6 gilt hier $U = El$. Wegen der Kraftwirkung auf die Ladungen verursacht *E* wiederum den Strom *I*, wobei seine Dichte $J = I/A$ ist. Formel 4.18 lautet für diesen Leiter:

$$J = \varkappa E = \varkappa \frac{U}{l}$$

Daraus folgt für die Spannung wie in Formel 4.19:

$$U = \frac{l}{\varkappa} J = \frac{l}{\varkappa} \cdot \frac{I}{A} = \varrho \frac{l}{A} I = RI$$

Häufig wird auch die Argumentation umgekehrt und gefolgert, dass durch einen Strom *I* an einem Leiter mit dem Widerstand *R* eine Spannung *U* „abfällt".
Wichtiger als die Formulierung ist für die Praxis die beschränkte Anwendbarkeit: Ein „OHMscher Widerstand" muss unabhängig von Spannung und Frequenz (Abschnitt 4.5.2) sein und darf keine Nichtlinearitäten bei hohen Stromdichten zeigen. Insbesondere erweisen sich $\varkappa$ bzw. ϱ als grundsätzlich *temperaturabhängig*.

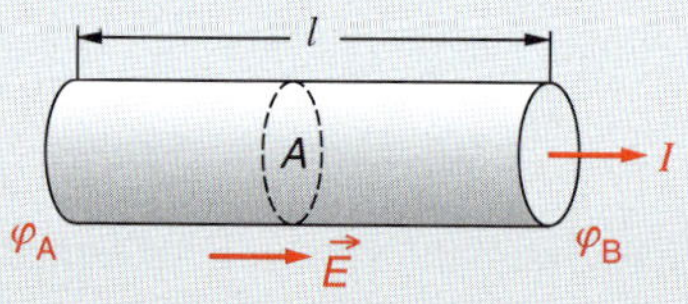

Bild 4.12 Zum Zusammenhang zwischen den beiden Formulierungen des OHMschen Gesetzes.

Die Temperaturabhängigkeit des spezifischen Widerstandes kann man mithilfe seines **Temperaturkoeffizienten** α ausdrücken. Obwohl α auch wieder schwach temperaturabhängig ist, gilt in einem großen Temperaturbereich (0 ... 200 °C) mit ausreichender Genauigkeit:

Temperaturabhängigkeit des spezifischen Widerstandes

$$\varrho(\vartheta) = \varrho_{20}\left[1 + \alpha(\vartheta - 20°C)\right] \qquad \text{Formel 4.22}$$

In Tabelle 4.2 sind die spezifischen Widerstände einiger technisch wichtiger Materialien mit ihren Temperaturkoeffizienten zusammengestellt. Den besten Kompromiss zwischen Leitfähigkeit und Materialkosten stellt *Kupfer* dar. *Silber* und *Gold* werden nur für elektrische Kontakte verwendet, die keinesfalls oxidieren dürfen. *Konstantan* ist eine Legierung aus Kupfer und Nickel, deren kleiner Temperaturkoeffizient spezielle Anwendungen z. B. in der elektrischen Messtechnik ermöglicht.

Tabelle 4.2 Spezifischer Widerstand und Temperaturkoeffizient für einige Metalle

Material	Spezifischer Widerstand ϱ bei 20 °C in $10^{-6}\,\Omega \cdot m$	Temperaturkoeffizient α in $10^{-3}\,K^{-1}$
Silber	0,016	3,8
Kupfer	0,017	3,9
Gold	0,022	3,9

Material	Spezifischer Widerstand ϱ bei 20 °C in $10^{-6}\ \Omega \cdot m$	Temperaturkoeffizient α in $10^{-3}\ K^{-1}$
Aluminium	0,028	3,8
Wolfram	0,055	4,5
Eisen	0,10	6,1
Blei	0,208	4,2
Konstantan	0,5	0,03

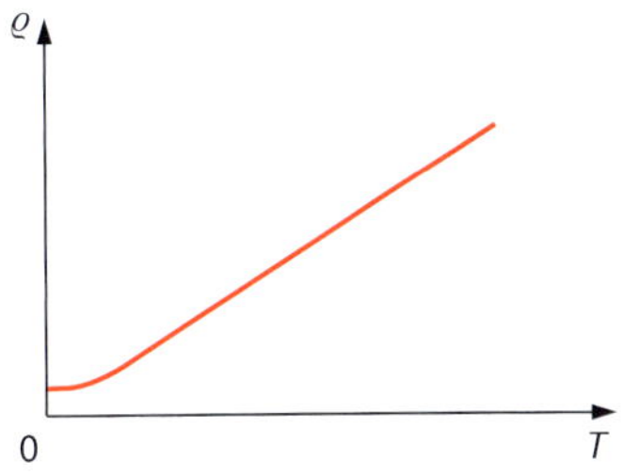

Bild 4.13 Spezifischer Widerstand als Funktion der Temperatur bei Metallen (schematisch).

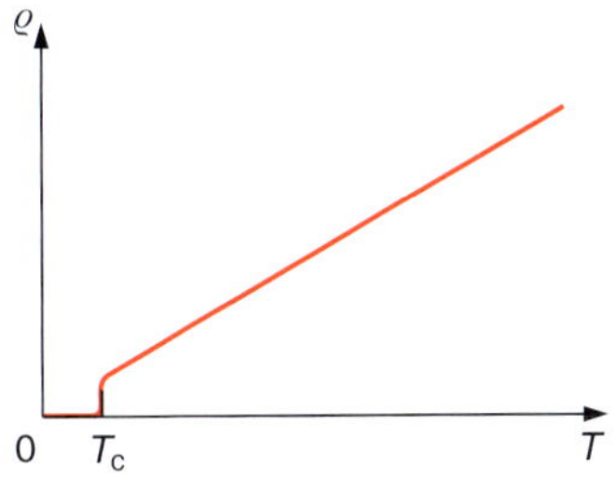

Bild 4.14 Unterhalb der Sprungtemperatur tritt bei einigen Metallen und Keramiken Supraleitung auf (schematisch).

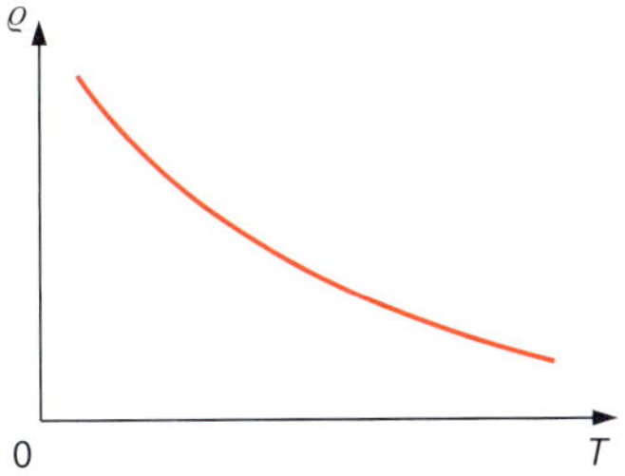

Bild 4.15 Halbleiter wie Silizium haben einen negativen Temperaturkoeffizienten (schematisch).

Bei allen Metallen ist α positiv. Im Modell des Elektronengases (Abschnitt 4.7.4) wird plausibel, dass mit höherer Temperatur die Zahl der Stöße mit den stärker schwingenden Metallatomen des Festkörpergitters steigt und die Drift der Leitungselektronen stärker behindert wird. Das zeigt der lineare Bereich in **Bild 4.13**, der durch Formel 4.21 beschrieben wird. Bei niedrigen Temperaturen wird die Drift durch Stöße mit stationären *Fehlstellen* des Gitters bestimmt, und ϱ erreicht einen bestimmten Minimalwert.

Bei einigen Materialien wirkt allerdings unterhalb der *Sprungtemperatur* T_c **(Bild 4.14)** ein nur quantenphysikalisch beschreibbarer Leitungsmechanismus, der den Widerstand vollkommen zum Verschwinden bringt. Ein Strom fließt dann auch ohne Potenzialdifferenz ständig weiter. Technisch werden diese **Supraleiter** für sehr starke Magnetfeldspulen und hochempfindliche Magnetfeldsonden eingesetzt.

In der Fahrzeugtechnik werden außerdem Anwendungen diskutiert, die die besonderen *magnetischen* Eigenschaften der Supraleiter nutzen. Das als Dampflok „getarnte" Demonstrationsmodell in **Bild 4.16** nutzt zum Beispiel einen mit flüssigem Stickstoff gekühlten keramischen Supraleiter, der das Fahrzeug einerseits schweben lässt und andererseits die Führung entlang einer magnetischen Schiene übernimmt. Auch bei solchen „Hochtemperatur-Supraleitern" liegt T_c jedoch unter −130 °C, so dass ihr Einsatz bei Überlandleitungen (Beispiel 4.12) nicht praktikabel ist.

Halbleiter haben einen negativen Temperaturkoeffizienten **(Bild 4.15)**, und zwar wegen der höheren Eigenleitung im Kristall mit zunehmender Wärmeenergie (Abschnitt 4.7.5.1, Abschnitt 6.4.4). Nützlich sind sie darum u. a. als „Heißleiter" in elektronischen Schaltungen.

Bild 4.16 Das magnetische Schweben und Führen eines Fahrzeugs mithilfe der Supraleitung ist erstmals mit einem Spielzeug-Modell demonstriert worden.

Die Temperaturabhängigkeit von Widerständen ist insofern bedeutsam, als die von Strom und Spannung verrichtete Arbeit immer in **JOULEsche Wärme** umgewandelt wird. Nach Formel 4.7 gilt:

$$\mathrm{d}W = U\mathrm{d}Q$$

und außerdem gemäß Formel 4.16:

$$I = \frac{\mathrm{d}Q}{\mathrm{d}t}$$

Damit erhält man die von Potenzialdifferenz und Ladungsfluss gelieferte **elektrische Leistung**:

$$\frac{\mathrm{d}W}{\mathrm{d}t} = P_{\mathrm{el}} = UI \qquad \text{Formel 4.23}$$

Sie wird wie immer in Watt angegeben; technische Angaben können auch $[P] = \mathrm{VA}$ lauten. In einem bestimmten Zeitintervall Δt ergibt sich daraus die **elektrische Arbeit** in W · s (oder den äquivalenten Einheiten J bzw. N · m); bei technischen Größenordnungen sind kWh gebräuchlich.

Verbraucher im Stromkreis

Was anschaulich aus der elektrischen Quelle „quillt", sind Ladungen. Diese werden aber keineswegs irgendwo verbraucht. Allenfalls wird elektrische Energie oder Leistung „verbraucht", in Wirklichkeit aber umgewandelt, zum Beispiel in Wärme.

Die **Verlustleistung** an einem Widerstand (also die in Wärme umgewandelte und damit für das System verlorene elektrische Energie pro Zeit) lässt sich mithilfe des OHMschen Gesetzes (Formel 4.19) – das dann wegen Formel 4.21 aber gerade mit Vorsicht anzuwenden ist – ausdrücken:

$$P_{\mathrm{el}} = I^2 R = \frac{U^2}{R} \qquad \text{Formel 4.24}$$

Bei langen Leitungen mit hoher Übertragungsleistung bekommen die Energieversorgungsunternehmen offensichtlich ein Problem mit großen Strömen (Beispiel 4.12). Aus diesem Grund wird im Produkt UI die Spannung erhöht (in Deutschland bis zu 380 kV). Da diese Transformation (Abschnitt 4.5.1) nur mit Wechselspannungen gelingt, haben sich weltweit entsprechende Versorgungsnetze entwickelt.

In speziellen Fällen ist die JOULEsche Wärme natürlich erwünscht, etwa bei klassischen elektrischen Kochplatten, Heizöfen und den heute nur noch selten verwendeten Glühlampen.

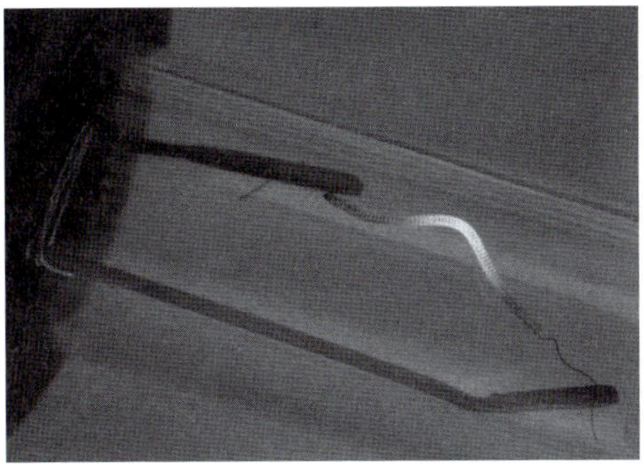

Bild 4.17 Der Wolfram-Glühfaden einer Miniatur-Glühlampe nutzt die gegenseitige Aufheizung der Wendel, um eine höhere Fadentemperatur zu erzielen. Gut zu erkennen sind die Wärmeverluste an den Zuleitungen.

Beispiel 4.4: Glühlampe

Aufgabe: Eine klassische Glühlampe (ähnlich der in **Bild 4.17**) für 230 V nutzt einen doppelt gewendelten Wolframfaden von 40 µm Durchmesser und 1,5 m Länge. Wie groß ist sein Widerstand bei Raum- und bei Betriebstemperatur (2700 °C; Abschätzung mit der linearen Näherung in Formel 4.21)? Welche Lichtleistung wird abgestrahlt, wenn der Wirkungsgrad 5 % beträgt?
Lösung: Der Fadenwiderstand bei 20 °C wird mit Formel 4.20 und ϱ_W aus Tabelle 4.2 berechnet:

$$R_{20} = 0{,}055 \cdot 10^{-6}\ \Omega \cdot \mathrm{m} \cdot \frac{1{,}5\mathrm{m}}{\pi \cdot \left(20 \cdot 10^{-6}\ \mathrm{m}\right)^2} = 65{,}7\,\Omega$$

Da l und A annähernd konstant bleiben, gilt der Temperaturkoeffizient des *spezifischen* Widerstands ϱ aus Formel 4.21 näherungsweise auch für den Gesamtwiderstand:

$$R_{2700} = R_{20}\left[1 + \alpha\left(\vartheta - 20\right)\right]$$
$$= 65{,}7\,\Omega\left(1 + 4{,}5 \cdot 10^{-3}\mathrm{K}^{-1} \cdot 2680\,\mathrm{K}\right) = 858\,\Omega$$

Die Ströme im kalten und im glühenden Zustand des Wolframfadens betragen nach Formel 4.19 jeweils:

$$I_{20} = \frac{230\,\mathrm{V}}{65{,}7\ \mathrm{V/A}} = 3{,}50\,\mathrm{A};\ I_{2700} = 0{,}268\,\mathrm{A}$$

Glühlampen am Ende ihrer Lebensdauer (bei konventionellen Ausführungen ca. 1000 h) werden meistens durch den ca. 13-fachen Strom beim Einschalten zerstört.
Die elektrische Betriebsleistung ergibt sich nach Formel 4.22 zu:

$$P = 230\,\mathrm{V} \cdot 0{,}268\ \mathrm{A} = 62\ \mathrm{W}$$

von denen 95 % als Wärme abgegeben werden und nur 3,1 Watt als Lichtleistung nutzbar sind.

4.2.3 Stromkreise und Stromverzweigungen

Die Stromstärke in einem „geschlossenen Stromkreis" – so wird er häufig genannt; in einem offenen fließt aber kein Strom – wird formal durch das OHMsche Gesetz bestimmt. Dahinter stecken die physikalischen Prinzipien der *Ladungserhaltung* und der *Energieerhaltung*. Sie gelten auch für beliebig komplizierte Netzwerke von zahlreichen Spannungsquellen und Widerständen. GUSTAV KIRCHHOFF (1824–1887) hat auf dieser Basis zwei Gesetze bzw. Regeln formuliert, die für die systematische Analyse von Stromkreisen große Bedeutung haben. Für Ströme gilt die **Knotenregel**:

Knotenregel

In jedem *Knotenpunkt* bzw. an jeder *Verzweigungsstelle* eines Stromkreises ist die Summe der zufließenden gleich der Summe der abfließenden Ströme.

Unter Beachtung der Vorzeichen kann man auch formulieren, dass die Summe der Ströme in einem Knoten wie in **Bild 4.18** null ist. (Eigentlich ist das trivial, denn es können ja keine Ladungen angehäuft, beseitigt oder geschaffen werden.) Das **1. KIRCHHOFFsche Gesetz** lautet also:

$$\sum_{k=1}^{n} I_K = 0$$ Formel 4.25

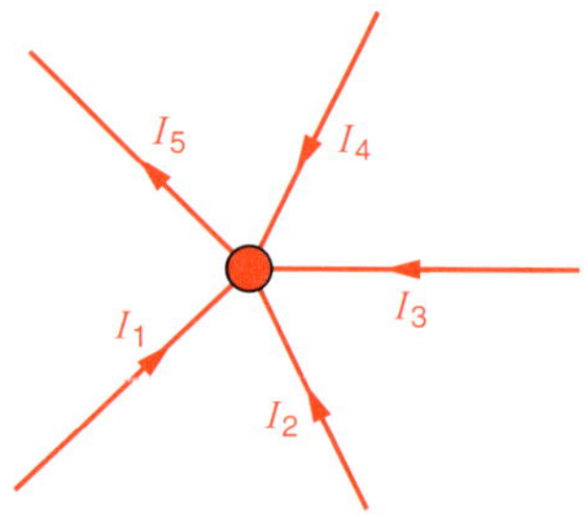

Bild 4.18 Das 1. KIRCHHOFFsche Gesetz für die Stromverzeigung in Knoten.

Eine geschlossene Leiterschleife **(Bild 4.19)** wird als *Masche* bezeichnet; sie kann sowohl Spannungsquellen als auch Widerstände enthalten. Unter Berücksichtigung der technischen Stromrichtung werden in einem einheitlichen *Umlaufsinn* entlang der Masche die Polaritäten der *Spannungsquellen* und der *Spannungsabfälle* (aufgrund des Stromes durch die Widerstände) ermittelt. Dann gilt die **Maschenregel**:

Die Summe aller Spannungen an den Quellen ist gleich der Summe aller Spannungen an den Widerständen.

Da die Potenzialdifferenzen an den Spannungsquellen nach dem Energiesatz insgesamt gleich den Spannungsabfällen sein müssen, lautet das **2. KIRCHHOFFsche Gesetz** auch:

$$\sum_{k=1}^{n} U_K = 0$$ Formel 4.26

Eine elementare, aber für die Praxis bedeutsame Anwendung der Maschenregel zeigt, dass die **Quellenspannung** U_q (auch „Leerlaufspannung" genannt) einer Spannungsquelle auf die **Klemmenspannung** U_K sinkt, sobald ein Strom fließt. Dann fällt nämlich eine zusätzliche Spannung am Innenwiderstand R_i der Quelle ab:

$$U_\mathrm{K} = U_\mathrm{q} - IR_\mathrm{i}$$

Der Strom ist nach dem OHMschen Gesetz durch die Summe von Außenwiderstand (des „Verbrauchers“) und diesem Innenwiderstand zu berechnen:

$$I = \frac{U_q}{R_i + R_a}$$

sodass als Klemmenspannung übrig bleibt:

$$U_K = U_q \frac{R_a}{R_i + R_a} \qquad \text{Formel 4.27}$$

Klemmenspannung einer belasteten Quelle

„Gute“ Spannungsquellen sollten also einen kleinen Innenwiderstand haben. Allerdings wird der **Kurzschlussstrom** ($R_a \approx 0$) nur noch von R_i begrenzt und kann bei kleinen Werten – z. B. in einem Auto-Akkumulator – gefährlich hoch werden. Für die Praxis ist es oft wichtig, einer Quelle die maximale *Leistung* entnehmen zu können. Diese *Impedanzanpassung* ist optimal für $R_i = R_a$.

Auch Netzwerke von Widerständen lassen sich mit den KIRCHHOFFschen Gesetzen berechnen. Für die **Reihenschaltung** in **Bild 4.20a** verlangt die Maschenregel:

$$U = U_1 + U_2 + U_3$$

beziehungsweise mit dem OHMschen Gesetz (Formel 4.19):

$$IR_{ges} = I(R_1 + R_2 + R_3)$$

Verallgemeinert gilt also, dass der Gesamtwiderstand gleich der Summe der Einzelwiderstände ist:

$$R_{ges} = \sum_{i=1}^{n} R_i \qquad \text{Formel 4.28}$$

Bei der **Parallelschaltung** in **Bild 4.20b** liegt an jedem Einzelwiderstand die Spannung U, und für den Strom liefert die Knotenregel:

$$I_{ges} = I_1 + I_2 + I_3$$

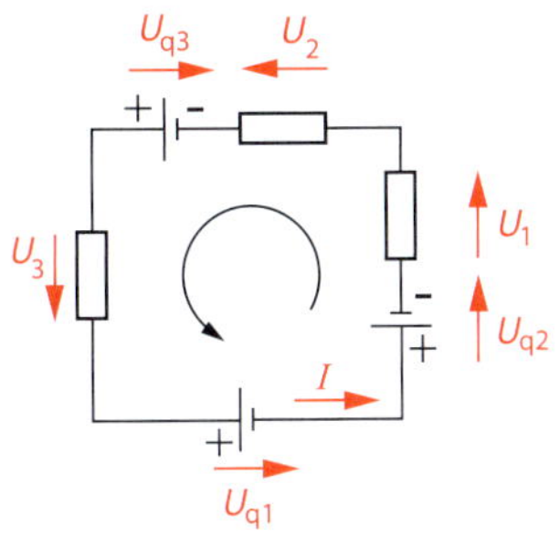

Bild 4.19 Das 2. KIRCHHOFFsche Gesetz für eine Masche mit Spannungsquellen U_{qi} und Spannungsabfällen U_j.

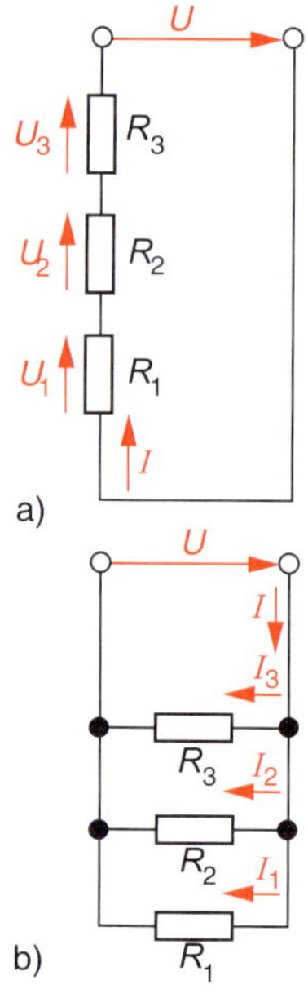

Bild 4.20 Reihenschaltung (a) und Parallelschaltung (b) von drei Widerständen.

Daraus folgt wiederum mit Formel 4.19:

$$\frac{U}{R_{\text{ges}}} = \frac{U}{R_1} + \frac{U}{R_2} + \frac{U}{R_3}$$

Mit dem Schluss auf beliebig viele Widerstände erhält man hier, dass der reziproke Gesamtwiderstand gleich der Summe der reziproken Einzelwiderstände ist:

$$\frac{1}{R_{\text{ges}}} = \sum_{i=1}^{n} \frac{1}{R_i}$$ Formel 4.29

Praktiker rechnen in diesem Fall gerne mit dem *Leitwert* $G = 1/R$:

$$G_{\text{ges}} = G_1 + G_2 + \cdots G_n$$

Auch die **Wheatstonesche Brückenschaltung** zur präzisen Messung von Widerständen – in der Laborpraxis immer noch wichtig, im Laborpraktikum immer noch unbeliebt – beruht auf der Maschenregel **(Bild 4.21)**. Der unbekannte Widerstand R_x ist mit drei bekannten so verschaltet, dass bei einer Potenzialdifferenz an den Knoten **A** und **B** zwischen den Knoten **C** und **D** zunächst ein *Brückenstrom* I_B fließt. Durch geeignete Wahl von R_1, R_2 und R_3 können aber **C** und **D** auf gleiches Potenzial gebracht werden, sodass die Brücke stromlos wird. In der Praxis erreicht man das durch Variation des Verhältnisses R_2/R_3. Letztere Reihenschaltung wird auch als *Spannungsteiler* bezeichnet und im Labor oft durch einen Widerstandsdraht (zum Beispiel aus Konstantan, Tabelle 4.2) mit Schleifkontakt realisiert; dann stellt man nach Formel 4.20 ein Längenverhältnis ein.

Die Maschenregel sagt, dass bei „abgeglichener Messbrücke" sowohl $R_xI_1 = R_2I_2$ als auch $R_1I_1 = R_3I_2$ gelten muss. Daraus folgt:

$$R_x = R_1 \frac{R_2}{R_3}$$

Weil die Strommessung außerordentlich empfindlich erfolgen kann, lassen sich auch kleine Widerstandsabweichungen aufgrund von *Temperaturänderungen* nachweisen. Darauf beruhen einige moderne Messgeräte, auch solche für die Wärmeleitung und die Strömungsgeschwindigkeit in Gasen.

Schließlich braucht man die KIRCHHOFFschen Gesetze zur genauen **Strom- und Spannungsmessung.** *Amperemeter* müssen natürlich „niederohmig" sein und im Strompfad liegen, während „hochohmige" *Voltmeter* parallel zur Spannungsquelle oder zum Widerstand geschaltet werden. Bei klassischen Messgeräten wie *Hitzdraht-, Dreheisen- und Drehspul-Instrumenten* sind die gleichzeitige Strom- und Spannungsmessung sowie die Messbereichserweiterung ein weites Feld für Maschen- und Knotenregel, weil immer ein (möglichst kleiner) Strom den Zeiger bewegt [Lindner]. Mit digitalen, meistens prozessorgestützten Messgeräten sind die Chancen, Qualm und Schmorgeruch im Labor zu erzeugen, allerdings heute deutlich geringer geworden.

Parallele Strompfade

Bei der Parallelschaltung unterschiedlicher Widerstände wird von Studierenden im Laborpraktikum manchmal behauptet, der Strom nehme den „Weg des geringsten Widerstandes". Dieser Schluss von der – legitimen – eigenen Vorgehensweise auf das Verhalten von *Ladungen* ist nicht legitim: Diese nehmen *alle* Wege, nur die *Stromstärke* variiert je nach Widerstand.

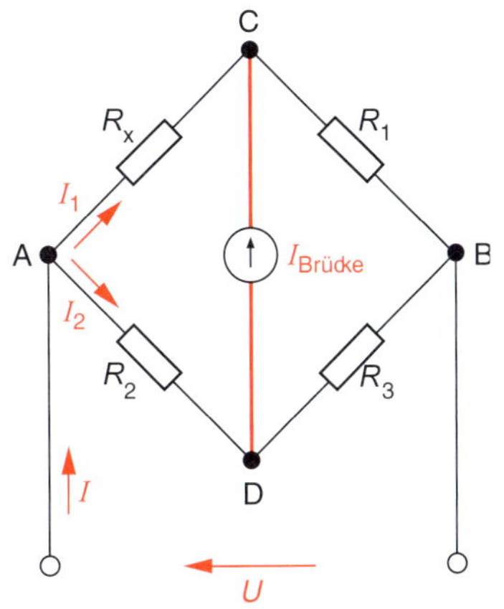

Bild 4.21 WHEATSTONEsche Brückenschaltung zur Bestimmung von R_x.

Beispiel 4.5: Kondensatorentladung

Aufgabe: Ein auf 200 V aufgeladener Kondensator der Kapazität 5 µF wird über einen 100-kΩ-Widerstand entladen. Berechnen Sie die maximale Stromstärke, die Zeitkonstante sowie die Zeit, nach der die Spannung auf 1 % gesunken ist!

Lösung: Der Strom ist zu Beginn der Entladung am größten:

$$I_0 = \frac{U_0}{R} = \frac{200\,\text{V}}{10^5\,\text{V/A}} = 2\,\text{mA}$$

Für die Zeitkonstante (Info 4.5) erhält man:

$$\tau = RC = 10^5 \frac{\text{V}}{\text{A}} \cdot 5 \cdot 10^{-6} \frac{\text{A} \cdot \text{s}}{\text{V}} = 0{,}5\,\text{s}$$

Für $U_C = 0{,}01 \cdot U_0$ liefert die Gleichung in Info 4.5 nach Division durch U_0:

$$0{,}01 = \text{e}^{-\frac{t}{RC}}$$

Wie üblich (Beispiel 2.26) wird logarithmiert:

$$\ln 0{,}01 = -\frac{t}{RC} \Rightarrow t = -\ln 0{,}01 \cdot RC \approx 4{,}6\,\tau$$

Der Kondensator kann also erst nach über 2 Sekunden als „entladen" gelten!

Info 4.5: Kondensator im Gleichstromkreis

Die KIRCHHOFFsche Maschenregel erlaubt auch, das Verhalten von *Kondensatoren* (Abschnitt 4.1.4) in einem Stromkreis zu untersuchen. Selbstverständlich ist kein *kontinuierlicher* Stromfluss möglich, aber nach dem Einschalten der Spannungsquelle muss der Kondensator mit der Kapazität *C* (über einen OHMschen Widerstand *R*) zunächst aufgeladen werden. Nach ihrem Ausschalten wird er sich – mit Strombegrenzung durch *R* – entladen. Für viele Anwendungen („*RC*-Glieder"), aber auch im Hinblick auf Wechselströme (Abschnitt 4.5.2) interessant ist der zeitliche Verlauf von Spannung und Strom in beiden Fällen.
Wegen der Definition der Stromstärke (Formel 4.16) erhält man Differenzialgleichungen 1. Ordnung, die nach etwas Rechenaufwand [Tipler] jeweils zu einer Lösung mit *exponentiellem* Anstieg bzw. Abfall von Strom und Spannung führen. Beim *Aufladen* des Kondensators gilt:

$$I(t) = I_0 \cdot e^{-\frac{t}{RC}} = \frac{U_0}{R} e^{-\frac{t}{RC}}, \quad U_C(t) = U_0 \left(1 - e^{-\frac{1}{RC}}\right)$$

Für die *Entladung* erhält man:

$$I(t) = -\frac{U_0}{R} e^{-\frac{t}{RC}}, \quad U_C(t) = U_0 \cdot e^{-\frac{t}{RC}}$$

Beide Vorgänge sind in **Bild 4.22** – sinnvoll phasenverschoben – dargestellt. Eine charakteristische Größe für die Annäherung an den Endwert ist die *Zeitkonstante* $\tau = RC$. Je größer Kapazität und/oder Widerstand sind, desto länger dauern Auf- und Entladung des Kondensators. Die Gleichung zeigt, dass nach der Zeit $t = \tau$ der Vorgang nur bis auf $1/e \approx 0{,}37$ vorangekommen ist. Eine Faustregel sagt, dass ein Kondensator erst nach 5τ als entladen gelten kann (und bei hohen Ladespannungen erst dann ungefährlich ist; siehe auch Beispiel 4.5).

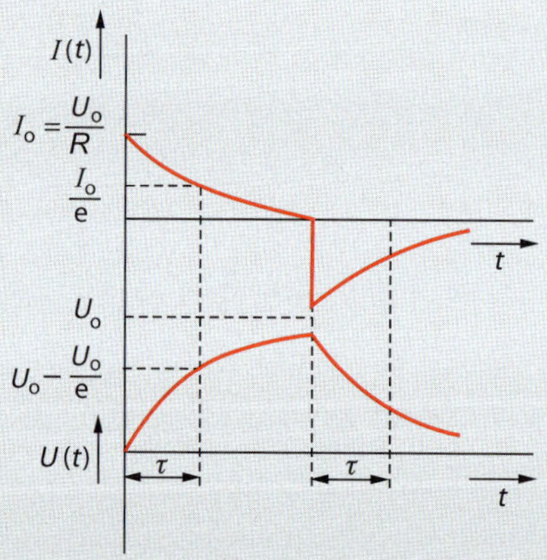

Bild 4.22 Der Strom- und Spannungsverlauf beim Auf- und Entladen eines Kondensators wird durch die Exponentialfunktion beschrieben.

Zusammenfassung: Strom und Widerstand

- Der elektrische Strom *I*, also ein Ladungsfluss, ist proportional zu der verursachenden Potenzialdifferenz *U*. Durch den Quotienten *U*/*I* wird der elektrische Widerstand *R* definiert. Diese Zusammenhänge bezeichnet man als *OHMsches Gesetz.*
- Der Widerstand eines Leiters ist abhängig vom Material und von der Temperatur. Metalle zeigen einen positiven Temperaturkoeffizienten. Einige werden unterhalb der Sprungtemperatur *supraleitend.*

- Die elektrische Leistung ist durch das Produkt von U und I gegeben. Damit kann man auch die pro Zeiteinheit entwickelte *JOULEsche Wärme* berechnen.
- Die beiden *KIRCHHOFFschen Gesetze* sagen aus, dass in einem Knoten die Summe aller Ströme und in einer Masche die Summe aller Spannungen null ergibt.
- Damit ist die Analyse elektrischer *Netzwerke* möglich, z. B. von parallel und seriell geschalteten Widerständen oder von Messeinrichtungen.

4.3 Magnetfeld

Der Magnetismus und sein Zusammenhang mit bewegten elektrischen Ladungen ist eines der wichtigsten Kapitel der Physik. Das gilt im Hinblick auf technische Anwendungen, aber auch für ihre historische Entwicklung.

4.3.1 Magnetische Phänomene

Erste Berichte über die anziehende Wirkung von „Magnetsteinen“ (Magnetit: Fe_3O_4) auf Eisen stammen aus dem frühen Griechenland. Praktische Bedeutung bekam diese Erscheinung, weil jeder Magnet zwei Pole hat und jeweils gleiche sich abstoßen, während ungleiche sich anziehen. Als das Erdmagnetfeld entdeckt wurde, konnte man also einen magnetischen **Kompass** zur Navigation nutzen. Der nach **Norden** weisende Magnetpol der Kompassnadel wurde **Nordpol** genannt. Der Winkel zwischen der Drehachse der Erde und der Magnetfeldachse heißt *magnetische Deklination.*

Wie bei Gravitationsfeldern und elektrischen Feldern liegt es nahe, ein Magnetfeld durch **Kraftlinien** zu beschreiben. Das Erdmagnetfeld ist auf diese Weise in **Bild 4.23** dargestellt. Es ähnelt dem eines – schematisch mit eingezeichneten – Stabmagneten.

Nord- und Südpol

Historische Bezeichnungen werden manchmal von der Erkenntnis überholt, halten aber stand (siehe auch „technische Stromrichtung“). In der Nähe des geografischen *Nordpols* befindet sich der *Südpol* des Erdmagnetfeldes, zu dem der „Nordpol“ der Kompassnadel weist (**Bild 4.23**).

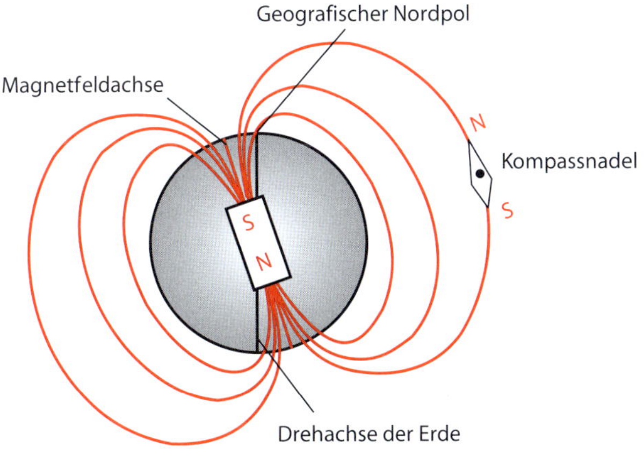

Bild 4.23 Schematischer Verlauf des Erdmagnetfeldes.

Magnetfeldlinien sind immer in sich geschlossen („Wirbelfeld“). Es gibt also keine Quellen und Senken, wie sie die Ladungen beim elektrischen Feld darstellen. Insbesondere existieren offenbar keine magnetischen *Monopole*: Beim Teilen eines Magneten entstehen weitere Paare von Nord- und Südpolen. Dies legt die Vermutung nahe, dass auf atomarer Ebene *Elementarmagnete* existieren, deren Magnetfelder sich überlagern. Technische **Permanentmagnete** – wie zum Beispiel Kompassnadeln – entstehen durch die parallele Ausrichtung ihrer Elementarmagnete in einem äußeren Magnetfeld, die in bestimmten Metallen wie Eisen anschließend erhalten bleibt (Abschnitt 4.3.3).

Zu Anfang des 19. Jahrhunderts wurde entdeckt, dass Magnetfelder temporär bei *jedem Stromfluss* bzw. *jeder Ladungsbewegung* entstehen. Mit der Entwicklung der Atomphysik und der Quantenmechanik zeigte sich später, dass der permanente Magnetismus ebenfalls durch Ströme – allerdings auf mikroskopischer Ebene in den Atomen – verursacht wird. Auch das Erdmagnetfeld wird gemäß der weithin akzeptierten „Dynamotheorie“ durch Ströme im teilweise flüssigen Erdinneren erzeugt. Damit ist eine einheitliche Beschreibung des Magnetfeldes möglich.

4.3.2 Strom und Magnetfeld

Mit einer Kompassnadel ähnlich der in **Bild 4.23** rechts eingezeichneten entdeckte Hans Christian Oerstedt (1777 – 1851) im Jahr 1820, dass um einen stromführenden Leiter konzentrische Magnetfeldlinien entstehen. **Bild 4.24** zeigt die Orientierung solcher Kompassnadeln um einen Leiter. Beim klassischen Demonstrationsexperiment verwendet man meistens Eisenfeilspäne, die selbst magnetisiert werden und sich dann ebenso entlang den imaginären Feldlinien anordnen. Deren *Verlauf* ist in **Bild 4.25** dargestellt, wobei die *Richtung* durch eine Rechtsschraube in der technischen Stromrichtung festgelegt wird („Korkenzieherregel“; es gibt aber eine Vielzahl anderer Merksätze mit gleicher Bedeutung).

Bild 4.24 In diesem Symbolfoto zeigen Kompassnadeln die Richtung des Magnetfeldes um den stromdurchflossenen Leiter in der Bildmitte an.

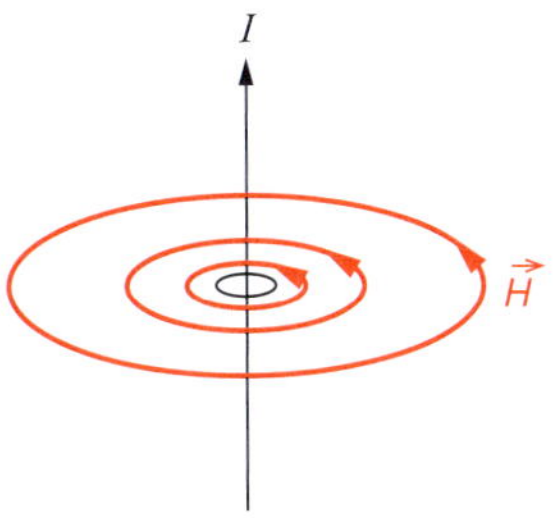

Bild 4.25 Magnetfeld um einen langen geraden Leiter.

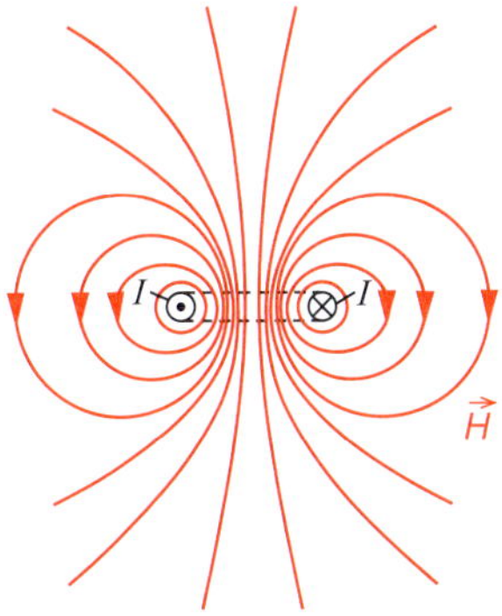

Bild 4.26 Magnetfeld um eine *Leiterschleife* (Draufsicht; links kommt der Strom aus der Buchebene heraus und fließt rechts wieder hinein).

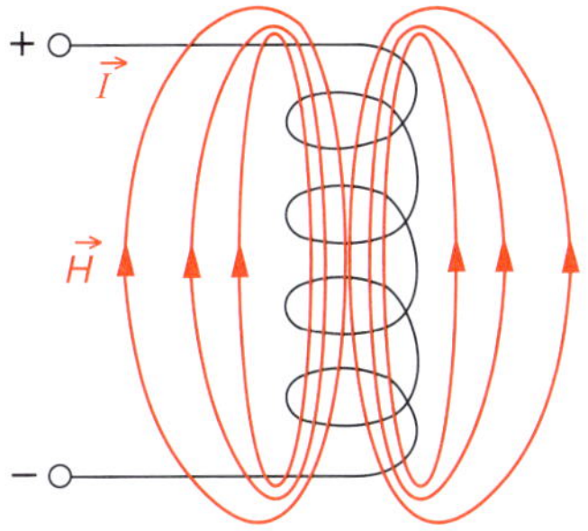

Bild 4.27 Das Magnetfeld einer *Zylinderspule* ähnelt dem eines Stabmagneten.

Biegt man den Leiter zu einer Schleife wie in **Bild 4.26**, so ähnelt die Feldverteilung bereits der eines Stabmagneten bzw. dem Erdmagnetfeld in **Bild 4.23**. Eine Zylinderspule **(Bild 4.27)** kann man sich als viele aneinandergereihte und in Serie geschaltete Stromschleifen *(Windungen)* vorstellen. Diese Anordnung hat die größte technische Bedeutung, meistens allerdings mit Eisenkern zur Feldverstärkung (Abschnitt 4.3.3).

Die Stärke des Magnetfeldes und seine Richtung – offensichtlich handelt es sich um ein *Vektorfeld* – werden aus historischen und theoretischen Gründen durch zwei völlig äquivalente Größen beschrieben:

- Die **magnetische Feldstärke** $\vec{H}$ entspricht formal der elektrischen Feldstärke. Auch die Einheiten sind symmetrisch: $[E]$ = V/m entspricht beim Magnetfeld $[H]$ = A/m.
- Ebenso kann man in formaler Analogie zur elektrischen Flussdichte $\vec{D}$ mit $[D] = [\sigma] = \mathrm{C/m^2}$ die **magnetische Flussdichte** $\vec{B}$ einführen. Allerdings hat wegen ihrer ungleich größeren Bedeutung die SI-Einheit [Vektor-B] = $\mathrm{V \cdot s/m^2}$ = T den eigenen Namen „Tesla“ erhalten (nach NIKOLA TESLA, 1856 – 1943).

Für die beiden Vektorgrößen $\vec{B}$ und $\vec{H}$ gilt im Vakuum (und in Luft sowie den meisten anderen Stoffen näherungsweise) ein Zusammenhang, der als „Grundgleichung des magnetischen Feldes“ bezeichnet wird:

$$\vec{B} = \mu_0 \vec{H} \qquad \text{Formel 4.30}$$

Grundgleichung des Magnetfeldes

Die Proportionalitätskonstante heißt **magnetische Feldkonstante**:

$$\mu_0 = 1{,}256\ 637\ 062\ 12(19) \cdot 10^{-6}\,\frac{\mathrm{V \cdot s}}{\mathrm{A \cdot m}} \qquad \text{Formel 4.31}$$

Info 4.6: Beschreibung des Magnetfeldes

Die Verwendung zweier unterschiedlicher Magnetfeldgrößen wird oft damit begründet, dass H direkt aus dem Strom I resultiert, der das Magnetfeld verursacht (s. u.), während B die *Kraft* auf andere Ströme bzw. Ladungen beschreibt (Abschnitt 4.3.4). Durch diese Kraft können auch elektrische Spannungen induziert werden, weshalb B früher „magnetische Induktion" hieß.
Anschaulich kann man die magnetische Flussdichte B mit der Zahl der Feldlinien assoziieren, die eine Fläche senkrecht durchstoßen. Bei großer Permeabilität wird also die Feldstärke H „scheinbar" durch ein ferromagnetisches Material vergrößert – eine Spule mit Eisenkern hat gegenüber einer Luftspule ein höheres B bei gleichem Strom I.
In manchen Darstellungen der Experimentalphysik wird übrigens auf die Größe H systematisch verzichtet und stets mit Formel 4.29 in B umgerechnet (in Analogie zur elektrischen Feldstärke E statt der elektrischen Flussdichte D; Info 4.1). In diesem Lehrbuch kommt die magnetische Feldstärke H dort vor, wo dies historisch notwendig und didaktisch sinnvoll erscheint.

Beispiel 4.6: Zylinderspule

Aufgabe: Wie groß ist die magnetische Flussdichte in einer Luftspule der Länge $l = 10$ cm mit $N = 1000$ Windungen bei einem Strom von $I = 1$ A?
Lösung: Das Linienintegral in Formel 4.32 wird aufgeteilt in die Wegstrecken innerhalb und außerhalb der Spule **(Bild 4.28):**

$$\oint H_Z \mathrm{d}s = \int H_i \mathrm{d}s_i + \int H_a \mathrm{d}s_a = \sum_{k=1}^{N} I_k$$

Das **Bild 4.27** zeigt, dass die *Feldliniendichte* – als Maß für die Feldstärke – im Außenraum sehr viel geringer ist als im Spuleninneren, da die Linien sich außen „unendlich weit" ausbreiten. Darum wird H_a vernachlässigt und nur H_i entlang der Spulenlänge berücksichtigt. Der Strom I „durchflutet" die von der Magnetfeldlinie aufgespannte Fläche in jeder Windung; Formel 4.32 liefert also konkret:

$$H_Z l = NI \Rightarrow H_Z = \frac{NI}{l}$$

Mit Formel 4.30 erhält man:

$$B_Z = 4\pi \cdot 10^{-7}\,\frac{\mathrm{V \cdot s}}{\mathrm{A \cdot m}} \cdot \frac{1000 \cdot 1\mathrm{A}}{0{,}1\mathrm{m}} = 0{,}013\,\frac{\mathrm{V \cdot s}}{\mathrm{m^2}} = 13\,\mathrm{mT}$$

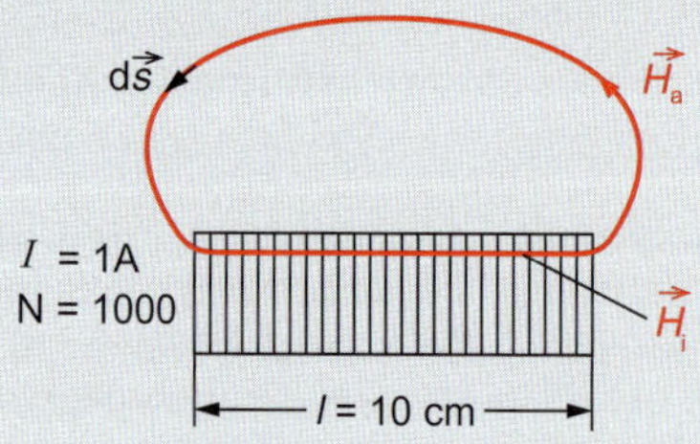

Bild 4.28 Schema des Integrationsweges entlang einer Feldlinie.

Den exakten Zusammenhang zwischen Strom und magnetischer Feldstärke beschrieb Ampère mit seinem **Durchflutungsgesetz**. In der klassischen Formulierung stellt es den Zusammenhang zwischen einer von beliebigen Strömen „durchfluteten" Fläche und der magnetischen Feldstärke entlang ihrem Rand her. Anschaulich darf man sich diesen Rand als Feldlinie vorstellen **(Bild 4.29)**, sodass ein Linienintegral über einen geschlossenen Weg ausgeführt werden muss:

$$\oint \vec{H} d\vec{s} = \sum_{k=1}^{n} I_k \qquad \text{Formel 4.32}$$

Das Integral wird auch – in Analogie zur elektrischen Spannung $U = \int \vec{E} d\vec{s}$ (Formel 4.6) – „magnetische Umlaufspannung" genannt.

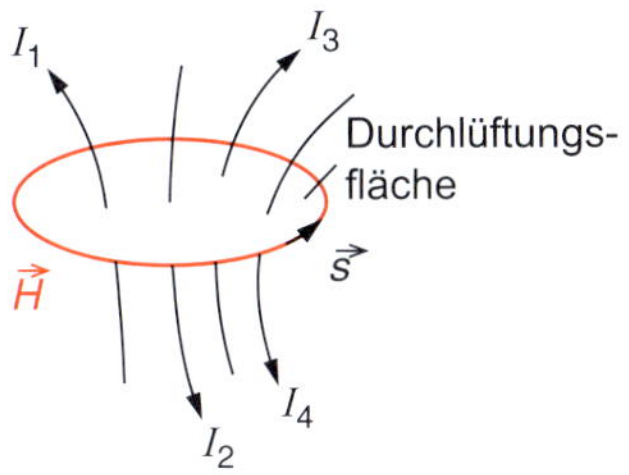

Bild 4.29 Zum Durchflutungsgesetz: Die vom Integrationsweg umrandete Fläche wird von den Strömen durchflutet, die das Magnetfeld am Rand der Fläche erzeugen.

4.3.3 Materie im Magnetfeld

„Materie im Magnetfeld" bedeutet „Atome im Magnetfeld". In einer anschaulichen Modellvorstellung (Abschnitt 6.2.1) umkreisen Elektronen den Atomkern; dieser Kreisstrom erzeugt ein mikroskopisches Magnetfeld ähnlich wie die Leiterschleife in **Bild 4.26**. Außerdem kann das Elektron zwei gegensätzlich orientierte Drehimpuls-Zustände annehmen („Spins"), die wegen seiner Ladung ebenfalls unterschiedliche Dipolmomente bewirken. In einem äußeren Magnetfeld orientieren sich die atomaren magnetischen Dipole in Abhängigkeit von der Zahl und Anordnung der Elektronen in ihrer Atomhülle.

Makroskopisch kann man das „Umklappen" der einzelnen Dipole durch die **magnetische Polarisation** $\vec{J}_\mathrm{m}$ beschreiben:

$$\vec{J}_\mathrm{m} = \vec{B}_\mathrm{mit} - \vec{B}_\mathrm{ohne} \qquad \text{Formel 4.33}$$

Sie gibt die Zunahme der Flussdichte durch die Materie an. Die Zunahme der magnetischen Feldstärke wird durch die **Magnetisierung** beschrieben:

$$\vec{M} = \vec{H}_\mathrm{mit} - \vec{H}_\mathrm{ohne} = \frac{\vec{J}_\mathrm{m}}{\mu_0} \qquad \text{Formel 4.34}$$

Magnetisierung

Eine *universelle* Beschreibung des Einflusses der Materie auf das Magnetfeld ist mit der **Permeabilitätszahl** μ_r möglich (früher „relative Permeabilität", daher der Index):

$$\mu_\mathrm{r} = \frac{B_\mathrm{mit}}{B_\mathrm{ohne}} \qquad \text{Formel 4.35}$$

Permeabilitätszahl

Mit ihr wird der Faktor in Formel 4.30 zur **Permeabilität** μ erweitert:

$$\mu = \mu_0 \mu_\mathrm{r} \qquad \text{Formel 4.36}$$

Permeabilität

Planetenmodell

Das *Planetenmodell* im *Teilchenbild* ist historisch und pädagogisch wertvoll, jedoch ziemlich naiv. Vor allem sind Elektronen sicher keine geladenen Kügelchen, die in zwei unterschiedlichen Richtungen rotieren können. Exakte Aussagen liefert nur die *Quantenmechanik* (Abschnitt 6.2.4) – die ist aber mathematisch komplex und unanschaulich. Glücklicherweise kommt sie bezüglich der atomaren „Elementarmagnete" zu denselben Ergebnissen.

Die Permeabilitätszahl ist bei den **diamagnetischen** Stoffen wie Silber und Gold, aber auch Wasser und Helium (etwas) kleiner als 1; diese *schwächen* also die Flussdichte B. Bei den **paramagnetischen** Stoffen wie Aluminium, Platin und Sauerstoff ist μ_r geringfügig größer als 1. Ihre Atome *verstärken* das sie ausrichtende Magnetfeld, allerdings ebenfalls nur wenig.

Technisch nutzbare Größenordnungen für die Feldverstärkung – nämlich 10^2 bis 10^5 – erreichen **ferromagnetische** Materialien wie Eisen, Kobalt, Nickel und spezielle Legierungen. Der Mechanismus ihrer Magnetisierung ist insofern ein anderer, als die *Kristalleigenschaften* mitwirken: In **Domänen** der Größenordnung „µm" herrscht eine *spontane Magnetisierung*; dort sind alle atomaren Dipole parallel ausgerichtet. Durch die große Zahl solcher „WEISSschen Bezirke" mit jeweils zufälligen Orientierungen erscheint das Material aber nach außen unmagnetisch.

In einem anwachsenden äußeren Magnetfeld vergrößern sich die Domänen, die bereits annähernd parallel zu diesem orientiert sind, auf Kosten der angrenzenden, indem sich im Übergangsbereich – den BLOCHschen Wänden – immer mehr atomare Dipole in Feldrichtung orientieren. In den anderen Domänen „klappen" zunächst die Dipole um („BARKHAUSEN-Sprünge"), bevor auch hier Wandverschiebungen einsetzen. Wenn sämtliche Atome in allen Domänen parallel zum äußeren Feld ausgerichtet sind, tritt die sogenannte **Sättigungspolarisation** ein, die unabhängig von der maximalen Feldstärke ist.

Dieser Mechanismus erklärt die nichtlineare Abhängigkeit der Flussdichte B im ferromagnetischen Material von der äußeren Magnetfeldstärke H, wie sie in **Bild 4.30** dargestellt ist. Die im Nullpunkt beginnende **Neukurve** beschreibt die Magnetisierung bis zur Sättigung. Wenn H wieder verringert wird, wandern die BLOCHschen Wände in ihre ursprüngliche Position, aber innerhalb der Domänen bleibt die parallele Ausrichtung der Dipole erhalten. Dies zeigt sich an der **Remanenz** B_R, die erst durch die **Koerzitivfeldstärke** H_K beseitigt wird: erst dann sind die Domänen wieder im Ausgangszustand. Der Vorgang ist symmetrisch, sodass bei seiner Wiederholung eine geschlossene **Hystereseschleife** durchlaufen wird. Nur noch paramagnetisch wird das Material durch Erhitzen bis zur **CURIE-Temperatur**, bei der die Wärmebewegung die Ausrichtung der atomaren Dipole zerstört.

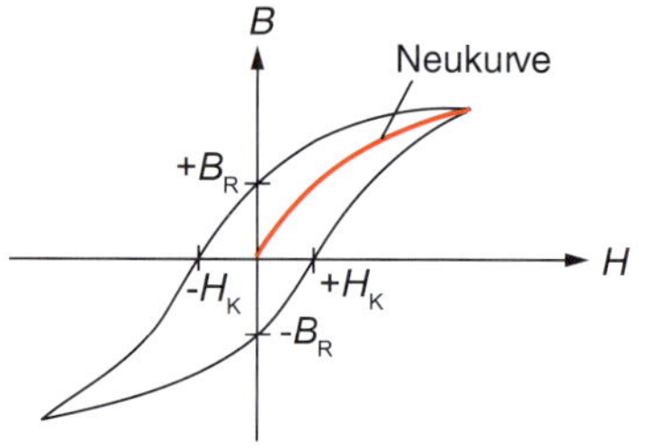

Bild 4.30 Die Magnetisierung eines ferromagnetischen Stoffes beginnt mit der Neukurve, geht bei wiederholter Umkehrung von H aber in eine Hystereseschleife über.

Info 4.7: Magnetischer Kreis

Für viele technische Anwendungen wie den Transformator (s. u.) werden in sich geschlossene ferromagnetische *Spulenkerne* verwendet. Wegen ihrer hohen magnetischen Permeabilität μ (das lateinische Wort bedeutet „Durchlässigkeit") bleiben alle Feldlinien innerhalb des Materials

(Bild 4.31). Konkreter formuliert: Die magnetische Flussdichte B außerhalb des Kerns ist null; der gesamte *magnetische Fluss* $\Phi = B \cdot A$ (Abschnitt 4.4.2) verläuft durch die Kern-Querschnittsfläche A; dies ist gleichzeitig eine sehr anschauliche Definition der Größe Φ.
Bei anderen technischen Anwendungen gibt es Luftspalte in diesem *magnetischen Kreis*. Sie stellen in gewisser Weise einen magnetischen Widerstand für den Fluss dar.
Nun genießt das OHMsche Gesetz für Stromkreise (Formel 4.19) bei Ingenieuren höchste Wertschätzung. Darum wird in der Elektrotechnik ein „OHMsches Gesetz des magnetischen Kreises" angegeben, das in sehr pragmatischer Weise den magnetischen Widerstand als Quotienten aus Umlaufspannung (Formel 4.32) und magnetischem Fluss Φ definiert. Obwohl die daraus abgeleiteten Formeln keinen physikalischen Hintergrund haben, sind sie doch bei konkreten Berechnungen durchaus nützlich. Bei Bedarf findet man Näheres in der technischen Literatur [Hering].

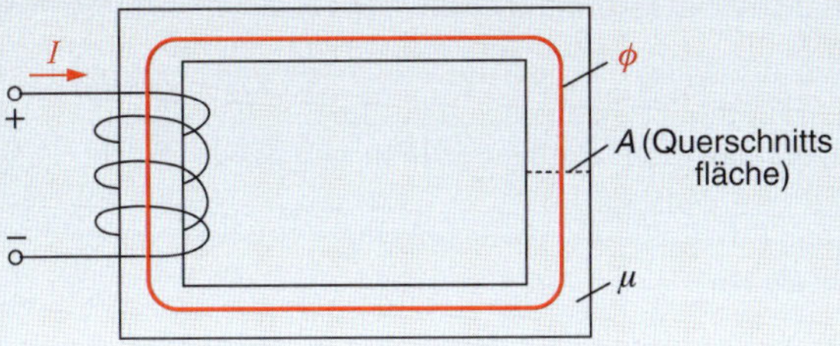

Bild 4.31 Magnetischer Fluss im magnetischen Kreis mit hoher Permeabilität.

Technisch ist die Hysterese von großer Bedeutung: *Magnetisch harte* Stoffe zeigen eine weite Schleife mit großer Remanenz; sie können als Dauermagnete genutzt werden. In magnetischen Wechselfeldern benötigt man andererseits *magnetisch weiche* Materialien mit schmaler Hystereseschleife: Die umschlossene Fläche ist nämlich ein Maß für die Energie pro Volumen:

$$[B \cdot H] = \frac{\mathrm{V \cdot s}}{\mathrm{m}^2} \cdot \frac{\mathrm{A}}{\mathrm{m}} = \frac{\mathrm{W \cdot s}}{\mathrm{m}^3}$$

Sie wird zum Beispiel in Transformatoren etc. (Abschnitt 4.5.1) bei ständiger Ummagnetisierung in Wärme umgewandelt.

4.3.4 Strom und magnetische Kraft

Ein stromdurchflossener Leiter erfährt in einem externen Magnetfeld eine Kraft, und zwar aufgrund der Wechselwirkung mit seinem eigenen Magnetfeld. In **Bild 4.32** ist der Fall dargestellt, dass der Strom senkrecht zu einem homogenen äußeren Feld B fließt. Durch das rotationssymmetrische Eigenmagnetfeld B_{eigen} wird B auf einer Seite des Leiters verstärkt, auf der gegenüberliegenden aber geschwächt. Anschaulich betrachtet weicht der Leiter dann dorthin aus, um die potenzielle Energie zu minimieren.

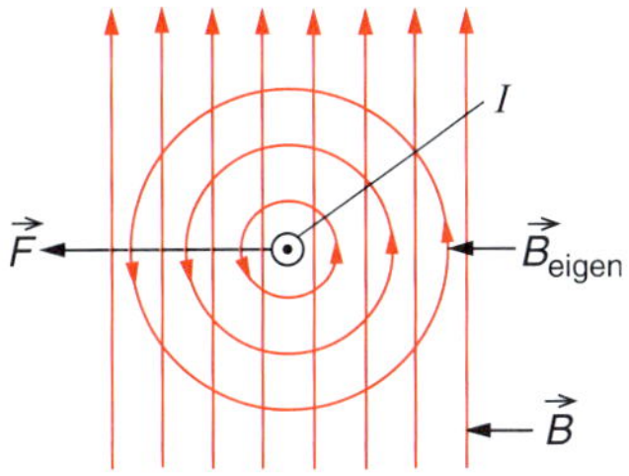

Bild 4.32 Das Eigenmagnetfeld des Stromes I (der aus der Buchebene heraus gerichtet ist) verstärkt (rechts) bzw. schwächt ein externes Magnetfeld B; dies verursacht die Kraft F.

Messungen zeigen, dass bei senkrechter Orientierung von Leiter und externem Magnetfeld (wie in **Bild 4.32**) die magnetische Kraft proportional zu I, zu B und zur Länge des Leiters im Magnetfeld l ist. Da weitere Faktoren keine Rolle spielen, lautet die Gleichung:

$$F = IlB \qquad \text{Formel 4.37}$$

Im allgemeinen Fall eines beliebigen Winkels α zwischen der stromführenden Leiterlänge l und B ist die Kraft durch ein *Vektorprodukt* (Abschnitt 2.5.1) zu berechnen:

Magnetische Kraft auf Ströme

$$\vec{F} = I\left(\vec{l} \times \vec{B}\right) \qquad \text{Formel 4.38}$$

Wegen $F = IlB \cdot \sin\alpha$ tritt bei Strömen *parallel* zum Magnetfeld natürlich keine Kraft auf.

Theoretiker müssen nur wissen, dass $\vec{l}$, $\vec{B}$ und $\vec{F}$ in dieser Reihenfolge ein *Rechtssystem* bilden. Zum Verständnis praktischer Experimente nutzt aber durchaus die „**U-V-W-Regel** für die rechte Hand“: Zeigt der Daumen in Richtung der **U**rsache I bzw. l und der Zeigefinger in die der **V**ermittlung B, so gibt der im jeweils rechten Winkel zu den beiden anderen abgespreizte Mittelfinger die **W**irkung F an. (Achtung: Bei ungünstiger Orientierung der Vektoren besteht für die Finger Verletzungsgefahr!)

Wenn das externe Magnetfeld von einem zweiten stromdurchflossenen Leiter verursacht wird, kann die magnetische Kraft die beiden Leiter entweder gegenseitig abstoßen (nämlich bei antiparalleler Stromrichtung wie in **Bild 4.26**) oder anziehen **(Bild 4.33)**. Anschaulich versteht man dies wieder durch die Überlagerung der beiden Eigenmagnetfelder, z. B. durch die Feldschwächung *zwischen* den Leitern im parallelen Fall des **Bild 4.33**.

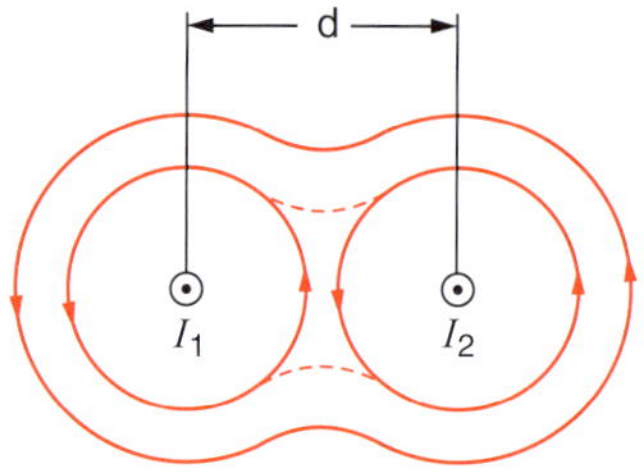

Bild 4.33 Zwei parallele, von gleich gerichteten Strömen durchflossene Leiter ziehen sich an.

Mithilfe des Durchflutungsgesetzes (Formel 4.32) lässt sich die Feldstärke H_2 durch I_2 am Ort von I_1 berechnen. Die Integration erfolgt entlang eines Kreises – anschaulich einer Magnetfeldlinie – mit Radius r und Umfang $2\pi r$:

$$H_2 \cdot 2\pi r = I_2$$

Für den Kreisradius r wählt man gerade den Abstand d der beiden Leiter und erhält mit Formel 4.30:

$$B_2 = \frac{\mu_0 I_2}{2\pi d}$$

Die Kraft auf den Strom I_1 ist also nach Formel 4.37:

Kraft zwischen zwei parallelen Strömen

$$F = \frac{\mu_0 I_1 I_2 l}{2\pi d} \qquad \text{Formel 4.39}$$

Mit diesem Zusammenhang wurde bis zum Jahr 2019 die **Basiseinheit des Stromes** definiert:

Beträgt der Abstand zweier Leiter, die jeweils von genau einem Ampere durchflossen werden, exakt einen Meter, so wirkt (für $\mu_r = 1$, also im Vakuum) pro Meter Leiterlänge die Kraft $F = 2 \cdot 10^{-7}$ N.

Klassische Ampere-Definition

Beispiel 4.7: Kraft zwischen parallelen Leitern

Aufgabe: Bei einer stromstarken Kondensatorentladung fließt kurzzeitig ein Strom von 500 kA. Welche Kraft wirkt pro Meter auf die Hin- und Rückleitung in Luft, wenn diese 5 m Abstand haben?
Lösung: Einsetzen in Formel 4.39 liefert mit $\mu_r \approx 1$:

$$F = \frac{4\pi \cdot 10^{-7} \frac{\mathrm{V \cdot s}}{\mathrm{A \cdot m}} \cdot \left(500 \cdot 10^3 \,\mathrm{A}\right)^2 \cdot 1\,\mathrm{m}}{2\pi \cdot 5\,\mathrm{m}}$$

Die korrekte Einheit ergibt sich mit V·A = W:

$$F = 10^4 \frac{\mathrm{W \cdot s}}{\mathrm{m}} = 10^4 \frac{\mathrm{N \cdot m}}{\mathrm{m}} = 10\,\mathrm{kN}$$

Trotz des großen Abstandes der Leitungen werden sie mit einer Kraft auseinander gedrückt, die dem Gewicht einer Tonne Masse entspricht! Bei solchen Experimenten verwendet man massive metallische Stromschienen und sorgt dafür, dass die Stromzuführung möglichst rotationssymmetrisch aufgebaut ist.

Die wichtigste Anwendung der magnetischen Kraft ist sicherlich der Elektromotor, bei dem durch geeignete Feldverteilung, Stromführung und Polwendung ein Drehmoment auf eine rotierende Spulen-Anordnung erzeugt wird. Die unterschiedlichen mechanischen Bauformen, Beschaltungen und Einsatzgebiete werden in der technischen Literatur erläutert [Lindner et al.].

Nach dem gleichen Prinzip funktioniert der *elektrodynamische Lautsprecher* **(Bild 4.34)**: Im kreisförmigen Spalt eines Ringmagneten ist eine Luftspule an einer flexibel aufgehängten Membran befestigt. Ströme wechselnder Richtung und Stärke durch die Spule, wie sie z. B. ein Audioverstärker liefert, verursachen eine Bewegung der Membran, die wiederum Luftdruckschwankungen erzeugt – hörbar als Schall (Info 2.11) und in Diskotheken oder manchen Automobilen spürbar als Vibration.

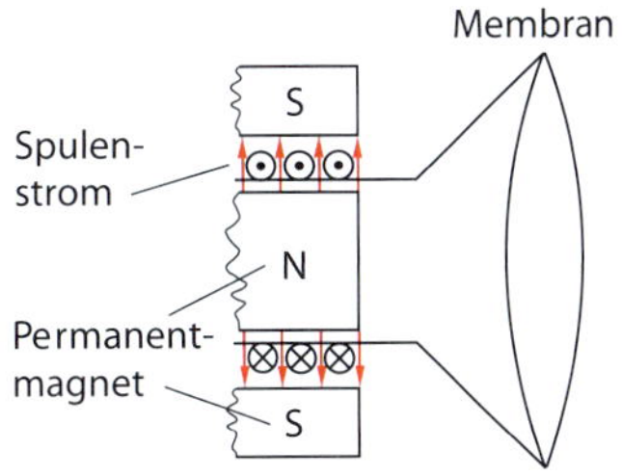

Bild 4.34 Das Prinzip des elektrodynamischen Lautsprechers.

4.3.5 Lorentz-Kraft

Hendrik Antoon Lorentz (1853 – 1928) erkannte, dass die eigentliche Ursache für die Kraft auf Ströme die *Bewegung der Ladungen* ist. Für einen Gleichstrom mit $I = Q/t$, der senkrecht zu B fließt, lautet die Formel 4.37:

$$F = \frac{Ql}{t} B$$

Der Quotient l/t gibt aber die (mittlere) Geschwindigkeit der Ladungsträger an:

$$F = QvB$$

Für Ladungsträger, die sich unter einem beliebigen Winkel zur Feldrichtung bewegen, erhält man analog zu Formel 4.38 für die **LORENTZ-Kraft**:

$$\vec{F}_\mathrm{L} = Q\left(\vec{v} \times \vec{B}\right) \qquad \text{Formel 4.40}$$

Auch frei fliegende Ladungsträger werden also senkrecht zu den Magnetfeldlinien und zu ihrer Bewegungsrichtung abgelenkt. Dadurch beschreiben sie in einem homogenen Feld eine Kreisbahn; der Betrag ihrer Geschwindigkeit und damit ihre kinetische Energie ändern sich aber nicht! (Das ist nur in einem *elektrischen* Feld möglich.)

Beispiel 4.8: Fadenstrahlrohr

In einem mit wenigen Gasmolekülen gefüllten Glaskolben, der sich in einem homogenen Magnetfeld befindet, kann man die Bahn von Elektronen durch Stoßanregung der Moleküle und anschließende Lichtemission (Abschnitt 6.3.1) direkt beobachten. Durch Variation der Beschleunigungsspannung oder der Magnetfeldstärke (Abschnitt 4.7.1) ändert sich der Kreisradius, wie in **Bild 4.35** zu erkennen ist (unscharfer heller Bereich).

Aufgabe: Welcher Kreisradius ergibt sich für Elektronen mit der Geschwindigkeit $2 \cdot 10^7$ m/s bei 1 mT?

Lösung: Auf der Kreisbahn herrscht ein Kräfte-Gleichgewicht zwischen der Zentrifugalkraft (aufgrund der Elektronenmasse) und der LORENTZ-Kraft (als Zentripetalkraft):

$$evB = \frac{m_\mathrm{e} v^2}{r}$$

Daraus berechnet man den Radius:

$$r = \frac{9{,}1 \cdot 10^{-31}\ \mathrm{kg} \cdot 2 \cdot 10^7 \frac{\mathrm{m}}{\mathrm{s}}}{1{,}6 \cdot 10^{-19}\ \mathrm{A \cdot s} \cdot 10^{-3} \frac{\mathrm{V \cdot s}}{\mathrm{m}^2}} = 0{,}114 \frac{\mathrm{kg} \frac{\mathrm{m}^2}{\mathrm{s}^2}\ \mathrm{m}}{\mathrm{V \cdot A \cdot s}} = 0{,}114 \frac{\mathrm{N \cdot m}}{\mathrm{W \cdot s}} \mathrm{m} = 11{,}4\,\mathrm{cm}$$

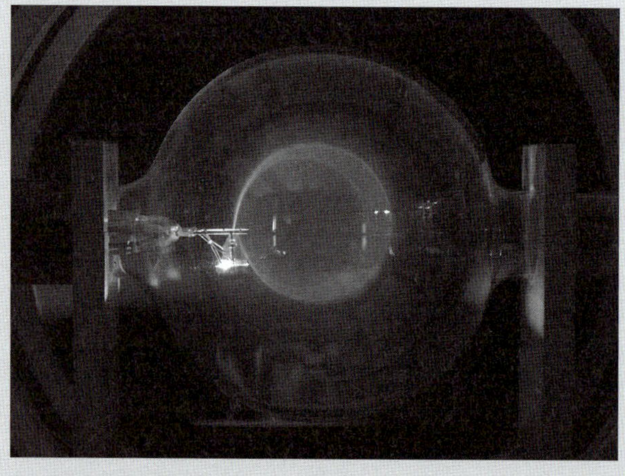

Bild 4.35 Die Glühkathode (links im Bild) emittiert Elektronen, die durch Magnetspulen (am Bildrand schwach sichtbar) auf eine Kreisbahn gelenkt werden.

Die Ablenkung geladener Teilchen im Magnetfeld findet verschiedene physikalische Anwendungen, z. B. beim Massenspektrometer und bei Elementarteilchen-Beschleunigern. Für jedermann bedeutsam ist die Tatsache, dass hochenergetische geladene Teilchen aus dem Weltall – z. B. der „Sonnenwind“ – vom Erdmagnetfeld in Kreisbahnen „eingefangen“ werden. Die Erdbewohner werden so vor einem Teil der kosmischen Strahlung abgeschirmt (Info 6.10).

Die LORENTZ-Kraft ist auch für den **HALL-Effekt** verantwortlich. Beim Durchströmen einer metallischen Platte oder Folie, wie schematisch in **Bild 4.36** dargestellt, werden die Elektronen im Magnetfeld abgelenkt. Dadurch entsteht eine Ladungstrennung und in der Konsequenz ein elektrisches Feld E_{quer}. Die elektrische Kraft zwischen den getrennten Ladungen ist mit der LORENTZ-Kraft im Gleichgewicht:

$$eE_{\text{quer}} = ev_{\text{e}}B$$

Die *Potenzialdifferenz* über die Plattenbreite b gemäß Formel 4.6 bzw. Formel 4.8 – die **HALL-Spannung** $U_{\text{H}} = bE_{\text{quer}}$ – ist also:

$$U_{\text{H}} = bv_{\text{e}}B \qquad \text{Formel 4.41}$$

Offensichtlich gewinnt man eine Messgröße für die magnetische Flussdichte B, wenn man die Driftgeschwindigkeit der Elektronen kennt. Einfacher ist es, den Strom

$$I = \frac{\Delta Q}{\Delta t}$$

vorzugeben. Den Zusammenhang mit v_{e} erhält man durch die *Ladungsträger-Konzentration* $n = N/V$:

$$\frac{\Delta Q}{V} = ne \Rightarrow \Delta Q = neV = nebdl \Rightarrow \frac{\Delta Q}{\Delta t} = nebd\frac{l}{\Delta t} = nebdv_{\text{e}} = I$$

Also gilt:

$$v_{\text{e}} = \frac{I}{nebd}$$

und durch die Einführung des **HALL-Koeffizienten**:

$$R_{\text{H}} = \frac{1}{ne} \qquad \text{Formel 4.42}$$

ergibt sich schließlich aus Formel 4.41 die **HALL-Spannung**:

$$U_{\text{H}} = R_{\text{H}}\frac{I}{d}B \qquad \text{Formel 4.43}$$

HALL-Spannung

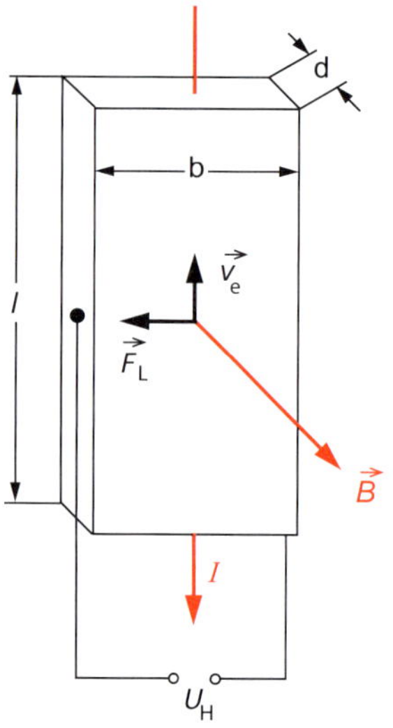

Bild 4.36 Die LORENTZ-Kraft verursacht durch die Ablenkung strömender Elektronen in einer Metallplatte die HALL-Spannung.

Bei bekannter Plattengeometrie und Ladungsdichte lassen sich mit **HALL-Sonden** also Magnetfelder ausmessen. Umgekehrt ist mittels einer definierten magnetischen Flussdichte – zum Beispiel im Luftspalt eines „magnetischen Kreises“ (Info 4.7) – die Ladungsträger-Konzentration in Metallen oder Halbleitern bestimmbar.

Offenbar sind Halbleiter mit wesentlich kleineren Ladungsträger-Konzentrationen als in Metallen (Beispiel 4.9), nämlich von ca. 10^{16} (Silizium) bis 10^{20} m^{-3}, besser für HALL-Sonden geeignet, weil sie größere HALL-Koeffizienten und damit höhere Messspannungen liefern. In Halbleitern können außer den Elektronen auch positive Ladungen abgelenkt werden (Abschnitt 4.7.5).

Beispiel 4.9: Elektronenkonzentration in Silber

Aufgabe: Am Rand einer Silberfolie von 100 µm Dicke misst man bei 4 A und 0,62 T eine HALL-Spannung von 2,2 µV. Wie groß ist die Ladungsträger-Konzentration dieses Metalls?
Lösung: Aus Formel 4.43 erhält man für den HALL-Koeffizienten von Silber:

$$R_H = \frac{U_H d}{IB} = \frac{2{,}2\cdot 10^{-6}\ \mathrm{V}\cdot 100\cdot 10^{-6}\ \mathrm{m}}{4\mathrm{A}\cdot 0{,}62\dfrac{\mathrm{V\cdot s}}{\mathrm{m^2}}} \approx 9\cdot 10^{-11}\,\frac{\mathrm{m^3}}{\mathrm{A\cdot s}}$$

Dieser Zahlenwert liefert mit Formel 4.42 die Ladungsträger-Konzentration:

$$n = \frac{1}{R_H e} = \frac{1}{9\cdot 10^{-11}\dfrac{\mathrm{m^3}}{\mathrm{A\cdot s}}\cdot 1{,}6\cdot 10^{-19}\ \mathrm{A\cdot s}} = 7\cdot 10^{28}\,\frac{1}{\mathrm{m^3}}$$

Der Wert ist typisch für den Anteil der beweglichen und somit die Stromleitung tragenden Elektronen in Metallen

Zusammenfassung: Magnetfeld

- Elektrische Ströme sind von *geschlossenen magnetischen Feldlinien* umgeben. Den Zusammenhang beschreibt das *Durchflutungsgesetz*.
- Materie wird im Magnetfeld magnetisiert, besonders stark *ferromagnetische* Stoffe. Durch die hohe *Permeabilität* erhöht sich bei gleicher magnetischer Feldstärke H die Flussdichte B. Der nichtlineare Zusammenhang wird durch eine Hysterese-Kurve dargestellt.
- Stromführende Leiter erfahren im Magnetfeld eine Kraft, deren Stärke und Orientierung durch ein Vektorprodukt beschrieben wird. Ursache ist die *LORENTZ-Kraft*, die auf alle bewegten Ladungen in Magnetfeldern wirkt.
- Beim *HALL-Effekt* tritt durch die *LORENTZ-Kraft* eine Ladungstrennung in Metallen und Halbleitern auf, die der magnetischen Flussdichte direkt und der Ladungsträger-Konzentration umgekehrt proportional ist.

4.4 Elektromagnetische Induktion

Bisher ging es um die Wirkungskette Spannung → Strom → Magnetfeld → Kraft. In gewisser Weise stellt die Induktion eine Umkehrung dieser Wirkungen dar. Sie liefert damit den technisch wichtigsten Mechanismus, um Spannungen zu erzeugen und elektrische Energie aus mechanischer umzuwandeln.

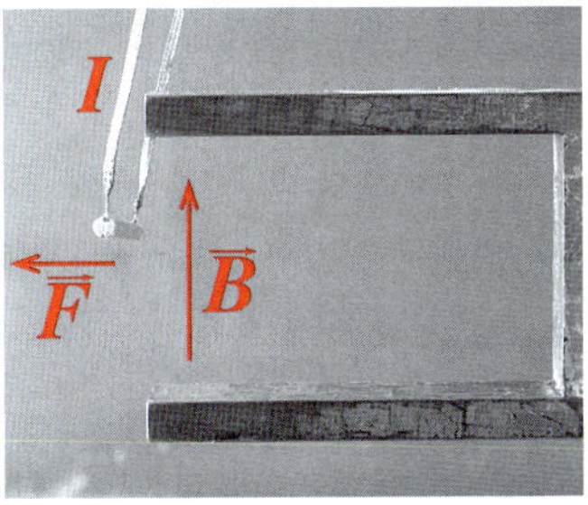

Bild 4.37 Die stromdurchflossene „Leiterschaukel" im senkrecht orientierten Magnetfeld des Hufeisenmagneten wird durch die LORENTZ-Kraft nach links ausgelenkt. Eine Umkehrung der Stromrichtung (oder der Magnetfeldrichtung) würde die Schaukel nach rechts auslenken.

4.4.1 Induktion durch Bewegung

In Abschnitt 4.3.5 wurde die LORENTZ-Kraft als Ursache der Bewegung eines stromdurchflossenen Leiters im Magnetfeld identifiziert: Die *strömenden* Ladungen erfahren eine Ablenkung senkrecht zu den Magnetfeldlinien und bewegen den Leiter mit; das klassische Experiment dazu zeigt **Bild 4.37**.

Dieselbe LORENTZ-Kraft muss *ruhende* Ladungen innerhalb des Leiters verschieben, wenn dieser selbst senkrecht zum Magnetfeld *bewegt* wird (**Bild 4.38**; für die experimentelle Darstellung wird der Metallstab in **Bild 4.37** von Hand durch das Magnetfeld bewegt). Ähnlich wie beim HALL-Effekt (Abschnitt 4.3.5) resultiert daraus eine Ladungstrennung, und daraus wiederum eine Potenzialdifferenz. Hier heißt sie **Induktionsspannung** U_{ind}.

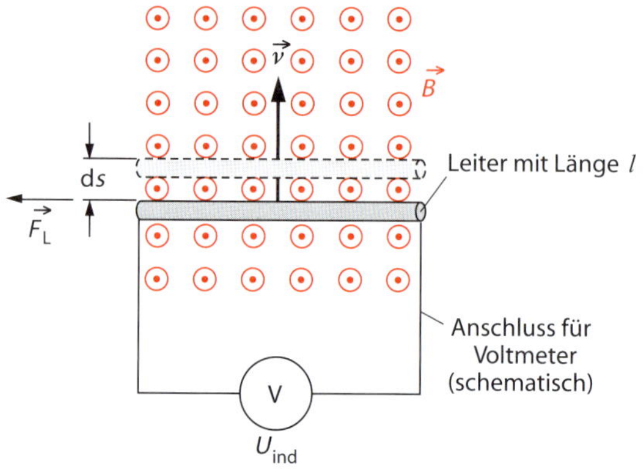

Bild 4.38 Senkrecht zu den Magnetfeldlinien mechanisch bewegte Elektronen erfahren die LORENTZ-Kraft; die Ladungs-Verschiebung bzw. -Trennung bewirkt eine Induktionsspannung.

Für jeweils senkrechte Orientierungen kann man ihre Abhängigkeit von den anderen Größen leicht ableiten. Mit der skalaren Beschreibung der LORENTZ-Kraft $F_L = QvB$ (Formel 4.40) ergibt sich zunächst die elektrische Feldstärke (vgl. die Definition von E in Formel 4.2):

$$E = \frac{F_L}{Q} = v \cdot B \qquad \text{Formel 4.44}$$

Die Spannung erhält man wie immer durch Integration über die Leiterlänge:

$$U = -\int_0^l E \mathrm{d}s = -El$$

Die Induktionsspannung für Leiter der Länge l, die mit der Geschwindigkeit v senkrecht zu B bewegt werden, ist also:

Induktionsspannung in bewegten Leitern

$$U_{\text{ind}} = -Blv \qquad \text{Formel 4.45}$$

Das Minuszeichen ist wegen des Energiesatzes nötig: Ströme infolge der induzierten Spannung würden sonst mit ihrem Eigenmagnetfeld das verursachende vergrößern und so einen sich selbst verstärkenden Mechanismus einleiten, ein *Perpetuum mobile* (Abschnitt 3.4.2). Konkreter ist dieser Sachverhalt in der LENZschen Regel formuliert (Abschnitt 4.4.3).

Bei vektorieller Behandlung wird Formel 4.44 übrigens zur sogenannten **Feldgleichung**:

Feldgleichung

$$\vec{E} = \vec{v} \times \vec{B} \qquad \text{Formel 4.46}$$

Sie zeigt bereits in diesem Zusammenhang, dass zeitlich veränderliche elektrische und magnetische Felder immer miteinander verknüpft sind (Abschnitt 4.6.2).

4.4.2 Induktionsgesetz

Formel 4.45 legt die Vermutung nahe, dass die *Geschwindigkeit* des Leiters ursächlich für die Induktionsspannung ist. (Bei *relativistischer* Beschreibung kommt das auch tatsächlich heraus.) **Bild 4.38** gibt jedoch einen Hinweis auf die klassische Beschreibung, die für technische Anwendungen sehr leistungsfähig ist: Durch die Verschiebung des Leiters ändert sich offensichtlich die *Zahl der Feldlinien* in dem Leiterkreis, den er mit dem Voltmeter bildet. Der Zusammenhang lässt sich mithilfe der von B durchsetzten Fläche A formulieren.

Wie bei der Beschreibung des magnetischen Kreises in Info 4.7 bereits erwähnt, ist die Fluss*dichte*

$$B = \frac{\Phi}{A}$$

eigentlich durch den **magnetischen Fluss** definiert:

Magnetischer Fluss

$$\Phi = B \cdot A \qquad \text{Formel 4.47}$$

Die SI-Einheit $[\Phi] = (\mathrm{V \cdot s/m^2}) \cdot \mathrm{m^2} = \mathrm{V \cdot s}$ hat zu Ehren von Wilhelm Eduard Weber (1804–1891) auch den Namen $[\Phi] = \mathrm{Wb}$. Wenn nun der Leiter mit $v = \mathrm{d}s/\mathrm{d}t$ bewegt wird, entspricht das einer Flächenänderung $\mathrm{d}A$:

$$U_{\text{ind}} = -vlB = -\frac{\mathrm{d}s}{\mathrm{d}t} lB = -\frac{\mathrm{d}A}{\mathrm{d}t} B$$

Mit Formel 4.47 erhält man das allgemein gültige **Induktionsgesetz**:

$$U_{\text{ind}} = -\frac{\mathrm{d}\Phi}{\mathrm{d}t} \qquad \text{Formel 4.48}$$

Die zeitliche Änderung des magnetischen Flusses in einer Leiterschleife induziert eine elektrische Spannung. Dies gilt sowohl für Änderungen der durchsetzten Fläche als auch für Änderungen der Flussdichte.

Geschnittene Magnetfeldlinien

Manchmal hört man, dass für die Induktion „Magnetfeldlinien geschnitten werden" müssten. Eine linear bewegte Leiterschleife in einem homogenen Magnet zeigt sofort, dass das nicht reicht: Entweder die Schleife wird im Durchmesser verändert (oder gedreht), oder das Magnetfeld muss inhomogen sein (bzw. sich zeitlich ändern). Entscheidend in Formel 4.48 ist die zeitliche Ableitung d/dt!

Das wichtigste Beispiel für die erste Möglichkeit ist der (Wechselspannungs-)**Generator**, bei dem eine Leiterschleife kontinuierlich gedreht wird, sodass bei paralleler Orientierung zu Φ keine Spannung und bei senkrechter Orientierung die maximale induziert wird. Beim **Transformator** ist die zweite Möglichkeit realisiert: Der Wechselstrom in der Primärspule verursacht über einen magnetischen Kreis die periodische Flussänderung in der Sekundärspule (Abschnitt 4.5.1). Trivialerweise vergrößert sich die Induktionsspannung bei N in Serie geschalteten Leiterschleifen – den Windungen einer Spule – um gerade diesen Faktor:

Induktionsgesetz für Spulen

$$U_{\text{ind}} = -N\frac{\mathrm{d}\Phi}{\mathrm{d}t} \qquad \text{Formel 4.49}$$

4.4.3 Lenzsche Regel

Bei den verschiedenen Varianten des Induktionsvorganges wird immer eine zeitliche Änderung des magnetischen Flusses herbeigeführt; so entstehen *Spannungen*, in geschlossenen Leiterkreisen *Ströme*, und durch deren Eigenmagnetfeld in Wechselwirkung mit dem verursachenden Magnetfeld *Kräfte*. Alle diese Auswirkungen sind so gerichtet, dass sie die Änderung des Flusses zu hemmen oder ihre eigenen Auswirkungen zu verringern suchen. Knapp formuliert lautet diese **Lenzsche Regel**:

LENZsche Regel

Bei Induktionsvorgängen ist die Wirkung der Ursache entgegengerichtet.

Bei dem Beispiel des bewegten Leiters in **Bild 4.38** wird die Induktionsspannung an seinen Enden also *nicht* so gerichtet sein, dass das konzentrische Magnetfeld des induzierten Stromes eine beschleunigende Kraft auf den Stab ausübt. Im Gegenteil muss gegen eine bremsende Kraft die Arbeit $W = F_{\text{Stab}} ds$ verrichtet werden – so verlangt es der Energiesatz, da ja die elektrische Energie $E = UIt$ entsteht.

Diese hemmende Wirkung ohne mechanische Reibung wird bei **Wirbelströmen** technisch genutzt. Bewegen sich massive Metallplatten im Magnetfeld, so treten durch die Induktionsspannung bei niedrigem Leiterwiderstand sehr hohe, ungerichtete Ströme auf. Ihr Magnetfeld ist natürlich dem äußeren entgegen gerichtet – damit kann man *Wirbelstrombremsen* bauen, die für elektrische Schienenfahrzeuge eingesetzt werden. Will man diesen Effekt gerade vermeiden, so sind kompakte Metallkerne zu schlitzen oder durch Pakete mit dünnen, voneinander isolierten Blechen zu ersetzen.

Eine spezielle Anwendung hat sich in der Küchentechnik entwickelt: Das elektromagnetische Wechselfeld einer flachen Spule unter der Kochplatte induziert im Boden von Töpfen oder Pfannen Wirbelströme, die dort lokal JOULEsche Wärme erzeugen. Ein ferromagnetisches Material ist dabei günstig, da es die eigentlich symmetrische Feldverteilung nach oben verzerrt. **Bild 4.39** zeigt eindrucksvoll, dass die nichtmetallische Abdeckplatte des Induktionsherdes tatsächlich kühl bleibt.

Bild 4.39 Der Spiegelei-Test beweist, dass auf einem „Induktionsherd" nur das Kochgeschirr erwärmt wird.

Info 4.8: Das Experiment von ELIHU THOMSON

Die eindrucksvollste Demonstration der LENZschen Regel beruht auf der magnetischen Kraft zwischen stromdurchflossenen Leitern. Über eine Spule wird ein Kondensator entladen **(Bild 4.40)**. Der schnelle Stromanstieg bewirkt einen schnellen Aufbau des Magnetfeldes, also eine große zeitliche Änderung des magnetischen Flusses. Ein Eisenkern überträgt den Fluss auf eine zweite „Spule", die aber nur aus einer Windung besteht, einem Aluminiumring, der lose den Eisenkern umgibt. In ihm wird nach dem Induktionsgesetz (Formel 4.48) eine Spannung und wegen des geringen OHMschen Widerstandes ein hoher Strom mit großem Eigenmagnetfeld induziert. Das stößt den Ring von der Spule ab – mit dieser Reaktion wirkt die Natur der Ursache entgegen.
Wer den Versuch nie im Hörsaal gesehen hat, kann sich wenigstens mit einer Abschätzung der „Flughöhe" beeindrucken lassen: Nehmen wir an, dass nur die Hälfte der Kondensatorenergie in mechanische potenzielle Energie des Ringes umgesetzt wird. Dann gilt für die Steighöhe h mit Formel 2.27 und Formel 4.15:

$$mgh = \frac{1}{2}\cdot\frac{1}{2}CU^2 \Rightarrow h = \frac{CU^2}{4mg}$$

Mit typischen Werten ($m = 10$ g, $C = 100$ µF, $U = 300$ V) erhält man:

$$h = \frac{10^{-4}\frac{\mathrm{A\cdot s}}{\mathrm{V}}(300\,\mathrm{V})^2}{4\cdot 0{,}01\,\mathrm{kg}\cdot 9{,}81\frac{\mathrm{m}}{\mathrm{s}^2}} \approx 23\frac{\mathrm{N\cdot m}}{\mathrm{N}} = 23\,\mathrm{m}$$

Für diesen Vorlesungsversuch braucht man in der Tat einen ziemlich hohen Hörsaal (oder eine unempfindliche Decke).

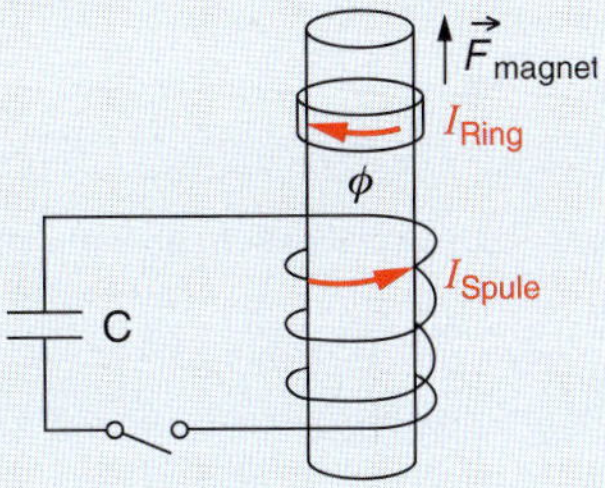

Bild 4.40 Der Metallring hebt elektromagnetisch ab.

4.4.4 Selbstinduktion

Da *jede* Änderung des magnetischen Flusses eine Spannung induziert, ist auch die felderzeugende Spule selbst betroffen. Speziell beim Ein- und Ausschalten des Spulenstromes wird nach der LENZschen Regel eine zusätzliche Spannung U_{ind} induziert, die nach Formel 4.48 der Flussänderung proportional ist. Da aber auch Φ, B, H und I jeweils eine lineare Abhängigkeit voneinander aufweisen, darf man für eine einzelne Leiterschleife in Luft schreiben:

$$U_{\text{ind}} = -\frac{\mathrm{d}\Phi}{\mathrm{d}t} \sim \frac{\mathrm{d}I}{\mathrm{d}t}$$

Der Proportionalitätsfaktor L heißt **Induktivität**:

$$U_{\text{ind}} = -L\frac{\mathrm{d}I}{\mathrm{d}t} \qquad \text{Formel 4.50}$$

Den Zusammenhang mit der Flussdichte erhält man durch Integration über die Zeit:

$$-\int_0^t U_{\text{ind}}\mathrm{d}t = \Phi = LI$$

Die Induktivität einer *Spule* ist also – wegen der N-fachen Induktionsspannung, vgl. Formel 4.49:

$$L = N\frac{\Phi}{I} \qquad \text{Formel 4.51}$$

Als SI-Einheit ergibt sich $[L] = \mathrm{V\cdot s/A} = \Omega\cdot\mathrm{s}$. Nach JOSEPH HENRY (1797 – 1878) nennt man $[L] = \mathrm{H}$ auch „Henry“. L hängt nur von der Spulengeometrie und der Permeabilität ab. Anschaulich versteht man diese Größe so:

Eine Spule o. Ä. hat die Induktivität 1 H, wenn bei einer Stromänderung von 1 A/s eine Induktionsspannung von 1 V entsteht.

Beispiel 4.10: Induktivität einer Zylinderspule

Aufgabe: Wie groß ist die Induktivität L bei der quadratischen Luftspule aus Beispiel 4.6, wenn für die Breite $b = 4$ cm angenommen wird?

Lösung: Mit der Abhängigkeit des magnetischen Feldes vom Spulenstrom, wie sie in dem zitierten Beispiel berechnet wurde, lässt sich Formel 4.49 wie folgt umformen:

$$U_{\text{ind}} = -N\frac{\mathrm{d}(AB)}{\mathrm{d}t} = -N\frac{\mathrm{d}(A\mu H)}{\mathrm{d}t} = -N\frac{\mathrm{d}\left(A\mu\frac{NI}{l}\right)}{\mathrm{d}t}$$

Da nur I eine Funktion der Zeit ist, kann man auch schreiben:

$$U_{\text{ind}} = -\frac{\mu AN^2}{l}\cdot\frac{\mathrm{d}I}{\mathrm{d}t}$$

Der Vergleich mit Formel 4.50 zeigt, dass für die Induktivität gelten muss:

$$L = \mu_0\mu_{\text{r}}\frac{AN^2}{l}$$

Mit den Zahlenwerten des Beispiels ($l = 10$ cm, $b = h = 4$ cm, $N = 1000$, $\mu_r \approx 1$) ergibt sich:

$$L = \frac{4\pi\cdot 10^{-7}\,\frac{\mathrm{V\cdot s}}{\mathrm{A\cdot m}}(0{,}04\,\mathrm{m})^2\cdot 1000^2}{0{,}1\,\mathrm{m}} = 0{,}02\frac{\mathrm{V\cdot s}}{\mathrm{A}} = 20\,\mathrm{mH}$$

Exakt gilt die Formel allerdings nur für sehr *lange* Spulen. Gegebenenfalls ist noch ein *Formfaktor* zu berücksichtigen. Von technischer Bedeutung ist, dass L – wie in Abschnitt 4.3.3 gezeigt – mittels eines ferromagnetischen Kerns um mehr als das 100 000-Fache vergrößert werden kann.

In der Elektrotechnik bereitet die Induktivität häufig mehr Probleme als nützliche Anwendungen, zumal sie bei *jeder* Stromleitung auftritt. Wechselt zum Beispiel die Stromrichtung, werden durch den Umbau des begleitenden Feldes sowohl der Anstieg als auch der Abfall des Stromes verzögert. Vor allem in der Nachrichtentechnik, die Wechselfrequenzen bis in den Gigahertz-Bereich kennt, sind die Konsequenzen auch bei kleinen Strömen und Induktivitäten in elektronischen Schaltungen erheblich. (Übrigens wirken sich dann *Kapazitäten* zwischen Leitern ähnlich störend aus.)

Direkt beobachten kann man den verzögerten Stromfluss bei Spulen mit Eisenkern und entsprechend großen Werten von μ_r bzw. L: Angeschlossene Glühlampen leuchten nach dem Einschalten etwas später und langsamer auf. Noch drastischer ist der Effekt beim Ausschalten. Wegen der schnellen Änderung des Stromes bzw. des magnetischen Flusses entsteht kurzzeitig eine sehr hohe Induktionsspannung. Sie wird bei der Zündspule für Otto-Motoren technisch genutzt.

4.4.5 Energie des Magnetfeldes

Nach dem Abschalten der Spannungs- und Stromversorgung für einen Leiterkreis mit Induktivität fließt der Strom noch weiter, es entsteht sogar eine „neue" Spannung U_{ind}. Woher kommt die Energie dafür? Offensichtlich ist der verzögerte Stromfluss beim *Einschalten* gerade dadurch zu erklären, dass zunächst Energie gespeichert wurde, und zwar im Magnetfeld der Spule.

Da der Vorgang nicht linear verläuft, muss für ihre Berechnung über den Zeitraum integriert werden, bis der volle Strom fließt:

$$E_{\mathrm{mag}} = \int_0^t IU_{\mathrm{ind}}\mathrm{d}t = \int_0^t IL\frac{\mathrm{d}I}{\mathrm{d}t}\mathrm{d}t = \int_0^I IL\mathrm{d}I$$

Die Magnetfeld-Energie in der Spule ist also gegeben durch:

$$E_{\mathrm{mag}} = \frac{1}{2}LI^2$$ Formel 4.52

Spulen-Energie (Energie des magnetischen Feldes)

Beispiel 4.11: Löschkondensator

Bei allen Stromkreisen mit großer Induktivität tritt beim Abschalten des Stromes eine hohe Induktionsspannung am Schalter auf, die sofort oder auf Dauer durch Funkenbildung die Schalterkontakte zerstört.
Aufgabe: Wie muss ein (Funken-)Löschkondensator geschaltet und dimensioniert werden für $L = 1$ H, $I = 10$ A und $U_{\mathrm{ind}} = 10$ kV?
Lösung: Der Kondensator soll vorübergehend die Energie aufnehmen, die zuvor im Magnetfeld der Spule gespeichert war; er wird darum parallel zum Schalter angeschlossen. Aus der Energiebilanz $E_{\mathrm{el}} = E_{\mathrm{mag}}$ erhält man mit Formel 4.15 und Formel 4.52:

$$\frac{1}{2}CU^2 = \frac{1}{2}LI^2 \Rightarrow C = \frac{LI^2}{U^2}$$

Die gegebenen Größen liefern die erforderliche Kapazität des Kondensators:

$$C = \frac{1\frac{\mathrm{V}\cdot\mathrm{s}}{\mathrm{A}}\cdot(10\,\mathrm{A})^2}{(10^4\,\mathrm{V})^2} = 10^{-6}\frac{\mathrm{A}\cdot\mathrm{s}}{\mathrm{V}} = 1\,\mu\mathrm{F}$$

Offensichtlich gibt es eine formale Symmetrie zwischen den Beschreibungen des Energieinhaltes elektrischer und magnetischer Felder. Physikalisch ist die Verwandtschaft noch tiefer: Die Umwandelbarkeit der Feldenergien ermöglicht den *Schwingkreis*, und der wiederum die Abstrahlung elektromagnetischer *Wellen*, die sich durch ständige Feldumwandlung ohne jedes Übertragungsmedium ausbreiten können (Abschnitt 4.6).

Zusammenfassung: Elektromagnetische Induktion

- Bei bewegten Leitern im Magnetfeld tritt eine *Induktionsspannung* auf, die bei senkrechter Orientierung maximal wird. Damit kann man *Generatoren* bauen.
- Ursache der Induktion ist die Änderung des *magnetischen Flusses* in einer Leiterschleife. Auf diese Weise lassen sich Spulen magnetisch koppeln, z. B. als *Transformator*.
- Nach der *Lenzschen Regel* ist die Wirkung einer Induktion ihrer Ursache entgegen gerichtet. Das gilt vor allem für Spannungen, Ströme und magnetische Kräfte.
- Die Selbstinduktion bei Stromänderungen wird durch die *Induktivität* beschrieben. Sie verzögert Einschaltvorgänge und verursacht Spannungsspitzen beim Abschalten.
- Im magnetischen Feld einer Spule ist *Energie* gespeichert, ähnlich wie im elektrischen Feld eines Kondensators.

4.5 Wechselstrom

Typische Wechselströme und Wechselspannungen sind periodische, *sinusförmige* Funktionen der Zeit. Wird der Begriff im engeren Sinn der *elektrischen Energietechnik* verwendet, so haben sie eine Frequenz von 50 Hz (in Europa; in den USA z. B. 60 Hz). Man kann sie dann als *Schwingung* im Stromkreis beschreiben, die von einem geeigneten **Generator** erzwungen wird, und mit den gleichen Größen beschreiben wie die mechanischen Oszillatoren in Abschnitt 2.6. Kapazitäten und Induktivitäten im Wechselstromkreis verursachen zum Teil drastische Effekte, vor allem in Bezug auf die Phase.

Trotz der daraus resultierenden Probleme hat sich der Wechselstrom zur elektrischen Energieübertragung durchgesetzt. Das liegt ausschließlich am Einsatz von **Transformatoren**, mit denen sich die Verluste durch JOULEsche Wärme bei hohen Strömen deutlich verringern lassen.

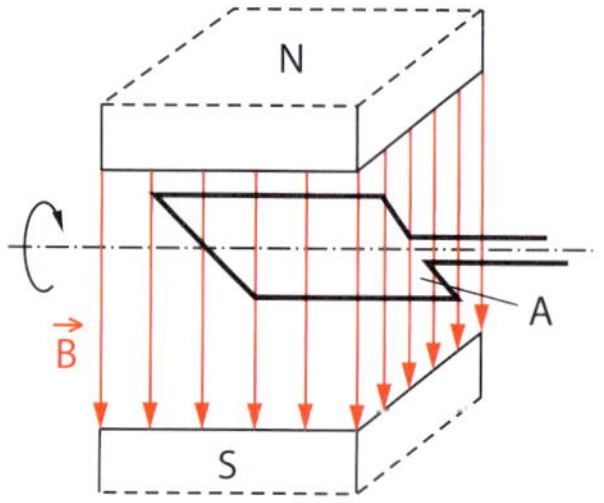

Bild 4.41 Eine im Magnetfeld rotierende Leiterschleife generiert eine Wechselspannung.

4.5.1 Generator und Transformator

In einem **Wechselspannungs-Generator** rotiert eine Leiterschleife (real natürlich eine Spule oder ein Spulensystem) in einem Magnetfeld **(Bild 4.41)**. Wegen der periodischen Änderung des magnetischen Flusses durch die Schleifenfläche A

$$\Phi = BA\cos\alpha$$

wird bei konstanter Winkelgeschwindigkeit $\omega = \alpha/t$ die Spannung

Generatorspannung an einer Leiterschleife

$$U_{\text{ind}}(t) = u = -\frac{\mathrm{d}\Phi}{\mathrm{d}t} = BA\omega\sin\omega t \qquad \text{Formel 4.53}$$

induziert. Zeitabhängige Spannungen und Ströme werden in der Elektrotechnik üblicherweise mit kleinen Buchstaben benannt und ihre Maxima („*Scheitelwerte*") mit einem „Dach" gekennzeichnet: $\hat{u}$, $\hat{\imath}$. Technisch wichtiger sind die *effektiven Werte* U und I – vereinbarungsgemäß mit Großbuchstaben notiert –, die eine mit Gleichstrom vergleichbare Leistung bewirken.

Zur Berechnung der *Leistung* eignet sich nicht der Mittelwert: der ist ja null. Für die JOULEsche Wärme ist die Stromrichtung aber unerheblich; die Kochplatte wird mit Wechselstrom genauso warm. Sinnvoll ist hier eine quadratische Mittelung: Die $\sin^2$-Kurve ist in **Bild 4.42** dargestellt und zeigt den Zusammenhang zwischen *Effektiv- und Scheitelwerten* beim Strom:

$$I^2 = \frac{\hat{\imath}^2}{2} \Rightarrow I = \frac{\hat{\imath}}{\sqrt{2}} = 0{,}707\hat{\imath}$$

Für die die effektive Wechselspannung gilt entsprechend:

$$U = \frac{\hat{u}}{\sqrt{2}}$$

In Deutschland ist $U = 230$ V; es treten also Scheitelwerte von $\hat{u} = U\sqrt{2} = 325$ V auf!

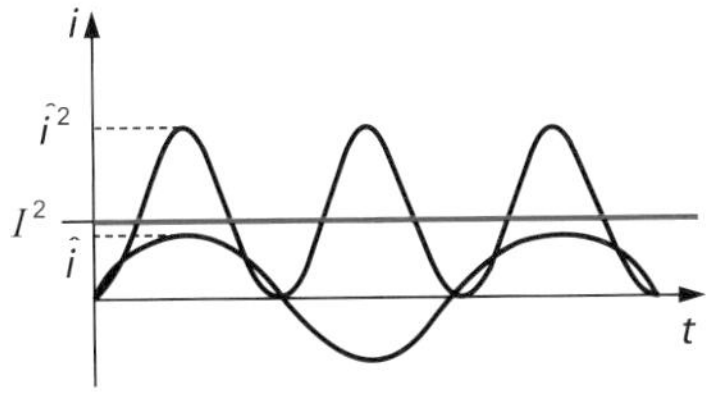

Bild 4.42 Zur Definition der maximalen und effektiven Stromstärke.

Transformatoren übertragen die elektrische Leistung $P_{el} = UI$ aus einem primären Stromkreis in einen sekundären und formen gemäß dem Wortsinn die Faktoren U und I um: Für den Energietransport über lange Leitungen wird z. B. die Spannung heraufgesetzt, oder es kann umgekehrt der Strom auf Kosten der Spannung vergrößert werden, etwa zum Schweißen.

Die Kopplung der beiden Stromkreise erfolgt rein induktiv in einem magnetischen Kreis, also über zwei Spulen auf einem gemeinsamen ferromagnetischen Kern – ähnlich wie in **Bild 4.31**, aber mit einer zweiten Spule auf der rechten Seite. Technische Ausführungen sind natürlich kompakter konstruiert, wie das Foto eines älteren Handy-Ladegerätes in **Bild 4.43** zeigt. Die „galvanische", d. h. elektrische Trennung der beiden Stromkreise ist übrigens eine wichtige Spezialanwendung als „Trenn-Trafo".

Bild 4.43 Zum Laden eines Handy-Akkus wird die Netzspannung von 230 V auf ca. 4 V transformiert. Man erkennt rechts die kleinere Windungszahl, aber (wegen des höheren Stromes) größere Drahtdicke der Sekundärspule.

Vernachlässigt man die geringen Verluste (bei guten Konstruktionen bis herab zu einem Prozent) durch Streufelder, Wirbelströme und JOULEsche Wärme, so verhalten sich wegen des identischen magnetischen Flusses Φ durch beide Spulen die induzierten Spannungen – Selbstinduktion auf der Primärseite, „Gegeninduktion" auf der Sekundärseite – nach (4.47) wie die Windungszahlen

$$\frac{U_1}{U_2} = \frac{N_1}{N_2} = n \qquad \text{Formel 4.54}$$

Mit n wird das **Übersetzungsverhältnis** bezeichnet. Wegen $P_1 = P_2$ gilt außerdem

Spannungen und Ströme beim idealen Transformator

$$\frac{U_1}{U_2} = \frac{I_2}{I_1} = n \qquad \text{Formel 4.55}$$

Übertrager nutzen übrigens das gleiche Prinzip, werden aber bei kleineren Leistungen und höheren Frequenzen verwendet, etwa in der Audiotechnik. Häufig geht es da um die Transformation des Wechselstromwiderstandes zur *Impedanzanpassung* (Abschnitt 4.5.3). Als *elektronische Transformatoren* werden *Schaltnetzteile* bezeichnet, die bei elektronisch erzeugten Frequenzen über 40 kHz arbeiten, um den dort höheren Wirkungsgrad der induktiven Übertragung auszunutzen. Da gleichzeitig Regelschaltungen eingesetzt werden, können moderne Handy-Ladegeräte kleiner und leichter sein als die konventionelle Bauform in **Bild 4.43**.

Beispiel 4.12: Hochspannungsleitung

Aufgabe: In Deutschland wird die Spannung aus gutem Grund bei Überlandleitungen bis zu 380 kV „hochtransformiert". Welcher Leistungs- und Spannungsverlust entstünde demgegenüber bei einer Übertragung von 200 kW mit der normalen Netzspannung von 230 V, wenn der gesamte Leitungswiderstand (nur) 0,2 Ω beträgt?

Lösung: Die Verlustleistung nach Formel 4.24 muss für den *Strom* berechnet werden, da nur die *Summe* von Spannungsabfall an den Leitungen *und* an der Last bekannt ist. Formel 4.23 liefert für die niedrige und die hohe Spannung jeweils:

$$I_N = \frac{P}{U} = \frac{2 \cdot 10^5\ \text{V} \cdot \text{A}}{230\,\text{V}} \approx 870\,\text{A}$$

$$I_H = \frac{2 \cdot 10^5\ \text{V} \cdot \text{A}}{380 \cdot 10^3\ \text{V}} \approx 0{,}53\,\text{A}$$

Damit wird die Verlustleistung für die beiden Fälle:

$$P_N = I^2 R = (870\,\text{A})^2 \cdot 0{,}2\frac{\text{V}}{\text{A}} \approx 151\,\text{kW};\ P_H \approx 56\,\text{mW}$$

Offensichtlich ist die Übertragung ohne Transformation nicht realisierbar; auch der Spannungsabfall an der Leitung betrüge nach Formel 4.19:

$$U_N = RI = 0{,}2\frac{\text{V}}{\text{A}} \cdot 870\,\text{A} = 174\ \text{V}$$

gegenüber $U_H = 100$ mV an der Hochspannungsleitung. Übrigens wird bei Leitungen mit hoher Kapazität und dadurch großem Wechselstromwiderstand (Abschnitt 4.5.2), etwa bei Seekabeln, langen Erdkabeln und sehr langen Freileitungen, vorher gleichgerichtet.

4.5.2 Wechselstromwiderstand

Ein OHMscher Widerstand verhält sich im Wechselstromkreis wie bei Gleichstrom. Dass er hier ausdrücklich **Wirkwiderstand** (oder *Resistanz*) heißt, deutet auf Abweichungen bei Spulen und Kondensatoren hin, die ja im stationären Gleichstromkreis theoretisch gar keinen bzw. einen unendlich hohen Widerstand besitzen.

Bei einer **Spule** sorgt die Selbstinduktion dafür, dass der Strom einer anliegenden Spannung mit Verzögerung folgt. Für den sinusförmigen Verlauf der vom Generator gelieferten Größen u_0 und i_0 ergibt sich als entgegengesetzt gerichtete Induktionsspannung gemäß Formel 4.50:

$$u = L\frac{di}{dt} = \frac{d\left(L\hat{\imath}\sin\omega t\right)}{dt} = \omega L\hat{\imath}\cos\omega t = \omega L\hat{\imath}\sin\left(\omega t + \frac{\pi}{2}\right) \qquad \text{Formel 4.56}$$

Die Spannung „eilt" also dem Strom beim periodischen Wechsel um $\varphi = 90°$ bzw. ein Viertel einer Periodendauer voraus **(Bild 4.44)**, oder genauer formuliert:

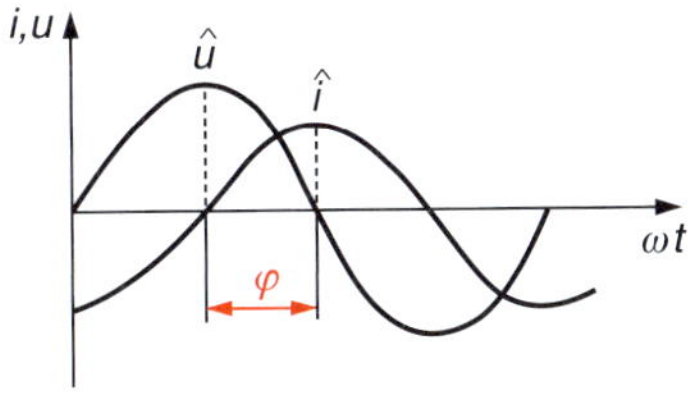

Bild 4.44 Beim induktiven Widerstand ist der Strom um T/4 bzw. $\varphi = 90°$ gegenüber der Spannung verzögert.

Bei einem induktiven Widerstand tritt zwischen Spannung und Strom die Phasenverschiebung **+ π/2** auf.

Phasenverschiebung an einer Induktivität

Nach Formel 4.56 gilt für die Scheitelwerte $\hat{u} = \omega L\hat{\imath}$, und somit auch für die Effektivwerte $U = \omega LI$. Dann folgt nach dem OHMschen Gesetz für den **induktiven Widerstand**:

$$X_L = \omega L \qquad \text{Formel 4.57}$$

Induktiver Widerstand

Bei Gleichstrom ($\omega = 2\pi f = 0$) verschwindet der rein induktive Widerstand; mit höherer Frequenz nimmt er zu. *Reale* Spulen haben wegen der Drahtwicklung allerdings immer eine zusätzliche, frequenzunabhängige Resistanz.

Ein **Kondensator** wird durch Wechselspannung dauernd umgeladen, dadurch fließt trotz der „Lücke" im Stromkreis durchaus ein (Wechsel-) Strom. Allerdings erreicht die Spannung jeweils erst ihren Maximalwert, wenn der (Lade-)Strom null geworden ist (Info 4.5). Dann gilt

$$\hat{u} = \frac{q}{C}$$

und für den Strom erhält man daraus

$$i = \frac{dq}{dt} = C\frac{du}{dt} = C\frac{d(\hat{u}\sin\omega t)}{dt} = \omega C\hat{u}\cos\omega t = \omega C\hat{u}\sin\left(\omega t + \frac{\pi}{2}\right) \qquad \text{Formel 4.58}$$

Hier „eilt" also der Strom der Spannung voraus:

Bei einem kapazitiven Widerstand tritt zwischen Spannung und Strom die Phasenverschiebung **-π/2** auf.

Phasenverschiebung an einer Kapazität

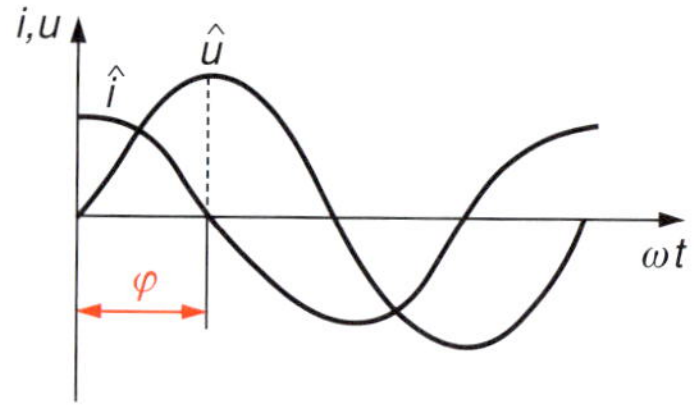

Bild 4.45 Beim kapazitiven Widerstand ist die Spannung um T/4 bzw. $\varphi = 90°$ gegenüber dem Strom verzögert.

Mit derselben Folgerung wie beim induktiven erhält man für den **kapazitiven Widerstand**:

$$X_C = \frac{1}{\omega C} \qquad \text{Formel 4.59}$$

Das Frequenzverhalten ist umgekehrt zum induktiven Widerstand: Während er für Gleichstrom unendlich groß ist, nimmt er mit steigender Frequenz ab.

Induktivität und Kapazität

So wie die elektrische Eigenschaft dem Bauteil *Widerstand* seinen Namen gibt, so wird im elektrotechnischen Jargon auch mit Kondensatoren und Spulen verfahren: Man nennt sie oft ebenfalls *Kapazitäten* und *Induktivitäten*.

Aus den Widerstands-Eigenschaften von Spule und Kondensator im Wechselstromkreis lassen sich zwei wichtige Schlüsse für *Anwendungen* ziehen:

- Ein idealer Wechselstrom-Widerstand wandelt im zeitlichen Mittel keine Energie um (z. B. in Wärme wie der Wirkwiderstand). Darum wird er als **Blindwiderstand** (oder *Reaktanz*) bezeichnet. Allerdings fließen Ströme hin und her, um Ladungen im Kondensator zu verschieben bzw. den magnetischen Fluss in der Spule zu ändern. Im Leitungsnetz der Energieversorger verursachen diese „Blindströme“ sehr wohl Verluste.
- Die Frequenzabhängigkeit der Wechselstrom-Widerstände ermöglicht den Aufbau von Siebschaltungen als *Frequenzfilter*, wie sie z. B. in der Audiotechnik zum Einsatz spezieller Lautsprechertypen verwendet werden („Hochtöner, Tieftöner“). Die beiden Grundschaltungen zeigt **Bild 4.46**; die Spule wird in diesem Zusammenhang auch „Drossel“ genannt.

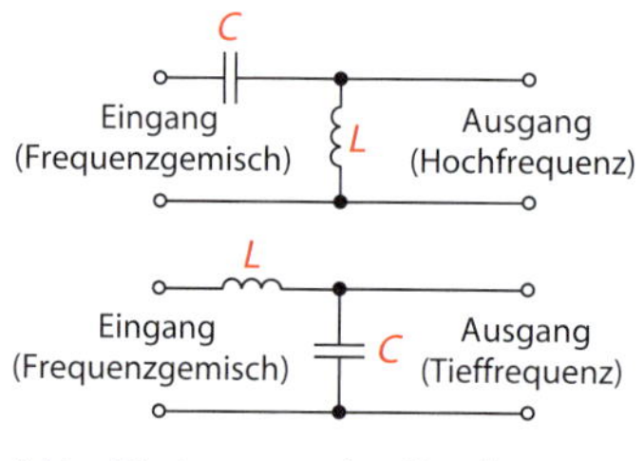

Bild 4.46 Der Hochpass (oben) blockiert wegen des Kondensators im Leitungsweg Gleichspannung und lässt höhere Frequenzen mit abnehmendem Widerstand passieren; beim Tiefpass (unten) ist es umgekehrt.

Beispiel 4.13: Wechselstromwiderstände

Aufgabe: Wie groß ist jeweils der Widerstand der Zylinderspule aus Beispiel 4.10 (20 mH) und eines Kondensators (20 µF) bei 50 Hz sowie 5000 Hz?
Lösung: Der reine Wechselstromwiderstand der Spule beträgt nach Formel 4.57:

$$X_L = 2\pi f L = 2\pi \cdot 50\frac{1}{\text{s}} \cdot 20 \cdot 10^{-3}\frac{\text{V}\cdot\text{s}}{\text{A}} = 6{,}28\,\Omega$$

Dieser Wert bei Netzfrequenz steigt auf den hundertfachen Wert bei 5000 Hz. – Umgekehrt verläuft der „Frequenzgang" des Kondensators. Der Wechselstromwiderstand bei 50 Hz von:

$$X_C = \frac{1}{2\pi fC} = \frac{\mathrm{s\cdot V}}{2\pi \cdot 50 \cdot 20 \cdot 10^{-6}\ \mathrm{A\cdot s}} = 159\,\Omega$$

sinkt auf ein Hundertstel bei der hundertfachen Frequenz.

4.5.3 Phasenbeziehungen im Wechselstromkreis

In realen Netzwerken sind immer mehrere Wirk- und Blindwiderstände miteinander verschaltet. Exemplarisch soll für die **Reihenschaltung** von induktivem, Ohmschem und kapazitivem Widerstand (*LRC-Serienschaltung*, **Bild 4.47**) der Gesamtwiderstand und die resultierende Phasenverschiebung berechnet werden.

Mit den Liniendiagrammen in **Bild 4.44** und **Bild 4.45** sind solche Operationen nicht mehr übersichtlich darstellbar. Von der harmonischen Schwingung (Abschnitt 2.6) ist aber bekannt, dass die Sinuskurve den periodischen Umlauf eines Punktes auf einem Kreis beschreibt. Mit dieser Analogie kann man zunächst einmal rotierende *Zeiger* konstruieren, deren Längen die Scheitelspannungen an den Bauelementen angeben; wegen des konstanten Verhältnisses darf man auch die *Effektivwerte* so beschreiben. Der Winkel zwischen zwei Zeigern zeigt die jeweilige *Phasenverschiebung*. Da diese bei konstanter Frequenz gleich bleibt, lassen sich die Zeiger in einer geeigneten Position anhalten, und man kann die Gesamtspannung *geometrisch* berechnen. Üblicherweise wird beim **Zeigerdiagramm (Bild 4.48)** die Spannung am Wirkwiderstand als Bezug gewählt, da sie in Phase mit dem Strom bleibt. Damit ergibt sich auch die Phasenverschiebung φ direkt aus der Zeichnung.

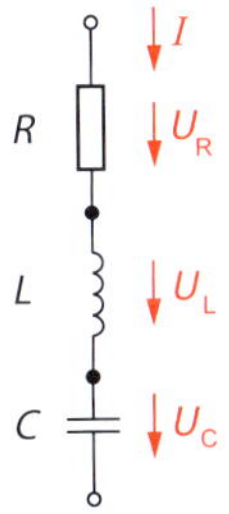

Bild 4.47 Reihenschaltung von *R*, *L* und *C* mit den Effektivwerten der Teilspannungen

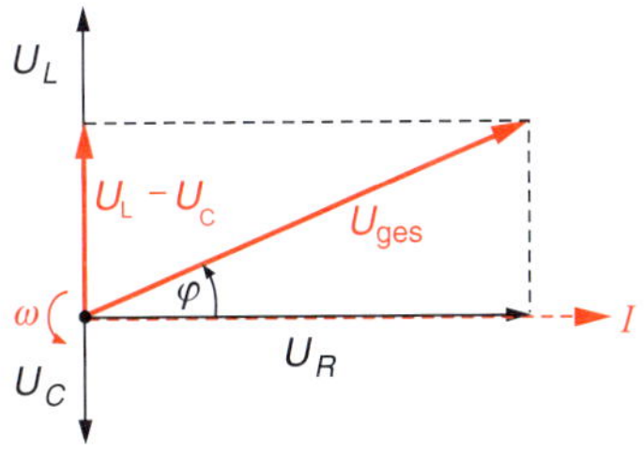

Bild 4.48 Die Gesamtspannung und die resultierende Phasenverschiebung werden geometrisch berechnet.

Die rechnerische Bestimmung von U_{ges} gelingt mit dem oft bewährten Satz von PYTHAGORAS:

$$U_{\mathrm{ges}} = \sqrt{U_{\mathrm{R}}^2 + \left(U_{\mathrm{L}} - U_{\mathrm{C}}\right)^2} = \sqrt{I^2R^2 + \left(I\omega L - \frac{I}{\omega C}\right)^2} = I \cdot \sqrt{R^2 + \left(\omega L - \frac{1}{\omega C}\right)^2}$$

Der gesamte, aus Wirk- und Blindwiderstand zusammengesetzte **Scheinwiderstand** (auch **Impedanz** genannt) $Z = U_{\mathrm{ges}}/I$ ist also:

Scheinwiderstand bzw. Impedanz

$$Z = \sqrt{R^2 + \left(\omega L - \frac{1}{\omega C}\right)^2} \quad \text{Formel 4.60}$$

Für die Widerstände kann man ebenfalls ein Zeigerdiagramm zeichnen. Das hier untersuchte Spannungsdreieck ist dem Widerstandsdreieck geometrisch ähnlich; man erhält aus beiden Diagrammen die Phasenverschiebung φ von U_{ges} gegenüber dem Strom I. Diese **Phasenwinkelbeziehung** lautet:

Phasenwinkelbeziehung

$$\tan\varphi = \frac{U_L - U_C}{U_R} = \frac{\omega L - \frac{1}{\omega C}}{R} \quad \text{Formel 4.61}$$

Info 4.9: Zeiger in der Gaussschen Zahlenebene

Vielen Studienanfängern ist sie erst unheimlich und dann unentbehrlich: die **komplexe Zahl** $\underline{Z} = a + b \cdot i$ mit $i^2 = -1$. Das „Komplexe" ist die Zusammensetzung aus dem **Realteil** *a* und dem **Imaginärteil** *b*. Solche Zahlen – meistens durch Unterstrich gekennzeichnet – haben ihren praktischen Wert wegen der anschaulichen (Zeiger-)Darstellung in der komplexen Zahlenebene nach Gauss (vor allem in der *kartesischen Form* wie in **Bild 4.49**).

Alternativ kann ein komplexer Zeiger aber auch in der *trigonometrischen* Form formuliert und mithilfe der Eulerschen Formel durch die Exponentialfunktion ausgedrückt werden:

$$\underline{z} = z\cos\varphi + iz\sin\varphi = ze^{i\varphi}$$

Für eine Wechselspannung erhält man auf diese Weise mit $\varphi = \omega t$:

$$\underline{u} = \hat{u}\cos\omega t + i\hat{u}\sin\omega t = \hat{u}e^{i\omega t}$$

Die Methode bietet den Vorteil, dass die Gesetze des Gleichstromkreises – z. B. die Maschenregel – auch für beliebige Wechselstromkreise – z. B. die oben beschriebene *R-L-C*-Serienschaltung – angewendet werden können [Ose].

Die Bezeichnung der imaginären Einheit ist übrigens eines der ergiebigsten Gesprächsthemen zwischen Physikern und Ingenieuren. Während letztere die Verwechslung mit der zeitabhängigen Stromstärke ***i*** fürchten und vorsichtshalber **j** schreiben, solidarisieren sich die Physiker mit den Mathematikern, verwenden das etablierte **i** und üben Sorgfalt bei den Rechnungen.

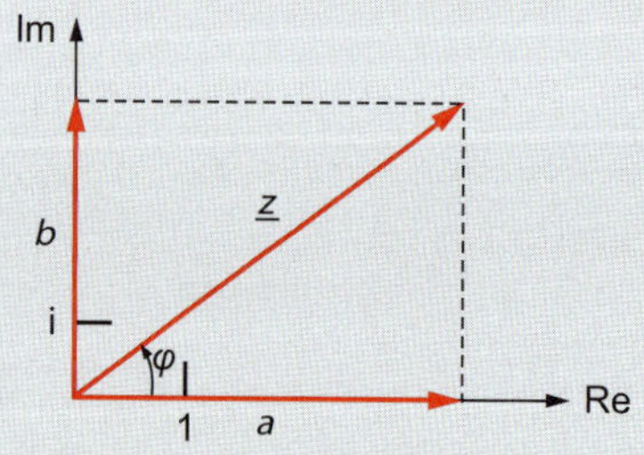

Bild 4.49 Darstellung einer komplexen Zahl.

Aus Formel 4.60 wird klar, dass der Scheinwiderstand ein Minimum annimmt – nämlich auf den Wirkwiderstand sinkt – für

$$\omega L = \frac{1}{\omega C} \Leftrightarrow \omega = \frac{1}{\sqrt{LC}} \quad \text{Formel 4.62}$$

Bei dieser **Resonanzfrequenz** $\omega_r = 2\pi f_r$ verschwindet die Phasenverschiebung und die Stromstärke wird maximal. In Wechselstromkreisen ist dieser (oft zerstörerische) Fall gefürchtet; für *Schwingkreise* (Abschnitt 4.6.1) aber häufig gesucht. Dann erhält die Gleichung den Namen **Thomsonsche Formel**:

$$f_{\mathrm{r}} = \frac{1}{2\pi\sqrt{LC}} \qquad \text{Formel 4.63}$$

Resonanzfrequenz (Thomsonsche Formel)

Ähnliche Zusammenhänge wie für die beschriebene Reihenschaltung ergeben sich für die *Parallelschaltung* von Wechselstromwiderständen, wenn man die Diagramme und Rechnungen für die *Leitwerte* $Y = I/U$ erstellt. Unter der Resonanzbedingung (Formel 4.62) tritt dann ein *Minimum* der Stromstärke auf.

***i* oder i?**

Die Antwort stand schon auf Seite 18: Physikalische Größen werden *kursiv* geschrieben (auch als Index), und Zahlen gerade (auch $i^2 = -1$). In diesem Buch bezeichnet *i* also (mit einiger Verlässlichkeit) die Wechselstromstärke.

Auch für die Berechnung (und Bezahlung) der **Wechselstromleistung** spielt der Phasenwinkel φ eine entscheidende Rolle. Die *Scheinleistung* ist wieder die geometrische Summe aus dem *Blind-* und dem *Wirkanteil;* nur Letzteren kann das Elektrizitätswerk in Rechnung stellen. Mit einem ähnlichen Zeigerdiagramm wie in **Bild 4.48** kann man sich anschaulich verdeutlichen, dass von der Gesamtstromstärke I nur die *Wirkkomponente* I_{w} in Richtung der Spannung U

$$I_{\mathrm{w}} = I\cos\varphi$$

zur **Wirkleistung** beiträgt.

$$P = UI\cos\varphi \qquad \text{Formel 4.64}$$

Wirkleistung mit Leistungsfaktor

Der Ausdruck cos φ heißt **Leistungsfaktor**; er nimmt den Wert 1 an für $\varphi = 0$, also reine Wirkleistung an Ohmschen Widerständen, oder bei gut *kompensierten* Blindleistungen. Für große induktive Lasten wie Elektromotoren verwendet man zur Kompensation *Phasenschieber-Kondensatoren*.

Absichtlich eingeführte Phasenwinkel machen beim Wechselstrom eine elektrotechnische Raffinesse möglich, den **Drehstrom** oder „Dreiphasen-Wechselstrom" zur Verteilung großer Leistungen. In den Generatoren sind drei Spulensysteme um 120° versetzt, deren Ausgänge (*Phasenleiter* **L1, L2, L3**) mit einem gemeinsamen *Neutral-* oder *Nullleiter* **N** zu den Verbrauchern geführt werden. Neben dem üblichen Anschluss zwischen einer Phase und **N** mit $U = 230$ V kann für entsprechende „Starkstrom"-Geräte – im Haushalt meistens Elektroherde oder Wasser-Durchlauferhitzer – auch die Effektivspannung zwischen zwei Phasen von 400 V genutzt werden.

Zusammenfassung: Wechselstrom

- Die praktische Bedeutung des Wechselstroms ist durch seine *Transformierbarkeit* begründet. Er wird mit *Generatoren* mittels der periodischen Änderung des magnetischen Flusses durch eine Spule erzeugt.
- Der *Wechselstromwiderstand* (Scheinwiderstand) hat einen Wirkanteil, aber wegen der Phasenverschiebung in Spulen und Kondensatoren auch einen Blindanteil.
- Die induktiven, kapazitiven und Ohmschen Widerstandsanteile werden geometrisch addiert. Man verwendet *Zeigerdiagramme*, meistens in der komplexen Zahlenebene.
- In Abhängigkeit von den Blindwiderständen und von der Frequenz tritt in Wechselstromkreisen *Resonanz* auf.

- Auch die elektrische *Leistung* hat einen Blind- und einen Wirkanteil. Letzterer hängt vom Kosinus des Phasenwinkels zwischen Strom und Spannung ab.

4.6 Elektromagnetische Schwingungen und Wellen

Sinusförmige Wechselspannungen und -ströme können nicht nur durch eine rotierende Spule wie im letzten Abschnitt erzeugt werden. Ein periodischer Verlauf der beiden Größen – allerdings meistens mit viel höherer Frequenz – entsteht ebenfalls, wenn ein Kondensator über eine Spule entladen wird.

4.6.1 Schwingkreis

Im einfachsten Fall besteht ein solcher **Schwingkreis** nur aus den beiden in **Bild 4.50** dargestellten Elementen; der OHMsche Widerstand wird vernachlässigt. Im abgebildeten Zustand soll der Kondensator durch eine externe, nicht eingezeichnete Spannungsquelle aufgeladen worden sein und im Begriff stehen, sich mit dem Strom $i = \mathrm{d}q/\mathrm{d}t$ zu entladen. Ebenfalls angedeutet ist das demnächst entstehende Magnetfeld in der Spule, das nach der vollständigen Entladung des Kondensators maximal ausgebildet sein wird.

In der darauffolgenden Phase der Schwingung, wenn der magnetische Fluss sein Maximum überschritten hat und mit $\mathrm{d}\Phi/\mathrm{d}t$ sinkt, wird der Strom durch Selbstinduktion weitergetrieben, bis der Kondensator wieder vollständig – mit entgegengesetzter Polarität – aufgeladen ist. Dieser Vorgang wiederholt sich periodisch immer wieder (allerdings mit einer „Dämpfung" durch den Leitungswiderstand, die zunächst vernachlässigt werden soll). Auf diese Weise entsteht eine harmonische Schwingung wie beim Federpendel in Abschnitt 2.6.1, die mathematisch ganz analog behandelt werden kann. Energetisch betrachtet werden beim *mechanischen* Oszillator potenzielle und kinetische Energie periodisch umgewandelt, während beim *elektrischen* Oszillator die Energie zwischen dem elektrischen und dem magnetischen Feld „pendelt".

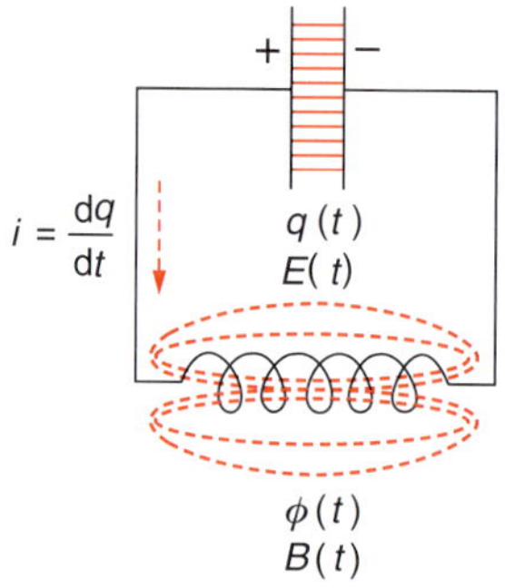

Bild 4.50 Im Schwingkreis pendelt Energie zwischen dem elektrischen und magnetischen Feld.

Für die Aufstellung der Schwingungsgleichung wendet man die Maschenregel (Formel 4.26) an:

$$u_c - u_L = 0$$

Mit

$$u_c = \frac{q}{C} \text{ und } u_L = -L\frac{\mathrm{d}i}{\mathrm{d}t}$$

folgt

$$L\frac{\mathrm{d}i}{\mathrm{d}t} + \frac{q}{C} = 0$$

und abgeleitet nach der Zeit:

$$L\frac{\mathrm{d}^2 i}{\mathrm{d}t^2} + \frac{i}{C} = 0 \qquad \text{Formel 4.65}$$

Elektrische Schwingungsgleichung

Wie bei der Differenzialgleichung für das Federpendel (Formel 2.54) ist die Sinusfunktion eine Lösung:

$$i = \hat{\imath} \sin \omega t; \quad \frac{\mathrm{d}i}{\mathrm{d}t} = \hat{\imath}\, \omega \cos \omega t; \quad \frac{\mathrm{d}^2 i}{\mathrm{d}t^2} = -\hat{\imath}\, \omega^2 \sin \omega t$$

Eingesetzt in Formel 4.65 erhält man:

$$-L\hat{\imath}\, \omega^2 \sin \omega t + \frac{1}{C}\hat{\imath} \sin \omega t = 0 \Rightarrow -L\,\omega^2 + \frac{1}{C} = 0 \Rightarrow \omega^2 = \frac{1}{LC}$$

Also

$$\omega_0 = \frac{1}{\sqrt{LC}}$$

Dies ist die THOMSONsche Formel (Formel 4.63), die hier die **Eigenfrequenz** des Schwingkreises angibt. Formal wird der *Spannungsverlauf* bei diesem Ansatz durch die *Kosinusfunktion* beschrieben. Zwischen der Spannung und dem Strom besteht also eine Phasenverschiebung von 90°.

Reale elektrische Schwingungen klingen ähnlich ab wie der mechanische Oszillator in Bild 2.30, wenn die „Reibungsarbeit" – also hier die JOULEsche Wärme durch den OHMschen Widerstand der Leitungen – im System nicht *ersetzt* wird. Gelingt das bei langsamer mechanischer Schwingung etwa einer Kinderschaukel noch recht gut durch phasenrichtiges „Anstoßen", so muss bei den sehr viel schnelleren elektrischen Schwingungen eine Steuerung der Energiezufuhr durch die Schwingung selbst vorgenommen werden. Dazu wird das Prinzip der **Rückkopplung** benutzt.

In **Bild 4.51** ist schematisch dargestellt, wie durch induktive Ankopplung einer zweiten Spule eine Verstärkerschaltung phasenrichtig angesteuert wird, sodass nach jeder Schwingungsperiode der Kondensator wieder voll aufgeladen ist.

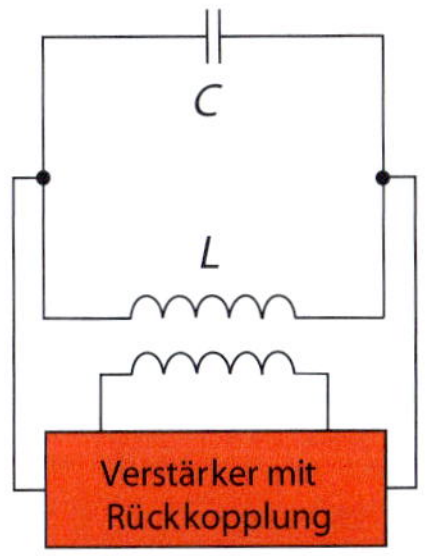

Bild 4.51 Schwingkreise werden entdämpft, indem die in Wärme umgewandelte Energie mithilfe der Rückkopplung phasenrichtig ersetzt wird.

Beispiel 4.14: Eigenfrequenz eines Schwingkreises

Serienschwingkreise werden oft dazu benutzt, um aus einem Frequenzgemisch eine bestimmte Frequenz herauszufiltern, z. B. bei der „Abstimmung" eines Rundfunkempfängers auf einen bestimmten Sender. Dazu wird ausgenutzt, dass bei der Eigenfrequenz die Stromstärke *i* maximal wird.

Aufgabe: Ein abstimmbarer Schwingkreis (mit vernachlässigbarem Wirkwiderstand) soll aus einer Spule mit 1 µH Induktivität und einem Kondensator mit variabler Kapazität aufgebaut werden. Wie muss dieser spezifiziert werden, damit Frequenzen von 87,5 bis 108 MHz (Ultrakurzwellen-Bereich; „UKW") empfangen werden können?

Lösung: Aus der THOMSONschen Formel (Formel 4.63)

$$f_\mathrm{r} = \frac{1}{2\pi\sqrt{LC}}$$

erhält man für die Kapazität:

$$C = \frac{1}{4\pi^2 L f_\mathrm{r}^2}$$

Für die untere Grenzfrequenz 87,5 MHz wird benötigt:

$$C = \frac{1}{4\pi^2 \cdot 10^{-6}\,\frac{\mathrm{V\cdot s}}{\mathrm{A}} \cdot \left(87{,}5 \cdot 10^6\,\frac{1}{\mathrm{s}}\right)^2} = 3{,}31 \cdot 10^{-12}\,\frac{\mathrm{A\cdot s}}{\mathrm{V}} = 3{,}31\,\mathrm{pF}$$

Bei 108 MHz muss der abstimmbare Kondensator entsprechend auf 2,17 Pikofarad einstellbar sein.

4.6.2 MAXWELLsche Gleichungen

Wenn man den Schwingkreis als *Stromkreis* analysiert, taucht ein eigenartiges Problem auf: Auf allen *Leitungen* fließen Ladungen, die nach dem Durchflutungsgesetz von einem magnetischen Wirbelfeld umgeben sind – besonders ausgeprägt und für die Schwingung elementar natürlich um die Spulendrähte. Formal fließt der Strom zwar auch durch den *Kondensator*, aber zwischen den Platten kann gar keine Ladung sein! Es ändert sich lediglich die *Ladungsdichte auf den Platten* und damit das elektrische Feld. Kann ein Magnetfeld auch um einen solchen *fiktiven Strom* entstehen?

MAXWELL hat diese Frage bejaht, den fiktiven Strom **Verschiebungsstrom** genannt und mit seiner Theorie die Elektrodynamik zu einem der elegantesten und erfolgreichsten Kapitel der Physik befördert. Nach seiner Vorstellung ist die *zeitliche Änderung des elektrischen Feldes* die eigentliche Ursache des Magnetfeldes, auch unabhängig von der Bewegung realer Ladungen! Umgekehrt ist die *zeitliche Änderung des magnetischen Feldes* die Ursache des elektrischen Feldes, unabhängig von Leitern mit beweglichen Ladungen – wenn die in der Nähe sind, entsteht natürlich die bekannte Induktionsspannung.

Wenn das so ist, muss die Erzeugung dieser Felder auch im Vakuum möglich sein. Noch spektakulärer: Dann müssen sich die Felder bei periodischen Veränderungen gegenseitig immer wieder erzeugen und dabei ausbreiten. Genau das nennt man **elektromagnetische Wellen**, und da auch das Licht zu deren Spektrum gehört, beruhen tatsächlich – und experimentell vielfach überprüft – große Gebiete der Physik und Technik, insbesondere der Kommunikationstechnik, auf der **MAXWELLschen Theorie**.

Den Kern dieser Theorie bilden zwei Gleichungen, die im Prinzip schon bekannt waren (und auch in diesem Buche stehen):

> Die erste MAXWELLsche Gleichung ist die Erweiterung des klassischen **Durchflutungsgesetzes von AMPÈRE** auf den Verschiebungsstrom.

In der Integralform formuliert – also ähnlich wie das AMPÈREsche Gesetz (Formel 4.32) – lautet die **1. MAXWELL-Gleichung**:

$$\oint \vec{B} \mathrm{d}\vec{s} = \mu_0 \int_A \vec{J} \mathrm{d}\vec{A} + \mu_0 \varepsilon_0 \frac{\mathrm{d}}{\mathrm{d}t} \int_A \vec{E} \mathrm{d}\vec{A}$$

Formel 4.66 — 1. Maxwell-Gleichung

Auch ohne mathematische Detaildiskussion erkennt man ihre physikalische Aussage: Geschlossene magnetische Feldlinien (genauer: magnetische Umlaufspannungen in einem *Wirbelfeld*) resultieren aus der bekannten Stromdurchflutung einer Fläche (erster Term auf der rechten Seite mit $JA = I$) *oder/und* aus einem zeitlich veränderlichen elektrischen Feld. Dieser zweite Term kann auch als die Durchflutung einer Fläche mit einem *Verschiebungsstrom* interpretiert werden.

> Die zweite MAXWELLsche Gleichung ist die Erweiterung des klassischen **Induktionsgesetzes von FARADAY** auf ladungsfreie Umgebungen.

Ebenfalls in der Integralform – vgl. Formel 4.47 sowie Formel 4.48 – lautet die **2. MAXWELL-Gleichung:**

$$\oint \vec{E} \mathrm{d}\vec{s} = -\frac{\mathrm{d}}{\mathrm{d}t} \int_A \vec{B} \mathrm{d}\vec{A}$$

Formel 4.67 — 2. Maxwell-Gleichung

Auf der rechten Seite der Gleichung erkennt man trotz integraler und vektorieller Formulierung den magnetischen Fluss aus dem klassischen Induktionsgesetz (Formel 4.48) wieder. Links steht eine (Induktions-)Spannung, aber hier eine Umlaufspannung über eine *geschlossene* elektrische Feldlinie! Auch wenn keinerlei Ladungen vorhanden sind, etwa im Vakuum, entsteht durch das zeitlich veränderliche magnetische Feld ein elektrisches Feld, aber es ist dann ein *Wirbelfeld.*

Diese beiden zentralen Gleichungen werden häufig durch zwei weitere ergänzt, die *Quellen* des elektrischen Feldes zulassen (nämlich Ladungen), solche Quellen beim magnetischen Feld (nämlich Monopole) aber ausschließen. Um konkrete elektrodynamische Probleme bzw. elektrotechnische Anwendungen behandeln zu können, müssen noch Materialgleichungen usw. hinzugefügt werden.

Andererseits kann der Gleichungssatz besonders elegant mithilfe der *Vektoranalysis* und der Feldtheorie formuliert werden [Bronstein], wie sie für die Karikatur eines anonymen Autors in **Bild 4.52** verwendet wurde. Diese spielt darauf an, dass MAXWELL mit seinen Gleichungen auch eine bis heute gültige Theorie des *Lichtes* geschaffen hat.

And God said:

$$\nabla \cdot \vec{E} = \frac{\varrho}{\varepsilon_0}$$
$$\nabla \cdot \vec{B} = 0$$
$$\nabla \times \vec{E} = -\frac{\partial \vec{B}}{\partial t}$$
$$c^2 \nabla \times \vec{B} = \frac{\vec{J}}{\varepsilon_0} + \frac{\partial \vec{E}}{\partial t}$$

and there was light

Bild 4.52 Ein Kapitel der Schöpfungsgeschichte des alten Testamentes in MAXWELLscher Formulierung [anonymer Verfasser].

4.6.3 Elektromagnetische Wellen

Den experimentellen Beweis für MAXWELLS Theorie führte HEINRICH HERTZ (1857 – 1894) etwa zwanzig Jahre nach der Veröffentlichung. Es gelang ihm, die periodisch wechselnden Felder in einem Schwingkreis als elektromagnetische *Wellen* abzustrahlen.

4.6.3.1 Abstrahlung

In einem Gedankenexperiment kann der in **Bild 4.50** gezeichnete Schwingkreis aufgebogen und vereinfacht werden **(Bild 4.53)**: Bereits ein gerader Draht hat sowohl Kapazität als auch Induktivität. Da beide Größen natürlich sehr klein sind, ist die Eigenfrequenz f_r nach Formel 4.63 typischerweise hoch. Auch in einem weiten Bereich um f_r herum sind Schwingungen möglich, wenn sie durch eine externe Wechselspannungsquelle erzwungen werden. Den Draht nennt man dann **HERTZscher Dipol**. Er wird zur *Antenne* und die Quelle zum *Sender* elektromagnetischer Wellen.

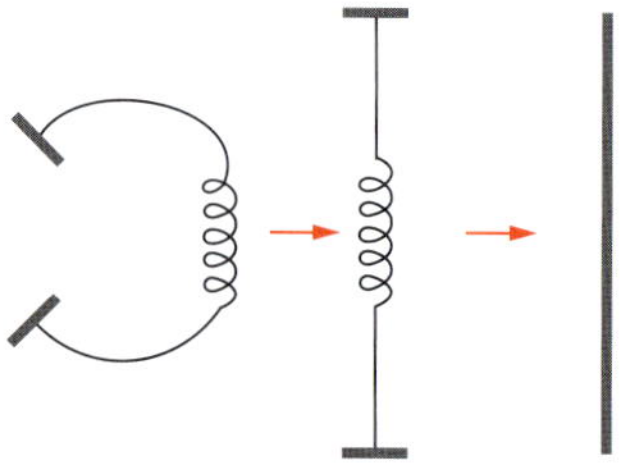

Bild 4.53 Durch mechanische Misshandlung wird ein Schwingkreis schrittweise zum HERTZschen Dipol.

Zur Abstrahlung der Felder kommt es durch ihre dauernde Richtungsumkehr: Das in **Bild 4.54** skizzierte elektrische Feld entspricht zunächst der *Ladungsverteilung eines Dipols* (wie in der Elektrostatik, **Bild 4.5**). Die Ladungstrennung gleicht sich nach einer viertel Periode aus. Da der Strom wegen der Selbstinduktion weiter fließt, kehrt sich nach einer halben Periode die Ladungsverteilung um. Die Feldlinien gehen aber von den Ladungen aus und krümmen sich bis zur Überschneidung. Anschaulich betrachtet schließen sie sich dabei und lösen sich vom Dipol ab: es ist ein *elektrisches Wirbelfeld* entstanden, das sich weiterhin zeitlich ändert und dabei vom Dipol entfernt. Entsprechendes passiert in der zweiten halben Periode mit umgekehrtem Vorzeichen, bis der Ausgangszustand wieder erreicht ist.

Mit einer Phasenverschiebung von 90° bzw. $T/4$ verursacht der Strom beim Ladungsausgleich und der anschließenden Ladungstrennung in der anderen Richtung ein *magnetisches Wirbelfeld*, das sich ebenfalls periodisch in der Richtung ändert und dabei vom Dipol löst. Offensichtlich stehen die (in **Bild 4.54** perspektivisch skizzierten) magnetischen Feldlinien senkrecht auf den elektrischen. Die komplizierte Konfiguration der Feldlinien unmittelbar am Sendedipol wird als **Nahfeld** bezeichnet.

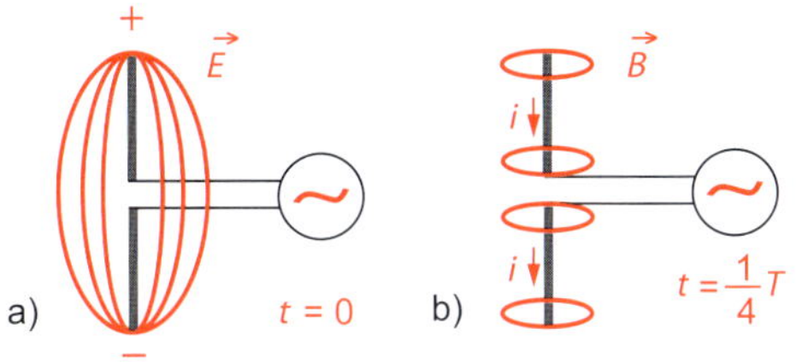

Bild 4.54 Im Nahfeld eines Antennendipols ist das elektrische Feld maximal bei größter Ladungstrennung (a), das magnetische Feld bei größtem Strom (b).

4.6.3.2 Ausbreitung

Sowohl das elektrische als auch das magnetische Feld ändern sich sinusförmig mit der Zeit, wie das für den sendenden Schwingkreis typisch ist. Nach den MAXWELLschen Gleichungen erzeugen sie sich dadurch immer wieder gegenseitig, auch unabhängig von einem Leiter. Eine symbolische Formulierung der Verkettung dieser beiden zeitabhängigen Felder soll das verdeutlichen:

$$* \rightarrow \frac{\mathrm{d}\vec{E}}{\mathrm{d}t} \Rightarrow \vec{B} \rightarrow \frac{\mathrm{d}}{\mathrm{d}t}\left(\frac{\mathrm{d}\vec{E}}{\mathrm{d}t}\right) \Rightarrow \frac{\mathrm{d}\vec{B}}{\mathrm{d}t}$$

$$\frac{\mathrm{d}\vec{B}}{\mathrm{d}t} \Rightarrow \vec{E} \rightarrow \frac{\mathrm{d}}{\mathrm{d}t}\left(\frac{\mathrm{d}\vec{B}}{\mathrm{d}t}\right) \Rightarrow \frac{\mathrm{d}\vec{E}}{\mathrm{d}t} \rightarrow *$$

In **Bild 4.55** ist der Übergang vom Nahfeld zum **Fernfeld** des – hier rot eingezeichneten – Dipols skizziert. Eine genauere Information über die Amplituden und Phasen der entstandenen **elektromagnetischen Welle** erhält man, wenn sie – genau wie die mechanische Welle in Bild 2.43 – entweder an einem festen Ort über der *Zeit* oder zu einer bestimmten Zeit über einer *Ortskoordinate* dargestellt wird. Letzteres zeigt **Bild 4.56**.

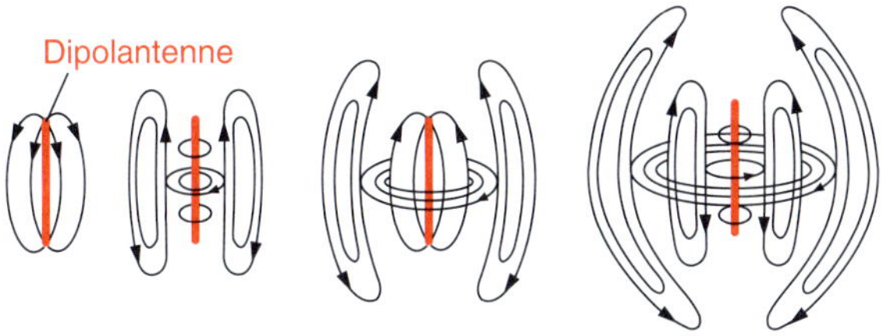

Bild 4.55 Übergang vom Nahfeld zum Fernfeld beim HERTZschen Dipol (nach [Kuchling]).

Gruppengeschwindigkeit

Bei Anwendungen der elektromagnetischen Wellen in der Kommunikationstechnik wird das Signal oder die Nachricht durch eine Modulation der Wellen – z. B. als codierte Änderung der Amplitude – übertragen. Dann entstehen *Wellengruppen* (wie bereits bei der *Schwebung* in Bild 2.40 zu erkennen). Man muss in diesem Fall die – kleinere und frequenzabhängige – *Gruppengeschwindigkeit* von der *Phasengeschwindigkeit* in Formel 4.68 unterscheiden.

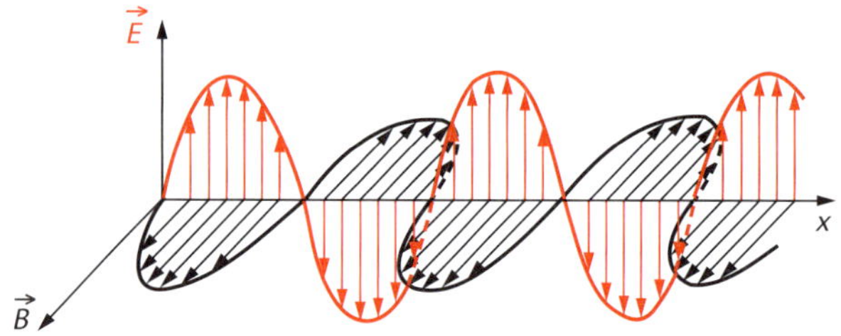

Bild 4.56 Elektrisches und magnetisches Feld stehen senkrecht zueinander; beide breiten sich im Fernfeld phasengleich in einer Richtung aus, die wiederum senkrecht zu *E* und *B* steht.

In einer elektromagnetischen Welle ändern sich also die elektrische und die magnetische Feldstärke sinusförmig mit der Zeit und über dem Weg; dabei sind beide *in Phase*. Sie stehen senkrecht aufeinander und auf der Ausbreitungsrichtung, es handelt sich also um eine *Transversalwelle* (Abschnitt 2.6.5). Bei Dipolstrahlung schwingt das elektrische Feld auch nach seiner Ablösung parallel zur Antenne, die Welle ist *polarisiert* (Abschnitt 5.6).

Elementar für die Entstehung einer *Welle* ist die schwingende, das heißt beschleunigte Ladung – der stationäre Dipol der Elektrostatik erzeugt ja nur ein elektrisches *Feld*. Auch auf atomarer Ebene tritt dieser Effekt in vielfältiger Weise auf; in einem bestimmten Frequenzbereich werden solche elektromagnetischen Wellen als **Licht** wahrgenommen (Tabelle 4.3). Dessen Ausbreitungsgeschwindigkeit ist nach der MAXWELLschen Theorie:

Ausbreitungsgeschwindigkeit elektromagnetischer Wellen

$$v_{\mathrm{E,B}} = \frac{1}{\sqrt{\varepsilon\mu}} = c \qquad \text{Formel 4.68}$$

Im Vakuum gilt also:

Lichtgeschwindigkeit im Vakuum

$$c_0 = \frac{1}{\sqrt{\varepsilon_0\mu_0}} = \frac{1}{\sqrt{8{,}85\cdot 10^{-12}\,\frac{\mathrm{A\cdot s}}{\mathrm{V\cdot m}}\cdot 4\pi\cdot 10^{-7}\,\frac{\mathrm{V\cdot s}}{\mathrm{A\cdot m}}}} = 3\cdot 10^{8}\,\frac{\mathrm{m}}{\mathrm{s}}$$

Die Lichtgeschwindigkeit lässt sich mit verschiedenen „nichtelektrischen“ Methoden sehr genau messen (Abschnitt 5.1.1). Alle Ergebnisse stimmen perfekt mit der MAXWELLschen Voraussage überein. Auch dass die Ausbreitung elektromagnetischer Wellen unabhängig von einem besonderen Medium („Äther“, Info 5.4) erfolgt, ist experimentell bewiesen worden.

4.6.3.3 Eigenschaften

Die MAXWELLsche Theorie liefert noch weitere, für die technische Anwendung wichtige Eigenschaften elektromagnetischer Wellen. So ergibt sich der **Wellenwiderstand** als:

Wellenwiderstand

$$Z = \sqrt{\frac{\mu}{\varepsilon}} \qquad \text{Formel 4.69}$$

mit der korrekten Einheit:

$$[Z] = \sqrt{\frac{\mathrm{V\cdot s}}{\mathrm{A\cdot m}}\cdot\frac{\mathrm{V\cdot m}}{\mathrm{A\cdot s}}} = \frac{\mathrm{V}}{\mathrm{A}} = \Omega$$

Wie man leicht nachrechnen kann, hat sogar das Vakuum einen Wellenwiderstand von ca. 376,7 Ω. Erst recht gilt das bei den unterschiedlichen Typen von *Wellenleitern*, auf denen sich solche hochfrequenten Wellen ausbreiten können. Sie dienen der analogen und digitalen Übertragung von Informationen und reichen vom verdrillten Zweileiter der Computer-Netzwerke über das vielseitige Koaxialkabel (mit Dielektrikum!) bis zum Hohlleiter der Mikrowellentechnik. Ein typisches Problem der Hochfrequenztechnik ist die *Impedanzanpassung* von Sendern, Empfängern und Messgeräten an den Wellenwiderstand des Übertragungsmediums, um die Reflexion der Wellen zu vermeiden.

Mit elektromagnetischen Wellen wird immer *Energie* transportiert. (Bei der Sonnenstrahlung kann man sich davon unmittelbar überzeugen.) Sinnvoll ist die Definition der **Intensität**, also der Wellenenergie pro Zeit und pro Fläche. Ebenso sinnvoll ist es, diese Größe als Vektor zu definieren, denn die Welle transportiert Leistung in Ausbreitungsrichtung. Für den sogenannten **Poynting-Vektor** ergibt sich das Kreuzprodukt

$$\vec{S} = \vec{E} \times \vec{H} \qquad \text{Formel 4.70}$$

Intensität

Der *Poynting*-Vektor ist genauso eine periodische Funktion der Zeit wie die elektrische und die magnetische Feldstärke. Für praktische Anwendungen der Strahlungsintensität muss über die Zeit gemittelt werden. Viele Strahlungsempfänger tun dies bei hohen Frequenzen von selbst (vor allem beim Licht, wie zum Beispiel Fotodioden oder die menschliche Haut).

Poynting-Vektor der Wellen-Intensität

mit der Einheit:

$$[S] = \frac{\text{V}}{\text{m}} \cdot \frac{\text{A}}{\text{m}} = \frac{\text{W}}{\text{m}^2}$$

Wird die Welle kugelförmig in alle Richtungen ausgestrahlt – wie es z. B. bei der Sonne der Fall ist, aber auch bei irdischen Lichtquellen wie Glühlampen –, so nimmt die Intensität mit dem Quadrat des Abstandes ab:

$$S \sim \frac{1}{x^2}$$

Info 4.10: Sonnenstrahlung und ihr Druck

In der großen Entfernung, in der sich die Erde von der Sonne befindet, kann man die „Sonnenstrahlen" als annähernd *parallele* Poynting-Vektoren auffassen, die Strahlungsleistung auf die Erdoberfläche transportieren. Diese spezielle Intensität hat den Namen *Solarkonstante* und beträgt ca. 1000 W/m².

Interessant ist nun die Überlegung, dass damit auch ein *Strahlungsdruck* verbunden sein muss. Maxwell konnte zeigen, dass die elektromagnetische Welle bei vollständiger Absorption der Strahlungsenergie E_S einen Impuls p_S überträgt:

$$p_S = \frac{E_S}{c}.$$

(Die Einheit bitte selbst nachprüfen!) Für den Druck p ergibt sich daraus wegen des 2. Newtonschen Axioms (Abschnitt 2.2.1):

$$p = \frac{F}{A} = \frac{1}{A} \cdot \frac{\mathrm{d}p_S}{\mathrm{d}t} = \frac{1}{A} \cdot \frac{\mathrm{d}}{\mathrm{d}t}\left(\frac{E_S}{c}\right) = \frac{1}{cA}\left(\frac{\mathrm{d}E_S}{\mathrm{d}t}\right) = \frac{S}{c}$$

Die Sonnenstrahlung „drückt" also pro m² mit:

$$p = \frac{10^3\ \text{W}/\text{m}^2}{3 \cdot 10^8\ \text{m}/\text{s}} = \frac{1}{3} \cdot 10^{-5}\,\frac{\text{N} \cdot \text{m}/(\text{s} \cdot \text{m}^2)}{\text{m}/\text{s}} \approx 3 \cdot 10^{-6}\,\frac{\text{N}}{\text{m}^2}$$

Verglichen mit dem Luftdruck (Abschnitt 2.8.1.3) sind diese 3 µPa vernachlässigbar – ein „Sonnenbrand" durch S_{Sonne} ist für Menschen viel gefährlicher!

Die Sonne ist als Sender von Lichtwellen und Wärmestrahlung mit den Sinnesorganen des Menschen erfahrbar. Es gibt aber ein extrem breites **Spektrum** elektromagnetischer Wellen, die trotz physikalisch gleicher Struktur höchst unterschiedliche Wirkungen und Anwendungen besitzen. Sortiert und benannt werden sie zum Teil nach den Frequenzbereichen, zum Teil nach den Wellenlängen. Das hat meistens historische Gründe, denn gemäß Formel 2.64 gilt ja für die Umrechnung stets $\lambda f = c$ und speziell im Vakuum:

$$\lambda f = c_0$$

In Tabelle 4.3 sind die wichtigsten Wellentypen zusammengestellt. Man erkennt, dass der Frequenzbereich von einigen kHz bis zu einigen GHz überwiegend für die klassische Rundfunk- und Nachrichtentechnik genutzt wird, mit Sonderanwendungen der Mikrowellen.

Das Gerät zum Wärmen von Schnellgerichten heißt eigentlich *Mikrowellenherd*, aber dieser korrekte Name kostet zu viel Zeit. Im elektrischen Wellenfeld werden Wassermoleküle mittels ihres elektrischen Dipolmomentes zu erzwungenen Schwingungen von typisch 2,45 GHz angeregt. Diese Bewegungsenergie *ist* Wärmeenergie (Abschnitt 3.3.3) und verteilt sich durch Wärmeleitung auf den Rest der Speisenmoleküle.

Licht im Sinne sichtbarer Strahlung ist auf den erstaunlich kleinen Bereich von einer *Oktave* innerhalb des spektralen Gesamtumfangs von ca. 10^{20} beschränkt. Oft rechnet man allerdings die angrenzenden Bereiche der Infrarot- und Ultraviolett-Strahlung noch dazu, da sie den gleichen Ausbreitungsgesetzen gehorchen.

Tabelle 4.3 Elektromagnetisches Spektrum

Typ	λ (ca.)	*f* (ca.)	Anwendungen
Längstwellen	30 km	10 kHz	U-Boot-Kommunikation
Langwellen	3 km	100 kHz	Rundfunk
Mittelwellen	300 m	1 MHz	Rundfunk
Kurzwellen	30 m	10 MHz	Rundfunk *(mit Reflexion an der Ionosphäre)*
Ultrakurzwellen (UKW)	3 m	100 MHz	Rundfunk
VHF, UHF *(„very/ultra high frequency")*	m … dm	< 1 GHz	Fernsehen
Mikrowellen	cm	10 GHz	Richtfunk-Kommunikation, Radar, schnelle Küche
Millimeterwellen	mm	100 GHz	Wissenschaft
Fernes Infrarot (FIR)	< 1 mm	> 10^{11} Hz	Detektion, Diagnostik („Terahertzstrahlung")
Infrarot (IR, Wärmestrahlung)	< 100 µm	> 10^{12} Hz	Opt. Nachrichtentechnik, Thermografie
Licht (Rot … Violett)	800 … 400 nm	$4 \ldots 8 \cdot 10^{14}$ Hz	menschlicher Sehbereich
Ultraviolette Strahlung (UV)	< 400 nm	$10^{15} \ldots 10^{16}$ Hz	Wissenschaft, Technik (Kleberhärtung etc.), Kosmetik
Röntgenstrahlung *(„Ionisierende Strahlung")*	15 nm *bis* …	10^{16} Hz bis …	Wissenschaft, Medizin, Materialprüfung
Gammastrahlung *(„Ionisierende Strahlung")*	… 0,1 pm	… 10^{21} Hz	Teilbereich radioaktiver Strahlung; Diagnostik

Röntgen- und Gammastrahlung werden gemeinsam als *ionisierende Strahlung* bezeichnet, weil ihre Energie zum Abtrennen von Elektronen in der Atomhülle ausreicht. Beide besitzen jedoch eine Vielzahl weiterer sowohl nützlicher als auch gefährlicher Eigenschaften, die nur mithilfe der Quantenoptik (Abschnitt 6.1.1) bzw. der Atom- und Kernphysik (Abschnitt 6.5.3) zu verstehen sind.

Zusammenfassung: Elektromagnetische Schwingungen und Wellen

- In einem *Schwingkreis* mit Kondensator und Spule treten sinusförmige, gegeneinander phasenverschobene Oszillationen von Strom und Spannung mit einer bestimmten *Eigenfrequenz* auf.
- Die Schwingungen können erzwungen und durch *Rückkopplung* entdämpft werden.
- Die *MAXWELLschen Gleichungen* verallgemeinern das Durchflutungsgesetz und das Induktionsgesetz auf leiter- und ladungsfreie Umgebungen wie das Vakuum.
- Durch Ablösung elektrischer und magnetischer Felder – z. B. von Dipolantennen – und ihre gegenseitige Verkettung breiten sich *elektromagnetische Wellen* ohne führendes Medium aus.
- Die *Ausbreitungsgeschwindigkeit* aller elektromagnetischen Wellen einschließlich der Lichtwellen beträgt im Vakuum $c_0 = 3 \cdot 10^8$ m/s (siehe „Wichtige Konstanten auf der 2. Umschlagseite).
- Das *Spektrum* elektromagnetischer Wellen reicht von ca. 10^3 bis 10^{23} Hz. Sichtbares Licht hat Wellenlängen von ca. 400 bis 800 nm, das entspricht Frequenzen der Größenordnung hundert Terahertz.

4.7 Grundlagen der Elektronik

Dieses Kapitel behandelt die *physikalische Elektronik* in dem Sinn, dass die Bewegung des **Elektrons** im Vakuum und sein Transport durch Gase, Flüssigkeiten und Festkörper dargestellt werden. Dabei treten verschiedene Effekte auf, die zu den Grundlagen der *technischen Elektronik* zählen.

4.7.1 Elektronen im Vakuum

Elektronen als Teilchen der Masse $m_e = 9{,}1 \cdot 10^{-31}$ kg und der Ladung $e = 1{,}6 \cdot 10^{-19}$ C (siehe 2. Umschlagseite) können in elektrischen und magnetischen Feldern beschleunigt bzw. abgelenkt werden. Zunächst müssen sie aber aus einem Festkörper – meistens einem Metall – heraus ins Vakuum gelangen, wozu eine **Austritts- oder Ablösearbeit** zu leisten ist. (Aus der Steckdose an der Zimmerwand fließen sie darum – glücklicherweise – nicht von selbst.) Die Befreiung der Elektronen aus dem Kristallgitter gelingt zum Beispiel durch:

- **Feldemission** bei einer elektrischen Feldstärke über 10^9 V/m, die durch den *Spitzeneffekt* (Abschnitt 4.1.2) erreicht werden kann,
- **Sekundärelektronen-Emission**, bei der die kinetische Energie eines primären Elektrons beim „Aufprall“ auf ein weiteres in der Metalloberfläche übertragen wird,

- **Fotoemission** (äußerer lichtelektrischer Effekt, Abschnitt 6.1.1.1), und
- **Glühemission** (s. u.).

4.7.1.1 Glühelektrischer Effekt

Bei den weitaus meisten technischen Anwendungen wird die Austrittsarbeit der Elektronen durch *thermische Energie* zur Verfügung gestellt. Ähnlich wie bei der Ablösung von Wassermolekülen gegen die Oberflächenspannung (Abschnitt 2.8.2) und gleichfalls bestimmt durch den BOLTZMANN-Faktor (Formel 3.30) genügt im Elektronengas eines glühenden Leiters die kinetische Energie einiger Elektronen zum Austritt aus dem Metall ins Vakuum. Sie bilden zunächst eine *Raumladungswolke* vor der Metall-*Elektrode*.

Bild 4.57 zeigt als historisches Anwendungsbeispiel die **Vakuum-Diode**. Die *Glühkathode* ist an eine Heizspannungsquelle U_H angeschlossen. Ihr steht eine positive *Anode* mit entsprechender Potenzialdifferenz U_B gegenüber. Im elektrischen Feld werden die Elektronen der Raumladungswolke beschleunigt, treffen auf die Anode und fließen bei geschlossenem externem Stromkreis zur negativen Kathode zurück. Da ein Ladungsfluss *nur in dieser* Richtung möglich ist, kann eine solche Diode als Gleichrichter für Wechselstrom eingesetzt werden. (Heute verwendet man fast ausschließlich Halbleiter-Dioden, Abschnitt 4.7.5.4)

Bei einer **Triode** ist zwischen Kathode und Anode ein *Steuergitter* eingebaut, mit dessen Potenzial der Anodenstrom verändert werden kann; insbesondere sind *Verstärkerschaltungen* möglich. Solche „Elektronenröhren" sind fast völlig von Transistoren (Abschnitt 4.7.5.5) verdrängt worden, haben aber Anwendungsnischen bei höchsten Leistungen und Frequenzen, zum Beispiel für Sender elektromagnetischer Wellen. Auch manche Musikliebhaber brauchen das Glimmen der Glühkathoden in ihrem Audio-Verstärker.

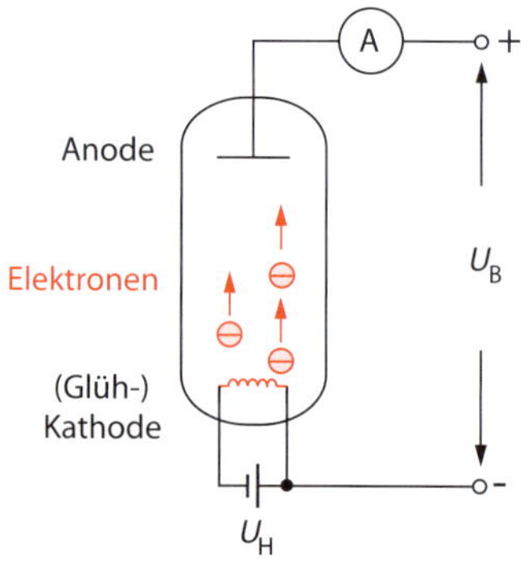

Bild 4.57 Der glühelektrische Effekt sorgt in einer Vakuum-Dioden-Röhre für freie Elektronen.

Tabelle 4.4 Austrittsarbeit bei Glühemission

Material	Austrittsarbeit W_A in eV
Platin	5,3
Wolfram	4,5
Cäsium	1,94

Material	Austrittsarbeit W_A in eV
Barium auf Wolfram	1,5 … 2,1
Cäsium auf Wolfram	1,4
Bariumoxid	1,0 … 1,5

In Tabelle 4.4 ist die Austrittsarbeit einiger Metalle angegeben. Die verwendete Einheit **Elektronvolt** wird häufig bei Prozessen in der Atomhülle verwendet, da sie die passende Größenordnung besitzt. Definiert ist sie über die *Beschleunigungsarbeit* $W_B = QU_B$ an einem Elektron, wenn eine Potenzialdifferenz von einem Volt durchlaufen wird:

$$1\,\text{eV} = 1{,}6 \cdot 10^{-19}\ \text{A} \cdot \text{s} \cdot 1\ \text{V} = 1{,}6 \cdot 10^{-19}\ \text{W} \cdot \text{s}$$

4.7.1.2 Beschleunigung im elektrischen Feld

Die tiefere Ursache der Elektronenbeschleunigung in einem elektrischen Feld ist die COULOMB-Kraft (Abschnitt 4.1.1). Bei einer Bewegung des Elektrons *parallel zu den Feldlinien* genügt aber eine Energiebilanz, um seine Geschwindigkeit zu ermitteln.

Beispiel 4.15: Elektronengeschwindigkeit

Aufgabe: a) Wie groß ist die Geschwindigkeit eines Elektrons nach der Beschleunigung, wenn zwischen Kathode und Anode die Spannung $U_B = 1$ V liegt? b) Welche Beschleunigungsspannung ist nach klassischer Rechnung zum Erreichen der Lichtgeschwindigkeit erforderlich?

Lösung: a) Die Beschleunigungsarbeit W_B wird in kinetische Energie umgewandelt:

$$E_\text{kin} = \frac{1}{2} m_e v_e^2 = W_B$$

Daraus berechnet man für die Elektronengeschwindigkeit:

$$v_e = \sqrt{\frac{2W_B}{m_e}} = \sqrt{\frac{2 \cdot 1{,}6 \cdot 10^{-19}\ \text{N} \cdot \text{m}}{9{,}1 \cdot 10^{-31}\,\text{kg}}}$$
$$= 5{,}93 \cdot 10^5 \sqrt{\frac{\text{kg} \cdot \text{m}^2}{\text{kg} \cdot \text{s}^2}} \approx 2 \cdot 10^6\ \frac{\text{km}}{\text{h}}$$

b) Mit $E_\text{kin} = eU_B$ und $v_e = c_0$ erhält man:

$$U_B = \frac{m_e c_0^2}{2 \cdot e} = \frac{9{,}1 \cdot 10^{-31}\ \text{kg} \cdot \left(3 \cdot 10^8\,\text{m/s}\right)^2}{2 \cdot 1{,}6 \cdot 10^{-19}\,\text{A} \cdot \text{s}}$$
$$= 2{,}56 \cdot 10^5\ \frac{\text{W} \cdot \text{s}}{\text{A} \cdot \text{s}} = 256\,\text{kV}$$

Nach dieser Berechnung müsste man in jedem besseren Physiklabor Teilchen auf Überlichtgeschwindigkeit beschleunigen können; siehe dazu aber Beispiel 4.16!

Beispiel 4.16: Relativistische Elektronenmasse

Aufgabe: In einer klassischen Fernseh-Bildröhre wurden typischerweise Beschleunigungsspannung von 17 kV verwendet. Berechnen Sie die Geschwindigkeit und die relativistische Masse der Elektronen!

Lösung: Analog zu Beispiel 4.15 berechnet man eine Elektronen-Geschwindigkeit von $7{,}73 \cdot 10^7$ m/s, also 26 % der Lichtgeschwindigkeit. Mit dem relativistischen Faktor (Formel 2.69, siehe auch Beispiel 2.23) ergibt sich gemäß Formel 2.72 ein Massenzuwachs von

$$m_\text{rel} = m_0 \cdot \left(\sqrt{1 - 0{,}26^2}\right)^{-1} = 1{,}0356 \cdot m_0$$

Beispiel 4.16: *Fortsetzung*

Die um 3,56 % größere Masse muss natürlich bei der seitlichen Ablenkung des Elektronenstrahls (Beispiel 4.17) berücksichtigt werden – unabhängig davon, ob die Entwicklungsingenieure ALBERT EINSTEINS Relativitätstheorie trauen oder nicht!
Mit der Annäherung an die Lichtgeschwindigkeit wächst die Masse gegen einen unendlichen Wert (Bild 2.51) und kann darum keinesfalls auf c_0 beschleunigt werden.

Ein zur Bewegungsrichtung *senkrecht* orientiertes elektrisches Feld verursacht eine entsprechende Beschleunigung (wiederum in Richtung der Feldlinien), die zu einer *Ablenkung* des waagerecht fliegenden Elektrons führt. Das beste Beispiel dafür ist die **BRAUNsche Röhre**, die als *Fernseh-Bildröhre* oder *Elektronenstrahl-Oszilloskop* allerdings – wie die Vakuum-Diode – historisch geworden ist.

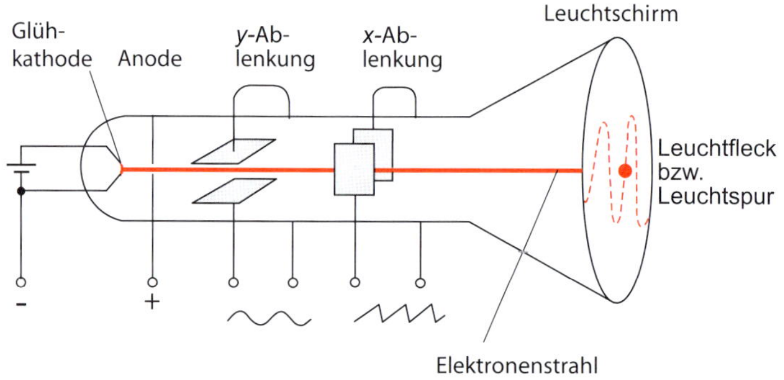

Bild 4.58 In der BRAUNschen Röhre kann der Elektronenstrahl vertikal und horizontal abgelenkt werden und so Spannungsverläufe über der Zeit darstellen.

In **Bild 4.58** ist der Aufbau schematisch dargestellt. Die von der Glühkathode emittierten Elektronen werden bis zur Anode beschleunigt und durchfliegen anschließend mit konstanter Geschwindigkeit v_e zwei Plattenpaare, die sie jeweils senkrecht dazu – also senkrecht und waagerecht zur Bildebene – ablenken können. Die senkrechte Ablenkung folgt einer *Signalspannung* (z. B. der Wechselspannung am Kondensator eines Schwingkreises), während in der Waagerechten eine *Sägezahnspannung* (wie im Bild skizziert) den Elektronenstrahl immer wieder über den *Leuchtschirm* lenkt, wo die kinetische Elektronenenergie in Licht umgesetzt wird. Mithilfe der *Triggerung*, also der Auslösung eines einzelnen „Sägezahns" bei einem bestimmten Schwellwert der Signalspannung, erhält man ein „stehendes Bild" des Signalverlaufs.

Beispiel 4.17: Elektronenstrahl-Ablenkung

Aufgabe: Mitten durch ein Plattenpaar (Abstand $d = 5$ mm, Länge $l = 20$ mm) fliegen Elektronen mit der Geschwindigkeit $v_e = c_0/100$. Wie groß darf die Ablenkspannung U_A maximal werden?
Lösung: Wie beim waagerechten Wurf in Beispiel 2.8 wird der gleichförmigen Bewegung in *x*-Richtung eine gleichmäßig beschleunigte Bewegung in *y*-Richtung überlagert:

$$y = \frac{1}{2}at^2$$

Dabei ist nach dem 2. NEWTONschen Axiom die Trägheitskraft gleich der ablenkenden elektrischen Kraft (die Gravitationskraft kann vernachlässigt werden):

$$m_e a = eE = e\frac{U_A}{d} \Rightarrow a = \frac{eU_A}{m_e d}$$

Für die senkrechte „Fallzeit" steht im Grenzfall genau die waagerechte „Flugzeit" zur Verfügung (sonst trifft das Elektron die Plattenkante):

$$v_e = \frac{c_0}{100} = \frac{l}{t} \Rightarrow t = \frac{10^2 l}{c_0}$$

a und *t* werden in die Bewegungsgleichung eingesetzt:

$$y = \frac{10^4}{2} \cdot \frac{eU_A l^2}{m_e d c_0^2}$$

Für den „Fallweg" $y = d/2$ ergibt sich also die Ablenkspannung:

$$U_A = \frac{m_e d^2 c_0^2}{10^4 e l^2}$$

Bei solchen komplexeren Formeln ist die Bestimmung der Einheit die beste Plausibilitätsprüfung (und Verständniskontrolle):

$$[U_A] = \frac{\mathrm{kg} \cdot \mathrm{m}^2 \cdot \frac{\mathrm{m}^2}{\mathrm{s}^2}}{\mathrm{A} \cdot \mathrm{s} \cdot \mathrm{m}^2} = \frac{\mathrm{N} \cdot \mathrm{m}}{\mathrm{A} \cdot \mathrm{s}} = \frac{\mathrm{W} \cdot \mathrm{s}}{\mathrm{A} \cdot \mathrm{s}} = \frac{\mathrm{V} \cdot \mathrm{A} \cdot \mathrm{s}}{\mathrm{A} \cdot \mathrm{s}}$$

Mit den bekannten Zahlenwerten für *e*, m_e und c_0 sowie für *d* und *l* aus der Aufgabenstellung errechnet man: $U_A = 3{,}2$ V.

4.7.1.3 Ablenkung im magnetischen Feld

Im Gegensatz zum elektrischen Feld tritt beim magnetischen die Ablenkung immer *senkrecht* zu den Feldlinien auf – Ursache ist ja die LORENTZ-*Kraft* (Formel 4.40) auf bewegte Ladungen.

$$\vec{F}_L = e\left(\vec{v} \times \vec{B}\right)$$

Daraus resultiert ein noch wichtigerer Unterschied: Die *kinetische Energie* der geladenen Teilchen bleibt bei der Ablenkung unbeeinflusst! Als wichtige Anwendung wurde das *Fadenstrahlrohr* bereits in Abschnitt 4.3.5 vorgestellt.

4.7.2 Elektronen in Gasen

Alle Gase (und Gasgemische wie Luft) enthalten durch die natürliche ionisierende Strahlung einige freie Elektronen. In einem elektrischen Feld werden diese beschleunigt und lösen bei der *Stoßionisation* durch Übertragung ihrer kinetischen Energie auf die Gasatome weitere freie Elektronen ab. Die werden ihrerseits beschleunigt, und es kommt zu einem *Lawineneffekt*, der in **Bild 4.59** schematisch dargestellt ist.

Reale **Gasentladungen** sind außerordentlich komplex, da u. a. Sekundärelektronen-Emission und der äußere Fotoeffekt (Abschnitt 6.1.1.1) mitwirken. Zur elektrotechnischen Beschreibung genügt aber eine *Strom-Spannungs-Kennlinie* **(Bild 4.60)**, in der drei Bereiche zu unterscheiden sind: Bei kleinen Spannungen ist die Abhängigkeit des Stromes annähernd linear. Sie geht im zweiten Bereich in eine Sättigung über, da nur die extern erzeugten Ladungsträger zum Strom beitragen. Die Entladung wird **selbstständig**, wenn im dritten Bereich der Lawineneffekt einsetzt. Dann wächst aber der Strom so stark an, dass ein Schutzwiderstand (bei Wechselstrom eine „Drosselspule") vorgeschaltet werden muss. Meistens wird die selbstständige Entladung durch einen „Zündvorgang" initiiert, z. B. einen Hochspannungsimpuls oder eine kurze Glühemission.

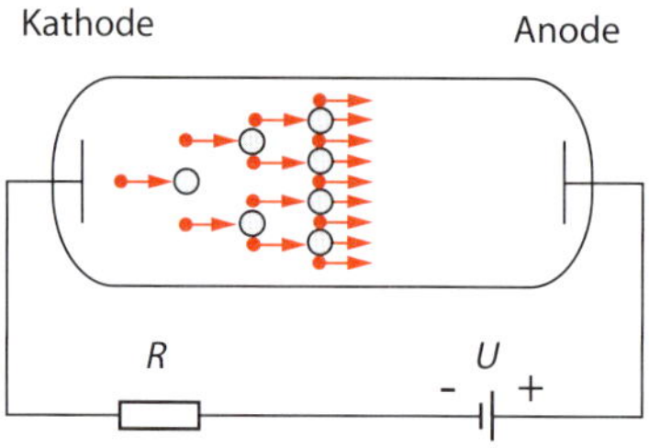

Bild 4.59 Durch Stoßionisation der Gasatome werden lawinenartig immer mehr Elektronen freigesetzt; außerdem emittiert die Kathode Elektronen durch den Aufprall der positiven Ionen.

Bild 4.60 Die Strom-Spannungs-Kennlinie einer Gasentladung hat drei charakteristische Bereiche.

Wissenschaftliches Interesse richtet sich auf das *ionisierte Gas*, das insbesondere bei stromstarken Entladungen entsteht und **Plasma** genannt wird. Da es durch weitere Energiezufuhr aus dem dritten, dem gasförmigen Aggregatzustand der Materie hervorgeht (Abschnitt 3.2.2), wird der Plasmazustand oft als der *vierte Aggregatzustand* bezeichnet.

Auch wenn die übertragene Energie nicht zur Ionisation des Gasatoms ausreicht, werden doch *Anregungszustände* in der Atomhülle bewirkt, die bei der „Abregung" zur Lichtemission führen (Abschnitt 6.3.1). Darum sind **Lampen** eine wichtige technische Anwendung geworden:

- **Bogenlampen** waren die Vorgänger der Glühlampen bei der Hausbeleuchtung und ihre Nachfolger bei Autoscheinwerfern. (Inzwischen wiederum abgelöst durch LED, Abschnitt 4.7.5.4 und Abschnitt 6.4.5) Moderne Bogenlampen wie Flutlicht-Scheinwerfer und Fotoblitzröhren verwenden das Edelgas Xenon. Natürlich sind die Lampen-Bauformen sehr unterschiedlich, und man muss zwischen *Funken-Entladungen* und kontinuierlichen *Lichtbögen* unterscheiden.
- **Glimmlampen** dienen gelegentlich noch als Kontrollleuchten oder einfache „Phasenprüfer" für das Wechselspannungsnetz. Verwandt sind *Spektrallampen* mit reinen Gasen oder Dämpfen sowie bestimmte Entladungsröhren, die in der Fassadenwerbung eingesetzt werden, z. B. die tiefrot leuchtende *Neonröhre.*
- **Leuchtstofflampen** nutzen im Wortsinn eine fluoreszierende Schicht auf der Glasröhre, die durch UV-Strahlung aus der Gasentladung zur Lichtemission im sichtbaren Spektralbereich angeregt wird. In kompakter Form werden sie oft als „Energiesparlampen" bezeichnet, da ihr Wirkungsgrad sehr viel höher ist als der von Glühlampen (Beispiel 3.5 und Beispiel 4.4). Verwandt damit sind die Leuchtzellen in *Plasma-Bildschirmen:* Zur Pixeldarstellung werden dort Leuchtschichten in den drei Grundfarben von modulierten Gasentladungen angeregt.

Leuchtstofflampen

Stabförmige weiße Leuchtstofflampen werden manchmal als „Neonröhren" bezeichnet. In Wirklichkeit enthalten sie Argongas und Quecksilberdampf, die beide überwiegend im ultravioletten Spektralbereich strahlen. Bei Neonlampen wird hauptsächlich eine rote Spektrallinie angeregt (Abschnitt 6.3.1); sie gehören zu den „Leuchtröhren".

4.7.3 Ladungen in Flüssigkeiten

An der **Stromleitung** in Flüssigkeiten sind Elektronen nur indirekt beteiligt: In einem polaren Lösungsmittel wie Wasser *dissoziieren* Salze, Säuren oder Laugen, die elektrostatische Bindungen durch die Coulomb-Kraft aufweisen. Dabei entstehen Paare von positiven und negativen **Ionen** (zum Beispiel H^+/Cl^- oder Na^+/OH^-), die in **Bild 4.61** schematisch dargestellt sind. Diese bewegen sich im sogenannten **Elektrolyten** gegen die innere Reibung bzw. Viskosität, darum *sinkt* hier der Widerstand mit der Temperatur *(negativer Temperaturkoeffizient)*.

Die Zersetzung der Stoffe – und Abscheidung an Anode und Kathode – beim Stromfluss nennt man **Elektrolyse**. Sie hat großtechnische Bedeutung für das *Galvanisieren* von Oberflächen, z. B. die Abscheidung von Silber auf elektrischen Kontakten. Auch bei der Gewinnung mancher Metalle wird die *Schmelzfluss-Elektrolyse* eingesetzt (was die dicken elektrischen Leitungen zu Aluminiumhütten erklärt).

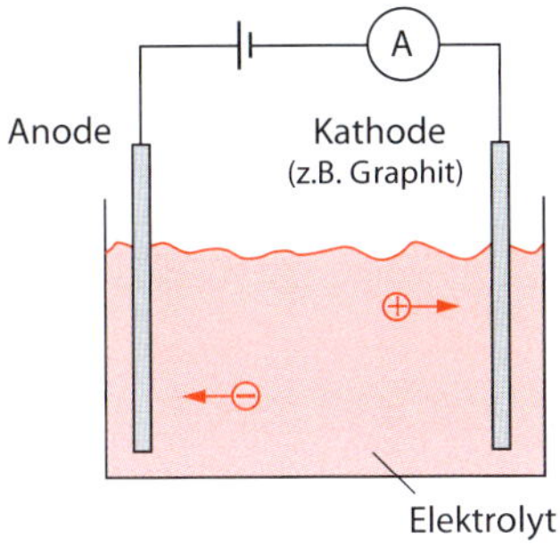

Bild 4.61 In Flüssigkeiten wird der Strom durch positive und negative Ionen gebildet.

Einen stärkeren Bezug zur Elektronik hat das **galvanische Element** als zweitälteste Quelle von Elektrizität. (Die älteste stellten Gewitterblitze dar, die in der Tat einige frühe Forscher das Leben gekostet haben.) Das historisch erste Element aus dem Jahr 1799 stammt von VOLTA und ist übersichtlich aufgebaut: Kupfer und Zink befinden sich gemeinsam in einem Elektrolyten, z. B. in verdünnter Schwefelsäure **(Bild 4.62)**. Zink löst sich aber leichter auf, nämlich in Zn^{++}-Ionen, als Kupfer in Cu^{++}-Ionen. Die im Metallgitter beweglichen Elektronen *bleiben* jedoch in den Elektroden; darum wird die Zinkelektrode stärker negativ aufgeladen als die Kupferelektrode. Diese Ladungstrennung bewirkt eine Potenzialdifferenz von ca. 1,1 Volt.

Das *elektrochemische Potenzial* bestimmt die Anordnung der Metalle in der **Spannungsreihe**; sie werden danach auch als mehr oder weniger „edel" eingestuft (Tabelle 4.5). Als Bezugs- oder Normalpotenzial dient das einer Platinelektrode in Wasserstoff. Zwischen *Gold* und *Lithium* in einem Elektrolyten läge also eine Spannung von 4,44 Volt. (In der Praxis treten oft zusätzliche chemische Reaktionen an den Elektroden auf, die die Potenziale verschieben können.)

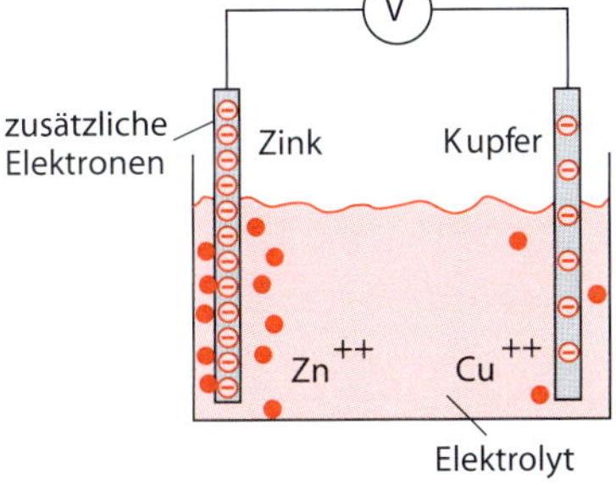

Bild 4.62 Beim galvanischen Element von VOLTA lösen sich Kupfer und Zink unterschiedlich stark in Schwefelsäure.

Für praktische Spannungsquellen ist diese Paarung allerdings aus verständlichen Gründen nicht üblich. Bei kommerziellen Zellen unterscheidet man zunächst zwischen **Primärelementen** (die meistens zu *Batterien* in Serie geschaltet werden, sofort einsetzbar sind und nach beendeter Ladungstrennung in den Sondermüll wandern) sowie **Sekundärelementen**, den aufladbaren *Akkumulatoren*. Bei der ersten Gruppe ist die Zink-Braunstein-Zelle von 1865 immer noch in Produktion, wurde aber von der Variante mit Kaliumhydroxid als Elektrolyten („Alkali-Mangan-Zelle") weitgehend verdrängt. Beide liefern 1,5 Volt und sind „Trockenbatterien" in dem Sinne, dass der Elektrolyt eingedickt und gekapselt ist (zumindest für eine gewisse Zeit, bis er irgendwann doch ausläuft ...). Von den zahlreichen weiteren Kombinationen haben Lithium-Manganoxid-Elemente mit ca. 3 Volt Spannung besondere Bedeutung, da sie eine hohe Energiedichte bei geringer Selbstentladung besitzen.

Sekundärelemente heißen so, weil beim Aufladen zunächst durch *elektrolytische Polarisation* an den Elektroden ein neues galvanisches Element geschaffen wird – und das ist nach der Entladung vielfach wiederholbar. Der älteste und als Autobatterie immer noch wichtigste Typ ist der *Bleiakkumulator*. Ähnlich wie in **Bild 4.62** tauchen in jeder Zelle zwei Bleiplatten in Schwefelsäure; dabei bildet sich an der Oberfläche Bleisulfat. Beim Aufladen entsteht Bleioxid an der Anode und wieder reines Blei an der Kathode:

$$2\ PbSO_4 + 2\ H_2O \leftrightarrow PbO_2 + Pb + 2H_2SO_4$$

Dabei werden die beiden zweiwertigen Bleiionen in ein vierwertiges Ion und ein neutrales Bleiatom umgewandelt:

$$2Pb^{++} \leftrightarrow Pb^{++++} + Pb$$

Die mittlere Spannung pro Zelle beträgt 2 Volt, und als praktischen Nebeneffekt kann man mittels der Schwefelsäure-Konzentration den Ladezustand prüfen.

Tabelle 4.5 Elektrochemische Spannungsreihe

Metallatom	Wertigkeit	Normalpotenzial U_H in V
Lithium	1	−3,02
Aluminium	3	−1,67
Zink	2	−0,76
Eisen	2	−0,44
Cadmium	2	−0,40
Nickel	2	−0,24
Blei	2	−0,13
Wasserstoff	1	0,000
Kupfer	2	+0,35
Kupfer	3	+0,52
Silber	1	+0,80
Platin	2	+1,20
Gold	3	+1,42

Modernere, leichtere und gekapselte Typen verwenden *Nickel* als Anode und als Kathode entweder das (hochgiftige und darum weitgehend verbotene) *Cadmium* oder ein *Metallhydrid*. Durch den Einsatz von *Lithium* mit seinem hohen elektrochemischen Potenzial lassen sich auch bei den Sekundärelementen größere Zellenspannungen und höhere Energiedichten erzielen. Akkumulatoren bieten – neben Kondensatoren mit im Vergleich kleinen Kapazitäten – die einzige Möglichkeit, elektrische Energie direkt, nämlich in Form von *Ladung* bei einer bestimmten Spannung, zu speichern. (Statt der SI-Einheit $[Q] = \mathrm{C} = \mathrm{A} \cdot \mathrm{s}$ wird meistens die besser angepasste Einheit „Ah" benutzt.) Da mobile elektronische Geräte sowie Elektroautos immer höhere Anforderungen an die Ladungsdichte stellen, ist diese historische Elektrizitätsquelle ein moderner Forschungsgegenstand geworden.

Schreibweisen

Nach der Logik von DIN und *Duden* werden „Amperesekunden" und „Amperestunden" unterschiedlich notiert: $(\mathrm{A} \cdot \mathrm{s})$, aber Ah; ebenso $(\mathrm{W} \cdot \mathrm{s})$, aber kWh.

4.7.4 Elektronen in Metallen

Die *Festkörperphysik* ist ein großes Spezialgebiet der Physik, und Leitungsmechanismen in Metallen und Halbleitern beschreibt sie vollständig mit dem *Bändermodell* (Abschnitt 6.4.2). In diesem Abschnitt wird zunächst das einfache Modell des **Elektronengases** benutzt.

Die wichtigste elektrische Eigenschaft eines Festkörpers ist sein **spezifischer Widerstand** (Abschnitt 4.2.2). Den extrem niedrigen Werten von *Metallen* wie Silber und Kupfer in der Größenordnung $10^{-8}\ \Omega \cdot \mathrm{m}$ stehen die extrem hohen der *Isolatoren* wie Glimmer, Bernstein und bestimmten Kunststoffen gegenüber, die bis $10^{17}\ \Omega \cdot \mathrm{m}$ reichen. Sie sind offensichtlich im Zusammenhang mit Stromleitung uninteressant, aber zur praktischen Konstruktion (Isolation) von *Leitungen und Kabeln* unentbehrlich. Reines Silizium als wichtigster *Halbleiter* liegt mit $10^{5}\ \Omega \cdot \mathrm{m}$ zwischen beiden Stoffgruppen, ist aber, wie Abschnitt 4.7.5 zeigt, wegen anderer Eigenschaften besonders wichtig für die technische Elektronik.

Speziell für Metalle ist das Elektronengas ein anschauliches und trotzdem brauchbares Modell des Ladungstransportes. Ein Teil der Ladungsträger (z. B. bei Kupfer im Mittel ein Elektron pro Atom) wird *delokalisiert* und dadurch im elektrischen Feld *beweglich*. Der elektrische Widerstand rührt von Stößen mit den Atomen bzw. *Ionen* des Kristallgitters, die eine Art Reibungskraft verursachen. Diese ist der elektrischen Kraft $F = eE$ entgegengesetzt gleich, sodass sich eine konstante Driftgeschwindigkeit im Leiter einstellt. Das erklärt auch gut die Temperaturabhängigkeit des metallischen Widerstandes: Die „Reibungskraft" wächst mit der Schwingungsamplitude der Gitterionen, also mit der Wärmeenergie.

Mit dem Elektronengasmodell kann man auch den speziellen Effekt der **Kontaktspannung** U_K zwischen zwei unterschiedlichen Metallen interpretieren: Wegen der unterschiedlichen Austrittsarbeiten (Abschnitt 4.7.1.1) gehen mehr Elektronen aus dem Metall mit kleinerer Austrittsarbeit W_A in das andere über als umgekehrt. Im Gleichgewicht gilt:

$$eU_K = \Delta W_A \qquad \text{Formel 4.71}$$

In der praktischen Elektrotechnik kann der Effekt durchaus stören, wird aber nützlich durch seine *Temperaturabhängigkeit*. Ein **Thermoelement** besteht aus zwei Kontaktstellen auf unterschiedlicher Temperatur **(Bild 4.63)**. Wird die eine als Referenz konstant gehalten, so kann man die andere Temperatur mittels der **Thermospannung** *messen*. Ihre praktische Bedeutung liegt im großen Einsatzbereich solcher Thermometer (je nach Metallpaarung –200 °C bis 2200 °C) und der geringen Wärmekapazität (vor allem im Vergleich zu Flüssigkeitsthermometern, Abschnitt 3.1.3). Außerdem kann die Referenzspannung $U(T_{ref})$ in kompakten Messgeräten wie modernen Fieberthermometern elektronisch nachgebildet werden (was speziell bei dieser Anwendung viel praktischer ist als der klassische Eiswasser-Becher für T_{ref}).

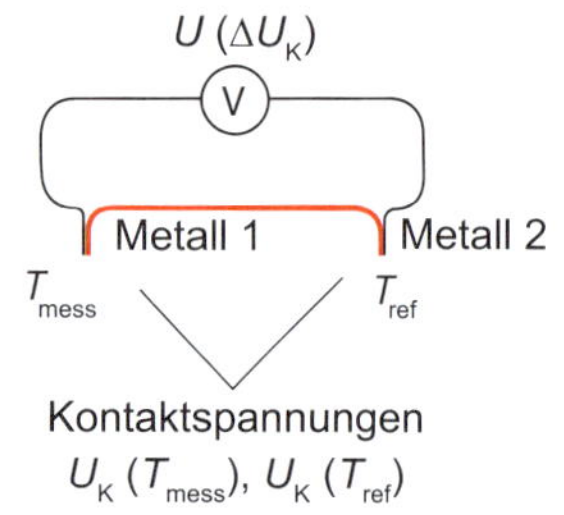

Bild 4.63 Ein Thermoelement nutzt die Temperaturabhängigkeit der elektrischen Kontaktspannung.

Der thermoelektrische Effekt, der auch SEEBECK-Effekt heißt, wird beim PELTIER-Effekt umgekehrt: Ein Stromfluss durch die Kontaktstellen bewirkt eine *Temperaturdifferenz* zwischen beiden. Sie wird allerdings erst bei bestimmten Halbleiter-Paaren technisch nutzbar zur *elektronischen Kühlung*. Das PELTIER-Element als spezielle „Wärmepumpe" ist in der Picknick-Kühlbox nur praktisch, für Laserdioden (Abschnitt 6.3.2) und andere Bauteile der Mikroelektronik aber unersetzlich.

4.7.5 Ladungsträger in Halbleitern

Die Atome des typischen Halbleiters Silizium (Si) werden durch *Elektronenpaarbindung* in einem *Kristallgitter* dreidimensional „gestapelt" **(Bild 4.64)**. Eine ähnliche Struktur zeigen Germanium (Ge) und Selen (Se), aber auch *binäre Verbindungen* aus Atomen mit drei bzw. fünf Außenelektronen wie Galliumarsenid (GaAs). Bei tiefen Temperaturen sind die Bindungselektronen zwischen den Atomen fixiert, und der Kristall ist ein Isolator.

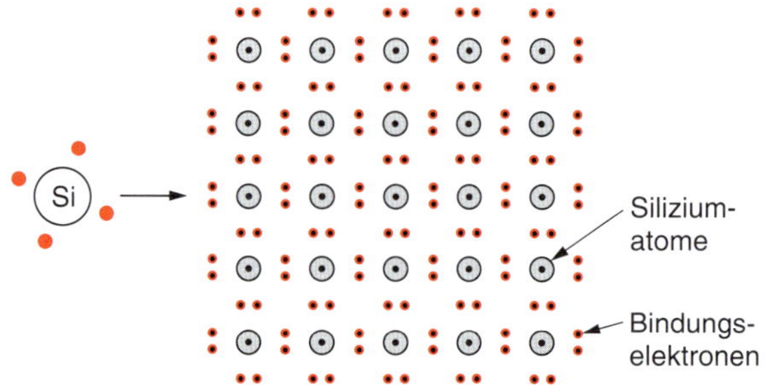

Bild 4.64 Siliziumatome bilden durch Elektronenpaarbindung ein Kristallgitter.

Hopping

Vorsicht bei allzu naiven Bildern mit hüpfenden Elektronen-Kügelchen in löcheriger Gitter-Umgebung! Die Prozesse sind vor allem *energetisch* bestimmt, und das lässt sich nur im *Bändermodell* darstellen (Abschnitt 6.4.2). Darin kommt auch der Wellencharakter der Elektronen zum Ausdruck, der ihren „Aufenthaltsort" allerdings unanschaulich werden lässt.

4.7.5.1 Eigenleitung

Halbleiter zeichnen sich jedoch gegenüber den klassischen Isolatoren dadurch aus, dass schon die Wärmeenergie bei Raumtemperatur genügt, um einzelne Elektronen aus der Bindung zu lösen und damit Ladungsträger zu *generieren*. An anderer Stelle im Gitter ersetzen sie dann vorher abgelöste Elektronen in einer Paarbindung („Rekombination"). Ihre Zahl steigt mit der Temperatur exponentiell an, sodass Halbleiter einen negativen Temperaturkoeffizienten besitzen und als elektronisches Bauelement einen „Heißleiter" darstellen (im Gegensatz zu den Metallen, siehe oben).

Der wichtigere Unterschied zu den Metallen ist aber, dass auch *positive* Ladungen entstehen: In **Bild 4.65** ist ein Stromfluss zwischen zwei Elektroden schematisch skizziert, dabei sollen die Elektronen von Bindung zu Bindung in Richtung der positiven Elektrode „hüpfen". (Das anschauliche englische Fachwort ist „hopping conductivity".) Sie springen dabei jeweils in die Lücken, die zuvor von den anderen Elektronen zurückgelassen wurden; diese *Löcher* (manchmal *Defektelektronen* genannt) wandern also als Strom positiver Ladungen zur negativen Elektrode. Die Kombination von Elektronenleitung und *Löcherleitung* stellt die **Eigenleitung** des Halbleiters dar.

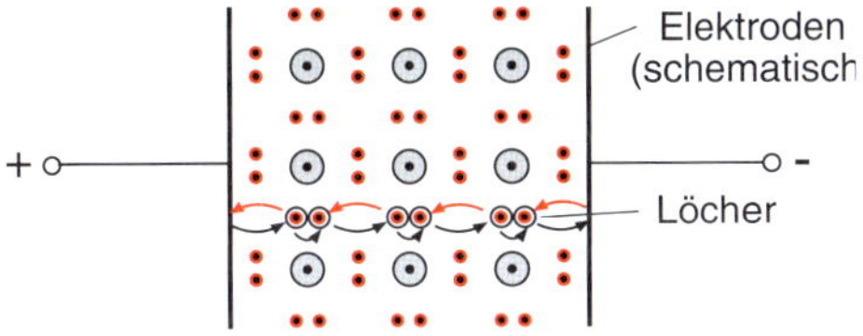

Bild 4.65 Die Eigenleitung des Siliziums besteht aus Elektronen- und Löcherleitung.

4.7.5.2 Störstellenleitung

Um die Leitfähigkeit des Siliziums zu erhöhen, kann das Kristallgitter mit *Störstellen* in Form von Fremdatomen gezielt „verunreinigt" werden. Bei diesem **Dotieren** in der Größenordnung 10^{-6} bis 10^{-4} ersetzter Siliziumatome gibt es zwei Möglichkeiten:

- Fremdatome mit fünf Außenelektronen wie Phosphor (P) oder Arsen (As) führen zu einem Elektronenüberschuss im Gitter; sie heißen **Donatoren**. Wegen der zusätzlichen negativen Ladungen entsteht ein **n-Leiter**.
- Dotierungsatome mit nur drei Elektronen auf der äußeren Atomschale, sogenannte **Akzeptoren**, führen zu einem Mangel an Elektronen und damit zu einem Überschuss von (positiven) Löchern; darum spricht man von einem **p-Leiter**.

4.7.5.3 pn-Übergang

In der **Bild 4.67** ist mit anschaulichen Kristallklötzchen dargestellt, was bei der mechanischen und elektrischen Verbindung eines p-Leiters mit einem n-Leiter geschieht: Durch thermisch verursachte *Diffusion* der Elektronen und Löcher *neutralisieren* sich die beweglichen Ladungen („Rekombination", Abschnitt 6.4.5), und es entsteht eine *Verarmungszone* um die Grenzfläche herum. Da aber die Donator- und Akzeptor-Atome zuvor elektrisch neutral waren, verursachen sie nun als ortsfeste *Ionen* jeweils eine **Raumladung** auf beiden Seiten der Trennfläche. Wie jede Ladungstrennung hat auch diese ein elektrisches Feld und eine Potenzialdifferenz zur Folge; hier heißt letztere **Diffusionsspannung** U_D **(Bild 4.66)**. Sie verhindert natürlich auch, dass weitere Elektronen und Löcher in die Grenzschicht diffundieren. Bei Silizium beträgt U_D je nach Dotierung zwischen 0,6 und 0,8 Volt.

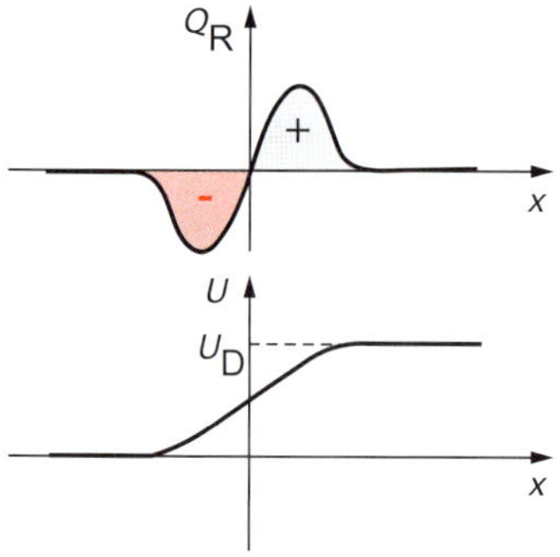

Bild 4.66 Die Raumladung durch ortsfeste Ionen in der Verarmungszone bewirkt die Diffusionsspannung.

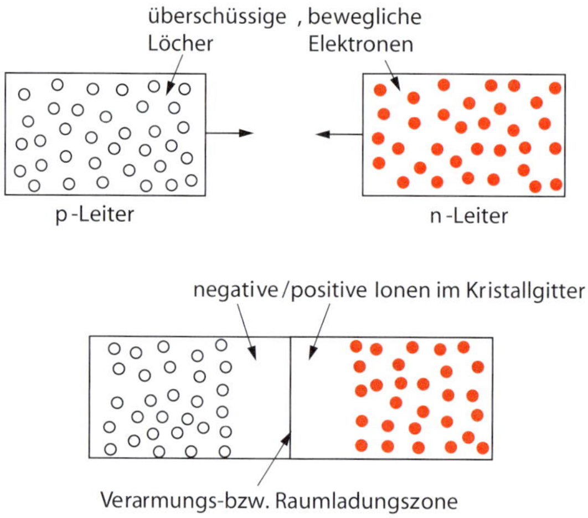

Bild 4.67 Schematische Darstellung des pn-Übergangs nach der Verbindung von p- und n-Leiter.

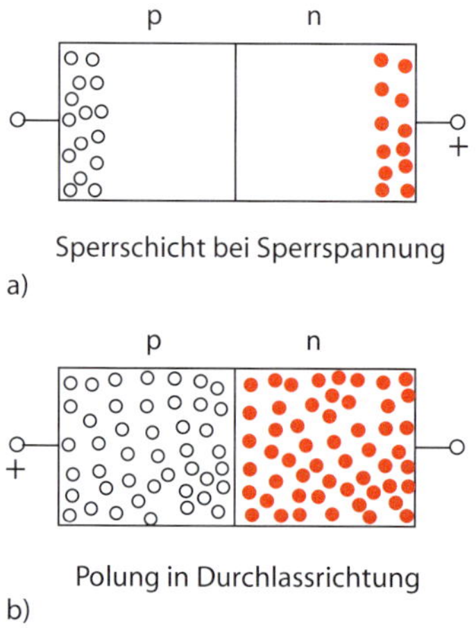

Bild 4.68 Eine Sperrspannung (a) bzw. eine Durchlassspannung (b) am pn-Übergang verbreitert bzw. verschmälert die Verarmungszone.

Ein solcher **pn-Übergang** ist der physikalische Kern aller bipolaren Halbleiter-Bauelemente. Seine Wirkung als *Stromschleuse* geht aus **Bild 4.68** anschaulich hervor: Beim Anlegen einer äußeren **Sperrspannung (a)** verbreitert sich die Verarmungs- bzw. Raumladungszone zur **Sperrschicht**. Nur wenige Ladungsträger können hindurch diffundieren, sodass der *Sperrstrom* bei Silizium nur 10 ... 100 nA beträgt. Umgepolt wird eine **Durchlassspannung (b)** daraus, weil sowohl Verarmung als auch Raumladung verringert werden. Bei einem Wert in der Größenordnung der Diffusionsspannung wächst der *Durchlassstrom* exponentiell an.

4.7.5.4 Halbleiterdioden

In **Bild 4.69** ist schematisch eine *Kennlinie* gezeichnet, die das Schleusenverhalten des pn-Übergangs in Abhängigkeit von der angelegten Spannung und speziell deren Polarität wiedergibt. Zur technischen Spezifikation wird aus der Kennlinie eine *Schleusenspannung* U_S definiert, die physikalisch natürlich durch die Ladungsträgerdiffusion begründet ist. Bauelemente mit einem pn-Übergang heißen wie in der Röhrentechnik **Dioden**; im Bild ist ihr Schaltungssymbol mit angegeben.

Die nächstliegende *Anwendung* der Halbleiterdioden ist die **Gleichrichtung** von Wechselströmen (wie bei der Vakuumdiode in **Bild 4.57**, aber ohne Glühemission und in sehr viel kleinerer Bauform). Spezielle **Kapazitätsdioden** machen Gebrauch von der Sperrschicht-Kapazität, die mit der Spannung über die Dicke variiert und zum Beispiel in den Abstimm-Schwingkreisen von Radios verwendet wird.

Eine ebenfalls sehr spezielle Anwendung ergibt sich aus der Durchbruchspannung U_Z, bei der der Sperrstrom durch *Stoßionisation* im Gitter lawinenartig anwächst. Sie kann mittels des gegenläufigen ZENER-Effektes bei der **Z-Diode** auf einige Volt reduziert werden. Der ZENER-Effekt beruht darauf, dass die Elektronen eine Energiebarriere nicht klassisch überwinden – dafür ist sie viel zu hoch –, sondern einfach *durchtunneln* (Abschnitt 6.2.4). Dieser nur quantenphysikalisch interpretierbare Vorgang erinnert von Ferne an Science-Fiction und bereitet gestandenen Technikern gelegentlich Unbehagen. (Elektronen dürfen aber nicht einfach als geladene Kügelchen betrachtet werden!) Dennoch sind ZENER-Dioden weit verbreitet, zum Beispiel zur Spannungsstabilisierung in elektronischen Schaltungen.

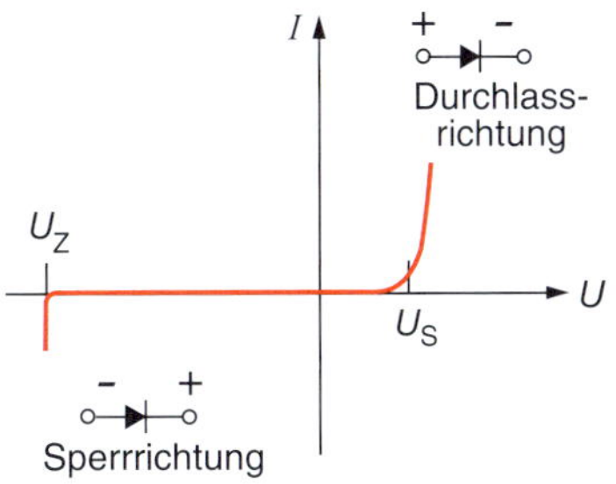

Bild 4.69 Die Kennlinie einer Halbleiterdiode zeigt den Sperr- und den Durchlassbereich.

Mit den anschaulichen Modellen dieses Abschnitts kann man auch bereits die **Fotodiode** beschreiben. Sie beruht auf der Generierung von Elektron-Loch-Paaren in der Verarmungszone eines pn-Übergangs durch *Licht*, also auf dem *inneren Fotoeffekt* (Abschnitt 6.4.5). Technisch wird genutzt, dass der Sperrstrom linear mit der Strahlungsintensität wächst. Die Anwendung solcher Dioden reicht von *Sensoren* über *optische Nachrichtenempfänger* bis zu digitalen optischen Datenspeichern. Da außer dem Fotostrom auch die Diffusionsspannung genutzt werden kann, lassen sich **Solarzellen** recht einfach als *Generatoren*, nämlich als Wandler von Sonnenenergie in elektrische Energie, einsetzen. Auch der umgekehrte Vorgang gehört zum Anwendungsspektrum von Halbleiterdioden: Bei **Leuchtdioden** (***L****ight* ***E****mitting* ***D****iodes*, LED) und **Laserdioden** führt die Injektion von Elektronen und Löchern zu ihrer Rekombination, bei der Licht entsteht (Abschnitt 6.4.5).

4.7.5.5 Transistoren

Transistorbasis

Die heute sinnlose und dadurch verwirrende Bezeichnung „Basis" für die mittlere Schicht bipolarer Transistoren stammt noch vom allerersten Versuchsaufbau aus dem Jahr 1947. Damals war dies tatsächlich ein *massiver Kristall*, der die gesamte Anordnung trug.

Der bipolare (also mit beiden Ladungsträgerarten gleichzeitig funktionierende) Urtyp des **Transistors** besitzt zwei pn-Übergänge in der Folge npn oder pnp; in **Bild 4.70** ist der Erstere dargestellt. Wie im Schema angedeutet ist der mittlere Teil, die **Basis**, sehr dünn (etwa 1 µm). Aus dem n-Leiter links, dem **Emitter**, werden bei der abgebildeten Beschaltung mit der Flussspannung U_{BE} Elektronen in Richtung der Basis *emittiert*. Da die Basis so dünn und außerdem schwach dotiert ist, diffundieren nahezu alle Elektronen (95 % bis über 99 %) in den rechten pn-Übergang. Der ist mit U_{CB} als Sperrschicht geschaltet, sodass die Elektronen von dem dort aufgebauten elektrischen Feld in den **Kollektor** gezogen bzw. – den Namen rechtfertigend – *gesammelt* werden. Im **Schaltbild** des Transistors (rechts in **Bild 4.70**) ist natürlich normgerecht die *technische* Stromrichtung (also die Flussrichtung positiver Ladungen) vermerkt.

Der *Transistoreffekt* bewirkt grundsätzlich, dass kleine Änderungen des Stromes durch den ersten pn-Übergang eine große Änderung am zweiten verursachen. (Der Name stammt von „Trans-Resistor".) Technisch unterscheidet man drei verschiedene *Anwendungen* als (Leistungs-)Verstärker: In der **Emitterschaltung** nutzt man direkt die *Stromverstärkung*. Mit der **Basisschaltung** kann bei nahezu konstantem Strom im zweiten Kreis gezielt die *Spannung* an einem Kollektorwiderstand R_C verstärkt werden, während die **Kollektorschaltung** wieder eine Stromverstärkung liefert, vor allem aber zur *Impedanzwandlung* eingesetzt wird [Lindner]. Beim speziellen **Fototransistor** werden durch Licht Ladungsträger in der Basis generiert, er ist gewissermaßen eine Fotodiode mit integrierter Signalverstärkung.

Die Stärke des bipolaren Transistors ist seine schnelle Reaktion: Mit entsprechenden Bauformen und gegebenenfalls in GaAs-Technik können Wechselströme bis über 500 GHz verstärkt werden. Zur *Integration* in dichter Packung ist er jedoch weniger geeignet, da durch den Basisstrom immer eine Verlustleistung auftritt. Die vermeidet der **unipolare Transistor** oder **Feldeffekt-Transistor** (FET). Die beiden Namen deuten auf seine Besonderheiten bzw. Vorzüge hin: Es gibt nur *eine* Sorte von Ladungsträgern, die zwischen *Source* (Quelle) und *Drain* (Senke) in leitfähigen Kanälen durch ein *Gate* (Tor) gesteuert werden (**Bild 4.71** [Zeitler]). Da dazu *elektrische Felder* bzw. *Spannungen* dienen, geschieht das nahezu leistungslos. In der Digitaltechnik hat sich bei **integrierten Schaltungen** (**I**_ntegrated_ **C**_ircuits_) aus Silizium eine Variante mit metallischem Gate und Siliziumoxid-Isolation durchgesetzt, der *Metal-Oxide-Semiconductor-FET (MOS-FET)*. Werden *beide* Ladungsträgersorten in demselben IC *komplementär* verwendet, so spricht man von der *CMOS-Technik*, die enorme Bedeutung, z. B. für Mikroprozessoren, gewonnen hat.

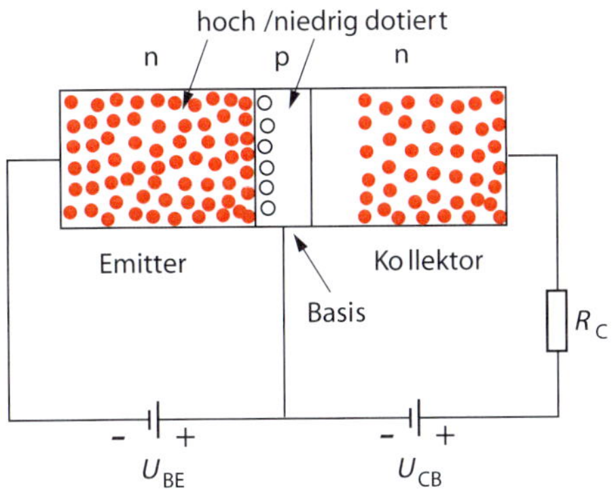

Bild 4.70 Schema des Transistoreffektes.

Es gibt aber noch weitere Varianten und insgesamt eine *exponentiell* anwachsende Entwicklung: Nach einer 1965 aufgestellten und mehrfach korrigierten Faustregel, die gerne als MOOREsches Gesetz zitiert wird, verdoppelt sich die *Integrationsdichte* der Transistoren alle 18 Monate. Immerhin bleiben die physikalischen Grundlagen der Elektronik bestehen und gewinnen sogar an Bedeutung: Wegen der immer kleineren Leiterstrukturen werden inzwischen *Beugungseffekte* (Abschnitt 5.5.1) beim lithografischen Produktionsprozess sowie *quantenmechanische Effekte* (Abschnitt 6.2.4) beim Betrieb immer wichtiger.

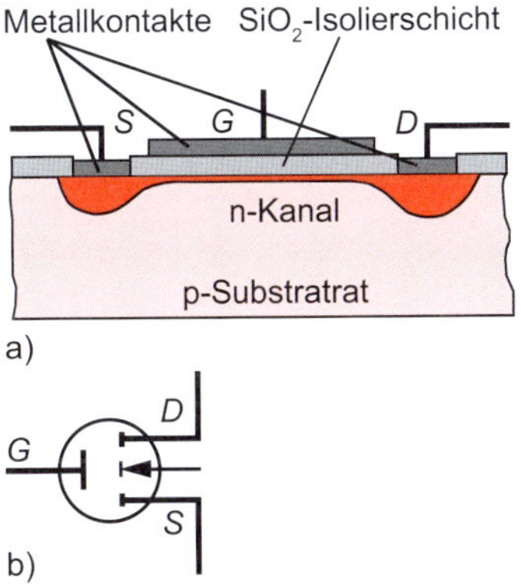

Bild 4.71 Prinzipieller Aufbau (a) und Schaltbild (b) eines MOS-FET

Zusammenfassung: Grundlagen der Elektronik

- *Elektronen* können durch den glühelektrischen Effekt aus Metalloberflächen austreten. Im Vakuum werden sie durch elektrische Felder auf hohe Geschwindigkeiten beschleunigt und gegebenenfalls abgelenkt. In magnetischen Feldern können Ladungen durch die LORENTZ-Kraft ebenfalls abgelenkt werden, allerdings ohne ihre kinetische Energie zu ändern.
- In *Gasentladungen* treten Ionisation und Anregung auf. Erstere führt zur selbstständigen Entladung (die wegen des Lawineneffektes mit einem Schutzwiderstand betrieben werden muss), Letztere zur Lichtemission.

Zusammenfassung: *Fortsetzung*

- In Flüssigkeiten wird der Strom von *Ionen* aus dissoziierten Molekülen getragen. Solche *Elektrolyte* können zur Stoffabscheidung an den Elektroden, aber auch zur Spannungserzeugung mit unterschiedlich edlen Metallen genutzt werden. Sekundäre galvanische Elemente stellen zyklisch aufladbare Akkumulatoren für Ladungen bzw. elektrische Energie dar.
- Stromleitung und elektrischer Widerstand in Metallen können mit dem Modell des *Elektronengases* beschrieben werden. Es erklärt auch den thermoelektrischen Effekt, der zur Temperaturmessung genutzt wird.
- In *Halbleitern* können bei hinreichender Wärmeenergie Ströme von Elektronen und Löchern durch das Kristallgitter fließen. Durch Dotieren wird die erheblich bessere *Störstellenleitung* erzielt, wobei p- sowie n-Leiter entstehen.
- Beim *pn-Übergang* bildet sich eine Verarmungszone mit Raumladungen im Kristallgitter und einer daraus resultierenden Diffusionsspannung. Externe Spannungen führen je nach Polarität zu Sperr- oder Durchlassströmen. Die variable Sperrschicht ist die Grundlage von Halbleiterdioden.
- Beim *Transistoreffekt* beeinflusst der Strom in einem pn-Übergang durch eine dünne Basis hindurch den Strom in einem zweiten Übergang. Bipolare Transistoren werden in unterschiedlichen Beschaltungen mit Schwerpunkt in der Analogtechnik eingesetzt.
- In unipolaren Transistoren steuert ein elektrisches Feld den Fluss nur einer Ladungssorte. Sie können mit hoher Integrationsdichte in digitalen Schaltkreisen verwendet werden.

Testfragen zu Kapitel 4

1. Was zeigt ein Elektroskop an? Wie und warum?
2. Warum zieht ein am Wollpullover geriebener Kunststoffstab Papierschnipsel an?
3. Was bewirkt ein FARADAY-Käfig?
4. Worin unterscheidet sich das COULOMB-Gesetz vom Gravitationsgesetz?
5. Wie kann man mithilfe der elektrischen Feldlinien den Spitzeneffekt veranschaulichen?
6. Durch welches Gedankenexperiment kann man die elektrische Feldstärke definieren?
7. Durch welches Gedankenexperiment kann man das elektrische Potenzial definieren?
8. Wie verlaufen die Äquipotenzialflächen in einem Plattenkondensator?
9. In welcher Weise ändert ein Dielektrikum die Kapazität eines Kondensators?
10. Wie hängen Potenzial, elektrische Feldstärke und Spannung beim Plattenkondensator zusammen?
11. Die deutsche Bahn warnt auf ihren Bahnhöfen: „15 000 Volt sind absolut tödlich." Warum ist die 10-fache Spannung bei einem Bandgenerator nur unangenehm?
12. Unter welchen Randbedingungen gilt das OHMsche Gesetz?
13. Wie unterscheidet sich die Strom-Spannungs-Kennlinie eines normalen Leiters von der eines Supraleiters?
14. Warum ist die Strom-Spannungs-Kennlinie einer Glühlampe nichtlinear?

15. Wie unterscheidet sich das Widerstands-Temperatur-Diagramm eines Braunkohlebriketts von dem eines Siliziumblocks?
16. Durch welche makroskopische Größe wurde bis zum Jahr 2019 das „Ampere" definiert?
17. Eine Silberfolie wird senkrecht zu Magnetfeldlinien von einem Strom durchflossen. Was beobachtet man?
18. Mittels welchen Effektes kann man statische magnetische Feldstärken messen?
19. Was ist der physikalische Inhalt des Durchflutungsgesetzes?
20. Welche Kraft nutzen elektrodynamische Lautsprecher? Kann man auch elektrostatische bauen?
21. Sie werfen einen kleinen Magneten durch einen leichten, frei hängenden Metallring. Was geschieht?
22. Nach welchem Prinzip funktioniert eine Wirbelstrombremse?
23. Auf eine Spule wird ein geschlossener Drahtring parallel zu den Windungen gelegt. Was geschieht beim Einschalten des Spulenstromes?
24. Warum und auf welche Weise werden Fernleitungen mit hoher Spannung betrieben?
25. Wie wirkt sich der Leistungsfaktor in Wechselstromkreisen aus?
26. Wie bestimmen Induktivität und Kapazität die Eigenfrequenz eines Serienschwingkreises?
27. Mit der Einführung welcher Größe konnte das Durchflutungsgesetz auf das Vakuum erweitert werden?
28. Welche Gesetze werden durch die MAXWELLschen Gleichungen verallgemeinert?
29. Wie unterscheiden sich das elektrische und das magnetische Nahfeld einer Dipolantenne?
30. Wie unterscheidet sich das elektrische Feld im Kondensator von dem in elektromagnetischen Wellen?
31. Welche Frequenz hat Strahlung aus dem nahen Infrarotbereich?
32. Über welchen Bereich erstrecken sich die Wellenlängen elektromagnetischer Wellen?
33. Formen Sie die Einheit „Elektronvolt" in eine SI-Einheit und dann in Basiseinheiten um!
34. Was ist der wesentliche Unterschied zwischen einer Halogenlampe und einer Xenonlampe?
35. Wie ändert sich der (elektrolytartige) Körperwiderstand des Menschen bei Erwärmung?
36. Wie kann man elektrische Ladungen speichern? (Zwei Vorschläge)
37. Wie heißt die Umkehrung des Thermoeffektes?
38. Welche Ladungen sind in Halbleitern beweglich, welche in Elektrolyten?
39. Wie lässt sich der Widerstand von Halbleitern dauerhaft beeinflussen?
40. Warum entsteht beim Zusammenfügen eines p- und eines n-dotierten Halbleiters eine Spannung?
41. Was ist jeweils typisch für die Kennlinie von Si-Dioden bei hohen Spannungen unterschiedlicher Polarität?
42. Was ist der ZENER-Effekt?

Übungsaufgaben zu Kapitel 4

A 4.1: Kraft zwischen drei Ladungen

(zu Abschnitt 4.1.1)

Drei Punktladungen – realisiert durch kleine geladene Kugeln – befinden sich an den Ecken eines gleichseitigen rechtwinkligen Dreiecks **(Bild 4.72)**. Welche Kraft wirkt auf Q_3, wenn gilt: $Q_1 = Q_3 = 5\ \mu C$, $Q_2 = -2\ \mu C$, $d = 10$ cm?

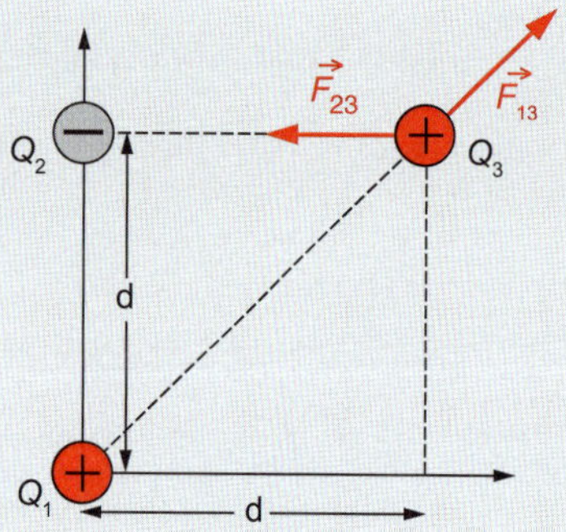

Bild 4.72

A 4.2: Elektrostatischer Dipol

(zu Abschnitt 4.1.2)

Zwei gleiche, aber jeweils positive und negative Ladungen befinden sich als *Dipol* an den Positionen $x_1 = +d$, $x_2 = -d$. Bestimmen Sie zeichnerisch und rechnerisch das elektrische Feld an einem Punkt auf der *y*-Achse mit $y \gg d$!

A 4.3: Plattenkondensator mit Dielektrikum

(zu Abschnitt 4.1.4)

Zwei quadratische Platten mit 10 cm Kantenlänge liegen mit 1 mm Abstand in reinem Wasser.

a) Welche Ladung und welche Energie kann bei einer Spannung von 1 kV gespeichert werden?

b) Mit welcher Kraft ziehen sich die Platten dann an?

A 4.4: Schwebender Zauberer

(zu Abschnitt 4.1.2, Abschnitt 4.1.4)

Der spektakuläre Trick eines Zauberers besteht darin, zwischen der Bühne und der 10 m hohen Decke zu schweben. Falls er dies dadurch bewerkstelligt, dass Bühnenboden und Deckenverkleidung jeweils elektrisch leitfähig sind und eine Potenzialdifferenz von 1 MV besitzen:

a) Welche Ladung muss der Zauberer tragen, wenn seine Masse 80 kg beträgt?

b) In welcher Zeit könnte er diese Ladung ohne Lebensgefahr aufnehmen ($I \leq 24$ mA)?

A 4.5: Driftgeschwindigkeit der Elektronen

(zu Abschnitt 4.1.2, Abschnitt 4.1.4)

Schätzen Sie mithilfe der molaren Masse (Formel 3.15) von Kupfer beziehungsweise seiner relativen Atommasse (Anhang) und seiner Dichte (8,93 kg/dm³) die Driftgeschwindigkeit v_D der Elektronen in einem Draht von 2 mm Durchmesser bei einem Strom von 10 Ampere ab! (Jedes Kupferatom stellt *ein* Elektron für das „Elektronengas“ zur Verfügung.)

A 4.6: Starthilfekabel

(zu Abschnitt 4.2.2)

Der Innenwiderstand eines elektrischen Anlassermotors für 12 V Spannung beträgt 0,1 Ω. In Ermangelung eines „dicken“ Starthilfekabels werden zwei 2 m lange Kupferleitungen mit 1 mm² Querschnittsfläche verwendet. Startet das Pannenauto?

A 4.7: Kondensator-Entladung

(zu Abschnitt 4.2.3, Info 4.5)

Ein Kondensator der Kapazität *C* wird über einen Widerstand *R* entladen. Nach wie vielen Zeitkonstanten ist

a) die Ladung

b) die Energie

jeweils auf ein Viertel gesunken? (Hinweis: Die Ladung zeigt dasselbe zeitliche Verhalten wie der Strom!)

A 4.8: Magnetische Kraft

(zu Abschnitt 4.3.2)

Eine Kondensatorbatterie der Kapazität 10 mF wird auf 30 kV aufgeladen und dann mit der Zeitkonstante 100 µs entladen. Der Strom wird auf 2 Leitungen verteilt, die in 10 cm Abstand parallel verlaufen.

a) Berechnen Sie die gespeicherte Energie!

b) Welcher Spitzenstrom fließt?

c) Welche Kraft wirkt zwischen den beiden Leitungen pro Meter? In welcher Richtung?

A 4.9: Drehspulinstrument

(zu Abschnitt 4.3.4)

Durch die Drehspule eines Amperemeters fließt in einem Magnetfeld von 250 mT ein Strom von 480 mA. Die Länge der quadratischen Spule beträgt 3 cm und die Windungszahl 1000 **(Bild 4.73)**.

a) Wie groß ist das Drehmoment auf die Spule?

b) Um welchen Winkel dreht sich die Spule (mit dem daran befestigten Skalenzeiger), wenn durch eine Spiralfeder ein Gegendrehmoment von

$$M_F = D\alpha$$

aufgebracht wird, wobei die „Winkelrichtgröße"

$$D = 3 \cdot 10^{-3} \mathrm{Nm}/°$$

beträgt? (Sie hat eine ähnliche Bedeutung wie die Federkonstante *k* beim HOOKEschen Gesetz.)

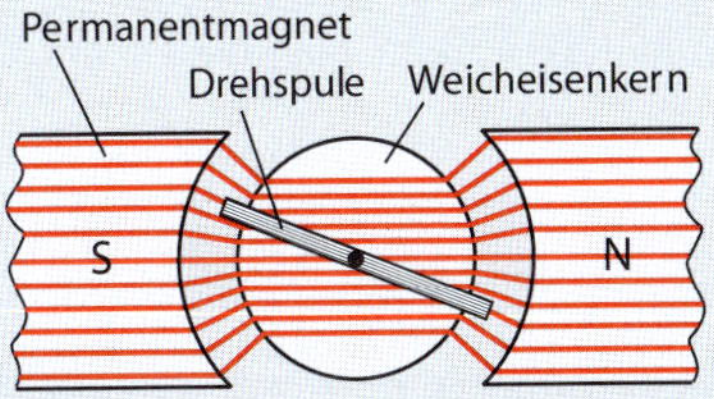

Bild 4.73

A 4.10: HALL-Sonde

(zu Abschnitt 4.3.5)

Eine Halbleiter-HALL-Sonde mit der Ladungsträger-Konzentration $10^{15}/\mathrm{cm}^3$ und der Dicke 10 µm soll so kalibriert werden, dass sie 1 mV/mT liefert. Welcher Strom muss eingestellt werden?

A 4.11: Generator

(zu Abschnitt 4.4.2, Abschnitt 4.5.1)

In einem Wechselstromgenerator zur Demonstration in Vorlesungen rotiert eine quadratische Spule mit 10 cm Kantenlänge und 100 Windungen in einem Magnetfeld von 500 mT fünfzig Mal pro Sekunde. Es kann nur die *Maximalspannung* bestimmt werden; welchen Messbereich muss das Voltmeter besitzen?

A 4.12: Selbstinduktion

(zu Abschnitt 4.4.4)

Eine große supraleitende Spule speichert 90 MJ bei 10 kA.

a) Wie groß ist ihre Induktivität?

b) Wie lange dauert das „Hochfahren" der Spule bis zur vollen Stromstärke, wenn die anliegende Spannung 10 V beträgt?

A 4.13: Induktivität und Impedanz

(zu Abschnitt 4.4.4, Abschnitt 4.5.2)

Eine Drossel hat bei Gleichstrom den Widerstand 80 Ω und bei Wechselstrom der Frequenz 1 kHz die Impedanz 200 Ω. Wie groß ist die Induktivität?

A 4.14: Erzwungene Schwingung im *LCR*-Kreis

(zu Abschnitt 4.5.2, Abschnitt 4.5.3, Abschnitt 4.6.1)

Ein Generator mit variabler Drehzahl und 100 V Scheitelspannung regt Schwingungen in einem Reihenschwingkreis an; dieser besteht aus $L = 10$ mH, $C = 2$ µF und $R = 5$ Ω.

a) Bei welcher Kreisfrequenz tritt Resonanz auf?

b) Welcher effektive Strom fließt dann?

c) Wie groß sind Impedanz und effektiver Strom, wenn die Kreisfrequenz 10 % oberhalb der Resonanzstelle liegt?

A 4.15: Lichtkraft

(zu Abschnitt 4.6.3.3)

Der Impuls elektromagnetischer Wellen ist nach Info 4.10: $p = E/c$.

a) Welche Beschleunigung erfährt eine starke LED-Taschenlampe mit der Masse 500 g, die 5 W Lichtleistung emittiert?

b) Wie lange braucht sie in einer Raumstation, um schwebend 1 m zurückzulegen?

A 4.16: Proton im Magnetfeld

(zu Abschnitt 4.7.1.3)

Ein Proton wird mithilfe einer Spannung von 5 MV beschleunigt und tritt dann in ein Magnetfeld mit 2,5 T ein, das senkrecht zur Flugbahn orientiert ist.

a) Wie groß ist die Geschwindigkeit nach der Beschleunigungsphase?

b) Mit welcher Kraft wird das Elementarteilchen abgelenkt?

c) Wodurch tritt ein systematischer Fehler in der Berechnung auf?

A 4.17: Elektronenstrahl-Ablenkung

(zu Abschnitt 4.7.1.2)

Durch die parallelen Ablenkplatten in einer BRAUNschen Röhre mit dem Abstand $d = 5$ mm und der Länge $l = 2$ cm fliegen Elektronen der Energie 3 keV. Welche Spannung ist für eine Ablenkung um 5° erforderlich?

5 OPTIK

Die Optik ist eines der ältesten Gebiete der Physik – begründet von den griechischen Philosophen vor 2500 Jahren – und zugleich eines der aktuellsten. Viele optische Erscheinungen und Geräte lassen sich einfach durch *Lichtstrahlen* und ihre Geometrie beschreiben. Die wahre Natur des Lichtes zeigt sich durch Beugung und Interferenz: es handelt sich ja um *elektromagnetische Wellen* (Abschnitt 4.6.3). Weil dies Transversalwellen sind, treten außerdem *Polarisationseffekte* auf.

Vor etwa 100 Jahren wurde erkannt, dass die Wellennatur des Lichtes noch nicht die ganze Wahrheit ist: In einem weiteren, die Wellenoptik „dualistisch" ergänzenden Modell muss das Licht mit *Energiequanten, sogenannten Photonen*, beschrieben werden (Abschnitt 6.1.1).

5.1 Grundlagen der Strahlenoptik

Optische **Strahlen** können wellenoptisch korrekt als Lichtbündel betrachtet werden, deren Durchmesser klein gegen die Wellenlänge ist. Alternativ stellt man sich elektromagnetisch dumm und geht von der Erfahrung aus, dass für Licht eine *geradlinige Ausbreitung* typisch ist. Es wird offensichtlich von Oberflächen entweder absorbiert oder *reflektiert*. Beim Übergang von einem durchsichtigen Medium in ein anderes – häufig Luft und Glas – werden die Lichtstrahlen zusätzlich *gebrochen*.

Lichtstrahlen

Sehr suggestive Experimente mit Laserstrahlen sowie Kreidestaub oder Zigarettenrauch scheinen zu beweisen, dass die geradlinige Ausbreitung des Lichtes seine wichtigste Eigenschaft ist. Tatsächlich gilt das nur in einem homogenen Medium ohne „Schlieren" (Abschnitt 5.1.1), wie das suggestive Experiment in **Bild 5.3** zeigt. Mit dieser Erkenntnis kann man sich sogar in die Wüste wagen: Auch die legendäre *Fata Morgana* beruht auf einer kontinuierlichen Krümmung von Lichtstrahlen.

5.1.1 Lichtausbreitung

So wie die Natur des Lichtes lange strittig war, so war auch seine **Ausbreitungsgeschwindigkeit** c_0 über Jahrhunderte Gegenstand philosophischer Spekulationen, die lange „unendlich groß" favorisierten. Die erste *Messung* gelang Olaf Römer 1676 mittels astronomischer Beobachtungen: Aus der zunehmenden Verspätung einer Jupitermond-Verfinsterung mit wachsendem Abstand zum irdischen Beobachter schloss er auf eine *endliche Geschwindigkeit* des Lichtes. Sein Zahlenwert für c_0 wich nur wegen des fehlerhaft bestimmten Erdbahnradius vom heute bekannten ab.

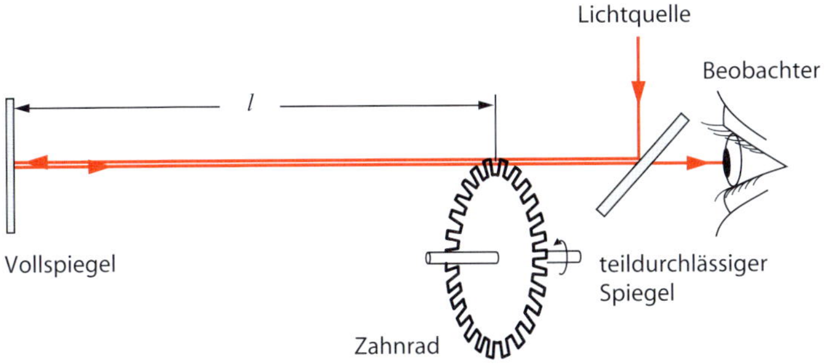

Bild 5.1 Bei der Zahnradmethode von Fizeau wird die Laufzeit des Lichtes für einen bestimmten Weg gemessen.

Diesen unsicheren Parameter vermeidet die **Zahnradmethode** von Armand Fizeau aus dem Jahr 1849, die in **Bild 5.1** skizziert ist. Das Licht wird vom Zahnrad zu Pulsen „zerhackt" und durchläuft die Strecke l hin und zurück. Wenn der Puls dann die nächste Zahnradlücke genau trifft, kann er durch den Teilspiegel beobachtet werden – nach diesem Kriterium wird die Drehfrequenz f eingestellt. Das zugehörige Laufzeitintervall Δt ist der Kehrwert von f, geteilt durch die Anzahl der Lücken z:

$$\Delta t = \frac{1}{fz}$$

Mit den historischen Zahlenwerten erhält man:

$$c_0 = \frac{2l}{\Delta t} = 2lfz = 2 \cdot 8333\,\text{m} \cdot 25\frac{1}{\text{s}} \cdot 720 \approx 3 \cdot 10^8\,\frac{\text{m}}{\text{s}}$$

Brechzahl

Häufig liest man, das Licht breite sich in Glas oder Wasser langsamer aus als im Vakuum, *weil* die Brechzahl n größer sei. Strahlenoptisch wird n jedoch mittels Formel 5.1 definiert, und dann muss umgekehrt argumentiert werden: *Wegen* der messbar geringeren Lichtgeschwindigkeit ist n größer.

Mit modernen Methoden ist der Wert so genau bestimmt worden, dass die **Vakuum-Lichtgeschwindigkeit** c_0 als Naturkonstante ohne Messunsicherheit definiert wurde (Abschnitt 1.3 sowie 2. Umschlagseite). Die Ergebnisse stimmen auch mit der MAXWELLschen Wellentheorie vollständig überein (Abschnitt 4.6.3.2).

Sobald allerdings Atome in den Lichtweg geraten, verringert sich die Ausbreitungsgeschwindigkeit. Anschaulich liegt das daran, dass die elektromagnetische Welle von Atomen wiederholt absorbiert und erneut abgestrahlt wird – schon Luft bewirkt einen kleinen, aber meistens vernachlässigbaren Effekt. Dabei wird die Welle gewissermaßen gestaucht: In der allgemeingültigen Formel 2.64 für die Wellen-Ausbreitungsgeschwindigkeit:

$$c = \lambda f$$

(siehe auch Abschnitt 4.6.3.3) verkleinert sich dann die Wellenlänge λ; die Frequenz f ist hingegen vom abstrahlenden Oszillator fest vorgegeben.

Das Verhältnis der Ausbreitungsgeschwindigkeit c in einem Medium zu der im Vakuum heißt **Brechzahl** des Mediums (Abschnitt 5.1.3):

Brechzahl eines Ausbreitungsmediums

$$\frac{c_0}{c} = n \qquad \text{Formel 5.1}$$

Häufig nennt man n auch *Brechungsindex* des Materials, er ist proportional zu dessen *optischer Dichte*. Um den kombinierten Lichtweg in Stoffen mit unterschiedlicher optischer Dichte zu bestimmen, kann man das **FERMATsche Extremalprinzip** anwenden:

Extremalprinzip der Strahlenoptik

> Das Licht legt den Weg zwischen zwei Punkten so zurück, dass die Laufzeit ein Extremum (und zwar in der Regel ein Minimum) annimmt.

Daraus ergibt sich im Vakuum und in homogenen Stoffen wie Glas oder Wasser automatisch eine *geradlinige Ausbreitung*. Außerdem muss der Lichtweg immer *umkehrbar* sein. Solange also Hindernisse im Lichtweg deutlich größer als die Wellenlänge sind, kann man die elektromagnetischen Wellen tatsächlich als Strahlen behandeln und ganz einfache geometrische Beziehungen für die Ausbreitung aufstellen – darum spricht man auch von **geometrischer Optik.**

In der Natur beobachtet man diese Eigenschaft des Lichtes am *Schattenwurf*, zum Beispiel während der Mondphasen oder bei einer Sonnenfinsternis. Eine technische bzw. medizinische Anwendung stellt die *Röntgenaufnahme* dar (allerdings bei kürzerer Wellenlänge, Tabelle 4.3). Auch die *Lochkamera* versteht man mit diesem einfachen

Prinzip: Der leuchtende Gegenstand in **Bild 5.2** – wie allgemein üblich durch einen *Pfeil* symbolisiert – sendet Lichtstrahlen von jedem Punkt entlang seiner Ausdehnung G aus. (Eingezeichnet sind nur die Randstrahlen.) Das Loch lässt gewissermaßen nur jeweils den Strahl passieren, der zum Bild beiträgt. Dadurch ist die *Bildgröße* B mit der *Bildweite* b einstellbar: eine Spezialität der Lochkamera. Vor der Erfindung der Linsen (Abschnitt 5.2) war sie als *Camera obscura* für Astronomen und Maler wichtig. Noch heute wird sie – von skurrilen Keksdosen-Fotografien abgesehen – für die Abbildung mit Röntgenstrahlen (Abschnitt 6.3.3) verwendet, weil diese sämtliche Linsen ignorieren.

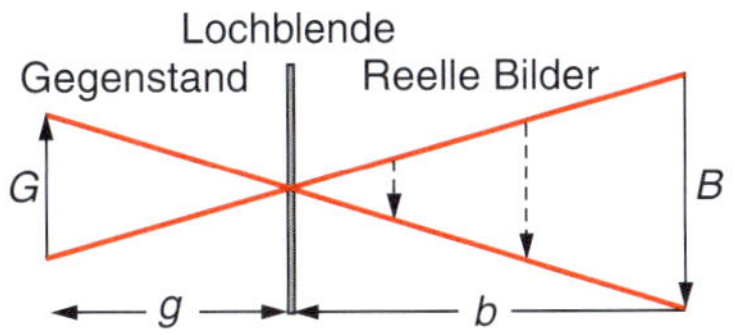

Bild 5.2 Die Lochkamera erzeugt durch Ausblendung weniger Lichtstrahlen in jedem Abstand ein scharfes Bild des Gegenstandes.

Eine wichtige Einschränkung der geometrischen Optik stellt die *Homogenität* des Mediums dar. Durch eine Variation der Brechzahl senkrecht zur Ausbreitungsrichtung wird der Lichtweg krummlinig, wie **Bild 5.3** für einen Laserstrahl in einer Flüssigkeit mit optischem Dichtegradient zeigt. Solche **Schlieren** stören häufig bei Beobachtungen in der Luftatmosphäre (Objekte über heißen Oberflächen, Sternflimmern), können aber auch technisch genutzt werden (Schlierenfotografie, optische Komponenten mit Brechzahlprofil).

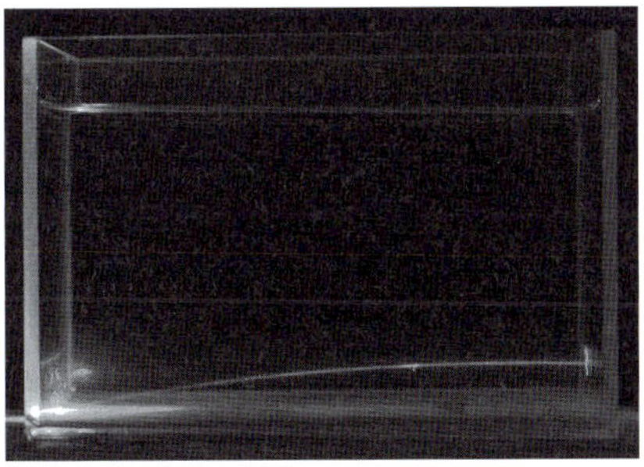

Bild 5.3 In einem Ausbreitungsmedium mit *Brechzahlgradient* werden Lichtstrahlen gekrümmt.

5.1.2 Reflexion

Für einen ebenen Spiegel folgt aus dem FERMATschen Prinzip, dass bei der Reflexion Einfallswinkel und Ausfallswinkel übereinstimmen. Beide Winkel beziehen sich üblicherweise auf die Senkrechte – das „Lot" – auf die Spiegelfläche **(Bild 5.4)**:

$$\alpha = \alpha' \qquad \text{Formel 5.2}$$

Reflexionsgesetz

Bei jeder Reflexion sind Einfallswinkel und Ausfallswinkel gleich. Einfallender und reflektierter Lichtstrahl sowie das Einfallslot liegen in einer Ebene.

Typische Planspiegel werden aus polierten *Metallen* und metallisch beschichteten Glasplatten hergestellt. Spezielle Spiegel wie der teildurchlässige in **Bild 5.1** beruhen auf Interferenzeffekten in *dichroitischen Materialien* (Abschnitt 5.4.1).

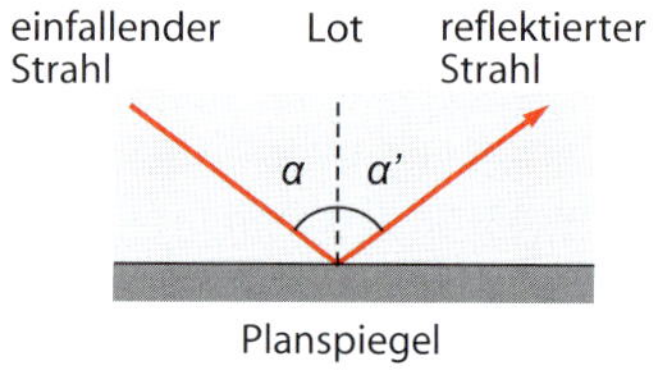

Bild 5.4 Bei der Reflexion an einer ebenen Fläche sind Einfalls- und Ausfallswinkel gleich.

Reflexion tritt aber auch an jeder *Grenzschicht* zwischen Materialien mit unterschiedlicher Brechzahl (wie Luft über einer Wasseroberfläche) auf. Aus den *FRESNELschen Formeln* [Paus] lässt sich der **Reflexionsgrad** R bestimmen. Für *senkrechten* Einfall des Lichtstrahls nimmt die Gleichung für das Verhältnis der Intensitäten I (Abschnitt 4.6.3.3) eine ganz einfache Form an:

$$R = \frac{I_{\text{refl}}}{I_{\text{ein}}} = \frac{(n_1 - n_2)^2}{(n_1 + n_2)^2} \qquad \text{Formel 5.3}$$

Das *Spiegelbild* besitzt eine Besonderheit, die im Badezimmer nicht auffällt, aber die Basis zahlreicher Zaubertricks darstellt: Es ist *virtuell*, also nur scheinbar vorhanden, und *zwar hinter* der reflektierenden Fläche. Der leuchtende Punkt in **Bild 5.5** scheint zum Beispiel in der Wand zu liegen. Mittels des eingezeichneten Strahlenganges kann man auch die Behauptung widerlegen, dass der Spiegel ein seitenverkehrtes Bild zeige: das tut er gerade *nicht*!

Raue Oberflächen zeigen kein Spiegelbild. Dennoch gilt das Reflexionsgesetz für jeden einzelnen Strahl **(Bild 5.6)**, und die Reflexion ist insgesamt *diffus*. Spezielle Gesetzmäßigkeiten lassen sich für *gekrümmte* Spiegeloberflächen ableiten, wenn man ein *Strahlenbündel* betrachtet: Es wird in seiner Gesamtheit so abgelenkt, dass vergrößerte oder verkleinerte Bilder von Gegenständen an diesen *Hohl-* bzw. *Wölbspiegeln* entstehen. Die **Abbildungsgesetze** gleichen denen von Linsen und werden in Abschnitt 5.2.2 behandelt.

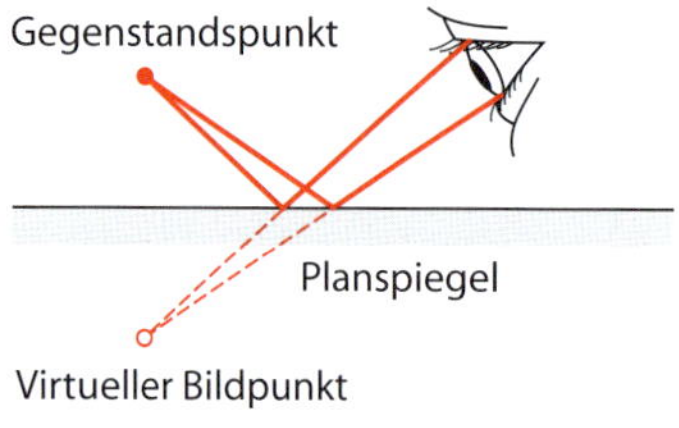

Bild 5.5 Bei der Abbildung an einem ebenen Spiegel entsteht ein virtuelles Bild.

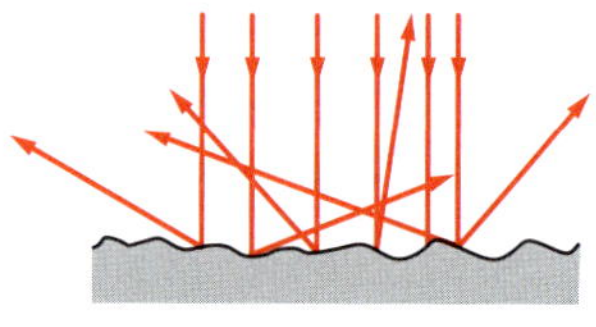

Bild 5.6 Raue Oberflächen zeigen diffuse Reflexion.

Beispiel 5.1: FRESNELscher Reflex

Aufgabe: Welcher Anteil der Lichtleistung wird von einer Wasseroberfläche reflektiert, welcher von einer planparallelen Glasplatte?
Lösung: Da die Intensität als *Leistung* pro Fläche definiert ist und Letztere gleich bleibt, gilt Formel 5.3 auch für das Verhältnis der Leistungen. Mit den Brechzahlen für Luft und Wasser aus Tabelle 5.1 (s. u.) erhält man:

$$P = P_0 R = P_0 \frac{(1-1{,}33)^2}{(1+1{,}33)^2} = 0{,}02 \cdot P_0$$

Etwa 2 % des Lichtes werden also reflektiert – Sonnenlicht auf Wasseroberflächen kann stark blenden!
Bei einer planparallelen Glasplatte wie einer Fensterscheibe (n_2 = 1,5) wird das Licht zweimal reflektiert:

$$P_1 = P_0 \frac{(1-1{,}5)^2}{(1+1{,}5)^2} = 0{,}04 \cdot P_0$$

$$P_2 = 0{,}04 \cdot (1 - P_1) = 0{,}04 \cdot 0{,}96 \cdot P_0 = 0{,}038 \cdot P_0$$

Insgesamt werden etwa 8 % gespiegelt, wobei man – etwa beim Blick aus dem erleuchteten Zimmer ins Dunkle – beide Spiegelbilder bei schräger Durchsicht durchaus unterscheiden kann (Aufgabe A5.3 zum Strahlversatz an einer planparallelen Platte). Die hier berechneten Werte für *senkrecht* auftreffende Lichtstrahlen (α = 0°) sind auch eine gute Abschätzung für größere Einfallswinkel.

5.1.3 Brechung und Totalreflexion

Beim Übergang des Lichtes von einem transparenten Material in ein weiteres tritt zwar der FRESNEL-Reflex auf, aber der weitaus größere Lichtanteil dringt in das zweite Material ein und wird dabei an der Grenzfläche *gebrochen*. Diese Strahlablenkung beschrieb SNELLIUS bereits 1620 mithilfe der Brechzahlen **(Bild 5.7)**

$$\frac{\sin\alpha}{\sin\beta} = \frac{c_1}{c_2} = \frac{n_2}{n_1}$$ Formel 5.4

Brechungsgesetz von SNELLIUS

Bei der Brechung an einer Mediengrenze verhalten sich die Sinuswerte von Einfalls- und Brechungswinkel wie die Lichtgeschwindigkeiten in den beiden Medien, also umgekehrt wie deren Brechzahlen. Die Lichtstrahlen und das Lot liegen in einer Ebene.

Man *versteht* diese altbekannte Gesetzmäßigkeit erst aus der Wellennatur des Lichtes (Abschnitt 5.4.2); geometrisch begründen lässt sie sich aber auch mit dem Extremalprinzip von FERMAT: Wegen der unterschiedlichen Ausbreitungsgeschwindigkeiten in den beiden Medien ist die kürzeste Verbindung zwischen zwei Punkten P_1 und P_2 eben nicht eine Gerade der Länge s, sondern die Verbindung mit der kürzesten **optischen Weglänge**:

$$L = ns$$ Formel 5.5

Optische Weglänge

Bei gleichen optischen Weglängen ist die Laufzeit identisch. Nur im Vakuum, also für n = 1, stimmt die *geometrische* Weglänge mit der optischen überein; in allen transparenten Materialien ist sie kleiner.

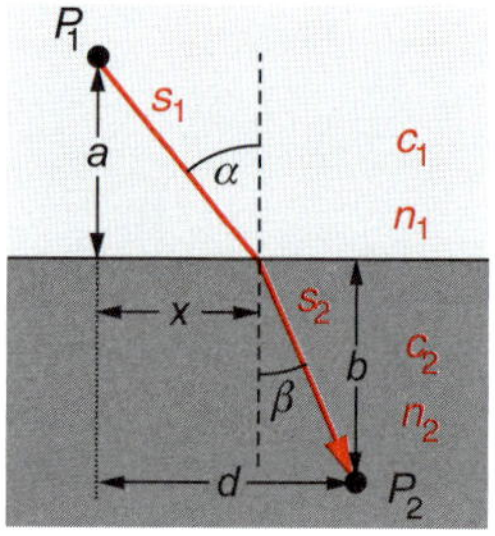

Bild 5.7 Das Brechungsgesetz von SNELLIUS resultiert aus dem Extremalprinzip von FERMAT.

Beispiel 5.2: Optischer Weg durch Mediengrenzen

Mit den Bezeichnungen aus **Bild 5.7** erhält man für die optische Weglänge von P_1 nach P_2:

$$L = n_1 s_1 + n_2 s_2$$
$$= n_1 \sqrt{a^2 + x^2} + n_2 \sqrt{b^2 + (d-x)^2}$$

Offensichtlich hängt L von x ab; im *Minimum* der Funktion $L(x)$ ist die Ableitung dann null:

$$\frac{\mathrm{d}L}{\mathrm{d}x} = \frac{n_1 x}{\sqrt{a^2 + x^2}} - \frac{n_2 (d-x)}{\sqrt{b^2 + (d-x)^2}} = 0$$

Aus der Geometrie folgt aber:

$$\sin\alpha = \frac{x}{\sqrt{a^2 + x^2}}; \quad \sin\beta = \frac{d-x}{\sqrt{b^2 + (d-x)^2}}$$

Durch Einsetzen erhält man das Brechungsgesetz (Formel 5.4). Anschaulich betrachtet wird der geometrische Weg im Medium mit der größeren Brechzahl – also der kleineren Ausbreitungsgeschwindigkeit – nach dem Prinzip von FERMAT minimiert.

In Tabelle 5.1 sind einige typische Brechungsindizes aufgelistet. Dabei ist zu beachten, dass diese Werte nur für eine bestimmte Wellenlänge gelten (üblicherweise die *Natrium-Spektrallinie* bei λ = 589,3 nm, Abschnitt 6.3.1). Die Wellenlängen-Abhängigkeit der Ausbreitungsgeschwindigkeit $c(\lambda)$ und somit auch der Brechzahl $n(\lambda)$ nennt man **Dispersion**. Sie wird beim *Prisma* zur **spektralen Zerlegung** polychromatischen – also mehrfarbigen, zum Beispiel weißen – Lichtes benutzt. Bei der typischen Prismenform wie in **Bild 5.8** resultiert aus den beiden Brechungswinkeln insgesamt die *stärkste* Ablenkung für *violette* Lichtanteile, und die *geringste* für *rote*. Auf die gleiche Weise (und mit Unterstützung durch den FRESNEL-Reflex) zerlegen auch Wassertropfen das Sonnenlicht in die Farben des Regenbogens **(Bild 5.9)**.

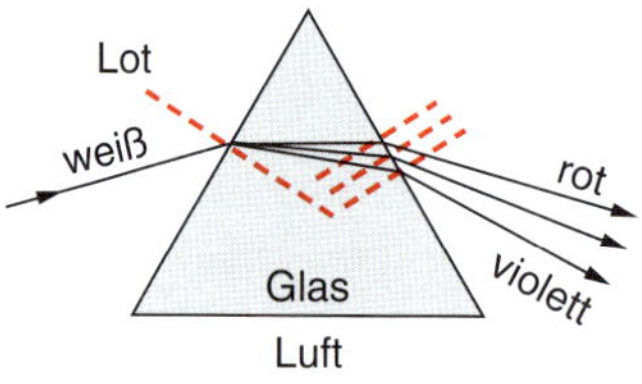

Bild 5.8 Strahlablenkung und spektrale Lichtzerlegung im Prisma.

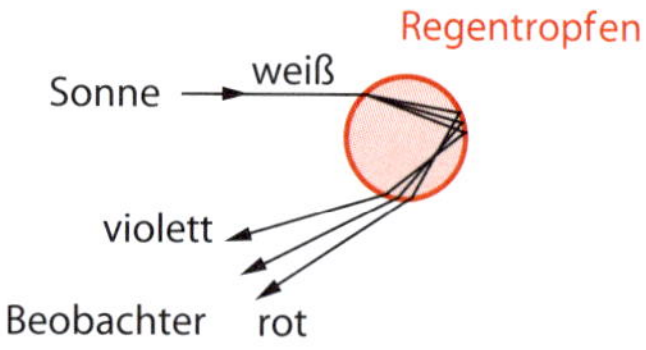

Bild 5.9 Der Regenbogen entsteht durch Dispersion und FRESNELsche Reflexion des weißen Sonnenlichtes.

Tabelle 5.1 Brechzahlen einiger Materialien (für 589,3 nm und 20 °C)

Material	Brechzahl *n*
Luft (bei Normaldruck)	1,0003
Eis (bei 0 °C)	1,31
Wasser	1,333
Kronglas	1,437 ... 1,610
Flintglas	1,613 ... 1,952
Quarzglas	1,459
PMMA (z. B. „Plexiglas")	1,491
Diamant	2,417

Aus dem SNELLIUSschen Gesetz (Formel 5.4) geht hervor, dass beim Übergang von einem Medium mit kleinerer Brechzahl (wie Luft) in ein optisch dichteres (wie Glas) der Lichtstrahl „zum Lot hin" gebrochen wird. Da er bei *umgekehrtem* Lichtweg entsprechend *vom Lot weg* abgelenkt wird, ist bereits bei einem bestimmten Winkel β_G das Maximum für den Brechungswinkel von $\alpha = 90°$ erreicht. Bei noch größeren Einfallswinkeln kann das Licht das dichtere Medium nicht mehr verlassen; es tritt **Totalreflexion** auf **(Bild 5.10)**.

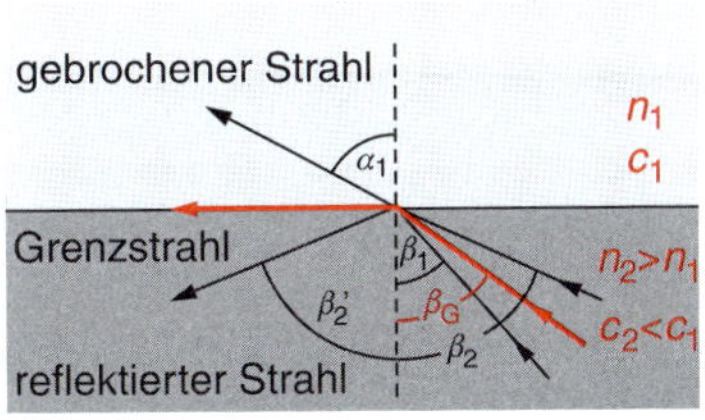

Bild 5.10 Bei einem bestimmten Grenzwinkel im optisch dichteren Medium geht die Brechung in Totalreflexion über.

Aus dem Brechungsgesetz (Formel 5.4) ergibt sich der Grenzwinkel der Totalreflexion mit $\alpha = 90°$:

$$\sin \beta_G = \frac{n_1}{n_2} \qquad \text{Formel 5.6}$$

Wie der Name angibt, ist die Totalreflexion perfekt. Damit lassen sich z. B. *Umkehrprismen* herstellen **(Bild 5.12)**, die in vielen Ferngläsern für die Bildumkehr benötigt werden (Abschnitt 5.3.2). Eine sehr große Bedeutung haben *Lichtleiter* bekommen, vor allem in Form von Glasfasern wie in **Bild 5.11**. Sie eignen sich für spezielle Beleuchtungszwecke, aber mehr noch zur Signal- und Nachrichtenübertragung (Info 5.1).

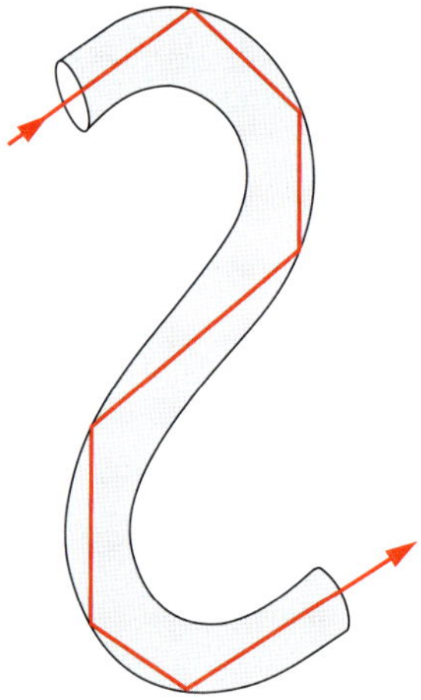

Bild 5.11 Mit Glas- oder Kunststofffasern wird das Licht auch um Biegungen geleitet.

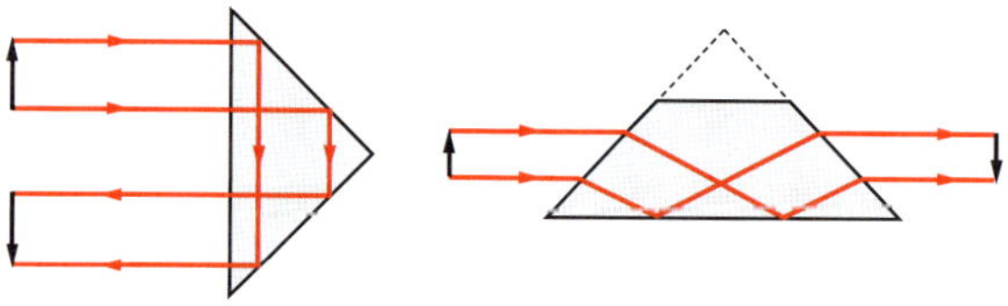

Bild 5.12 Das PORRO-Prisma (links) und das Geradsicht-Prisma werden zur Bildumkehr mittels Totalreflexion eingesetzt.

Beispiel 5.3: Grenzwinkel der Totalreflexion

Aufgabe: Wie groß ist der Grenzwinkel β_G für Wasser, Glas und Diamant in Luft?
Lösung: Mit der Brechzahl von Luft ($n_1 \approx 1$) gilt gemäß Formel 5.6:

$$\beta_G = \arcsin \frac{1}{n_2}$$

Für Wasser gegen Luft berechnet man 48,6° – darum sehen Taucher bei größeren Winkeln als β_G eine „spiegelnde" Wasseroberfläche.
Bei typischen Glassorten ist n = 1,5 und entsprechend β_G = 41,8°. Diagonal auftreffendes Licht wird also bereits reflektiert; darauf beruhen Spiegelprismen **(Bild 5.12)**.
Mit der Brechzahl von Diamant aus Tabelle 5.1 erhält man den ungewöhnlich kleinen Grenzwinkel von 24,4° Das erklärt das Funkeln von geschliffenen Diamanten, den *Brillanten*, wobei die spektrale Zerlegung des weißen Lichtes für interessante Farbeffekte sorgt. (Eigentlich gehört aus diesem Grund ein größeres Exemplar in jede Physiksammlung!)

Info 5.1: Lichtwellenleiter und Dezibel

Lichtleiter können im einfachsten Fall durch Kunststoff-Stäbe oder -Fasern wie in **Bild 5.11** realisiert werden. Aus historischen Gründen nennt man Fasern zur Nachrichtenübertragung *Licht-Wellenleiter (LWL)*. Bei ihnen wird der lichtführende Kern in einen optisch dünneren Mantel eingebettet, wie das Schema einer *Stufenindexfaser* in **Bild 5.13** zeigt. Moderne Quarzglasfasern haben bei einem Manteldurchmesser von 125 µm einen Kerndurchmesser von weniger als 10 µm, damit sich nur eine einzige elektromagnetische Welle (mit der typischen Wellenlänge von ca. 1,5 µm) ausbreiten kann. Man erreicht so digitale Übertragungsraten in der Größenordnung Terabit/s.

Gleichzeitig kann durch reinstes Glas bei bestimmten Wellenlängen ein Verlust an Lichtleistung von lediglich 0,2 dB pro Kilometer erreicht werden. Die übliche und praktische „Hilfseinheit" *Bel* bzw. *Dezibel* ist als dekadischer Logarithmus zweier gleichartiger Größen definiert, hier der optischen Leistung. Man erhält so die *Dämpfung a*:

$$a = \log \frac{P_{\text{Anfang}}}{P_{\text{Ende}}} \text{ B} = 10 \cdot \log \frac{P_{\text{A}}}{P_{\text{E}}} \text{ dB}$$

Die Leistung nach einem Kilometer Faser ist also:

$$P_{\text{E}} = \frac{P_{\text{A}}}{10^{0{,}02}} \approx 0{,}95 . P_{\text{A}}$$

Der Lichtverlust beträgt nur 5 % – bei normalem Fensterglas ist diese Dämpfung nach wenigen Millimetern erreicht! Optische Kommunikationssysteme haben darum Reichweiten über 100 km. Mit zusätzlicher optischer Verstärkung in den Glasfasern durch einen Lasereffekt (Abschnitt 6.3.2) verbinden Seekabel inzwischen die Kontinente und haben Nachrichtensatelliten weitgehend ersetzt.

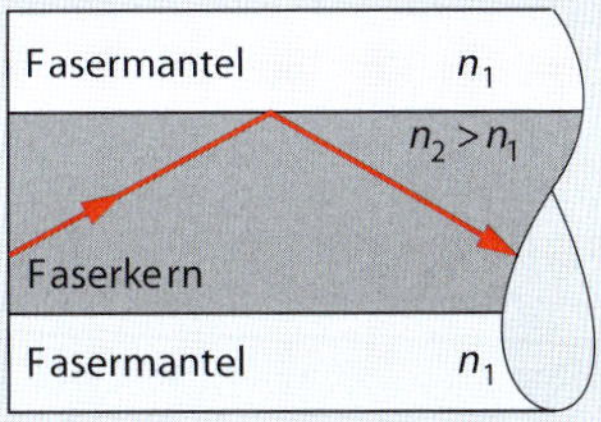

Bild 5.13 Bei Lichtwellenleitern für die Kommunikationstechnik ist der optisch dichtere Kern in einen totalreflektierenden Fasermantel eingebettet.

Zusammenfassung: Grundlagen der Strahlenoptik

- Die *Lichtgeschwindigkeit* c_0 beträgt im Vakuum fast $3 \cdot 10^8$ m/s. In transparenten Materialien verringert sie sich, was durch die *Brechzahl n* ausgedrückt wird. Nach dem Prinzip von FERMAT nimmt die optische Weglänge *ns* ein Minimum an.
- Außer im Vakuum ist die Lichtgeschwindigkeit von der Wellenlänge abhängig. Diese *Dispersion* wird zur spektralen Zerlegung im Prisma genutzt.
- Da das Licht sich fast immer *geradlinig* ausbreitet, können mit dem Strahlenmodell einfache geometrische Beziehungen aufgestellt werden. Das ist vor allem für die Abbildung von Gegenständen nützlich.
- Bei Reflexionen ist der Einfallswinkel immer gleich dem Ausfallswinkel. Auch an der Mediengrenze zwischen transparenten Materialien tritt nach FRESNEL ein Reflex auf, der größte Teil des Lichtes wird aber gemäß dem *Gesetz von SNELLIUS* gebrochen.
- Beim Übergang von einem optisch dichteren Medium in eines mit kleinerer Brechzahl tritt *Totalreflexion* auf, wenn der Grenzwinkel für maximale Brechung (90°) überschritten wird.

5.2 Strahlenoptische Abbildungen

Im Prinzip lassen sich Linsen und ihre Eigenschaften schon mithilfe des Brechungsgesetzes vollständig erklären – allerdings erleichtern einige weitere Gleichungen und Definitionen die Anwendung der Strahlenoptik.

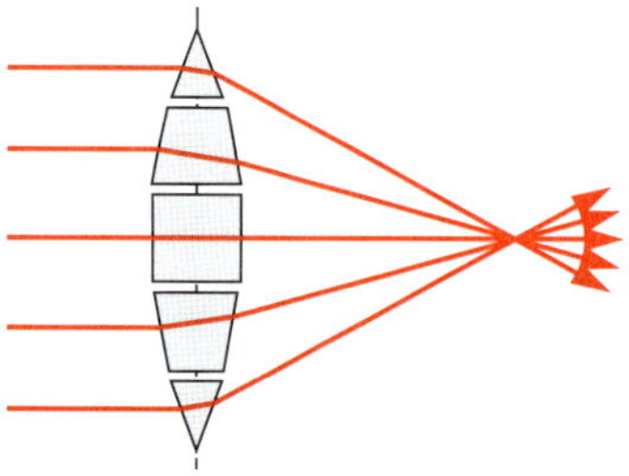

Bild 5.14 Ein Prismen-Modell veranschaulicht die Strahlablenkung in einer Linse.

5.2.1 Eigenschaften von Linsen

Brennweite

Theoretisch hat eine dünne Linse die gleiche Brennweite für beide Durchstrahlungsrichtungen. In der Praxis kann eine unsymmetrische Form (zum Beispiel eine plan-konvexe) bei endlicher Linsendicke zu unterschiedlichen Strahlablenkungen im Glas sowie Abbildungsfehlern (Abschnitt 5.2.3) führen.

Wenn man sich geeignete Prismen gestapelt und mit einem parallelen Lichtbündel durchstrahlt vorstellt **(Bild 5.14)**, versteht man die sammelnde Wirkung der **sphärischen Linse** in **Bild 5.15**: Alle parallelen (monochromatischen) Lichtstrahlen werden in den *Brennpunkt* (oder „Fokus“) F abgelenkt. Wie bei *dünnen Linsen* üblich, ist die gesamte Strahlablenkung durch Brechung formal in der *Hauptebene* der Linse eingezeichnet. Deren Abstand zum Brennpunkt ist die Brennweite *f*.

In der geometrischen Optik gilt eigentlich eine strenge Bezeichnungsweise, die Größen im Raum links und rechts der Hauptebene sowie ober- und unterhalb der optischen Achse mittels Vorzeichen, Indizes usw. unterscheidet. Für technische Konstruktionen und komplizierte Strahlengänge ist das ausgesprochen sinnvoll, während es in der Lehre eher verwirrt. Da auch kein physikalischer Tiefsinn dahinter steckt, werden in der folgenden Darstellung nur sinnfällige, aber eben nicht normgerechte Bezeichnungen verwendet.

Nach außen gewölbte Kugelflächen nennt man *konvex*. (Nach innen gewölbte heißen *konkav*.) Eine **Sammellinse** wie in **Bild 5.15** ist stets in der Mitte dicker als am Rand; sie kann aber durchaus auch *plan-konvex* oder sogar *konkav-konvex* (wie viele Brillengläser) sein.

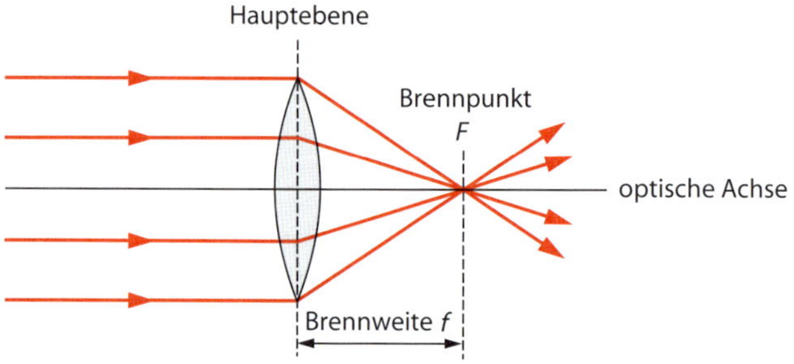

Bild 5.15 Bei dieser bikonvexen Sammellinse wird ein Strahlenbündel in den Brennpunkt fokussiert.

Zerstreuungslinsen wie die *bikonkave* in **Bild 5.16** sind entsprechend in der Mitte dünner. Parallele Strahlen werden so abgelenkt, als kämen sie aus einem *virtuellen* Brennpunkt *F*; sie bilden dann ein *divergentes* Strahlenbündel.

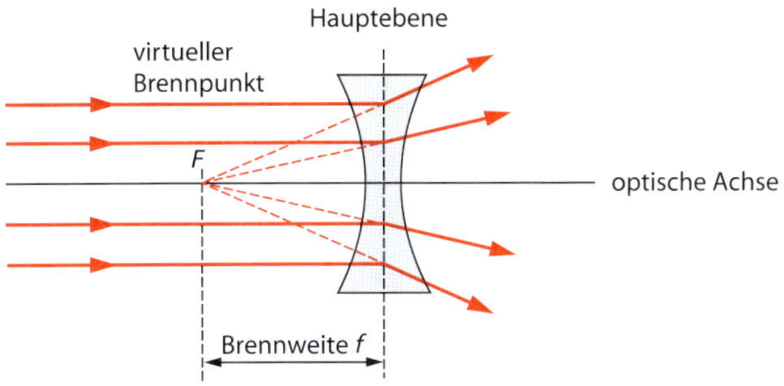

Bild 5.16 Bei einer Zerstreuungslinse wie dieser bikonkaven scheinen die Strahlen aus einem virtuellen Brennpunkt zu kommen.

Einen Spezialfall stellt die **Fresnelsche Stufenlinse** dar: sie ist insgesamt nahezu plan. Wie **Bild 5.17** schematisch zeigt, wird gewissermaßen der massive Glaskörper einer plan-konvexen – oder einer plan-konkaven – Linse eingespart und nur die Wölbung in konzentrischen Stufen auf eine dünne Platte übertragen. Ursprünglich diente Fresnels Erfindung dazu, möglichst große Sammellinsen für Leuchttürme zu realisieren. Auch heute ist der Einsatz in Beleuchtungsstrahlengängen typisch, etwa bei den klassischen Overheadprojektoren unter der Folienauflage.

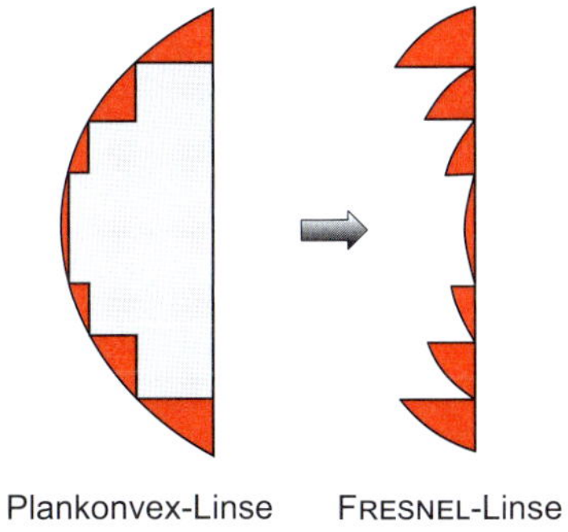

Bild 5.17 Bei einer Fresnelschen Sammellinse wird nur die strahlablenkende Wölbung einer konventionellen plan-konvexen Linse genutzt.

5.2.2 Abbildungen mit Linsen

Reelle Bilder von Gegenständen – die man auf einem Schirm oder einer Wand auffangen kann – lassen sich nur mit Sammellinsen erzeugen. Für die zeichnerische *Konstruktion* solcher Abbildungen verwendet man als symbolischen Gegenstand einen Pfeil der Länge *G* oberhalb der zentralen optischen Achse **(Bild 5.18)**. Die Brennweite *f*, die Gegenstandsweite *g* sowie die Bildweite *b* sind über folgende drei **Konstruktionsstrahlen** geometrisch verknüpft:

Konstruktionsstrahlen

Dünne Linsen stellen eine Idealisierung dar, und der unbeeinflusste Durchgang des Mittelpunktstrahles gehört dazu. In der Realität tritt zumindest ein Strahlversatz auf (wie an einer planparallelen Platte, Aufgabe A5.3).

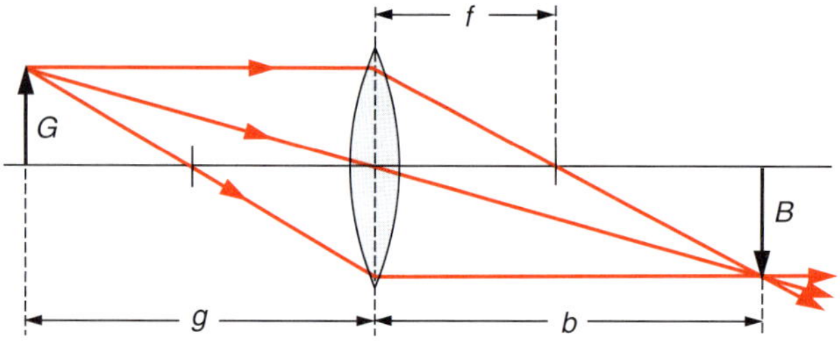

Bild 5.18 Zur Bildkonstruktion bei einer Sammellinse können drei „ausgezeichnete“ Strahlen verwendet werden.

- Der *achsenparallele Strahl* (in der Zeichnung oben) wird in den Brennpunkt gebrochen.
- Der *Mittelpunktstrahl* geht gerade durch die Linse.
- Der *Brennpunktstrahl* verläuft nach der Ablenkung in der Linsen-Hauptebene achsenparallel.

Natürlich sind *zwei* dieser Strahlen ausreichend, um in ihrem Schnittpunkt die Spitze des Pfeils mit der Länge B zu konstruieren. Damit ist die Lage des Bildes definiert: Alle anderen Bildpunkte müssen aus Symmetriegründen auf der Verbindung der Pfeilspitze mit der optischen Achse liegen. Dieselbe Symmetrie-Überlegung gilt für Gegenstände, die sich auf den Halbraum *unterhalb* der optischen Achse erstrecken.

Das Verhältnis von Bildgröße zu Gegenstandsgröße heißt **Abbildungsmaßstab** (oder *Lateralvergrößerung*) β. Mit einem der Strahlensätze aus der Elementargeometrie ergibt sich β aus dem Verhältnis von Bild- und Gegenstandsweite:

Abbildungsmaßstab

$$\beta = \frac{B}{G} = \frac{b}{g} \qquad \text{Formel 5.7}$$

Ähnliche geometrische Überlegungen führen zur **Abbildungsgleichung** (manchmal auch *Linsengleichung genannt*):

Abbildungsgleichung

$$\frac{1}{f} = \frac{1}{g} + \frac{1}{b} \qquad \text{Formel 5.8}$$

Rechnerisch und zeichnerisch kann man sich leicht überzeugen, dass bei Gegenständen außerhalb der doppelten Brennweite ($g > 2f$) immer ein *verkleinertes* Bild entsteht. Im Extremfall der „unendlich großen“ Gegenstandsweite entsteht sogar ein „unendlich kleines“ Bild exakt im Brennpunkt: Zum Beispiel sind die Lichtstrahlen von der Sonne parallel und werden bei $b = f$ fokussiert. Ein *vergrößertes* Bild entsteht, wenn sich der Gegenstand zwischen der einfachen und der doppelten Brennweite ($2f > g > f$) befindet.

Beispiel 5.4: 1:1-Abbildung

Aufgabe: Welcher Abbildungsmaßstab ergibt sich im (oben nicht erwähnten) Grenzfall $g = 2f$?
Lösung: Mit der Abbildungsgleichung (Formel 5.8) wird die Bildweite berechnet:

$$\frac{1}{f}=\frac{1}{2f}+\frac{1}{b}\Rightarrow\frac{1}{b}=\frac{1}{f}-\frac{1}{2f}=\frac{2-1}{2f}$$

Die Bildweite ist also ebenfalls gleich der doppelten Brennweite und entspricht damit der Gegenstandsweite:

$$b=2f=g$$

Daraus sieht man sofort:

$$\beta=\frac{b}{g}=1$$

Diese sogenannte 1:1-Abbildung (siehe auch **Bild 5.18**) kann zum Beispiel zur *Umkehrung* eines Bildes benutzt werden, oder zur Vergrößerung des Bildabstandes von der Linse.

Kein reelles, sondern ein *virtuelles* Bild entsteht, wenn der Gegenstand innerhalb der Linsenbrennweite platziert wird ($g < f$), oder die Sammellinse als *Lupe* entsprechend nahe herangeführt wird. In diesem speziellen Fall ist das Bild vergrößert und *aufrecht*. Mittels der Konstruktion **(Bild 5.19)** findet man es im Schnittpunkt der Verlängerungen von Brennpunktstrahl (oben), achsenparallelem Strahl (Mitte) sowie Mittelpunktstrahl (unten).

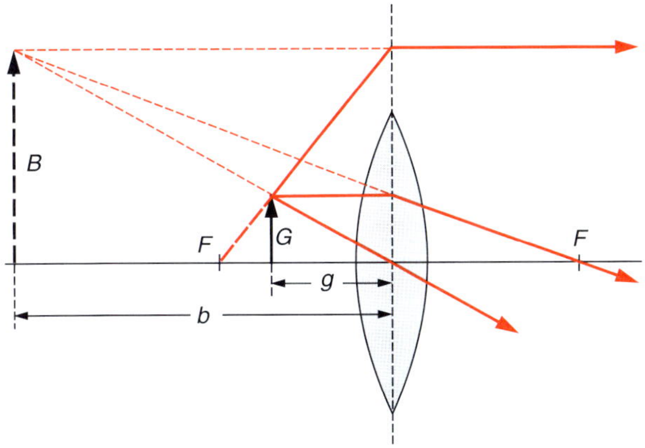

Bild 5.19 Wird eine Sammellinse als Lupe verwendet, so erhält man ein aufrecht stehendes, vergrößertes, aber virtuelles Bild.

Übrigens erhält man die gleichen Abbildungseigenschaften und Formeln wie bei einer Sammellinse bei einem *Hohlspiegel*. Der Lupe äquivalent ist sein typischer Einsatz im Dienste der Schönheit, nämlich als Rasier- oder Kosmetikspiegel im Badezimmer. Umgekehrt findet der *Wölbspiegel* mit seiner verkleinernden Abbildung – geschätzt an unübersichtlichen Stellen im Straßenverkehr – eine Entsprechung durch die Zerstreuungslinse. Auch sie erzeugt stets verkleinerte, virtuelle Bilder, die aber praktischerweise aufrecht stehen. Man konstruiert sie mithilfe der Strahlen durch die beiden Brennpunkte und/oder des Mittelpunktstrahls **(Bild 5.20)**.

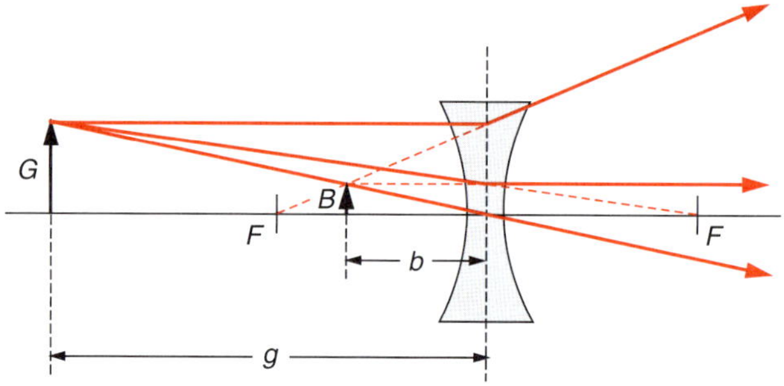

Bild 5.20 Zerstreuungslinsen können ausschließlich virtuelle Bilder erzeugen.

Der Augenoptiker rechnet – statt mit der Brennweite einer Linse – lieber mit ihrer **Brechkraft** (oder dem Brechwert) D:

Brechkraft einer Linse

$$D = \frac{1}{f} \qquad \text{Formel 5.9}$$

Die unter Brillenträgern bestens bekannte Einheit heißt *Dioptrie*: $[D]$ = dpt = 1/m.

5.2.3 Linsensysteme und Abbildungsfehler

Die Größe *Brechkraft* ist nicht nur praktisch für die Korrektur der Augenlinse durch eine „Sehhilfe" (Abschnitt 5.3.1), sondern generell für die Berechnung von *Linsensystemen*. Bei dünnen Linsen resultiert aus der Kombination mehrerer Linsen einfach eine Addition der Brechkräfte. Statt der resultierenden Brennweite (bei kleinen Linsenabständen):

$$\frac{1}{f_{\text{System}}} = \frac{1}{f_1} + \frac{1}{f_2} + \ldots$$

kann man die gesamte Brechkraft des Linsensystems durch Addition berechnen:

$$D_{\text{System}} = D_1 + D_2 + \ldots \qquad \text{Formel 5.10}$$

Linsensysteme werden in der Praxis eingesetzt, um die zahlreichen **Linsenfehler** (eigentlich *Abbildungsfehler*) zu korrigieren. Einer der wichtigsten ist der *Öffnungsfehler* bzw. die **sphärische Aberration**: Tatsächlich erfolgt die Lichtbrechung ja an Kugelflächen, deren Neigung – und damit Strahlablenkung – mit wachsendem Abstand von der optischen Achse zunimmt; die Brennweite wird also für die äußeren Strahlen kleiner **(Bild 5.21)**.

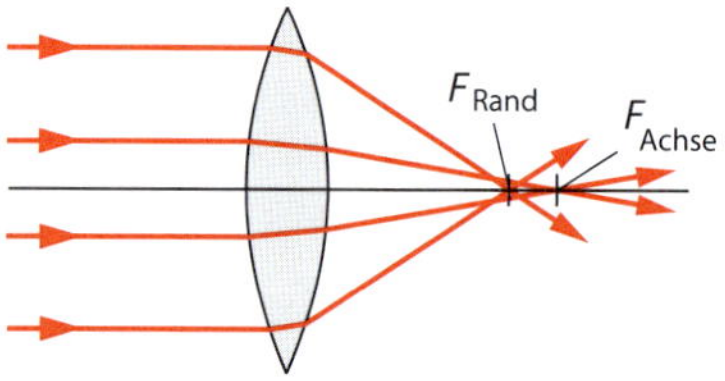

Bild 5.21 Durch den größeren Einfallswinkel auf die Linsenfläche fern der optischen Achse werden die Strahlen dort stärker gebrochen; diesen Abbildungsfehler nennt man sphärische Aberration.

Den *Farbfehler* bzw. die **chromatische Aberration** für polychromatisches (meistens weißes) Licht versteht man aus der Funktion des Prismas (**Bild 5.8** und **Bild 5.14**): Da die Brechzahl $n(\lambda)$ eine Funktion der Wellenlänge ist, wird natürlich auch an Linsen kurzwelliges Licht stärker gebrochen als das mit größeren Wellenlängen, sodass der „violette Brennpunkt" näher an der Linse liegt als der „rote" (**Bild 5.22**).

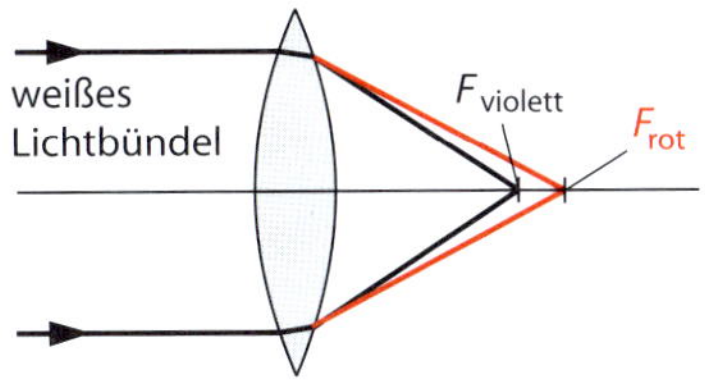

Bild 5.22 Die chromatische Aberration entsteht durch die Wellenlängen-Abhängigkeit der Brechzahl.

Info 5.2: Technische Linsensysteme

Bei technischen Anwendungen der Strahlenoptik gelten die Gleichungen für dünne Linsen und achsennahe sowie achsenparallele Strahlen nur näherungsweise. Für *dicke Linsen* – so lautet der Fachausdruck wirklich – werden jeweils zwei Hauptebenen definiert, von denen aus f, g und b gemessen werden.
Schräge Strahlenbündel verursachen weitere Abbildungsfehler wie *Koma* und *Astigmatismus*, sodass statt der Bildpunkte *Bildlinien* entstehen (Koma heißt im Griechischen neben „tiefer Schlaf" auch „Haar"). Außerdem entsteht das Bild nicht in einer Ebene, sondern durch die *Bildfeldwölbung* auf einer gekrümmten Fläche. Die *Verzeichnung* bewirkt eine zusätzliche tonnenförmige oder kissenförmige Verzerrung des Bildes.
Moderne *Objektive* – also Linsensysteme für Kameras und andere optische Instrumente – bestehen oft aus 12, 15 oder noch mehr Linsen, die eventuell für eine variable Brennweite („Zoom") auch noch gegeneinander verschoben werden können. Sie werden zum Teil *asphärisch* geschliffen und aus Gläsern mit spezieller Dispersion gefertigt. Um bei solch komplizierten Linsensystemen die Abbildungsfehler zu minimieren, müssen numerische Verfahren (auf Basis der Strahlverfolgung) mithilfe von Hochleistungsrechnern angewendet werden.

Zusammenfassung: Strahlenoptische Abbildungen

- *Sammellinsen* sind in der Mitte dicker als am Rand und fokussieren parallele Lichtstrahlen in den Brennpunkt. Bei *Zerstreuungslinsen* scheint ein divergentes Bündel aus einem virtuellen Brennpunkt zu kommen.
- Mit Sammellinsen lassen sich reelle Bilder erzeugen, die mit drei *ausgezeichneten Strahlen* zeichnerisch konstruiert werden können. Rechnerisch sind Brennweite, Gegenstandsweite und Bildweite über die *Abbildungsgleichung* und den Abbildungsmaßstab verknüpft.
- Die *Brechkraft* als Kehrwert der Brennweite dient vor allem zur Berechnung einfacher Linsensysteme.
- Bei sphärischen Linsen treten *Abbildungsfehler* auf, deren wichtigste die sphärische und chromatische Aberration sind (Öffnungs- und Farbfehler). Sie können durch die Kombination von Linsen minimiert werden.

5.3 Strahlenoptische Instrumente

Mit Linsen oder Linsensystemen werden klassische optische Instrumente wie das Fernrohr und das Mikroskop aufgebaut. Ihre Funktion kann man (fast) vollständig mithilfe der Strahlenoptik beschreiben.

5.3.1 Kamera und Auge

Der Strahlengang in einem einstufigen optischen Instrument wie der **Kamera** ist prinzipiell bereits in **Bild 5.18** dargestellt worden. Statt der einfachen Sammellinse wird allerdings meistens ein Linsensystem („Objektiv") eingebaut. Da üblicherweise die abgebildeten Gegenstände mehr als die doppelte Brennweite von der Kamera entfernt sind ($g > 2f$), werden sie in der Bildweite $b \geq f$ *verkleinert* auf den elektronischen Sensorchips der Digitalkameras oder Smartphones – vereinzelt noch auf einem Film bei „analogen" Kameras – abgebildet. Die korrekte Bildweite für ein „scharfes" Bild wird durch Verschieben des Objektivs eingestellt (häufig durch automatische Fokussierung).

Die erforderliche Lichtmenge kann einerseits mittels der Belichtungszeit, andererseits über den Durchmesser des Strahlenbündels dosiert werden. Letzterer wird mit einer kreisförmigen Blende („Irisblende") variiert; dabei ist die **Blendenzahl** k durch den Lochdurchmesser d und die Objektivbrennweite f gegeben:

Blendenzahl

$$k = \frac{f}{d}$$ Formel 5.11

Beispiel 5.5: Fotografie

Aufgaben: Mit einer traditionellen Kleinbildkamera (Objektivbrennweite 50 mm) wird eine 1,80 m große Person in 3 m Entfernung fotografiert. a) Kann sie vollständig auf dem 24 × 36 mm² großen Filmstück abgebildet werden? b) Wie groß ist der Durchmesser des Strahlenbündels im Objektiv bei der Blendenzahl 5,6?

Lösungen: a) Gefragt ist die *Bildgröße*. Zur Berechnung nach Formel 5.7 benötigt man die Bildweite, die Formel 5.8 liefert:

$$b = \frac{fg}{g-f} = \frac{0{,}05\,\text{m} \cdot 3\,\text{m}}{3\,\text{m} - 0{,}05\,\text{m}} = 50{,}8\,\text{mm}$$

Damit ergibt sich die Bildgröße:

$$B = \frac{Gb}{g} = \frac{1{,}80\,\text{m} \cdot 0{,}0508\,\text{m}}{3\,\text{m}} = 30{,}5\,\text{mm}$$

Die Person wird vollständig abgebildet – aber nur im Hochformat!

b) Das Strahlenbündel wird vom Lochdurchmesser begrenzt, für den nach Formel 5.1 gilt:

$$d = \frac{f}{k} = \frac{50\,\text{mm}}{5{,}6} = 8{,}9\,\text{mm}$$

Betrachtet man das **Auge** als optisches Instrument, so zeigen sich Parallelen zur Kamera: Die Lichtmenge wird mittels der Pupillenöffnung gesteuert. Das Scharfstellen des Bildes auf der Netzhaut heißt hier *Akkommodation* und erfolgt – da die Bildweite festliegt – durch Veränderung der Brennweite der flexiblen Augenlinse. Dazu wird ihre Dicke und Krümmung muskulär verändert. Die kürzeste Gegenstandsweite, die so erreicht werden kann, hängt unter anderem vom Lebensalter ab. Als genormten Mittelwert gibt man die **deutliche Sehweite** oder *Bezugssehweite* an mit:

$$g_B = 25\text{cm}$$

Physikalisch interessant ist die Korrektur von **Fehlsichtigkeiten** mit einer weiteren Linse als „Sehhilfe". **Bild 5.23** zeigt als Beispiel, wie die *Kurzsichtigkeit* – bei der ein Bild *vor* der Netzhaut entsteht – durch die Kombination der zu stark sammelnden Augenlinse mit einer Zerstreuungslinse behoben werden kann.

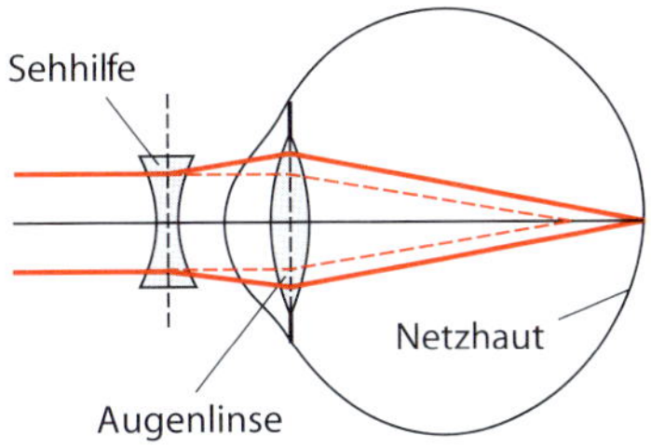

Bild 5.23 Ein kurzsichtiges Auge kann durch eine Zerstreuungslinse korrigiert werden.

Für die *Größe* des Bildes auf der Netzhaut ist der **Sehwinkel** σ relevant **(Bild 5.24)**:

$$\tan\sigma = \frac{G}{g}$$ Formel 5.12 Sehwinkel

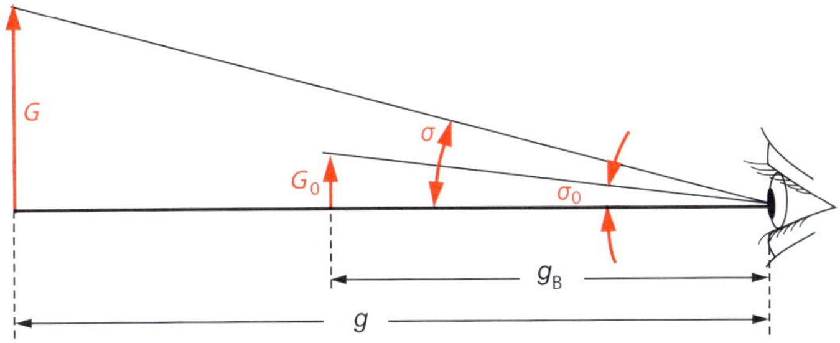

Bild 5.24 Der Sehwinkel ist durch die Größe und die Entfernung des Gegenstandes bestimmt.

Auch bei angestrengtem Sehen ist eine Winkelminute nicht zu unterschreiten. Einerseits haben die Sensorelemente der Netzhaut (Stäbchen und Zapfen) einen entsprechenden Abstand voneinander, andererseits lässt die Wellennatur des Lichtes durch Beugung an der Pupille keine bessere Auflösung zu (Abschnitt 5.5.1). In der deutlichen Sehweite erkennt man also noch Objekte der Größe

$$G_0 = g_B \cdot \tan 1' = 0{,}07\text{mm}$$

Bei kleineren Gegenständen, aber auch bei sehr großen Gegenstandsweiten g ist der Sehwinkel deutlich geringer als eine Winkelminute, sodass die Sehschärfe des Auges nicht ausreicht. Dann werden *optische Instrumente* wie die Lupe oder das Mikroskop beziehungsweise ein Fernrohr benötigt. Ihr Zweck ist es, den Sehwinkel zu vergrößern. Entsprechend wird die **Vergrößerung** Γ eines optischen Instrumentes definiert als:

$$\Gamma = \frac{\tan\sigma_{\text{mit}}}{\tan\sigma_{\text{ohne}}} \approx \frac{\sigma}{\sigma_0}$$ Formel 5.13 Vergrößerung eines optischen Instruments

Optische Vergrößerungen

Die Vergrößerung Γ wird auch *Angular*-Vergrößerung genannt, um auf das Verhältnis der Seh-*Winkel* hinzuweisen. Damit vermeidet man die Verwechslung mit der *Lateral*-Vergrößerung bzw. dem Abbildungsmaßstab β (Formel 5.7). Bei letzterer Größe werden zwei *Strecken* senkrecht zur optischen Achse (nämlich G und B) ins Verhältnis gesetzt.

Γ bezieht sich auf den Sehwinkel σ_0, der *ohne Instrument* in der genormten deutlichen Sehweite g_B entsteht.

Beispiel 5.6: Normal-Vergrößerung einer Lupe

Für eine möglichst ermüdungsfreie Beobachtung sollte das virtuelle Bild der Lupe in $b = \infty$ entstehen; dafür muss $g = f$ gewählt werden. Aus **Bild 5.19** sieht man, dass dann für die Vergrößerung der Lupe gemäß der Definition in Formel 5.13 gilt:

$$\Gamma_L = \frac{\tan\sigma}{\tan\sigma_0} = \frac{\frac{G}{g}}{\frac{G}{g_B}} = \frac{\frac{G}{f}}{\frac{G}{g_B}} = \frac{g_B}{f}$$

Bei einer typischen Lupe mit $f = 5$ cm erhält man also eine Normal-Vergrößerung um den Faktor 5. Natürlich lässt sich Γ in der Praxis durch kleine Änderungen der Gegenstandsweite etwas variieren, wie man in klassischen Detektivfilmen vorgeführt bekommt.

5.3.2 Fernrohre

Aus den Bezeichnungen *Fernrohr* bzw. *Teleskop* geht schon hervor, dass diese optischen Instrumente den Sehwinkel bei *weit entfernten* Gegenständen vergrößern. Der Grundtyp stammt von KEPLER und wird auch **astronomisches Fernrohr** genannt.

Die Vergrößerung entsteht in zwei Stufen: Zunächst wird mit einer Sammellinse als *Objektiv* ein reelles Zwischenbild erzeugt, das nach den Überlegungen in Abschnitt 5.2.2 verkleinert ist, aber nun aus der Nähe, d. h. der deutlichen Sehweite betrachtet werden kann. Nach **Bild 5.25** vergrößert sich dabei der Sehwinkel um:

$$\Gamma_{Ob} = \frac{\tan\sigma_{mit}}{\tan\sigma_0} = \frac{B_{Ob} / g_B}{B_{Ob} / f_{Ob}} = \frac{f_{Ob}}{g_B} \qquad \text{Formel 5.14}$$

Offenbar ist die Vergrößerung des Objektivs direkt seiner Brennweite proportional.

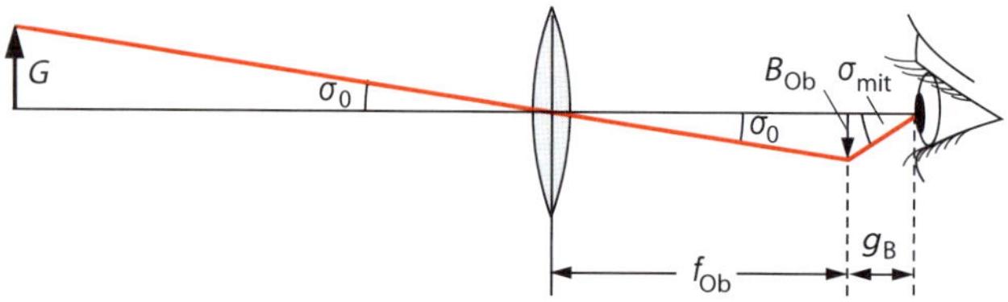

Bild 5.25 Wegen der großen Gegenstandsweite entwirft das Objektiv ein reelles Bild praktisch in seiner Brennweite.

In der zweiten Stufe wird das Zwischenbild mit einer Lupe als *Okular* betrachtet und dabei nochmals vergrößert. Aus **Bild 5.26** entnimmt man für die Gesamtvergrößerung Γ_F des KEPLERschen Fernrohrs:

Vergrößerung des KEPLERschen Fernrohrs

$$\Gamma_F = \frac{\tan\sigma_{mit}}{\tan\sigma_0} = \frac{B_{Ob} / f_{Ok}}{B_{Ob} / f_{Ob}} = \frac{f_{Ob}}{f_{Ok}} \qquad \text{Formel 5.15}$$

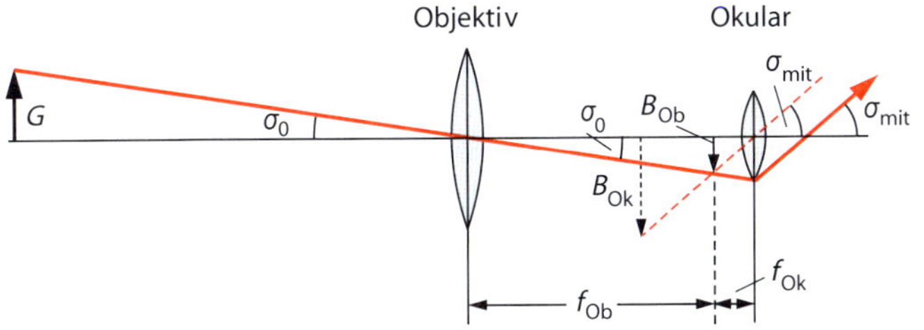

Bild 5.26 Mit dem Okular als Lupe wird das reelle Zwischenbild des Objektivs betrachtet.

Bei *terrestrischen Fernrohren* muss das Bild aufrecht und seitenrichtig zu betrachten sein – das ist beim astronomischen Urtyp ja nicht der Fall (und störte KEPLER auch nicht bei der Sternbeobachtung). Üblicherweise verwendet man für solche „Feldstecher“ zwei Umkehrprismen, wie sie in **Bild 5.12** dargestellt sind; eine Alternative ist die 1 : 1-Abbildung (Beispiel 5.4).

Beispiel 5.7: Vergrößerung eines KEPLERschen Fernrohrs

Um die Gesamtvergrößerung eines Fernrohrs zu optimieren, sollte zunächst die der ersten Stufe so groß wie möglich gewählt werden. Nach Formel 5.14 kann das nur über die Objektivbrennweite erfolgen. Mit einem typischen Zahlenwert von $f_{Ob} = 2$ m erhält man zum Beispiel:

$$\Gamma_{Ob} = \frac{2\,\text{m}}{0{,}25\,\text{m}} = 8$$

Umgekehrt sollte die Okularbrennweite gemäß Formel 5.15 möglichst klein sein. Benutzt man die Lupe aus dem Beispiel 5.6 als Okular, wird die Gesamtvergrößerung:

$$\Gamma_F = \frac{2\,\text{m}}{0{,}05\,\text{m}} = 40$$

Im zitierten Beispiel ist die Lupenvergrößerung mit 5 berechnet worden, sodass ein multiplikativer Zusammenhang naheliegt. Tatsächlich gilt allgemein:

$$\Gamma = \Gamma_{Ob} \cdot \Gamma_{Ok} = \frac{f_{Ob}}{g_B} \cdot \frac{g_B}{f_{Ok}} = \frac{f_{Ob}}{f_{Ok}}$$

Bei kommerziellen Fernrohren wird übrigens die Vergrößerung häufig zusammen mit dem *Durchmesser des Objektivs* (in Millimetern) angegeben:

$$\Gamma_F \times d_{Ob}$$

Handelsübliche Fernrohre zeigen zum Beispiel die Angaben 8 × 30 oder 10 × 50. Die zweite Größe beinhaltet eine Aussage über die *Lichtstärke* des Instruments, also die Helligkeit des Bildes vor allem in der Dämmerung (implizit allerdings auch über den Kaufpreis).

Das von GALILEI konstruierte **holländische Fernrohr** kann darauf verzichten, da es ähnlich wie die Lupe ein virtuelles, aufrechtes Bild mit allerdings geringer Vergrößerung entstehen lässt. Der Mittelpunktstrahl in **Bild 5.27** zeigt, wie eine Zerstreuungslinse das nach der Sammellinse konvergente Lichtbündel divergent macht und so den Sehwinkel vergrößert. Da der Verzicht auf ein Zwischenbild auch eine kurze Bauform zulässt, ist der GALILEIsche Fernrohrtyp verbreitet als *Opernglas*.

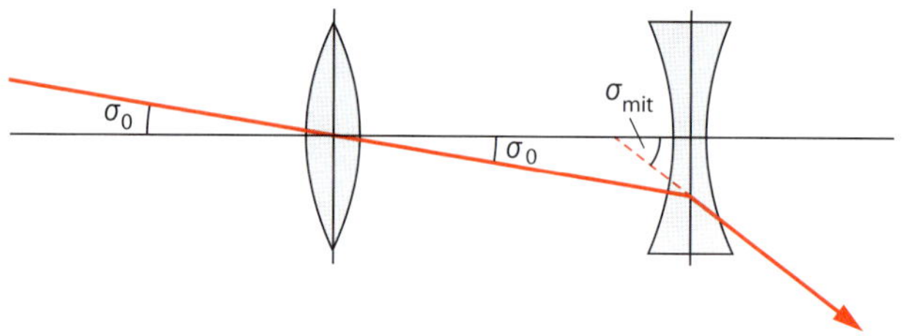

Bild 5.27 Das GALILEIsche Fernrohr kombiniert eine Sammel- mit einer Zerstreuungslinse.

5.3.3 Mikroskop

Auch das Mikroskop hat die Aufgabe, den Sehwinkel zu vergrößern, und zwar für sehr kleine Gegenstände. Ein Objektiv mit kleiner Brennweite (einige Millimeter) erzeugt in der ersten Stufe ein reelles Zwischenbild. Das ist stark vergrößert, weil die Gegenstandsweite g nur wenig größer ist als die Objektivbrennweite f_{Ob} **(Bild 5.28)**. Für eine weitere Vergrößerung in der zweiten Stufe sorgt eine Lupe als Okular.

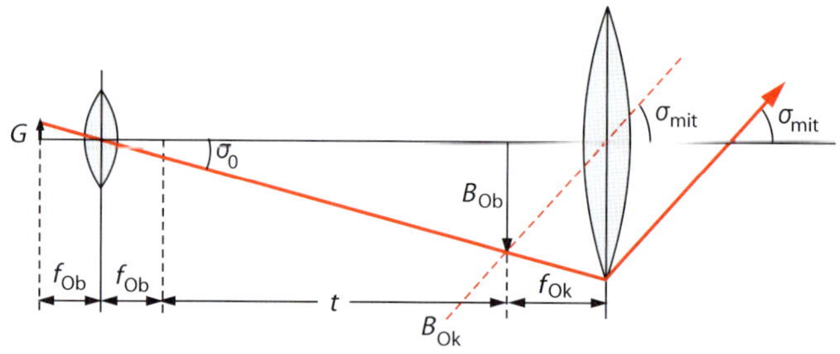

Bild 5.28 Beim Mikroskop wird ein stark vergrößertes reelles Zwischenbild mit dem Okular als Lupe betrachtet. (Das noch stärker vergrößerte virtuelle Okularbild liegt auf der gestrichelten Linie und ist hier nicht eingezeichnet.)

Um sowohl das Objektiv als auch das Okular leicht wechseln zu können und so unterschiedliche Vergrößerungen einzustellen, werden beide mit einem *Tubusrohr* verbunden. Dessen *Tubuslänge* t entspricht dem Abstand der beiden Brennpunkte und beträgt bei üblichen Instrumenten **(Bild 5.29)**:

$$t = 160\,\text{mm}$$

Damit lässt sich die Gesamtvergrößerung des Mikroskops angeben:

Vergrößerung des Mikroskops

$$\Gamma_M = \frac{t g_B}{f_{Ob} f_{Ok}} \qquad \text{Formel 5.16}$$

Rein strahlenoptisch und linsentechnisch ließen sich gemäß Formel 5.16 extreme Vergrößerungen erzielen. Es zeigt sich jedoch, dass die *nutzbare Vergrößerung* des Lichtmikroskops auf ca. 1000 begrenzt ist und keine Strukturen unterhalb etwa der halben Lichtwellenlänge aufgelöst werden können. Der Grund ist die Beugung (Abschnitt 5.4.3), und die hat ihre tiefere Ursache in der *Wellennatur* des Lichtes.

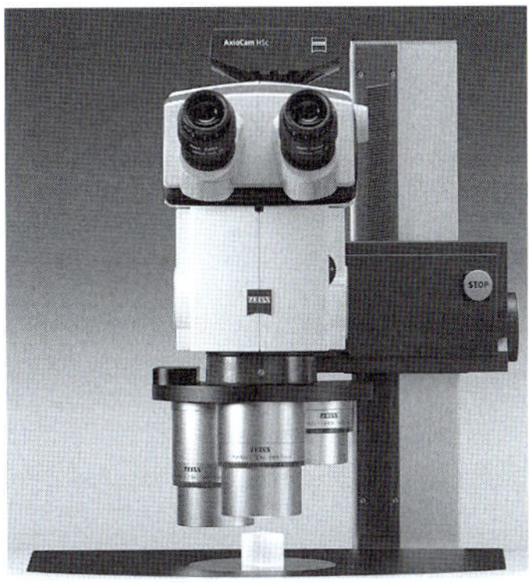

Bild 5.29 Typische Lichtmikroskope besitzen mehrere Objektive, die mittels eines Revolvers wechselbar sind.

Beispiel 5.8: Vergrößerung und numerische Apertur eines Mikroskops

Als Zahlenbeispiel wird die Lupe bzw. das Okular aus den Beispielen 5.6 und 5.7 mit einem Objektiv der Brennweite 4 mm kombiniert. Die Vergrößerung dieses Mikroskops beträgt nach Formel 5.16 mit der genormten Tubuslänge:

$$\Gamma_{\mathrm{M}} = \frac{160\,\mathrm{mm} \cdot 250\ \mathrm{mm}}{4\,\mathrm{mm} \cdot 50\,\mathrm{mm}} = 200$$

Auf Mikroskop-Objektiven ist in der Regel ihre *numerische Apertur A* als Maß für die Lichtsammlung angegeben. Für diese wichtige Größe gilt:

$$A = n \cdot \sin \alpha$$

Der maximale Öffnungswinkel in Luft (mit $n \approx 1$), unter dem noch Lichtstrahlen vom Objekt ins Objektiv gelangen können, beträgt in der Praxis 72° **(Bild 5.30)**. Die entsprechende numerische Apertur hat den Zahlenwert:

$$A_{\mathrm{Luft}} = 1 \cdot \sin 72° = 0{,}95$$

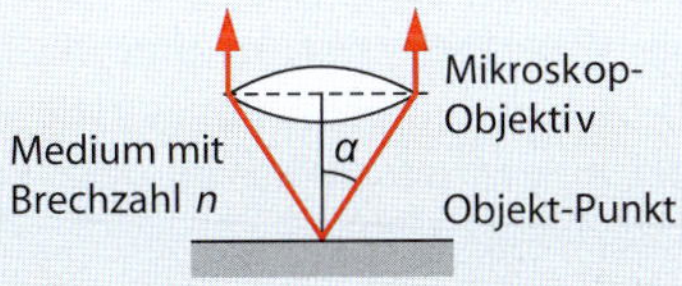

Bild 5.30 Die numerische Apertur eines Mikroskopobjektivs hängt vom (halben) Öffnungswinkel α und der Brechzahl des Mediums zwischen Objekt und Objektiv ab.

A kann offenbar durch ein stärker brechendes Medium zwischen Objektiv und Objekt vergrößert werden *(Immersionsflüssigkeit)*. Mit Zedernöl (n = 1,52) erreicht man z. B. für das gleiche Objekt:

$$A_{\mathrm{Immersion}} = 1{,}52 \cdot \sin 72° = 1{,}45$$

Nur wellenoptisch lässt sich begründen, dass auf diese Weise außer der *Lichtstärke* auch die *Auflösung* steigt (Abschnitt 5.5.1).

Zusammenfassung: Strahlenoptische Instrumente

- Im *Auge* entsteht ähnlich wie in der *Kamera* ein verkleinertes Objektbild auf der Netzhaut. Zur Akkommodation wird durch die variable Dicke und Krümmung der Augenlinse ihre Brennweite verändert.
- Kurz- und Weitsichtigkeit können durch eine zusätzliche Zerstreuungs- bzw. Sammellinse als *Sehhilfe* vor dem Auge korrigiert werden.
- Der Sehwinkel – definiert durch das Verhältnis von Gegenstandsgröße und -weite – kann durch *optische* Instrumente vergrößert werden. Deren Angularvergrößerung ist durch das Verhältnis von vergrößertem zu ursprünglichem Sehwinkel gegeben.
- Klassische *Fernrohre* vergrößern den Sehwinkel für weit entfernte Gegenstände, indem ein Objektiv ein reelles Zwischenbild erzeugt, das mit einer Lupe als Okular betrachtet wird.
- Beim *Mikroskop* wird das stark vergrößerte Zwischenbild sehr kleiner Objekte mit einem Okular nochmals vergrößert. Die Gesamtvergrößerung ist wellenoptisch auf ca. 1000 begrenzt.

5.4 Grundlagen der Wellenoptik

Seit der Entdeckung von MAXWELL, dass Licht als elektromagnetische Welle beschrieben werden kann (Abschnitt 4.6.3), ist seine Theorie in zahllosen Experimenten bestätigt worden. Die meisten beruhen auf der *Interferenz* von Wellen. Allerdings ist das Ergebnis dieser Überlagerung bei Licht nicht leicht zu beobachten, da für beobachtbare Effekte die Wellen *kohärent* sein müssen. Auch die *Beugung* ist charakteristisch für die Wellennatur des Lichtes.

5.4.1 Interferenz und Kohärenz

Zwei elektromagnetische Wellen interferieren miteinander, indem sich die elektrischen und magnetischen Felder nach dem *Superpositionsprinzip* lokal überlagern und als Ergebnis – abhängig von ihrer Orientierung und ihrer zeitlichen Entwicklung – sämtliche Vektorsummen zwischen Kompensation und Verdoppelung der Feldstärken auftreten können. Man spricht von **destruktiver** bzw. **konstruktiver** Interferenz, also von Löschung und Verstärkung der Wellen.

Bild 5.31 zeigt schematisch die Überlagerung zweier ebener Wellen für unterschiedliche Phasenunterschiede. Im Fall **a** sind die *Wellenfronten* – für die hier willkürlich, aber sinnvoll die positiven Amplituden markiert wurden – genau „in Phase", und es kommt bei der Interferenz zur Verstärkung. Im Fall **b** ist das andere Extrem dargestellt: Wegen der Phasenverschiebung um $\lambda/2$ – erkennbar an den Wellenfronten – löschen sich beide Wellen. Fall **c** steht für beliebige Phasenverschiebungen zwischen beiden Grenzfällen.

In der y-Achse könnte grundsätzlich die elektrische oder die magnetische Feldstärke gemäß Bild 4.56 dargestellt werden. Da beide synchron oszillieren und das elektrische Feld mehr Wechselwirkungen mit Materie zeigt, wird die Welle meistens durch den

Wellenenergie

Der POYNTING-Vektor (Formel 4.67) beschreibt für jede elektromagnetische Welle den Transport von Energie pro Zeit (also *Leistung*) pro Fläche (also insgesamt *Intensität*). Wird die Energie bei der destruktiven Interferenz auch gelöscht? Der Energiesatz verlangt, dass in realen Interferenzfeldern immer Verstärkung und Löschung *gleichzeitig* auftreten – wenn auch räumlich getrennt.

$\vec{E}$-Vektor repräsentiert. In der Realität sind die Wellen natürlich räumlich ausgedehnt, sodass man statt Wellenfronten *Wellenflächen* betrachten muss (Abschnitt 2.6.4).

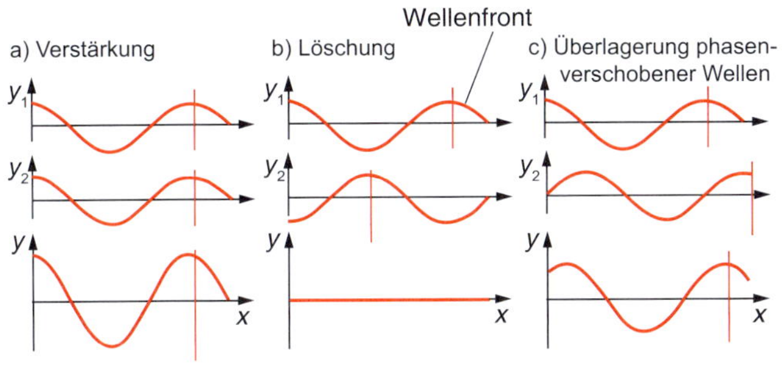

Bild 5.31 Die schematische Darstellung der Interferenz zweier ebener Wellen zeigt ihre phasenabhängige Verstärkung oder Löschung.

Das Problem bei typischen Lichtquellen ist nun, dass die Wellenzüge von vielen einzelnen Atomen völlig unkoordiniert und nur während ca. 10^{-8} s ausgesandt werden (Abschnitt 6.3.1). Solches Licht nennt man **inkohärent**, und *stationäre* Interferenzerscheinungen wie Dunkelheit an einem bestimmten Ort durch gegenseitige Auslöschung der Wellen sind nicht beobachtbar.

Die Voraussetzung dafür ist offenbar, dass die Wellen gleiche Frequenz bzw. Wellenlänge (und gleiche Polarisation, Abschnitt 5.6.1) besitzen, und dass die Phasenbeziehung konstant ist. Außerdem kann man aus der Emissionszeit von maximal 10^{-8} s und der Ausbreitungsgeschwindigkeit $c_0 = 3 \cdot 10^8$ m/s sofort abschätzen, dass ein einzelner Wellenzug höchstens 3 m lang ist: dies ist gleichzeitig die maximale *Kohärenzlänge* für die Überlagerung mit anderen Wellenzügen.

In der Praxis wird diese Kohärenzlänge bzw. die entsprechende *Kohärenzzeit* bei Weitem nicht erreicht. Eine zusätzliche Bedingung ist außerdem die *räumliche Kohärenz* bei realen, ausgedehnten Lichtquellen: ideal wäre ein einziger Punkt als gemeinsame Quelle der interferierenden Wellenzüge.

Die moderne Lösung des Kohärenzproblems stellt der Laser als Lichtquelle dar, denn mit besonderen Bauformen werden sogar Kohärenzlängen im km-Bereich erzielt (Abschnitt 6.3.2). Eine *klassische* Lösung besteht jedoch darin, nach dem Vorschlag von Fresnel bei jeweils derselben Lichtwelle die *Wellenfront* zu teilen – z. B. mit dem „geknickten" Doppelspiegel in **Bild 5.32** – und anschließend die Teilwellen wieder zu überlagern.

Bei Wegunterschieden der jeweiligen Teilwellen, die kleiner als die Kohärenzlänge bleiben (einige µm), beobachtet man beim **Fresnelschen Spiegelversuch** im gesamten Überlagerungsbereich die phasenabhängigen Interferenzeffekte. Im Schnittbild von **Bild 5.32** zeigen rote Punkte, wo jeweils „Wellenberge" oder „Wellentäler" aufeinandertreffen und sich verstärken, und schwarze Punkte, wo beide Wellenphasen sich gerade löschen. Auf einem transparenten Schirm (in der Zeichnung unten) kann auf diese Weise ein System abwechselnd heller und dunkler Streifen beobachtet werden.

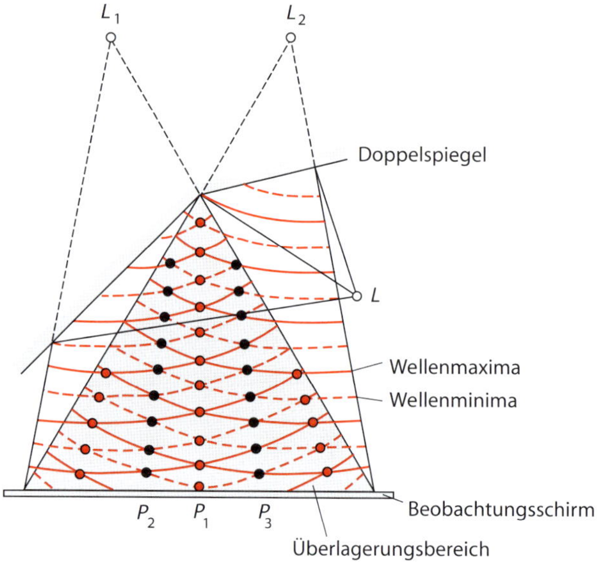

Bild 5.32 Beim FRESNELschen Spiegelversuch entstehen durch Teilung und Neigung der Wellenfronten zwei virtuelle Lichtquellen L_1 und L_2, die kohärente Kugelwellen aussenden. Im Überlagerungsbereich (hellgrau) beobachtet man ein System abwechselnd heller Interferenzstreifen (z. B. auf dem Schirm an P_1) und dunkler Streifen (z. B. an P_2, P_3).

Eine andere Möglichkeit, bei natürlichem Licht Interferenzen zu erzeugen, ist die *Teilung der Amplitude*, etwa mit einem halbdurchlässigen Spiegel, oder mithilfe des FRESNEL-Reflexes (Abschnitt 5.1.2) wie in **Bild 5.33**. An der planparallelen Schicht tritt einerseits Brechung, andererseits aber Reflexion sowohl oben als auch unten auf. Die Phasenverzögerungen zwischen den geteilten Wellen – sowohl in Reflexion als auch in Transmission – hängen im Wesentlichen von der Schichtdicke D und vom Einfallswinkel α ab. Je nach Reflexionsgrad an den Medienübergängen kommt es zur Überlagerung zahlreicher Teilwellen. Diese *Vielstrahlinterferenz* bewirkt dann eine besonders ausgeprägte und Wellenlängen-abhängige Verstärkung und Löschung.

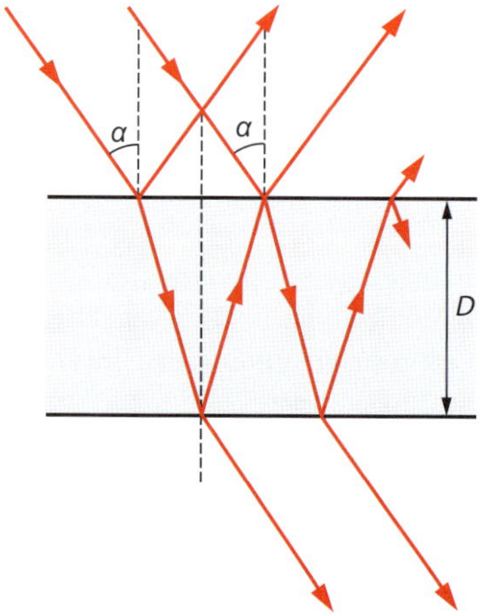

Bild 5.33 Bei kleinen Wegunterschieden bzw. Phasendifferenzen zwischen den oben und unten reflektierten Lichtwellen treten deutliche Interferenzen auf.

Bei Schichtdicken von wenigen Mikrometern können sogar aus weißem Licht bestimmte Wellenlängen gelöscht werden, sodass nur die Komplementärfarbe übrig bleibt. Diese oft kräftigen *Interferenzfarben* beobachtet man z. B. an Seifenblasen oder an Ölfilmen auf Wasser. Nach einem vergleichbaren Prinzip können Oberflächen *entspiegelt* (Beispiel 5.9) oder hochwirksame *Interferenzfilter* (optische Bandfilter) hergestellt werden.

Info 5.3: Phasensprung bei optischer Reflexion

Die *vollständigen* FRESNELschen Formeln (Abschnitt 5.1.2) zeigen, dass bei der Reflexion elektromagnetischer Wellen an einem optisch *dichteren* Medium ein Phasensprung um 180° bzw. $\lambda/2$ auftritt [Paus]. Den entsprechenden Amplitudenverlauf versteht man anschaulich durch die Analogie mit der Seilwelle in Bild 2.44, die durch die Reflexion am *„festen Ende"* von einem „Wellenberg" in ein „Wellental" umspringt.
Bei einer planparallelen Glasplatte ($n_G \approx 1{,}5$) in Luft ($n_L \approx 1{,}0$) wie in **Bild 5.33** tritt also der Phasensprung nur oben auf; das ist bei der quantitativen Analyse zu berücksichtigen. Wenn jedoch das Glas an ein höher brechendes Material wie Silizium grenzt ($n_{Si} \approx 3{,}5$, darum noch kleinere Ausbreitungsgeschwindigkeit), tritt der Phasensprung ebenso unten auf.

Beispiel 5.9: Entspiegelung optischer Bauteile

Häufig werden Linsen (z. B. Brillengläser) und andere optische Oberflächen *vergütet* – um Streulicht zu beseitigen, oder um die Transmission bei vielen Glas-Luft-Übergängen (z. B. in Objektiven) zu erhöhen. Auch Solarzellen, die wegen $n_{Si} \approx 3{,}5$ gemäß Formel 5.3 einen sehr starken FRESNEL-Reflex aufweisen, müssen entspiegelt werden.
Aufgabe: Wie dick muss die Antireflexschicht aus Kryolith ($n_K = 1{,}33$) auf einer Linse sein, um bei senkrechtem Lichteinfall die Wellenlänge 550 nm (im Zentrum des sichtbaren Spektralbereiches bzw. des Sonnenspektrums) zu löschen?
Lösung: Destruktive Interferenz tritt bei einer Phasendifferenz von $\lambda/2$ auf. Da die Welle ähnlich wie in **Bild 5.33** die Schicht zweimal durchquert, ist für D ein *Viertel* der Wellenlänge λ erforderlich. (Der Phasensprung entsteht hier bei *beiden* Reflexionen, weil die Kryolith-Schicht auf Glas mit $n_G \approx 1{,}5 > n_K$ aufgebracht wird.)
Aufgrund der optischen Dichte des Schichtmaterials ist λ allerdings gegenüber der Vakuum-Wellenlänge verkleinert. Insgesamt erhält man für die erforderliche Schichtdicke:

$$D = \frac{\lambda}{4} \cdot \frac{1}{n_K} = \frac{550\ \text{nm}}{4 \cdot 1{,}33} = 103\,\text{nm}$$

Soll diese Entspiegelung im *gesamten* optischen Spektralbereich funktionieren, so sind zahlreiche unterschiedliche Beschichtungen erforderlich („Multi-Coating"). Dennoch ist auf solchen Oberflächen meistens ein farbiger Schimmer von der restlichen Reflexion an den roten und violetten Rändern des Spektrums zu sehen.

5.4.2 Wellenausbreitung

Die Ausbreitung aller Typen von Wellen beschreibt das **Prinzip von HUYGENS** (und FRESNEL, der es später quantitativ formuliert hat):

Von jedem Punkt einer Wellenfront bzw. Wellenfläche gehen *Elementarwellen* aus (meistens Kugelwellen). Durch deren Interferenz entsteht die nächste Wellenfront.

HUYGENSsches Prinzip

In **Bild 5.34** ist die Grundidee schematisch dargestellt, und zwar für eine Kreiswelle (die auch als Schnittbild einer Kugelwelle interpretiert werden kann). Wenn man die

Ausgangspunkte der Elementarwellen beliebig dicht wählt, überlagern sie sich wieder zu einem perfekten Kreis.

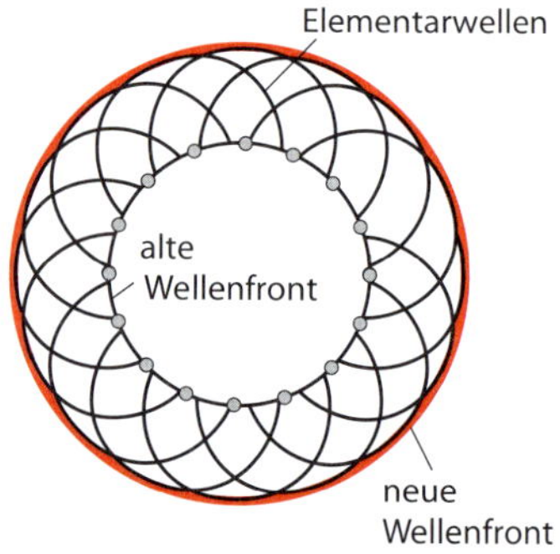

Bild 5.34 Nach dem Prinzip von HUYGENS gehen „Elementarwellen" von allen Punkten einer Wellenfront aus und überlagern sich anschließend zu einer neuen Wellenfront.

HUYGENS hat dieses Modell über 200 Jahre vor MAXWELLS elektromagnetischer Theorie formuliert und ein Ausbreitungsmedium vorausgesetzt, das von der Welle punktuell zu Schwingungen angeregt wird und dadurch seinerseits wieder Wellen aussendet. Für mechanische Wellen, etwa auf Wasseroberflächen oder bei der Schallausbreitung, ist sein Prinzip sehr anschaulich. Es hat sich aber ebenso bei Lichtwellen bewährt und ist für das Verständnis vieler Effekte nützlich.

Als Beispiel soll die Brechung an Mediengrenzen gemäß dem empirischen Gesetz von SNELLIUS (Formel 5.4) wellenoptisch betrachtet werden. In **Bild 5.35** sind zusätzlich zum Lichtstrahl – der hier als *Wellenstrahl* verstanden werden muss und die Richtung des POYNTING-Vektors (Formel 4.67) hat – die Wellenfronten im Abstand der Wellenlänge senkrecht dazu eingezeichnet. Da die Wellenlänge sich im optisch dichteren Medium aufgrund der geringeren Ausbreitungsgeschwindigkeit verkleinert, knickt die Wellenfront an der Mediengrenze ab. Damit wird auch das Abknicken des Wellenstrahls zum Lot hin plausibel.

5.4.3 Beugung

Besonders nützlich ist das HUYGENSsche Prinzip bei der Erklärung der **Beugung**. Diese bewirkt, dass Lichtwellen auch in den Schattenraum hinter einem Hindernis gelangen. In **Bild 5.36** bildet ein **Spalt** mit der Öffnungsbreite b ein solches Hindernis. Generell müssen beugende Strukturen in der Größenordnung der Wellenlänge λ liegen, damit deutliche Effekte auftreten. (Für Scheunentore ist die Lichtbeugung am Rand wie an allen *Kanten* zwar vorhanden, aber insgesamt nicht relevant.)

Die Wellenfront im Spalt kann durch Punkte symbolisiert werden, die nach HUYGENS nun zu Quellen von Elementarwellen werden. Gleichzeitig tritt aber auch *Interferenz* auf: Unter dem eingezeichneten Winkel α sind äquidistante Paare von Elementarwellen in der oberen und unteren Spalthälfte jeweils um $\lambda/2$ in der Phase verschoben und löschen sich demnach aus. Unter diesem Winkel wird also kein Licht beobachtet: dort ist ein **Minimum der Intensität** (ähnlich einem dunklen Interferenzstreifen in **Bild 5.32**).

Weitere Minima entstehen analog für *Vielfache* der Phasenverschiebung $\lambda/2$, und ebenso für den unteren Halbraum (α negativ). Als **Minimumsbedingung** ergibt sich demnach:

$$\sin\alpha_{\min} = k\frac{\lambda}{b} \quad \text{mit} \quad k = \pm 1, \pm 2, \cdots \qquad \text{Formel 5.17}$$

Beugungsminima für einen Spalt

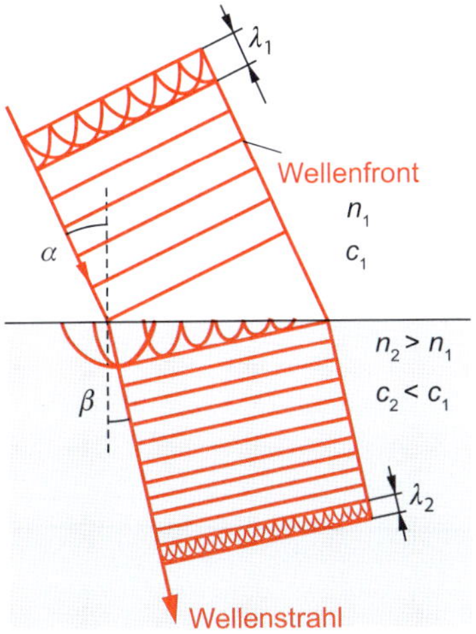

Bild 5.35 Das Brechungsgesetz von SNELLIUS resultiert aus der kleineren Wellenlänge im optisch dichteren Medium.

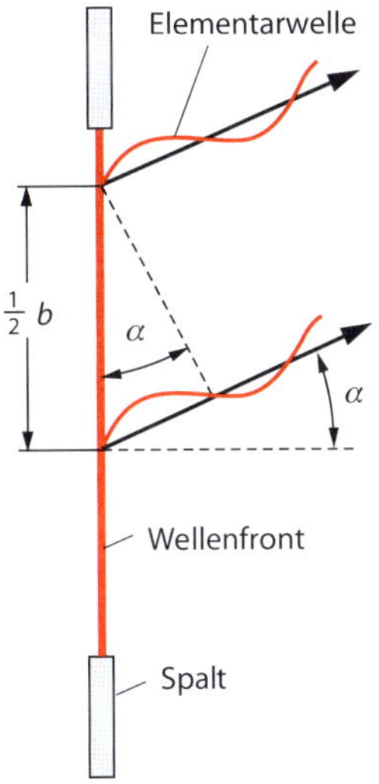

Bild 5.36 Bei der Beugung am Spalt entsteht das erste Minimum der Intensitätsverteilung durch die destruktive Interferenz aller Wellen, die um $\lambda/2$ phasenverschoben sind.

Natürlich *verstärken* sich die um $k\lambda$ phasenverschobenen Elementarwellen, sodass insgesamt die Intensitätsverteilung in **Bild 5.37** resultiert. Die Zahl $\pm k$ wird die *Ordnung* der Minima genannt.

In der fotografischen Darstellung der Intensitätsverteilung **(Bild 5.38)** erkennt man die Maxima als helle Streifen. Die Maxima der ersten Ordnung auf beiden Seiten besitzen ca. 5 % der zentralen Intensität (der „nullten Ordnung"), die der zweiten Ordnung ca. 2 %.

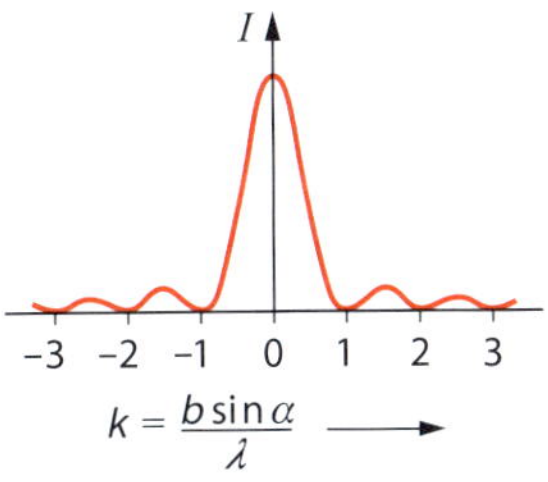

Bild 5.37 Die Intensitätsverteilung nach der Beugung am Einzelspalt wird so normiert, dass man die Ordnung der Minima auf der Abszisse ablesen kann.

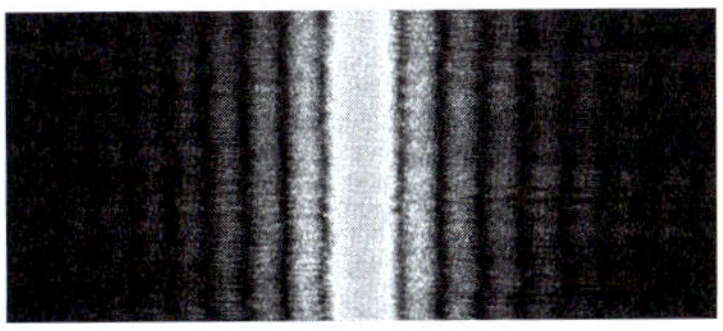

Bild 5.38 Das *Beugungsbild* eines realen Spaltes – hier auf einer Mattscheibe fotografiert – entspricht ungefähr der idealisierten Intensitätsverteilung in **Bild 5.37**.

Beugungsbild

Intensitätsverteilungen wie in **Bild 5.38** werden meistens als *Beugungsbilder* bezeichnet. Genau genommen bewirkt die Beugung nur die Ablenkung der Wellen von der ursprünglichen Ausbreitungsrichtung. Erst die Überlagerung der Wellen führt zu einem *Interferenzbild* mit der typischen Hell-dunkel-Modulation.

Im Hinblick auf praktische Auswirkungen der Beugung ist vor allem das *erste Minimum* interessant. Es markiert die Grenze des wellenoptischen Spaltbildes, das gegenüber dem strahlenoptischen Schattenwurf verbreitert ist, und zwar nach Formel 5.17 umso stärker, je schmaler die Spaltöffnung ist. Die Beugung am Spalt macht also bereits deutlich, dass bei allen optischen Abbildungen die Auflösung feiner Strukturen durch den Wellencharakter des Lichtes verschlechtert wird (Abschnitt 5.5.1).

Zusammenfassung: Grundlagen der Wellenoptik

- Unter *Interferenz* versteht man die – destruktive oder konstruktive – Überlagerung von kohärenten Wellen.
- *Kohärenz* ist bei Lichtwellen durch Teilung der Wellenfläche oder der Amplitude zu erzielen. Sie zeigt sich durch beobachtbare Interferenzeffekte.
- Die Wellenausbreitung kann man durch das *Prinzip* von *Huygens* interpretieren. Es beschreibt die Entstehung einer Wellenfront durch die Überlagerung von Elementarwellen, die von allen Punkten der vorhergehenden Wellenfront ausgehen.
- Nach *Huygens* gelangen Wellenfronten auch in den Schattenraum hinter Hindernissen. Sind diese klein genug gegenüber der Wellenlänge, beobachtet man durch zusätzliche Interferenzeffekte charakteristische *Beugungsbilder*.
- Das Beugungsbild eines schmalen Spaltes zeigt ein gegenüber dem Spalt stark verbreitertes Intensitätsmaximum nullter Ordnung, das von einem schmalen Minimum begrenzt wird. Ein Teil der einfallenden Gesamtintensität wird in weitere Nebenmaxima gebeugt.

5.5 Anwendungen der Wellenoptik

Mithilfe der Wellenoptik kann das begrenzte Auflösungsvermögen klassischer optischer Instrumente untersucht werden. Beugung und Interferenz sind aber auch die Basis spezieller wellenoptischer Geräte und Methoden.

5.5.1 Beugungsbegrenztes Auflösungsvermögen

Eine prinzipiell ähnliche Intensitätsverteilung wie beim Spalt zeigt sich bei der Beugung an einer **Lochblende**. Das Beugungsbild ist hier konzentrisch **(Bild 5.39)**, sodass ein Schnitt durch seinen Mittelpunkt eine Kurve wie in **Bild 5.37** ergibt. Auch die Bedingung für den Radius des ersten Minimums unterscheidet sich von Formel 5.17 nur um einen Faktor, der aus der Kreisgeometrie resultiert:

Erstes Beugungsminimum für eine Lochblende

$$\sin\alpha_1 = 1{,}22 \cdot \frac{\lambda}{d_L} \qquad \text{Formel 5.18}$$

Die praktische Bedeutung dieser Intensitätsverteilung liegt darin, dass bei *jeder* strahlenoptischen Abbildung gleichzeitig Beugung auftritt (z. B. an den Linsenfassungen; die Linse selbst ist wellenoptisch das „Loch"). Gegenstandspunkte werden also zu einem „Bildpunkt" mit dieser komplizierten Intensitätsstruktur, einem *Beugungsscheibchen*. Das **Kriterium von Lord Rayleigh** (John William Strutt, 1842 – 1919) gibt an, wie die beugungsbedingte Auflösungsgrenze abgeschätzt werden kann:

Auflösungskriterium von RAYLEIGH

Zwei Bildpunkte lassen sich noch unterscheiden, und damit lassen sich die entsprechenden Gegenstandspunkte *auflösen*, wenn das Maximum nullter Ordnung des ersten Beugungsscheibchens in das erste Minimum des zweiten Beugungsscheibchens fällt.

Wenn also der zentrale helle Fleck des einen Beugungsscheibchens einem anderen näher als bis zu dem ersten dunklen Ring kommt, verschmelzen beide zu *einem* Fleck, und die Information über den zweiten Gegenstandspunkt geht verloren.

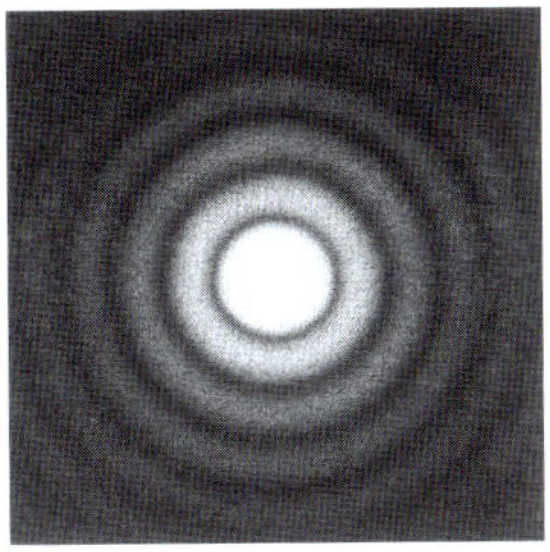

Bild 5.39 Beugungsbild hinter einer Lochblende.

Beispiel 5.10: Auflösungsvermögen des Auges

Da bei der Beugung nur kleine Winkel auftreten, kann Formel 5.18 meistens vereinfacht werden zu:

$$\alpha_1 = 1{,}22 \cdot \frac{\lambda}{d_L}$$

Bekanntlich variiert der Pupillendurchmesser des menschlichen Auges in Abhängigkeit von der Beleuchtung und von schreckhaften Erlebnissen; hier soll für Tageslicht und ausgeglichene Gemütslage d_L = 2 mm angenommen werden. Bei der zentralen Wellenlänge des Sonnenspektrums (550 nm) erhält man dann für den minimalen Winkel, unter dem zwei Punkte noch getrennt wahrgenommen werden können:

$$\alpha_1 = 1{,}22 \cdot \frac{550 \cdot 10^{-9}\ \text{m}}{2 \cdot 10^{-3}\ \text{m}} \approx 3 \cdot 10^{-4}\,\text{rad} \approx 1'$$

Die Auflösungsgrenze des Auges entspricht also dem minimalen Sehwinkel von einer Winkelminute (Abschnitt 5.3.1), der sich aus dem Abstand der Rezeptoren auf der Netzhaut ergibt. Da eine höhere Dichte der Zäpfchen bzw. Stäbchen keine zusätzliche Information erbrächte, ist der Zusammenhang sicher kein Zufall.

Die Ausdehnung der Beugungsscheibchen ist umgekehrt proportional zur Wellenlänge; darum steigt das Auflösungsvermögen optischer Instrumente mit kleinerem λ. Andererseits muss die beugende Öffnung so groß wie möglich sein. Bei *Fernrohren* bestimmt in der Regel der Durchmesser des Objektivs die Auflösungsgrenze.

Beispiel 5.11: Auflösungsgrenze von Fernrohren

Aufgabe: Welche Objekte können mit einem Feldstecher des Typs 20 × 50 auf dem Mond noch aufgelöst werden?
Lösung: Nach den Angaben in Beispiel 5.7 beträgt der Objektivdurchmesser 50 mm. Analog zu Beispiel 5.10 – allerdings bei der kleinsten noch sichtbaren Wellenlänge – gilt für den Beugungswinkel bis zum ersten Minimum (der nach RAYLEIGH die Auflösung begrenzt):

Beispiel 5.11: *Fortsetzung*

$$a_1 = 1{,}22 \cdot \frac{380 \cdot 10^{-9}\,\text{m}}{0{,}05\,\text{m}} = 9{,}27 \cdot 10^{-6}\,\text{rad}$$

Für den minimalen Punktabstand x in der Entfernung s des Mondes ergibt sich dann:

$$\tan\alpha_1 \approx a_1 = \frac{x}{s} \Rightarrow x = \alpha_1 s = 9{,}27 \cdot 10^{-6} \cdot 3{,}84 \cdot 10^{8}\,\text{m} \approx 3{,}6\ \text{km}$$

Offenbar kann die Auflösung nur durch eine Vergrößerung des Objektivdurchmessers gesteigert werden. (Dass dabei auch die Lichtstärke steigt, ist willkommen, aber für die Beugung unerheblich.) Für sehr große Objektivöffnungen lassen sich allerdings nur Hohlspiegel statt Linsen verwenden, die mit Durchmessern bis zu 10 m (Keck-Teleskop auf Hawaii, USA) gebaut wurden. Bei dem letzteren Fernrohr ergibt sich eine minimal erkennbare Objektgröße von 18 m.

Die Auflösungsgrenze von **Mikroskopen** wurde von Ernst Abbe (1840 – 1905) untersucht. Seine Theorie geht davon aus, dass bei der Beugung an den Objektstrukturen außer dem Hauptmaximum mindestens das erste Nebenmaximum zum Bild beitragen muss, um die Information über die Gegenstandspunkte zu erhalten. Damit bekommt die *numerische Apertur A* des Objektivs eine entscheidende Bedeutung. Die Abbesche Theorie liefert für den kleinsten auflösbaren Abstand d_{min} von Gegenstandspunkten:

Auflösungsgrenze des Mikroskops

$$d_{min} = \frac{\lambda}{2A} \qquad \text{Formel 5.19}$$

Da der Zahlenwert der numerischen Apertur nach Beispiel 5.8 ca. 1 ist, können Strukturen unterhalb einer halben Wellenlänge nicht mehr aufgelöst werden.

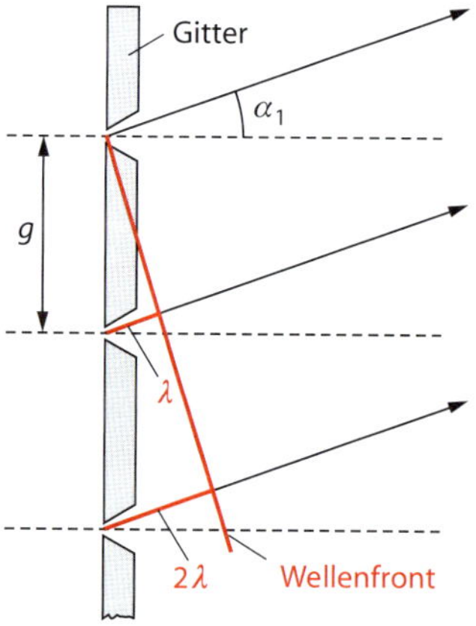

Bild 5.40 Ein *Beugungsgitter* besteht prinzipiell aus zahlreichen Spalten im Abstand der Gitterkonstanten *g*.

5.5.2 Beugungsgitter

Mit ähnlichen Überlegungen wie für den Spalt kann man die Beugung an einem **Gitter** untersuchen. Es besteht im Prinzip aus vielen äquidistanten Spalten mit Abstand g (*Gitterkonstante*). Hier interessiert, unter welchen Winkeln die Elementarwellen sich jeweils *verstärken*. In **Bild 5.40** ist die konstruktive Überlagerung aller Teilwellen skizziert, die eine Phasenverschiebung von *einer* Wellenlänge gegeneinander haben; dafür ergibt sich der Winkel α_1. Ein zweites Maximum der Intensität entsteht symmetrisch dazu nach unten, und je zwei weitere für Phasenunterschiede von 2λ, 3λ usw. Insgesamt lautet die **Maximumsbedingung**:

$$\sin\alpha_{\max} = k \cdot \frac{\lambda}{g} \quad \text{mit} \quad k = 0, \pm 1, \pm 2, \ldots \qquad \text{Formel 5.20}$$

Beugungsmaxima für ein Gitter

k wird auch hier als *Beugungsordnung* bezeichnet. Wegen der vielen Spalte eines typischen Gitters – 10^5 sind nicht ungewöhnlich – und der entsprechend zahlreichen überlagerten Teilwellen sorgt die Interferenzbedingung (Formel 5.20) für sehr *schmale* Maxima in der Intensitätsverteilung, während die Nebenmaxima der Einzelspalte nahezu ausgelöscht werden.

Beispiel 5.12: Gitter-Beugungsordnungen

Aufgabe: Eine Natrium-Entladungslampe (Abschnitt 4.7.2) sendet im Wesentlichen gelbes Licht der Wellenlänge 589 nm aus. Unter welchen Winkeln entstehen die ersten drei Beugungsordnungen, wenn ein paralleles Natriumlichtbündel senkrecht auf ein Gitter mit 5000 „Strichen" pro cm fällt?
Lösung: Bei parallelen (Wellen-)Strahlen sind die Wellenfronten eben, und es gilt Formel 5.20. Die Gitterkonstante ergibt sich aus den Strichen bzw. Spalten pro Längeneinheit:

$$g = \frac{1}{5 \cdot 10^3}\,\text{cm} = 2 \cdot 10^{-6}\ \text{m} = 2\ \mu\text{m}$$

Die erste Ordnung sieht man unter dem Winkel α_1 (und zwar zweimal, jeweils symmetrisch zur nullten Ordnung):

$$\sin\alpha_1 = 1 \cdot \frac{589 \cdot 10^{-9}\ \text{m}}{2 \cdot 10^{-6}\ \text{m}} = 0{,}2945 \ \Rightarrow\ \alpha_1 = 17{,}13°$$

Entsprechend erhält man $\alpha_2 = 36{,}09°$ und $\alpha_3 = 62{,}07°$. Bei der vierten Ordnung überschreitet $\sin\alpha$ den Wert 1: Beugungswinkel über 90° sind nicht möglich.

Bei *polychromatischem* Licht findet in jeder Beugungsordnung (außer der trivialen, ungebeugten nullten) zusätzlich eine **spektrale Zerlegung** statt, ähnlich wie durch die *Brechung am Prisma* **(Bild 5.8)**. (Im Gegensatz zu diesem ist am Gitter die Ablenkung natürlich proportional zur Wellenlänge.) Auch das Beugungsgitter lässt sich also in *Spektralapparaten* (z. B. *Spektrometer*, *Monochromator*) zur Vermessung oder Filterung polychromatischen Lichts verwenden. Dabei erreicht es eine sehr hohe *spektrale Auflösung*, die übrigens auch mit dem Kriterium von RAYLEIGH definiert wird. **Bild 5.41** zeigt beispielhaft zwei benachbarte Spektrallinien eines Linienspektrums (Abschnitt 6.3.1), die in der ersten Ordnung des Gitters um $\Delta\lambda$ getrennt werden. Das Auflösungsvermögen des Gitters ergibt sich als proportional zur Gesamt-Spaltzahl *N* und der Ordnung *k*:

$$\frac{\lambda}{\Delta\lambda} = kN \qquad \text{Formel 5.21}$$

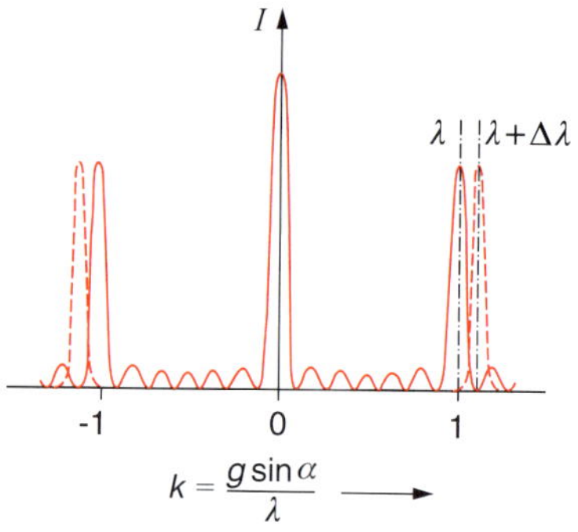

Bild 5.41 Ein Beugungsgitter verursacht für unterschiedliche Wellenlängen unterschiedliche *Beugungswinkel*, sodass in jeder Ordnung eine spektrale Zerlegung entsteht.

Beispiel 5.13: Gitter-Auflösung

Aufgabe: Eigentlich handelt es sich bei der gelben Natrium-Spektrallinie um zwei eng benachbarte bei λ_1 = 588,995 0 nm sowie λ_2 = 589,5924 nm. Welche Gitterkonstante muss ein 3 cm breites Gitter haben, um die Linien in 2. Ordnung noch trennen zu können?
Lösung: Mit Formel 5.21 und der mittleren Wellenlänge:

$$\lambda = \frac{(588{,}9950 + 589{,}5924)\,\mathrm{nm}}{2}$$

ergibt sich zunächst für die Spaltzahl:

$$N = \frac{\lambda}{k(\lambda_2 - \lambda_1)} = \frac{589{,}2937\,\mathrm{nm}}{2 \cdot 0{,}5974\,\mathrm{nm}} = 493$$

Die benötigte Gitterkonstante ist bei der gegebenen Gitterbreite demnach:

$$g = \frac{0{,}03\,\mathrm{m}}{493} \approx 61\,\mu\mathrm{m}$$

5.5.3 Holografie

Ziel der Holografie ist es, gemäß dem Wortsinn des griechischen „holos" die *ganze* Information über Lichtwellen zu speichern, die von einem Objekt ausgehen, insbesondere auch über deren *Phasenbeziehungen*. Dadurch wird es möglich, diese Objektwellen später so zu rekonstruieren, als kämen sie noch von dem realen Gegenstand. Die eigentlich selbstverständliche, aber den Betrachter verblüffende Konsequenz ist, dass solche holografischen „Bilder" dreidimensional sind und aus verschiedenen Perspektiven betrachtet werden können.

Alle Aufzeichnungsmedien, die auch in der Fotografie verwendet werden, sind nur für die *Intensität* des Lichtes empfindlich; die Phaseninformation muss entsprechend codiert werden. Von Dennis Gabor (1900 – 1979) stammt die Idee, zu diesem Zweck die Objektwellen mit einer ebenen Referenzwelle zu überlagern. Das Interferenzfeld wird dann in einer Ebene aufgezeichnet, wie in **Bild 5.42** für die Objektwelle eines *einzelnen leuchtenden Punktes* dargestellt ist. (Das Interferenzfeld und das Streifensystem beim Fresnelschen Doppelspiegel in **Bild 5.32** entstehen prinzipiell ähnlich; die Geometrie ist natürlich eine ganz andere.)

Bei der Überlagerung einer Kugelwelle (von der Punktquelle) mit einer ebenen Welle entsteht das konzentrische Streifensystem in **Bild 5.43**. Man speichert es z. B. durch die Schwärzung und Entwicklung eines fotografischen Films. In diesem **Hologramm** ist die gesamte Information über den Punkt bzw. seinen Ort im Raum gespeichert: Wird es anschließend mit der ebenen Referenzwelle beleuchtet, wirkt es als *Gitter* und beugt die Welle in der ersten Ordnung so, als käme sie von dem rekonstruierten, nun virtuellen Punkt **(Bild 5.44)**. Blickt man also in das Hologramm wie durch ein Fenster, so sieht man den rekonstruierten leuchtenden Punkt exakt wie vorher den realen. (Außerdem entsteht ein *reelles Bild* vor dem Hologramm, das bei speziellen holografischen Techniken ebenfalls genutzt wird.)

Räumliche Bilder

Mit klassischer Stereo-Fotografie, 3D-Kinofilmen oder Computer-Darstellungen („Virtuelle Realität", VR) kann ebenfalls ein räumlicher Bildeindruck erzeugt werden. Dabei sehen beide Augen jeweils unterschiedliche Bilder, die im Augenabstand aus den entsprechend unterschiedlichen Perspektiven aufgenommen bzw. berechnet wurden. Die Bildverarbeitung im Gehirn erzeugt eine Art Illusion, die mit der echten Tiefeninformation der Holografie nicht verwechselt werden darf.

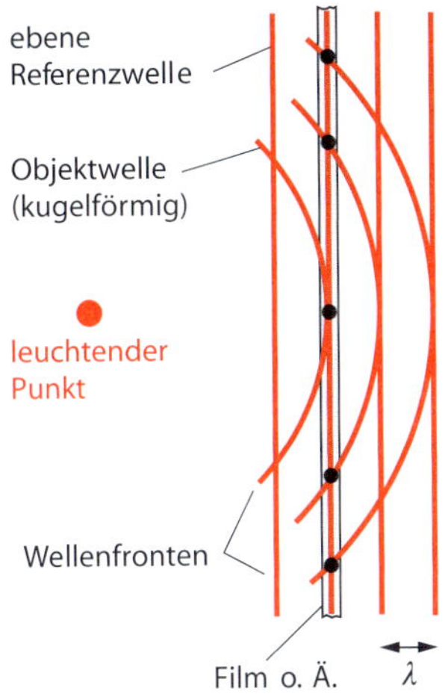

Bild 5.42 Bei der Überlagerung einer ebenen Referenzwelle mit einer kugelförmigen Objektwelle entsteht in der Filmebene konstruktive Interferenz; der Film wird stellenweise geschwärzt (Punkte).

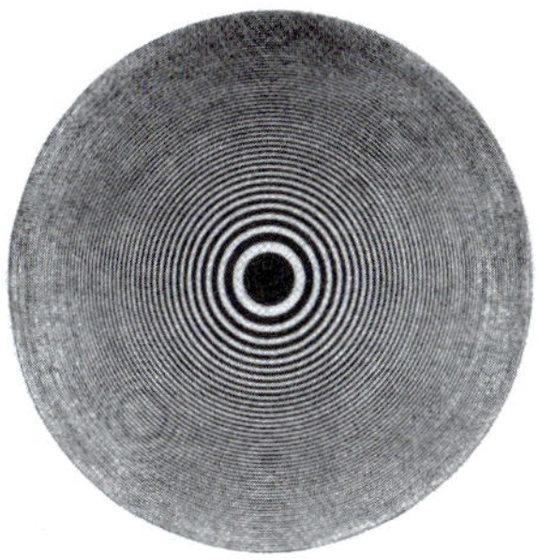

Bild 5.43 Das Hologramm eines Objektpunktes wirkt wie ein (konzentrisches) Beugungsgitter.

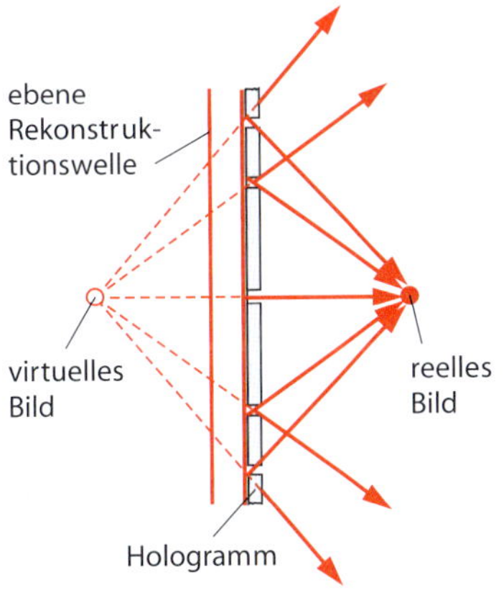

Bild 5.44 Mit der Referenzwelle wird sowohl ein virtuelles als auch ein reelles Bild des Punktes rekonstruiert.

Das Hologramm eines ausgedehnten Objektes mit unzähligen leuchtenden bzw. beleuchteten Punkten kann man also als ein entsprechend kompliziertes Gitter interpretieren, welches als Beugungsbild den rekonstruierten Gegenstand zeigt. Allerdings ist die Aufnahme schwieriger:

- Der Gegenstand muss *seitlich* beleuchtet werden. Dazu wird mit einem teildurchlässigen Spiegel das Licht in die Referenz- und die *Beleuchtungswelle* aufgeteilt; Letztere wird dann nach der diffusen Reflexion am Gegenstand zur *Objektwelle* **(Bild 5.45)**.
- Um bei der Hologrammaufnahme nach den sehr unterschiedlichen Lichtwegen noch Interferenz zu erhalten, muss die *Kohärenzlänge* der Lichtquelle groß sein. Daher kommen nur Laser in Frage.
- Während der Aufnahme muss die Phasenbeziehung zwischen den überlagerten Wellen konstant bleiben, um stationäre Interferenzen zu erzeugen. Dazu sind massive, schwingungsgedämpfte Basisplatten für die optische Anordnung erforderlich.

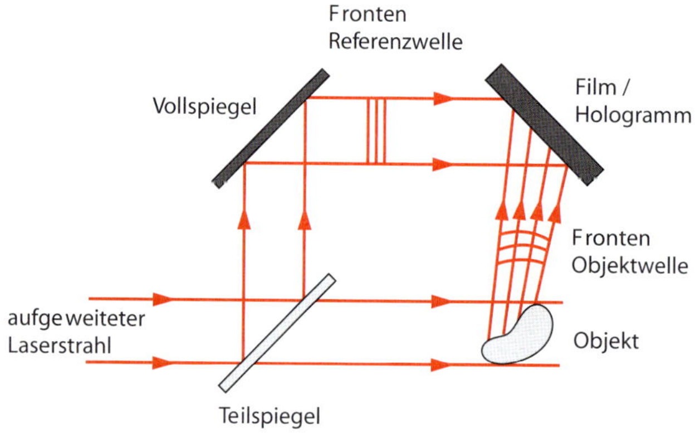

Bild 5.45 Bei der Holografie ausgedehnter Objekte wird seitlich beleuchtet.

Der Urlaubsschnappschuss mit einer holografischen Kamera bleibt also Science-Fiction. Typische kommerzielle Hologramme werden von Miniaturobjekten angefertigt, die dann als reelles Bild teilweise auch *vor* dem Hologramm rekonstruiert werden können. **Bild 5.46** zeigt als Beispiel die *Fotografie* eines solchen Wellenfeldes; dabei geht natürlich die Information über die räumliche Tiefe hinter dem Bildrahmen und die Reichweite des „Scheinwerferstrahles“ nach vorne wieder verloren.

Die Rekonstruktion von „Dickschicht-Hologrammen“ wie diesem ist sogar mit *weißem Licht* möglich. Dazu wird ähnlich wie bei einem Interferenzfilter (Abschnitt 5.4.1) ein schmales Band des Spektrums herausgefiltert. Solche räumlichen und damit konventionell nicht kopierbaren Bilder haben sich zur Fälschungssicherung durchgesetzt und werden als *Prägehologramme* in großer Auflage z. B. auf Geldscheinen und Konzertkarten verwendet.

Holografische Datenspeicher bieten grundsätzlich die Möglichkeit, große Datenmengen mit hoher Dichte zu speichern: Theoretisch benötigt ein Bit nur einen Würfel mit der Kantenlänge λ. Der parallele Zugriff auf ganze Datensätze ermöglicht theoretisch sehr kurze Lesezeiten und große Datenströme; außerdem kann die Information über jedes der einzelnen Bits nahezu unzerstörbar über das gesamte Hologramm verteilt werden. Aus verschiedenen, auch wirtschaftlichen Gründen sind holografische Datenspeicher über das Prototypen-Stadium jedoch noch nicht hinausgekommen.

Eine inzwischen klassische Anwendung der Holografie stellt die *Interferometrie* dar (s. u.). Mit der Kombination beider wellenoptischen Methoden können nahezu beliebige Werkstoffe und Prüfobjekte auf Materialfehler, thermische Ausdehnung oder Schwingungsverhalten untersucht werden.

Bild 5.46 Kommerzielle Hologramme können reelle Bilder von großer Tiefenausdehnung rekonstruieren: Der schwarze Faden auf dem Modellhochhaus markiert die Hologrammebene, davor und dahinter sind die Objekte über etwa 20 cm gestaffelt.

5.5.4 Interferometrie

Mittels Lichtinterferenz lassen sich auch mechanische Längen, Brechzahlen und Wellenlängen extrem genau bestimmen. Am häufigsten wird dazu das **MICHELSON-Interferometer** verwendet, das in **Bild 5.47** schematisch dargestellt ist.

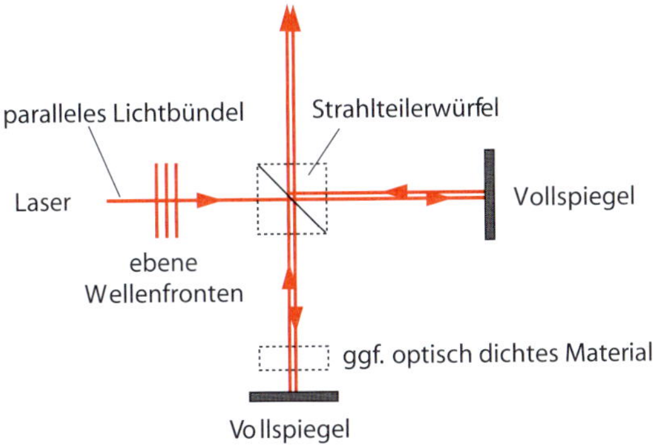

Bild 5.47 Im MICHELSON-Interferometer werden Teilwellen mit unterschiedlichen geometrischen oder optischen Weglängen überlagert. Der Strahlteiler ist oft würfelförmig, um den Strahlweg im Glasträger des halbdurchlässigen Spiegels in beiden Interferometer-Armen anzugleichen.

Wenn ebene Wellen (meistens von einem Laser) durch den halbdurchlässigen Spiegel aufgeteilt werden und unterschiedliche Wege in den beiden *Interferometer-Armen* zurücklegen, bestimmt ihre Phasendifferenz, ob sie anschließend konstruktiv oder destruktiv interferieren. Jeweils nach einer Spiegelverschiebung um $\lambda/4$ verändert sich die Wegdifferenz um $\lambda/2$, und auf dem (in **Bild 5.47** nicht eingezeichneten) Schirm oben beobachtet man den Wechsel von Verstärkung und Löschung der Teilwellen. In der Praxis entsteht ein System von konzentrischen Interferenzstreifen, deren lokale Intensitätsänderung die Spiegelverschiebung auf etwa $\lambda/40$ genau messbar macht. Genauso misst man die Änderung der *optischen Weglänge* durch ein Medium mit unbekannter Brechzahl.

Die klassische Interferometrie kann im Wesentlichen transparente Objekte untersuchen. Mit der *holografischen* Variante gelingt es, Veränderungen an einem nahezu beliebigen Gegenstand sichtbar zu machen. Dazu wird dieser zunächst holografiert und dann das rekonstruierte Objekt mit dem realen überlagert *(Echtzeit-Holografie)*; kleinste Formabweichungen, Dichteänderungen oder Ähnliches zeigen sich sofort durch Interferenzstreifen auf dem Objekt. Bei der Variante *Doppelbelichtungstechnik* zeichnet man zwei Hologramme vor und nach der Veränderung auf demselben Medium auf und rekonstruiert sie gemeinsam. Schwingungen von Karosserieblechen usw. werden dagegen durch eine Langzeitbelichtung sichtbar, weil das Streifensystem an den vibrierenden Stellen unscharf erscheint.

Info 5.4: Das Lichtäther-Experiment von Michelson und Morley

Obwohl Maxwell schon 1864 gezeigt hatte, dass Licht als elektromagnetische Welle auch das Vakuum durchquert, glaubten die meisten Physiker bis zum Ende des Jahrhunderts an ein spezielles, masseloses Ausbreitungsmedium, genannt *Äther*. Mittels des Michelson-Interferometers sollte es möglich sein, diesen geheimnisvollen Stoff nachzuweisen, da er relativ zur im Weltraum bewegten Erde *ruht*. Umgekehrt müsste im Bezugssystem der Erde bzw. des Messgerätes ein „Ätherwind" auftreten, der aber nur in dem einen Interferometerarm *parallel* zum Lichtweg wirkt. Dort müsste sich die Lichtgeschwindigkeit der Äthergeschwindigkeit überlagern; das Verhältnis beträgt immerhin:

$$\frac{v_{\text{Erde}}}{c_0} = \frac{3 \cdot 10^4\,\text{m/s}}{3 \cdot 10^8\,\text{m/s}} = 10^{-4}$$

Eine genauere Analyse [Orear] zeigt, dass dadurch bei den Teilwellen eine Zeitdifferenz auftritt, die einer Wegänderung um $\lambda/40$ entspricht. Durch eine Rotation des Interferometers jeweils um 90° könnte die entsprechende Verschiebung der Interferenzstreifen zuverlässig beobachtet werden. Obwohl solche Messungen ab 1881 mit vielen Variationen über Jahre hinweg wiederholt wurden, zeigte sich nicht der geringste Effekt. Damit wurde nicht nur die Äthertheorie widerlegt, sondern die in der Mechanik bewährte, scheinbar universelle *Galilei-Transformation* für Licht schlechthin (Abschnitt 2.1.2.2).
Im Jahr 1905 veröffentlichte Einstein, ausgehend von ganz anderen Überlegungen, die *Spezielle Relativitätstheorie*, die gerade auf der Konstanz der Lichtgeschwindigkeit in allen Bezugssystemen *basiert* (Abschnitt 2.7.4.1). In seinem epochalen Artikel stellt er bezüglich des Lichtäthers höflich fest, dass dieser „überflüssig" sei.

Zusammenfassung: Anwendungen der Wellenoptik

- Das Auflösungsvermögen optischer Instrumente ist durch die Beugung an Lochblenden begrenzt. Als Bildpunkte entstehen *Beugungsscheibchen*, die nur getrennt wahrgenommen werden können, wenn das Maximum des einen in das erste Minimum des nächsten fällt.

- Ein *Gitter* erzeugt mehrere Beugungsmaxima, in denen eine spektrale Zerlegung proportional zur Wellenlänge auftritt. Das spektrale Auflösungsvermögen ist zur Ordnung und zur Spaltzahl proportional.
- Die *Holografie* speichert Objektwellen vollständig durch die Überlagerung mit einer Referenzwelle. Bei ihrer Rekonstruktion mittels der Referenzwelle wirkt das Hologramm als Beugungsgitter.
- *Interferometer* vergleichen die Phasenlage von Teilwellen. Durch Interferenz entstehen Streifensysteme, deren Verschiebung sehr kleine Wegunterschiede sichtbar macht.

5.6 Polarisationsoptik

Auch die Polarisation ist eine typische Welleneigenschaft. Durch polarisationsoptische Änderungen der Intensität sind gerade beim Licht interessante technische Anwendungen möglich.

Polarisation

Polarisation kann nur bei Transversalwellen auftreten. Longitudinalwellen – wie z. B. Schallwellen in Luft – sind nicht polarisierbar.

5.6.1 Grundbegriffe

Die Maxwellschen Gleichungen zeigen, dass elektromagnetische Wellen *Transversalwellen* sind, bei denen elektrisches und magnetisches Feld jeweils senkrecht zur Ausbreitungsrichtung (und auch senkrecht zueinander) oszillieren (Bild 4.56).

Speziell bei Lichtwellen ist diese Eigenschaft überdeckt durch die gleichzeitige Emission zahlloser Wellenzüge aus zufällig orientierten Sender-Atomen. **Polarisation** im optischen Sinn ist die *Auswahl einer Schwingungsebene* (vereinbarungsgemäß bezogen auf die elektrische Feldstärke $\vec{E}$, **Bild 5.48**). Bleibt der Vektor $\vec{E}$ anschließend in dieser Ebene, spricht man von *linear polarisiertem Licht*. Seine Spitze kann aber auch *zirkular*, also auf einem Kreis und letztlich entlang einer Schraubenbahn umlaufen, oder sogar *elliptisch*.

Linear polarisiertes Licht lässt sich mit einem zweiten Polarisator – dann oft *Analysator* genannt – schwächen bzw. ganz auslöschen, wenn die beiden *Durchlassrichtungen* nicht parallel sind. (In **Bild 5.48** sind die Polarisator-Orientierungen nur *symbolisch* markiert; die technische Realisierung wird im nächsten Abschnitt besprochen.)

Das Verhältnis von einfallender zu transmittierter Feldstärke hängt offensichtlich vom Kosinus des Analysator-Drehwinkels φ ab (der Quotient wird null für *gekreuzte Polarisatoren*). Da die *Intensität* stets proportional zum Quadrat der Feldstärke ist, erhält man für das entsprechende Verhältnis (die „Helligkeit“ nach Durchgang des Lichtes) das **Gesetz von Malus**:

$$\frac{I_{\text{trans}}}{I_{\text{ein}}} = \cos^2 \varphi \qquad \text{Formel 5.22}$$

Gesetz von Malus

Neben der naheliegenden Anwendung als *Helligkeitsregler* lassen sich auf dieser Grundlage Messgeräte bauen, die eine *Polarisationsdrehung* nutzen (Abschnitt 5.6.3).

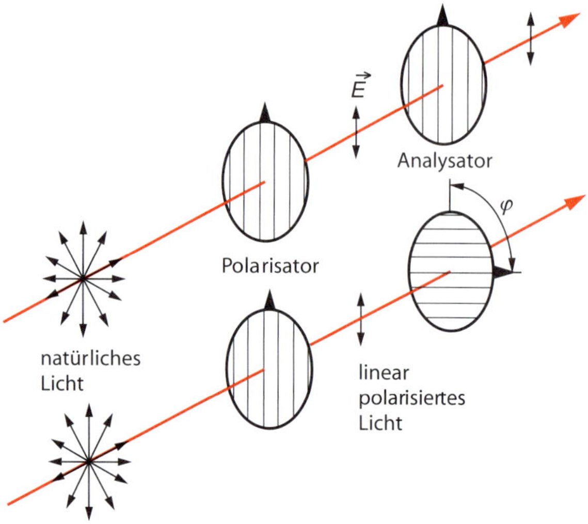

Bild 5.48 Mit gekreuzten Durchlassrichtungen von Analysator und Polarisator kann man linear polarisiertes Licht sperren (unten).

5.6.2 Erzeugung polarisierten Lichtes

Als *Polarisatoren* eignen sich zum Beispiel Kristalle, die **Doppelbrechung** zeigen; der bekannteste ist *Calcit* („Kalkspat"). Unterschiedliche Brechzahlen für unterschiedliche Kristallachsen lassen in ihnen zusätzlich *zum ordentlichen Strahl* einen *außerordentlichen* entstehen; beide sind senkrecht zueinander polarisiert. Durch eine geeignete Kristallorientierung wie in **Bild 5.50** weicht der außerordentliche Strahl von der „normalen" Ausbreitungsrichtung ab – daher der Name – weil seine Ausbreitungsgeschwindigkeit in diesem Fall richtungsabhängig ist. Die Elementarwellen sind also keine Kugeln, sondern Ellipsoide. Beim Blick durch den Kristall sieht man die Aufspaltung unmittelbar **(Bild 5.49)**.

Bild 5.49 Einen doppelbrechenden Kalkspatkristall verlassen ordentliche und außerordentliche Strahlen versetzt; dadurch entsteht ein Doppelbild. Mit einem Polarisator ließe sich jeweils eines der beiden Bilder löschen.

Zum *Polarisator* wird der Kristall, wenn einer der Strahlen (eigentlich eine der „Teilwellen") entfernt wird, z. B. durch Totalreflexion beim *NICOLschen Prisma*. Von selbst geschieht dies durch Dichroismus: dann wird ein Strahl stärker geschwächt als der andere. **Dichroismus** tritt in bestimmten Kristallen natürlich auf, kann aber auch in transparenten Kunststoffen erzwungen werden („Polarisationsfilter").

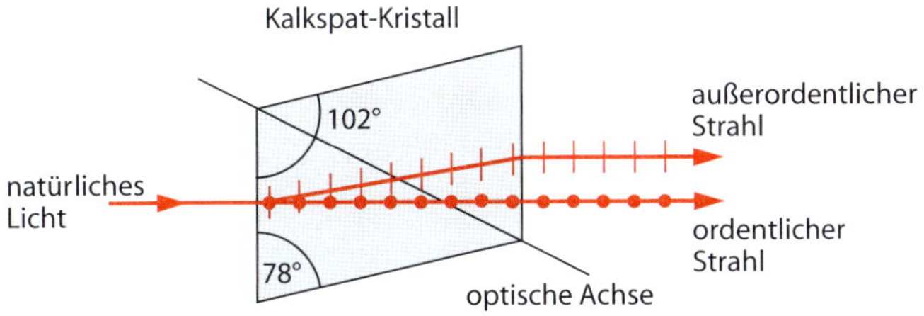

Bild 5.50 Bei der Doppelbrechung in einem Kristall sind ordentlicher und außerordentlicher Strahl senkrecht zueinander polarisiert.

In der Natur wird auch Polarisation durch **Streuung** beobachtet. Die Absorption und Wiederabstrahlung des Sonnenlichtes von den Luftmolekülen in der Atmosphäre führt nicht nur zu einer spektralen Umverteilung („blauer Himmel" durch *RAYLEIGH-Streuung*), sondern auch zu einer Bevorzugung bestimmter Schwingungsebenen in Abhängigkeit von Beleuchtungs- und Beobachtungsrichtung (vgl. dazu auch die Abstrahlung eines elektromagnetischen Dipols in Bild. 4.55).

Streuung

Der Begriff *Streuung* ist beim Licht reserviert für die *zufällige* Ablenkung in sämtliche Richtungen durch Streuzentren. Bei der RAYLEIGH-Streuung sind das zum Beispiel Gasmoleküle in der Atmosphäre, deren Ausdehnung klein gegen die Lichtwellenlänge ist. Das Licht wird dann wellenlängenabhängig gestreut, und zwar proportional zu $1/\lambda^4$, also blaues stärker als z. B. rotes.
„Streuung" ist *kein* Synonym für die *gleichmäßige* Ablenkung aller Strahlen bzw. Wellen durch Brechung und ähnliche Effekte!

Ein spezielles Verfahren zur Polarisation von Licht beruht auf **Reflexion und Brechung**: Wenn reflektierter und gebrochener Strahl exakt senkrecht aufeinander stehen, ist der Erstere vollständig polarisiert **(Bild 5.51)**. Der Grund ist wiederum, dass die elektromagnetischen Dipole im optisch dichteren Medium (unten) *nicht* in Richtung ihrer Achse strahlen.

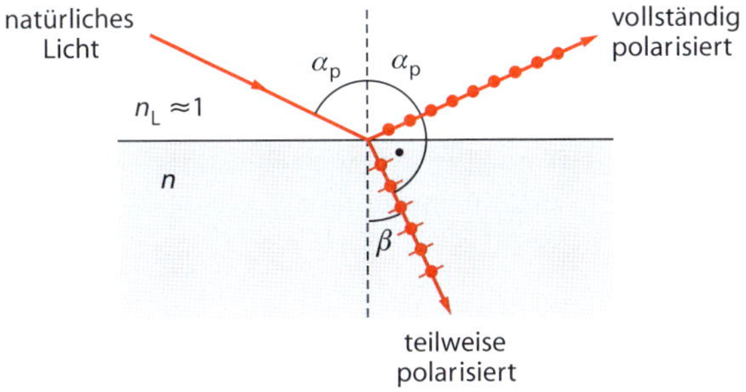

Bild 5.51 Ein in der Zeichenebene schwingender Dipol im Glas (unten) strahlt nicht in Richtung seiner Achse; diese Schwingungsrichtung fehlt also im reflektierten Strahl.

Mit dem Gesetz von SNELLIUS (Formel 5.5) erhält man für den Übergang aus Luft mit der Brechzahl $n_L \approx 1$ in das Medium mit der Brechzahl n (meistens Glas):

$$\sin\alpha_p = n \cdot \sin\beta = n \cdot \sin\left(90° - \alpha_p\right) = n \cdot \cos\alpha_p$$

Für den **Polarisations**- oder **BREWSTER-Winkel** α_p ergibt sich also:

$$\tan\alpha_p = n \qquad \text{Formel 5.23}$$

Gesetz von BREWSTER

Das Verfahren hat nur noch historische Bedeutung, da gemäß der *FRESNELschen Formel* (Formel 5.3) lediglich wenige Prozent der Lichtintensität reflektiert werden. Die technische Anwendung beruht vielmehr darauf, dass bei schon polarisiertem Licht in der passenden Schwingungsrichtung gerade *keine* Reflexion auftritt. Solche verlustfreien *BREWSTER-Fenster* werden zum Beispiel in Laser-Resonatoren eingesetzt (Abschnitt 6.3.2).

Beispiel 5.14: BREWSTER-Winkel

Aufgabe: Der Grenzwinkel der Totalreflexion gegen Luft beträgt in einer bestimmten Glassorte genau 43,27° für 589 nm. Wie groß ist der BREWSTER-Winkel?
Lösung: Mit dem Brechungsgesetz (Formel 5.4) ermittelt man zunächst als Brechzahl des Glases:

$$n_G = \frac{1}{\sin 43{,}27^\circ} = 1{,}459$$

Offenbar handelt es sich laut Tabelle 5.1 um Quarzglas. Mit Formel 5.23 kann man den BREWSTER-Winkel berechnen:

$$\tan\alpha_p = 1{,}459 \;\Rightarrow\; \alpha_p = 55{,}57^\circ$$

Aus Luft unter diesem Winkel auf eine Quarzglasplatte eingestrahltes (und unter demselben Winkel reflektiertes) Licht ist also vollständig polarisiert.

5.6.3 Anwendungen polarisierten Lichtes

Viele Anwendungen der Polarisationsoptik beruhen auf einer künstlich erzeugten Doppelbrechung, mit der die Schwingungsebene linear polarisierten Lichtes gedreht wird. Das klassische Beispiel ist die **Spannungsdoppelbrechung**, bei der die optische Dichte mechanisch, also durch Druck oder Zug an transparenten Materialien, in einer Richtung verändert wird. Zwischen gekreuzten Polarisatoren tritt an diesen Stellen eine Aufhellung des Gesichtsfeldes ein **(Bild 5.52)**. Vor der Einführung computergestützter Rechenverfahren war die Spannungsdoppelbrechung die wichtigste Methode, um mit maßstabsgerechten Modellen die Belastungsverteilung von Maschinenteilen oder Konstruktionen zu untersuchen.

Auch durch *elektrische Felder* kann in Flüssigkeiten mit anisotropen Molekülen wie Nitrobenzol („KERR-Effekt") bzw. in bestimmten Kristallen („POCKELS-Effekt") eine Doppelbrechung erzeugt werden. Sogenannte *POCKELS-Zellen* haben Bedeutung für die nahezu trägheitslose Intensitätssteuerung von Licht, wie sie z. B. in der Lasertechnik verwendet wird.

Als **optische Aktivität** bezeichnet man die Eigenschaft mancher Stoffe, die Schwingungsebene des Lichtes zu drehen. Eine klassische Anwendung ist das *Polarimeter*, mit dem zum Beispiel der Zuckergehalt von wässrigen Lösungen bestimmt werden kann. Bei dieser häufig medizinischen Anwendung heißt das Gerät auch *Saccharimeter*.

In *Flüssigkristall-Anzeigen* können spezielle organische Moleküle in einem schwachen elektrischen Feld gedreht werden; sie drehen dann ebenfalls die Polarisationsrichtung des Lichtes. Wenn sich die Flüssigkristalle zwischen gekreuzten Polarisatoren befinden, werden auf diese Weise die Segmente von ***L**iquid **C**rystal **D**isplays* (LCD) oder die Pixel von Flachbildschirmen von dunkel auf hell bzw. transparent geschaltet. **Bild 5.53** zeigt schematisch eine Ziffernanzeige, deren Segmente in Reflexion sichtbar werden, wenn zwischen den beiden transparenten Metallfilmen eine Spannung angelegt wird. Bei Computer-Monitoren oder Fernsehgeräten wird das LCD meistens von einer flachen Lichtquelle durchleuchtet.

Magnetische Felder verdrehen die Polarisationsrichtung in bestimmten transparenten Materialien unmittelbar („FARADAY-Effekt"). In der modernen technischen Optik werden auf diese Weise *optische Isolatoren* gebaut, die für Lichtwellen eine analoge Wirkung haben wie *Dioden* für elektrische Ströme.

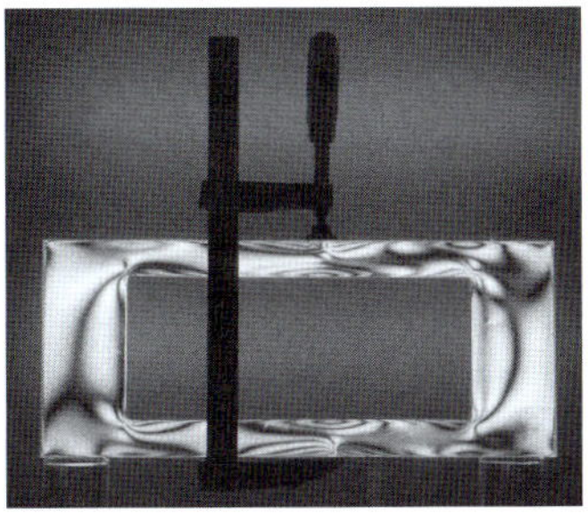

Bild 5.52 Durch Doppelbrechung können mechanische Spannungen sichtbar gemacht werden.

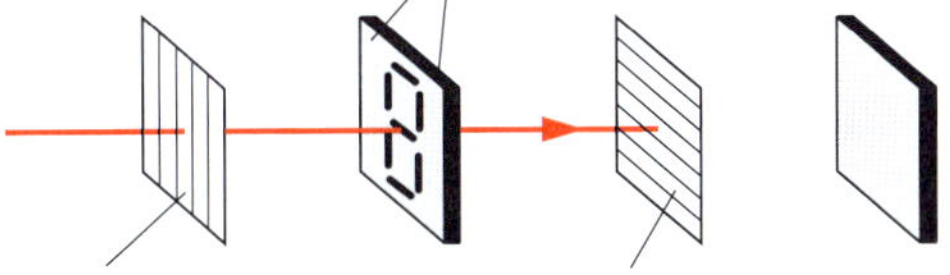

Bild 5.53 Bei einem LCD wird die Flüssigkristallzelle zwischen gekreuzten Polarisatoren sichtbar, wenn sie die Schwingungsebene des Lichtes dreht.

Zusammenfassung: Polarisationsoptik

- Bei natürlichem Licht wird durch einen *Polarisator* eine bestimmte Schwingungsrichtung ausgefiltert, um linear polarisiertes Licht zu erzeugen. Durch Drehen der Durchlassrichtung eines zweiten Polarisators bzw. *Analysators* lässt sich die durchgelassene Lichtintensität bis zur Dunkelheit variieren.
- Polarisation entsteht in der Optik vor allem durch *Doppelbrechung*, *Dichroismus* und *Streuung*.
- Unter dem *Brewster-Winkel* reflektiertes Licht ist ebenfalls polarisiert. Vor allem aber wird passend polarisiertes Licht unter diesem Winkel nicht reflektiert, das heißt verlustfrei transmittiert.
- Polarisationsoptische Geräte und Messverfahren beruhen entweder auf künstlich erzeugter *Doppelbrechung* oder *optischer Aktivität*.

Testfragen zu Kapitel 5

1. Wie konnte Römer die Lichtgeschwindigkeit bestimmen?
2. Wie lange ist das Licht zwischen zwei extrem guten, 100 000-fach reflektierenden Spiegeln unterwegs, die 30 m Abstand voneinander haben?
3. Wie müsste die Brechzahl eines fiktiven Stoffes lauten, in dem sich elektromagnetische Wellen mit doppelter Lichtgeschwindigkeit ausbreiten könnten?
4. Unter Wasser ändert sich die Wellenlänge; sieht man dadurch andere Farben?

5. Warum leitet ein Lichtleiter Licht?
6. Wie entstehen die Farben in einem Regenbogen? Kann es gleichzeitig einen zweiten geben?
7. Wie können Sie durch Befühlen einer Brille feststellen, ob deren Besitzerin/Besitzer kurzsichtig oder weitsichtig ist?
8. Welcher Linsentyp lässt sich als Lupe nutzen? Wie?
9. Worin unterscheiden sich die sphärische und die chromatische Aberration?
10. Was ist der Unterschied zwischen dünnen Linsen und FRESNEL-Linsen?
11. Mit welchen Linsen sind unter welchen Bedingungen verkleinerte reelle Abbildungen möglich?
12. Was ist der gemeinsame Zweck von Teleskopen und Mikroskopen?
13. Welche beiden Linsen kann man jeweils auf welche Weise zu einem Fernrohr kombinieren?
14. Warum erklärt das Prinzip von HUYGENS das Gesetz von SNELLIUS?
15. Wie entstehen Wellenfronten nach dem Prinzip von HUYGENS?
16. Wie entstehen die Farben von Seifenblasen?
17. Licht welcher Farbe wird am Prisma beziehungsweise am Gitter am stärksten abgelenkt?
18. Was beobachtet man, wenn in einen Arm eines MICHELSON-Interferometers ein Glasblock gebracht wird?
19. Der Beugungswinkel für die 2. Ordnung eines Gitters soll verdoppelt werden. Was ist zu tun?
20. Bei Schreck weiten sich die Augenpupillen. Sieht man dann – rein wellenoptisch – schärfer oder unschärfer?
21. Welche Wellengröße speichert ein Hologramm gegenüber einer Fotografie zusätzlich?
22. Was muss man tun, um einen leuchtenden Punkt zu holografieren?
23. Wie wirkt sich die Verkleinerung der Kohärenzlänge einer Lichtquelle auf die holografische Abbildung ausgedehnter Objekte aus?
24. Wie kann man einen polarisierten Laserstrahl sperren?
25. Mit welchen physikalischen Effekten lässt sich Licht polarisieren?
26. Welche Winkelbedingung muss beim BREWSTER-Gesetz erfüllt sein?
27. Wozu verwendet man in der Technik BREWSTER-Fenster?
28. Auf welchem prinzipiellen Welleneffekt beruht die Funktion des LCD?

Übungsaufgaben zu Kapitel 5

A5.1: Froschperspektive

(zu Abschnitt 5.1.3)

Ein Frosch sieht vom Boden eines Teiches aus den Mond unter 45° zur Senkrechten. Wie groß ist der Winkel nach dem Auftauchen?

A5.2: Laserstrahlbrechung

(zu Abschnitt 5.1.3)

Die Strahlung eines Infrarot-Lasers mit der Wellenlänge 1064 nm ist in der Frequenz verdoppelt worden (mithilfe eines nichtlinearen Effekts in bestimmten Kristallen). In einem Experiment strahlt der Laser unterhalb der Wasseroberfläche im Winkel von 75° zur Oberfläche.

a) Wie groß sind die Wellenlänge und die Frequenz?

b) Wie groß ist die Ausbreitungsgeschwindigkeit im Wasser?

c) Unter welchem Winkel, bezogen auf die Wasseroberfläche, tritt das Licht aus?

d) Bestimmen Sie den Grenzwinkel der Totalreflexion!

A5.3: Planparallele Platte

(zu Abschnitt 5.1.3)

Geben Sie einen allgemeinen Ausdruck für den parallelen Versatz s eines Lichtstrahles an, der unter dem Winkel α auf eine planparallele Glasplatte ($n = 1{,}5$) der Dicke d trifft! Berechnen Sie den Zahlenwert für $\alpha = 60°$ und $d = 1$ cm!

A5.4: Umkehrprisma

(zu Abschnitt 5.1.3)

Bis zu welcher Brechzahl des Glases funktioniert ein Umkehrprisma a) in Luft und b) in Wasser?

A5.5: Lichtleiter

(zu Abschnitt 5.1.3, Abschnitt 5.3.3)

Eine Glasfaser hat im Kern die Brechzahl $n = 1{,}5$, während n im Fasermantel um 2 % abgesenkt ist.

a) Bis zu welchem Einfallswinkel werden Lichtstrahlen in der Faser geleitet?

b) Wie groß ist ihre numerische Apertur?

A5.6: Abbildungen

(zu Abschnitt 5.2.2)

Konstruieren Sie jeweils das Bild eines Gegenstandes, der sich bei einer Sammellinse im Abstand a) $g_a = 3 \cdot f$, b) $g_b = 1{,}5 \cdot f$ befindet!

A5.7: Fotografie

(zu Abschnitt 5.2.2, Abschnitt 5.3.1)

Mit einer digitalen Spiegelreflexkamera soll ein quadratisches Objekt mit der Kantenlänge 9,6 cm formatfüllend auf dem 22,2 x 14,8 mm² großen Sensor abgebildet werden.

a) Wie groß ist die Gegenstandsweite bei einer Brennweite von 60 mm?

b) Ist der Einstellbereich des Objektivs von 8 mm ausreichend?

A5.8: Satellitenkamera

(zu Abschnitt 5.2.2, Abschnitt 5.3.1)

Ein Beobachtungssatellit umkreist die Erde in 296 km Höhe mit 26640 km/h. Das Objektiv einer Kamera bildet jeweils eine 18 × 18 m² große Bodenfläche auf eine quadratische Fotodiode mit 20 µm Kantenlänge ab, von denen 2048 als Zeile senkrecht zur Flugrichtung angeordnet sind.

a) Welche Brennweite hat das Objektiv?

b) Welche Fläche wird in einer Sekunde fotografiert?

c) Wie hoch ist die Datenrate, wenn die Sensorsignale in 2^8 Stufen digitalisiert werden?

A5.9: Fernrohr

(zu Abschnitt 5.3.2)

Der Mond erscheint von der Erde aus unter einem Öffnungswinkel $2\,\sigma_0$ von 31,1 Winkelminuten.

a) Welchen Durchmesser hat sein Zwischenbild im Fernrohr, wenn die Objektivbrennweite 60 cm beträgt?

b) Welche Gesamtvergrößerung ergibt sich mit einem Okular der Brennweite 3 cm?

c) Wie groß ist nun der Öffnungswinkel?

A5.10: Beugung am Spalt

(zu Abschnitt 5.4.3)

In der Vorlesung wird ein Spalt mit einem He-Ne-Laser ($\lambda = 633$ nm) beleuchtet. Im Beugungsbild auf der 8 m entfernten Hörsaalwand sind die Minima erster Ordnung 30 cm voneinander entfernt. Wie groß ist die Spaltbreite?

A5.11: Schlanker Laserstrahl

(zu Abschnitt 5.5.1)

Ein He-Ne-Laserstrahl mit 2 mm Durchmesser soll mittels einer Lochblende von 1 mm Durchmesser noch „schlanker" gemacht werden.

a) Wie sieht der Lichtfleck auf der 10 m entfernten Wand aus?

b) Berechnen Sie die dort nutzbare Strahldicke!

A5.12: Beugung am Gitter

(zu Abschnitt 5.5.2)

Ein Gitter mit der Gitterkonstante 100 µm erzeugt ein Interferenzstreifensystem auf einem 10 cm entfernten Beobachtungsschirm. Zur Auswertung wird eine Lupe der Brennweite 5 cm benutzt; damit sieht man die Maxima erster Ordnung im Abstand 6,5 mm. Welche Wellenlänge und Farbe hat die Lichtquelle?

A5.13: Sportfotografie

(zu Abschnitt 5.3.1, Abschnitt 5.5.1)

Ein Fußballreporter fotografiert von der Grundlinie aus den Torwart gegenüber ($l = 100$ m) mit einem Teleobjektiv der Brennweite 1200 mm. Ab welcher Blendenzahl sind dessen Sommersprossen ($r_S = 0{,}5$ mm) auf dem Bild erkennbar, wenn strahlenoptische Abbildungsfehler und die Sensorauflösung keine Rolle spielen? (Hinweis: Als Wellenlänge soll die der maximalen Sonnenemission verwendet werden!)

A5.14: Polarisation am Wasser

(zu Abschnitt 5.6.2)

Bei welchem Winkel ist das an einer Wasseroberfläche reflektierte Sonnenlicht linear polarisiert? Schätzen Sie den Anteil ab, der in das Wasser hinein gebrochen wird! Unter welchem Winkel geschieht das?

6 QUANTEN UND ATOME

Oft werden die Arbeitsgebiete der Physik, um die es in diesem Kapitel geht, als„ Moderne Physik“ bezeichnet. Dazu zählen vor allem die *Quanten-, Atom- und Festkörperphysik* sowie die *Physik der Atomkerne und Elementarteilchen.* Als Übergang von der „Klassischen Physik“ definiert man unter diesem Blickwinkel die *Spezielle Relativitätstheorie* (Abschnitt 2.7.4) und die *Quantenhypothese* (Abschnitt 6.1.1) aus dem Jahr 1905.

Gegen diese Einteilung spricht einerseits, dass EINSTEINS „moderne“ Erkenntnisse deutlich über hundert Jahre alt sind, und dass andererseits die klassischen Gebiete keineswegs „unmodern“ werden. Die Physik entwickelt sich ständig weiter, und auch bei ihren Anwendungen muss heute die *atomare Struktur der Materie* und der *Quantencharakter* ihrer Wechselwirkungen mit Strahlung unbedingt berücksichtigt werden.

6.1 Welle-Teilchen-Dualismus

In der Optik wurden gegen Ende des 19. Jahrhunderts erstmals Effekte gefunden, die mit der Wellentheorie nicht zu erklären waren. Scheinbar besteht das Licht demnach aus kleinsten Teilchen, wie sie das mechanische *Korpuskelmodell* von NEWTON lange vor MAXWELLS elektromagnetischer Theorie postuliert hatte. EINSTEIN erkannte, dass es sich dabei um *Energiequanten* handelt, die aber einer Masse äquivalent sind; sie werden *Photonen* genannt. Durch einen kühnen Umkehrschluss stellte sich anschließend heraus, dass auch bewegte Teilchen Wellencharakter besitzen.

6.1.1 Quantenoptik

Fast alle Phänomene der Optik einschließlich der Strahlenoptik lassen sich durch elektromagnetische Wellen erklären; bestimmte Beobachtungen wie Interferenz, Beugung und Polarisation *nur* durch Wellen. Die historisch erste Ausnahme war der *Fotoeffekt*.

6.1.1.1 Fotoeffekt

Beim klassischen **lichtelektrischen Effekt** oder **äußeren Fotoeffekt** werden Elektronen durch die Photonen des einfallenden Lichtes aus einer Metallplatte „herausgeschlagen“ – allerdings nur unter bestimmten Bedingungen.

Es gibt auch den *inneren* Fotoeffekt. In Halbleitern bewirken die Photonen einen Übergang vom Valenzband ins Leitungsband (Abschnitt 6.4.2). Die Elektronen bleiben also im Kristall, werden aber beweglich. Das ist die Basis von Fotowiderständen, Fotodioden und Solarzellen (Abschnitt 4.7.5.4).

In EINSTEINS Teilchenbild besteht das Licht aus Photonen, deren Energie der wellenoptischen Frequenz proportional ist:

$$E_{\text{Photon}} = hf \qquad \text{Formel 6.1}$$

Energie eines Strahlungsquants bzw. Photons

Die Proportionalitätskonstante ist das von PLANCK eingeführte **Wirkungsquantum:**

PLANCKsches Wirkungsquantum

$$h = 6{,}62607015 \cdot 10^{-34}\ \mathrm{J \cdot s} \qquad \text{Formel 6.2}$$

Heute ist h eine der am genauesten bestimmten Naturkonstanten; die relative Standardabweichung der letzten Messungen betrug nur $1{,}2 \cdot 10^{-8}$. Im Jahr 2019 wurde der Zahlenwert in Formel 6.2 fixiert und dient nun unter anderem dazu, die Einheit „Kilogramm“ zu definieren (Abschnitt 1.3). Größen mit der Einheit J · s werden allgemein als *Wirkung* bezeichnet. (Interessanterweise ist dies auch die Einheit des Drehimpulses, der im klassischen Teilchenmodell der Atomhülle eine wichtige Rolle spielt, Abschnitt 6.2.2).

Wirkung

Das *Produkt* aus Energie und Zeit ist eine *Wirkung* und darf keinesfalls mit ihrem *Quotienten*, also der *Leistung* verwechselt werden – die Physik unterscheidet beide Größen noch deutlicher als die Alltagserfahrung!

Info 6.1: PLANCKs Konstante und EINSTEINs Quantenhypothese

PLANCK musste im Jahr 1900 die nach ihm benannte Konstante h eher widerwillig zur Ableitung seines umfassenden *Strahlungsgesetzes* einführen (vgl. die daraus resultierenden *Strahlungskurven* in Bild 3.16). Eine nicht-kontinuierliche Energieübertragung erschien zunächst eher als mathematischer Trick denn als physikalische Wirklichkeit. EINSTEIN formulierte dann 1905 die *Quantenhypothese*, die eine „Portionierung“ der Strahlungsenergie bei allen Vorgängen im atomaren Bereich ausdrücklich akzeptiert.
Im makroskopischen Maßstab können diskrete Photonen allerdings nicht wahrgenommen werden. Zum Beispiel beträgt die Energie eines Quants mit der mittleren Wellenlänge des Sonnenspektrums von 550 nm:

$$E_{\text{Photon}} = hf = h\frac{c_0}{\lambda}$$
$$= 6{,}626 \cdot 10^{-34}\ \mathrm{J \cdot s}\,\frac{3 \cdot \frac{10^8\,\mathrm{m}}{\mathrm{s}}}{550 \cdot 10^{-9}\ \mathrm{m}} = 3{,}6 \cdot 10^{-19}\ \mathrm{J}$$

Wenn man mithilfe der *Solarkonstante* von 1 kW/m² (Info 4.10) die der Sonnenstrahlung auf die Erde entsprechende *Photonenzahl* pro Quadratmeter und Sekunde abschätzt, erhält man:

$$N_{\text{Photon}} = \frac{E_{\text{Solar}}}{E_{\text{Photon}}} = \frac{P_{\text{Solar}} \cdot 1\,\mathrm{s}}{E_{\text{Photon}}} = \frac{10^3 \left(\frac{\mathrm{J}}{\mathrm{s}}\right) . 1\,\mathrm{s}}{3{,}6 \cdot 10^{-19}\,\mathrm{J}} \approx 10^{21}$$

Diese große Anzahl erscheint bei jeder experimentellen Prüfung als zeitlich und räumlich kontinuierliche Strahlung.

Das Experiment zum Nachweis der mit Photonen ausgelösten Elektronen ist schematisch in **Bild 6.1** wiedergegeben: In einer Vakuumröhre befinden sich eine Metallplatte und eine Ringelektrode. Durch das Fenster wird Licht mit bekannter Wellenlänge bzw. Frequenz eingestrahlt.

Ein Photon mit ausreichender Energie gemäß Formel 6.1 überträgt jeweils die erforderliche Austrittsarbeit W_A (Abschnitt 4.7.1.1) auf ein Elektron, sodass es sich aus dem Metallgitter lösen kann. Außerdem erhält das Elektron in der Regel noch eine kinetische Energie, die zu einer Bewegung mit der Geschwindigkeit v_e in Richtung der Ringelektrode führt. Die Energiebilanz lautet dann:

Energiebilanz beim äußeren Fotoeffekt

$$hf = E_{\text{kin}} + W_A \qquad \text{Formel 6.3}$$

Der qualitative Nachweis der Elektronen ist möglich, indem der positive Pol der Spannungsquelle in **Bild 6.1** an die Ringelektrode und der negative an die Metallplatte gelegt werden; dann misst man einen Strom I.

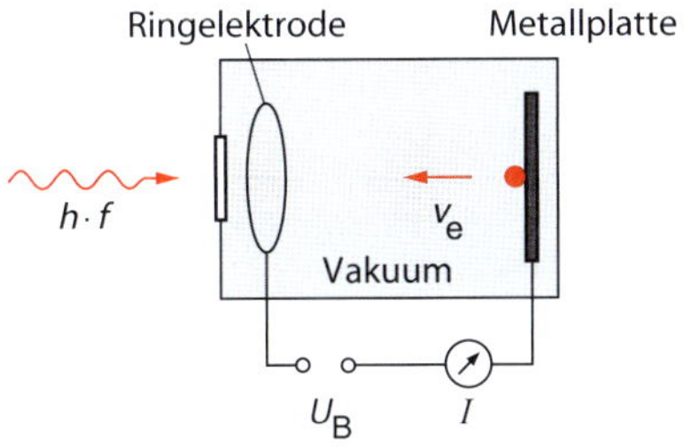

Bild 6.1 Mit der *Gegenspannungsmethode* kann die kinetische Energie der durch Photonen abgelösten Elektronen gemessen werden.

Mit der *Gegenspannungsmethode* lässt sich sogar die maximale Bewegungsenergie der Elektronen bestimmen: Die Ringelektrode erhält nun ein *negatives* Potenzial U_B gegenüber der Metallplatte. In diesem Fall verschwindet der Strom, wenn für die Beschleunigungsarbeit W_B zur vollständigen Abbremsung der schnellsten Elektronen nach Formel 4.7 gilt:

$$W_B = eU_B = E_{kin} \qquad \text{Formel 6.4}$$

Beispiel 6.1: Grenzfrequenz und Austrittsarbeit

Aufgabe: Wie groß ist die Austrittsarbeit bei Zink, wenn UV-Licht der Wellenlänge 287 nm zur Auslösung der Elektronen benötigt wird?
Lösung: Im Grenzfall gilt Formel 6.3 mit E_{kin} = 0. Daraus berechnet man:

$$W_A = hf_G = h\frac{c_0}{\lambda_G}$$
$$= \frac{6{,}626 \cdot 10^{-34}\ \mathrm{J \cdot s} \cdot 3 \cdot 10^8\ \mathrm{m/s}}{287 \cdot 10^{-9}\ \mathrm{m}} = 6{,}93 \cdot 10^{-19}\ \mathrm{J}$$

Auch bei der Wechselwirkung von Atomen mit Strahlung (und allgemein für atomare Energiebilanzen) ist die Einheit *Elektronvolt* üblich und praktisch (Abschnitt 4.7.1.1). Wegen der Beschleunigungsarbeit an den abgelösten Elektronen im elektrischen Gegenfeld der Ringelektrode gemäß Formel 6.4 ist sie hier auch sehr anschaulich. Mit dem Produkt:

$$1\mathrm{eV} = 1{,}6 \cdot 10^{-19}\ \mathrm{A \cdot s \cdot 1\ V}$$

ergibt sich in diesem Zahlenbeispiel:

$$W_A = 4{,}33\mathrm{eV}$$

Wenn man das Experiment für unterschiedliche Lichtfrequenzen und Metalle durchführt, erhält man Ergebnisse wie die beiden Geraden in **Bild 6.2**, die beispielhaft Messungen an Cäsium und Zink zeigen. Diese Untersuchungen erlauben wichtige **Schlussfolgerungen**:

- Aus der Steigung der Geraden $E_{kin} = hf - W_A$ lässt sich das Wirkungsquantum h bestimmen.
- Aus den Schnittpunkten der (extrapolierten) Geraden mit der Ordinate kann man die materialspezifischen Austrittsarbeiten W_A bestimmen (vgl. Tabelle 4.4 für den *glühelektrischen* Effekt; die Zahlenwerte für den *lichtelektrischen* Effekt können in der Praxis durch Oberflächeneffekte etwas abweichen).

- Elektronen werden immer erst aus einem Metall gelöst, wenn die Energie eines einzelnen Photons größer ist als die jeweilige Austrittsarbeit. Das entspricht einer bestimmten *Grenzfrequenz* f_G des Lichtes.

Grenzfrequenz

- Wenn die Strahlungsleistung – d. h. die Zahl der Photonen pro Zeitintervall – erhöht wird, vergrößert sich nur der Strom I, d. h. die *Zahl* der Elektronen, aber *nicht* deren kinetische Energie.

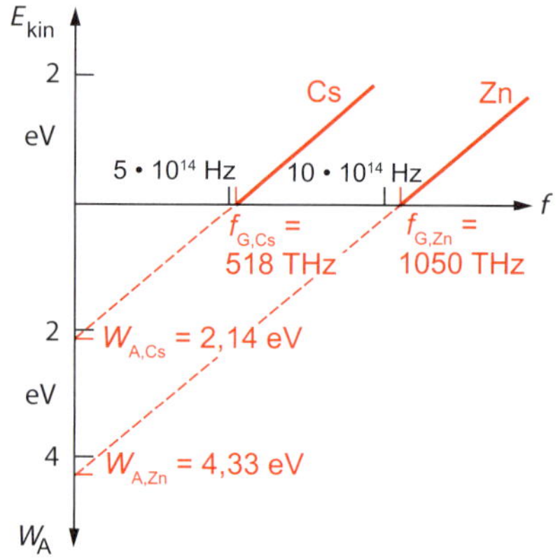

Bild 6.2 Typische Messergebnisse beim Gegenspannungsexperiment. Die Grenzfrequenzen entsprechen den Grenzwellenlängen 581 nm bei Cäsium und 287 nm bei Zink.

Die letzten beiden Beobachtungen sind mit der MAXWELLschen Theorie bzw. dem POYNTING-Vektor der kontinuierlichen Wellenintensität (Formel 4.67) nicht zu erklären. Nach EINSTEINS Quantenhypothese wird vielmehr die Energie genau *eines* Photons vollständig auf *ein* Elektron übertragen. Darum ist für $hf < W_A$ die Ablösung auch bei noch so intensiver Strahlung *nicht möglich.*

Erst bei der Bestrahlung von Metallen mit extrem lichtstarken Lasern wird die Photonendichte so groß, dass mit einer gewissen Wahrscheinlichkeit mehrere Quanten gleichzeitig auf dasselbe Elektron treffen. Jedoch ist die Elektronenenergie auch dann immer ein ganzzahliges Vielfaches der Photonenenergie. – ALBERT EINSTEIN erhielt übrigens im Jahr 1921 speziell für diese Deutung des lichtelektrischen Effektes den Nobelpreis, während seine Relativitätstheorie (Abschnitt 2.7.4) neben anderen Leistungen nur als „Verdienst um die theoretische Physik" gewürdigt wurde.

6.1.1.2 Eigenschaften von Photonen

Im langwelligen Bereich des elektromagnetischen Spektrums (Tabelle 4.3) spielt eigentlich nur die Welleneigenschaft eine Rolle, während bei Röntgen- und Gammastrahlung fast nur der Quantencharakter hervortritt. Dagegen beobachtet man im mittleren Frequenzbereich, also bei IR-, UV- und Lichtstrahlung, den Welle-Photon-Dualismus besonders deutlich. Konsequenterweise kann man diesen „Teilchen" sogar eine *Masse* zuordnen, die von der *Frequenz* abhängt.

EINSTEIN hat im Rahmen seiner Speziellen Relativitätstheorie gezeigt, dass Masse und Energie äquivalent sind: $E = mc_0^2$ (Formel 2.73). Für das Photon liefert die Verknüpfung dieser Gleichung mit Formel 6.1 die Masse:

Masse eines Strahlungsquants bzw. Photons

$$m = \frac{hf}{c_0^2} = \frac{h}{c_0 \lambda} \qquad \text{Formel 6.5}$$

Im Unterschied zu materiellen Teilchen wie den Elektronen hat das Photon allerdings keine **Ruhemasse** m_0; es existiert nur während seiner Bewegung mit Lichtgeschwindigkeit, also zwischen der Emission von einem Atom und der Absorption durch ein anderes Atom. Andererseits unterliegt die Photonenmasse gemäß der Allgemeinen Relativitätstheorie genauso der Gravitation wie materielle Massen (Abschnitt 2.7.4.2).

Aus Masse und Geschwindigkeit resultiert ein **Impuls** des Photons:

$$\vec{p} = m\vec{c}_0$$

Mit Formel 6.5 ergibt sich für dessen Betrag:

$$p = \frac{hf}{c_0} = \frac{h}{\lambda} \qquad \text{Formel 6.6}$$

Impuls eines Strahlungsquants bzw. Photons

Tatsächlich beobachtet man wegen des Photonenimpulses – wie bei den materiellen Teilchen eines Gases in der Beschreibung der kinetischen Wärmetheorie (Abschnitt 3.3.3) – einen **Lichtdruck**. Er ist zum Beispiel für die von der Sonne abgewandten *Kometenschweife* verantwortlich und wird technisch zur Lageregelung von Satelliten genutzt. (Siehe auch das quantitative Beispiel zum Lichtdruck in Aufgabe A6.5.)

6.1.1.3 COMPTON-Effekt

Eine geradezu klassische Bestätigung des Teilchencharakters von elektromagnetischer Strahlung – in diesem Fall von *Röntgenstrahlung* (Abschnitt 6.3.3) – fand ARTHUR COMPTON (1892 – 1962) durch den Stoß von Photonen auf Elektronen. Experimentell beobachtete er eine Streuung der Photonen, also eine Richtungsabweichung, die zusätzlich mit einer Frequenzänderung verbunden war. In **Bild 6.3** ist der Stoßvorgang schematisch dargestellt; die angedeutete Frequenzverringerung ist allerdings stark übertrieben.

Offenbar gelten bei jedem individuellen Stoß sowohl der Impulssatz als auch der Energiesatz der Mechanik (Abschnitt 2.3.5). Insbesondere wird wegen der Energieerhaltung ein Teil der Photonenenergie auf das Elektron übertragen, und die verringerte Photonenenergie zeigt sich anschließend wegen Formel 6.1 durch eine entsprechend verkleinerte Frequenz. Nach der Entdeckung des COMPTON-Effektes im Jahr 1922 (Nobelpreis 1927) wurde die Quantentheorie des Lichtes endgültig akzeptiert.

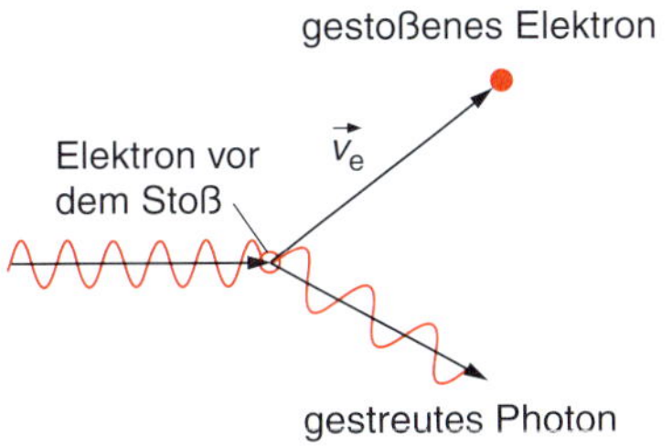

Bild 6.3 Beim COMPTON-Effekt ändert das Photon nach dem Zusammenstoß mit einem Elektron sowohl seine Richtung als auch seine Frequenz.

6.1.2 Materiewellen

Im Jahr 1924 behauptete LOUIS PRINCE DE BROGLIE (1892 – 1987), dass ein so grundlegendes Prinzip wie der Teilchen-Welle-Dualismus nicht auf Photonen beschränkt sein könne. Er folgerte im Umkehrschluss zum Teilchen- bzw. Quantencharakter von Wellen, dass auch bewegte Teilchen *Welleneigenschaften* wie Beugung und Interferenz zeigen müssten.

Wenige Jahre später gelang der experimentelle Nachweis zunächst für Elektronen, später auch für andere Elementarteilchen und sogar für Atome. Analog zu Formel 6.5 gilt für die **Materie-** oder **DE-BROGLIE-Wellenlänge** eines Teilchens mit der Geschwindigkeit:

Materiewellenlänge eines bewegten Teilchens

$$\lambda = \frac{h}{mv} \qquad \text{Formel 6.7}$$

Solchen Wellen sind keine fluktuierenden Felder oder andere oszillierende Größen zuzuordnen wie den Lichtwellen oder den Schallwellen. Man kann sie etwas abstrakt als *Wahrscheinlichkeitswellen* interpretieren, wobei das Quadrat der Wellenamplitude, also die Intensität, proportional zur Dichte der Teilchen ist (Abschnitt 6.2.4). Dennoch kommt es bei der Überlagerung zu konstruktiver und destruktiver Interferenz wie bei allen klassischen Wellen.

Beispiel 6.2: Elektronenwellen

Aufgabe: Welche Wellenlänge haben Elektronen, nachdem sie mit einer Spannung von 100 kV beschleunigt worden sind?
Lösung: Die Beschleunigungsarbeit führt zu einer kinetischen Energie:

$$E_{\text{kin}} = \frac{1}{2}mv^2 = eU$$

Aus der Geschwindigkeit nach Durchlaufen der Beschleunigungsspannung berechnet man die Materiewellenlänge gemäß Formel 6.7:

$$\lambda = \frac{h}{m\cdot\sqrt{\frac{2E}{m}}} = \frac{h}{\sqrt{2mE}}$$

Mit dem angegebenen Zahlerwert für U kann man $E = eU$ einsetzen und erhält:

$$\lambda = \frac{6{,}626\cdot 10^{-34}\ \text{J}\cdot\text{s}}{\sqrt{2\cdot 9{,}1\cdot 10^{-31}\ \text{kg}\cdot 10^{5}\cdot 1{,}6\cdot 10^{-19}\ \text{J}}}$$
$$= 3{,}9\cdot 10^{-12}\frac{\left(\text{kg}\cdot\text{m}^2/\text{s}^2\right)\cdot\text{s}}{\sqrt{\left(\text{kg}^2\cdot\text{m}^2\right)/\text{s}^2}} = 3{,}9\,\text{pm}$$

Nach dieser klassischen Berechnung betrüge die Elektronengeschwindigkeit etwa $0{,}6\cdot c_0$. Dabei tritt jedoch ein relativistischer Massenzuwachs (Beispiel 2.24 sowie Beispiel 4.16) auf, der tatsächlich zu einer etwas geringeren Beschleunigung führt. Immerhin ist die berechnete Elektronen-Wellenlänge offenbar um mehrere Größenordnungen kleiner als die des Lichtes.

Wegen der kleinen Materiewellenlänge liegt es nahe, dass man auf der Basis von Elektronenstrahlen Mikroskope mit erheblich besserer Auflösung als der von Lichtmikroskopen (Abschnitt 5.5.1) bauen kann. Allerdings kann die Ablenkung der Elektronen nur mit relativ schlechten „Elektronenlinsen", d. h. in magnetischen und elektrischen

Feldern, erfolgen. Deren Aberrationen (Abschnitt 5.2.3) verschlechtern die theoretische Auflösung um etwa zwei Größenordnungen; darum erzielt man beim Elektronenmikroskop lediglich eine Steigerung der Vergrößerung um ungefähr den Faktor 1000. Dennoch können mit modernen Bauformen einzelne Atome in Kristallen sichtbar gemacht werden, was einer Auflösung von 0,1 nm entspricht. **Bild 6.4** zeigt zur Demonstration der *Rastertechnik* die dreidimensionale Darstellung eines Baumwollfadens.

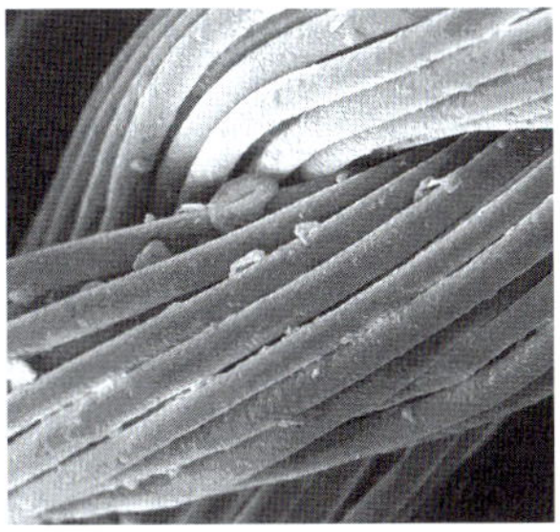

Bild 6.4 Ein Rasterelektronenmikroskop kann auch dreidimensionale Objekte wie diesen Baumwollfaden mit allen Details darstellen.

6.1.3 Heisenbergsche Unschärferelation

Der Welle-Teilchen-Dualismus zeigt, dass die klassische Physik mit ihren makroskopischen, der Alltagserfahrung entlehnten Modellen bei Elementarteilchen versagt. Die atomare und subatomare Struktur der Materie kann nur mithilfe der Mathematik korrekt beschrieben werden – allerdings auf Kosten der Anschauung und des spontanen Verständnisses.

Werner Heisenberg (1901 – 1976) und andere entwickelten die **Quantenmechanik**, die später mit der **Quantenelektrodynamik** auf das Gebiet elektrischer und magnetischer Felder erweitert wurde. Erst diese Theorien erlauben die vollständige Beschreibung des Lichtes und seiner Wechselwirkungen mit Materie sowie des gesamten Mikrokosmos. Als Kriterium für die Grenze der klassischen Physik kann dabei die von Heisenberg formulierte **Unschärferelation** oder **Unbestimmtheitsbeziehung** gelten. Sie besagt allgemein:

> Zwei physikalische Größen, deren Produkt die Einheit der Wirkung hat, können für ein Teilchen nicht gleichzeitig mit beliebiger Genauigkeit bestimmt werden.

Unschärfe- Produkt

Das Symbol $\hbar$ wird „h-quer“ gesprochen und bezeichnet keine neue Naturkonstante, sondern ist als abgekürzte Schreibweise für $h/(2\pi)$ zu verstehen. Je nach Schärfe der Ableitung findet man in der Literatur für die Unschärfe-Produkte in Formel 6.8 und Formel 6.9 auch die Werte h und $\hbar$. Wichtiger als der Zahlenwert ist die Konsequenz: Naturwissenschaftliche Erkenntnis hat eine definitive Grenze.

Am bekanntesten ist die Unschärfe des Produktes von *Ort* und *Impuls*. Heisenberg fand als Grenze eine Genauigkeit von der Größenordnung des Planckschen Wirkungsquantums h:

Unschärferelation für Ort und Impuls

$$\Delta x \Delta p_x \geq \frac{\hbar}{2} \qquad \text{Formel 6.8}$$

> Je genauer der Ort eines Teilchens festgelegt wird, desto ungenauer lässt sich sein Impuls bestimmen, und umgekehrt.

Als Beispiel soll in einem Gedankenversuch die Beugung von Elektronen an einem Spalt untersucht werden, die Parallelen zur Lichtbeugung (Abschnitt 5.4.3) aufweist. Wenn zunächst ein breiter Spalt wie in **Bild 6.5** mit einem Strahl von Elektronen „beleuchtet“ wird, zeigen diese lediglich ihren Teilchencharakter: Der Strahl wird auf die Breite des Spaltes Δx begrenzt, und im „Schattenraum“ sind auf dem Leuchtschirm keine Elektronen nachweisbar.

Versucht man aber, den *Ort* eines einzelnen Elektrons genau zu lokalisieren, indem man die Spaltbreite immer weiter verringert **(Bild 6.6)**, so wird dessen Wellencharakter sichtbar, sobald Δx in die Größenordnung der Materiewellenlänge kommt. Im Wellenbild erhält man eine Verteilung der Elektronen, die der Lichtintensitätsverteilung in Bild 5.37 entspricht. Für *ein* Elektron im Teilchenbild bedeutet diese *mögliche* Abweichung von der Strahlrichtung, dass die x-Komponente des Impulses eine *Unschärfe* oder *Unbestimmtheit* von $\Delta p_x = m_e\, v_x$ bekommen hat.

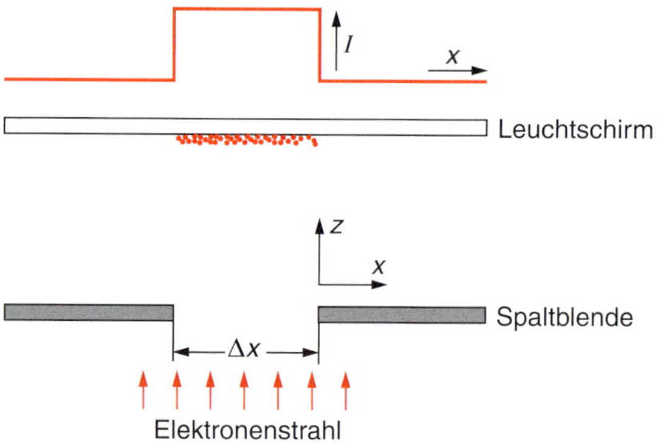

Bild 6.5 Bei breiten Spalten zeigen die Elektronen Teilchencharakter.

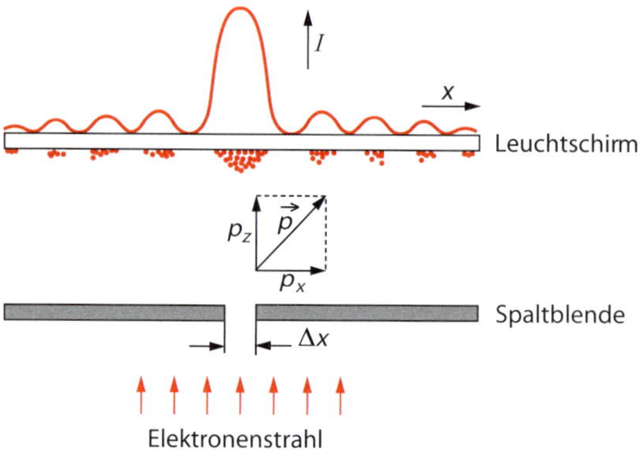

Bild 6.6 Für schmale Spalte tritt der Wellencharakter der Elektronen in den Vordergrund und verursacht Beugung.

Von ähnlicher Bedeutung ist die Unschärferelation für *Energie* und *Zeit*:

$$\Delta E \Delta t \geq \frac{\hbar}{2}$$ Formel 6.9

Unschärferelation für Energie und Zeit

Diese Beziehung wird plausibel, wenn man sich eine exakte Zeitmessung für ein Teilchen vorstellt, die mit Licht erfolgen soll: Je genauer die Zeitmessung werden soll, desto kleiner muss die Periodendauer bzw. größer die Frequenz der Strahlung sein. Wegen Formel 6.1 wächst dann aber die Energie der „Messwellen" bzw. die Photonenenergie, die natürlich auf das Teilchen übertragen wird. Darum wird die Messgröße „Teilchenenergie" umso mehr verfälscht, desto genauer das Zeitintervall Δt festgelegt wird.

Das letzte Beispiel macht besonders deutlich, dass die Messungenauigkeit *prinzipieller Natur* ist und nicht technisch oder methodisch verringert werden kann. Aus dem Beispiel der Elektronen erkennt man außerdem eine weitreichende Konsequenz der Unschärferelation: Für ein *einzelnes* Teilchen kann der Weg vom Spalt zum Leuchtschirm nicht vorhergesagt werden. Im Gegensatz etwa zur Planetenbewegung, die mithilfe der klassischen Physik über Millionen von Jahren zurück- und vorausberechnet werden kann und darum *determiniert* ist, spielt der Zufall oder die Wahrscheinlichkeit bei „indeterminierten" Teilchen eine entscheidende Rolle. In diesem Sinne muss die Intensitätsverteilung der gebeugten Elektronen als *Wahrscheinlichkeitsverteilung* interpretiert werden: Bei einer sehr großen Anzahl gebeugter Elektronen treffen die meisten im Bereich des Hauptmaximums auf den Leuchtschirm. Für ein einzelnes Elektron – auch dann gilt die Relation, ohne Rücksicht auf unsere klassische Vorstellung von Beugung und Interferenz – kann jedoch niemand voraussagen, unter welchem Winkel es den Spalt verlassen wird.

In diesem Zusammenhang: Dem bedeutenden Physiker RICHARD FEYNMAN (1918 – 1988), der 1965 den Nobelpreis für die Entwicklung der Quantenelektrodynamik erhielt und der ein brillanter Lehrer war, wird der Satz zugeschrieben: „Wer behauptet, die Quantentheorie verstanden zu haben, hat sie nicht verstanden."

Beispiel 6.3: Impulsunschärfe einer Gewehrkugel

Aufgabe: Von FEYNMAN wurden Gewehrkugeln in die Didaktik der Quantenmechanik eingeführt [Feynman]. Eine solche Kugel der Masse 10 g soll aus einem Gewehrlauf abgeschossen werden, der ihre seitliche Position mit der maximalen Genauigkeit von einem Atomdurchmesser festlegt (Δx = 0,1 nm). Wie groß ist die Unschärfe der Geschwindigkeit in dieser Koordinate?
Lösung: Formel 6.8 lautet hier:

$$\Delta x \cdot m \Delta v_x \geq \frac{\hbar}{2}$$

Dann gilt für eine seitliche Abweichung der Geschwindigkeit („Beugung der Kugel am Gewehrlauf"):

$$\Delta v_x \approx \frac{h}{2m\Delta x} = \frac{6{,}626 \cdot 10^{-34}\ \mathrm{J \cdot s}}{2 \cdot 0{,}01\,\mathrm{kg} \cdot 10^{-10}\ \mathrm{m}} \approx 10^{-22}\ \frac{\mathrm{m}}{\mathrm{s}}$$

Typische Kugelgeschwindigkeiten in *z*-Richtung sind um etwa 25 Größenordnungen höher. Aus diesem Grund eignet sich die Unschärferelation nicht als Ausrede für schlechte Schützen.

Wie das Beispiel 6.3 zeigt, ist die HEISENBERGsche Unschärferelation für die makroskopische Welt bzw. den Alltag ohne Bedeutung. In der Philosophie hatte der Verlust der

Kausalität jedoch erhebliche Auswirkungen: Wenn *Ursache* und *Wirkung* ihre mechanistische Bedeutung verlieren, so muss – auch von Geisteswissenschaftlern, sofern sie nicht die Gnade der naturwissenschaftlichen Kenntnislosigkeit für sich reklamieren – die Frage nach einer *absoluten Wirklichkeit* neu bedacht werden.

Zusammenfassung: Welle-Teilchen-Dualismus

- Beim *äußeren Fotoeffekt* wird jeweils ein Elektron durch die Energie eines Photons aus der metallischen Bindung gelöst. Die Austrittsarbeit gibt die minimale Energie der Photonen und damit ihre Grenzfrequenz vor.
- Strahlungsenergie wird in Quanten übertragen. Wegen der Masse-Energie-Äquivalenz besitzen diese Quanten während ihrer Bewegung mit Lichtgeschwindigkeit Masse und Impuls. Dies wird besonders beim *COMPTON-Effekt* deutlich, also dem Stoß eines Photons mit einem Elektron.
- Der Welle-Teilchen-Dualismus gilt auch für materielle Körper. Die von DE BROGLIE eingeführten *Materiewellen* zeigen Beugung und Interferenz und ermöglichen technische Anwendungen wie das Elektronenmikroskop.
- Die *HEISENBERGsche Unschärferelation* gibt an, dass bestimmte Produkte von physikalischen Größen – z. B. das Produkt von Ort und Impuls eines Teilchens – nur bis auf das PLANCKsche Wirkungsquantum genau bestimmbar sind. Daraus folgt, dass einzelne Ereignisse und Prozesse in atomaren Dimensionen nicht vorhersagbar sind.

6.2 Atomhülle

In einem Lehrbuch der Experimentalphysik ist es nicht möglich, die Atomphysik vom heutigen Wissensstand aus darzustellen: Das wäre ein theoretisches Werk über *Quantenmechanik* mit überwiegend mathematischem Inhalt. Anschaulicher wird der Zugang, wenn man der *historischen* Aufklärung des Atombaus folgt, denn zunächst wurde das Elektron als klassisches *Teilchen* interpretiert.

6.2.1 RUTHERFORDsches Planetenmodell

Nach der Entdeckung des Elektrons im Jahr 1897 stellte man sich die Atome als eine Art positiv geladenen Kuchen vor, in dem negativ geladene Elektronen wie Rosinen verteilt sein sollten. Als ERNEST RUTHERFORD (1871 – 1937) im Jahr 1911 einen Strahl positiver α-Teilchen (Abschnitt 6.5.3) auf eine Goldfolie richtete, sollten die Rosinenkuchenatome mit ihrer verteilten positiven Ladung demnach nur eine *geringe* Ablenkung durch die COULOMB-Kraft verursachen. Tatsächlich passierten die meisten α-Teilchen die Metallfolie aber *völlig* unbeeinflusst, während einige stark gestreut oder sogar *reflektiert* wurden.

Die Messergebnisse deutete RUTHERFORD mit seinem **Planetenmodell**: Nahezu die gesamte Masse des Atoms befindet sich in einem kleinen, positiv geladenen Atomkern (Durchmesser ca. 10^{-15} m), der von den Elektronen in großem Abstand (ca. 10^{-10} m) umkreist wird – ähnlich wie die Sonne von den Planeten **(Bild 6.7)**. Das Atom besteht demnach im Wesentlichen aus leerem Raum.

Während die letzte Erkenntnis durch die Streuexperimente belegt war, stehen die „Planetenumläufe" im Widerspruch zur klassischen Physik: Da die Elektronen auf der Kreisbahn dauernd beschleunigt werden, müssten sie nach der MAXWELLschen Theorie eine elektromagnetische Strahlung mit einem *kontinuierlichen* Spektrum aussenden, dadurch Energie verlieren und in den Kern stürzen. Dagegen spricht die Lebenserfahrung mit einer im Großen und Ganzen stabilen Welt, und dagegen sprechen die seit dem 19. Jahrhundert akribisch vermessenen *Linienspektren* strahlender Atome mit *diskreten*, offensichtlich nach einem bestimmten System angeordneten Wellenlängen (Abschnitt 6.3.1).

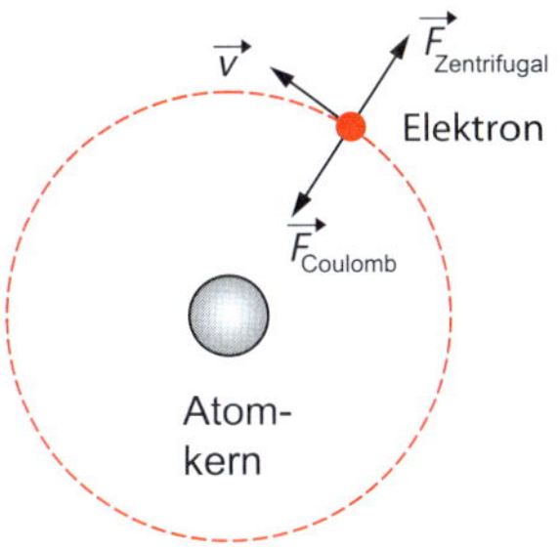

Bild 6.7 Beim RUTHERFORDschen Planetenmodell ist die COULOMB-Kraft der Zentrifugalkraft entgegen gerichtet (Zeichnung nicht maßstabsgerecht).

6.2.2 BOHRsches Atommodell

Im Jahr 1913 beseitigte NIELS BOHR (1885 – 1962) die Probleme des Planetenmodells auf bemerkenswerte Weise, nämlich durch zwei **Postulate:**

BOHRsche Postulate

1. Für das kreisende Elektron sind nur bestimmte Bahnen mit Radius r_n erlaubt, auf denen es *nicht* strahlt. Sie entsprechen *stationären Energiezuständen* E_n.
2. Beim Wechsel von einer höheren Kreisbahn (mit größerem Radius r_n und höherer Energie E_n) zu einer niedrigeren Bahn wird die Energiedifferenz gemäß der Quantenhypothese als Photon abgestrahlt:

$$hf = E_n - E_m (m < n) \qquad \text{Formel 6.10}$$

Das erste Postulat gibt die erlaubten Radien r_n durch den jeweiligen Elektronen-Drehimpuls auf diesen Bahnen vor (Formel 2.50 und Formel 2.47):

$$L_n = J\omega = m_e r_n^2 \omega = m_e r_n v = n\hbar (n = 1,2,3,\ldots) \qquad \text{Formel 6.11}$$

Diese Quantisierung des Drehimpulses begründete Bohr rein empirisch, weil sie das Linienspektrum des *Wasserstoffatoms* sehr gut erklärte. Nach der später formulierten Unschärferelation (Formel 6.8) ist sie insofern plausibel, als der Drehimpuls die Einheit der Wirkung hat:

$$[L] = \text{kg} \cdot \text{m}^2 / \text{s} = (\text{kg} \cdot \text{m}^2 / \text{s}^2) \cdot \text{s} = \text{J} \cdot \text{s}$$

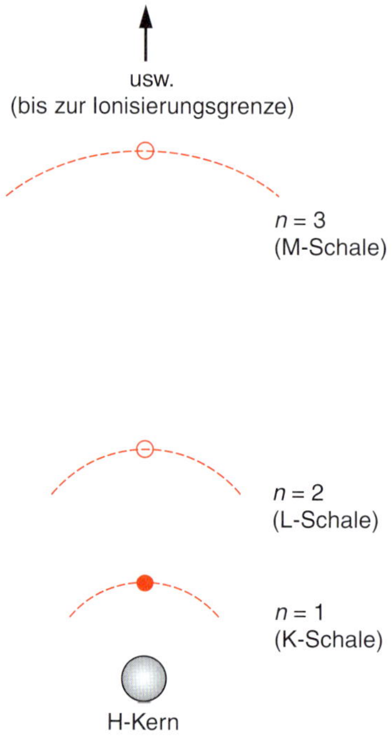

Bild 6.8 Im BOHRschen Atommodell gibt es zahlreiche mögliche Kreisbahnen bzw. Schalen für das Elektron des Wasserstoffatoms.

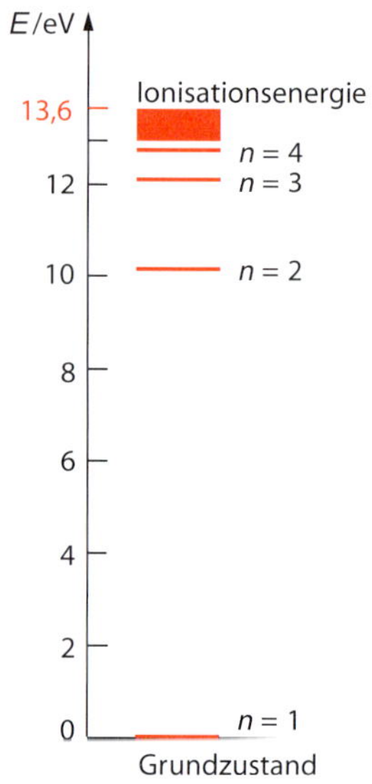

Bild 6.9 Im Termschema des Wasserstoffatoms liegen die Energieniveaus nahe der Ionisationsgrenze immer dichter zusammen.

Solche Größen unterliegen offensichtlich Quantenbedingungen – speziell einer„Körnung" mit dem Wirkungsquantum h als elementarer Einheit – die zwar in der klassischen Physik ohne Bedeutung sind, im atomaren Maßstab aber wirksam werden (Abschnitt 6.1.3). Völlig selbstverständlich ergeben sich die Bahnradien übrigens, wenn man die Welleneigenschaft des Elektrons berücksichtigt (Abschnitt 6.2.4).

Im BOHRschen Atommodell können sich die Elektronen also auf bestimmten *Kugelschalen* mit dem Radius r_n um den Atomkern bewegen. Historisch wurden diese als K-Schale, L-Schale, M-Schale usw. bezeichnet, während sie heute meistens mit der **Hauptquantenzahl** $n = 1, 2, 3, \ldots$ nummeriert werden. **Bild 6.8** zeigt schematisch und im Wesentlichen maßstabsgetreu die Anordnung der Schalen beim Wasserstoffatom. Die unterste mit $r_1 \approx 0{,}05$ nm, in der sich das Elektron ohne Energiezufuhr von außen befindet, entspricht dem **Grundzustand**. Bei den weiteren vergrößert sich der Radius quadratisch wegen des Gleichgewichtes zwischen der COULOMB- und der Zentrifugalkraft **(Bild 6.7)**.

Wenn man die Summe von kinetischer und potenzieller Energie der Elektronen in Abhängigkeit vom Bahnradius klassisch berechnet [Dietmaier], erhält man die entsprechenden diskreten **Energieniveaus** E_n. Sie lassen sich übersichtlich in einem **Termschema** darstellen. In **Bild 6.9** ist der Grundzustand willkürlich als Nullpunkt der Energieskala gewählt worden. (Man kann auch die *Ionisierungsenergie*, bei der das Elektron die Bindung an das Atom verliert, als Bezug verwenden und erhält dann für den Grundzustand die Energie – 13,6 eV.) Die Energieniveaus über dem Grundzustand gehören zu **angeregten Zuständen** des Atoms; die Energiebeträge sind umgekehrt proportional zum Quadrat der Hauptquantenzahl: $E_n \sim -1/n^2$. Eine Anregungsenergie kann dem Atom zum Beispiel durch Elektronenstoß in einer Gasentladung oder durch absorbierte Photonen zugeführt werden.

Info 6.2: Franck-Hertz-Versuch

In demselben Jahr, in dem Bohr sein Atommodell veröffentlichte, zeigten J. Franck und G. Hertz die quantenhafte Absorption von Energie in einer Gasentladung. Sie bestätigten damit Bohrs (aus *optischen* Messungen abgeleitete) Postulate auf direkte, nämlich *elektrische* Weise.
Die Kennlinie einer Gasentladung (Abschnitt 4.7.2) mit einem zusätzlichen Bremsgitter zeigt charakteristische Strom-Minima bei solchen Beschleunigungsspannungen, die zur Anregung der Gas- oder Dampfatome mittels der entsprechenden kinetischen Energie der Elektronen führt; diese „fehlen" im Entladungsstrom. Die Anregungsenergie wird beim anschließenden Quantensprung in den Ausgangszustand als Photon emittiert. Im Originalexperiment trat der unelastische Stoß mit *Quecksilberatomen* jeweils nach einer Beschleunigungsspannung von 4,9 V auf. Mittels Formel 2.64 und Formel 6.1 kann man leicht berechnen, dass UV-Strahlung entsteht:

$$\lambda = h\frac{c_0}{E} = \frac{6{,}626 \cdot 10^{-34}\ \mathrm{J \cdot s} \cdot 3 \cdot 10^{8}\ \mathrm{m/s}}{4{,}9 \cdot 1{,}6 \cdot 10^{-19}\ \mathrm{J}} = 253{,}5\,\mathrm{nm}$$

Bild 6.10 zeigt den Versuch in *Neon*, wobei die Gasatome *sichtbare* Strahlung aussenden. Die leuchtenden Schichten beweisen, dass die Elektronen mehrfach ihre Energie übertragen und danach wieder beschleunigt werden.

Bild 6.10 Die stoßenden Elektronen können auf ihrem Weg zur Anode mehrfach kinetische Energie auf die Gasatome übertragen; dadurch entstehen leuchtende Schichten.

6.2.3 Quantenzahlen und das Pauli-Prinzip

Für das einfachste aller Atome, das Wasserstoffatom, kann das Bohrsche Atommodell alle experimentell beobachteten Effekte erklären. Insbesondere stimmen die Energiedifferenzen zwischen beliebigen angeregten Zuständen bzw. dem Grundzustand sehr gut mit der Energie hf emittierter oder absorbierter Photonen (sowie Franck-Hertz-Experimenten, Info 6.2) überein. Entsprechende Frequenz- bzw. Wellenlängenmessungen wurden über Jahrzehnte hinweg mit Prismen- oder Gitterspektroskopen immer genauer angestellt.

Sobald allerdings mehr als ein Elektron den Kern „umkreist", versagt das Modell. Arnold Sommerfeld (1868 – 1951) versuchte im Jahr 1915 das Teilchen- bzw. Planetenmodell zu retten, indem er gewissermaßen die Keplerschen Gesetze (Abschnitt 2.7.1) auf das Atom anwandte: Die Elektronen können auf jeder Hauptschale unterschiedliche *Ellipsenbahnen* durchlaufen, die auch als *Unterschalen* bezeichnet werden. Mit größerer Exzentrizität wird der *Drehimpuls* kleiner, wobei wiederum eine Quantisierung erfolgt. Dadurch ist auch die zugehörige Elektronenenergie quantisiert: Das durch die Hauptquantenzahl n beschriebene Energieniveau „spaltet auf" in Unterniveaus, die durch eine *Neben-* bzw. **Drehimpulsquantenzahl** l unterschieden werden:

Drehimpulsquantenzahl

$$l = 0, 1, 2, \ldots, n-1$$ Formel 6.12

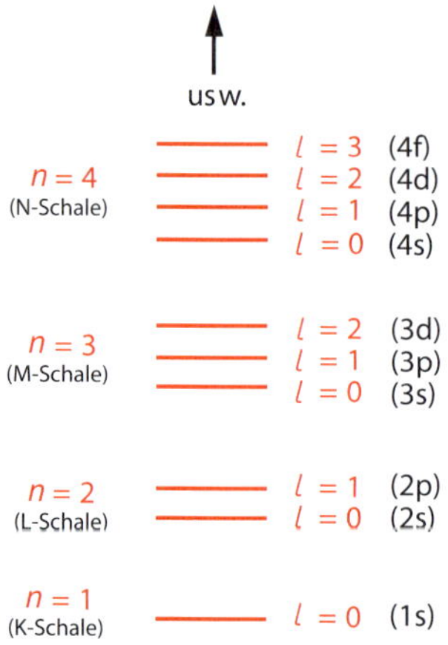

Bild 6.11 Die Aufspaltung der Energieniveaus entsteht im Teilchenmodell durch die „Unterschalen" mit verschiedenen Drehimpulsen der Elektronen.

Aus historischen Gründen, nämlich wegen der empirischen Systematik der Spektroskopiker (Abschnitt 6.3.1), sind auch die Bezeichnungen **s-**, **p-**, **d-**, **f-Elektronen** üblich **(Bild 6.11)**.

Die spektroskopischen Untersuchungen von Atomen in *Magnetfeldern* zeigten, dass auch diese Energieniveaus weiter aufspalten können. Im Teilchenmodell stellt das geladene Elektron auf seiner Kreis- bzw. Ellipsenbahn einen Strom dar, der ein magnetisches Moment hat wie die Windung einer Spule. Zu den möglichen, wieder quantisierten Orientierungen der Bahnen gehören ebenfalls etwas unterschiedliche Energieniveaus, die durch die **Magnetquantenzahl** m beschrieben werden:

Magnetquantenzahl

$$m = -l, \ldots, -1, 0, +1, \ldots, +l$$ Formel 6.13

Schließlich kann man dem Elektron – wenn es denn im Teilchenbild weiterhin als geladenes Kügelchen interpretiert wird – eine Rotation und daher einen *Eigendrehimpuls* zuschreiben. Der sogenannte *Spin* der rotierenden Ladung mit seinem entsprechenden magnetischen Moment kann sich parallel oder antiparallel zum magnetischen Bahndrehmoment einstellen; dabei spaltet das betreffende Energieniveau nochmals in zwei Unterniveaus auf. Sie werden durch die **Spinquantenzahl** s unterschieden:

Spinquantenzahl

$$s = -\frac{1}{2}, \ +\frac{1}{2}$$ Formel 6.14

Die Aufspaltung der atomaren Energieniveaus, die von den Quantenzahlen l und m beschrieben wird, tritt vor allem in äußeren Magnetfeldern auf. Allerdings erklärt die *Spin-Bahn-Kopplung* der beiden magnetischen Momente die stets vorhandene *Feinstruktur* der gelben Natrium-Spektrallinie (Beispiel 5.13).

Info 6.3: STERN-GERLACH-Versuch

O. STERN und W. GERLACH zeigten 1921 experimentell, dass sich das magnetische Moment des Spins nur in zwei Richtungen orientieren kann. Dazu verwendeten sie Silberatome, die wegen ihrer Elektronenstruktur insgesamt das gleiche magnetische Moment wie einzelne Elektronen haben.

Wenn ein solcher Strahl aus „atomaren Magneten" ein stark inhomogenes magnetisches Feld durchquert **(Bild 6.12)**, so müssten bei beliebiger Orientierung der Silberatome alle möglichen Ablenkungen nachweisbar sein. Insbesondere müssten sich bei den meisten Atomen Anziehung und Abstoßung gerade kompensieren, sodass der Strahl unbeeinflusst bliebe. Tatsächlich zeigt das Experiment die *Quantisierung* des Spinmoments, die sich – wie in der Zeichnung schematisch dargestellt – durch die *Aufspaltung* des Atomstrahls in zwei Teilstrahlen zeigt.

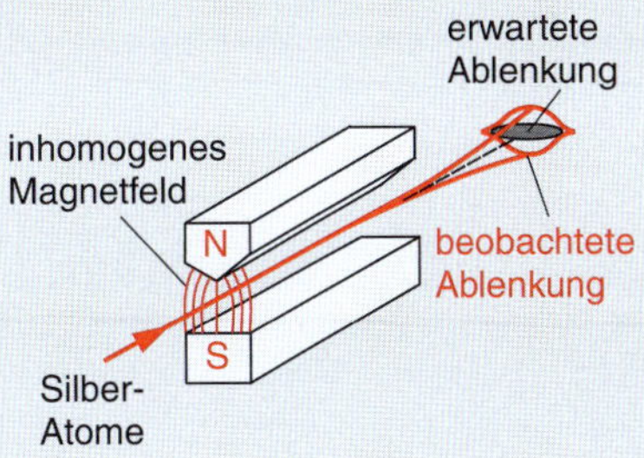

Bild 6.12 Beim STERN-GERLACH-Versuch werden zwei zueinander antiparallele Spin-Orientierungen beobachtet.

Die vier Quantenzahlen haben eine wichtige Bedeutung für den Aufbau der Atome und ihre Anordnung im **Periodensystem** (Tabelle 6.2). Ein Grundprinzip der Natur ist ja, dass bei mehreren möglichen Energiezuständen der niedrigste mit der höchsten Wahrscheinlichkeit besetzt wird; das beschreibt der *BOLTZMANN-Faktor* (Formel 3.26) in Abschnitt 3.3.3.3. In allen Atomen wäre also der Grundzustand mit zahlreichen Elektronen besetzt, wenn nicht zusätzlich das **Ausschlussprinzip** von WOLFGANG PAULI (1900 – 1958) erfüllt sein müsste:

Alle Elektronen eines Atoms unterscheiden sich in mindestens einer Quantenzahl. PAULI-Prinzip

Das hat zur Folge, dass zwei Elektronen nicht gleichzeitig dasselbe Energieniveau besetzen dürfen; sie müssen sich zumindest im Spin unterscheiden. Aus dieser zusätzlichen Bedingung resultiert die Auffüllung der Hauptschalen bei Atomen mit mehreren Elektronen, die im Grundzustand des Atoms streng nach dem Kriterium minimaler Gesamtenergie erfolgt. Für ihre Anzahl z auf der n-ten Schale (bzw. für die Hauptquantenzahl n) ergibt sich eine einfache Gesetzmäßigkeit:

$$z = 2n^2$$ Formel 6.15 Elektronen-Anzahl

Beispiel 6.4: Quantenzahlen

Aufgabe: Geben Sie für die M-Schale eines Atoms die Quantenzahlen und die möglichen Energieniveaus bzw. Elektronenbesetzungen an!
Lösung: Die Hauptquantenzahl ist $n = 3$. Nach Formel 6.12 kann die Drehimpulsquantenzahl l die Werte 0, 1 oder 2 annehmen. Dazu gehören nach Formel 6.13 jeweils folgende Magnetquantenzahlen m: 0, (–1, 0, +1), (–2, –1, 0, +1, +2). Diese insgesamt 9 Energieniveaus können nach Formel 6.14 jeweils von Elektronen mit unterschiedlicher Spinquantenzahl s besetzt werden, sodass die Gesamtzahl $z = 18$ ist. Dasselbe Ergebnis liefert Formel 6.15.

Schreibweisen

Umgangssprachlich schreibt man „Silizium“, aber als Fachwort „Silicium“. Ähnliches gilt für Kalzium/Calcium, Kobalt/Cobalt, Kadmium/Cadmium, Wismut/Bismut und Jod/Iod. Lateinkenner haben kein Problem damit, dass im Periodensystem Eisen („Ferrum“) mit dem Elementsymbol „Fe“ auftaucht, Antimon („Stibium“) als Sb, Blei („Plumbum“) als Pb, Gold („Aurum“) als Au, Silber („Argentum“) als Ar, Stickstoff („Nitrogenium“) als N und Zinn („Stannum“) als Sn. Das Symbol für Kohlenstoff („C“) kommt ursprünglich von der Holzkohle („Carbonium“).

In Tabelle 6.1 ist zunächst die Elektronenkonfiguration (im Grundzustand) bis zur Ordnungszahl $Z = 18$ angegeben. Man erkennt bereits hier, dass die Edelgase Helium, Neon und Argon jeweils eine vollständig besetzte Hauptschale aufweisen und darum sehr reaktionsträge sind. Dagegen ist das einzelne Außenelektron der Alkalimetalle Lithium und Natrium nur locker gebunden und verursacht deren hohe Reaktionsbereitschaft.

Tabelle 6.1 Elektronenkonfiguration der Elemente (bis zur Ordnungszahl $Z = 18$)

			Schalen					
			K	L		M		
			$n = 1$	$n = 2$		$n = 3$		
Z	Symbol	Element	s	s	p	s	p	d
1	H	Wasserstoff	1					
2	He	Helium	2					
3	Li	Lithium	2	1				
4	Be	Beryllium	2	2				
5	B	Bor	2	2	1			
6	C	Kohlenstoff	2	2	2			
7	N	Stickstoff	2	2	3			
8	O	Sauerstoff	2	2	4			
9	F	Fluor	2	2	5			
10	Ne	Neon	2	2	6			
11	Na	Natrium	2	2	6	1		
12	Mg	Magnesium	2	2	6	2		
13	Al	Aluminium	2	2	6	2	1	
14	Si	Silicium	2	2	6	2	2	
15	P	Phosphor	2	2	6	2	3	
16	S	Schwefel	2	2	6	2	4	
17	Cl	Chlor	2	2	6	2	5	
18	Ar	Argon	2	2	6	2	6	

Tabelle 6.2 zeigt das vollständige **Periodensystem** der Elemente bis hin zu Atomen mit dreistelliger Ordnungszahl (jeweils in der ersten Zeile; sie entspricht der Kernladungszahl bzw. der Anzahl der Hüllenelektronen). In der jeweils dritten Zeile ist die relative Atommasse („Atomgewicht“) angegeben. Das Periodensystem hat entscheidende Bedeutung für die Chemie, da es das ähnliche Reaktionsverhalten bestimmter

Elemente erklärt; in den entsprechenden Büchern – z. B. [Schwister] – findet man darum weitere Details.

6.2.4 Wellenmodell und Quantenmechanik

L. DE BROGLIE wurde zu seiner Materiewellen-Hypothese (Abschnitt 6.1.2) nicht zuletzt durch die BOHRschen Postulate inspiriert: Diese werden sofort plausibel, wenn man sich das Elektron als eine stehende Welle vorstellt. In diesem Fall muss seine Wellenlänge exakt ein Vielfaches der Kreisbahnumfänge bilden, wie in den (nur zweidimensionalen) Beispielen in **Bild 6.13** schematisch dargestellt ist; andernfalls tritt destruktive Interferenz auf. Die stabilen Teilchenbahnen entsprechen also einer *Resonanzbedingung*, die für diese zirkularen Materiewellen sehr anschaulich ist.

Tabelle 6.2 Periodensystem der Elemente bis zur Ordnungszahl Z = 112

1 **H** 1,0079																	2 **He** 4,003
3 **Li** 6,941	4 **Be** 9,012											5 **B** 10,81	6 **C** 12,011	7 **N** 14,007	8 **O** 15,999	9 **F** 19,00	10 **Ne** 20,180
11 **Na** 22,990	12 **Mg** 24,31											13 **Al** 26,98	14 **Si** 28,09	15 **P** 30,974	16 **S** 32,067	17 **Cl** 35,453	18 **Ar** 39,948
19 **K** 39,098	20 **Ca** 40,08	21 **Sc** 44,96	22 **Ti** 47,87	23 **V** 50,94	24 **Cr** 52,00	25 **Mn** 54,94	26 **Fe** 55,85	27 **Co** 58,93	28 **Ni** 58,69	29 **Cu** 63,55	30 **Zn** 65,41	31 **Ga** 69,72	32 **Ge** 72,64	33 **As** 74,92	34 **Se** 78,96	35 **Br** 79,90	36 **Kr** 83,80
37 **Rb** 85,47	38 **Sr** 87,62	39 **Y** 88,906	40 **Zr** 91,22	41 **Nb** 92,91	42 **Mo** 95,94	43 **Tc** (98)	44 **Ru** 101,1	45 **Rh** 102,906	46 **Pd** 106,4	47 **Ag** 107,870	48 **Cd** 112,41	49 **In** 114,82	50 **Sn** 118,71	51 **Sb** 121,76	52 **Te** 127,60	53 **I** 126,90	54 **Xe** 131,29
55 **Cs** 13,905	56 **Ba** 137,33	57-71 **Seltene** **Erden**	72 **Hf** 178,49	73 **Ta** 180,95	74 **W** 183,84	75 **Re** 186,2	76 **Os** 190,2	77 **Ir** 192,2	78 **Pt** 195,08	79 **Au** 196,97	80 **Hg** 200,59	81 **Ti** 204,38	82 **Pb** 207,19	83 **Bi** 208,98	84 **Po** (209)	85 **At** (210)	86 **Rn** (222)
87 **Fr** (223)	88 **Ra** (226)	89-103 **Acti-** **noiden**	104 **Rf** (261)	105 **Db** (262,1)	106 **Sg** (263)	107 **Bh** (262,1)	108 **Hs** (265,3)	109 **Mt** (268)	110 **Ds** (281)	111 **Rg** (280)	112 **Cn** (283)						
Seltene Erden:		57 **La** 138,91	58 **Ce** 140,12	59 **Pr** 140,91	60 **Nd** 144,24	61 **Pm** (145)	62 **Sm** 150,36	63 **Eu** 152,0	64, **Gd** 157,25	65 **Tb** 158,93	66 **Dy** 162,50	67 **Ho** 164,93	68 **Er** 167,26	69 **Tm** 168,93	70 **Yb** 173,04	71 **Lu** 174,97	
Acti-noiden:		89 **Ac** 227,03	90 **Th** 232,04	91 **Pa** 231,04	92 **U** 238,03	93 **Np** 237,05	94 **Pu** (244)	95 **Am** (243)	96 **Cm** (247)	97 **Bk** (247)	98 **Cf** (251)	99 **Es** (252)	100 **Fm** (257)	101 **Md** (258)	102 **No** (259)	103 **Lr** (260,1)	

Angegeben sind die mittleren Atommassen gemäß der natürlich vorkommenden Isotopen-Mischung (Abschnitt 6.5.1, Abschnitt 6.5.2). Die Werte in Klammern sind vorläufig.

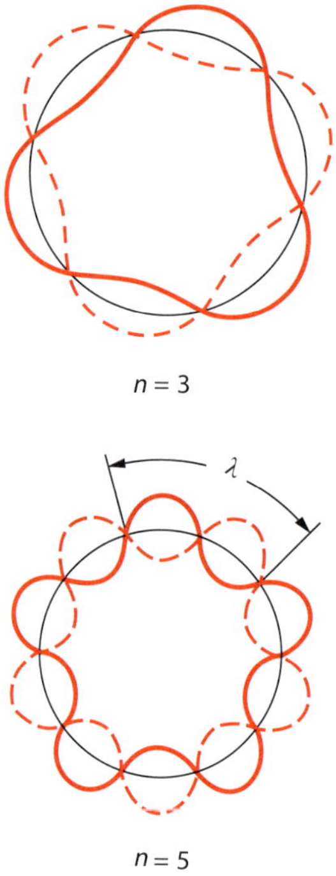

Bild 6.13 Stehende Elektronen-Kreiswellen müssen eine Resonanzbedingung erfüllen, die dem ersten BOHRschen Postulat entspricht.

Die Resonanzbedingung für das Wasserstoffatom erhält man sofort, wenn man die Materiewellenlänge des Elektrons (Formel 6.7) in BOHRs erstes Postulat (Formel 6.11) einsetzt:

$$m_e r_n v = n\hbar = n\frac{h}{2\pi} \Rightarrow 2\pi r_n = n\frac{h}{m_e v}$$

Damit ergibt sich in Übereinstimmung mit **Bild 6.13**:

$$2\pi r_n = n\lambda\left(n = 1,2,3,\cdots\right) \qquad \text{Formel 6.16}$$

Auch für das Verständnis des Atombaus muss also der Teilchen-Welle-Dualismus angewandt werden. Das Elektron als Teilchen ist gleichzeitig durch eine *dreidimensionale* Materiewelle zu beschreiben. Damit gilt auch für die Hüllenelektronen des Atoms die HEISENBERGsche Unschärferelation, die gemäß Formel 6.8 für einen bestimmten Bahnimpuls bzw. eine bestimmte Bahngeschwindigkeit des Teilchens seinen Ort in den drei Raumdimensionen „verschmiert". Die einzige der Anschauung zugängliche Interpretation dieser Aussage wurde bereits in Abschnitt 6.1.2 zitiert:

> Die Intensität bzw. das Amplitudenquadrat der Elektronenwelle ist ein Maß für die Wahrscheinlichkeit, das Elektron als Teilchen an diesem bestimmten Ort anzutreffen.

Nach dieser Deutung ist das Elektron beispielsweise in den Knoten der Kreiswellen von **Bild 6.13** nie anzutreffen und in den Wellenbäuchen am häufigsten.

Info 6.4: Deutungen der Materiewellenfunktion

Die *statistische* Interpretation der Materiewellenfunktion stammt von MAX BORN (1882 – 1970) und ist Bestandteil der „Kopenhagener Deutung" der Quantentheorie, die er gemeinsam mit BOHR und HEISENBERG erarbeitete und für die er 1954 den Nobelpreis erhielt. Vor allem EINSTEIN akzeptierte sie nie, was er 1926 in dem viel zitierten Satz ausdrückte: „Jedenfalls bin ich überzeugt, dass der Alte (gemeint ist Gott) nicht würfelt."
Das Unbehagen über den *Zufall* als Bestandteil physikalischer Gesetze wurde u. a. von DE BROGLIE geteilt. Er schlug eine deterministische Deutung vor, die *verborgene Variable* unterstellt und heute als *BOHMsche Mechanik* weiterentwickelt wird.
Ebenfalls Anhänger hat die *Viele-Welten-Theorie*. Sie ordnet jedem *möglichen* Ergebnis eines Experimentes ein eigenes Universum zu; der Beobachter kennt aber nur sein eigenes (nämlich unseres). Leider kann EINSTEIN nicht mehr befragt werden, ob ihm diese Deutung der Quantentheorie mehr behagt.

Unabhängig von ihren *Interpretationen* hat die mathematische *Anwendung* der Quantentheorie die Möglichkeit eröffnet, auch komplizierter aufgebaute Atome zu beschreiben. Vor allem die von ERWIN SCHRÖDINGER (1887 – 1961) im Jahr 1926 gefundene SCHRÖDINGER-Gleichung erlaubt es, orts- und zeitabhängige Wellenfunktionen ψ als deren Lösungen für verschiedene Potenzialverläufe („Potenzialtöpfe") zu untersuchen. Mit den resultierenden (Aufenthalts-)Wahrscheinlichkeitsverteilungen $|\psi|^2$ lassen sich auch Atome mit höherer Ordnungszahl als Wasserstoff gut modellieren. Sämtliche Ergebnisse der **Quantenmechanik** sind durch die Experimentalphysik bestätigt worden. Auch gilt immer das **Korrespondenzprinzip**:

Die quantenmechanische Beschreibung geht im Grenzfall makroskopischer Objekte in die der klassischen Mechanik über.

In dieser umfassenden Theorie dienen die Quantenzahlen n, m und l des Teilchenmodells (der Spin zeigte sich als relativistischer Effekt) der Nummerierung diskreter Energieniveaus des Elektrons, die bei stehenden Wellen in dreidimensionalen „Potenzialtöpfen" zwangsläufig auftreten. Im theoretisch übersichtlichen Fall ist das ein *Kasten* mit dem Elektron darin und „Barrieren" aus hoher potenzieller Energie ringsum, im realen Fall das vom Kern und den anderen Elektronen kompliziert geformte COULOMB-Potenzial. Wegen der Unschärferelation (Formel 6.9) kann übrigens das unterste Energieniveau nie auf dem Boden des Topfes liegen: Jedes Teilchen besitzt eine *Nullpunktsenergie*.

Auch anschaulich erhalten die Quantenzahlen eine erweiterte Bedeutung: Sie beschreiben nun die Aufenthaltswahrscheinlichkeit der Elektronen mittels dreidimensionaler **Orbitale**, die durch *Knotenflächen* (mit der Aufenthaltswahrscheinlichkeit null) getrennt werden.

Bildlich und im zeitlichen Mittel kann man sich die Orbitale als eine Art *Ladungswolke* mit räumlich unterschiedlicher Ladungsdichte vorstellen; in diesem Sinne ist das Atom nicht mehr so leer wie im Planetenmodell. Die Gesamtladung ist natürlich noch identisch, und bei Wechselwirkungen mit elektromagnetischer Strahlung, anderen Atomen oder den α-Teilchen des RUTHERFORD-Streuexperiments tritt immer ein *einzelnes Elektron* in Erscheinung. Formen und Ausrichtungen der Orbitale spielen für die räumlichen Bindungseigenschaften und chemischen Reaktionen der Atome eine große Rolle.

Anschauliche Quantenphysik?

Teilchen sind gleichzeitig Wellen, die Wellenfunktion ist eine komplexe Größe, Wechselwirkungen mit Quanten gehorchen den Gesetzen der Statistik – die Welt der Atome und Elementarteilchen ist grundsätzlich unanschaulich und eigentlich nur mathematisch zu beschreiben. Wenn man das nicht vergisst, darf man sich aber zum intuitiven Verständnis durchaus der einfachen Modelle bedienen.

In **Bild 6.14** sind als Beispiele die Orbitale des Wasserstoffatoms für $n = 1$ (K-Schale) sowie $n = 2$ (L-Schale) skizziert. Die Aufenthalts-Wahrscheinlichkeitsverteilungen $|\psi|^2$ für $l = 0$ (1s- und 2s-Elektron) erinnern noch an „verschmierte" Kreisbahnen, während die drei möglichen Konfigurationen für $l = 1$ (2p-Elektron) mit $m = 0, \pm 1$ keinerlei Ähnlichkeit mehr mit den SOMMERFELDschen Ellipsenbahnen aufweisen.

Eine verblüffende Eigenschaft der SCHRÖDINGER-Gleichung ist, dass sie Lösungen auch für Bereiche potenzieller Energie besitzt, die höher als die Wellen- bzw. Teilchenenergie sind und die nach der klassischen Theorie (wegen der Verletzung des Energiesatzes) unzugänglich bzw. unüberwindlich wären. **Bild 6.15** zeigt die sinusförmige Wellenfunktion ψ eines ankommenden Teilchens mit der Energie E_T vor einer Potenzialbarriere, die seine Energie um ΔE übersteigt. *Innerhalb* der Barriere ist die Lösung der Wellengleichung bei endlicher „Wandhöhe" eine abfallende Exponentialfunktion, die danach in die ursprüngliche Wellenfunktion – mit reduzierter Amplitude – übergeht. Demnach verbleibt dem Teilchen auch *hinter* der „Wand" eine endliche Aufenthaltswahrscheinlichkeit $|\psi|^2$: Das Teilchen kann eine solche (dünne) Potenzialbarriere *durchtunneln* (und besitzt danach dieselbe Energie wie vorher).

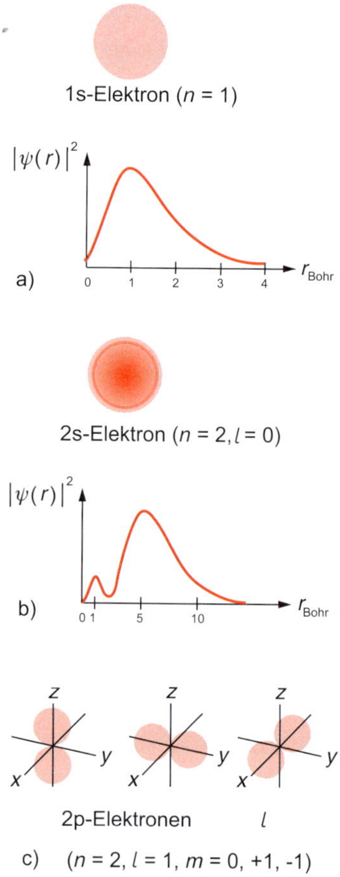

Bild 6.14 Die Orbitale des Wasserstoffatoms für $n = 1$ (a) sowie $n = 2$ und $l = 0$ (b) erinnern noch an „verschmierte" Kugelschalen. Für $l = 1$ (c) sind drei Orbitale möglich ($m = 0, +1, -1$), die mit dem BOHRschen Modell nichts mehr zu tun haben.

Dieser **Tunneleffekt** ist nicht nur Theorie; er spielt zum Beispiel bei der Emission *radioaktiver Strahlung* (Abschnitt 6.5.3) oder in modernen *Rastertunnelmikroskopen* (H. ROHRER, G. BINNING; Nobelpreis 1986) eine wichtige Rolle. Auch in der Halbleitertechnik wird der Tunneleffekt einerseits in Bauelementen angewandt (Abschnitt 4.7.5.4 sowie Abschnitt 6.4.5), andererseits begrenzt er definitiv die Miniaturisierung elektronischer Schaltungen, z. B. von Computerprozessoren.

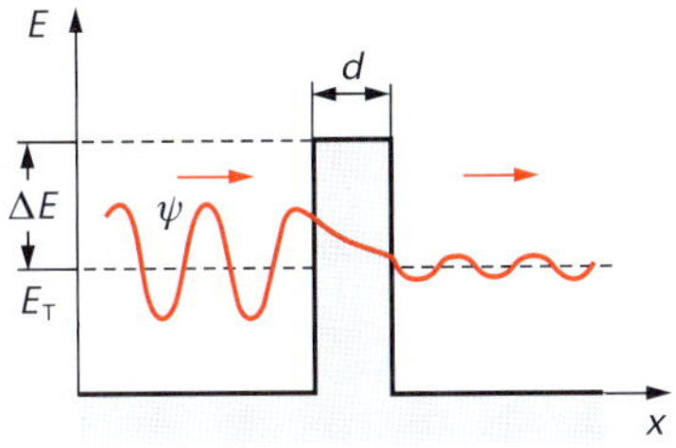

Bild 6.15 Wenn eine Potenzialbarriere endlich hoch und nicht zu dick ist, kann ein Teilchen sie dank seiner in der „Wand" nicht verschwindenden Wellenfunktion bzw. Aufenthaltswahrscheinlichkeit durchtunneln.

Zusammenfassung: Atomhülle

- Im *Teilchenbild* besteht die Atomhülle aus Schalen und Unterschalen, die wie ein mikroskopisches Planetensystem der Elektronen aufgebaut sind; dazu gehören jeweils bestimmte Energieniveaus. Durch ihre magnetischen Momente verursachen der Bahndrehimpuls und der Eigendrehimpuls (Spin) der Elektronen weitere Unterniveaus.
- Die Energieniveaus werden durch *Quantenzahlen* beschrieben. Nach dem *PAULI-Prinzip* müssen sich alle Elektronen eines Atoms in mindestens einer Quantenzahl unterscheiden.
- Beim Übergang zwischen den Niveaus wird Energie *quantenhaft* abgegeben – meistens durch Photonen – bzw. aufgenommen.
- Die Quantenmechanik beschreibt die Elektronen im *Wellenmodell*. Die Intensität der Materiewelle wird als Maß für die Aufenthaltswahrscheinlichkeit des Elektrons gedeutet und durch *Orbitale* veranschaulicht.
- Die Wellenfunktion von Materiewellen endet nicht an Potenzialbarrieren, darum zeigen Elektronen und andere Teilchen den *Tunneleffekt*.

6.3 Quanten-Emission und -Absorption

Das PLANCKsche Strahlungsgesetz der Thermodynamik (Abschnitt 3.2.3.3) beschreibt ein *kontinuierliches Spektrum*, das die Emission elektromagnetischer Wellen zu bestätigen scheint. Dennoch gelang seine Ableitung durch PLANCK nur mit der Annahme von *Strahlungsquanten*. Bei der Photonenemission heißer Festkörper sind allerdings sämtliche Frequenzen f bzw. Energien $E = hf$ vom Infrarot bis zum Ultraviolett in der Strahlung enthalten.

Isolierte Atome zeigen *Linienspektren* mit diskreten Photonenenergien, wie bereits BOHR für sein Atommodell postuliert hatte und wie die Quantenmechanik bestätigt.

Da die Photonenemission auch erzwungen werden kann, ist eine Lichtverstärkung nach dem *Laser-Prinzip* möglich. Es gibt außerdem besonders energiereiche Quanten, die von den Atomen als *Röntgenstrahlung* emittiert werden.

6.3.1 Atomspektren

Historisch ist der Aufbau des **Wasserstoffatoms** im Wesentlichen durch spektroskopische Untersuchungen entschlüsselt worden, die über viele Jahre verfeinert und dann zu *Spektrallinien-Serien* kombiniert wurden. Die Serien gehören zu strahlenden Übergängen aus angeregten Zuständen in den Grundzustand („LYMAN-Serie") oder in dasselbe niedrigere Energieniveau (z. B. „BALMER-Serie"). In **Bild 6.16** ist ein Termschema des H-Atoms analog zu **Bild 6.9** mit den wichtigsten Serien dargestellt. Da die Frequenz der emittierten Strahlung nach der EINSTEINschen Gleichung (Formel 6.1) mit der Differenz der Energieniveaus verknüpft ist, reichen die gemessenen Wellenlängen vom IR bis zum UV (Tabelle 4.3); nur die BALMER-Serie liegt im sichtbaren Spektralbereich.

Auch bei komplizierter aufgebauten Atomhüllen mit mehreren relevanten Quantenzahlen sind Linienspektren die wichtigste Bestätigung der Atommodelle. Dabei zeigt sich, dass nicht alle theoretisch möglichen Übergänge zwischen den zahlreichen Energieniveaus auch *erlaubt* bzw. im Sinne der Quantenmechanik *wahrscheinlich* sind. Als Ursache wurde erkannt, dass dem Photon ein Drehimpuls mitgegeben wird, der im System erhalten bleiben muss. Daraus folgt als wichtigste **Auswahlregel**, dass sich die Drehimpulsquantenzahl des Atoms nur um den entsprechenden Wert ändern kann:

Auswahlregel

$$\Delta l = \pm 1 \qquad \text{Formel 6.17}$$

Beispiel 6.5: Natrium-Liniendublett

Aufgabe: Wie groß ist die Energiedifferenz ΔE der beiden angeregten Zustände beim gelben Natrium-Liniendublett?
Lösung: ΔE entspricht einer Frequenzdifferenz Δf, die aus der Wellenlängendifferenz $\Delta\lambda$ durch Differenzieren der Funktionsgleichung $f(\lambda) = c/\lambda$ nach λ ermittelt werden kann (hier als Differenzenquotient und für den Betrag formuliert):

$$\frac{\Delta f}{\Delta \lambda} = \frac{c_0}{\lambda^2} \Rightarrow \Delta f = \frac{c_0}{\lambda^2}\Delta\lambda$$

Mit den exakten Zahlenwerten aus dem Beispiel 5.13 erhält man:

$$\Delta f = \frac{3\cdot 10^8 (\mathrm{m/s})\cdot 0{,}5974\cdot 10^{-9}\ \mathrm{m}}{\left(589{,}2937\cdot 10^{-9}\ \mathrm{m}\right)^2} = 516{,}087\,\mathrm{GHz}$$

Mit diesem Zahlenwert liefert die EINSTEINsche Gleichung (Formel 6.1):

$$\Delta E = 0{,}002\,\mathrm{eV}$$

Auch reichen typische Anregungsenergien z. B. in Gasentladungen (einige Elektronvolt) nur zur Anregung der *äußeren* Elektronen in der Atomhülle aus, der sogenannten *Valenzelektronen* bzw. *Leuchtelektronen*. Der Theorie sind am leichtesten die *Alkaliatome* zugänglich, da das einzige Leuchtelektron auf der äußersten Schale wie im Wasserstoff behandelt werden kann, wobei die unteren, vollständig besetzten Schalen einen Teil der positiven Kernladung abschirmen und so die potenzielle Energie verringern.

Als Beispiel zeigt **Bild 6.17** denjenigen Ausschnitt des Termschemas von **Natrium**, der an optischen Übergängen beteiligt ist (vgl. zum Aufbau der Schalen auch Tabelle 6.1 und das Periodensystem in Tabelle 6.2). Man erkennt daraus unter anderem, dass die technisch wichtige gelbe Spektrallinie bei 589 nm einer Energiedifferenz bzw. Photonenenergie von 2,1 eV entspricht. Die Aufspaltung in ein *Dublett* (Beispiel 5.13) ist durch die Spin-Bahn-Kopplung (Abschnitt 6.2.3) der 3p-Elektronen bedingt, die zu etwas unterschiedlichen Energien der beiden Niveaus führt.

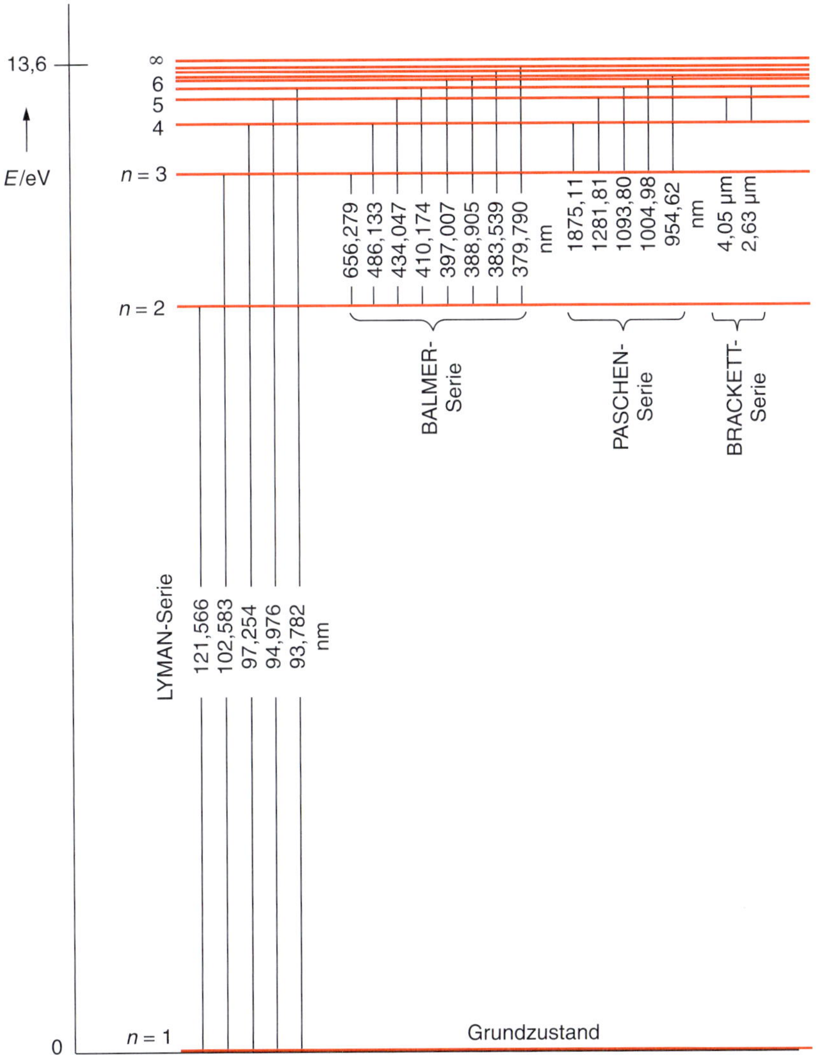

Bild 6.16 Aus den Wasserstoff-Energieniveaus resultieren verschiedene strahlende Übergänge, die zu Serien zusammengefasst werden.

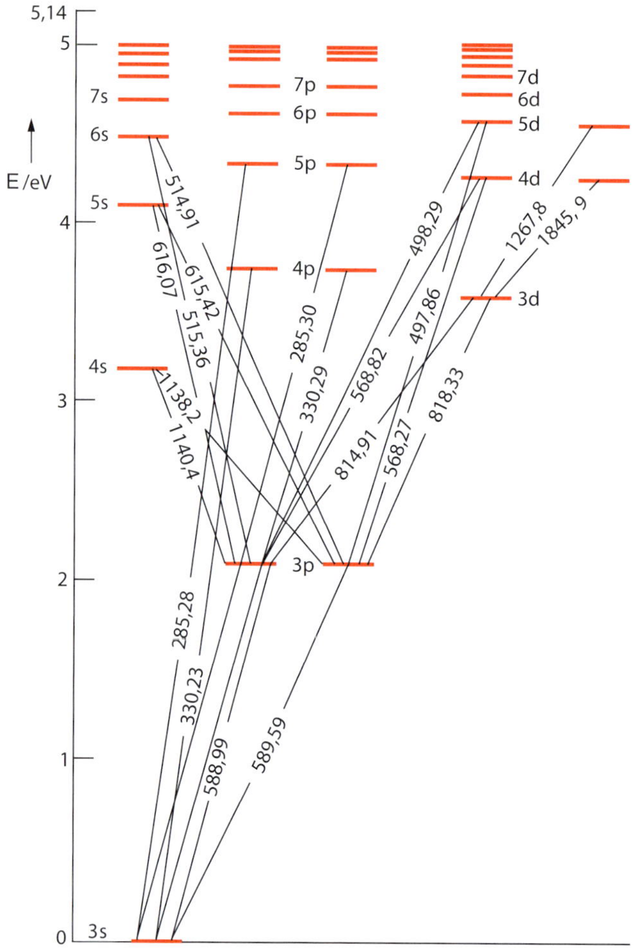

Bild 6.17 Im *Natrium-Termschema* fallen die beiden ähnlichen Übergänge des Leuchtelektrons aus dem ersten angeregten Zustand in den Grundzustand auf; dabei wird das bekannte gelbe Liniendublett mit $\lambda \approx 589$ nm emittiert.

6.3.2 Laser

Der Laser ist eine Strahlungsquelle mit Eigenschaften, die sich von konventionellen Kontinuums- oder Linienstrahlern signifikant unterscheiden. Die Bezeichnung entstand als Akronym und beschreibt den zugrunde liegenden Effekt: ***L****ight* ***A****mplification by* ***S****timulated* ***E****mission of* ***R****adiation.*

6.3.2.1 Stimulierte Emission

Wenn die Anregung eines Atoms durch ein *Photon* erfolgt, muss dessen Frequenz (im Wellenbild) exakt der Energiedifferenz zwischen zwei Niveaus im Termschema entsprechen. In **Bild 6.18 (a)** ist diese **Absorption** symbolisch dargestellt. Da die Natur immer den niedrigsten Energiezustand anstrebt, wird die Anregungsenergie nach einem quantenmechanisch bedingten, also zufälligen Zeitintervall wieder abgegeben –

im Mittel nach 10^{-8} s – und meistens wiederum als Photon. Diese **spontane Emission** zeigt **Bild 6.18 (b)**.

EINSTEIN erkannte schon 1917 eine dritte mögliche Wechselwirkung zwischen Atomen und Photonen: die *induzierte* bzw. **stimulierte Emission**: Falls ein Atom sich bereits im angeregten Zustand befindet, kann ein Photon mit „passender" Frequenz die Emission *erzwingen* **(Bild 6.18 (c))**. Am leichtesten versteht man den Effekt im Wellenbild als eine Art Resonanz; damit wird auch plausibel, dass anschließend beide Photonen in Frequenz, Phase und Polarisation perfekt übereinstimmen.

Bis zur Entwicklung des Lasers war dies eine eher theoretische Alternative, da aufgrund des BOLTZMANN-Faktors (Formel 3.26) immer die niedrigeren Energieniveaus stärker besetzt sind und somit die konkurrierende *Absorption* deutlich überwiegt.

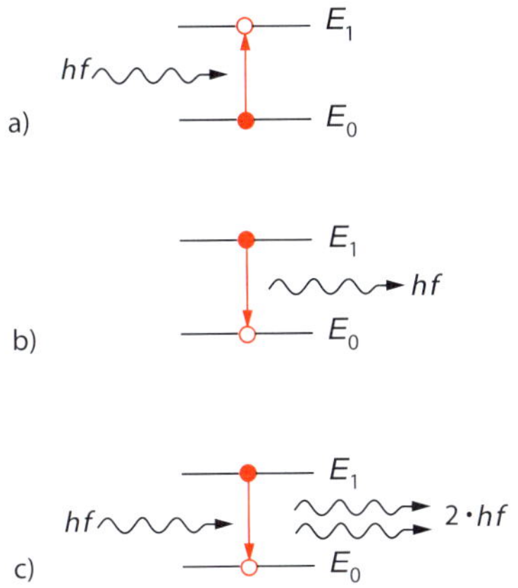

Bild 6.18 Die drei Wechselwirkungen zwischen Atomen und Strahlung sind Absorption (a), spontane Emission (b) und stimulierte Emission (c).

Beispiel 6.6: Besetzung eines angeregten Zustandes

Aufgabe: Wie groß ist das Verhältnis von Natrium-Atomen im niedrigsten *angeregten Zustand* zu solchen im *Grundzustand* bei Raumtemperatur?

Lösung: Nach **Bild 6.17** entspricht dem Übergang zwischen beiden Zuständen die Emission von Photonen der Wellenlänge 589 nm. Daraus bestimmt man die Differenz der beiden atomaren Energieniveaus (in Elektronvolt):

$$\Delta E = h\frac{c_0}{\lambda} = \frac{\left(6{,}626\cdot 10^{-34}\ \mathrm{J\cdot s}\right)\cdot 3\cdot 10^{8}\ \mathrm{m/s}}{\left(589\cdot 10^{-9}\ \mathrm{m}\right)\cdot 1{,}6\cdot 10^{-19}\ \mathrm{J/eV}} = 2{,}109\mathrm{eV}$$

Der BOLTZMANN-Faktor (Formel 3.26) setzt diese Energie ins Verhältnis zur mittleren thermischen Energie kT im Grundzustand,für die gilt:

$$kT = \frac{1{,}38065\cdot 10^{-23}\ \mathrm{J/K}}{1{,}6\cdot 10^{-19}\ \mathrm{J/eV}}\cdot 293\mathrm{K} = 0{,}0253\ \mathrm{eV}$$

Damit ergibt sich für das Verhältnis der Besetzungszahlen:

$$\frac{N_1}{N_0} = \mathrm{e}^{-\frac{E_1-E_0}{kT}} = \mathrm{e}^{-\frac{2{,}109\,\mathrm{eV}}{0{,}0253\,\mathrm{eV}}} = 6{,}27\cdot 10^{-37}$$

Das Ergebnis bedeutet, dass sich unter Normalbedingungen praktisch *alle* Atome im Grundzustand befinden und eine stimulierte Emission nicht möglich ist.

6.3.2.2 Besetzungsumkehr

Um die normale thermische Besetzung umzukehren, muss den Atomen Energie zugeführt werden, sehr anschaulich **Pumpen** genannt. Das gelingt allerdings nicht, wenn die Pumpwellenlänge mit der emittierten übereinstimmt, da die Absorption als konkurrierender Prozess auftritt. Energiezufuhr und stimulierte Emission werden entkoppelt, indem zunächst auf ein höheres Energieniveau gepumpt wird und die Atome anschließend durch **Relaxation** – d. h. durch unelastische Stöße oder spontane Emission – in den angestrebten, niedrigeren Anregungszustandübergehen. Man braucht demnach mindestens ein Drei-Niveau-Termschema, wie es die **Bild 6.19** zeigt.

Für einen effektiven Laserbetrieb, also eine hohe Lichtverstärkung durch stimulierte Emission, muss außerdem das indirekt angeregte Energieniveau für den Laserübergang **metastabil** sein. Solche Niveaus entstehen durch die Auswahlregel (Formel 6.17) oder weitere quantenmechanische Bedingungen, die einen Übergang durch spontane Emission unwahrscheinlich machen. Statt typisch zehn Nanosekunden kann die Verweildauer bis zu einigen Millisekunden betragen.

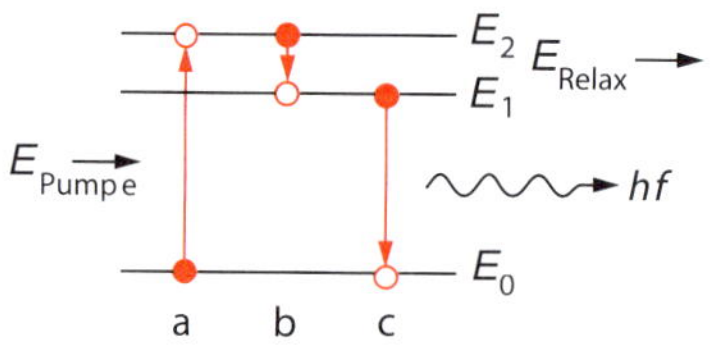

Bild 6.19 In diesem Drei-Niveau-Termschema sind die zeitlich nacheinander folgenden Vorgänge beim Laserprozess symbolisch dargestellt: a) Pumpübergang, b) Relaxation und c) Laser-Übergang.

6.3.2.3 Resonator

Auch von einem metastabilen Energieniveau aus werden einige Photonen spontan emittiert. Um sie mittels induzierter Emission in einer Art Lawineneffekt zu vervielfachen, sollte diese *Photonenlawine* das laseraktive Medium mehrfach durchlaufen. Dazu wird es zwischen zwei parallele Planspiegel (oder konfokale Hohlspiegel) platziert. Einer von ihnen ist teildurchlässig, um den „Laserstrahl" auszukoppeln. **Bild 6.20** zeigt schematisch den ersten Laser aus dem Jahr 1960, in dem ein Rubinstab von einer Blitzlampe optisch gepumpt wurde.

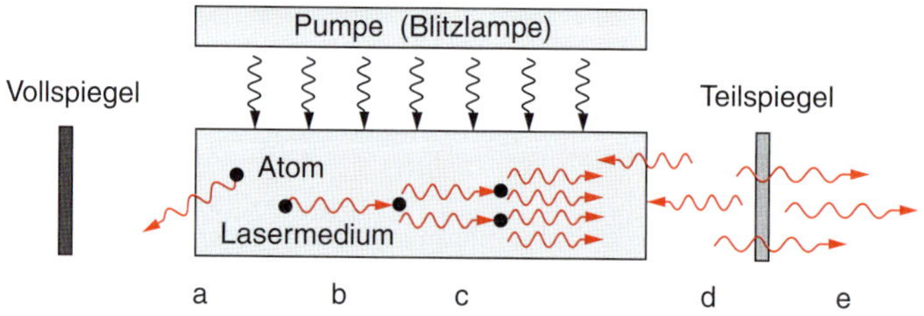

Bild 6.20 Die wichtigsten Vorgänge in einem Rubinlaser sind symbolisch angegeben: a) Nicht verstärkte spontane Emission, b) Spontane Emission in Richtung der Resonatorachse, die c) zu induzierten Emissionen führt, d) Reflexion am Resonatorspiegel mit e) teilweiser Auskopplung der „synchronisierten" Photonen.

Die Lichtverstärkung versteht man am besten im Teilchenbild: Spontan und zufällig in Richtung der optischen Achse emittierte Photonen „vermehren sich" durch die induzierte Emission vieler weiterer. Nur im Wellenbild wird allerdings klar, dass dabei diskrete Wellenlängen auftreten, die sogenannten **Moden**: Sie bilden *stehende Wellen* (Abschnitt 2.6.5). Der Abstand der beiden Spiegel (die *Resonatorlänge*) muss dann immer ein ganzzahliges Vielfaches der betreffenden Moden-Wellenlänge sein. Für spezielle Anwendungen wie die Holografie (Abschnitt 5.5.3) kann man eine dieser spektral diskreten Moden isolieren und erhält damit eine extrem schmalbandige und kohärente Lichtquelle.

6.3.2.4 Rubin- und Helium-Neon-Laser

Der **Rubinlaser** ist ein *Festkörperlaser*: das Lasermedium ist der bekannte Korund-Kristall mit eingelagerten Chromionen, die u. a. einen Übergang mit der Wellenlänge 694,3 nm besitzen (und damit für die charakteristische rote Farbe sorgen). Ihr Termschema kann durch drei Energieniveaus wie in **Bild 6.19** beschrieben werden. Beim Pumpen werden die Elektronen mittels der grünen Anteile des Blitzlampenlichtes auf das Niveau E_2 angeregt. Anschließend geben sie einen Teil dieser Anregungsenergie über strahlungslose Relaxation an den Kristall ab und erreichen das metastabile Niveau E_1 bei 1,79 eV. Da der Grundzustand durch das Pumpen entleert ist, tritt die Besetzungsinversion auf, und durch den *Laserübergang* in das Niveau E_0 werden so lange Photonen emittiert, bis sich die Inversion wieder umgekehrt hat. Der Rubinlaser ist also ein *Pulslaser*, der Lichtblitze von einigen Millisekunden Dauer abgibt.

Der klassische Laser mit *kontinuierlicher* Emission ist der **Helium-Neon-Laser** („He-Ne-Laser"). Die Besetzungsinversion in Neon wird hier durch die Beimischung von Heliumatomen (ca. 15 %) und deren Anregung in einer Gasentladung erreicht. Sie ist in **Bild 6.21** als wegen spontaner Emissionen leuchtende Gassäule in dem Glasgefäß zu sehen. Der Auskoppelspiegel ist links angebracht, erkennbar an der verstärkten und gebündelten Laserstrahlung auf dem Papier.

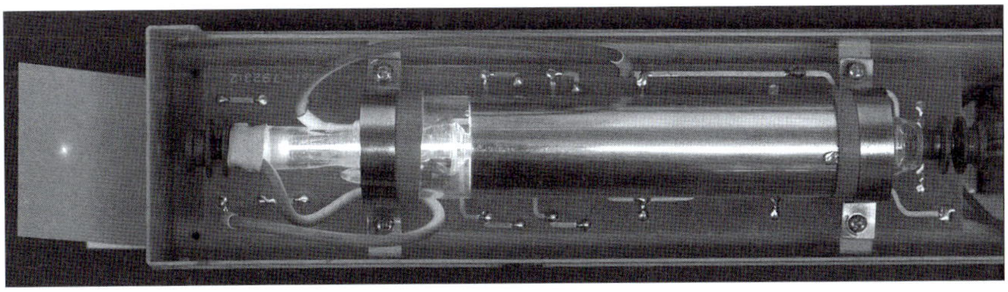

Bild 6.21 Ein typischer He-Ne-Laser nutzt als verstärkendes Medium eine elektrische Gasentladung, die in einem Glasrohr zwischen zwei Resonatorspiegeln „brennt". Im Bild links trifft der Laserstrahl auf ein Blatt Papier.

Bild 6.22 zeigt, dass in der Entladung zunächst die Heliumatome durch Stoßanregung in einen metastabilen Zustand mit $E_{1,\mathrm{He}}$ = 20,61 eV gelangen. Durch einen *Stoß zweiter Art* können sie diese Energie – zusammen mit ihrer Bewegungsenergie von ca. 0,05 eV beim normalen Stoß – auf die Neon-Atome übertragen und dort ein metastabiles Niveau mit $E_{2,\mathrm{Ne}}$ = 20,66 eV besetzen. Die Besetzungsinversion gegenüber dem darunter liegenden mit $E_{1,\mathrm{Ne}}$ = 18,70 eV bewirkt dann den Laserübergang.

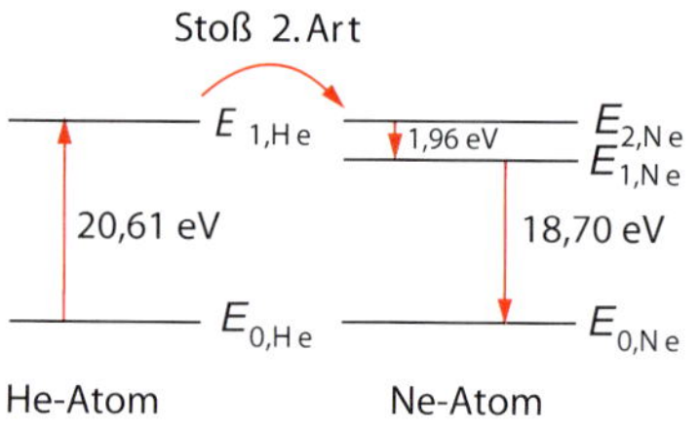

Bild 6.22 Beim He-Ne-Laser wird das Heliumatom durch Elektronenstoß in einer Gasentladung angeregt und überträgt diese Energie durch einen Stoß zweiter Art auf das Neonatom.

Beispiel 6.7: Laserlinien

Aufgabe: Welche Wellenlänge und Farbe hat das Licht des Rubinlasers sowie des He-Ne-Lasers?
Lösung: Die Wellenlänge lässt sich aus der Differenz der Energieniveaus berechnen:

$$\lambda = \frac{c_0}{f} = \frac{hc_0}{hf} = \frac{hc_0}{\Delta E}$$

Für Rubin (ΔE = 1,79 eV) erhält man:

$$\lambda_{\text{Rubin}} = \frac{6{,}626 \cdot 10^{-34}\ \text{J} \cdot \text{s} \cdot 3 \cdot 10^{8}\ \text{m/s}}{1{,}79 \cdot 1{,}6 \cdot 10^{-19}\ \text{J}} = 694\ \text{nm}$$

Für Neon (ΔE = 1,96 eV) errechnet man entsprechend:

$$\lambda_{\text{HeNe}} = 633\ \text{nm}$$

Beide Laser emittieren also *rotes* Licht. Da die Strahlung prinzipiell den Emissionslinien der Atomspektren gleicht, spricht man von *Laserlinien*.
Übrigens lassen sich auch andere Energieübergänge im Termschema des Neonatoms nutzen. Durch entsprechende spektrale Auswahl im Resonator (zum Beispiel mit spektral selektiv reflektierenden Spiegeln) emittiert der He-Ne-Laser dann statt der roten eine grüne oder gelbe Laserlinie; er eignet sich damit als optisches Frequenz- bzw. Wellenlängen-Normal.

6.3.2.5 Eigenschaften und Anwendungen

Der Lasereffekt kann in den unterschiedlichsten Medien erzielt werden: in Gasen und Festkörpern (s. o.), in Flüssigkeiten, aber auch in dotierten Halbleitern (Abschnitt 4.7.5.4 und Abschnitt 6.4.5), speziellen Glasfasern (Info 5.1) und sogar mit freien, beschleunigten Elektronen. Solche *speziellen Laser* werden für besondere Anwendungen entwickelt und haben zum Teil exotische Eigenschaften. Zum Beispiel lassen sich die *Freie-Elektronen-Laser* für beliebige Wellenlängen abstimmen, benötigen *Glasfaser-Verstärker* keinen Resonator und *sind Laser-Halbleiterdioden* so klein, dass bei der Emission starke Beugung auftritt.

Typische Laser-Eigenschaften

Klassische Laser besitzen aber einige *typische* Eigenschaften, die zum vielfältigen Einsatz dieser Lichtquelle geführt haben:

- Da nur Licht in der Resonatorachse verstärkt wird, ist der Laserstrahl extrem parallel und eng gebündelt. Mit der resultierenden Reichweite sind z. B. Abstandsmessungen des Mondes möglich (Aufgabe A1.2).
- Wegen der induzierten Emission in Verbindung mit den Resonatormoden (stehenden Wellen zwischen den Spiegeln) ist das Licht extrem monochromatisch. Wäh-

rend die Frequenz des Lasers als Linienstrahler in der Größenordnung von 100 THz liegt, kann die Linien-*Breite* bis auf einige Hz verringert werden.

- Die Photonen des Teilchenbildes entsprechen wellenoptisch kurzen Wellenzügen bzw. Wellenpaketen, die bei der spontanen Emission „natürlichen Lichtes" völlig unkorreliert sind. Die induzierte Emission im Laser koppelt sie gewissermaßen phasen- und polarisationsrichtig aneinander, sodass eine große Kohärenzlänge entsteht. Die Kohärenz des Laserlichtes macht Interferenztechniken wie die Holografie und die Interferometrie (Abschnitt 5.5) erst praktikabel.
- Wegen der räumlichen Kohärenz (Abschnitt 5.4.1) lässt sich die ohnehin intensive Strahlung stark fokussieren. Bei kurzen Laserpulsen kann die Leistungsdichte bis zu 10^{23} W/m^2 betragen, also 100 GW/µm^2. Bei einer so großen Intensität I elektromagnetischer Wellen treten neuartige Effekte der nichtlinearen Physik auf, von denen z. B. die Änderung der Brechzahl $n(I)$ bereits technisch genutzt wird. Aber auch in der Medizin und in der Materialbearbeitung gehören leistungsstarke Laser heute zu den Standardwerkzeugen.
- Laser können Lichtblitze von wenigen Femtosekunden Dauer erzeugen. (Bei sichtbarem Licht ist bereits die Peridendauer der elektromagnetischen Welle $T \leq 1$ fs; Formel 2.64) Da der *Lichtweg* pro Femtosekunde nur

$$\Delta s = c_0 \Delta t = 3 \cdot 10^8 \,\mathrm{m/s} \cdot 10^{-15}\,\mathrm{s} = 3 \cdot 10^{-7}\,\mathrm{m} = 0{,}3\,\mu\mathrm{m}$$

beträgt, sind Untersuchungen mit extremer Zeit- und Ortsauflösung möglich; außerdem treten neuartige Wechselwirkungen mit Materie auf. Im extrem kurzwelligen UV- sowie Röntgen-Spektralbereich (Abschnitt 6.3.3) wurden sogar Attosekunden-Laser realisiert.

Beispiel 6.8: Laser-Energie, -Leistung und -Intensität

Aufgabe: Ein typischer Rubinlaser emittiert Pulse von 1 ms Dauer mit 100 J Energie. Wie groß sind die maximale und die mittlere Leistung? Wie groß ist die Intensität im Brennpunkt, wenn bis zur Größenordnung des Quadrats der Wellenlänge fokussiert werden kann? Aus wie vielen Photonen besteht ein Laserpuls?
Lösung: Die *Pulsleistung* beträgt:

$$P_{\mathrm{Puls}} = \frac{100\,\mathrm{J}}{10^{-3}\,\mathrm{s}} = 10^5\,\mathrm{W} = 100\,\mathrm{kW}$$

Die *mittlere Leistung* bezieht sich auf die Zeiteinheit:

$$\overline{P} = 100\frac{\mathrm{J}}{\mathrm{s}} = 100\,\mathrm{W}$$

Wenn die Pulsleistung auf $A = 1$ µm^2 konzentriert wird, beträgt die *Leistungsdichte* bzw. *Intensität*:

$$I = \frac{P_{\mathrm{Puls}}}{A} = \frac{10^5\,\mathrm{W}}{10^{-12}\,\mathrm{m}^2} = 10^{17}\,\mathrm{W/m}^2$$

Da sich ein einzelner Laserpuls aus N Photonen der Energie 1,79 eV zusammensetzt (Beispiel 6.7), berechnet man aus der Gesamtenergie die Photonenzahl:

$$N = \frac{100\,\mathrm{J}}{1{,}79\,\mathrm{eV} \cdot 1{,}6 \cdot 10^{-19}\,\mathrm{J/eV}} \approx 10^{20}$$

6.3.3 Röntgenstrahlung

Die Röntgenstrahlung gehört zum Spektrum elektromagnetischer Wellen (Tabelle 4.3); die entsprechenden *Quanten* haben allerdings eine sehr viel höhere Energie *hf* als die Lichtphotonen. Der Entdeckung durch WILHELM RÖNTGEN (1845 – 1923) folgte bereits wenige Monate später die medizinische Anwendung; im Jahr 1905 erhielt RÖNTGEN den (historisch ersten) Nobelpreis.

6.3.3.1 Bremsspektrum

Wenn eine Vakuumdiode wie in Bild 4.57 mit Beschleunigungsspannungen im kV-Bereich betrieben wird und die Anode aus einem Element mit hoher Ordnungszahl besteht (z. B. aus Molybdän mit $Z_{Mo} = 42$), spricht man von einer **RÖNTGEN-Röhre**. Beim Aufprall auf die massive Anode wird die kinetische Energie der Elektronen zwar zu etwa 99 % in Wärme umgewandelt, der entscheidende Rest aber in *elektromagnetische Wellen* (bzw. Quanten). Sie entstehen bei der starken Ablenkung bzw. Abbremsung, also Beschleunigung der Ladungen im COULOMB-Feld der Atomkerne; je stärker diese ist, desto höher ist die Frequenz. Wegen der zahlreichen abgebremsten Elektronen resultiert ein *kontinuierliches* Spektrum der sogenannten **Bremsstrahlung (Bild 6.23)**. In einer gewissen Analogie zu den PLANCKschen Strahlungskurven (Bild 3.16) gehört zu einer höheren Beschleunigungsspannung (mit höherer kinetischer Elektronenenergie) jeweils eine Kurve, die eine größere Gesamtstrahlung und eine kleinere Maximalwellenlänge zeigt.

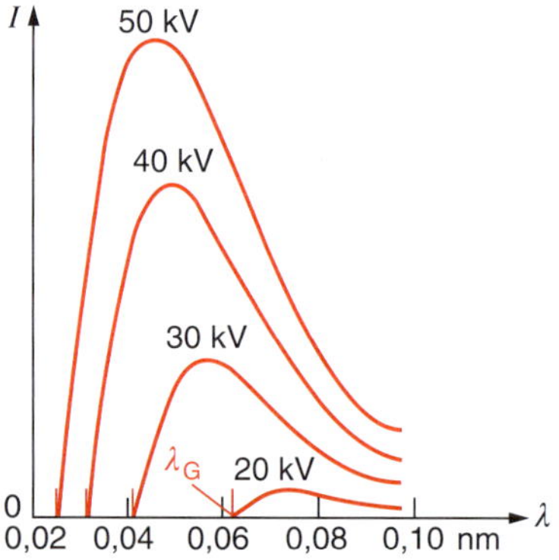

Bild 6.23 Das Röntgenbremsspektrum hat eine kurzwellige Grenze, die von der jeweiligen Beschleunigungsspannung bestimmt wird.

Ein weiterer Beweis für den *Welle-Teilchen-Dualismus* ist jedoch, dass im Widerspruch zur MAXWELLschen Theorie das Spektrum jeweils bei einer bestimmten Grenzwellenlänge λ_G endet. Wie schon beim Fotoeffekt (Abschnitt 6.1.1.1) deutlich wurde, kann ein einzelnes Photon bzw. Röntgenquant höchstens die gesamte kinetische Energie eines einzelnen Elektrons übernehmen. Da diese der Beschleunigungsarbeit eU_B zwischen Kathode und Anode entspricht, gilt für die **Grenzfrequenz** bzw. **Grenzwellenlänge:**

Grenzfrequenz und Grenzwellenlänge der Röntgenbremsstrahlung

$$f_G = \frac{eU_B}{h}; \; \lambda_G = \frac{hc_0}{eU_B} \qquad \text{Formel 6.18}$$

Beispiel 6.9: Grenzwellenlänge des Röntgenbremsspektrums

Aufgabe: Wie verschiebt sich die kurzwellige Kante des Bremsspektrums, wenn die Beschleunigungsspannung an der Röntgenröhre von 20 kV auf 30 kV vergrößert wird?
Lösung: Bei der kleineren Spannung erhält man mit Formel 6.18:

$$\lambda_G = \frac{6{,}626 \cdot 10^{-34}\ \mathrm{J \cdot s} \cdot 3 \cdot 10^{8}\,\mathrm{m/s}}{1{,}6 \cdot 10^{-19}\ \mathrm{A \cdot s} \cdot 2 \cdot 10^{4}\ \mathrm{V}} = 0{,}062\,\mathrm{nm}$$

Diese Grenzwellenlänge zeigt **Bild 6.23**. Man findet dort außerdem bestätigt, dass λ_G umgekehrt proportional zur Beschleunigungsspannung ist, bei 30 kV also ca. 41 pm beträgt.

6.3.3.2 Charakteristisches Röntgenspektrum

Während beim Fotoeffekt durch Lichtquanten mit geringer Energie (einige eV) nur die äußeren Elektronen eines Metallatoms abgelöst werden können, reicht in einer Röntgenröhre die Energie der beschleunigten Elektronen (viele Kiloelektronvolt, siehe oben) aus, um Elektronen aus den inneren Schalen der Atomhülle „herauszuschlagen“. Dadurch „fällt“ ein Elektron aus einer kernferneren Schale in diese Lücke bzw. geht das Atom in einen (von der Natur bevorzugten) niedrigeren Energiezustand über.

Bei diesem Übergang wird wie bei jedem Linienstrahler ein Photon emittiert. Die Energiedifferenz ist aber so groß, dass dieses Strahlungsquant in den Frequenzbereich der Röntgenstrahlung fällt. Dem Bremsspektrum ist also ein *Linienspektrum* überlagert, das charakteristisch für das Anodenmaterial bzw. dessen Ordnungszahl Z ist (aber natürlich unabhängig von der Beschleunigungsspannung). **Bild 6.24** erläutert die Bezeichnungsweise dieser Röntgenlinien bzw. -serien nach den möglichen Übergängen. Sie überlagern sich den kontinuierlichen Bremsspektren aus **Bild 6.23** als scharfe „Nadeln“.

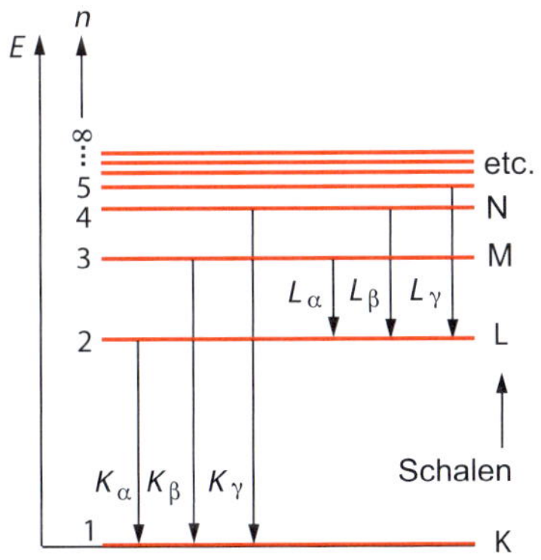

Bild 6.24 Die Emission von Röntgenquanten entsteht durch Übergänge in die untersten Schalen von Metallatomen, wenn dort zuvor ein Hüllenelektron durch ein stoßendes Elektron „herausgeschlagen“ wurde.

6.3.3.3 Anwendungen

Ihren *Wellencharakter* zeigt die Röntgenstrahlung bei Beugungs- und Interferenz-Experimenten. Von großer historischer und unveränderter praktischer Bedeutung ist die Untersuchung von *Festkörper-Kristallen*, in denen die Atome regelmäßig angeordnet sind (Abschnitt 6.4.1). Sie bilden dadurch *Netzebenen*, die für Röntgenstrahlen wie Teilspiegel im Abstand d wirken und als räumliches Gitter interpretiert werden können **(Bild 6.25)**. Es tritt nur dann konstruktive Interferenz der Teilwellen auf, wenn die **BRAGGsche Reflexionsbedingung** erfüllt ist:

BRAGG-Bedingung

$$2d\cos\alpha = n\lambda \qquad \text{Formel 6.19}$$

Der Winkel α wird sehr anschaulich **Glanzwinkel** genannt. Man kann sowohl Kristallstrukturen mit monochromatischer Röntgenstrahlung bekannter Wellenlänge untersuchen als auch Röntgenspektren bei bekannten Netzebenenabständen vermessen.

Historisch sind die Wellennatur der Röntgenstrahlen und die Raumgitterstruktur von Kristallen durch MAX VON LAUE gleichzeitig bewiesen worden. Heute wird das Prinzip des BRAGG-Gitters auch auf anderen Arbeitsgebieten angewandt, zum Beispiel für spektral selektive Reflektoren in *Glasfasern* oder zur Lichtmanipulation in sogenannten *photonischen Kristallen*.

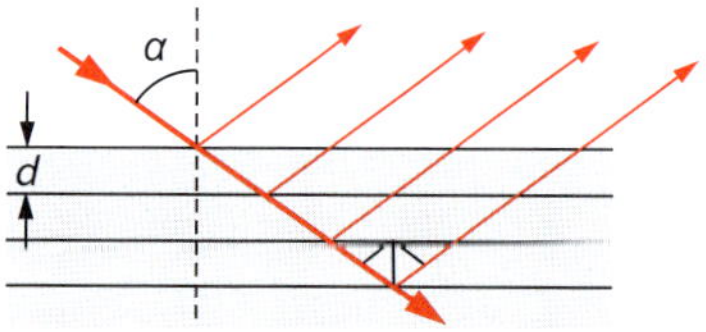

Bild 6.25 Nur unter dem Glanzwinkel tritt für alle am BRAGG-Gitter reflektierten Teilwellen konstruktive Interferenz ein.

Beispiel 6.10: Glanzwinkel in Kochsalzkristallen

Aufgabe: Der Abstand benachbarter Netzebenen in NaCl beträgt 0,28 nm. Unter welchem Glanzwinkel tritt für die Röntgenwellenlänge 62 pm die erste Beugungsordnung auf?
Lösung: Nach Formel 6.19 gilt für die Ordnung $n = 1$:

$$\cos\alpha = \frac{\lambda}{2d} = \frac{62\cdot 10^{-12}\ \text{m}}{2\cdot 0{,}28\cdot 10^{-9}\ \text{m}} \Rightarrow \alpha = 83{,}6°$$

Häufig wird der Glanzwinkel statt auf das Lot (wie in der Optik) auf die Netzebene bezogen. In diesem Fall rechnet man mit sin (90° – α).

Die **Schwächung** der Röntgenstrahlung erfolgt durch *Absorption* in Materie und nimmt – wie meistens bei Strahlung – exponentiell mit der Materialdicke x zu. Entsprechend verringert sich die *Intensität* I von ihrem ursprünglichen Wert I_0 gemäß:

Schwächungs- oder Absorptionsgesetz

$$I(x) = I_0 e^{-\mu x} \qquad \text{Formel 6.20}$$

Der *Schwächungskoeffizient* μ hängt stark von der Quantenenergie, aber auch von den Materialeigenschaften ab und muss experimentell ermittelt werden. Für Anwendungen ist interessant, dass die Kernladungszahl Z mit einer Potenz zwischen 3 und 4 eingeht: Vor allem aus diesem Grund kann bei medizinischen Röntgenaufnahmen das Gewebe von den Knochen und können diese – etwa nach einem Skiunfall – von den Schrauben und Nägeln unterschieden werden. Andererseits ist Blei wegen $Z_{Pb} = 82$ ein guter Schutz für den untersuchenden Arzt – Röntgenstrahlung gehört zur potenziell gefährlichen *ionisierenden Strahlung* wie die radioaktive aus dem Atomkern (Abschnitt 6.5.3).

Zusammenfassung: Quanten-Emission und -Absorption

- Durch die zahlreichen erlaubten Übergänge zwischen den Energieniveaus der Atomhülle zeigen die Elemente charakteristische *Linienspektren* in Emission und Absorption.
- Beim *Laser* wird durch Pumpen eine Besetzungsumkehr erreicht; dazu sind mindestens drei Energieniveaus notwendig. Durch stimulierte Emission mit Unterstützung eines Resonators tritt eine hohe Lichtverstärkung ein. Die Laserstrahlung ist in der Regel stark gebündelt, kohärent und von hoher Leistung.
- *Röntgenstrahlung* zeigt ein kontinuierliches Spektrum mit kurzwelliger Grenze und zusätzlichen charakteristischen Linien. Wegen ihrer kleinen Wellenlänge bzw. großen Quantenenergie hat sie Anwendungen vor allem in der Medizin und der Materialkunde.

6.4 Festkörper

Die meisten Festkörper besitzen eine kristalline Struktur. Daraus resultieren verschiedene mechanische, thermische und optische Eigenschaften, die in anderen Kapiteln bereits angesprochen wurden. Von überragender Bedeutung sind jedoch die *elektrischen Eigenschaften*, die von den äußeren Elektronen der dicht gepackten Atomhüllen im Kristallgitter bestimmt werden. Elektrische Leitungseffekte versteht man am besten im *Bändermodell*; damit lassen sich auch die Halbleiter und ihre technischen Anwendungen vollständig erklären.

6.4.1 Bindung und Struktur

Bindungskräfte in den Molekülen und Festkörpern werden im Wesentlichen von den Elektronen verursacht. Die Zusammenlagerung von Atomen und die Bildung bestimmter Strukturen zeichnen sich dadurch aus, dass die potenzielle Energie ein Minimum annimmt. Bei den *Molekülen* spielt außerdem die Orientierung der Orbitale eine Rolle. Die Gesetze der Atomphysik bzw. der Quantenmechanik gelten auch in der größeren Einheit; vor allem regelt das PAULI-Prinzip die Nutzung gemeinsamer Energiezustände für mehrere Elektronen.

Unmittelbar erkennt man diese Gesetzmäßigkeit bei der **kovalenten Bindung** – anschaulich auch *Elektronenpaarbindung* genannt –, die unter anderem den Aufbau des *Wassermoleküls* H_2O bestimmt. Das Sauerstoffatom hat vier p-Elektronen in der M-Schale (Tabelle 6.1), die sich in p-Orbitalen ähnlich denen des Wasserstoffs in **Bild 6.14** befinden. Zwei davon besetzen – mit antiparallelem Spin – ein Orbital gemeinsam. Die beiden anderen paaren ihre Spins jeweils mit dem s-Elektron eines der beiden Wasserstoffatome. In **Bild 6.26** ist dargestellt, wie sich diese Orbitale dann überlappen. Das p_z-Orbital ist nicht eingezeichnet, aber die *Hybridisierung* der beiden anderen, eigentlich symmetrischen p-Orbitale **(Bild 6.14)** [Schwister].

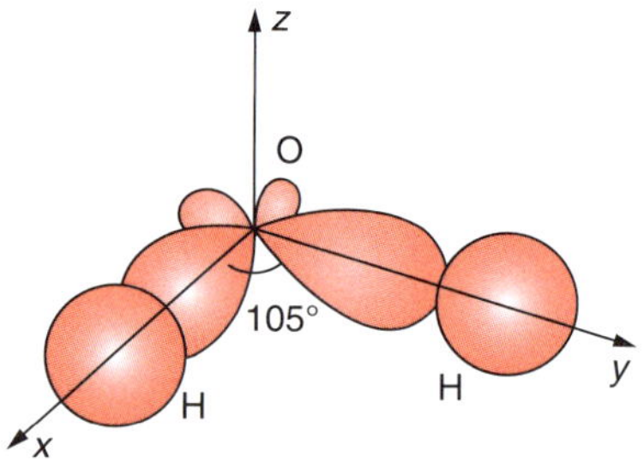

Bild 6.26 Das H_2O-Molekül zeigt die Elektronenpaarbindung: Je zwei Elektronen mit antiparallelem Spin halten sich in überlappenden Orbitalen auf (hier schematisch dargestellt).

Wegen der COULOMB-Abstoßung der Elektronen vergrößert sich der Bindungswinkel von 90° auf 105°. Dieser unsymmetrische Aufbau des H_2O-Moleküls bewirkt ein *elektrisches Dipolmoment* und erklärt die chemischen und physikalischen Eigenschaften des Wassers bzw. der Eiskristalle (polares Lösungsmittel, Gefrierpunktanomalie (Abschnitt 3.1.2), relativ hoher Siedepunkt (Abschnitt 3.2.2 usw.).

Info 6.5: Molekülspektren

Bei einem Molekül entstehen zusätzliche Energiezustände dadurch, dass die einzelnen Atome relativ zueinander um ihre Ruhelage schwingen und außerdem das Molekül insgesamt um seinen Schwerpunkt rotiert. Es zeigt sich, dass auch diese Energien quantisiert sind.
Zu den Schwingungszuständen gehören Energien von 10^{-3} bis 10^{-1} eV, während die Rotationsenergie noch einige Größenordnungen kleiner ist. Damit liegt sie im Bereich der thermischen Energie (vgl. die Abschätzung in Beispiel 6.6), sodass die Moleküle bereits durch Stöße mit anderen Teilchen angeregt werden können.
Aufgrund dieser vielfältigen Aufspaltung der elektronischen Niveaus zeigen die Molekülspektren statt Linien jeweils *Banden*, die in Emission und Absorption beobachtet werden können. Die zusätzlich angeregten Schwingungs- und Rotations-Energieniveaus entsprechen elektromagnetischen Wellen im nahen und fernen infraroten Spektralbereich. Einerseits verraten die komplexen Spektren der Moleküle sehr viel über ihre Struktur, was die Chemie zu schätzen weiß. Andererseits sorgen sie oft für unerwünschte *Absorption*: Quarzglas (SiO_2) ist zum Beispiel im nahen IR transparent. Wenn aber Wassermoleküle eingelagert sind, treten Absorptionsbanden der OH-Bindung auf. In Glasfasern für die optische Nachrichtentechnik (Info 5.1) entsteht dort ein spektrales Dämpfungsmaximum, das die verwendbaren Wellenlängen einschränkt.

Außer Eis zeigen auch viele andere *Festkörper* die kovalente Bindung. Die meisten von ihnen sind Isolatoren und Halbleiter (s. u.). Diese Materialien sind hart, schwer verformbar und besitzen einen hohen Schmelzpunkt.

Die **Ionenbindung** ist dagegen typisch für *Salze*. Beispielweise besitzen die Ionen Na^+ und Cl^- jeweils abgeschlossene Elektronenschalen (Tabelle 6.1 und Tabelle 6.2) und ziehen sich durch die COULOMB-Kraft an. Die *Fernordnung* im Kristallgitter führt zu einer *dichtesten Kugelpackung*, die in **Bild 6.27** schematisch dargestellt ist. (Die Kugeln symbolisieren allerdings nur die *Lage*, nicht die Größe der Atome.) Um diese Positionen minimaler *potenzieller* Energie schwingen die Atome entsprechend ihrer *thermischen* Energie. Der eingezeichnete Würfel stellt die *Elementarzelle* oder *Basis* des Gitters dar; diese wiederholt sich identisch nach allen Richtungen und bildet so ein *kubisches* Gitter.

Normalerweise ist diese monokristalline Ordnung auf kleine Bereiche beschränkt; dazwischen gibt es diverse *Gitterfehler*. Durch langsames Ziehen aus der Schmelze in reiner Umgebung kann man die ungestörte Kristallstruktur über große Volumina ausbilden und erhält so einen *Einkristall*. Besondere Bedeutung hat dieses Verfahren für das kovalent gebundene *Silizium* (Bild 4.64) zur Herstellung von integrierten Schaltkreisen („Wafer“ für Prozessor- und Speicher-„Chips“) oder von effektiven Solarzellen.

Die **metallische Bindung** weist die Besonderheit auf, dass die äußeren Elektronen nicht mehr lokalisiert sind und als *Valenzelektronen* mit allen positiven Ionen des Kristallgitters in anziehende Wechselwirkung treten. Es bildet sich eine dichteste Kugelpackung der Atome, die aber bei vielen Metallen so beweglich ist, dass sie mechanisch verformt werden kann: Dann wandern bestimmte Kristallbaufehler unter dem Einfluss einer äußeren mechanischen Spannung.

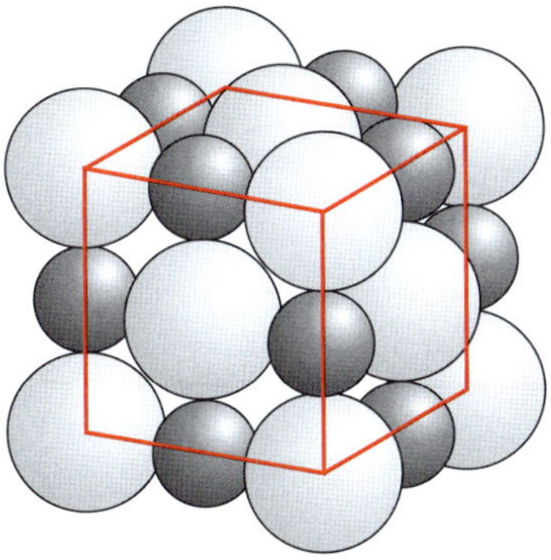

Bild 6.27 Das kubische Kristallgitter des Kochsalzes ist gemäß der „dichtesten Kugelpackung“ aufgebaut.

6.4.2 Bändermodell

Die räumliche Nähe der gebundenen Atome in Molekülen und Festkörpern, vor allem aber die Delokalisierung der Elektronen in den gemeinsam genutzten Orbitalen – oder noch größeren Aufenthaltsbereichen wie in den Metallen – hat Konsequenzen für die Energieniveaus: Sie spalten weiter auf, und zwar abhängig von der Zahl der beteiligten Atome. Im anschaulichen Teilchenbild entstehen im COULOMB-Feld benachbarter Atomkerne weitere Niveaus potenzieller Energie. Im Wellenbild kommt man mit der quantenmechanischen Theorie zu demselben Ergebnis: Die Frequenzen der einzelnen Oszillatoren in den Potenzialtöpfen werden gekoppelt (Abschnitt 2.6.4.3), sodass bei N Atomen N Energieniveaus für die Elektronen entstehen. In **Bild 6.28** ist der Übergang vom Einzelatom über die Moleküle zum Festkörper symbolisch dargestellt.

In einem Kristall ist die Zahl der gekoppelten Atome außerordentlich groß; für ein Mol gibt sie die AVOGADRO-Konstante (Abschnitt 3.3.1) mit $N_A \approx 6 \cdot 10^{23}$ an. Dadurch liegen die Energieniveaus so eng zusammen, dass sie in der grafischen Darstellung zu breiten **Energiebändern** verschmelzen. Dennoch bleiben natürlich in der Regel die Energielücken zwischen den ursprünglich diskreten Atomniveaus erhalten. Im Bändermodell entsprechen sie einfach weiterhin den nicht vorhandenen Energiezuständen, bekommen aber zusätzlich den pädagogisch klingenden Namen „verbotene Zonen“.

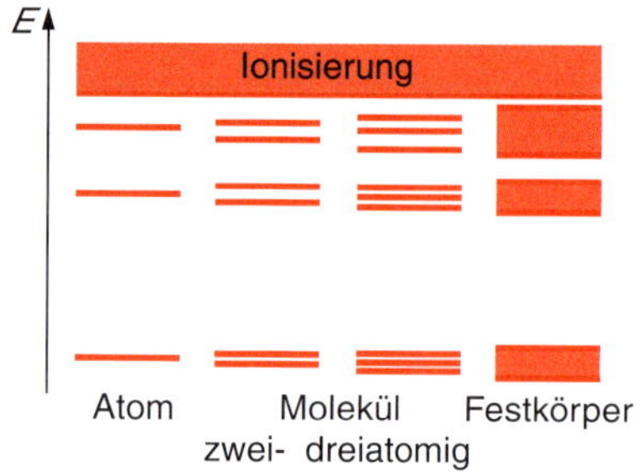

Bild 6.28 Beim Übergang von einzelnen Atomen zu Molekülen und schließlich zum Festkörper spalten die Energieniveaus immer weiter auf.

Info 6.6: Reflexion und Transmission bei Festkörpern

Metalle sind nicht transparent, aber *glänzend*. Beides ist mit den frei beweglichen Elektronen zu erklären, die mit beliebiger Frequenz bzw. Energie schwingen können. Sie absorbieren darum elektromagnetische Wellen und emittieren sie anschließend mit derselben Wellenlänge.
Nichtmetallische Festkörper können Licht nur absorbieren, wenn der Abstand der oberen beiden Energiebänder zur Photonenenergie passt. Zum Beispiel beträgt bei Zinksulfid diese Energielücke 3,6 eV, sodass alle Quanten mit Wellenlängen größer als

$$\lambda = h\frac{c_0}{\Delta E} = \frac{6{,}626 \cdot 10^{-34}\,\mathrm{J \cdot s} \cdot 3 \cdot 10^{8}\,\mathrm{m/s}}{3{,}6\,\mathrm{eV} \cdot 1{,}6 \cdot 10^{-19}\,\mathrm{J/eV}} = 345\,\mathrm{nm}$$

passieren, insbesondere die aus dem sichtbaren Spektralbereich. Darum sind ZnS-Kristalle durchsichtig. Bei anderen Kristallen wird häufig nur ein bestimmter Frequenzbereich weißen Lichtes absorbiert und der Rest reflektiert, sodass die Stoffe *farbig* erscheinen.
Einen Sonderfall stellen die transparenten *Gläser* dar: Sie haben keine Kristallstruktur, sondern sind *amorph* wie eine hochviskose Flüssigkeit. Deshalb zeigen sie Linien- und Banden-Absorption, aber auch eine merkliche *Streuung* aufgrund der unregelmäßigen Anordnung der Moleküle. In modernen, hochreinen Quarzglasfasern ist die Streuung in den verwendeten Wellenlängenbereichen praktisch der einzige Schwächungsmechanismus („Dämpfung").

6.4.3 FERMI-Energie

Das Verhalten von Elektronen in Metallen kann wegen ihrer Delokalisierung und Beweglichkeit, aber auch wegen der zahlreichen Stöße mit den Gitterionen plausibel mit dem Modell des *Elektronengases* beschrieben werden (Abschnitt 4.7.4). Für ein solches, dem *idealen Gas* ähnliches System gelten die MAXWELL-Verteilung der Geschwindigkeiten und die Energieverteilung nach der *BOLTZMANN-Statistik*. In dieser kontinuierlichen Energieverteilung gibt der BOLTZMANN-Faktor (Formel 3.30) die Wahrscheinlichkeit f an, mit der ein Energiezustand E besetzt wird.

Damit kann das klassische Modell zwar das OHMsche Gesetz (Formel 4.18) erklären (was vielen Elektrotechnikern ausreicht), versagt aber schon beim spezifischen Widerstand und erst recht bei dessen Temperaturabhängigkeit. Die Statistik auf atomarer Ebene muss zusätzlich berücksichtigen, dass die Elektronen bei der Besetzung der Energiezustände dem PAULI-Prinzip (Abschnitt 6.2.3) genügen. Auch verschwindet am absoluten Nullpunkt der Temperatur T die Teilchenenergie nicht (das verbietet ja schon die HEISENBERGsche Unschärferelation), sondern verteilt sich nach den Gesetzen der Quantenmechanik auf die Energieniveaus. Für Elektronen (und andere Elementarteilchen mit dem Spin 1/2, die dem PAULI-Prinzip unterliegen) gilt darum die **FERMI-DIRAC-Statistik**. Die Besetzungswahrscheinlichkeit $f(E)$ ist nur noch formal der BOLTZMANNschen ähnlich:

$$f(E) = \frac{1}{e^{\frac{E-E_F}{kT}} + 1} \qquad \text{Formel 6.21}$$

Die FERMI-DIRAC-Statistik gibt für $T = 0$ an, dass alle Energiezustände von unten nach oben mit jeweils zwei Elektronen unterschiedlichen Spins ($s = \pm 1/2$) aufgefüllt sind, aber maximal bis zum FERMI-*Niveau* mit der **FERMI-Energie** E_F. Diese nach ENRICO FERMI (1901 – 1954) benannte Verteilung ist schematisch in **Bild 6.29** dargestellt.

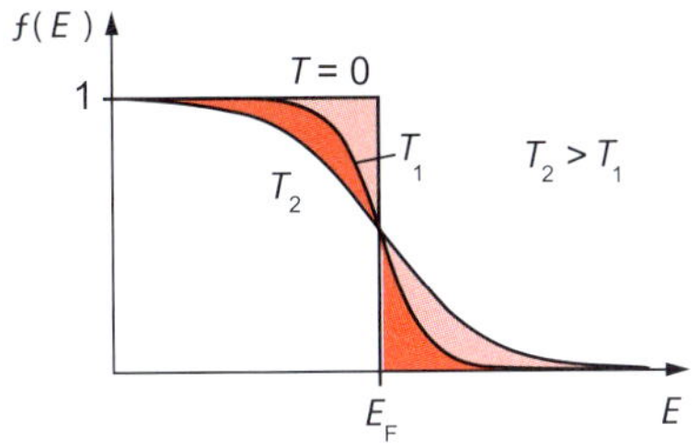

Bild 6.29 Die Kante der FERMI-Verteilung (für die Besetzungswahrscheinlichkeit der Energiezustände) wird bei Temperaturen oberhalb des absoluten Nullpunktes „verschmiert".

Ganz anders als bei den Teilchen im makroskopischen Gas hat hier eine Temperaturerhöhung eine Umbesetzung *diskreter Zustände* zur Folge: Mit höherer Temperatur können zwar auch Zustände mit $E > E_F$ besetzt werden, diese fehlen aber in den niedrigeren Energieniveaus. Man sagt, dass die FERMI-*Kante* der Verteilung in **Bild 6.29** „verschmiert". Bei $E = E_F$ bleibt die Besetzungswahrscheinlichkeit jedoch immer $f(E) = 0{,}5$.

Statistik in der Atomphysik

Die statistische Behandlung der makroskopischen Gasmoleküle und der mikroskopischen Elektronen unterscheidet sich auch in ihrer *Begründung ganz* wesentlich: Im idealen Gas gehorchen alle Teilchen der klassischen NEWTONschen Mechanik; sehr schnelle und fleißige Beobachter könnten grundsätzlich für jedes einzelne Atom oder Molekül die Bewegung vorausberechnen. Eine statistische Behandlung dient also hier der Bequemlichkeit bzw. der Praktikabilität. Dagegen ist *innerhalb* eines individuellen Atoms *prinzipiell* keine Vorhersage zu Übergängen und Besetzungen möglich. *Nur* mittels der Statistik kann überhaupt eine quantitative physikalische Aussage getroffen bzw. eine Gesetzmäßigkeit abgeleitet werden. In der Quantenstatistik sind Teilchen außerdem nicht individuell unterscheidbar.

6.4.4 Elektronen- und Löcherleitung

Um das elektrische Verhalten der Festkörper zu klassifizieren bzw. zu beschreiben, braucht man offenbar nur die beiden obersten Energiebänder zu betrachten: Unterhalb der FERMI-Energie liegt das **Valenzband**; es ist demnach bei $T = 0$ vollständig gefüllt, kann bei höheren Temperaturen aber Elektronen ins **Leitungsband** abgeben, das oberhalb von E_F liegt. Ob das gelingt, hängt von der energetischen Breite bzw. Höhe der „verbotenen Zone" dazwischen ab. (In diesem Zusammenhang wird sie meistens *Energielücke* oder *Gap* genannt.)

Bild 6.30 zeigt die vierteilige Klassifizierung der Festkörper im Bändermodell nach ihrer *Leitfähigkeit*, also der Beweglichkeit von Ladungsträgern. (In der Abszisse ist immer eine abstrakte Ortskoordinate dargestellt.)

- Bei **Isolatoren (a)** liegt die FERMI-Kante zwischen Valenz- und Leitungsband. Den Elektronen im Valenzband ist keine Bewegung möglich, weil sie wegen der zusätzlichen kinetischen Energie ein etwas höheres Energieniveau in demselben Band besetzen müssten. Die Niveaus sind aber alle voll, und PAULI lässt keine Ausnahmen zu. Andererseits ist die Energielücke zum Leitungsband zu groß (über 3 eV, zum Beispiel 9 eV bei Quarz), als dass sie eine nennenswerte Zahl von Elektronen mittels thermischer Energie überwinden könnte.

- Das andere Extrem zeigen **Metalle (b).** Bei ihnen liegt die FERMI-Kante in der Mitte des Leitungsbandes. (Die Metallatome haben im Durchschnitt ein Elektron abgegeben; die Hälfte der Energiezustände mit jeweils antiparallelem Spin ist also noch unbesetzt.) In die obere Hälfte des Leitungsbandes mit $E > E_F$ kommen die Elektronen schon bei $T > 0$, also in jedem technisch relevanten Fall.
- Einen Sonderfall **(c)** stellen bestimmte Erdalkali- und **Halbmetalle** dar („Leiter 2. Art" wie As und Sb). Bei ihnen überlappen sich die obersten Bänder; dadurch stehen den Elektronen die zur Bewegung erforderlichen Energiezustände hinreichend zur Verfügung.
- In **(d)** ist nochmals eine Bandstruktur wie beim Isolator angegeben, aber mit kleinerer Energielücke (z. B. 1,14 eV bei Silizium). Sobald die Temperatur größer als 0 K ist, liefert die FERMI-Verteilung einige Elektronen mit ausreichender Energie, um sich im Leitungsband aufzuhalten. Dass die makroskopische Leitfähigkeit dieser **Halbleiter** exponentiell mit der Temperatur steigt (Abschnitt 4.7.5.1), wird also vollständig durch Formel 6.21 beschrieben.

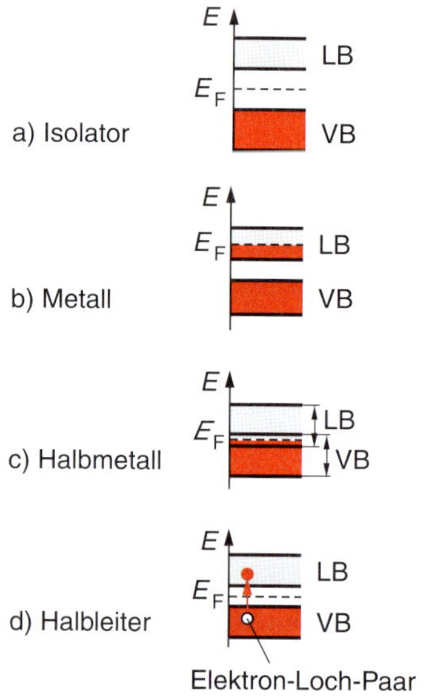

Bild 6.30 Im Bändermodell erkennt man als Ursache für die unterschiedliche elektrische Leitfähigkeit den energetischen Abstand („Gap") von Valenz- und Leitungsband.

Die zuletzt beschriebene **Eigenleitung** der Halbleiter kann bekanntlich (Abschnitt 4.7.5.2) durch *Dotieren* in eine **Störstellenleitung** überführt und damit drastisch vergrößert werden. Im Bändermodell liegen die Energieniveaus der ins Gitter eingebauten *Donatoren* so dicht unterhalb des Leitungsbandes (ca. 0,05 eV), dass deren überzählige Elektronen praktisch bei jeder Temperatur energetisch dorthin gehoben werden und damit Beweglichkeit erlangen; es entsteht ein n-*Leiter*.

In **Bild 6.31** ist dieser Übergang (symbolisch, nicht maßstäblich) im oberen Teil dargestellt; dabei wurden, wie allgemein üblich, nur die Ränder von Valenz- und Leitungsband eingezeichnet. Darunter erkennt man, dass die Energieniveaus von *Akzeptoren* dicht oberhalb des Valenzbandes liegen. Sie erzeugen durch die Aufnahme von Elektronen bewegliche **Löcher** im Valenzband und schaffen somit einen p-*Leiter*.

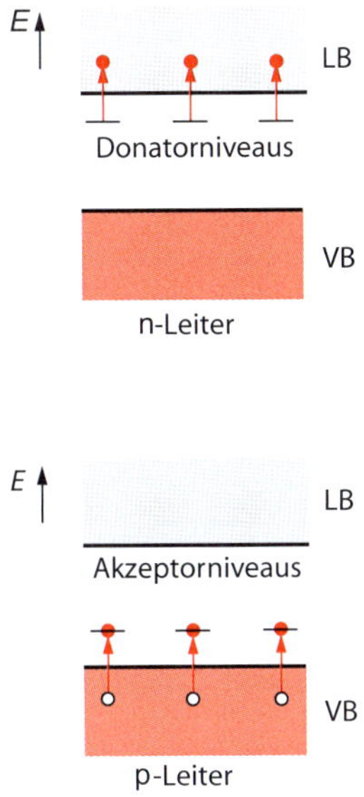

Bild 6.31 Die Energieniveaus der ins Halbleitergitter eingebauten Donatoren bzw. Akzeptoren liegen so dicht am Rand der Energiebänder, dass bewegliche Elektronen bzw. Löcher entstehen.

Beispiel 6.11: n-dotiertes Silizium

Aufgabe: In Silizium soll die Anzahl der Leitungselektronen bei Zimmertemperatur (ca. $10^{16}/m^3$) um den Faktor 10^6 erhöht werden, indem mit Phosphoratomen dotiert wird. Welcher Anteil von Fremdatomen ist erforderlich?

Lösung: Die Anzahl der Silizium-Atome pro m^3 berechnet man mit der Dichte ϱ_{Si} [Kuchling], der molaren Masse M_{si} (Formel 3.15) und der AVOGADRO-Konstante N_A:

$$n_{Si} = \frac{\varrho_{Si} N_A}{M_{Si}} = \frac{2330\,kg \cdot m^{-3} \cdot 6{,}02 \cdot 10^{23}\ mol^{-1}}{28{,}1\,kg \cdot 10^3\ mol^{-1}}$$
$$= 5 \cdot 10^{28}\ m^{-3}$$

Das Verhältnis der gewünschten Ladungsträgerzahl bzw. der Anzahl von Phosphoratomen n_P zu n_{Si} ist also:

$$\frac{n_P}{n_{Si}} = \frac{10^{22}\,/\,m^3}{5 \cdot 10^{28}\,/\,m^3} = \frac{1}{5 \cdot 10^6}$$

Zur Dotierung genügt es, eines von 5 Millionen Siliziumatomen zu ersetzen. Allerdings beträgt das Verhältnis zur entsprechenden Ladungsträgerzahl in Silber (Beispiel 4.9) dennoch nur:

$$\frac{n_P}{n_{Ag}} = \frac{10^{22}\,/\,m^3}{10^{29}\,/\,m^3} = 10^{-7}$$

Auch die Störstellen-Leitfähigkeit eines Halbleiters ist also viel geringer als die eines Metalls.

6.4.5 Halbleiter-Bauelemente

Wenn n- und p-Leiter zusammenkommen, entsteht ein **pn-Übergang** mit einer Diffusionsspannung U_D (Abschnitt 4.7.5.3). Im Energieschema werden die Bänder bzw. die Energielücke entsprechend um

$$\Delta E = eU_D$$

verformt **(Bild 6.32)**. Anschaulich kann man ΔE im Teilchenbild so interpretieren, dass die potenzielle Energie der Elektronen im p-Leiter gegenüber der positiven Raumladung durch die fünfwertigen Ionen im n-Leiter *wächst* (z. B. durch die Phosphor-Atome in Beispiel 6.11).

Durch eine zusätzliche, die Diffusionsspannung kompensierende Potenzialdifferenz können die Bänder nivelliert werden; das ist dann die *Durchlassspannung* einer **Halbleiterdiode**. Eine *Sperrspannung* verformt die Bänder dagegen noch stärker und erhöht den Potenzialwall für die Leitungselektronen und die Löcher. Auch den **npn-Transistor** in Bild 4.70 kann man anschaulich durch einen „Potenzialberg" im Bereich der Basis beschreiben. In diesem bildlichen Vergleich lässt sich der Fluss der Ladungsträger durch die Abflachung des Berges wie durch eine Schleuse steuern.

Wichtig ist das Bändermodell auch zum Verständnis der **Zener**- und der **Tunneldiode**, deren Potenzialverhältnisse in **Bild 6.33** schematisch skizziert sind. Sowohl der p- als auch der n-Leiter sind stark dotiert, sodass im p-Leiter der obere Bereich des Valenzbandes sehr viele Löcher und im n-Leiter der untere Bereich sehr viele Elektronen enthält. Bei der Bandverzerrung durch eine kleine äußere Spannung – wie in der Zeichnung dargestellt – wird die Bandlücke sehr schmal. Was im Teilchenmodell weiterhin eine *verbotene Zone* wäre, können die Elektronen als Wellen überwinden: Sie *tunneln* ohne Energieänderung in das andere Band **(Bild 6.15)**, sodass ein außen messbarer *Tunnelstrom* fließt.

Von großer technischer Bedeutung sind **optoelektronische Bauelemente**. Das **Bild 6.34 (a)** zeigt schematisch den *inneren fotoelektrischen Effekt* (Abschnitt 6.1.1.1) im Bändermodell, der bei **Solarzellen** und **Fotodioden** angewandt wird (Abschnitt 4.7.5.4). Der Abstand der unteren Valenzbandkante zur oberen Leitungsbandkante legt fest, in welchem Wellenlängenbereich bzw. Energiebereich Photonen absorbiert werden können; zum Beispiel sind *Silizium-Fotodioden nur* im sichtbaren Spektralbereich und an seinen Rändern (λ = 300 ... 1100 nm) einsetzbar.

Bei Leuchtdioden wird diese Funktion in gewisser Weise umgekehrt, wie **Bild 6.34 (b)** symbolisch darstellt: Durch eine *Rekombination*, im Bändermodell also den Übergang eines Elektrons aus dem Leitungsband in ein Loch im Valenzband, wird die Energiedifferenz zwischen den beiden Niveaus freigesetzt. In manchen Halbleitern – vor allem in binären Verbindungen wie GaAs und weiteren Mischkristallen wie InGaAs und InGaAsPh, aber leider *nicht* im allgegenwärtigen Si – kann diese Energie als *Photon* abgestrahlt werden. Solche **Leuchtdioden** (*Light **E**mitting **D**iodes*, LED) gibt es in vielen Bauformen und mit sehr hoher Effizienz. Inzwischen haben sie sogar Glüh- und Kompakt-Leuchtstofflampen („Energiesparlampen") für Beleuchtungszwecke weitgehend ersetzt.

Ein in Flussrichtung gepolter pn-Übergang mit hohem Injektionsstrom von Elektronen und Löchern zeigt im Sinne der Lasertechnik eine *Besetzungsinversion* (Abschnitt 6.3.2.2). Tatsächlich muss eine LED im Prinzip nur mit einem Resonator versehen werden, um zur **Laserdiode** zu werden. Die Spiegel erhält man einfach durch parallele Brüche des Kristalls entlang den Netzebenen, da der Reflexionsgrad (Formel 5.3) durch die hohe Brechzahl des Halbleiters sehr groß ist.

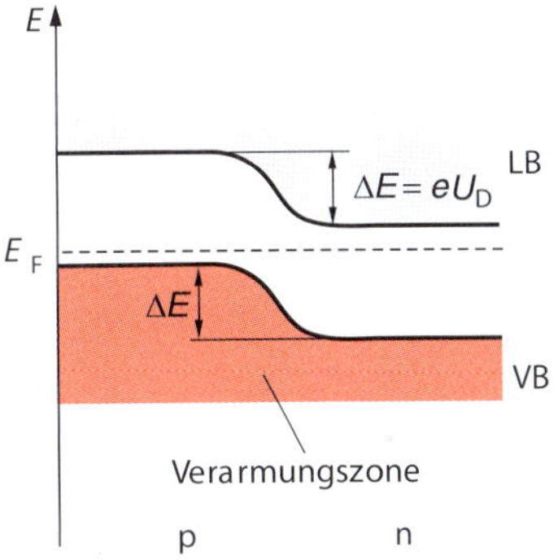

Bild 6.32 Der pn-Übergang erzeugt durch die Diffusionsspannung U_D einen Versatz der Bänder um $\Delta E = eU_D$.

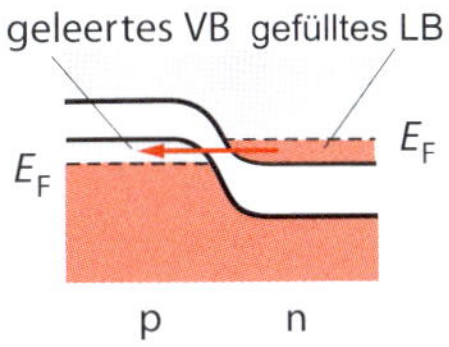

Bild 6.33 Bei der Tunneldiode wirkt sich der Wellencharakter der Elektronen aus: Sie können die „verbotene Zone" mit einer bestimmten Wahrscheinlichkeit ohne Änderung ihres Energiezustandes durchtunneln.

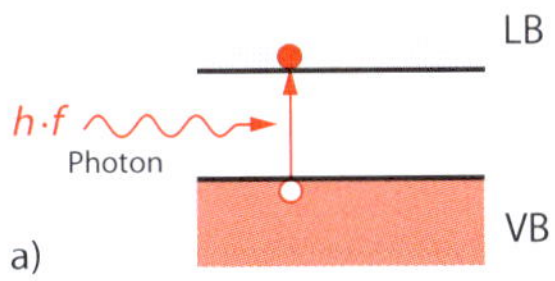

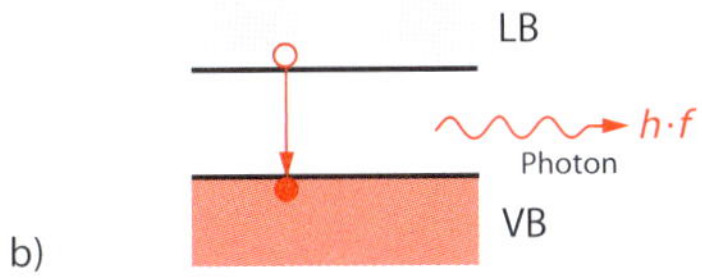

Bild 6.34 a) Beim inneren Fotoeffekt wird die Quantenenergie dazu benutzt, Elektronen ins Leitungsband zu heben. b) Obwohl die physikalischen Randbedingungen und die technische Realisierung komplizierter sind, kann man das Prinzip von LED und Laserdiode als Umkehrung des Fotoeffektes beschreiben.

Als der Lasereffekt in den fünfziger Jahren des letzten Jahrhunderts diskutiert und 1960 erstmals realisiert wurde, bezeichneten einige Experten die neuartige Lichtquelle als „Lösung auf der Suche nach einem Problem". Wenige Jahrzehnte später werden Laserdioden für optische Kommunikationssysteme (Glasfasernetze), Datenspeicher (CD, DVD) sowie viele andere Anwendungen in Stückzahlen produziert, die fast schon mit denen von konventionellen Leuchtmitteln vergleichbar sind.

Zusammenfassung: Festkörper

- Festkörper werden durch *Ionenbindung* (z. B. in Salzen), *kovalente Bindung* (z. B. in Halbleitern) oder *metallische Bindung* aufgebaut.
- Im *Bändermodell* entscheidet die Lage der obersten beiden Energiebänder im Verhältnis zur *Fermi-Energie* (quantenmechanische Besetzung der Energiezustände ohne thermische Energie) über die Leitfähigkeit der Materialien. Elektronen und Löcher können nur kinetische Energie aufnehmen, wenn freie Energieniveaus zur Verfügung stehen.

- Die Eigenleitung der Halbleiter (bei der die Elektronen die Energielücke zwischen Valenz- und Leitungsband thermisch überwinden) wird durch *Donator-* oder *Akzeptor-Niveaus* zur n- bzw. p-Leitung.
- Halbleiter-Bauelemente wie Dioden und Transistoren nutzen die *Bandverzerrung* in einem pn-Übergang. Durch die energetische Wechselwirkung mit Photonen (Absorption und Emission) entstehen Fotodioden sowie Leucht- und Laserdioden.

6.5 Atomkern

Die besondere Bedeutung der **Kernphysik** ist durch die Größenordnung von typischen Energieumsätzen im Atomkern begründet: Sie liegt zwischen 10^4 und 10^8 eV (im Vergleich zu etwa 10^1 eV in der Atomhülle). Dabei entstehen einerseits ionisierende Strahlungen von hoher Wirksamkeit, andererseits Spaltungs- und Fusionsreaktionen mit außerordentlich großer Energiefreisetzung. Diese *Kernprozesse* finden wichtige Anwendungen, erfordern aber auch ganz besondere Vorsichtsmaßnahmen.

6.5.1 Nukleonen

Seit dem *atomistischen Materialismus* des griechischen Naturphilosophen DEMOKRIT galten Atome über zweitausend Jahre als massiv („átomos“ heißt im Altgriechischen „unteilbar“). Erst die Streuexperimente von RUTHERFORD zu Anfang des letzten Jahrhunderts (Abschnitt 6.2.1) zeigten, dass Atome nahezu „leer“ sind: Der Kern ist fast fünf Größenordnungen kleiner als die Elektronenhülle (Beispiel 6.13).

In den Dreißigerjahren folgte die Erkenntnis, dass der Atomkern aus einzelnen *Nukleonen* aufgebaut ist, den **Protonen** und **Neutronen (Bild 6.35)**. Auch diese besitzen aber offensichtlich eine Struktur. Seit den Sechzigerjahren des letzten Jahrhunderts arbeitet die *Elementarteilchenphysik* erfolgreich mit dem Modell der **Quarks** als Bausteinen der Nukleonen (und weiteren sogenannten „Hadronen“, die aber instabil sind). Sechs verschiedene Quarks wurden nach und nach postuliert und inzwischen sämtlich nachgewiesen, allerdings immer indirekt und niemals als isolierte Teilchen. Wie **Bild 6.35** symbolisch zeigt, setzen die beiden Quarksorten mit den „Isospins“ **up** und **down** das Proton und das Neutron zusammen. Dabei steuern up-Quarks jeweils die Ladung $+2/3e$ und down-Quarks die Ladung $-1/3e$ bei – auch die *Elementarladung* ist, zumindest bei *Elementarteilchen*, nicht mehr elementar.

Das *Ordnungsschema* für Atomkerne ist übersichtlicher: Die Anzahl der Protonen Z gibt zusammen mit der Neutronenzahl N die **Nukleonenzahl** A an:

Nukleonenzahl

$$A = Z + N \qquad \text{Formel 6.22}$$

Da Z beim neutralen Atom der Anzahl der Hüllenelektronen entspricht, ist dies gleichzeitig die *Ordnungszahl*. Bei einer Atomkernart – einem *Nuklid* – kann N allerdings variieren, sodass *isotope Nuklide* entstehen; sie werden einfach **Isotope** genannt. Zur vollständigen Bezeichnung eines Nuklids muss also das chemische Symbol des entsprechenden Elementes mit A und Z versehen werden:

Nuklid-Bezeichnung

$${}^{A}_{Z}\mathrm{X}$$

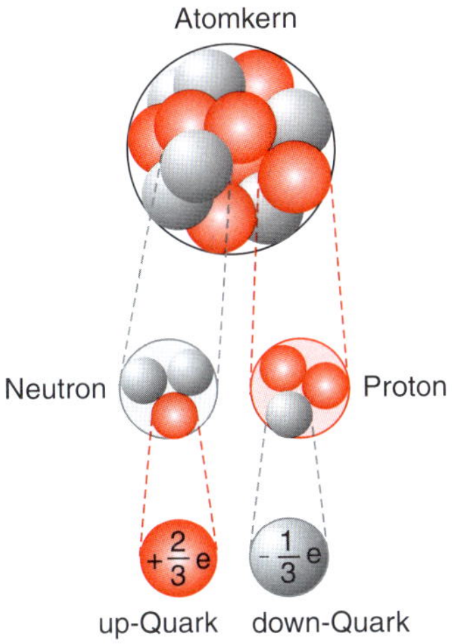

Bild 6.35 Der Atomkern besteht aus Protonen und Neutronen, die wiederum aus Quarks so zusammengesetzt sind, dass ihre Ladungen +*e* bzw. 0 entstehen.

Beispiel 6.12: Isotope Nuklide

Wasserstoffatome haben normalerweise nur ein Proton *im* Kern bzw. *als* Kern:

$$^{1}_{1}\mathrm{H}$$

Das Nuklid kommt allerdings auch mit zusätzlich eingebauten Neutronen vor:

$$^{2}_{1}\mathrm{H},\ ^{3}_{1}\mathrm{H}$$

Diese beiden Isotope beziehungsweise die entsprechenden Gase werden „schwerer" und „überschwerer" Wasserstoff genannt; wegen ihrer besonderen Bedeutung für die Kernphysik haben sie außerdem (und ausnahmsweise) die eigenständigen Namen „Deuterium" und „Tritium" erhalten:

$$^{2}_{1}\mathrm{D},\ ^{3}_{1}\mathrm{T}$$

Die Verbindung D_2O wird übrigens auch „schweres Wasser" genannt (Abschnitt 6.5.4.1).
Zu den wichtigsten Elementen mit mehreren Isotopen gehört das Uran:

$$^{233}_{92}\mathrm{U}\ \text{bis}\ ^{238}_{92}\mathrm{U}$$

Offensichtlich reicht es zur Unterscheidung aus, die Nukleonenzahl *A* anzugeben; oft schreibt man nur ^{238}U oder einfach U-238.

Der Atomkern ist kein massives Teilchen, sondern muss dualistisch bzw. quantenmechanisch behandelt werden. Dennoch kann man aus Wechselwirkungs-Experimenten mit geladenen Teilchen (wie dem Streuexperiment von RUTHERFORD, meistens aber mit schnellen Elektronen) auf eine *Kugelsymmetrie* schließen und sogar ein *Kernvolumen* angeben, das zur Nukleonenzahl direkt proportional ist. Für den **Kernradius** gilt die empirische Beziehung:

$$r_K = r_0 \sqrt[3]{A} \qquad \text{Formel 6.23}$$

Atomkern-Radius

mit $r_0 \approx 1{,}4 \cdot 10^{-15}$ m. Daraus folgt auch, dass alle Atomkerne nahezu die gleiche Dichte haben (Beispiel 6.14).

Beispiel 6.13: Kerndurchmesser

Aufgabe: Wie groß ist der Durchmesser des kleinsten Atomkerns und des Kerns von Uran-238 (als einem der größten)?
Lösung: Der Wasserstoffkern bzw. das Proton hat nach Formel 6.23 wegen $A = \sqrt[3]{1} = 1$ den Durchmesser:

$$d_{\mathrm{H-1}} \approx 2{,}8\,\mathrm{fm}$$

Für das Uran-Isotop erhält man:

$$r_{\mathrm{U-238}} \approx 2 \cdot 1{,}4 \cdot 10^{-15}\ \mathrm{m} \cdot \sqrt[3]{238} \approx 17\,\mathrm{fm}$$

Die Variation der Kerndurchmesser umfasst also lediglich eine Größenordnung.

6.5.2 Masse und Massendefekt

A wird manchmal auch als *Massenzahl* oder als *gerundete relative Atommasse* bezeichnet, weil die Massen von Neutronen und Protonen nahezu identisch sind. Deshalb ist es möglich und sinnvoll, eine **atomare Masseneinheit** mit der Bezeichnung „u" zu definieren, deren Größenordnung besser an die Atom- und Kernphysik angepasst ist als die SI-Einheit „kg". Als Bezug wurde das Kohlenstoffisotop ${}^{12}_{6}C$ gewählt; die Umrechnung lautet [CODATA]:

Umrechnung atomare/ makroskopische Masseneinheit

$$1\,\mathrm{u} = \frac{1}{12} m_{\mathrm{C-12}} = 1{,}660\ 539\ 066\ 60(50) \cdot 10^{-27}\ \mathrm{kg}; \qquad 1\ \mathrm{kg} = 6{,}022\ 140\ 7621(18) \cdot 10^{26}\ \mathrm{u}$$ Formel 6.24

Damit lässt sich außerdem die **relative Atommasse** exakt definieren:

$$A_{\mathrm{r}} = \frac{m_{\mathrm{A}}}{m_{\mathrm{C-12}} / 12}$$ Formel 6.25

Die Angabe der *relativen* Atommasse A_{r} für ein Element liefert also den gleichen *Zahlenwert* wie die *absolute* Atommasse m_{A} in der atomaren Masseneinheit u. Zum Beispiel hat das Kohlenstoff-Isotop C-12 die Masse 12,0000 u.

Atommasse

Die Umrechnungsfaktoren in Formel 6.24 zeigen, wie genau kernphysikalische Messungen heute sind. Gerade deshalb muss man darauf achten, dass sich die Zahlenwerte immer auf die *vollständigen*, neutralen Atome *einschließlich* der Hüllenelektronen beziehen. Gegebenenfalls ist die Elektronenmasse zu subtrahieren, wenn es ausschließlich um die Nukleonen geht.

Solche Definitionen sind nicht die spannendsten Aspekte der Physik; sie gehören auch nicht zu ihren tiefsten Erkenntnissen. Andererseits sind sie notwendig, um diese exakte Wissenschaft quantitativ betreiben zu können. Die relative Atommasse ist ein gutes Beispiel dafür: In anderen Disziplinen wie der Chemie bezieht sich die Angabe von A_{r} meistens nicht auf ein *bestimmtes Isotop*, sondern auf das *natürliche Isotopengemisch*, das bei Kohlenstoff zum Beispiel aus 98,9 % C-12 und 1,1 % C-13 besteht. Diese abweichende Definition muss man natürlich beachten, wenn im Periodensystem (Tabelle 6.2) für C die Angabe A_{r} = 12,011 auftaucht.

Bei den exakten Massebestimmungen von Atomkernen und ihren Bausteinen stellt man fest, dass die Kernmasse stets kleiner als die Summe der Nukleonenmassen ist. Dieser **Massendefekt** (nicht etwa im Sinne von *Schaden*, sondern im ursprünglichen Wortsinn von *Mangel oder Fehlen*) entsteht durch die **Bindungsenergie** der Nukleonen. Beide Größen sind verknüpft durch die EINSTEINsche Masse-Energie-Äquivalenz $E = mc_0^2$ (Formel 2.63). Der experimentelle Nachweis dieser Äquivalenz ist sicher die dramatischste und folgenreichste Anwendung der Kernphysik (Abschnitt 6.5.4).

Die Bindungsenergie kann als Maß für die Stabilität eines Kerns interpretiert werden. Wenn man sie als **mittlere Bindungsenergie pro Nukleon** über der Massenzahl *A* für die natürlich vorkommenden Nuklide aufträgt, erhält man die wichtige Kurve in

Bild 6.36. Offenbar ist die Stabilität großer Kerne wie des Urankerns etwas geringer als die der Kerne von Eisen, Nickel usw. mit $A \approx 40$ bis $A \approx 80$. Auch der He-4-Kern hat eine höhere Bindungsenergie pro Nukleon als seine Nachbarn und ist darum besonders stabil. Aus diesem Grund kann er sogar als kompaktes „α-Teilchen" radioaktive Nuklide verlassen (Abschnitt 6.5.3).

Beispiel 6.14: Dichte der Kernmaterie

Aufgabe: Wie groß ist die mittlere Dichte des H-1-Atomkerns?

Lösung: Mit der Annahme eines Kugelvolumens gilt fürdie Dichte eines beliebigen Atomkerns:

$$\varrho = \frac{Am_{\mathrm{A}}}{\frac{4}{3}\pi r_{\mathrm{K}}^3}$$

Wenn für die Masse eines Nukleons die atomare Masseneinheit eingesetzt wird und für den Kernradius die Abschätzung gemäß Formel 6.23, erhält man:

$$\varrho = \frac{A \cdot \mathrm{u}}{\frac{4}{3}\pi r_0^3 A} = \frac{3 \cdot 1{,}66 \cdot 10^{-27}\ \mathrm{kg}}{4\pi \cdot \left(1{,}4 \cdot 10^{-15}\ \mathrm{m}\right)^3} = 1{,}44 \cdot 10^{17}\ \mathrm{kg/m^3}$$

Im Vergleich zu den dichtesten Festkörpern wie Gold, Platin oder Iridium ($\varrho \approx 2 \cdot 10^4$ kg/m³) beträgt die Dichte also das 10^{13}-Fache. In Neutronensternen wird tatsächlich diese Größenordnung erreicht.

Außerdem kann man der Kurve den *Gewinn an* (und das bedeutet die *Abgabe von*) Bindungsenergie entnehmen, der bei der Spaltung eines großen Kerns oder der Verschmelzung zweier kleiner entsteht. Beide Möglichkeiten werden in kontrollierten Kernprozessen technisch (bzw. in lawinenartig ablaufenden Kernreaktionen militärisch) genutzt (Abschnitt 6.5.4).

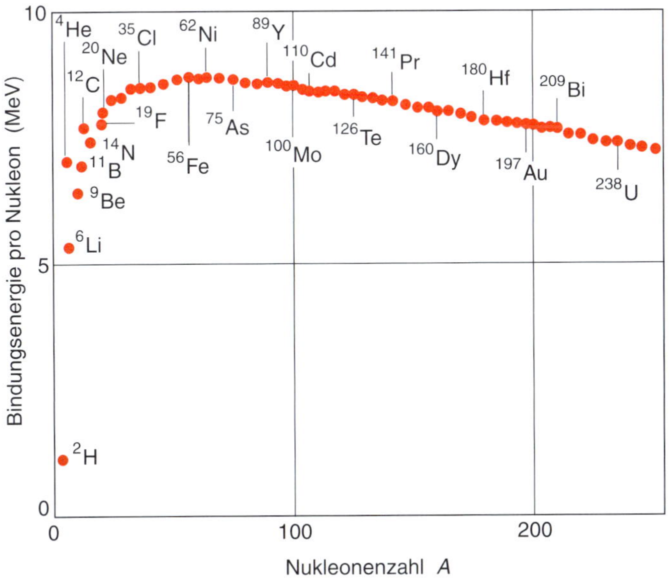

Bild 6.36 Die mittlere Bindungsenergie der Nukleonen ist im Bereich $A = 40 \ldots 80$ maximal; zum Beispiel enthält Ni-62 etwa 8,8 MeV pro Nukleon.

Info 6.7: Kernkraft, Wechselwirkungen und Feldteilchen

Eine *potenzielle Energie* wie eine Bindungsenergie setzt im klassischen Teilchenbild Kräfte voraus, gegen die bei einer Abstandsänderung Arbeit verrichtet werden muss. Bei den negativen Elektronen der Atomhülle ist dies die COULOMB-Kraft, die von den positiven Protonen des Kerns vermittelt wird. Die COULOMB-Kraft treibt allerdings *innerhalb* des Kerns die Protonen auseinander; sie muss dort also von einer stärkeren Kraft überlagert sein. Diese bezeichnet man – nicht überraschend – als *Kernkraft*.
Im Unterschied zur Gravitationskraft und zur COULOMB-Kraft ist die Reichweite der Kernkraft räumlich beschränkt, und zwar im Wesentlichen auf den Durchmesserder Atomkerne (Beispiel 6.13). Heute geht man davon aus, dass die sogenannte *starke Wechselwirkung* einerseits die Quarks zu Nukleonen bindet (durch die Vermittlung von *Gluonen*) und andererseits als eine Art Sekundäreffekt die Nukleonen zu Atomkernen (durch die Vermittlung von *Pionen*). Zusammen mit der *schwachen Wechselwirkung* (die von W- und Z-Bosonen vermittelt und nur beim radioaktiven Zerfall erkennbar wird) ergänzt sie die Naturkräfte zu einem Quartett.
In dieser Systematik der *Feldteilchen* fällt übrigens den *Photonen* die Vermittlerrolle für die elektromagnetische Wechselwirkung zu. Für die Gravitation werden *Gravitonen* vermutet und experimentell gesucht. Immerhin konnte 2012 das HIGGS-Teilchen nachgewiesen werden, welches den Elementarteilchen ihre Masse verleiht. Die populären bis volkstümlichen Interpretationen dieses Mechanismus im „HIGGS-Feld" zeigten leider erneut, dass in der Quantenwelt die Anschaulichkeit verloren geht.

6.5.3 Radioaktivität

Ob ein bestimmtes Nuklid stabil ist, hängt vom Verhältnis der Neutronenzahl N zur Protonenzahl Z ab; dieses Verhältnis nimmt mit steigender Nukleonenzahl A zu. Über 80 % der etwa 1900 bekannten Nuklide, vor allem neutronenreiche Isotope, zeigen *radioaktiven Zerfall*. (Glücklicherweise sind jedoch über 80 % der 320 *natürlich* vorkommenden Atomkerne stabil.)

6.5.3.1 Strahlungen

Der eine Aspekt des Zerfallvorgangs ist eine *Kernumwandlung*, der andere die dabei entstehende **radioaktive Strahlung**. Man unterscheidet drei Arten:

- **α-Strahlung** besteht aus $^{4}_{2}$He-Kernen („α-Teilchen"), die von massereichen Nukliden ($A > 200$) ausgeschleudert werden. Ein Beispiel ist die Umwandlung von Polonium-210 zu einem stabilen Blei-Isotop:

Typischer α-Zerfall

$$^{210}_{84}\mathrm{Po} \rightarrow {}^{206}_{82}\mathrm{Pb} + \alpha$$

  Die *kinetische Energie* der α-Teilchen liegt zwischen 4 MeV und 9 MeV. Wegen ihrer Größe werden sie aber relativ leicht absorbiert: In Luft beträgt die Reichweite maximal 10 cm, und in festen Stoffen nur einige µm. (Ein Blatt Papier reicht zur Abschirmung aus; sehr gefährlich sind α-Strahler jedoch *im* Körper.)

- **β-Strahlung** entsteht durch die *Umwandlung* der beiden Nukleonenarten ineinander: Kerne mit Neutronenüberschuss können ein Elektron abgeben („β^--Teilchen") und so ein Proton erzeugen, während ein Proton durch Abstrahlung eines **Positrons** – des *Antiteilchens* eines Elektrons – zum Neutron umgewandelt wird („β^+-Zerfall"). Zusätzlich wird jeweils ein elektrisch neutrales Teilchen ohne Ruhemasse, ein **Antineutrino** $\bar{\nu}$ bzw. **Neutrino** ν emittiert. Ein Beispiel für den β^--Zerfall ist die Umwandlung des instabilen Blei-214 zum (ebenfalls instabilen) Wismut-214:

$$^{214}_{82}\mathrm{Pb} \rightarrow {}^{214}_{83}\mathrm{Bi} + {}^{0}_{-1}\mathrm{e} + \overline{\nu}$$

Typischer β^--Zerfall

Den β^+-Zerfall beobachtet man unter anderem beim radioaktiven Zerfall von Phosphor-30, wobei das stabile Isotop Silizium-30 entsteht:

$$^{30}_{15}\mathrm{P} \rightarrow {}^{30}_{14}\mathrm{Si} + {}^{0}_{+1}\mathrm{e} + \nu$$

Da die Neutrinos einen variablen Anteil der Zerfallsenergie aufnehmen, haben die β-Teilchen ein kontinuierliches Spektrum kinetischer Energie, das bis etwa 2 MeV reicht. In Luft beträgt ihre Reichweite einige Meter; sie können aber zum Beispiel durch Aluminiumblech von einigen Millimetern Dicke vollständig abgeschirmt werden.

Statistik und Wahrscheinlichkeit

Eine Randbemerkung: Immer wieder liest man Sätze wie diesen: „Rein statistisch gesehen soll so ein Ereignis alle 100 Jahre vorkommen – und 70 sind bereits vorbei“ (in einer großen Tageszeitung auf der Wissenschaftsseite). – *Aufgabe:* Bestimmen Sie den Zeitpunkt, zu dem das erwartete Ereignis eintritt. *Lösung:* In der nächsten Sekunde, oder in tausend Jahren immer noch nicht. *Begründung:* Genau das gehört zum Wesen der Wahrscheinlichkeit!

Info 6.8: α-Teilchen und der Tunneleffekt

Man kann sich die Frage stellen, wie das α-Teilchen überhaupt der stark anziehenden Kernkraft entkommen und in den Bereich der abstoßenden COULOMB-Kraft gelangen kann. In **Bild 6.37** ist der Potenzialverlauf skizziert, der aus der Superposition beider Kräfte resultiert. Nach der klassischen Physik gibt es für das Teilchen mit seiner (gestrichelt eingezeichneten) kinetischen Energie kein Entrinnen aus dem „Topf“ mit den hohen „Wänden“ potenzieller Energie. Die Quantenmechanik (Abschnitt 6.2.4) betrachtet jedoch auch dieses Teilchen als Welle und gibt eine bestimmte Wahrscheinlichkeit für das *Durchtunneln* der Potenzialbarriere an. Die Höhe und die Breite dieser Barriere bestimmen, wie schnell der radioaktive Zerfall des Kerns erfolgt – über eine Zeitskala von 10^{36} Größenordnungen (s. u.)!

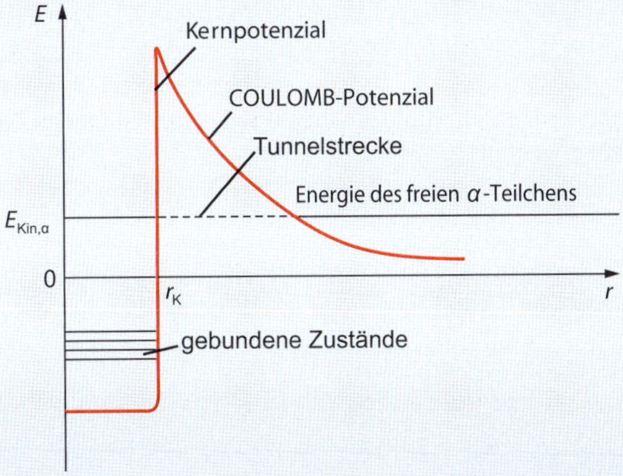

Bild 6.37 Ein α-Teilchen muss die von der Kernkraft und der COULOMB-Kraft aufgebaute Barriere durchtunneln, da seine kinetische Energie geringer als diese potenzielle Energie ist.

- **γ-Strahlung** besteht aus den *Photonen*, die ein angeregter Kern nach dem α- oder β-Zerfall beim Übergang in einen niedrigeren Energiezustand emittiert; ihre hohe Energie (bis zu 2,5 MeV) unterstreicht den Quantencharakter. Da es sich aber gleichzeitig um elektromagnetische Wellen handelt (Tabelle 4.3), ist eine *Schwächung* nach dem Absorptionsgesetz (Formel 6.20) plausibel. Allerdings ist dies eine rein statistische Aussage, da viele Einzelprozesse wie Paarbildung (Abschnitt 2.7.4.1) und COMPTON-Streuung (Abschnitt 6.1.1.3) zusammen wirken. Um zum Beispiel die Intensität eines Linienstrahlers der Energie 1 MeV auf 1/10 (also die Anzahl der Photonen auf 10 %) zu verringern, ist eine Bleiwand von 4,5 cm Dicke erforderlich.

6.5.3.2 Kernumwandlungen

Obwohl manchmal von „Kernchemie" die Rede ist, sind solche strahlenden Kernprozesse völlig unbeeinflussbar; der „innere Antrieb" ist vielmehr eine Verringerung der Bindungsenergie. Jede individuelle Kernumwandlung erfolgt nach den Gesetzen der Quantenmechanik und damit *zufällig*, sodass *statistische Methoden* auf eine große Zahl N gleicher Atome angewandt werden müssen (und dürfen).

Die Verringerung von N im Zeitintervall dt, also die Anzahl der Umwandlungen dN, lässt sich mit der kernspezifischen Umwandlungs- oder **Zerfallskonstante** λ ausdrücken:

$$\mathrm{d}N = -\lambda N \mathrm{d}t \qquad \text{Formel 6.26}$$

Je größer λ ist, desto stärker ist die Strahlungsaktivität bzw. **Radioaktivität** des betreffenden Nuklids. Natürlich kann jeder Kern nur einmal „zerfallen" und dabei strahlen; die Wahrscheinlichkeit dafür ist jedoch für alle gleich. Um zu berechnen, wie N als Funktion der Zeit abnimmt, wird das Verhältnis dN/N über das Zeitintervall von 0 bis t integriert:

$$\int_{N(0)}^{N(t)} \frac{\mathrm{d}N}{N} = -\int_0^t \lambda \mathrm{d}t$$

Üblicherweise nennt man $N(0) = N_0$ und erhält:

$$\ln N - \ln N_0 = \ln \frac{N}{N_0} = -\lambda t$$

Durch Anwendung der Umkehrfunktion ergibt sich schließlich das **Zerfallsgesetz für radioaktive Stoffe**:

Zerfallsgesetz

$$N = N_0 \mathrm{e}^{-\lambda t} \qquad \text{Formel 6.27}$$

Anschaulicher als durch die Zerfallskonstante λ wird ein radioaktives Nuklid durch seine **Halbwertszeit** charakterisiert. Dieses Zeitintervall berechnet man aus Formel 6.27 für $N = N_0/2$ zu:

Halbwertszeit

$$T_{1/2} = \frac{\ln 2}{\lambda} \qquad \text{Formel 6.28}$$

Grafisch ist die Abnahme der „Mutterkerne" in **Bild 6.38** dargestellt, und zwar am Beispiel des radioaktiven Zerfalls von Kohlenstoff-14. In diesem Fall beträgt die Halbwertszeit $T_{1/2}$ = 5730 Jahre, und mit Formel 6.28 ergibt sich für die Zerfallskonstante $\lambda = 3{,}8 \cdot 10^{-12}\ \mathrm{s}^{-1}$. Als „Tochterkerne" entstehen Stickstoff-14-Isotope. Das Diagramm veranschaulicht auch die Antwort auf die naive Frage, wann denn eigentlich „die andere Hälfte" der strahlenden Atome endgültig zerfallen ist: niemals. Allerdings wird diese Strahlung unterhalb einer bestimmten Schwelle vom „Rauschen" der **natürlichen Radioaktivität** überdeckt, die aus dem Weltall, terrestrischen Gesteinen sowie dem Gas *Radon* und nicht zuletzt von C-14 im eigenen Körper stammt (Info 6.10).

In der Natur reicht die Halbwertszeit radioaktiver Isotope von ca. 10^{25} Jahren beim β^--Strahler Tellur-128 (das könnte man durchaus „stabil" nennen) bis zu 164 µs beim α-Strahler Polonium-214 [Kuchling]. Künstlich erzeugte Isotope haben sogar Halbwertszeiten bis herab zu 10^{-16} s.

Häufig wird beim radioaktiven Zerfall wieder ein instabiles Isotop gebildet, sodass mehrere Kernumwandlungen nacheinander auftreten. Auf diese Weise entstehen ganze **Zerfallsreihen**. In **Bild 6.39** ist als eines der wichtigsten Beispiele die schrittweise Umwandlung des Uran-Isotops U-238 dargestellt. Es kommt in der Natur mit einem Anteil von 99,2745 % vor und wird nach etlichen α- und β-Zerfällen (mit sehr unterschiedlichen Halbwertszeiten) zum stabilen Blei-Isotop Pb-206. Auf einem ähnlichen Weg zerfällt übrigens das *spaltbare* Isotop U-235 (Abschnitt 6.5.4) – dessen natürlicher Anteil nur 0,72 % beträgt, der Rest von 0,0055 % ist U-234 – zu Pb-207.

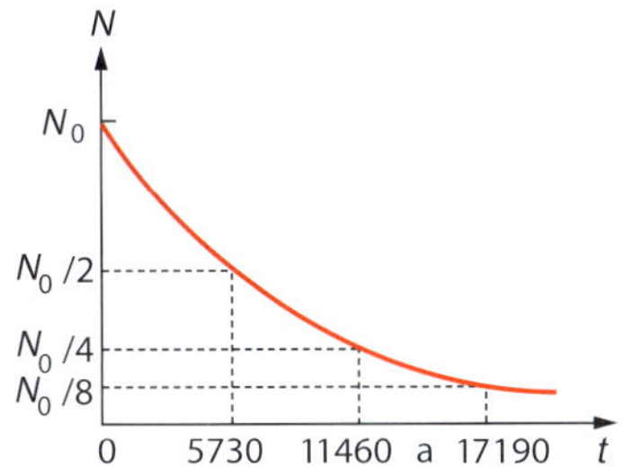

Bild 6.38 Das Beispiel des instabilen Kohlenstoff-14 zeigt die exponentielle Abnahme dieser Nuklide durch β^--Zerfall mit der Halbwertszeit von 5730 Jahren.

Info 6.9: Halbwertszeit

Eine wichtige Rolle spielt die Halbwertszeit bei der Bewertung des schädlichen *radioaktiven Niederschlags* („Fallout") nach Kernwaffenexplosionen und Reaktorunfällen. Am häufigsten wird Cäsium-137 und Strontium-90 nachgewiesen, deren Halbwertszeiten jeweils ungefähr 30 Jahre betragen.
Ausgesprochen nützlich ist dagegen die Halbwertszeit des Kohlenstoff-14 zur Altersbestimmung ehemals organischer Stoffe wie historischer Hölzer oder fossiler Knochen. Im CO_2 der Atmosphäre hat dieses instabile Isotop einen nahezu konstanten Anteil von ca. 10^{-12}; so wird es auch eingelagert und durch regelmäßigen Austausch konstant gehalten. Nach der Lebensphase verringert sich sein Anteil durch radioaktiven Zerfall (zu N-14); auf diese Weise lässt sich der Zeitpunkt mit guter Genauigkeit berechnen (Aufgabe A6.14).
Keinesfalls darf man die Halbwertszeit mit der *mittleren Lebensdauer* verwechseln, die als Kehrwert der Zerfallskonstante definiert ist: $\tau = 1/\lambda = T_{1/2}/\ln 2 = T_{1/2}/0{,}693$. Die mittlere Lebensdauer ist also ca. 44 % größer als die Halbwertszeit.

Man erkennt in der Zerfallsreihe, dass bei einigen Zwischenstufen für ein individuelles Nuklid nicht nur der *Zeitpunkt* des Zerfalls zufällig ist, sondern auch die *Art*. Zum Beispiel kann sich ein Wismut-214-Kern über Polonium-214 *oder* Thallium-210 zu Blei-210 umwandeln.

Halbwertszeit

Noch eine Randbemerkung: Manche plakativen Begriffe aus der Physik sind auch in der Alltagssprache populär, werden aber falsch verwendet. So wird von Parteien, Politikern oder Regierungen manchmal behauptet, ihre „Halbwertszeit" betrage noch so und so viele Jahre. Die physikalische Aussage ist implizit, dass sie *ewig* existieren (wenn auch ständig „abnehmen") – das ist aber gerade nicht gemeint.

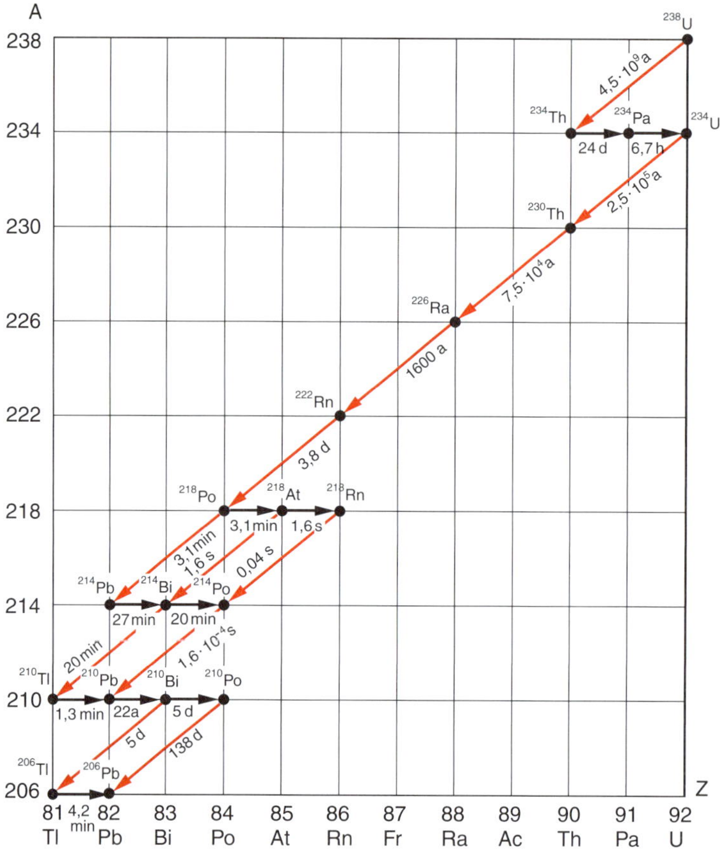

Bild 6.39 Bei der Zerfallsreihe des Uran-238 verursacht ein α-Zerfall die Verringerung der Nukleonenzahl A um 4 und der Protonen- bzw. Kernladungszahl um 2 (rote Pfeile). Ein β^--Zerfall lässt lediglich Z um 1 anwachsen (schwarze Pfeile).

6.5.3.3 Aktivität und Dosis

Offensichtlich hängt die Halbwertszeit mit einer kernspezifischen Größe zusammen, die man „Umwandlungsgeschwindigkeit" nennen könnte; üblicher ist die Bezeichnung **Aktivität**:

$$A = \frac{\mathrm{d}N}{dt} \qquad \text{Formel 6.29}$$

Ihre SI-Einheit ist nach Henri Becquerel (1852 – 1908) benannt: $[A]$ = Bq = s^{-1}. Mit Formel 6.26 erhält man den Zusammenhang:

$$A = \lambda N \qquad \text{Formel 6.30}$$

Auch die Aktivität nimmt also im zeitlichen Verlauf exponentiell ab:

$$A = A_0 e^{-\lambda t} \qquad \text{Formel 6.31}$$

Die **Bild 6.38** zeigt also nicht nur den grafischen Verlauf des *Kernzerfalls*, sondern auch den der *Aktivität*, wenn die Größe *N* durch *A* ersetzt wird. Nimmt man für ein

Zahlenbeispiel die Anzahl der Mutterkerne mit $N_0 = 10^{22}$ an, so ergibt Formel 6.30 eine Anfangsaktivität von $A_0 = 3{,}8 \cdot 10^{10}$ Bq, die nach 17190 Jahren auf $4{,}75 \cdot 10^9$ Zerfälle pro Sekunde abgeklungen ist. In der Praxis wird meistens umgekehrt von der Aktivität einer Probe auf die Zahl der radioaktiven Kerne geschlossen.

Durch radioaktive Strahlung wird *Energie* – und zwar ein großer Betrag – auf Materie übertragen. Sie wird auf die Masse bezogen und **Energiedosis** genannt:

Energiedosis

$$D = \frac{E}{m} \qquad \text{Formel 6.32}$$

Die abgeleitete SI-Einheit heißt *Gray*: $[D]$ = J/kg = Gy. Bezogen auf die Einwirkungszeit ergibt sich die *Dosisleistung* oder **Dosisrate**.

Messbar ist nur die *ionisierende Wirkung* der Strahlung. Über die **Ionendosis**:

$$J = \frac{Q}{m} \qquad \text{Formel 6.33}$$

(mit $[J]$ = A · s/kg) und mittels der Ionisierungsenergie von Luft und anderen Stoffen kann man anschließend auf D zurückrechnen.

Diese ionisierende Wirkung ist zugleich die Ursache *biologischer Schäden*, die für Menschen den **Strahlenschutz** notwendig machen. Da Photonen, Betateilchen, Alphateilchen sowie andere Kernbruchstücke und Nukleonen jeweils sehr unterschiedlich auf lebendes Gewebe einwirken, wird ein *Bewertungsfaktor q* eingeführt (Tabelle 6.3), um aus der „physikalischen" Energiedosis die biologisch bzw. medizinisch relevante **Äquivalentdosis** zu ermitteln:

$$H = qD \qquad \text{Formel 6.34}$$

Formal ist ihre SI-Einheit die gleiche wie für D. Sie wird zur Unterscheidung aber mit der Einheit *Sievert* bezeichnet: $[H]$ = J/kg = Sv.

Tabelle 6.3 Bewertungsfaktoren für verschiedene Strahlungsarten

Strahlung	Bewertungsfaktor *q* (in Sv/Gy)
Röntgen- und γ-Quanten	1
β (Elektronen/Positronen)	1
Protonen	1 … 5
thermische Neutronen	3 … 5
schnelle Neutronen	10 … 20
α-Teilchen, schwere Ionen	bis 20

Ungesetzliche Einheiten

Das SI hat viele bekannte Einheiten abgelöst; sie spuken aber in den Köpfen und Büchern weiter herum und stiften Verwirrung. Die *Aktivität* (Formel 6.29) wurde früher in Curie gemessen: 1 Ci = 37 GBq. Für die *Energiedosis* (Formel 6.32) galt die „radiation absorbed dose": 1 rd = 10^{-2} Gy. Die *Ionendosis* (Formel 6.33) – heute namenlos – hieß Röntgen: 1 R = $2{,}580 \cdot 10^{-4}$ A · s/kg. Am bekanntesten war und ist wohl die Einheit der *Äquivalentdosis* (Formel 6.34) „roentgen equivalent man": 1 rem = 10^{-2} Sv.

Info 6.10: Strahlenexposition und Strahlenschutz

Das menschliche Immunsystem ist bis zu einer gewissen Dosisrate in der Lage, Strahlenschäden zu reparieren, vor allem Veränderungen der Erbsubstanz in den Zellen. Allerdings gelten auch dabei die Gesetze der Statistik.

Auf jeden Fall muss die *Kontamination* mit radioaktiven Stoffen streng vermieden werden. Die größte Gefahr der Radioaktivität geht von der Aufnahme strahlender Nuklide in den Körper aus (*Inkorporation*). Dabei sind bestimmte Organe besonders gefährdet: Zum Beispiel entstand nach der Reaktorkatastrophe in Tschernobyl (ehemalige Sowjetunion) β-strahlendes Jod-131, das sein

Info 6.10: *Fortsetzung*

stabiles Isotop I-127 in der *Schilddrüse* ersetzte. Ebenso kann die *Lunge* in schlecht belüfteten Räumen durch die α-strahlenden Isotope des Edelgases Radon mit bis zu 20 mSv/a belastet werden. Davon sorgfältig zu unterscheiden ist die *äußere* Bestrahlung des Körpers. Die *natürliche Strahlenexposition* durch kosmische Strahlung und radioaktive Stoffe beträgt in Deutschland durchschnittlich 2,1 mSv/a, kann aber je nach Wohnort und Lebensgewohnheiten 10 mSv/a erreichen. Zivilisatorisch bedingt (hauptsächlich durch Röntgenmedizin) sind im Mittel weitere 0,6 mSv/a. Einige Prozent davon werden durch *künstliche Radioaktivität* (Fallout und Kernkraftwerke) verursacht. Als *Dosisgrenzwert* für den Umgang mit radioaktivenStoffen sind durch die Strahlenschutzverordnung 1,0 mSv/a vorgeschrieben.

Bei beruflich strahlenexponierten Personen ist die maximale Dosis auf 20 mSv/a festgelegt, muss dann jedoch in den gefährdenden Kontrollbereichen dosimetrisch (s. u.) überwacht werden. Eine gesundheitliche Gefährdung tritt nach einer einmaligen Dosis von 250 mSv auf, die *Strahlenkrankheit* ab 1 Sv. Deren Verlauf endet ab 10 Sv immer tödlich.

Strahlenexpositionen sind für menschliche Individuen nicht allein durch die Gesetze der Physik und die Regeln der Medizin zu erfassen. Zum Beispiel verursacht die Erhöhung der natürlichen Dosis bei Flügen (ca. 0,1 mSv bei jeder Transatlantikreise) oft eine geringere *psychische Belastung* als eine künstliche Dosis. Insgesamt ist der verantwortungsvolle Umgang mit der Radioaktivität zweifellos eine wichtige *gesellschaftliche Aufgabe*.

6.5.3.4 Strahlungsnachweis

Da radioaktive Strahlung typische Energien in der Größenordnung 0,1 ... 1 MeV besitzt, können viele tausend Moleküle nacheinander von einem einzigen Teilchen beziehungsweise Gammaquant ionisiert werden. Auf diese Weise kann man sogar ihre *Spur* in der Materie verfolgen.

Große historische Bedeutung hat die **WILSONsche Nebelkammer**, in der mit Alkoholdampf übersättigte Luft von α- oder β-Teilchen durchquert wird. Die ionisierten Gasmoleküle führen zu einer lokalen Kondensation, sodass – gegebenenfalls in einem elektrischen oder magnetischen Feld – die Wege der Teilchen und eventueller Reaktionsprodukte fotografiert werden können. **Bild 6.40** zeigt Nebelkammerspuren von α-Teilchen (kurze, dicke Streifen) sowie β-Teilchen.

Ähnlich, aber empfindlicher, arbeitet die **Blasenkammer**: Hier verursacht die Ionisation in einer leicht überhitzten Flüssigkeit lokales Sieden. Beide Spurdetektoren dienen heute allerdings nur noch zu Demonstrationszwecken. Ihr moderner Nachfolger ist die *Vieldrahtkammer*, die im Prinzip aus einer dreidimensionalen Anordnung von zahlreichen **GEIGER-MÜLLER-Zählrohren** (s. u.) besteht. Die zahlreichen Messzellen liefern unmittelbar mit Computern auswertbare Daten der Teilchenbahn.

Auch wenn es auf die räumliche Detektion nicht ankommt, ist das Zählrohr eines der wichtigsten Messgeräte der Kernphysik. Sein prinzipieller Aufbau ist in **Bild 6.41** schematisch dargestellt: In einem gasgefüllten Rohr befindet sich ein Draht als Anode, der eine Potenzialdifferenz von einigen Hundert Volt gegenüber der Rohrwand als Kathode besitzt. Wegen des geringen Krümmungsradius des Drahtes (*Spitzeneffekt*, Abschnitt 4.1.2) ist die elektrische Feldstärke so hoch, dass jedes einzelne Ion stark beschleunigt wird und durch Stoßionisation viele weitere bildet. Der entsprechende Stromstoß verursacht einen kurzen Spannungsabfall am Widerstand R, der nach weiterer Verstärkung einem elektronischen Zähler sowie meistens einem Lautsprecher zugeführt werden kann. Jedes radioaktive Teilchen oder Quant, das durch das dünnwandige Messfenster eintritt, verursacht also ein charakteristisches Knacken. Die

Zählrate kann entweder als Aktivität der Quelle oder als Dosis eines Absorbers ausgewertet werden.

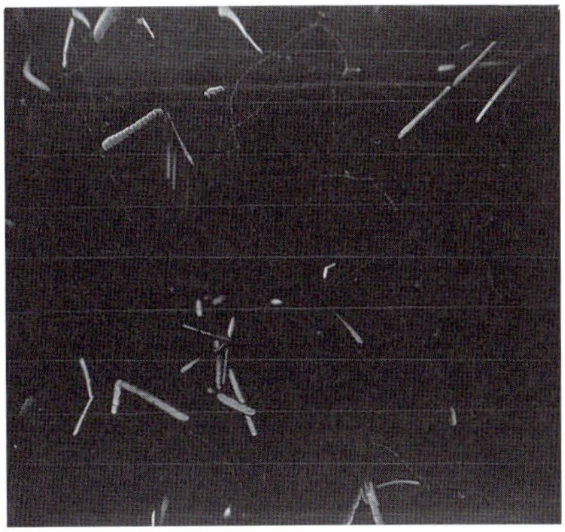

Bild 6.40 Durch die lokale Kondensation eines übersättigten Dampfes werden die Spuren radioaktiver Strahlung sichtbar.

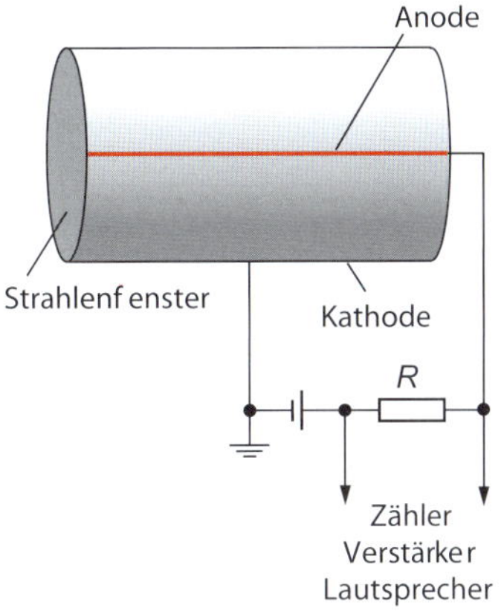

Bild 6.41 Das GEIGER-MÜLLER-Rohr zählt unselbstständige Gasentladungen, die durch radioaktive Teilchen verursacht werden.

Die Zählrohr-Spannung muss natürlich so eingestellt werden, dass einerseits schon geringe Teilchenenergien zur Stoßionisation führen, andererseits aber keine selbstständige Gasentladung entsteht (Abschnitt 4.7.2) und die „Totzeit" des Rohres möglichst kurz ist. Aus diesem Grund wird der Widerstand im Bereich Megaohm gewählt und meistens noch ein „Löschzusatz" im Gas (Halogenatome o. Ä.) verwendet. Man kann aber auch – im sogenannten Proportionalbetrieb – die Spannung so niedrig einstellen, dass der Entladungsstrom ein Maß für die Teilchenenergie darstellt.

Es gibt viele weitere Messgeräte für spezielle Anwendungen oder bestimmte Energiebereiche. Die radioaktive Strahlung kann zum Beispiel beim Halbleiterzähler unmittelbar Elektron-Loch-Paare in einem pn-Übergang (Abschnitt 4.7.5.3) generieren oder Lichtblitze in einem *Szintillationszähler* erzeugen, die fotoelektrisch registriert werden. Eine Geräteklasse für sich sind *Dosimeter*, die zum Beispiel durch Schwärzung eines Films, langsame Entladung eines Kondensators oder mittels elektronischer Sensoren und Digitalanzeigen die radioaktive Strahlenexposition registrieren.

6.5.4 Kernenergie

Umgangssprachlich ist „Kernenergie" ein Synonym für die wärmetechnische Nutzung der Kernspaltung in Reaktoren. Diesen exothermen Vorgang versteht man nur aus der *physikalischen Definition*: Kernenergie ist die *Bindungsenergie* der Nukleonen; sie entspricht der Arbeit, die zu einer fiktiven Separation aller Protonen und Neutronen erforderlich wäre. Interessanterweise kann man einen Teil der Bindungsenergie freisetzen, wenn man entweder sehr massereiche Kerne teilt oder zwei „leichte" Wasserstoffisotope verschmilzt.

6.5.4.1 Kernspaltung

Die Ursache für den Energiegewinn bei der Kernspaltung zeigt **Bild 6.36**: Bei Uran, dem wichtigsten Element für Anwendungen, beträgt die Bindungsenergie pro Nukleon 7,6 MeV. Typische Spaltfragmente haben eine Nukleonenzahl im Bereich um 100; deren mittlere Bindungsenergie beträgt nun ca. 8,5 MeV. Die neu gebildeten kleineren Kerne besitzen in der Summe eine geringere Masse, und das Energieäquivalent dieses *Massendefektes* wird gemäß der EINSTEINschen Gleichung (Formel 2.73) in unterschiedlichen Energieformen abgegeben.

Für die anschauliche Beschreibung der Spaltungsreaktion eignet sich das **Tröpfchenmodell (Bild 6.42)**. Der Atomkern wird zunächst durch den Einfang eines Neutrons **(a)** in einen angeregten Zustand versetzt, und für 10^{-12} s entsteht ein *Compoundkern*. Wenn dieser durch die höhere Nukleonenenergie – die man sich in diesem Modell wie eine thermische Energie vorstellen kann – eine gestreckte Form annimmt (**b**), kann die COULOMB-Kraft zwischen den Protonen die kurzreichweitige Kernkraft übertreffen und den Kern zerreißen **(c)**. Für das wichtige Nuklid Uran-235 lautet eine typische Reaktionsgleichung (es gibt über 80 mögliche Spaltfragmente):

Typische Uranspaltungsreaktion

$$ {}^{235}_{92}\mathrm{U} + {}^{1}_{0}\mathrm{n} \rightarrow {}^{236}_{92}\mathrm{U} \rightarrow {}^{141}_{56}\mathrm{Ba} + {}^{93}_{36}\mathrm{Kr} + 2\cdot {}^{1}_{0}\mathrm{n} + \gamma \qquad \text{Formel 6.35} $$

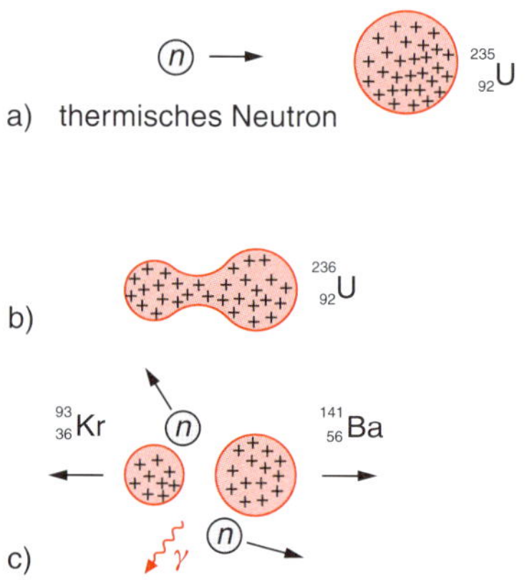

Bild 6.42 Im klassischen Tröpfchenmodell wird ein Urankern durch Neutroneneinfang angeregt und kann in eine gestreckte Form geraten; dann reicht die COULOMB-Kraft zur Spaltung.

Alternativ zur Gammastrahlung kann auch ein drittes Neutron (mit Krypton-92) entstehen; im *Mittel* sind es 2,5 Neutronen. Die freigesetzte Energie beträgt:

$$ E_{\mathrm{U-236}} = 236\cdot(8{,}5-7{,}6)\ \mathrm{MeV} \approx 212\ \mathrm{MeV} $$

Die Energieabgabe eines Nuklids bei der Kernspaltung ist also sehr hoch im Vergleich zu chemischen Reaktionen in der Atomhülle, auch den explosiven. Dennoch wäre der Gesamtertrag gering, wenn einzelne Kerne durch individuellen Neutronenbeschuss angeregt werden müssten. Die jeweils frei werdenden Neutronen kann man jedoch zu einer **Kettenreaktion** nutzen. Dazu muss ihre Geschwindigkeit durch einen **Moderator** so weit reduziert werden – in den Bereich *thermischer* Energie –, dass die Wahrscheinlichkeit zum Einfang durch den Kern ausreichend groß ist.

Nach den Stoßgesetzen (Abschnitt 2.3.5) ist die Impuls- bzw. Energieübertragung auf einen anderen Körper am effektivsten, wenn die Massen annähernd gleich sind. Das ist am besten für die Protonen des Wasserstoffatoms erfüllt; allerdings fangen die H-Kerne einen Teil der Neutronen ein und bilden das Deuterium-Isotop. Wird also einfach Wasser (H_2O) zur Abbremsung der Neutronen verwendet, müssen die spaltbaren Kerne in relativ hoher Konzentration vorliegen. (Darum ist beim natürlichen Uran-Isotopengemisch die Anreicherung von U-235 im Verhältnis zu U-238 notwendig; die Beschaffung geeigneter Zentrifugen o. Ä. verrät einschlägige Ambitionen.)

Ein gut geeigneter Moderator ist das Deuterium-Nuklid. Es liegt im „schweren Wasser" D_2O vor, das aber aufwendig aus „leichtem Wasser" angereichert werden muss. Ebenfalls brauchbar und in der Wirkung einfach zu dosieren sind C-12-Atome in Form von Grafit.

Eine weitere Bedingung für die Kettenreaktion ist eine ausreichende Zahl von Neutronen. Insbesondere dürfen nicht mehr Neutronen das spaltbare Material verlassen, als durch die Reaktion ersetzt werden. Das bedingt eine minimale Materialmenge, die als **kritische Masse** bezeichnet wird. Durch den **Vermehrungsfaktor** k lässt sich der Verlauf und damit auch die Anwendung der Kettenreaktion charakterisieren:

- $\boldsymbol{k \approx 1}$ bedeutet **Reaktorbetrieb**. Der Vermehrungsfaktor kann z. B. durch Neutronenabsorber aus Kadmium („Kontrollstäbe") gesteuert werden. Vor allem die kinetische Energie der Spaltprodukte wird als Wärme genutzt und meistens in Verdampfungsenthalpie, dann in mechanische Arbeit und schließlich in elektrische Energie umgewandelt.
- $\boldsymbol{k > 1}$ bewirkt eine exponentielle Zunahme der Kettenreaktion und stellt das Prinzip der „konventionellen" **Atombombe** dar. Für deren Zündung wird das Verhältnis von Oberfläche und Volumen verringert, zum Beispiel, indem zwei unterkritische Massen mittels Sprengstoff vereinigt werden.

Beispiel 6.15: Kernenergie aus dem Massendefekt

Aufgabe: Welche Energiemenge entspricht der Masse von 1g Uran-235?
Lösung: Unter der Annahme, dass die gesamte oben abgeschätzte Reaktionsenergie von 212 MeV genutzt werden könnte, berechnet man mittels Formel 2.73 eine äquivalente Masse pro Spaltung von:

$$m = \frac{E}{c_0^2} = \frac{212 \cdot 10^6 \cdot 1{,}6 \cdot 10^{-19} \left(\mathrm{kg} \cdot \mathrm{m}^2 / \mathrm{s}^2\right)}{\left(3 \cdot 10^8 \, \mathrm{m/s}\right)^2}$$
$$= 3{,}77 \cdot 10^{-28} \ \mathrm{kg}$$

Wenn dieser Massendefekt vollständig nutzbar wäre, lieferte 1g Brennstoff die Energie:

$$E = \frac{10^{-3} \ \mathrm{kg}}{3{,}77 \cdot 10^{-28} \ \mathrm{kg}} \cdot 212 \cdot 10^6 \cdot 1{,}6 \cdot 10^{-19} \ \mathrm{W \cdot s}$$
$$= 9 \cdot 10^{13} \ \mathrm{J}$$

Das entspricht theoretisch $25 \cdot 10^6$ kWh (z. B. elektrischer Energie). *Erdöl* mit einem spezifischen Energieinhalt von 41 MJ/kg liefert dieselbe Energie aus der Verbrennung von 2,2 Millionen kg.

Die ca. 10^9-fache Energiedichte von Kernbrennstoffen gegenüber fossilen ist nur *ein* Aspekt ihrer technischen Nutzung, der CO_2-neutrale Betrieb ein weiterer. Andererseits ist die „Brennstoff-Asche" in Gestalt der Spaltfragmente stark radioaktiv, und der „Reaktor-Ofen" wird es beim Betrieb ebenfalls. Daraus resultiert das Problem der *Endlagerung* dieser Materialien. International werden Verbesserungen der Sicherheitstechnik verfolgt bzw. neue Reaktortypen entwickelt, die das – unvermeidliche – Restrisiko minimieren sollen. In vielen Staaten einschließlich Deutschlands ist jedoch inzwischen der Ausstieg aus der Kernspaltung politisch entschieden worden.

6.5.4.2 Kernfusion

Eine alternative Möglichkeit zur Nutzung der Nukleonen-Bindungsenergie mittels des Massendefektes ist die Verschmelzung kleiner Atomkerne zu einem gemeinsamen größeren. Nach **Bild 6.36** ist vor allem die Synthese von Helium-4 aus den Wasserstoff-Isotopen energetisch lohnend.

Physikalisch ist das *Kernproblem* (im Wortsinn), die COULOMB-Barriere mittels des Tunneleffektes zu überwinden **(Bild 6.37)**, um die Nuklide in den Wirkungsbereich der starken Wechselwirkung zu bringen. Da ein „Einzelbeschuss" der Kerne nicht effizient ist, kann die erforderliche kinetische Energie praktisch nur durch extrem hohe Gastemperaturen erreicht werden (Abschnitt 3.3.3). Obwohl die MAXWELL-Verteilung der Geschwindigkeiten (Bild 3.21) zu hohen Werten hin verzerrt ist und schnelle Teilchen bevorzugt, sind typische Temperaturen in der Größenordnung 10^8 K erforderlich. Materielle Gefäße sind also für solche Gase unbrauchbar. Bei diesen hohen Temperaturen liegt das Gas aber im elektrisch leitenden (weil vollständig ionisierten) **Plasma-Zustand** vor, was einen *magnetischen* Einschluss ermöglicht.

Die technisch nutzbaren (und zum Teil gleichzeitig ablaufenden) Fusionsreaktionen sind:

Fusionsreaktionen

$$
\begin{aligned}
{}_1^2\mathrm{D} + {}_1^2\mathrm{D} &\rightarrow {}_1^3\mathrm{T} + {}_1^1\mathrm{H} + 4{,}0\,\mathrm{MeV} \\
{}_1^2\mathrm{D} + {}_1^2\mathrm{D} &\rightarrow {}_2^3\mathrm{He} + {}_0^1\mathrm{n} + 3{,}25\,\mathrm{MeV} \\
{}_1^2\mathrm{D} + {}_1^3\mathrm{T} &\rightarrow {}_2^4\mathrm{He} + {}_0^1\mathrm{n} + 17{,}7\,\mathrm{MeV}
\end{aligned}
\qquad \text{Formel 6.36}
$$

Die Kernfusion ist grundsätzlich attraktiv, da Deuterium im Wasser (z. B. der Weltmeere) mit einem Anteil von 0,015 % praktisch unbegrenzt enthalten ist. Außerdem setzt die Gesamtreaktion sogar noch erheblich mehr Energie pro Nukleon frei als die Kernspaltung. Das Edelgas Helium als „Brennstoff-Asche" ist dabei völlig unproblematisch, allerdings zerfällt Tritium als β-Strahler mit $T_{1/2}$ = 12,3 a, und durch den Neutronenbeschuss werden die Reaktorwände ebenfalls schwach radioaktiv.

Die zentrale Problematik der Kernfusion hat J. D. LAWSON bereits in den Fünfzigerjahren des letzten Jahrhunderts in seinem **Kriterium** für das Produkt aus der *Teilchendichte n* und der *Einschlusszeit τ* zusammengefasst. Etwas verallgemeinert lautet es für die wichtigsten Fusionsreaktionen:

LAWSON-Kriterium

$$n\tau > 10^{20}\ \mathrm{s \cdot m^{-3}} \qquad \text{Formel 6.37}$$

Im *Pulsbetrieb* kann allein durch die LORENTZ-Kraft (Abschnitt 4.3.5) und den resultierenden *Pincheffekt* eine Plasmakompression bis zu sehr hohen Teilchendichten erreicht werden. Für die Zündung eines **thermonuklearen Prozesses**, der sich anschließend selbst erhält, muss jedoch beispielsweise eine Teilchendichte von $10^{20}/m^3$ über mindestens eine Sekunde aufrechterhalten werden; auch das gelingt mittlerweile zuverlässig. Allerdings ist für den Einsatz eines *Fusionsreaktors* in Kraftwerken außerdem die **Nutzschwelle („breakeven")** relevant, oberhalb der mindestens so viel Energie *abgegeben* wie zum Betrieb *aufgewandt* wird.

Die *unkontrollierte* Kernfusion ist bereits 1952 demonstriert worden und als *Wasserstoffbombe* bekannt. Zur Zündung wird eine Kern*spaltungs*reaktion verwendet, um sowohl die große Dichte als auch die hohe Temperatur für den explosiv ablaufenden thermonuklearen Prozess zu erzielen. Bei der ersten Erprobung übertraf die Energieabgabe alle Erwartungen und zerstörte außer sämtlichen Aufbauten auch die zum Test ausgewählte Insel.

In mehreren Forschungseinrichtungen werden seit einem halben Jahrhundert große Anstrengungen unternommen, das LAWSON-Kriterium bei *kontrollierten* Fusionsreaktionen zu erfüllen. Die Europäische Gemeinschaft betreibt seit 1983 den **J**oint **E**uropean **T**orus (JET). Mittels externer Plasmaheizung kann die Fusion einige Sekunden aufrechterhalten werden. Obwohl zahllose technologische Probleme gelöst und prinzipielle Fortschritte erzielt wurden, beträgt die Energieausbeute maximal 65 %.

Zur Überwindung der Nutzschwelle konzipiert eine um die wichtigsten Industriestaaten der Welt erweiterte Forschungsgemeinschaft den **I**nternational **T**hermonuclear **E**xperimental **R**eactor (ITER). Nach einigen Verzögerungen ist die Inbetriebnahme nun für 2025 geplant. Einen Eindruck von der Größe und Komplexität der Anlage zum magnetischen Einschluss der Deuterium- bzw. Tritium-Plasmen gibt die Schemazeichnung in **Bild 6.43**: Unterhalb der Röhre („Torus"), in der das magnetisch eingeschlossene Plasma entstehen soll, ist ein Mensch eingezeichnet.

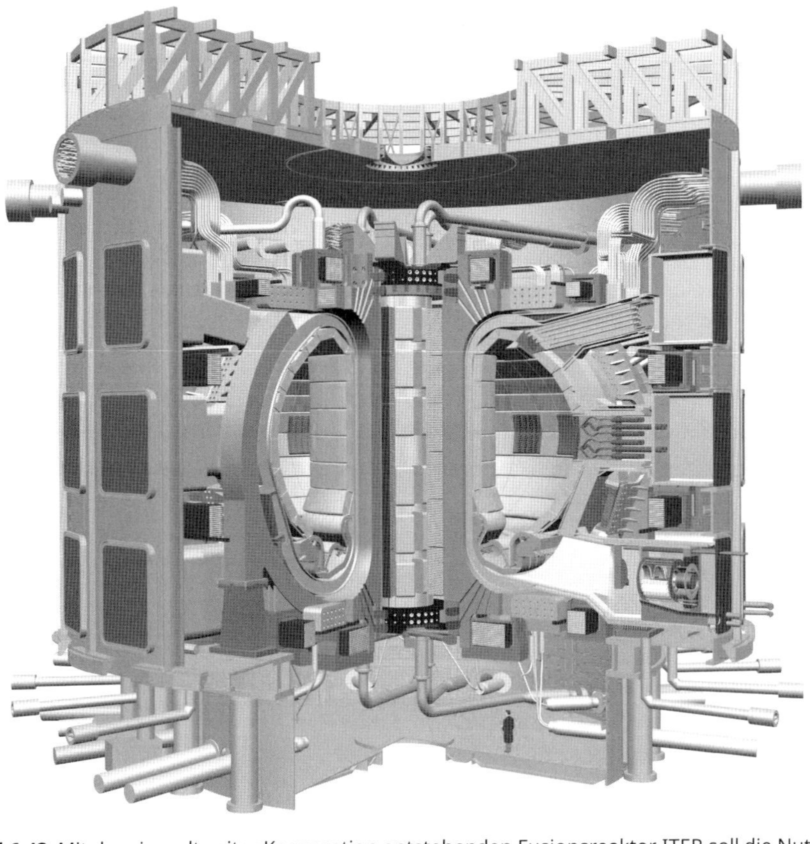

Bild 6.43 Mit dem in weltweiter Kooperation entstehenden Fusionsreaktor ITER soll die Nutzschwelle für Kernfusionsplasmen überschritten werden. (Unten rechts ist ein Mensch zum Größenvergleich dargestellt.)

Die Vorbilder aller Fusionsexperimente sind die Sterne. Auch unsere Sonne produziert ihre Strahlungsleistung durch Kernfusion. Ihre Ausdehnung gestattet allerdings den *Gravitationseinschluss* des Plasmas. Dabei kann vermutlich sogar in einem dreistufigen Prozess gewöhnlicher Wasserstoff-1 zu Helium-4 verschmolzen werden:

Kernfusion in der Sonne

$$4 \cdot {}^{1}_{1}\mathrm{H} \rightarrow {}^{4}_{2}\mathrm{He} + 2 \cdot {}^{\;\,0}_{+1}\mathrm{e} + 2 \cdot \nu + 2 \cdot \gamma \qquad \text{Formel 6.38}$$

(Um den Erhaltungssätzen zu genügen, müssen je zwei Positronen, Neutrinos und Gammaquanten entstehen, die anschließend Sekundärprozesse durchlaufen.) Bei jeder solchen Fusionsreaktion werden über 26 MeV frei. Diese „Sonnenenergie" hat sämtliche fossilen Energievorräte auf der Erde gebildet, von der Kohle bis zum Erdgas. Sie speist auch alle „regenerativen Energiequellen", vom Windkraftwerk bis zum Holzofen.

Mit einem technischen Kernfusionskraftwerk wäre die Energieversorgung auf der Erde elegant, sicher und dauerhaft gelöst. Die Größenordnung dieses Entwicklungsprojektes lässt sich mit der etwas pathetischen Frage umschreiben: *Kann der Mensch die Sonne nachbauen?* Eine Antwort wird es erst in einigen Jahrzehnten geben, und sie erfordert die Anstrengungen vieler Physiker, Ingenieure – und vielleicht einiger Leser dieses Buches.

Zusammenfassung: Atomkern

- Der Atomkern ist aus Protonen und Neutronen (Nukleonen) aufgebaut. Durch unterschiedliche Neutronenzahlen entstehen *Isotope.*
- Die Bindungsenergie pro Nukleon ist bei mittelgroßen Kernen am höchsten; diese sind besonders stabil. Gegenüber der Summe der Nukleonenmassen tritt ein *Massendefekt* auf.
- Neutronenreiche Isotope zeigen *radioaktiven Zerfall* durch α-, β- und γ-Strahlung. Dabei handelt es sich um Heliumkerne, Elektronen bzw. Positronen und energiereiche Photonen. Es gibt einige Zerfallsreihen, die bis zu einem stabilen Blei- oder Wismut-Isotop führen.
- Sowohl die Zahl der strahlenden Kerne als auch die Aktivität des Materials nehmen exponentiell ab. Die entsprechenden *Halbwertszeiten* reichen bei natürlichen Strahlern von Mikrosekunden bis zu Milliarden von Jahren.
- Die Energieaufnahme bestrahlter Materialien wird als *Energiedosis* oder *Ionendosis* gemessen. Die *Äquivalentdosis* wichtet die Strahlungsarten bzw. Teilchensorten gemäß ihrer biologischen Wirkung.
- Sowohl bei der *Spaltung* großer als auch bei der *Fusion* kleiner Nuklide wird eine hohe Energie freigesetzt. Abgesehen von Nuklearwaffen kann bisher nur die Kernspaltung technisch genutzt werden.

Testfragen zu Kapitel 6

1. Was hat die „Gegenspannungsmethode" mit dem PLANCKschen Wirkungsquantum zu tun?
2. Welche Größe bestimmt gleichermaßen den äußeren Fotoeffekt wie den thermoelektrischen Effekt?
3. Welche neuartige Annahme musste PLANCK machen, um sein Strahlungsgesetz ableiten können?
4. Welche Energie besitzen Röntgenquanten der Wellenlänge 3 nm ($h \approx 6{,}6 \cdot 10^{-34}$ J·s)?
5. Warum übertrifft die Auflösung von Elektronenmikroskopen die von Lichtmikroskopen?
6. Nacheinander werden 1000 Elektronen durch einen sehr schmalen Spalt geschossen. Wie verteilen sie sich dahinter?
7. Welche physikalische Größe bzw. Einheit ist bei der Unschärferelation relevant?
8. Wie lauten die wichtigsten Stichworte zu den BOHRschen Postulaten?
9. Welchen Bezug hat die Nebenquantenzahl zu den KEPLERschen Gesetzen?
10. Wie kann man die Stabilität der Elektronenschalen im anschaulichen Wellenbild erklären?
11. Welche Charakteristika hat die Gasentladungs-Kennlinie einer FRANCK-HERTZ-Röhre?
12. Warum sind in den Atomen auch höhere Energieniveaus dauerhaft besetzt?
13. Was ist der Spin in anschaulicher Interpretation? Welche Werte kann er annehmen?
14. Die Magnetquantenzahl eines Atoms beschreibt neun unterschiedliche Zustände der Elektronen. Wie viele Energieniveaus sind insgesamt möglich?
15. Wie unterscheidet sich das Spektrum von Natriumdampf und Glühlampen grundsätzlich (abgesehen vom unterschiedlichen Farbeindruck)?
16. Unter welchen Bedingungen arbeitet ein Laser?
17. Was bedeutet „Pumpen" bei einem Laser?
18. In welcher Größenordnung müsste der Abstand der reflektierenden Ebenen bei einem BRAGG-Gitter für senkrecht auffallendes rotes Licht gewählt werden?
19. Was würden Sie beobachten, wenn Sie bei der Erwärmung eines Kristalls ein einzelnes Atom bzw. Molekül sehen könnten?
20. Erläutern Sie, warum Valenzelektronen keinen elektrischen Strom tragen können!
21. Worin unterscheiden sich Isolatoren und Halbleiter im Bändermodell?
22. Wenn man von einem alten Germanium-Transistor den schwarzen Schutzlack entfernt, kann man damit Licht nachweisen. Wie funktioniert das?
23. Welcher Effekt stellt die Umkehrung des inneren Fotoeffektes dar?
24. Welches Spektrum erwarten Sie bei einer Halbleiter-LED aufgrund der Energiebänder?
25. Wie kann man den ZENER-Effekt quantenmechanisch beschreiben?
26. Welchen Aufbau hat der Atomkern?
27. Warum ist der Begriff „Elementarladung" zweifelhaft geworden?
28. Warum kann man Isotope mit Zentrifugen trennen?
29. Warum zerplatzen Atomkerne nicht durch COULOMB-Abstoßung der Protonen?
30. Was passiert beim radioaktiven Zerfall?
31. Wie könnte man einen Silberlöffel zum radioaktiven Strahler machen?
32. Woher stammt die „Kernenergie", wenn man sie freisetzt?
33. Von welcher „Verbrennung" stammt die Strahlungsenergie der Sonne? Was bleibt als „Asche"?
34. Was unterscheidet potenzielle *Fusions*-Reaktoren von den heutigen *Fissions*-Reaktoren?

Übungsaufgaben zu Kapitel 6

A6.1: Äußerer Fotoeffekt

(zu Abschnitt 6.1.1.1)

Mit einer Anordnung wie in **Bild 6.1** wird der lichtelektrische Effekt für Wolfram untersucht.

Ohne Gegenspannung setzt die Emission von Fotoelektronen entsprechend der Austrittsarbeit von 4,50 eV bei der Grenzwellenlänge $\lambda_1 = \lambda_G$ ein. Mit –2,38 V an der Ringelektrode beobachtet man einen Fotostrom bei λ_2. Bestimmen Sie $\Delta\lambda$!

A6.2: Leuchtreklame auf dem Mond

(zu Abschnitt 6.1.1)

Findige Werbeleute wollen Natriumdampflampen auf dem Mond installieren, die ein auf der Erde sichtbares Firmenlogo zeigen sollen (mittlere Entfernung: 384 000 km). Welche Leistung muss jede der Lichtquellen abgeben, damit mindestens 100 Photonen pro Sekunde ein Auge mit 5 mm Pupillendurchmesser erreichen?

A6.3: Compton-Wellenlänge

(zu Abschnitt 6.1.1)

Bei einem typischen Compton-Experiment stößt ein Röntgenquant ein Elektron auf der äußeren Schale eines Atoms. Dieses ist dort so schwach gebunden, dass seine Energie im Vergleich zur Quantenenergie keine Rolle spielt.

Berechnen Sie für ein Photon mit der Wellenlänge $\lambda = 11{,}2$ pm die Verschiebung $\Delta\lambda$ durch den Stoß, wenn dabei 13,8 keV übertragen werden!

A6.4: Materie-Wellenlänge

(zu Abschnitt 6.1.2)

Eine Gewehrkugel der Masse 10 g und ein Elektron fliegen jeweils mit der Geschwindigkeit 300 m/s.

a) Spielt der Wellencharakter eine Rolle?

b) Das Elektron wird anschließend bis zur Geschwindigkeit $c_0/2$ beschleunigt. Wie ändert sich seine Wellenlänge?

A6.5: Laser-Lichtdruck

(zu Abschnitt 6.1.1.2, Abschnitt 6.3.2)

Mit welcher Laserleistung kann ein verspiegeltes Plättchen der Masse 1 mg zum Schweben gebracht werden („optische Levitation“)?

A6.6: Unscharfe Elektronenbahn

(zu Abschnitt 6.2.2)

Im Teilchenmodell kreist das Elektron im Wasserstoffatom mit einer bestimmten Bahngeschwindigkeit um den Kern. Schätzen Sie mithilfe des Atomdurchmessers von 0,1 nm und der Heisenbergschen Unschärferelation ab, mit welcher Genauigkeit diese Geschwindigkeit für den Grundzustand angegeben werden kann!

A6.7: Röntgen-Bremsspektrum

(zu Abschnitt 6.3.3)

Wie können Sie mithilfe der kurzwelligen Grenze der Bremsstrahlung das Plancksche Wirkungsquantum bestimmen? (Bei einer Messung mit 40 kV wurde $\lambda_G = 31$ pm ermittelt.)

A6.8: Kontaktspannung

(zu Abschnitt 6.4, Abschnitt 4.7.4)

Wie lässt sich aus den Grenzwellenlängen zweier Metalle die Kontaktspannung bei ihrer Berührung bestimmen? (Zahlenbeispiel: $\lambda_{G1} = 275$ nm, $\lambda_{G2} = 233$ nm)

A6.9: Ionenbindung

(zu Abschnitt 6.4.1)

Beim Chloratom muss die Energie 3,62 eV aufgewendet werden, um durch Anlagerung eines Elektrons ein *negatives Ion* zu erzeugen („Elektronenaffinität“). Andererseits beträgt die Ionisationsenergie von Natriumatomen 5,11 eV. Schätzen Sie den Abstand der beiden Atome in NaCl ab!

A6.10: Verbotene Zone

(zu Abschnitt 6.4.5)

Bei einer Halbleiter-Fotodiode misst man einen Fotostrom bei Lichtwellenlängen von 500 nm bis 1100 nm. Wie groß ist die Energielücke des Materials?

A6.11: Schwächungsgesetz

(zu Abschnitt 6.5.3)

Die Intensität von γ-Strahlung soll mit einer Aluminiumplatte halbiert werden, deren Absorptionskoeffizient 14,5 m^{-1} beträgt. Wie dick muss die Platte sein?

A6.12: Kobalt-Radioaktivität

(zu Abschnitt 6.5.3)

Wie viele Kerne zerfallen pro Sekunde in einem Gramm Co-60 (mit der molaren Masse 60 g/mol)? Die Halbwertszeit beträgt 5,3 Jahre.

A6.13: Zerfallsgesetz

(zu Abschnitt 6.5.3)

Ein Na-24-Präparat als β^--Strahler mit der Halbwertszeit 14,96 h verursacht im Zählrohr 27 000 Impulse pro Minute. Welche Zählrate misst man genau zwei Tage später?

A6.14: Archäologische Aufgabe

(zu Abschnitt 6.5.3)

Eine der ältesten Übungsaufgaben, die man in jedem zweiten Physikbuch ausgraben kann, betrifft einen noch älteren Knochen mit 200 g reinem Kohlenstoff. Während ein neuer Knochen ein Verhältnis zwischen strahlendem C-14 und stabilem C-12 von $1{,}3 \cdot 10^{-12}$ aufweist, zeigt dieser alte nur noch 16 Zerfälle pro Sekunde. Welches Alter ermittelt die „C-14-Methode“ mithilfe der Halbwertszeit von 5730 Jahren?

A6.15: Kernfusion

(zu Abschnitt 6.5.4)

Welche elektrische Energie könnte ein idealer, sonnenähnlicher Reaktor aus 1 g Wasserstoff durch Kernverschmelzung zu Helium insgesamt gewinnen?

ANHANG

Antworten zu den Testfragen aus Kapitel 1

1. kg, m, s (Abschnitt 1.3)
2. Mittels der Lichtgeschwindigkeit
3. Da 1 a = 365 d · 24 h · 60 min · 60 s ist, erhält man:

   $$100\ \text{a} = 3{,}1536 \cdot 10^9 \text{s} \approx 3{,}2\ \text{Gs}$$

4. Die Vorlesung dauert

   $$10^{-6} \cdot 100\ \text{a} \approx 10^{-6} \cdot 10^2 \cdot 3 \cdot 10^7 \text{s} = 3 \cdot 10^3 \text{s} \approx 50\ \text{min}$$

5. Der Laserpuls hat die Länge

   $$\Delta s = c_0 \Delta t = 3 \cdot 10^8 \frac{\text{m}}{\text{s}} \cdot 10^{-12} \text{s} = 3.10^{-4} \text{m} = 0{,}3\,\text{mm}$$

6. Mathematisch berechnet man:

   $$A = 15{,}52\,\text{m} \cdot 8{,}13\,\text{m} = 126{,}1776\ \text{m}^2$$

   Da die Anzahl der signifikanten Stellen im zweiten Faktor nur drei beträgt, darf auch das Produkt physikalisch sinnvoll nicht genauer angegeben werden: $A = 126\ \text{m}^2$. Je nach Verschnitt und Liefermaßen bestellt der Handwerker mindestens 130 m^2, eher 140 m^2

7. Für die Abschätzung wird das Volumen eines Tennisballes bestimmt:

   $$V = \frac{4}{3}\pi r^3 = 1{,}33 \cdot 3{,}14 \cdot 3^3\,\text{cm}^3 \approx 113\,\text{cm}^3$$

   Da 1 l = 1 dm^3 gilt, ist die Zahl der Bälle:

   $$n = \frac{20\,\text{dm}^3}{113 \cdot 10^{-3}\,\text{dm}^3} \approx 177$$

   Tatsächlich werden weniger hineinpassen, da Leerräume zwischen den Bällen bleiben

8. Die Anzahl der Wasserstoffatome ist zwar sehr groß, man kann sie aber mithilfe der wissenschaftlichen Schreibweise (mit Potenzen von 10) sogar im Kopf ausrechnen:

   $$n = \frac{2 \cdot 10^{30}\ \text{kg}}{1{,}67 \cdot 10^{-27}\ \text{kg}} \approx 10^{57}$$

9. Man erhält in guter Näherung eine *Normalverteilung* (GAUSSsche Glockenkurve)
10. „Grobe" Fehler, systematische Messabweichungen, zufällige/statistische „Fehler" bzw. Messunsicherheiten

Musterlösungen der Übungsaufgaben zu Kapitel 1

Aufgabe 1.1: Flugzeug-Verschiebung

Die Gesamtverschiebung $\vec{c}$ ist als Vektorsumme der beiden Einzelverschiebungen $\vec{a}$ und $\vec{b}$ zu bestimmen. Das geht grafisch **(Bild A1)** und rechnerisch:

a) Aus dem *Kosinussatz* [Bartsch] – der Spezialfall des PYTHAGORAS trifft ja nicht zu – erhält man mit den *Beträgen* der Vektoren:

$$c^2 = a^2 + b^2 - 2ab\cos\gamma$$

wobei $\gamma = 180° - 60°$ ist:

$$c = \sqrt{40^2 + 70^2 - 2 \cdot 40 \cdot 70 \cdot \cos 120^\circ}\ \text{km} = 96{,}4\ \text{km}$$

b) Die Nordabweichung von *c* entspricht dem Winkel β in dem Dreieck *a, b, c*; man berechnet ihn mit dem *Sinussatz*:

$$\frac{\sin\beta}{b} = \frac{\sin\gamma}{c}$$

$$\sin\beta = \frac{b}{c}\sin\gamma = \frac{70\,\text{km}}{96{,}4\,\text{km}}\sin 120^\circ = 0{,}63$$

Der Winkel ist also $\beta = 39°$.

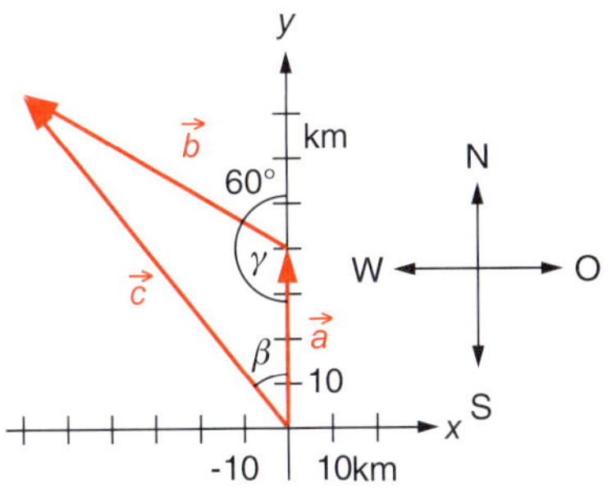

Bild A1

Aufgabe 1.2: Laufzeit-Messung

a) Die Geschwindigkeit – in diesem Fall die Vakuum-Lichtgeschwindigkeit – ist der Quotient aus Weg und Zeit, wobei der Abstand Erde – Mond zweimal zurückzulegen ist **(Bild A2)**:

$$c_0 = \frac{2l}{t_1}$$

Die Laufzeit t_1 beträgt also:

$$t_1 = \frac{2l}{c_0} = \frac{2 \cdot 384 \cdot 10^6 \text{ m}}{3 \cdot 10^8 \text{ m/s}} = 2{,}56 \text{s}$$

In dieser Zeit legt ein Punkt auf dem Äquator aufgrund der Erddrehung eine Strecke Δs zurück, die mithilfe seiner „Bahngeschwindigkeit" v_B (Abschnitt 2.4.1) bestimmt werden kann. Die ist hier ganz anschaulich durch den Erdumfang pro Tag gegeben. Man erhält also:

$$\begin{aligned}\Delta s &= v_B t_1 \\ &= \frac{2\pi r_E}{1 \text{ d}} t_1 = \frac{2\pi \cdot 6370 \cdot 10^3 \text{m}}{24 \cdot 60 \cdot 60 \text{s}} \cdot 2{,}56 \text{s} = 1186 \text{ m}\end{aligned}$$

b) Die systematische Messunsicherheit für den Mondabstand beträgt:

$$\Delta l = c_0 \Delta t_1 = 3 \cdot 10^8 \frac{\text{m}}{\text{s}} \cdot 10^{-9} \text{ s} = 30 \text{ cm}$$

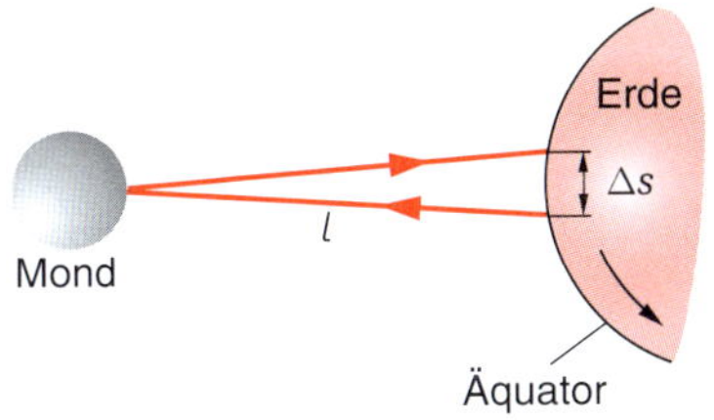

Bild A2

Aufgabe 1.3: Jahr-Abschätzung

Um den exakten Wert zu bestimmen, muss man die Schaltjahre mit berücksichtigen:

$$1\text{a} = 365{,}25\text{d} = 365{,}25 \cdot 24 \cdot 60 \cdot 60 \text{s} = 3{,}15576 \cdot 10^7 \text{s}$$

Zur Angabe des relativen Fehlers wird die Differenz zwischen dem exakten und dem abgeschätzten Wert auf den exakten bezogen. Für die übliche Angabe in Prozent erhält man:

$$\Delta = \frac{(3{,}15576 - 3 \cdot 141593) \cdot 10^7 \text{ s}}{3{,}15576 \cdot 10^7 \text{ s}} \cdot 100\ \% = 0{,}449\ \%$$

Der Schätzwert ist also weniger als ein halbes Prozent zu hoch.

Aufgabe 1.4: Erdradius

Das ist keine Scherzaufgabe nach dem Muster „Wie alt ist der Kapitän"! Das (nicht maßstabsgetreue) **Bild A3** zeigt, dass man zumindest eine Abschätzung mithilfe elementarer geometrischer Überlegungen machen kann. Mit der Bootshöhe h und der Entfernung l liefert der Satz des PYTHAGORAS für das rechtwinklige Dreieck mit der Hypotenuse $R_E + h$:

$$R_E^2 + l^2 = (R_E + h)^2 = R_E^2 + 2hR_E + h^2$$

Nach Umstellung erhält man für den Erdradius:

$$R_E = \frac{l^2 - h^2}{2h} = \frac{(5000 \text{m})^2 - (2 \text{m})^2}{4 \text{m}} = 6250 \text{km}$$

Die relative Abweichung vom wahren Wert beträgt:

$$\Delta = \frac{(6250 - 6370) \text{km}}{6370 \text{km}} \cdot 100\ \% = -1{,}9\ \%$$

Die Schätzung ist also genauer als so manche Längenmessung im Laborpraktikum!

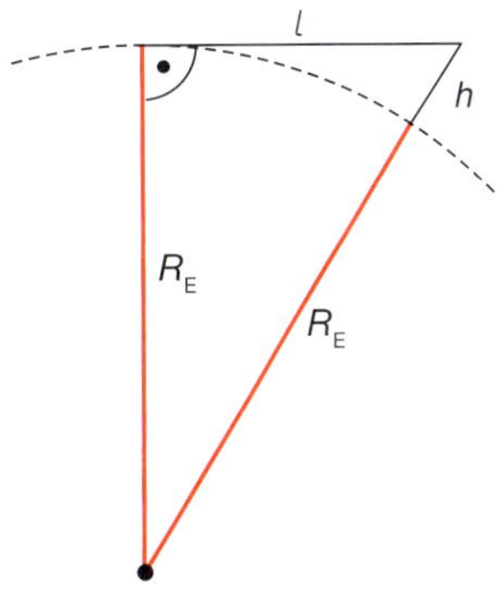

Bild A3

Aufgabe 1.5: Reifenabrieb

Die Profiltiefe ist von der Größenordnung $d = 1$ cm, und Reifen legen damit etwa 50 000 km zurück.

Wenn man den Radradius r mit 30 cm schätzt, heißt das für den Radumfang U:

$$U = 2\pi r \approx 6 \cdot 0{,}3\,\mathrm{m} \approx 2\ \mathrm{m}$$

Das Rad dreht sich während seiner Lebensdauer etwa n-mal:

$$n = \frac{5 \cdot 10^4 \cdot 10^3\ \mathrm{m}}{2\,\mathrm{m}} = 2{,}5 \cdot 10^7$$

Der Reifenabrieb Δd pro Umdrehung ist also:

$$\Delta d = \frac{d}{n} = \frac{10^{-2}\ \mathrm{m}}{2{,}5 \cdot 10^7\ \mathrm{m}} = \frac{10}{2{,}5} \cdot \frac{10^{-3}}{10^{-7}} = 4 \cdot 10^{-10}\ \mathrm{m}$$

Ein Atomdurchmesser beträgt etwa 10^{-10} m (Abschnitt 6.2.1); der Reifen lässt also ungefähr vier Atomlagen oder eine Molekülschicht auf der Straße – das klingt plausibel. Wenn man es genauer wissen will, kann man natürlich eine Messreihe starten …

Aufgabe 1.6: Digitale Speicher

a) Ein Byte als Folge von 8 Bit kann in $2^8 = 256$ Variationen auftreten, ebenso viele Zeichen sind also darstellbar. (Das reicht für die 26 Buchstaben des Alphabets einschließlich Großbuchstaben sicher. Es gibt aber zahlreiche Satz- und Sonderzeichen.)

b) Die Abschätzung ergibt:

$$n_{\mathrm{Seite}} = \frac{10^9\ \mathrm{Byte}}{2000\,\mathrm{Byte}} = 0{,}5 \cdot 10^6$$

c) Mit der Speicherkapazität von einer halben Million Seiten bringt man von Büchern mit typisch 400 Seiten reinen Textes unter:

$$n_{\mathrm{Buch}} = \frac{5 \cdot 10^5\,\mathrm{Seiten}}{4 \cdot 10^2\,\mathrm{Seiten}} \approx 1000$$

Lehrbücher wie dieses benötigen allerdings wegen der vielen Abbildungen erheblich mehr Speicherplatz.

Antworten zu den Testfragen aus Kapitel 2

1. „Schiefer Wurf!" (Abschnitt 2.1.2.1)
2. Nach der Bewegungsgleichung (Formel 2.6) mit Formel 2.5 ist

   $$s = \frac{v^2}{2a}$$

   Damit gilt beim Aufprall:

   $$\frac{s_1}{s_2} = \frac{a_2}{a_1}$$

   Die negative Beschleunigung beträgt $100 \cdot g$.
3. Wegen der Schallgeschwindigkeit tritt die Laufzeit

   $$t = \frac{S}{c_s} = \frac{7\,\mathrm{m}}{345\,\mathrm{m/s}} = 0{,}02\,\mathrm{s}$$

   auf.
4. Zeitliche Änderung des Impulses (Abschnitt 2.2.2.1)
5. Impulserhaltungssatz; Ausstoß des Treibstoffgases
6. Massenabhängigkeit des Impulses
7. Der *Impuls* ist zwar gleich, aber die Geschwindigkeit geht quadratisch in die *kinetische Energie* ein.
8. Die Arbeit wird zur Erhöhung der potenziellen Energie verwendet:

   $$E_{\mathrm{pot}} = mgh \Rightarrow$$
   $$h = \frac{E_{\mathrm{pot}}}{mg} = \frac{3600 \cdot 10^3\ \mathrm{W \cdot s}}{90\,\mathrm{kg} \cdot 10\ \mathrm{m/s^2}} = 4000\,\mathrm{m}$$
9. Speicherung elektrischer Energie als potenzielle Energie der Wassermasse
10. Gewichtskraft; HOOKEsches Gesetz
11. Zentrifugalkraft auf Waschwassermasse
12. Da die Masse der Blätter näher zur Drehachse fällt, wird das Trägheitsmoment der Erde kleiner, und wegen des Drehimpulserhaltungssatzes muss ihre Winkelgeschwindigkeit größer werden. (Eigentlich sollte sich der Einfluss wegen der gegenläufigen Effekte auf der Nord- bzw. Südhalbkugel aufheben, aber auf der ersteren stehen mehr Bäume. Hochpräzise Messungen zeigten tatsächlich, dass die Tage im Winter einige

Nanosekunden kürzer sind; allerdings wird dieser Effekt von zahlreichen anderen überlagert.)

13. Arme ausbreiten, das vergrößert das Trägheitsmoment und verringert wegen der Drehimpulserhaltung die Winkelgeschwindigkeit

14. Zentripetalkraft; Stein/Seil, Satellit/Gravitationskraft, Elektron/LORENTZ-Kraft

15. Zentrifugalkraft, niedrigere Dichte der Erdkruste (Abschnitt 2.7.2)

16. Der Satellit hat dieselbe Winkelgeschwindigkeit wie die Erde und scheint darum an einem Ort am Himmel stillzustehen

17. CORIOLIS-Kraft; Geschwindigkeitskomponente senkrecht zur Drehachse

18. FOUCAULTscher Pendelversuch (Abschnitt 2.4.4)

19. Strahlablenkung senkrecht zur Karussellachse durch CORIOLIS-Kraft

20. Einströmung von Luftmassen in Tiefdruckgebiet, die überall eine CORIOLIS-Kraft erfahren

21. Energie: periodische Umwandlung von E_{pot} in E_{kin} und umgekehrt

22. Die Beschleunigung ist proportional zur Auslenkung und ihr entgegen gerichtet (Abschnitt 2.6.1).

23. Vergrößerung der Bahngeschwindigkeit wegen des Flächensatzes (Abschnitt 2.7.1)

24. Drehimpulserhaltung (Abschnitt 2.7.1)

25. Da der Mond Kugelgestalt hat: Kugelflächen (Abschnitt 2.7.3)

26. Die Masse der Elektronen nimmt relativistisch zu (Photonen besitzen keine Ruhemasse)

27. Alle drei mechanischen Basisgrößen ändern sich gemäß dem relativistischen Faktor (und außerdem die davon abgeleiteten wie der Impuls usw.)

28. Starke Krümmung

29. Sternenlicht-Ablenkung durch die Sonnenmasse (Abschnitt 2.7.4.2)

30. Luftdruck (Abschnitt 2.8.1.3)

31. Gewichtskraft, Luftreibungskraft, Auftrieb

32. Energie pro Fläche: $[\sigma] = \mathrm{N \cdot m/m^2 = N/m}$

33. Die höhere Viskosität verursacht nach dem Gesetz von STOKES eine größere Reibungskraft und damit eine geringere Sinkgeschwindigkeit

34. Die Oberflächenspannung sorgt für eine minimale Oberflächenenergie, sodass ohne zusätzliche Kräfte eine Kugel resultiert

Musterlösungen der Übungsaufgaben zu Kapitel 2

A2.1: Raumsonde

a) Der Ursprung des hier gewählten (eindimensionalen) Koordinatensystems liegt offenbar auf der Sonnenoberfläche. Die Erde befindet sich darin an der Position **(Bild A4)**:

$$x_E = c_0 t_{\text{Licht}} = 3 \cdot 10^8 \,\frac{\text{m}}{\text{s}} \cdot 8{,}31 \cdot 60\,\text{s} = 1{,}50 \cdot 10^{11}\ \text{m}$$

b) Die als konstant angenommene Geschwindigkeit der Sonde beträgt:

$$v = \frac{\Delta x}{\Delta t} = \frac{x_2 - x_1}{t_2 - t_1} = \frac{2{,}1 \cdot 10^9\ \text{m} - 3{,}2 \cdot 10^{10}\ \text{m}}{365 \cdot 24 \cdot 60 \cdot 60\,\text{s}} = -948\,\frac{\text{m}}{\text{s}}$$

c) Die Flugzeit beträgt unter dieser Voraussetzung:

$$t_{\text{Flug}} = \frac{x_E}{v} = \frac{-1{,}50 \cdot 10^{11}\ \text{m}}{-948\,\frac{\text{m}}{\text{s}}} = 158 \cdot 10^6\ \text{s} = 5\ \text{a}$$

Bemerkungen:

- In der Realität sorgt bei solchen Bewegungen die *Gravitation* für beschleunigte Bewegungen (Abschnitt 2.7).
- In einem „geozentrischen" Koordinatensystem (Nullpunkt auf der Erde) hätten Distanzen und Geschwindigkeiten natürlich ein positives Vorzeichen.

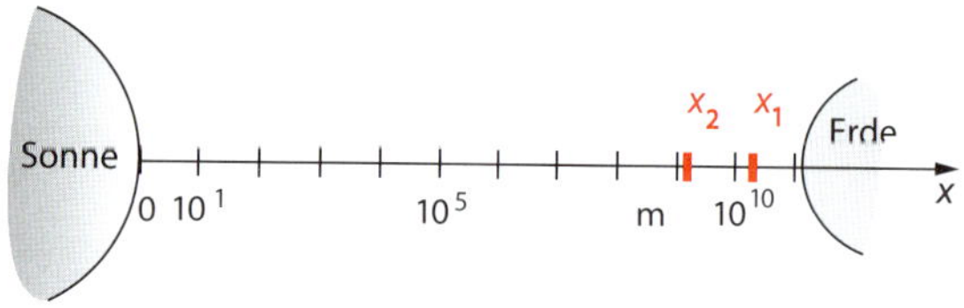

Bild A4

A2.2: Förderband

Die Bewegung ist *gleichförmig,* darum kann die Geschwindigkeit v für beliebige Wegintervalle berechnet werden, zum Beispiel auch für die gesamte Bandlänge *s*. Die erhält man aus der Förderhöhe *h* und dem Neigungswinkel α. (Machen Sie sich eine Skizze!) In dem rechtwinkligen Dreieck mit der Hypothenuse *s* ist *h* die Gegenkathete, sodass gilt: $\sin\alpha = h/s$:

$$v = \frac{s}{t} = \frac{h}{t \cdot \sin\alpha}$$

Mit den Zahlen aus der Aufgabenstellung erhält man:

$$v = \frac{30\,\text{m}}{1\,\text{min} \cdot \sin 30°} = \frac{30\,\text{m}}{60\,\text{s} \cdot 0{,}5} = 1\frac{\text{m}}{\text{s}} = 3{,}6\frac{\text{km}}{\text{h}}$$

A2.3: Bremsvorgang

a) Sämtliche Vorgänge lassen sich mit der allgemeinen Bewegungsgleichung (Formel 2.6) beschreiben. Formal gilt für die Bewegung während der Schrecksekunde im Bezugssystem „Autobahn“:

$$s_1 = v_1 t - \frac{1}{2} a_1 t^2; \; s_2 = v_2 t$$

Die Differenz Δs erhält man aber ebenfalls, wenn man sich gedanklich neben den zweiten Fahrer setzt („Bezugssystem zweites Auto“):

$$\Delta s = -\frac{a_1}{2} t^2 = \frac{5\left(\text{m}/\text{s}^2\right) \cdot (1\,\text{s})^2}{2} = -2{,}5\,\text{m}$$

Der Abstand beträgt dann nur noch:

$$s_{12} = 15\,\text{m} - 2{,}5\,\text{m} = 12{,}5\,\text{m}$$

b) Die Geschwindigkeit des abbremsenden ersten Fahrzeugs hat sich gemäß Formel 2.5 nach 1 s verringert auf:

$$v_1 = v_0 - a_1 t = \frac{100}{3{,}6} \cdot \frac{\text{m}}{\text{s}} - 5\frac{\text{m}}{\text{s}^2} \cdot 1\,\text{s} = 22{,}78\frac{\text{m}}{\text{s}}$$
$$= 82{,}00\frac{\text{km}}{\text{h}}$$

c) Die Bedingung „Stoßstange an Stoßstange stehen bleiben“ bedeutet für die Wege:

$$s_2 = s_1 + s_{12}$$

Wenn die negativen Beschleunigungen konstant sind, gilt jeweils allgemein:

$$a = \frac{v}{t} \Rightarrow s = \frac{1}{2} a \frac{v^2}{a^2} = \frac{v^2}{2a}$$

Damit lautet die Bedingung:

$$\frac{v_2^2}{2a_2} = \frac{v_1^2}{2a_1} + s_{12}$$

Die Gleichung wird nach a_2 aufgelöst:

$$a_2 = \frac{v_2^2}{2\left(\frac{v_1^2}{2a_1} + s_{12}\right)}$$

Aus dem zweiten Auto betrachtet wird das erste mit $+a_1$ in seine Richtung beschleunigt; seine eigene Beschleunigung hat die gleiche Richtung und somit das gleiche Vorzeichen:

$$a_2 = \frac{\left(\frac{100\,\text{m}}{3{,}6\,\text{s}}\right)^2}{2\left(\frac{(22{,}78\,\text{m}/\text{s})^2}{2 \cdot 5\left(\text{m}/\text{s}^2\right)} + 12{,}5\,\text{m}\right)} = 6\frac{\text{m}}{\text{s}^2}$$

Im Bezugssystem „Straße“ sind die Beschleunigungen natürlich weiterhin beide negativ.

d) Den Zeitbedarf für die Abbremsung auf $v_1 = 0$ berechnet man nach Formel 2.5:

$$t_B = \frac{v_1 - v_0}{a_1} = \frac{0 - \frac{100\,\text{m}}{3{,}6\,\text{s}}}{-5\frac{\text{m}}{\text{s}^2}} = 5{,}56\,\text{s}$$

e) Der in dieser Zeit zurückgelegte Weg des ersten Autos beträgt nach Formel 2.6:

$$s_1 = \frac{100\,\text{m}}{3{,}6\,\text{s}} \cdot 5{,}56\,\text{s} + \frac{1}{2}\left(-5\frac{\text{m}}{\text{s}^2}\right) \cdot (5{,}56\,\text{s})^2 = 77{,}2\,\text{m}$$

Das zweite legt nach Aufgabenstellung bzw. Lösungsansatz 15 Meter zusätzlich zurück.

A2.4: Münzenfall

Der gesuchte Weg muss zunächst von der Münze und dann vom Schall zurückgelegt werden: $s_{Fall} = s_{Schall}$ – das ist auch die Lösungsidee. Gegeben sind die Gesamtzeit $t_{ges} = t_{Fall} + t_{Schall}$ und c_{Schall}:

$$\frac{1}{2}gt_{Fall}^2 = c_{Schall} \cdot t_{Schall} = c_{Schall}\left(t_{ges} - t_{Fall}\right)$$

Die quadratische Gleichung wird auf die Normalform gebracht:

$$\frac{g}{2}t_{Fall}^2 - c_{Schall}t_{ges} + c_{Schell}t_{Fall} = 0$$

$$t_{Fall}^2 + \frac{2c_{Schall}}{g}t_{Fall} - \frac{2c_{Schall}t_{ges}}{g} = 0$$

Mit der p-q-Formel (Anhang „Nützliche mathematische Beziehungen") erhält man die beiden Lösungen:

$$t_{Fall1,2} = -\frac{c_{Schall}}{g} \pm \sqrt{\frac{c_{Schall}^2}{g^2} + \frac{2c_{Schall}t_{ges}}{g}}$$

Die Größen (Zahlenwerte *und* Einheiten!) werden eingesetzt:

$$t_{Fall1,2} = -\frac{345(m/s)}{9{,}81(m/s^2)} \pm \sqrt{\left(\frac{345(m/s)}{9{,}81(m/s)^2}\right)^2 + \frac{2 \cdot 345(m/s) \cdot 3s}{9{,}81(m/s^2)}}$$

Nur eine der beiden Lösungen ist positiv:

$$t_{Fall} = +2{,}88\,s$$

Damit kann man die Fallstrecke bzw. Brunnentiefe berechnen:

$$s_{Fall} = \frac{1}{2}gt_{Fall}^2 = \frac{1}{2} \cdot 9{,}81\frac{m}{s^2} \cdot (2{,}88\,s)^2 = 40{,}7\,m$$

A2.5: Fall und Wurf

a) Die Fallzeit für die Schraube beträgt nach Formel 2.6 für $v_0 = 0$ und $s_0 = 0$ (der Koordinatenursprung wird an den Startort gelegt):

$$t_s = \sqrt{\frac{2s}{g}} = \sqrt{\frac{2 \cdot 100\,m}{9{,}81\frac{m}{s^2}}} = 4{,}52\,s$$

b) In der verbleibenden Zeit von $t_M = 3{,}52$ s muss die Mutter den Boden erreichen. Die erforderliche Anfangsgeschwindigkeit ergibt sich aus

$$s = v_{0M}t_M + \frac{1}{2}gt_M^2 \Rightarrow v_{0M} = \frac{s}{t_M} - \frac{1}{2}gt_M$$

(unter Vernachlässigung der Beschleunigungsphase) zu:

$$v_{0M} = \frac{100\,m}{3{,}52\,s} - \frac{1}{2} \cdot 9{,}81\frac{m}{s^2} \cdot 3{,}52\,s = 11{,}1\frac{m}{s} = 40\frac{km}{h}$$

c) Wegen der konstanten Fallbeschleunigung gilt für die Endgeschwindigkeiten:

$$v_s = gt = 9{,}81\frac{m}{s^2} \cdot 4{,}52\,s = 44{,}34\frac{m}{s} = 160\frac{km}{h}$$

$$v_M = v_{0M} + gt = 11{,}1\frac{m}{s} + 9{,}81\frac{m}{s^2} \cdot 3{,}52\,s = 45{,}63\frac{m}{s} = 164\frac{km}{h}$$

d) Die Weg-Zeit- bzw. Geschwindigkeits-Zeit-Diagramme sind in **Bild A5** dargestellt.

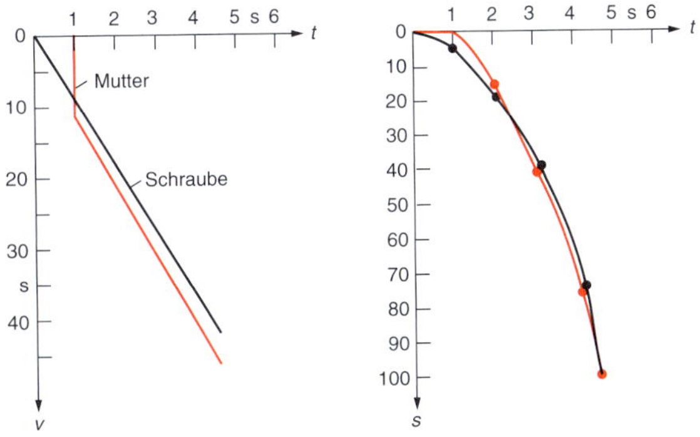

Bild A5

A2.6: Fall im Zug

a) Die Reisende im Zug sieht in ihrem gleichförmig bewegten Bezugssystem – wie in jedem anderen Inertialsystem – unabhängig von der (konstanten) Geschwindigkeit einen senkrechten Fall.

b) In einem *x*-*y*-Koordinatensystem, in dem der Zug in *x*-Richtung fährt, fällt die Tasche in *y*-Richtung (die nach unten zeigen soll). Dann gilt für die Fallzeit:

$$t = \sqrt{\frac{2\Delta y}{g}} = \sqrt{\frac{2 \cdot 1{,}5\,m}{9{,}81\frac{m}{s^2}}} = 0{,}55\,s$$

c) Bei der Beobachtung von außen überlagert sich dem Fall die Zugbewegung in *x*-Richtung (ungestört, wie beim waagerechten Wurf). Für die Bahnkurve $y = f(x)$ erhält man:

$$y = \frac{1}{2}gt^2; x = v_x t \Rightarrow y = \frac{g}{2v_x^2}x^2$$

In diesem Fall ergibt sich also wegen der sehr unterschiedlichen Geschwindigkeiten eine gestreckte Parabel:

$$y = \frac{9{,}81\,\frac{\mathrm{m}}{\mathrm{s}^2}}{2\cdot\left(\frac{250\,\mathrm{m}}{3{,}6\,\mathrm{s}}\right)^2}x^2 \Rightarrow \frac{y}{\mathrm{m}} = 0{,}001\frac{x^2}{\mathrm{m}^2}$$

A2.7: Waagerechtes Förderband

Da sich die beiden Komponenten der Bewegung ungestört überlagern. steht für den waagerechten Flug mit der (Band-)Geschwindigkeit v_x über die Strecke s_x gerade die Fallzeit t zur Verfügung:

$$s_x = v_x t = v_x\sqrt{\frac{2s_y}{g}} = 1\frac{\mathrm{m}}{\mathrm{s}}\cdot\sqrt{\frac{2\cdot 2\,\mathrm{m}}{9{,}81\,\frac{\mathrm{m}}{\mathrm{s}^2}}} = 0{,}64\,\mathrm{m}$$

A2.8: Weitsprung

a) Nur die waagerechte Komponente v_{0x} der Geschwindigkeit (Bild 2.6 in Abschnitt 2.1.2.1) trägt zur Flugweite w bei:

$$w = v_{0x}t_F = v_0\cos\varphi t_F$$

In diesem Beispiel ist eine übersichtliche Lösung dadurch möglich, dass die Bahnkurve symmetrisch ist. Die senkrechte Geschwindigkeitskomponente, für die gilt:

$$v_{0y} = v_0\sin\varphi - gt_F$$

wird nach der halben Flugzeit t_F null, nämlich im Scheitelpunkt der Bahn (in der Höhe h_S). Also erhält man:

$$t_F = \frac{2\cdot 11\frac{\mathrm{m}}{\mathrm{s}}\cdot\sin 20°}{9{,}81\frac{\mathrm{m}}{\mathrm{s}^2}} = 0{,}77\,\mathrm{s}$$

Während dieser Zeit kann die wagerechte Bewegung ablaufen:

$$w = 11\frac{\mathrm{m}}{\mathrm{s}}\cdot\cos 20°\cdot 0{,}77\,\mathrm{s} = 7{,}96\ \mathrm{m}$$

Diese Technik des „schiefen Wurfes" muss in der Praxis noch mit dem Anziehen der Beine wie in Beispiel 2.8 kombiniert werden – dann ist allerdings die Rechnung schwieriger.

b) Die maximale Höhe berechnet man mit der Bewegungsgleichung (Formel 2.6), beachtet aber, dass g die entgegengesetzte Richtung von v_{0y} hat:

$$h_s = v_0\sin\varphi\frac{t_F}{2} - \frac{1}{2}g\left(\frac{t_F}{2}\right)^2$$

$$= 11\frac{\mathrm{m}}{\mathrm{s}}\cdot\sin 20°\cdot\frac{0{,}77\,\mathrm{s}}{2} - \frac{9{,}81\frac{\mathrm{m}}{\mathrm{s}^2}\cdot(0{,}77\,\mathrm{s})^2}{8} = 0{,}72\,\mathrm{m}$$

A2.9: Schiefer Ziegelwurf

Dieser „schiefe Wurf" ist unsymmetrisch und bedarf darum der konsequenten Beschreibung durch die allgemeine Bewegungsgleichung. Lösungsidee ist wiederum die ungestörte Superposition der Bewegungsabläufe in waagerechter und senkrechter Richtung; das heißt: Für die waagerechte Bewegung steht genau die Fallzeit zur Verfügung.

Die Anfangsgeschwindigkeit $_0$ hat hier die Komponenten (**Bild A6**; im Folgenden werden die Beträge verwendet):

$$\vec{v}_{0y} = \vec{v}_0\sin\alpha; \vec{v}_{0x} = \vec{v}_0\cos\alpha$$

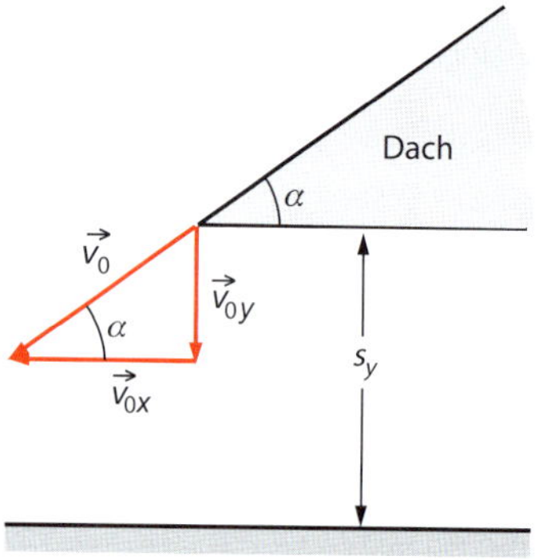

Bild A6

Für den (Fall-)Weg s_y gilt (er hat dieselbe Richtung wie g, darum addieren sich hier die Weg-Beiträge):

$$s_y = v_{0y}t + \frac{1}{2}gt^2$$

Für die Fallzeit ergibt sich also eine quadratische Gleichung:

$$t_{1,2} = -\frac{v_0\sin\alpha}{g} \pm \sqrt{\left(\frac{v_0\sin\alpha}{g}\right)^2 + \frac{2s_y}{g}}$$

Mit den Werten aus der Aufgabenstellung

$$t_{1,2} = -\frac{8\frac{\text{m}}{\text{s}}\cdot\sin 35°}{9{,}81\frac{\text{m}}{\text{s}^2}} \pm \sqrt{\left(\frac{8\frac{\text{m}}{\text{s}}\cdot\sin 35°}{9{,}81\frac{\text{m}}{\text{s}^2}}\right)^2 + \frac{2\cdot 10\,\text{m}}{9{,}81\frac{\text{m}}{\text{s}^2}}}$$

erhält man als physikalisch sinnvolle (da positive) Lösung: $t_1 = 1{,}03$ s. Damit bestimmt man die „Wurfweite" s_x:

$$s_x = v_{0x}t_1 = v_0 t_1 \cos\alpha = 8\frac{\text{m}}{\text{s}}\cdot 1{,}03\,\text{s}\cdot\cos 35° = 6{,}75\,\text{m}$$

A2.10: Gerichteter Impuls

a) Für die Lösung ist entscheidend, dass der Impuls eine *gerichtete* Größe ist. So wird beim Einfüllen des Sandes kein Impuls in Fahrtrichtung übertragen, der Impulserhaltungssatz verlangt jedoch wegen der Massenvergrößerung eine Verringerung der Geschwindigkeit des Wagens:

$$m_0 v_0 = (m_0 + m_1)v_1 \Rightarrow v_1 = v_0\frac{m_0}{m_0 + m_1} = 2\frac{\text{m}}{\text{s}}\cdot\frac{15\,\text{t}}{(15+1)\,\text{t}} \approx 1{,}9\frac{\text{m}}{\text{s}}$$

(Die Tonne (1 t = 10^3 kg) ist als Masseneinheit zulässig und hier für die Rechnung praktisch.)

b) Die Entleerung ist insofern *nicht* symmetrisch zur Befüllung, als der Sand seinen Impuls mitnimmt. (Er fällt im „waagerechten Wurf" aus dem Wagen.) Da die Gesamtmasse des Systems „Wagen + Sand" gleich bleibt, ändert sich wegen der Impulserhaltung auch die Geschwindigkeit der Teilmasse „Wagen" nicht. (Anderenfalls müsste der Wagen wieder auf die ursprüngliche Geschwindigkeit beschleunigen.)

A2.11: Effektive Gewichtskraft

Offensichtlich beschleunigt der Aufzug mit a nach unten und kompensiert einen Teil der Erdbeschleunigung g. Die Gewichtskraft wird dadurch um die Trägheitskraft der Masse m_0 verringert. Da die Waage aber mit g kalibriert ist und den Massenvergleich nur über eine Kraftmessung vornimmt, zeigt sie die scheinbare Masse m_s an:

$$m_s g = m_0(g - a) \Rightarrow a = g - g\frac{m_s}{m_0} = g\left(1 - \frac{m_s}{m_0}\right)$$

Mit dem angegebenen Massenverhältnis erhält man:

$$a = g\left(1 - \frac{60\,\text{kg}}{80\,\text{kg}}\right) = 0{,}25\,g = 2{,}45\frac{\text{m}}{\text{s}^2}$$

A2.12: Haftreibung

An diesem klassischen Schulversuch sind eigentlich nur zwei Kräfte beteiligt **(Bild A7)**: Die Gewichtskraft G und die Reibungskraft F_R. Aus praktischen Gründen zerlegt man G vektoriell in die Komponente senkrecht zur Ebene – das ist die Normalkraft F_N – und parallel dazu. Die letztere nennt man „Hangabtriebskraft" F_H, und sie ist gleich der maximalen Haftreibungskraft.

Für die Beträge der Vektoren gilt:

$$|\vec{F}_R| = G\sin\alpha = |\vec{F}_H|; |\vec{F}_N| = G\cos\alpha$$

Nach Formel 2.23 erhält man den Haftreibungskoeffizienten aus:

$$\mu_H = \frac{F_R}{F_N} = \frac{G\sin\alpha}{G\cos\alpha} = \tan\alpha = \tan 30° = 0{,}58$$

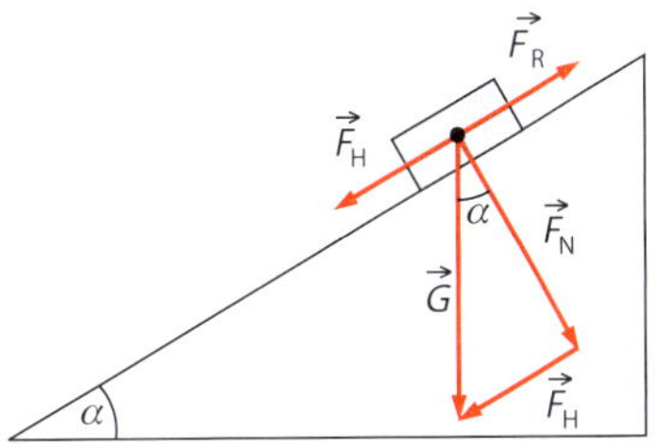

Bild A7

A2.13: Kräftezerlegung

Dies ist ein einfaches, aber typisches Problem aus der Statik. Damit wirklich keine Bewegung auftritt, muss die Summe der am Knotenpunkt angreifenden Kräfte null sein (Abschnitt 2.5.2):

$$\sum\vec{F} = 0$$

Sie werden getrennt nach Komponenten addiert **(Bild A8)**:

$$\sum F_x = F_1\cos 37° + F_2\cos 53° = 0$$
$$\sum F_y = F_1\sin 37° + F_2\sin 53° - F_3 = 0$$

Offenbar sind die x-Komponenten von $\vec{F}_1$ und $\vec{F}_2$ entgegengesetzt gleich, und die Summe ihrer y-Komponenten ist entgegengesetzt gleich der Gewichtskraft $F_3 = G$.

Die beiden Gleichungen mit zwei Unbekannten können zum Beispiel durch Einsetzen gelöst werden:

$$F_2 = \frac{\cos 37°}{\cos 53°} F_1 = 1{,}33\, F_1$$

$$F_1 \sin 37° + 1{,}33\, F_1 \sin 53° - mg = 0$$

$$F_1 = \frac{13\,\text{kg} \cdot 9{,}81\,\text{m/s}^2}{1{,}66} = 76{,}8\,\text{N}; F_2 = 1{,}33 \cdot F_1 = 102\,\text{N}$$

Die rechte Schnur reißt!

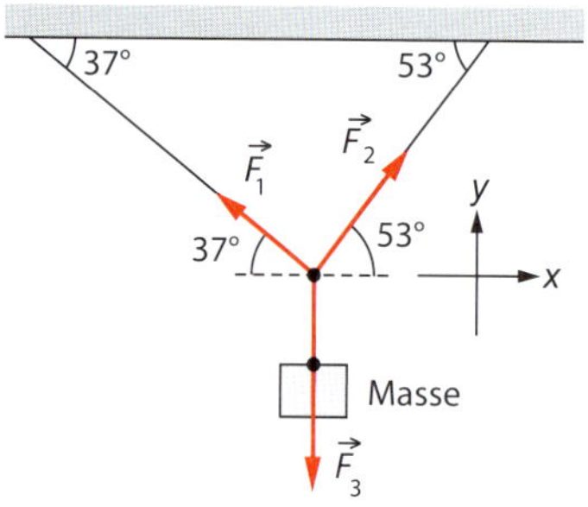

Bild A8

A2.14: Arbeit an einer Kiste

Beim Rutschen wird Kraft gegen die Reibungskraft aufgewendet (Bild 2.14):

$$W = \vec{F} \cdot \vec{s} = Fs\cos\alpha = \mu_G F_N s\cos\alpha = \mu_G mgs\cos\alpha$$

Dabei wird allerdings die Reduzierung der Normalkraft vernachlässigt. Die waagerechte Verschiebungsarbeit ist also:

$$W = 0{,}4 \cdot 50\,\text{kg} \cdot 9{,}81\frac{\text{m}}{\text{s}^2} \cdot 20\,\text{m} \cdot \cos 45° \approx 2770\,\text{N} \cdot \text{m}$$

Die Hubarbeit wird durch den Zuwachs an potenzieller Energie bestimmt:

$$W = mgh = 50\,\text{kg} \cdot 9{,}81\frac{\text{m}}{\text{s}^2} \cdot 0{,}75\,\text{m} \approx 370\,\text{N} \cdot \text{m}$$

Insgesamt wurde eine Arbeit von 3140 Newtonmeter verrichtet.

A2.15: Zweidimensionaler Stoß

Bei diesem nicht zentralen Stoß gilt der Impulserhaltungssatz *sowohl für die x- als auch die y-Komponente* der Impuls- bzw. Geschwindigkeitsvektoren (mit den Indizes für „weiß/rot" und „vorher/nachher"):

$$\begin{aligned} m_w v_{wvx} + m_r v_{rvx} &= m_w v_{wnx} + m_r v_{rnx} \\ m_w v_{wvy} + m_r v_{rvy} &= m_w v_{wny} + m_r v_{rny} \end{aligned} \qquad \text{Formel 1}$$

Der Energieerhaltungssatz für die *Beträge der Geschwindigkeitsvektoren* lautet beim elastischen Stoß:

$$\frac{1}{2} m_w v_{wv}^2 + \frac{1}{2} m_r v_{rv}^2 = \frac{1}{2} m_w v_{wn}^2 + \frac{1}{2} m_r v_{rn}^2 \qquad \text{Formel 2}$$

In diesem Fall sind die Kugelmassen (vorschriftsmäßig) gleich und die Geschwindigkeit der roten Kugel ist vorher null; darum ergibt Formel 2 nach Division:

$$v_{wv}^2 = v_{wn}^2 + v_{rn}^2 \qquad \text{Formel 3}$$

Entsprechend lautet Formel 1 hier in *vektorieller* Schreibweise:

$$\vec{v}_{wv} = \vec{v}_{wn} + \vec{v}_{rn} \qquad \text{Formel 4}$$

Die Winkel kommen ins Spiel, wenn man Formel 4 quadriert und das *Skalarprodukt* bildet:

$$\begin{aligned} w_{wv}^2 &= v_{wn}^2 + v_{rn}^2 + 2\vec{v}_{wn} \cdot \vec{v}_{rn} \\ &= v_{wn}^2 + v_{rn}^2 + 2v_{wn} v_{rn} \cos(\alpha + \beta) \end{aligned} \qquad \text{Formel 5}$$

Die Subtraktion von Formel 3 liefert:

$$2v_{wv} v_{rn} \cos(\alpha + \beta) = 0$$

Nach weiterer Division erhält man schließlich:

$$\cos(\alpha + \beta) = 0 \Rightarrow \alpha + \beta = 90° \Rightarrow \beta = 50°$$

Eine geometrische Betrachtung zeigt übrigens, dass bei gleichen Stoßpartner-Massen der Winkel zwischen ihren Bahnen immer 90° beträgt. Wegen Formel 3 müssen die Geschwindigkeitsvektoren nämlich den Satz von PYTHAGORAS erfüllen und ein *rechtwinkliges Dreieck* bilden **(Bild A9)**.

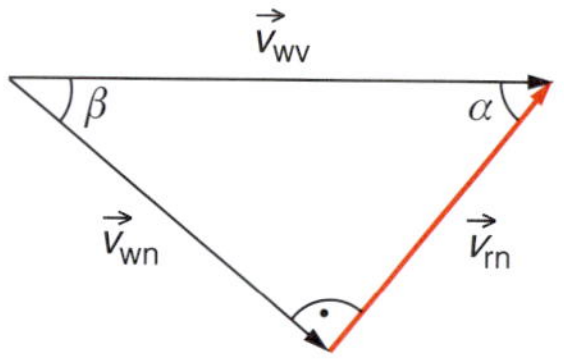

Bild A9

A2.16: Auto-Leistung

Die Leistung wird sowohl für die Reibungsarbeit als auch zur Erhöhung der potenziellen Energie pro Zeiteinheit benötigt.

Zur Berechnung von E_{pot} benötigt man die Höhe h. Sie hängt bei einer Steigungsangabe mit der horizontalen Distanz l zusammen; 10% Steigung bedeuten für den (kleinen) Steigungswinkel α **(Bild A10)**:

$$\frac{h}{l} = \frac{1}{10} = \tan\alpha \approx \sin\alpha \approx \alpha$$

Damit gilt für die Vergrößerung der potenziellen Energie entlang der Straße

$$E_{pot} = mgh = 0{,}1 \cdot mgs$$

und für ihre zeitliche Änderung:

$$\frac{dE_{pot}}{dt} = 0{,}1 \cdot mg\frac{ds}{dt} = 0{,}1 \cdot mgv$$

Dies entspricht gerade der Leistung:

$$P = 0{,}1 \cdot 1000\,\mathrm{kg} \cdot 9{,}81\frac{\mathrm{m}}{\mathrm{s}^2} \cdot \frac{100\,\mathrm{m}}{3{,}6\,\mathrm{s}}$$
$$\approx 27300\frac{\mathrm{N \cdot m}}{\mathrm{s}} = 27{,}3\,\mathrm{kW}$$

Die Rollreibungskraft lässt sich berechnen aus:

$$F = \mu_R F_N = \mu_R G = 0{,}02 \cdot 1000\,\mathrm{kg} \cdot 9{,}81\frac{\mathrm{m}}{\mathrm{s}^2} \approx 200\,\mathrm{N}$$

Da die Luftreibungskraft doppelt so groß sein soll, benötigt die Reibung eine Leistung von:

$$P = F \cdot v = 600\,\mathrm{N} \cdot \frac{100\,\mathrm{m}}{3{,}6\,\mathrm{s}} = 16{,}7\,\mathrm{kW}$$

Die benötigte Gesamtleistung ist 44 kW – da ist bei vielen Motoren an eine zusätzliche Beschleunigung zum Überholen nicht mehr zu denken, zumal der Wirkungsgrad η, bezogen auf die Leistung an den Antriebsrädern, maximal 0,5 beträgt.

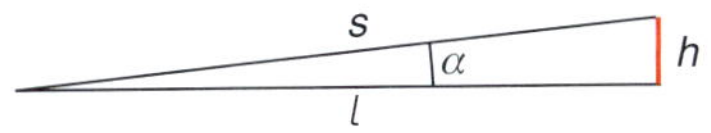

Bild A10

A2.17: Effektive Fallbeschleunigung

Gemäß **Bild A11** ist die Zentrifugalbeschleunigung am Nordpol null, und am Äquator

$$a_{ZF} = r_E\omega^2$$

(Auf die Vektorpfeile wird hier verzichtet.) Mit $\omega = 2\pi/d = 2\pi/(86\,400\ \mathrm{s})$ erhält man

$$a_{ZF} = -0{,}0337\frac{\mathrm{m}}{\mathrm{s}^2} \approx 0{,}0034 \cdot g$$

Bei etwa 3 Promille der Erdbeschleunigung im „besten“ Fall ist die Frage eigentlich schon beantwortet. Zur Übung wird aber die effektive Fallbeschleunigung für Paris berechnet, die durch zwei Einflüsse kleiner ausfällt:

a) Der Abstand von der Drehachse ist dort $r_E \cdot \cos\alpha$.

b) Die Fallbeschleunigung wird nur um die Komponente der Zentrifugalbeschleunigung $a_{ZF} \cdot \cos\alpha$ reduziert.

Also:

$$g_{eff} = g - \Delta g = g - r_E\omega^2(\cos\alpha)^2 = g - 0{,}00145\,g$$

In Paris verringert sich die Schwerkraft also um etwa 1,5 Promille gegenüber Nord- und Südpol.

Übrigens ist $a_{ZF} \cdot \sin\alpha$ für die Abplattung der Erdkugel verantwortlich, die wiederum in Abhängigkeit von der geografischen Breite zu einer Änderung der Gravitationskraft und damit von g führt.

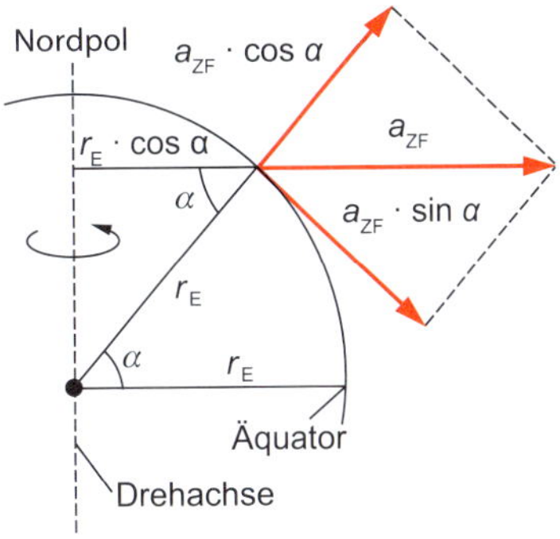

Bild A11

A2.18: HOOKEsches Gesetz und Zentrifugalkraft

a) Das HOOKEsche Gesetz (Formel 2.21) lautet in ausführlicher Formulierung (Formel 2.22):

$$\frac{\Delta l}{l} = \frac{l}{E} \cdot \frac{F}{A}$$

Für die Verlängerung des Fadens aufgrund der elastischen Dehnung durch die Gewichtskraft erhält man daraus:

$$\Delta l = \frac{lmg}{E\pi r^2} = \frac{1\,\mathrm{m} \cdot 2\ \mathrm{kg} \cdot 9{,}81\frac{\mathrm{m}}{\mathrm{s}^2}}{210 \cdot 10^9\,\frac{\mathrm{N}}{\mathrm{m}^2} \cdot \pi\left(0{,}15 \cdot 10^{-3}\right)^2} \approx 1{,}32\,\mathrm{mm}$$

b) Wie so oft hilft eine Zeichnung und die Trigonometrie. Nach **Bild A12** gilt für den Zusammenhang zwischen dem Auslenkwinkel α und der Kraft am Faden F_F:

$$\cos\alpha = \frac{G}{F_F} \Rightarrow \alpha = \arccos\frac{2\,\text{kg}\cdot 9{,}81\,\frac{\text{m}}{\text{s}^2}}{200\,\text{N}} = 84{,}4°$$

Zur Berechnung der Winkelgeschwindigkeit vergleicht man die beiden ähnlichen rechtwinkligen Dreiecke, in denen α auftritt:

$$\sin\alpha = \frac{r}{l} = \frac{F_{\text{ZF}}}{F_{\text{F}}} \Rightarrow F_{\text{F}} = \frac{F_{\text{ZF}}l}{r} = \frac{m\omega^2 rl}{r}$$

Also lässt sich ω aus der Fadenkraft beim Zerreißen berechnen:

$$\omega = \sqrt{\frac{F_{\text{F}}}{ml}} = \sqrt{\frac{200\,\text{kg}\,\frac{\text{m}}{\text{s}^2}}{2\,\text{kg}\cdot 1\,\text{m}}} = 10\,\text{s}^{-1}$$

c) Der Stein hat im Augenblick des Reißens die Bahngeschwindigkeit

$$v_{\text{B}} = \omega r = \omega l \sin\alpha = 10\frac{1}{\text{s}}\cdot 1\,\text{m}\cdot\sin 84{,}4° = 10\frac{\text{m}}{\text{s}}$$

mit der er tangential weiterfliegt.

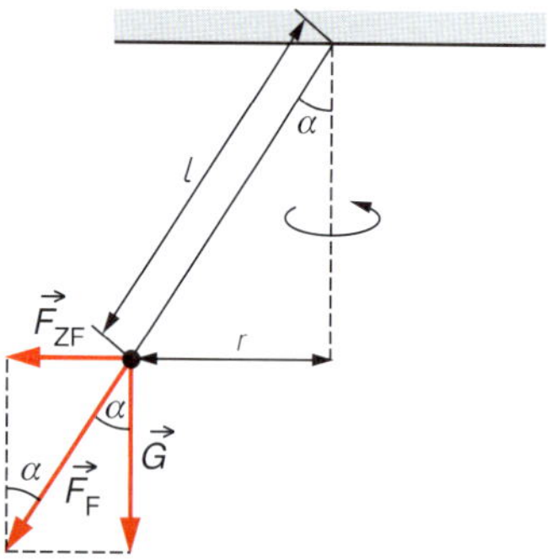

Bild A12

A2.19: CORIOLIS-Kraft

a) Wie **Bild A13** verdeutlicht, gilt für diesen Breitengrad:

$$\sin\alpha = \frac{v_{\text{s}}}{|\vec{v}|} \Rightarrow v_{\text{s}} = \frac{300\,\text{m}}{3{,}6\,\text{s}}\cdot\sin 53{,}5° = 67{,}0\frac{\text{m}}{\text{s}}$$

b) Aus dieser Geschwindigkeitskomponente senkrecht zur Erddrehachse resultiert die CORIOLIS-Beschleunigung:

$$a_c = 2v_s\omega = 2\cdot 67{,}0\frac{\text{m}}{\text{s}}\cdot\frac{2\pi}{86400\,\text{s}} = 9{,}74\cdot 10^{-3}\,\frac{\text{m}}{\text{s}^2}$$

Auch die CORIOLIS-Kraft beträgt nur etwa ein halbes Promille der Gewichtskraft, ist wegen der großen Masse aber nicht vernachlässigbar:

c) Die Kraft auf den gesamten Zug ist:

$$F_{\text{C}} = ma_{\text{C}} = 400\cdot 10^3\,\text{kg}\cdot 9{,}74\cdot 10^{-3}\,\frac{\text{m}}{\text{s}^2} \approx 3900\,\text{N}$$

Diese einseitige Belastung der Schienen könnte zu einem etwas unsymmetrischen Verschleiß führen.

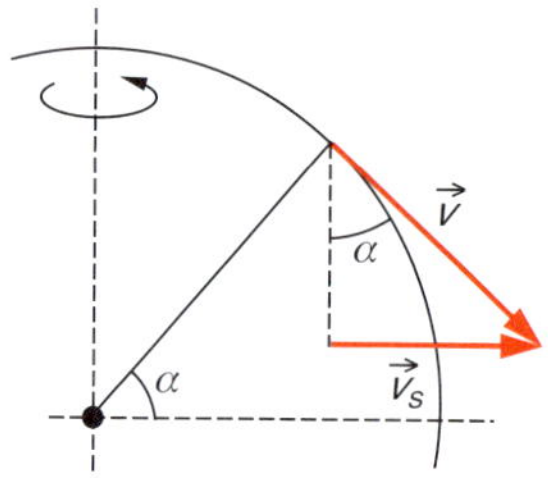

Bild A13

A2.20: Drehmoment einer Leiter

Damit die Leiter in Ruhe bleibt („Statik"), müssen die an der Leiter angreifenden Drehmomente gleich sein **(Bild A14)**:

$$M_{\text{G}} = M_{\text{W}}$$

Eigentlich müsste natürlich die von der Wand ausgeübte Gegenkraft $-F_{\text{W}}$ betrachtet werden. Für die Beträge der Drehmomente gilt jedenfalls:

$$G\frac{l}{2}\sin(\alpha + 90°) = F_{\text{W}} l \sin\alpha$$

Daraus erhält man für die Kraft auf die Wand (die ohne Reibung genau senkrecht zur Oberfläche gerichtet ist):

$$F_{\text{W}} = \frac{Gl\sin(\alpha+90°)}{2l\sin\alpha} = \frac{mg\cos\alpha}{2\sin\alpha} = \frac{mg}{2\tan\alpha}$$

Mit den Zahlenwerten aus der Aufgabenstellung ergibt sich:

$$F_{\text{W}} = \frac{1}{2}\cdot 80\,\text{kg}\cdot 9{,}81\frac{\text{m}}{\text{s}^2}\cdot\frac{1}{\tan 60°} = 227\,\text{N}$$

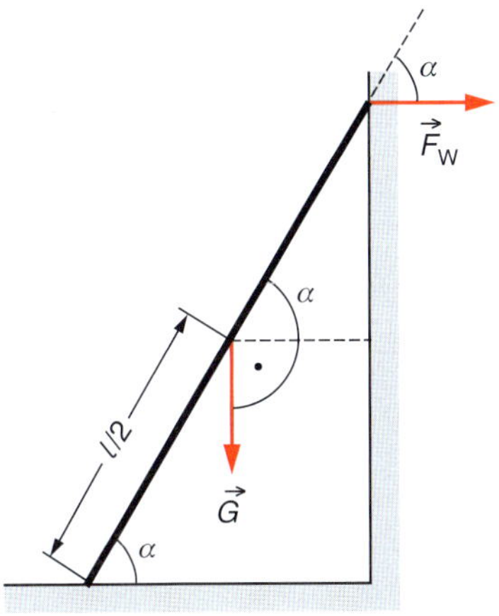

Bild A14

A2.21: Seiltrommel

a) Das Trägheitsmoment der Trommel (als einem Vollzylinder) beträgt:

$$J = \frac{1}{2} mR^2 = \frac{1}{2} \cdot 5\,\text{kg} \cdot (0{,}25\,\text{m})^2 = 0{,}156\,\text{kg} \cdot \text{m}^2$$

b) Bei konstanter Winkelbeschleunigung gilt für die Winkelgeschwindigkeit:

$$\alpha = \frac{\omega}{t} \Rightarrow \omega = \alpha t$$

Die Winkelbeschleunigung kann aus dem Drehmoment bestimmt werden, welches die Trommel aufgrund der Zugkraft am Seil in Rotation versetzt. Da die Kraft senkrecht auf dem Abstand zur Drehachse – dem Trommelradius – steht, kann man skalar rechnen:

$$M = J \cdot \alpha \Rightarrow \alpha = \frac{M}{J} = \frac{RG}{J}$$

Für die Winkelgeschwindigkeit erhält man also:

$$\omega = \frac{RG}{J} t = \frac{0{,}25\,\text{m} \cdot 20\,\text{kg} \cdot \frac{\text{m}}{\text{s}^2} \cdot 5\,\text{s}}{0{,}156\,\text{kg} \cdot \text{m}^2} = 160\,\text{s}^{-1}$$

c) Die Rotationsenergie der Trommel beträgt:

$$E = \frac{1}{2} J\omega^2 = \frac{1}{2} 0{,}156\,\text{kg} \cdot \text{m}^2 \cdot \left(160\,\text{s}^{-1}\right)^2 = 1997\,\text{N} \cdot \text{m}$$

Dies entspricht der kinetischen Energie der Translation nach einem Fall der Trommel aus der Höhe:

$$E_{\text{kin}} = E_{\text{pot}} = mgh \Rightarrow h = \frac{E}{mg} = \frac{1997\,\text{N} \cdot \text{m}}{5\,\text{kg} \cdot 9{,}81\,\frac{\text{m}}{\text{s}^2}} \approx 41\,\text{m}$$

A2.22: Schwingendes Auto

Die Eigenfrequenz des schwingenden Systems kann mit Formel 2.57 berechnet werden. Dazu benötigt man die Federkonstante, die das Hookesche Gesetz (Formel 2.21) liefert:

$$F = ks \Rightarrow k = \frac{F}{s} = \frac{300\,\text{kg} \cdot 9{,}81\,\frac{\text{m}}{\text{s}^2}}{0{,}05\,\text{m}} = 5{,}9 \cdot 10^4\,\frac{\text{N}}{\text{m}}$$

Also schwingt das Auto – unter der Voraussetzung, dass die Federung wie eine einzige Schraubenfeder und ungedämpft wirkt – mit der Eigenfrequenz

$$f_0 = \frac{\omega_0}{2\pi} = \frac{1}{2\pi}\sqrt{\frac{k}{m}} = \frac{1}{2\pi} \cdot \sqrt{\frac{5{,}9 \cdot 10^4\,\frac{\text{kg} \cdot \text{m}}{\text{m} \cdot \text{s}^2}}{1500\,\text{kg}}} = 1\,\text{Hz}$$

Die Periodendauer als Kehrwert der Frequenz ist demnach $T = 1$ s.

A2.23: Satellit

a) Die Lösungsidee ist, dass an der Position des Satelliten ein Kräftegleichgewicht zwischen der Zentrifugalkraft und der Gravitationskraft als Zentripetalkraft vorliegen muss: $F_{ZF} = F_G$. Dabei ist der Abstand der Massenmittelpunkte für das Gravitationsgesetz relevant, sodass der Kreisbahnradius der Höhe plus Erdradius entspricht:

$$\frac{m_{\text{Sat}} v_{\text{B}}^2}{r_{\text{E}} + h_{\text{Sat}}} = \gamma \frac{m_{\text{Sat}} \cdot m_{\text{E}}}{\left(r_{\text{E}} + h_{\text{Sat}}\right)^2}$$

Für die Bahngeschwindigkeit berechnet man also

$$v_{\text{B}} = \sqrt{\frac{\gamma \cdot m_{\text{E}}}{r_{\text{E}} + h_{\text{Sat}}}}$$

und erhält als Zahlenwert:

$$v_{\text{B}} = \sqrt{\frac{6{,}67 \cdot 10^{-11}\,\frac{\text{m}^3}{\text{kg} \cdot \text{s}^2} \cdot 5{,}97 \cdot 10^{24}\,\text{kg}}{\left(6{,}37 \cdot 10^6 + 20{,}2 \cdot 10^6\right)\text{m}}} = 3870\,\frac{\text{m}}{\text{s}} \approx 14000\,\frac{\text{km}}{\text{h}}$$

b) Mit dem Umfang der Kreisbahn als Weg pro Umlaufdauer Δt kann man berechnen:

$$\Delta t = \frac{2\pi\left(r_{\text{E}} + h_{\text{Sat}}\right)}{v_{\text{B}}} = \frac{2\pi \cdot 26{,}57 \cdot 10^6\,\text{m}}{3870\,\text{m/s}} = 43{,}1\,\text{ks} \approx 12\text{ h}$$

A2.24: Druck auf Konservenglas

Die Kraft ist durch die Druckdifferenz zwischen innerem Dampfdruck und äußerem Luftdruck gegeben:

$$F = pA = (p_a - p_i)\frac{\pi}{4}d^2$$

Daraus erhält man:

$$F = (100 - 2{,}34) \cdot 10^3 \frac{\mathrm{N}}{\mathrm{m}^2} \cdot \frac{\pi}{4} \cdot (0{,}11\,\mathrm{m})^2 = 928\,\mathrm{N}$$

Dies entspricht der Gewichtskraft von 95 kg Masse – als stünde ein Student auf dem Deckel, der zu viele Konservengläser geleert hat. Das Glas ist praktisch nur durch einen Druckausgleich zu öffnen!

A2.25: Auftrieb von Eis

a) Nach dem Prinzip von ARCHIMEDES gilt hier:

$$F_{\mathrm{A,Eis}} = G_{\mathrm{verdr.Wasser}} \Rightarrow m_\mathrm{E} = m_\mathrm{W} \Rightarrow \varrho_\mathrm{E} V_\mathrm{E} = \varrho_\mathrm{W} V_\mathrm{W}$$

Das Volumen des verdrängten Wassers als Produkt von Schollenfläche *A* und Eintauchtiefe *y* ist also:

$$Ay = V_\mathrm{w} = \frac{\varrho_\mathrm{E} V_\mathrm{E}}{\varrho_\mathrm{W}} = \frac{\varrho_\mathrm{E} A d}{\varrho_\mathrm{W}}$$

Daraus berechnet man als Eintauchtiefe:

$$y = \frac{\varrho_\mathrm{E} d}{\varrho_\mathrm{W}} = \frac{0{,}92 \cdot 10^3 \frac{\mathrm{kg}}{\mathrm{m}^3} \cdot 0{,}3\,\mathrm{m}}{10^3 \frac{\mathrm{kg}}{\mathrm{m}^3}} = 27{,}6\,\mathrm{cm}$$

b) Durch die zusätzliche Gewichtskraft der Fischer darf die Scholle höchstens um 2,4 cm ins Wasser gedrückt werden (Grenzfall des „Schwebens"; sonst tritt „Sinken" ein). Die dann zusätzlich verdrängte Wassermasse ist:

$$m_\mathrm{w} = \varrho_\mathrm{W} \Delta V = \varrho_\mathrm{W} A \Delta y = 10^3 \frac{\mathrm{kg}}{\mathrm{m}^3} \cdot 12\,\mathrm{m}^2 \cdot 0{,}024\,\mathrm{m} = 288\ \mathrm{kg}$$

Sie entspricht der Last, die der Auftrieb kompensieren kann, sodass drei normalgewichtige Fischer noch fischen könnten, schon vier aber schwimmen müssten.

A2.26: Oberflächenspannung von Quecksilber

a) Den Radius r_2 der größeren Kugel berechnet man aus dem gleich bleibenden Volumen

$$V_2 = 8000 V_1 \Rightarrow \frac{4}{3}\pi r_2^3 = 8000 \frac{4}{3}\pi r_1^3$$

und erhält

$$r_2 = r_1 \cdot \sqrt[3]{8 \cdot 10^3} = 0{,}1\,\mathrm{mm} \cdot 20 = 2\ \mathrm{mm}$$

Die Oberflächenspannung ist eine Energie pro Fläche:

$$\sigma = \frac{\Delta W}{\Delta A} \Rightarrow \Delta W = \sigma(A_{1\_} - A_2) = \sigma \cdot 4\pi\left(8000 r_1^2 - r_2^2\right)$$

Hier erhält man

$$\Delta W = 0{,}465\,\mathrm{N/m} \cdot 4\pi\left(8000 \cdot (0{,}1 \cdot 10^{-3}\,\mathrm{m})^2 - (2 \cdot 10^{-3}\ \mathrm{m})^2\right) = 444\,\mu\mathrm{J}$$

b) Die Kraft durch Kapillarität beziehungsweise Oberflächenspannung an der Innenwand des Röhrchens ist nach dem Anstieg der Flüssigkeitssäule gleich der Gewichtskraft des Quecksilbervolumens:

$$F_{\mathrm{Oberfläche}} = 2\pi r \sigma = G = mg = \varrho \pi r^2 h g$$

Daraus erhält man die Säulenhöhe

$$h = \frac{2\sigma}{\varrho r g} = \frac{2 \cdot 0{,}465 \frac{\mathrm{N}}{\mathrm{m}}}{13550 \frac{\mathrm{kg}}{\mathrm{m}^3} \cdot 2 \cdot 10^{-4}\,\mathrm{m} \cdot 9{,}81 \frac{\mathrm{m}}{\mathrm{s}^2}} = 35\,\mathrm{mm}$$

A2.27: Feuerwehrspritze

a) Die Strömungsgeschwindigkeit bei veränderter Querschnittsfläche berechnet man aus der Druckdifferenz nach der BERNOULLI-Gleichung (Formel 2.79):

$$p_1 + \frac{\varrho}{2} v_1^2 = p_2 + \frac{\varrho}{2} v_2^2$$

$$\frac{\varrho}{2} v_2^2 - \frac{\varrho}{2} v_1^2 = p_1 - p_2 = \Delta p$$

Als Strömungsgeschwindigkeit in der Düse erhält man daraus mit der Wasserdichte 1000 kg/m³:

$$v_2 = \sqrt{\frac{2\Delta p}{\varrho} + v_1^2} = \sqrt{\frac{2 \cdot 0{,}2 \cdot 10^6 \frac{\mathrm{N}}{\mathrm{m}^2}}{10^3 \frac{\mathrm{kg}}{\mathrm{m}^3}} + \left(0{,}5 \frac{\mathrm{m}}{\mathrm{s}}\right)^2} = 20 \frac{\mathrm{m}}{\mathrm{s}}$$

b) Aus der Kontinuitätsgleichung (Formel 2.78) ermittelt man die Düsenquerschnittsfläche:

$$A_1 v_1 = A_2 v_2 \Rightarrow A_2 = \frac{A_1 v_1}{v_2} = \pi \frac{d^2}{4}$$

Der Düsendurchmesser ist also:

$$d = \sqrt{\frac{4 A_1 v_1}{\pi v_2}} = \sqrt{\frac{4 \cdot 10^{-3}\,\mathrm{m}^2 \cdot 0{,}5 \frac{\mathrm{m}}{\mathrm{s}}}{\pi \cdot 20 \frac{\mathrm{m}}{\mathrm{s}}}} = 5{,}6\,\mathrm{mm}$$

c) Wenn man das Problem als „invertierten freien Fall" behandelt, bei dem die kinetische Energie in potenzielle umgewandelt wird, erhält man mit $g = v/t = \text{const.}$ für die Spritzhöhe:

$$h = \frac{gt^2}{2} = \frac{v_2^2}{2g} = \frac{\left(20\,\frac{\text{m}}{\text{s}}\right)^2}{2 \cdot 9{,}81\,\frac{\text{m}}{\text{s}^2}} = 20{,}4\,\text{m}$$

Antworten zu den Testfragen aus Kapitel 3

1. Schmelzpunkt von Eis bei Normaldruck/theoretisch niedrigste Temperatur
2. Mit $\theta = 20\,°\text{C}$ und $\Delta T = 273{,}15$ K erhält man eine Raumtemperatur von ca. 293 K
3. Unterschiedlicher Längenausdehnungskoeffizient zweier Metalle
4. Kleinstes Volumen/größte Dichte bei 4 °C
5. Bei schlechtem Wetter ist der Luftdruck niedriger und das Wasser siedet eher
6. Wasserfilm durch Regelation, Reibung und Bindungseffekte
7. Wärmeabgabe: a) gemäß den spezifischen Wärmekapazitäten von Blech und Bier bis zum Gefrierpunkt, b) Erstarrungswärme der Flüssigkeit (ggf. Gefrierpunktserniedrigung durch gelöste Stoffe), c) gemäß den spezifischen Wärmekapazitäten von Blech und gefrorenem Bier bis zur Gefrierfachtemperatur
8. Wärme von zunächst flüssiger und dann fester Wachsphase sowie Erstarrungswärme dazwischen (s. o.)
9. Konvektion, Leitung, Strahlung; außerdem latente Wärme durch Änderung des Aggregatzustandes (s. u.)
10. Glas als schlechter Wärmeleiter, reflektierende Oberfläche hat niedrigen Emissionskoeffizienten, Doppelwand mit Vakuum dazwischen verhindert Konvektion (ebenso der Deckel auf dem Gefäß)
11. Erzwungene Konvektion zum Heizkörper, freie Konvektion der Raumluft plus Strahlung
12. a) (freie) Konvektion, b) Wärmeleitung, c) Strahlung
13. Verdampfungswärme des Kühlmittels innen, erneute Verflüssigung durch Kompression mit Wärmeabgabe außen
14. Änderung des Aggregatzustandes (wie bei Kühlschrank)
15. Wärmeübergangskoeffizient, zusammen mit Leitungskoeffizient: Durchgangskoeffizient
16. Größere Fläche unter der Kurve (Intensität wächst), Wellenlänge maximaler Intensität wird kleiner (Strahlung „blauer")
17. Rötlicher („Roter Riese")
18. $T = \text{const.}$: Gesetz von BOYLE-MARIOTTE; $p = \text{const.}$/$V = \text{const.}$: 1./2. Gesetz von GAY-LUSSAC
19. Kinetische Gastheorie, ideal nur kinetische Energie der Translation (real auch Rotation, bei Molekülen auch Schwingung)
20. Makroskopische Zitterbewegung durch Stöße mit Atomen/Molekülen
21. Zunehmende Translations- und Rotationsgeschwindigkeit der Gesamtmoleküle, höhere Schwingungsamplitude der Atome
22. Jeweils kleinere Besetzungsdichte höherer Energiezustände (weniger Moleküle mit hoher potenzieller Energie in der oberen Atmosphäre/weniger Moleküle in der Dampfphase nach Verlassen des Wassers gegen die Oberflächenenergie)
23. Innere Energie plus Ausdehnungsarbeit bei isobaren Prozessen
24. Maschine, die ohne Energiezufuhr periodisch arbeitet („1. Art"); ggf. mittels Energieaufnahme aus kühlerer Umgebung („2. Art")
25. Isotherme Expansion/Kompression; dazwischen adiabatische Expansion/Kompression

26. Entropie; hier *kleiner* als normal

27. Ein Perpetuum mobile 2. Art erlaubt die Natur nicht.

28. Zweiter Hauptsatz: $\Delta S \geq 0$; die Entropie nimmt dabei zu.

Musterlösungen der Übungsaufgaben zu Kapitel 3

A3.1: Thermische Ausdehnung

a) Aus der Längen- beziehungsweise Durchmesser-Änderung berechnet man die Temperaturänderung, bei der die Kugel gerade noch passt:

$$\Delta l = l_0 \alpha \Delta T \Rightarrow \Delta T = \frac{\Delta l}{l_0 \alpha}$$

Mit dem Längenausdehnungskoeffizienten für Aluminium aus Tabelle 3.1 ergibt sich:

$$\Delta T = \frac{0{,}04\,\mathrm{mm}}{20{,}00\,\mathrm{mm} \cdot 24 \cdot 10^{-6}\,\mathrm{K}^{-1}} = 83{,}3\,\mathrm{K}$$

Dies entspricht einer Kugeltemperatur von $\theta = 103{,}3\,°\mathrm{C}$, die mit siedendem Wasser erst bei einem Luftdruck von etwa 113 kPa erreicht würde [Kuchling] – so schönes Wetter mit „Hochdruck" gibt es nicht.

b) Der relative Volumenzuwachs der Kugel bei einer Temperaturerhöhung von 80 K beträgt:

$$\Delta V = V_0 \gamma \Delta T \Rightarrow \frac{\Delta V}{V_0} = 3\alpha \Delta T = 3 \cdot 24 \cdot 10^{-6} \frac{1}{\mathrm{K}} \cdot 80\,\mathrm{K} = 5{,}8 \cdot 10^{-3}$$

dies entspricht 5,8 Promille.

A3.2: Bremswärme

Die potenzielle Energie wird zu 60 % in Wärme an der Bremsnabe umgewandelt:

$$\Delta Q = 0{,}6 \cdot E_{\text{pot}} = 0{,}6 \cdot m_{\mathrm{R}} g h$$

Sie wird von der Nabe mit der spezifischen Wärmekapazität von Stahl (Tabelle 3.2) gespeichert:

$$\Delta Q = c m_{\mathrm{N}} \Delta T$$

Durch Gleichsetzen berechnet man die Temperaturerhöhung:

$$\Delta T = \frac{0{,}6 \cdot m_{\mathrm{R}} g h}{c m_{\mathrm{N}}} = \frac{0{,}6 \cdot 90\,\mathrm{kg} \cdot 9{,}81 \frac{\mathrm{m}}{\mathrm{s}^2} \cdot 100\,\mathrm{m}}{460 \frac{\mathrm{J}}{\mathrm{kg} \cdot \mathrm{K}} \cdot 1\,\mathrm{kg}} = 115\,\mathrm{K}$$

A3.3: Bronzezeit-Kochstelle

Lösungsidee ist, dass 90 % der von den heißen Steinen abgegebenen Wärmemenge vom Kochwasser aufgenommen wird. Um $\Delta Q = c m \Delta T$ (Formel 3.6) jeweils berechnen zu können, müssen die Massen bekannt sein:

$$m_{\text{Stein}} = \varrho V = \varrho \frac{4}{3} \pi r^3 = 2700 \frac{\mathrm{kg}}{\mathrm{m}^3} \cdot \frac{4\pi}{3} (0{,}075\,\mathrm{m})^3 = 4{,}8\,\mathrm{kg}$$

$$m_{\mathrm{H_2O}} = 1000 \frac{\mathrm{kg}}{\mathrm{m}^3} \cdot 1{,}2 \cdot 0{,}9 \cdot 0{,}2\,\mathrm{m}^3 = 216\,\mathrm{kg}$$

Die abgegebene Wärmemenge beträgt:

$$\Delta Q_{\text{ab}} = 0{,}9 \cdot 0{,}8 \frac{\mathrm{kJ}}{\mathrm{kg} \cdot \mathrm{K}} \cdot n \cdot 4{,}8\,\mathrm{kg} \cdot (400 - 100)\,\mathrm{K}$$

Für die aufgenommenen Wärmemenge gilt:

$$\Delta Q_{\text{auf}} = 4{,}182 \frac{\mathrm{kJ}}{\mathrm{kg} \cdot \mathrm{K}} \cdot 216\,\mathrm{kg} \cdot (100 - 20)\,\mathrm{K}$$

Durch Gleichsetzen kann man die – natürlich dimensionslose – Anzahl der benötigten Steine berechnen: $n \approx 70$.

A3.4: Solarkocher

a) Mit der spezifischen Wärmekapazität von Wasser aus Tabelle 3.2 erhält man den allgemein gültigen und bemerkenswert hohen Wert:

$$\Delta Q = c_{\mathrm{H_2O}} m \Delta T = 4182 \frac{\mathrm{kJ}}{\mathrm{kg} \cdot \mathrm{K}} \cdot 1\,\mathrm{kg} \cdot 80\,\mathrm{K} = 335\,\mathrm{kJ}$$

b) Wenn die Fläche in m² berechnet wird, gilt für die benötigte Leistung (bei konstantem Sonnenschein):

$$P = \frac{\Delta Q}{\Delta T} = A \cdot 0{,}3 \cdot E_0 = \frac{\pi}{4} d^2 \cdot 0{,}3 \cdot E_0$$

Daraus ergibt sich ein Spiegeldurchmesser von

$$d = \sqrt{\frac{4 \Delta Q}{\pi \cdot 0{,}3 \cdot E \cdot \Delta t}}$$

und der Zahlenwert

$$d = 2 \sqrt{\frac{335 \cdot 10^3\,\mathrm{J}}{\pi \cdot 0{,}3 \cdot 1367 \frac{\mathrm{J}}{\mathrm{s} \cdot \mathrm{m}^2} \cdot 600\,\mathrm{s}}} = 1{,}32\,\mathrm{m}$$

c) Das Zeitintervall, während dessen die Verdampfungswärme *r* zugeführt werden muss, ist bestimmt durch:

$$\Delta t = \frac{r}{P} = \frac{r}{0{,}3 \cdot E_0 \cdot A}$$

Mit dem Zahlenwert aus Tabelle 3.3 erhält man:

$$\Delta t = \frac{2257 \cdot 10^3\,\mathrm{J}}{0{,}3 \cdot 1367\frac{\mathrm{J}}{\mathrm{s \cdot m^2}} \cdot \frac{\pi}{4}(1{,}32\,\mathrm{m})^2} = 4022\,\mathrm{s} = 67\,\mathrm{min}$$

A3.5: Kochtopf-Wärmeleitung

In einer idealisierten Behandlung des eigentlich komplexen und instationären Vorgangs betrachtet man zunächst die Aufheizung des Topfbodens auf den mittleren Wert der Temperaturen von Eis und Kochfeld, wie sie sich beim Wärmestrom gemäß Bild 3.12 einstellt. Die dafür benötigte Wärmemenge ist:

$$\Delta Q = cm\Delta T = c\varrho\frac{\pi}{4}d^2h\Delta T$$

Mit dem Wert aus Tabelle 3.2 berechnet man

$$\Delta Q = 460\frac{\mathrm{J}}{\mathrm{kg \cdot K}} \cdot 7{,}8 \cdot 10^3\frac{\mathrm{kg}}{\mathrm{m^3}} \cdot \frac{\pi \cdot (0{,}12\,\mathrm{m})^2}{4} \cdot 0{,}006\,\mathrm{m} \cdot 60\ \mathrm{K} = 14{,}6\ \mathrm{kJ}$$

Der Schmelzvorgang im Topf wird von der spezifischen Schmelzwärme des Eises nach Tabelle 3.3 bestimmt:

$$\Delta Q_s = qm_{\mathrm{Eis}} = 344\frac{\mathrm{kJ}}{\mathrm{kg}} \cdot 3\,\mathrm{kg} = 1032\ \mathrm{kJ}$$

Die Summe dieser Wärmemengen soll in der Zeit Δt durch den Boden geleitet werden. Nach Formel 3.7 gilt:

$$\frac{\Delta Q_{\mathrm{ges}}}{\Delta t} = \lambda A\frac{\Delta T}{\Delta l} \Rightarrow \Delta t = \frac{\Delta Q_{\mathrm{ges}} \cdot \Delta l}{\lambda \cdot A \cdot \Delta T}$$

Also ist der Zeitbedarf mit der Wärmeleitfähigkeit von V2A-Stahl aus Tabelle 3.4 (zur Bestimmung der Einheit hilft die Erinnerung an 1 J = 1 N·m = 1 W·s):

$$\Delta t = \frac{1047 \cdot 10^3\,\mathrm{W \cdot s} \cdot 0{,}006\,\mathrm{m}}{15\frac{\mathrm{W}}{\mathrm{m \cdot K}} \cdot \frac{\pi}{4} \cdot (0{,}12\,\mathrm{m})^2 \cdot 120\,\mathrm{K}} = 309\,\mathrm{s}$$

A3.6: Wärmedurchgang am Haus

a) Aus dem Wärmestrom $\Phi_D = \Delta Q/\Delta t$ für den Durchgang (Formel 3.10)

$$\frac{\Delta Q}{\Delta t} = kA\Delta T$$

und dem Wärmedurchgangskoeffizienten *k* für symmetrische Wärmeübergänge auf beiden Seiten (Bild 3.12)

$$k = \frac{\alpha\lambda}{2\lambda + \alpha\Delta l}$$

erhält man den Ausdruck:

$$\Delta Q = \frac{\alpha\lambda A\Delta T\Delta t}{2\lambda + \alpha\Delta l}$$

Pro Tag wird also die Wärmemenge benötigt:

$$\Delta Q = \frac{8\frac{\mathrm{W}}{\mathrm{m^2 \cdot K}} \cdot 0{,}6\frac{\mathrm{W}}{\mathrm{m \cdot K}} \cdot 200\,\mathrm{m^2} \cdot 30\,\mathrm{K} \cdot 86{,}4\,\mathrm{ks}}{2 \cdot 0{,}6\frac{\mathrm{W}}{\mathrm{m \cdot K}} + 8\frac{\mathrm{W}}{\mathrm{m^2 \cdot K}} \cdot 0{,}3\,\mathrm{m}} = 691\,\mathrm{MJ}$$

Entsprechend dem angegebenen spezifischen Heizwert von Heizöl beträgt der Verbrauch unter idealen Bedingungen etwa 17 kg, was bei der typischen Dichte von Heizöl [Kuchling] auch ungefähr seinem Volumen in Litern entspricht.

b) Die mittlere Heizleistung ist

$$P = \frac{\Delta Q}{\Delta t} = \frac{691 \cdot 10^6\ \mathrm{W \cdot s}}{86400\,\mathrm{s}} = 8\,\mathrm{kW}$$

c) Die Temperaturdifferenz zwischen Innenraum und Wand wird vom Wärmeübergangskoeffizienten α bestimmt. Aus Formel 3.8 erhält man:

$$\frac{\Delta Q}{\Delta t} = \alpha A(\vartheta_1 - \vartheta_2) \Rightarrow \vartheta_1 = \vartheta_2 - \frac{\Delta Q}{\Delta t\alpha A}$$

Die Temperatur an der Innenwand ist also

$$\vartheta_2 = 20^\circ\mathrm{C} - \frac{691 \cdot 10^6\ \mathrm{W \cdot s}}{86400\,\mathrm{s} \cdot 8\frac{\mathrm{W}}{\mathrm{m^2 \cdot K}} \cdot 200\mathrm{m^2}} = 20^\circ\mathrm{C} - 5\mathrm{K} = 15^\circ\mathrm{C}$$

A3.7: Kühlkörper

Für die Strahlungsleistung gilt das Gesetz von STEFAN-BOLTZMANN in vollständiger Formulierung (Formel 3.13), während der Wärmestrom (der ebenfalls eine Leistung darstellt) mittels Formel 3.8 berechnet wird:

$$P = \varepsilon\sigma A\left(T_K^4 - T_U^4\right) + \alpha A\left(T_K - T_U\right)$$

Die Umgebungstemperatur ist $T_U = 20\,°\mathrm{C} = 293\ \mathrm{K}$. Durch Ausklammern von *A* und Umformen der Gleichung erhält man die Lösung:

$$A = 0{,}2\,\mathrm{W} \Big/ \left(5{,}67 \cdot 10^{-8} \frac{\mathrm{W}}{\mathrm{m}^2 \cdot \mathrm{K}^4} \cdot 0{,}9 \cdot \left(313^4 - 293^4\right) \mathrm{K}^4 + 6 \frac{\mathrm{W}}{\mathrm{m}^2 \cdot \mathrm{K}} (313 - 293)\,\mathrm{K} \right)$$

Als Zahlenwert ergibt sich:

$$A = \frac{0{,}2\,\mathrm{W}}{113{,}69\left(\mathrm{W}/\mathrm{m}^2\right) + 120\left(\mathrm{W}/\mathrm{m}^2\right)} = 8{,}6\,\mathrm{cm}^2$$

A3.8: Strahlungsintensität

a) Die Intensität ist bei einem parallelen Laserstrahl mit kreisförmiger Querschnittsfläche (r = 1 mm) über große Distanzen konstant:

$$I_\mathrm{L} = \frac{P_\mathrm{L}}{\pi r^2} = \frac{10^{-3}\,\mathrm{W}}{\pi \cdot 10^{-6}\,\mathrm{m}^2} = 318 \frac{\mathrm{W}}{\mathrm{m}^2}$$

b) Im Gegensatz dazu strahlt die Glühlampe in alle Richtungen ungefähr gleich und beleuchtet darum eine Kugel (hier mit dem Radius l = 2 m). Um dieselbe Intensität zu erreichen, muss ihre Leistung erheblich größer sein:

$$I_\mathrm{G} = \frac{P_\mathrm{G}}{4\pi l^2} = I_\mathrm{L} \Rightarrow P_\mathrm{G} = 4\pi \cdot (2\,\mathrm{m})^2 \cdot 318\,\mathrm{W} = 16\ \mathrm{kW}$$

c) Nach dem WIENschen Verschiebungsgesetz (Formel 3.14) hat ein Strahler mit der maximalen Emission bei 633 nm die Temperatur

$$\lambda_{max} T = b \Rightarrow T = \frac{2898 \cdot 10^{-6}\ \mathrm{m} \cdot \mathrm{K}}{633 \cdot 10^{-9}\ \mathrm{m}} = 4580\,\mathrm{K}$$

Die Intensität kann prinzipiell nach dem Gesetz von STEFAN-BOLTZMANN bestimmt werden:

$$I = \varepsilon \sigma T^4 = 0{,}28 \cdot 5{,}67 \cdot 10^{-8} \frac{\mathrm{W}}{\mathrm{m}^2 \cdot \mathrm{K}^4} \cdot (4580\,\mathrm{K})^4 = 7 \frac{\mathrm{MW}}{\mathrm{m}^2}$$

Der Emissionsgrad gemäß Tabelle 3.5 ist bei dieser Temperatur sicher zu niedrig angesetzt, aber die Lösung ist insgesamt nur von akademischem Interesse: In einer realen Glühlampe würde die Wolframwendel bei 3380 °C schmelzen.

A3.9: Spraydose im Feuer

a) Wenn das Treibgas als ideales Gas behandelt wird, gilt nach der Zustandsgleichung (Formel 3.18):

$$\frac{p_1 V_1}{T_1} = \frac{p_2 V_2}{T_2}$$

Da zunächst ein konstantes Volumen angenommen wird, vereinfacht sich die Gleichung zum zweiten Gesetz von GAY-LUSSAC (Formel 3.24). Damit ergibt sich der Enddruck:

$$p_2 = \frac{T_2}{T_1} p_1 = \frac{1123\,\mathrm{K}}{293\,\mathrm{K}} \cdot 2 \cdot 101\,\mathrm{kPa} = 774\ \mathrm{kPa}$$

Vermutlich ist damit der Berstdruck der Dose überschritten!

b) Die Volumenausdehnung der Blechdose ist für einen mittleren Längenausdehnungskoeffizienten von Eisen gemäß Tabelle 3.1

$$\Delta V = 3\alpha V_0 \Delta T = 3 \cdot 13 \cdot 10^{-6}\,\mathrm{K}^{-1} \cdot 200\,\mathrm{cm}^3 \cdot 830\,\mathrm{K} = 6{,}5\ \mathrm{cm}^3$$

sodass sich das Volumen auf 206,5 ml vergrößert. Damit ist der Enddruck um das Verhältnis

$$\frac{V_1}{V_2} = \frac{200\,\mathrm{cm}^3}{206{,}5\,\mathrm{cm}^3} = 0{,}97$$

beziehungsweise 3 % niedriger; das rettet die Dose nicht.

A3.10: Kalter Gasballon

a) Das Volumen des Ballons beträgt

$$V = \frac{4}{3}\pi r^3 = \frac{4}{3}\pi \cdot (0{,}2\,\mathrm{m})^3 = 33{,}5\,\mathrm{dm}^3$$

Da ein Mol eines idealen Gases – als das Helium in guter Näherung betrachtet werden kann – 22,4 l enthält, entspricht das 1,5 mol.

b) Nach Formel 3.28 gilt für die Summe der kinetischen Energien aller Teilchen

$$E = \frac{3}{2} nRT = \frac{3}{2} \cdot 7{,}5\,\mathrm{mol} \cdot 8{,}31 \frac{\mathrm{J}}{\mathrm{mol} \cdot \mathrm{K}} \cdot 273\,\mathrm{K} = 25{,}5\,\mathrm{KJ}$$

Da die Temperatur eines idealen Gases direkt proportional zur Energie ist, wächst Letztere bei der Raumtemperatur 293 K wegen

$$E_{293} = \frac{293\,\mathrm{K}}{273\,\mathrm{K}} E_{273} = 1{,}07 \cdot E_{273}$$

um 7 %.

c) Mit Formel 3.29 erhält man für die mittlere kinetische Energie der Heliumatome (in der kinetischen Gastheorie immer nur der *Translation*):

$$\bar{E} = \frac{3}{2}kT = \frac{3}{2}\cdot 1{,}38\cdot 10^{-23}\,\frac{\mathrm{J}}{\mathrm{K}}\cdot 293\,\mathrm{K} = 6{,}07\cdot 10^{-21}\,\mathrm{J}$$

A3.11: Isotherme Gas-Kompression

a) Das anfängliche Volumen ist nach der allgemeinen Zustandsgleichung des idealen Gases (Formel 3.19):

$$V_1 = \frac{nRT}{p_1} = \frac{2\,\mathrm{mol}\cdot 8{,}31\,\frac{\mathrm{J}}{\mathrm{mol}\cdot\mathrm{K}}\cdot 273\,\mathrm{K}}{0{,}4\cdot 1{,}013\cdot 10^5\ \mathrm{Pa}} = 0{,}12\,\frac{\mathrm{N}\cdot\mathrm{m}}{\mathrm{N}/\mathrm{m}^2} = 120\,\mathrm{dm}^3$$

Das entspricht 120 Litern. Für die isotherme Kompression gilt das Gesetz von BOYLE-MARIOTTE (Formel 3.22):

$$V_2 = V_1 = \frac{p_1}{p_2} = \frac{1}{3}\cdot 120\ \mathrm{l} = 40\ \mathrm{l}$$

b) Wegen Formel 3.32 und der Vorzeichenkonvention ist die in das System eingebrachte Volumenänderungsarbeit:

$$W = -\int_{V_2}^{V_1} p\,\mathrm{d}V = -\int_{V_1}^{V_2}\frac{nRT}{V}\,\mathrm{d}V = -nRT\ln\frac{V_2}{V_1}$$
$$= -2\,\mathrm{mol}\cdot 8{,}31\,\frac{\mathrm{J}}{\mathrm{mol}\cdot\mathrm{K}}\cdot 293\,\mathrm{K} = \ln\frac{1}{3}$$
$$= 5{,}3\,\mathrm{kJ}$$

A3.12: Motor-Energie

a) Nach Formel 3.50 gilt für den Wirkungsgrad einer Wärmekraftmaschine:

$$\eta = \frac{W}{Q_1}$$

wobei Q_1 die gesuchte zugeführte Energie ist. Die abgegebene Arbeit W stellt gerade die Differenz zwischen zugeführter und abgegebener Energie dar:

$$\eta = \frac{Q_1 - Q_2}{Q_1} = 1 - \frac{Q_2}{Q_1}$$

Daraus ermittelt man für die erforderliche Energie pro Umlauf der Maschine

$$Q_1 = \frac{8\,\mathrm{kJ}}{1-0{,}25} = 10{,}7\,\mathrm{kJ}$$

b) Die pro Zyklus geleistete Arbeit ist

$$W = Q_1 - Q_2 = 2{,}7\,\mathrm{kJ}$$

Mit der angegebenen Leistung der Maschine ermittelt man die Zyklusdauer:

$$P = \frac{W}{\Delta t} \Rightarrow \Delta t = \frac{W}{P} = \frac{2700\,\mathrm{J}}{5000\,\mathrm{J/s}} = 0{,}54\,\mathrm{s}$$

A3.13: Wärmepumpe

Wie in Info 3.7 erläutert, heißt der Wirkungsgrad einer Kältemaschine *Leistungszahl* und ist – weil der CARNOT-Prozess in umgekehrter Richtung durchlaufen wird – im Idealfall der Kehrwert des Quotienten in Formel 3.51:

$$\varepsilon = \frac{T}{\Delta T} = \frac{293\,\mathrm{K}}{30\,\mathrm{K}} = 9{,}8$$

Bei einer realen Wärmepumpe mit der halben Leistungszahl erhält man für die Leistung, welche die Wärmepumpe benötigt:

$$\varepsilon = \frac{Q}{W} \Rightarrow W = \frac{Q}{\varepsilon} \Rightarrow P = \frac{Q/t}{\varepsilon} = \frac{8000\,\mathrm{W}}{4{,}9} = 1{,}6\,\mathrm{kW}$$

Entsprechend weniger Treibstoff (im Vergleich zu 8 kW bei schlichter Verbrennung wie in Aufgabe A3.6) verbraucht der antreibende Motor; der Rest der Wärmemenge wird aus der Umwelt „abgepumpt".

A3.14: Auto-Entropie

Die kinetische Energie des Autos war vorher

$$E_{\mathrm{kin}} = \frac{1}{2}mv^2 = \frac{1}{2}\cdot 1500\,\mathrm{kg}\cdot\left(\frac{100\,\mathrm{m}}{3{,}6\,\mathrm{s}}\right)^2 = 580\,\mathrm{kJ}$$

Sie wird – sofern das Auto nicht einen Elektro- oder Hybridantrieb mit Rekuperation besitzt – vollständig in Wärme umgewandelt und verteilt sich danach in der Umgebung. Deren Temperatur bleibt jedoch wegen ihrer großen Wärmekapazität praktisch unverändert. Die Änderung der Entropie ist also gemäß Formel 3.52:

$$\Delta S = \frac{Q}{T} = \frac{580\,\mathrm{kJ}}{293\,\mathrm{K}} = 1{,}98\,\mathrm{kJ/K}$$

Der Wert ist positiv, also hat die Entropie des Universums dabei wieder ein wenig zugenommen.

Antworten zu den Testfragen aus Kapitel 4

1. (Gleichnamige) Ladungen, durch ihre abstoßende Kraftwirkung
2. Influenz (siehe Abschnitt 4.1.1)
3. Keine elektrische Feldstärke im Innern, keine Potenzialdifferenz zwischen beliebigen Punkten der Käfig-Oberfläche; Verwendung zur Abschirmung elektrischer Felder
4. Auch Abstoßung möglich (bei gleichnamigen Ladungen)
5. Die Feldliniendichte als Maß für die Feldstärke wird an stark gekrümmten Metallflächen größer.
6. (COULOMB-)Kraft auf Probeladung bestimmen
7. Arbeit an Probeladung bei Transport aus dem Unendlichen gegen COULOMB-Kraft bestimmen
8. Parallel zu den Platten-Oberflächen
9. Verringerung der Feldstärke sowie Spannung, dadurch Vergrößerung der Kapazität (Abschnitt 4.1.4.2)
10. $U = \Delta\varphi = Ed$
11. Hoher Innenwiderstand, geringe Stromstärke
12. Keine Temperaturänderung, keine Änderung der Ladungsträgerzahl
13. Beim Supraleiter verschwindet der Widerstand unterhalb der Sprungtemperatur wegen eines andersartigen Leitungsmechanismus *völlig*
14. Erhöhung des spezifischen Metallwiderstands mit der Temperatur
15. Kohle: weitgehend lineare Kennlinie; Silizium: Vergrößerung der Eigenleitung durch Erhöhung der Zahl beweglicher Ladungsträger, darum Verringerung des Widerstands mit höherer Temperatur
16. Magnetische Kraft zwischen zwei Leitern
17. Ladungstrennung durch LORENZ-Kraft, Potenzialdifferenz (HALL-Spannung)
18. HALL-Effekt (s. o.)
19. Der Netto-Strom durch eine Fläche erzeugt geschlossene Magnetfeldlinien am Rand der Fläche.
20. Magnetische Kraftwirkung (LORENTZ-Kraft); COULOMB-Kraft zwischen geladenen Flächen nutzbar
21. Induktion einer Spannung, dadurch Stromfluss, dessen begleitendes Magnetfeld nach der LENZschen Regel dem verursachenden Magnetfeld entgegengerichtet ist
22. Induktion von Strömen in massiven Metallkörpern, LENZsche Regel
23. Abstoßung (Versuch von ELIHU THOMSON, Abschnitt 4.4.3)
24. Niedrigere JOULEsche Wärmeverluste; Transformator mit hoher Sekundär-Windungszahl
25. Der Faktor cos φ wird null für reine Blindleistung, eins für reine Wirkleistung
26. THOMSONsche Schwingungsformel (Abschnitt 4.5.3 und Abschnitt 4.6.1)
27. Verschiebungsstrom („virtueller Ladungsfluss“) (Abschnitt 4.6.2)
28. Durchflutungsgesetz, Induktionsgesetz
29. Magnetisches Wirbelfeld konzentrisch um bewegte Ladungen (Dipolachse), elektrisches Feld zwischen Ladungen (z. B. Dipolenden)
30. Im Kondensator: Feldlinien beginnen und enden an Ladungen; in der Welle: Bestandteil des „elektromagnetischen Feldes“, quellenfrei, auch elektrische Feldlinien in sich geschlossen
31. $\lambda = 3$ µm entspricht zum Beispiel:

$$f = \frac{c_0}{\lambda} = \frac{3 \cdot 10^8 \text{ m/s}}{3 \cdot 10^{-6} \text{m}} = 10^{14} \text{ s}^{-1} = 100 \text{THz}$$

32. Wellenlängen von 30 km bis 0,1 pm bzw. Frequenzen von 10 kHz bis 10^{21} Hz (Abschnitt 4.6.3.3)
33. $[eU] = \text{C} \cdot \text{V} = \text{A} \cdot \text{s} \cdot \text{V} = \text{W} \cdot \text{s} = \text{N} \cdot \text{m} = \text{kg} \cdot \text{m}^2/\text{s}^2$

34. Die Halogenlampe besitzt eine Glühwendel. Bei der Xenonlampe brennt eine Gasentladung in einem Edelgas („Bogenlampe"); der Anteil sichtbaren Lichtes im Emissionsspektrum ist wesentlich höher

35. Hoher Flüssigkeitsanteil, d.h. Elektrolyt; Widerstand sinkt mit Erwärmung (Abschnitt 4.7.3)

36. Kondensator (Abschnitt. 4.1.4); Akkumulator (Sekundärelement, Abschnitt 4.7.3)

37. PELTIER-Effekt; Abkühlung/Erwärmung der beiden Kontaktstellen bei Stromdurchfluss

38. Elektronen/Löcher; positive und negative Ionen

39. Dotierung, Störstellenleitung

40. Neutralisierung der beweglichen Ladungsträger (Elektronen/Löcher), aber *Raumladung* durch nicht mehr neutrale Dotierungsatome im Kristallgitter (Ionen)

41. Hoher Strom bei *Durchflussspannung*; ebenso bei *Durchbruchspannung*

42. Kleine Durchbruchspannung bei Halbleiterdioden wegen des Tunneleffekts (Abschnitt 4.7.5.4 sowie Abschnitt 6.4.5)

Musterlösungen der Übungsaufgaben zu Kapitel 4

A4.1: Kraft zwischen drei Ladungen

Wegen der Symmetrie der Ladungen ist die resultierende Kraft relativ leicht nach dem COULOMB-Gesetz (Formel 4.1) aus der Summe zweier Beiträge zu ermitteln:

a) $\vec{F}_{23}$ wirkt wegen der unterschiedlichen Ladungen anziehend; ihr Betrag ist:

$$F_{23} = \frac{|Q_2||Q_3|}{4\pi\varepsilon_0 d^2} = \frac{2\cdot 10^{-6}\,\mathrm{A\cdot s}\cdot 5\cdot 10^{-6}\,\mathrm{A\cdot s}}{4\pi\cdot 8{,}85\cdot 10^{-12}\,\dfrac{\mathrm{A^2\cdot s^4}}{\mathrm{kg\cdot m^3}}\cdot(0{,}1\,\mathrm{m})^2} = 9\,\mathrm{N}$$

b) Für die abstoßende Kraft $\vec{F}_{13}$ zwischen Q_1 und Q_3 ermittelt man auf die gleiche Weise den Betrag 11 N. Da sie im Winkel von 45° zur x-Achse wirkt, ist ihre Komponente in dieser Richtung $F_{13}\cdot\cos 45° = 7{,}8$ N.

c) Die Addition der Komponenten beider Kräfte ergibt

$$F_{3x} = 7{,}8\,\mathrm{N} + (-9\,\mathrm{N}) = -1{,}2\ \mathrm{N}$$
$$F_{3y} = 7{,}8\,\mathrm{N} + 0 = 7{,}8\ \mathrm{N}$$

oder in Vektorschreibweise mit den Einheitsvektoren (Bild 1.5):

$$\vec{F}_3 = \left(-1{,}2\vec{e}_x + 7{,}8\vec{e}_y\right)\ \mathrm{N}$$

A4.2: Elektrostatischer Dipol

Die Ladungen verursachen gemäß Formel 4.3 jeweils eine elektrische Feldstärke mit dem Betrag

$$E_1 = E_2 = \frac{1}{4\pi\varepsilon_0}\cdot\frac{Q}{r^2} = \frac{1}{4\pi\varepsilon_0}\cdot\frac{Q}{y^2+d^2}$$

und der Summe

$$\vec{E} = \vec{E}_1 + \vec{E}_2$$

Da sich die *y*-Komponenten kompensieren und die *x*-Komponenten dieselbe Richtung haben **(Bild A15)**, zeigt der resultierende Vektor in die positive *x*-Richtung und hat den Betrag

$$E = 2E_1\cos\alpha = \frac{2}{4\pi\varepsilon_0}\cdot\frac{Q}{y^2+d^2}\cdot\cos\alpha$$

Aus der Zeichnung erkennt man, dass

$$\cos\alpha = \frac{d}{r} = \frac{d}{\left(y^2+d^2\right)^{1/2}}$$

gilt, sodass

$$E = \frac{1}{2\pi\varepsilon_0}\cdot\frac{Q}{y^2+d^2}\cdot\frac{d}{\left(y^2+d^2\right)^{1/2}} = \frac{1}{2\pi\varepsilon_0}\cdot\frac{Qd}{\left(y^2+d^2\right)^{3/2}}$$

Da jedoch $y \gg d$ vorausgesetzt wird, kann d^2 vernachlässigt werden, und man erhält für die Feldstärke des *Dipols* schließlich – im Unterschied zur elektrischen Feldstärke einer *Einzelladung* – den Ausdruck:

$$E \approx \frac{1}{2\pi\varepsilon_0}\cdot\frac{Qd}{y^3}$$

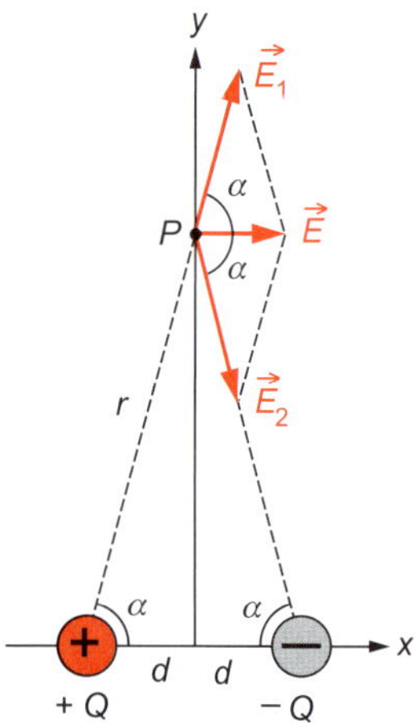

Bild A15

A4.3: Plattenkondensator mit Dielektrikum

a) Zunächst muss die Kapazität dieses *Plattenkondensators mit Dielektrikum* nach Formel 4.13 und Formel 4.14 berechnet werden:

$$C = \varepsilon_0 \varepsilon_r \frac{A}{d}$$

Mit der Permittivitätszahl von Wasser aus Tabelle 4.1 erhält man

$$C = 8{,}85 \cdot 10^{-12} \frac{A^2 \cdot s^4}{kg \cdot m^3} \cdot 81 \cdot \frac{10^{-2}\ m^2}{10^{-3}\ m} = 7{,}17 \cdot 10^{-9} \frac{A^2 \cdot s^4}{N \cdot m}$$

wobei die korrekte Einheit sich mittels

$$V = \frac{N \cdot m}{A \cdot s} \text{sowie } F = \frac{A \cdot s}{V} \text{ergibt}: \ C = 7{,}17\,nF$$

Nach Formel 4.9 gilt für die Ladung:

$$Q = CU = 7{,}17 \cdot 10^{-9} \frac{A \cdot s}{V} \cdot 10^3\ V = 7{,}17\ \mu C$$

Die Energie liefert Formel 4.15:

$$E_{el} = \frac{1}{2} CU^2 = \frac{1}{2} \cdot 7{,}17 \cdot 10^{-9} \frac{A \cdot s}{V} \cdot \left(10^3\,V\right)^2 = 3{,}6 \cdot 10^{-3}\ W \cdot s = 3{,}6\,mJ$$

b) Nach den Überlegungen in Abschnitt 4.1.4.1 kann man die elektrische Aufladung des Kondensators beschreiben durch die Verschiebungsarbeit an den Ladungen

$$W = Fd \Rightarrow F = \frac{W}{d} = \frac{3{,}6 \cdot 10^3\,N \cdot m}{10^{-3}\ m} = 3{,}6\,N$$

Die eigentliche Ursache ist natürlich die COULOMB-Anziehung der getrennten Ladungen; der Zahlenwert der COULOMB-Kraft entspricht hier der Gewichtskraft von ca. 360 g Masse.

A4.4: Schwebender Zauberer

a) Wenn man den Auftrieb des Körpers in Luft (Abschnitt 2.8.1.4) vernachlässigt, muss zum Schweben ein *Kräftegleichgewicht* zwischen der Gewichtskraft und der elektrischen Kraft herrschen:

$$F_{el} = G$$

Mit der Definition der elektrischen Feldstärke (Formel 4.2) wird daraus:

$$QE = mg$$

Für den Plattenkondensator gilt für den Zusammenhang zwischen Spannung und elektrischer Feldstärke $U = Ed$ (Formel 4.8), sodass man erhält:

$$Q\frac{U}{d} = mg \Rightarrow Q = \frac{mgd}{U}$$

Also wird die Ladung benötigt:

$$Q = \frac{80\text{kg} \cdot 9{,}81 \left(\frac{m}{s^2}\right) \cdot 10\,m}{10^6\ V} = 8 \cdot 10^{-3}\ A \cdot s$$

b) Für eine Abschätzung darf man vereinfachend Gleichstrom annehmen, sodass $I = Q/t$ gilt und man für die „Ladezeit“ erhält:

$$t = \frac{Q}{I} = \frac{8 \cdot 10^{-3}\ A \cdot s}{24 \cdot 10^{-3}\ A} = \frac{1}{3} s$$

A 4.5: Driftgeschwindigkeit der Elektronen

Das Periodensystem gibt die molare Masse von Kupfer mit 63,5 g/mol an. Ein Mol enthält aber $N_A = 6{,}02 \cdot 10^{23}$ Kupferatome (AVOGADRO-Konstante, Abschnitt 3.3.1), sodass sein Volumen mithilfe der Dichte berechnet werden kann:

$$V_m = \frac{m}{\varrho} = \frac{63{,}5\text{g}}{8{,}93\,\text{g}/\text{cm}^3} = 7{,}11\,\text{cm}^3$$

Da die Anzahl der Atome gemäß Aufgabenstellung der Zahl der beweglichen Elektronen entspricht, ist die *Ladungsträger-Konzentration*

$$n = \frac{6{,}02 \cdot 10^{23}}{7{,}11\,\text{cm}^3} = \frac{6{,}02 \cdot 10^{23}}{7{,}11 \cdot 10^{-6}\,\text{m}^3} = 8{,}47 \cdot 10^{28}\,/\,\text{m}^3$$

Die gesamte Ladungsmenge in einem Leiterstück der Länge Δl und der Querschnittsfläche A ist:

$$\Delta Q = nA\Delta le$$

Somit gilt für einen konstanten Strom durch den Leiter:

$$\frac{\Delta Q}{\Delta t} = I = nA\frac{\Delta l}{\Delta t}e = neAv_D$$

Daraus erhält man die Driftgeschwindigkeit:

$$v_D = \frac{I}{neA} = \frac{10\,\frac{\mathrm{A\cdot s}}{\mathrm{s}}}{8{,}47\cdot\frac{10^{23}}{\mathrm{m}^3}\cdot 1{,}6\cdot 10^{-19}\,\mathrm{A\cdot s}\cdot\pi\cdot\left(10^{-3}\,\mathrm{m}\right)^2} = 235\cdot 10^{-6}\,\frac{\mathrm{m}}{\mathrm{s}}$$

Dies entspricht 85 Zentimetern pro Stunde!

A4.6: Starthilfekabel

Bei dem geringen Innenwiderstand des Elektromotors fließt ein Strom von

$$I = \frac{U}{R_\mathrm{i}} = \frac{12\,\mathrm{V}}{0{,}1\,\Omega} = 120\,\mathrm{A}$$

Die benötigte elektrische Leistung ist also

$$P = UI = 12\,\mathrm{V}\cdot 120\,\mathrm{A} = 1{,}44\,\mathrm{kW}$$

Der Widerstand der „Notleitung" ist nach Formel 4.21 und Tabelle 4.2:

$$R_\mathrm{L} = \varrho\frac{l}{A} = \frac{0{,}017\cdot 10^{-6}\,\Omega\cdot\mathrm{m}\cdot 4\,\mathrm{m}}{10^{-6}\,\mathrm{m}^2} = 68\,\mathrm{m}\Omega$$

Er liegt in Reihe mit dem Innenwiderstand, sodass der Anlasserstrom reduziert wird auf

$$I_\mathrm{red} = \frac{U}{R_\mathrm{i}+R_\mathrm{L}} = \frac{12\,\mathrm{V}}{(0{,}1+0{,}068)\,\Omega} = 71{,}4\,\mathrm{A}$$

Am Anlasser fällt nur noch eine reduzierte Spannung ab:

$$U_\mathrm{red} = R_\mathrm{i}I_\mathrm{L} = 0{,}1\,\Omega\cdot 71{,}4\,\mathrm{A} = 7{,}14\,\mathrm{V}$$

Dadurch ist die Leistung reduziert auf

$$P_\mathrm{red} = U_\mathrm{red}I_\mathrm{red} = 7{,}14\,\mathrm{V}\cdot 71{,}4\,\mathrm{A} = 510\,\mathrm{W}$$

Bei nur einem Drittel der benötigten Leistung dürfte die Panne fortdauern.

A4.7: Kondensator-Entladung

a) Analog zum zeitlichen Stromverlauf gilt für die Abnahme der Ladung:

$$Q(t) = Q_0\mathrm{e}^{-\frac{t}{RC}}$$

Eigentlich müssten übrigens für zeitabhängige elektrische Größen kleine Buchstaben verwendet werden wie beim Wechselstrom; diese Konvention wird hier missachtet. Für $Q(t) = Q_0/4$ erhält man:

$$\frac{1}{4} = \mathrm{e}^{-\frac{t}{RC}}$$

Durch Logarithmieren beider Seiten der Gleichung kann man nach t auflösen:

$$-\ln 4 = -\frac{t}{RC}$$

Daraus erhält man die Zeit:

$$t = RC\ln 4 = 1{,}39\cdot RC = 1{,}39\,\tau$$

b) Wegen $E_\mathrm{el} = ½\,CU^2$ (Formel 4.15) und $U = Q/C$ – aus der Definition der Kapazität in Formel 4.10 – gilt hier:

$$E_\mathrm{el} = \frac{Q^2}{2C} = \frac{1}{2C}\left[Q_0\mathrm{e}^{-\frac{t}{RC}}\right]^2 = \frac{Q_0^2}{2C}\mathrm{e}^{-\frac{2t}{RC}} = E_0\mathrm{e}^{-\frac{2t}{RC}}$$

Auf analoge Weise wie in a) berechnet man für das Absinken der Energie auf ¼:

$$t = \frac{1}{2}RC\ln 4 = 0{,}693\,\tau$$

A4.8: Magnetische Kraft

a) Die Energie im elektrischen Feld des Kondensators ist bei voller Aufladung:

$$E_\mathrm{el} = \frac{1}{2}CU_0^2 = \frac{1}{2}\cdot 0{,}01\frac{\mathrm{A\cdot s}}{\mathrm{V}}\cdot\left(3\cdot 10^4\,\mathrm{V}\right)^2 = 4{,}5\cdot 10^6\,\mathrm{W\cdot s} = 4{,}5\,\mathrm{MJ}$$

b) Mit der Zeitkonstanten

$$\tau = RC = \frac{U_0}{I_0}C$$

erhält man den maximalen Strom beim Beginn der Entladung:

$$I_0 = \frac{U_0C}{\tau} = \frac{3\cdot 10^4\,\mathrm{V}\cdot 0{,}01\frac{\mathrm{A\cdot s}}{\mathrm{V}}}{10^{-4}\,\mathrm{s}} = 3\,\mathrm{MA}$$

c) Wegen der parallel fließenden Ströme wirkt eine *anziehende* Kraft zwischen den Leitern. Ihr Betrag ist gemäß Formel 4.39:

$$F = \frac{\mu_0 I^2 l}{2\pi d} = \frac{4\pi \cdot 10^{-7} \frac{\text{V} \cdot \text{s}}{\text{A} \cdot \text{m}} \cdot \left(3 \cdot 10^6 \text{A}\right)^2 \cdot 1\text{m}}{2\pi \cdot 0{,}1\text{m}} = 18 \cdot 10^6 \frac{\text{W} \cdot \text{s}}{\text{m}} = 18\,\text{MN}$$

Kräfte dieser Größenordnung muss man bei realen Experimenten vermeiden, zum Beispiel durch einen rotationssymmetrischen Aufbau der Kondensatoren und ihrer elektrischen Zuleitungen (die dennoch aus massiven Metallprofilen bestehen müssen).

A4.9: Drehspulinstrument

a) Die Kraft auf einen einzelnen Leiter im überall senkrecht dazu gerichteten Magnetfeld – darum der Weicheisenkern – ist nach Formel 4.37:

$$F = IlB$$

und verursacht das Drehmoment

$$M = F \cdot \frac{l}{2}$$

Wegen der gleich wirkenden Kräfte auf beiden Seiten der Spule und wegen ihrer *N* Windungen erhält man insgesamt

$$M = NIBl^2 = 1000 \cdot 0{,}48\,\text{A} \cdot 0{,}25 \frac{\text{V} \cdot \text{s}}{\text{m}^2} \cdot \left(0{,}03\,\text{m}\right)^2$$

Mit V·A·s = W·s = N·m ist das Ergebnis:

$$M = 0{,}11\,\text{N} \cdot \text{m}$$

b) Im Gleichgewicht sind die Drehmomente der Spule und der Spiralfeder gleich, sodass gilt:

$$M = D\varphi \Rightarrow \varphi = \frac{M}{D} = \frac{0{,}11\,\text{N} \cdot \text{m}}{3 \cdot 10^{-3}\,\text{N} \cdot \text{m}/°} = 37°$$

A4.10: HALL-Sonde

Nach Formel 4.43 ist die HALL-Spannung

$$U_H = R_H \frac{I}{d} B$$

mit der HALL-Konstanten (Formel 4.42)

$$R_H = \frac{1}{ne}$$

Für den einzustellenden Strom erhält man also:

$$I = \frac{U_H dne}{B} = \frac{10^{-3}\,\text{V} \cdot 10^{-5}\,\text{m} \cdot 10^{21}\,\text{m}^{-3} \cdot 1{,}6 \cdot 10^{-19}\,\text{A} \cdot \text{s}}{10^{-3} \frac{\text{V} \cdot \text{s}}{\text{m}^2}} = 1{,}6\,\text{mA}$$

A4.11: Generator

Nach Formel 4.49 ist die Induktionsspannung

$$U = -N \frac{\text{d}\Phi}{\text{d}t}$$

wobei laut Formel 4.53 bei einer periodischen Flussänderung

$$\Phi = BA \cos\omega t$$

die periodische Spannung

$$U = NBA\omega \sin\omega t$$

entsteht. Ihr positives Maximum für $\sin \omega t = 1$ ist:

$$U_{\text{max}} = NBA\omega = NBA \cdot 2\pi f$$

sodass die Berechnung ergibt:

$$U_{\text{max}} = 100 \cdot 0{,}5 \frac{\text{V} \cdot \text{s}}{\text{m}^2} \cdot \left(0{,}1\,\text{m}\right)^2 \cdot 2 \cdot \pi \cdot 50 \frac{1}{\text{s}} = 157\,\text{V}$$

Der Messbereich 0 … 200 V ist angemessen (aber bitte der für Wechselspannungen)!

A4.12: Selbstinduktion

a) Aus der im Magnetfeld der Spule gespeicherten Energie erhält man

$$E_{\text{max}} = \frac{1}{2} L I^2 \Rightarrow L \frac{2E_{\text{mag}}}{I^2}$$

und damit (ohne Rechner!) den Zahlenwert

$$L = \frac{2 \cdot 90 \cdot 10^6\,\text{W} \cdot \text{s}}{\left(10^4\,\text{A}\right)^2} = \frac{1{,}8 \cdot 10^8\,\text{V} \cdot \text{A} \cdot \text{s}}{10^8\,\text{A}^2} = 1{,}8 \frac{\text{V} \cdot \text{s}}{\text{A}} = 1{,}8\,\text{H}$$

b) Beim Aufbau des Magnetfeldes tritt eine (Gegen-)Induktionsspannung auf, die für konstanten Stromanstieg nach Formel 4.50 bestimmt werden kann:

$$\left|U_{\text{ind}}\right| = L \frac{\Delta I}{\Delta t}$$

Das gesuchte Zeitintervall, in dem diese Spannung einen immer geringeren Anteil der Speisespannung kompensiert, bis schließlich der volle Spulenstrom fließen kann, ist also

$$\Delta t = \frac{L\Delta I}{|U_{\text{ind}}|} = \frac{1{,}8\frac{\text{V}\cdot\text{s}}{\text{A}}\cdot 10^4\,\text{A}}{10\,\text{V}} = 1800\,\text{s} = 60\ \text{min}$$

A4.13: Induktivität und Impedanz

Da die Kapazität dieser Spule (typisch mit Eisenkern) bei so niedrigen Frequenzen vernachlässigt werden kann, ist der Scheinwiderstand nach Formel 4.60:

$$Z = \sqrt{R^2 + (\omega L)^2}$$

Daraus erhält man für die Induktivität:

$$L = \frac{\sqrt{Z^2 - R^2}}{\omega} = \frac{\sqrt{(200\Omega)^2 - (80\Omega)^2}}{2\pi\cdot 1000\,\text{s}^{-1}} = 0{,}029\Omega\cdot\text{s} = 29\,\text{mH}$$

A4.14: Erzwungene Schwingung im LCR-Kreis

a) Nach der THOMSONschen Formel (Formel 4.63) gilt für die Resonanzfrequenz beziehungsweise Eigenfrequenz des Reihenschwingkreises:

$$\omega_0 = \frac{1}{\sqrt{LC}} = \frac{1}{\sqrt{10^{-2}\frac{\text{V}\cdot\text{s}}{\text{A}}\cdot 2\cdot 10^{-6}\frac{\text{A}\cdot\text{s}}{\text{V}}}} = 7071\,\text{s}^{-1}$$

b) Auch in diesem Kreis gilt das Ohmsche Gesetz, allerdings für den Scheinwiderstand:

$$I_0 = \frac{U_0}{Z}$$

Im Resonanzfall wird der Strom maximal, weil von Z nur der Wirkanteil übrig bleibt: $Z = R$. Dann erhält man

$$I_{\text{eff}} = \frac{I_0}{\sqrt{2}} = \frac{U_0}{R\cdot\sqrt{2}} = \frac{100\,\text{V}}{5\Omega\cdot\sqrt{2}} = 14\,\text{A}$$

c) Für $1{,}1\cdot\omega_0$ erhält man aus Formel 4.60:

$$Z = \sqrt{5^2 + \left[7780\cdot 10^{-2} - \frac{1}{7780\cdot 2\cdot 10^{-6}}\right]^2}\,\Omega = 14{,}4\,\Omega$$

Dann ist

$$I_{\text{eff}} = \frac{U_0}{Z\cdot\sqrt{2}} = 4{,}9\,\text{A}$$

A4.15: Lichtkraft

a) Für die Kraft gilt nach dem zweiten NEWTONschen Axiom:

$$F = \frac{\text{d}p}{\text{d}t} = \frac{\text{d}}{\text{d}t}\left[\frac{E}{c_0}\right]$$

Da die Lichtgeschwindigkeit konstant ist, erhält man

$$\frac{P}{c_0} = ma \Rightarrow a = \frac{P}{mc_0} = \frac{5\frac{\text{kg}\cdot\text{m}^2}{\text{s}^3}}{0{,}5\,\text{kg}\cdot 3\cdot 10^8\frac{\text{m}}{\text{s}}} = 33\cdot 10^{-9}\frac{\text{m}}{\text{s}^2}$$

b) Nach der allgemeinen Bewegungsgleichung gilt:

$$s = \frac{1}{2}at^2 \Rightarrow t\sqrt{\frac{2s}{a}} = \sqrt{\frac{2\cdot 1\,\text{m}}{33\cdot 10^{-9}\frac{\text{m}}{\text{s}^2}}} \approx 2\,\text{h}$$

A4.16: Proton im Magnetfeld

Protonen sind Nukleonen mit einfacher positiver Elementarladung (Abschnitt 6.5.1); zum Beispiel besteht der Kern des Wasserstoffatoms aus genau einem Proton. Für dessen Masse gilt in guter Näherung: $m_\text{p} = 1{,}67\cdot 10^{-27}$ kg.

a) Die Geschwindigkeit ermittelt man aus der kinetischen Energie, welche wiederum aus der Beschleunigungsarbeit stammt:

$$eU = \frac{1}{2}m_\text{p}v_\text{p}^2 \Rightarrow v_\text{p} = \sqrt{\frac{2eU}{m_\text{p}}}$$

Wegen der hohen (aber in realen Experimenten durchaus noch größeren) Beschleunigungsspannung ist die Geschwindigkeit:

$$v_p = \sqrt{\frac{2\cdot 1{,}6\cdot 10^{-19}\,\text{A}\cdot\text{s}\cdot 5\cdot 10^6\,\text{V}}{1{,}67\cdot 10^{-27}\,\text{kg}}} = 3{,}1\cdot 10^7\sqrt{\frac{\frac{\text{kg}\cdot\text{m}^2}{\text{s}^2}}{\text{kg}}} = 0{,}1\cdot c_0$$

b) Die ablenkende Kraft ist die LORENTZ-Kraft, die bei senkrechter Orientierung von $\vec{v}_\text{p}$ und $\vec{B}$ skalar berechnet werden darf:

$$F_\text{L} = ev_\text{p}B = 1{,}6\cdot 10^{-19}\,\text{A}\cdot\text{s}\cdot 3{,}1\cdot 10^7\frac{\text{m}}{\text{s}}\cdot 2{,}5\frac{\text{V}\cdot\text{s}}{\text{m}^2}$$

$$= 1{,}24\cdot 10^{-11}\frac{\text{W}\cdot\text{s}}{\text{m}} = 12{,}4\,\text{pN}$$

$\vec{F}_\text{L}$ ist nach Formel 4.40 wiederum senkrecht zu $\vec{v}_\text{p}$ und $\vec{B}$ orientiert. Bei der konkreten Richtungsbestimmung mithilfe des Kreuzproduktes oder nach „Handregeln" ist die *positive* Elementarladung zu berücksichtigen; der Protonenstrom hat also die technische Stromrichtung!

c) Bei ca. 10 % der Lichtgeschwindigkeit tritt ein merklicher *relativistischer* Massenzuwachs auf (Abschnitt 2.7.4.1).

A4.17: Elektronenstrahl-Ablenkung

Zur Lösung dieses klassischen Problems, das einem waagerechten Wurf ähnelt, müssen die beiden Komponenten des Geschwindigkeitsvektors in *x*- und *y*-Richtung bestimmt werden.

Die *x*-Komponente wird aus der kinetischen Energie der Elektronen berechnet, die wiederum aus einer Beschleunigungsarbeit W_B mittels der Spannung U_B resultiert (wegen $W_B = 3$ keV ist hier: $U_B = 3$ kV):

$$\frac{1}{2} m v_x^2 = eU_B \Rightarrow v_x = \sqrt{\frac{2eU_B}{m_e}}$$

In der *y*-Koordinate findet während des Durchquerens der Ablenkplatten eine Beschleunigung der Elektronen aufgrund der elektrostatischen Kraft gegen die Trägheitskraft statt:

$$F_{el} = eE = F_T = m_e a \Rightarrow \frac{eE}{m_e} = \frac{eU_A}{m_e d}$$

darin ist U_A die gesuchte Ablenkspannung. Bei konstanter Beschleunigung ist

$$v_y = at = a\frac{l}{v_x} = \frac{eU_A l}{m_e d v_x}$$

Mit den beiden Komponenten von v kann man den Ablenkwinkel α angeben:

$$\tan\alpha = \frac{v_y}{v_x} = \frac{eU_A l}{m_e d v_x^2}$$

Wenn man den oben ermittelten Ausdruck für v_x einsetzt, ergibt sich

$$\tan\alpha = \frac{U_A l}{2U_B d}$$

sodass für die Ablenkspannung folgt:

$$U_A = \frac{2\cdot\tan\alpha\cdot U_B d}{l} = \frac{2\cdot\tan 5°\cdot 3\cdot 10^3\,\mathrm{V}\cdot 5\cdot 10^{-3}\,\mathrm{m}}{2\cdot 10^{-2}\,\mathrm{m}}$$
$$= 131\,\mathrm{V}$$

Für eine ganz präzise Rechnung müsste statt der Ruhemasse die *relativistische Masse* des Elektrons bei $0{,}11\cdot c_0$ berücksichtigt werden.

Antworten zu den Testfragen aus Kapitel 5

1. Laufzeit-Unterschiede des Lichtes bei Verfinsterungen eines Jupitermondes in Abhängigkeit von dessen Abstand zur Erde
2. $\Delta t = \frac{\Delta s}{c_0} = \frac{2\cdot 30\,\mathrm{m}\cdot 10^5}{3\cdot 10^8\,\mathrm{m/s}} = 2\cdot 10^{-2}\,\mathrm{s} = 20\,\mathrm{ms}$
3. $n = \frac{c_0}{c} = \frac{c_0}{2c_0} \Rightarrow n = 0{,}5$

   (Diesen Stoff gibt es aber nicht!)
4. Die Energie der Welle ist ausschließlich durch die Frequenz des emittierenden „Oszillators" bestimmt (vgl. $E_{Photon} = hf$, Abschnitt 6.1.1); diese ändert sich in unterschiedlichen Medien nicht. Für die Reizung der Sensoren in der Netzhaut ist die *Photonenenergie* maßgeblich
5. Im strahlenoptischen Modell: Totalreflexion an der Mediengrenze zur Luft beziehungsweise zum Mantel mit *niedrigerer* Brechzahl (Abschnitt 5.1.3)
6. Dispersion und Reflexion in Wassertropfen. Die Reflexion tritt ein zweites Mal auf; ein sehr kleiner Anteil des Sonnenlichtes bildet darum einen zweiten Regenbogen mit umgekehrter Farbfolge
7. Sammellinsen für Weitsichtige sind in der Mitte dicker
8. Sammellinse; der Gegenstand muss sich innerhalb der Brennweite befinden
9. *Öffnungsfehler:* Randstrahlen werden stärker abgelenkt; *Farbfehler:* blaues Licht wird stärker abgelenkt
10. *Dünne Linsen* stellen eine Idealisierung dar (Strahlablenkung nur in einer Hauptebene definiert), FRESNEL-Linsen werden durch einen technischen Trick dünn hergestellt (Abschnitt 5.2.1).
11. Mit Sammellinsen, wenn sich der Gegenstand außerhalb der doppelten Brennweite befindet
12. Vergrößerung des Sehwinkels (Abschnitt 5.3.1)

13. Eine langbrennweitige und eine kurzbrennweitige Sammellinse (zum *astronomischen Fernrohr*), Sammellinse (als Objektiv) plus Zerstreuungslinse (zum *holländischen Fernrohr*)

14. Unterschiedliche Ausbreitungsgeschwindigkeiten der Elementarwellen in den beiden Medien lassen die Wellenfront an der Mediengrenze „abknicken“

15. Alle Punkte einer Wellenfront senden Elementarwellen aus, diese überlagern sich zur neuen Wellenfront

16. „Interferenzfarben“: Verstärkung und Auslöschung von Teilbereichen des weißen Lichtes durch Teil-Reflexion und Phasenverschiebung in der dünnen Seifenlamelle (Abschnitt 5.4.1)

17. Am Prisma blaues/violettes Licht (Dispersion), am Gitter rotes Licht (Beugung/Interferenz)

18. Vergrößerung der optischen Weglänge in diesem Arm, Verschiebung der Interferenzstreifen

19. Gitterkonstante halbieren

20. Beugung am Loch geringer; Bild – theoretisch – schärfer

21. Die *Phasenbeziehungen* der Wellen (durch Bezug auf eine Referenzwelle)

22. Referenzwelle kohärent überlagern

23. Geringere Tiefendimension darstellbar

24. Polarisationsfilter mit Durchlassrichtung senkrecht zur Polarisationsebene des Lasers

25. Reflexion unter dem Brewster-Winkel, Streuung, Doppelbrechung, Dichroismus

26. Reflektierter und gebrochener Strahl stehen senkrecht aufeinander

27. Reflexionsfreier Durchgang polarisierten Lichtes durch Glasplatten (zum Beispiel Laserfenster)

28. *Optische Aktivität* von Flüssigkristallen dreht die Polarisationsebene von Lichtwellen

Musterlösungen der Übungsaufgaben zu Kapitel 5

A5.1: Froschperspektive

Das Mondlicht wird an der Wasseroberfläche zum Lot hin gebrochen, sodass $\beta=45°$ resultiert. Der Winkel α in Luft ist durch das Gesetz von Snellius bestimmt (Formel 5.4; exakt gilt dies allerdings nur für den gelben Anteil bei 589,3 nm):

$$\frac{\sin\alpha}{\sin\beta}=\frac{n_{H_2O}}{n_{Luft}}$$

Mit den Brechzahlen aus Tabelle 5.1 (die für dieses Froschproblem eigentlich zu genau sind) erhält man:

$$\sin\alpha=\frac{1{,}333}{1{,}0003}\cdot\sin 45°\Rightarrow\alpha=70{,}4°$$

A5.2: Laserstrahlbrechung

a) Wegen $c_0=f\lambda$ ist die Vakuum-Wellenlänge nach der Frequenzverdopplung:

$$\lambda_0=532\,\mathrm{nm}\,(\text{grün})$$

und die verdoppelte Frequenz entsprechend

$$f=\frac{c_0}{\lambda_0}=\frac{3\cdot 10^8\,\frac{\mathrm{m}}{\mathrm{s}}}{532\cdot 10^{-9}\,\mathrm{m}}=5{,}64\cdot 10^{14}\,\mathrm{s}^{-1}=564\,\mathrm{THz}$$

b) Aus der Definition der Brechzahl

$$\frac{n_0}{n_{H_2O}}=\frac{c_{H_2O}}{c_0}$$

folgt

$$c_{H_2O}=\frac{1\cdot 3\cdot 10^8\,\mathrm{m}}{1{,}333\,\mathrm{s}}=2{,}25\cdot 10^8\,\frac{\mathrm{m}}{\mathrm{s}}=0{,}75\cdot c_0$$

c) Nach Snellius gilt für den üblichen Bezugswinkel zur Senkrechten

$$\frac{\sin\alpha}{\sin\beta}=\frac{n_{H_2O}}{n_0}\Rightarrow\sin\alpha=\sin 15°\cdot 1{,}333\Rightarrow\alpha=20{,}1°$$

sodass der Winkel zur Wasseroberfläche 69,9° beträgt.

d) Beim Grenzwinkel der Totalreflexion wird der Strahl unter dem Austrittswinkel 90° gebrochen:

$$\sin\beta_G = \frac{n_0}{n_{H_2O}} \Rightarrow \beta_G = 48{,}6°$$

A5.3: Planparallele Platte

Wie häufig in der geometrischen Optik ist dies eine Übung zur *Trigonometrie*. Gesucht ist der Strahlversatz s in Abhängigkeit von der Plattendicke d und dem Einfallswinkel α – diese Größen muss man mit Hilfe der Winkelfunktionen verknüpfen **(Bild A16)**.

Aus sin $(\alpha-\beta)=\frac{s}{l}$ und cos $\beta=\frac{d}{l}$ erhält man:

$$s = \frac{d}{\cos\beta}\sin(\alpha-\beta)$$

Da nach SNELLIUS

$$\frac{\sin\alpha}{\sin\beta} = n$$

gilt, kann man β zunächst im Argument der Sinusfunktion ersetzen:

$$s = \frac{d}{\cos\beta}\sin\left(\alpha - \arcsin\left(\frac{\sin\alpha}{n}\right)\right)$$

und mit der trigonometrischen Beziehung („Nützliche mathematische Beziehungen" im Anhang)

$$\sin^2\beta + \cos^2\beta = 1 \Rightarrow \cos\beta = \sqrt{1-\sin^2\beta} = \sqrt{1-\left(\frac{\sin\alpha}{n}\right)^2}$$

Damit wird cos β im ersten Quotienten ersetzt:

$$s = \frac{d}{\sqrt{1-\left(\frac{\sin\alpha}{n}\right)^2}}\sin\left(\alpha - \arcsin\left(\frac{\sin\alpha}{n}\right)\right)$$

Mit den Zahlenwerten aus der Aufgabenstellung liefert dieser etwas sperrige Ausdruck das Ergebnis: $s = 0{,}51$ cm

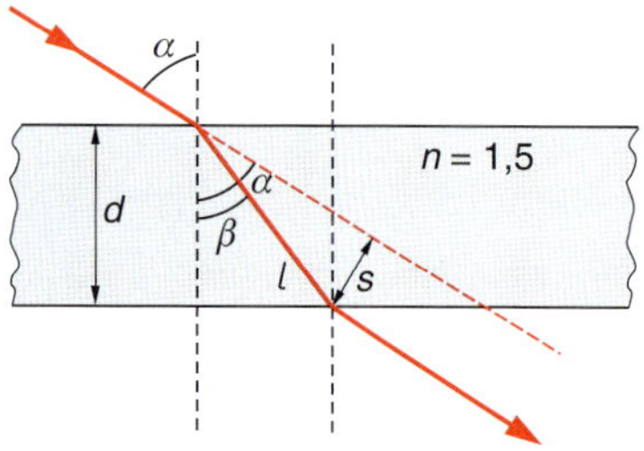

Bild A16

A5.4: Umkehrprisma

Nach **Bild A17** tritt das Licht an der Mediengrenze aus dem Glasprisma aus, wenn der Grenzwinkel der Totalreflexion überschritten wird:

$$\sin\beta_G = \frac{n_1}{n_2} \Rightarrow n_2 = \frac{n_1}{\sin 45°}$$

Für die Funktion als Umkehrprisma ist also die Anforderung an die Brechzahl des Glases jeweils:

$$n_1 \approx 1 \Rightarrow n_2 \geq 1{,}41$$
$$n_1 = 1{,}333 \Rightarrow n_2 \geq 1{,}88$$

Nach Tabelle 5.1 müsste das Prisma im zweiten Fall aus Flintglas angefertigt werden.

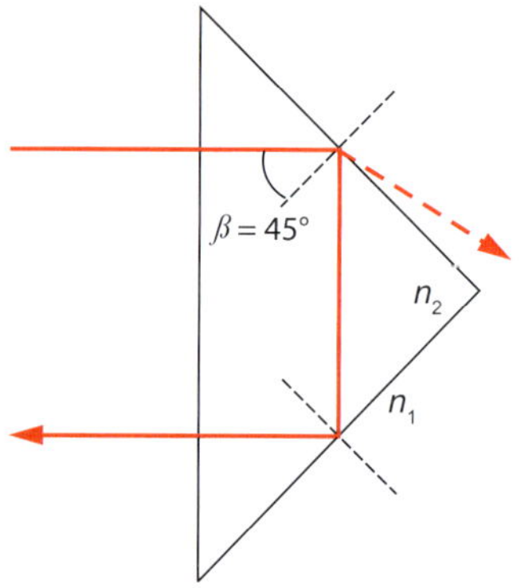

Bild A17

A5.5: Lichtleiter

a) Wie üblich werden die Winkel auf die Senkrechte zur Mediengrenze (das „Lot") bezogen. Beim einfallenden Lichtstrahl ist das die optische Achse der Glasfaser. Mit den Bezeichnungen aus **Bild A18** erhält man für $n_L \approx 1$ in Luft aus dem Brechungsgesetz (Formel 5.4):

$$\sin\alpha_1 = n_K \sin\alpha_2 = n_K \sin(90° - \beta_2) = n_K \cos\beta_2$$

Ebenfalls mit Formel 5.4 ergibt sich aus den Brechzahlen für Kern und Mantel ein Ausdruck für β_2 im Grenzfall der Totalreflexion ($\beta_1 = 90°$):

$$\sin\beta_{2,G} = \frac{n_M}{n_K}$$

Darum gilt für den maximalen Einfallswinkel α_1, bei dem das Licht anschließend im Faserkern transportiert wird:

$$\sin\alpha_1 = n_K \cos\left(\arcsin\frac{n_M}{n_K}\right)$$

Mit den Brechzahlen von Kern und Mantel erhält man also den Zahlenwert:

$$\alpha_1 = \arcsin\left(1{,}5\cdot\cos\left(\arcsin\frac{1{,}47}{1{,}5}\right)\right) = 17{,}4°$$

b) Im Beispiel 5.8 ist die strahlenoptische Kenngröße *numerische Apertur A* ganz allgemein (zum Beispiel auch für Mikroskopobjektive) definiert worden. Bei dieser Glasfaser gilt:

$$A = n_L \sin\alpha_1 = 1\cdot\sin 17{,}4° = 0{,}3$$

Der Zahlenwert ist für sogenannte *Stufenindexfasern* charakteristisch. Moderne Glasfasern mit dünneren Kernen oder einem anderen Profil des Brechungsindex besitzen noch kleinere numerische Aperturen und damit schlankere Einfalls- und Ausfallskegel (mit dem *Öffnungswinkel* $2\alpha_1$).

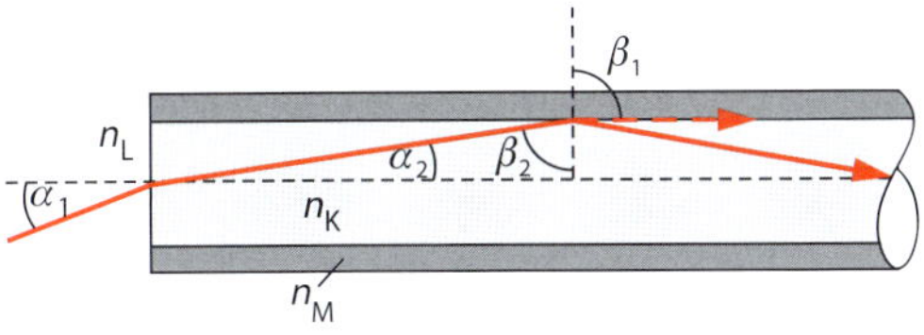

Bild A18

A5.6: Abbildungen

Die Konstruktionen mithilfe des *achsenparallelen Strahles*, des *Mittelpunktstrahles* und des *Brennpunktstrahles* sind in **Bild A19** dargestellt. Im Fall a) mit $g > 2f$ (oben) erhält man ein reelles, umgekehrtes und verkleinertes Bild, im Fall b) ist es vergrößert (unten). Im letzteren Fall taugt der Brennpunktstrahl offensichtlich nur zur Konstruktion, da ein realer Strahl die Linse unter diesem Winkel nicht mehr trifft. Das beeinflusst aber nicht die abbildende Wirkung der Linse, sondern nur ihre *Lichtstärke*.

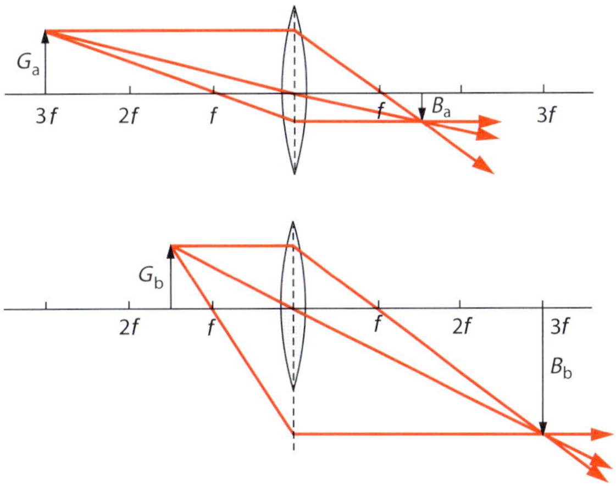

Bild A19

A5.7: Fotografie

a) Aus der Abbildungsgleichung (Formel 5.8) und dem Abbildungsmaßstab (Formel 5.7) erhält man nach einigen Umformungen eine Gleichung für die Gegenstandsweite:

$$\frac{1}{g}+\frac{1}{b}=\frac{1}{f}$$
$$\beta=\frac{B}{G}=\frac{b}{g}\Rightarrow\frac{1}{g}+\frac{G}{Bg}=\frac{1}{f}\Rightarrow f=\frac{Bg}{B+G}$$
$$\Rightarrow g=f\left(1+\frac{G}{B}\right)$$

Da nur die kleinere Seitenlänge des Sensors genutzt werden kann, ergibt sich als Zahlenwert:

$$g=60\,\text{mm}\left(1+\frac{96\,\text{mm}}{14{,}8\,\text{mm}}\right)=449\,\text{mm}$$

b) Mit der „Entfernungseinstellung" des Objektivs wird der Abstand zum Sensor, also die Bildweite, verändert. Es gilt:

$$g=\infty\Rightarrow b=f$$
$$g<\infty\Rightarrow b=f+x$$

Der Abbildungsmaßstab (Formel 5.7) liefert

$$x=\frac{gB}{G}-f$$

Mit dem Ausdruck für g aus a) erhält man nach einigen Umformungen:

$$x=f\frac{B}{G}=60\,\text{mm}\cdot\frac{14{,}8\,\text{mm}}{96\,\text{mm}}=9{,}3\,\text{mm}$$

Bei diesem Objektiv ist – im Unterschied zu speziellen „Makroobjektiven" – der „Auszug" zu klein. Man verwendet in solchen Fällen *Zwischenringe* oder einen *Balgen*, um größere Bildweiten zu ermöglichen.

A5.8: Satellitenkamera

a) Eine clevere Lösung ist mit der Argumentation möglich, dass bei der großen Gegenstandsweite die Brennweite nahezu gleich der Bildweite sein muss. Dann erhält man aus dem Abbildungsmaßstab (Formel 5.7):

$$f \approx b = \frac{Bg}{G} = \frac{20 \cdot 10^{-6}\,\mathrm{m} \cdot 296 \cdot 10^{3}\,\mathrm{m}}{18\,\mathrm{m}} = 329\,\mathrm{mm}$$

Natürlich kann man *b* auch noch in Formel 5.8 einsetzen und sich das Ergebnis für *f* bestätigen lassen.

b) Eine Zeile mit der Breite von 2048 „Bodenpixeln" wird mit der Satellitengeschwindigkeit abgetastet; daraus erhält man für die Fläche:

$$A = b \cdot l = (18\,\mathrm{m} \cdot 2048) \cdot \left(\frac{26640\,\mathrm{m}}{3{,}6\,\mathrm{s}}\right) \cdot 1\,\mathrm{s} = 273\ \mathrm{km}^2$$

c) Die Gesamtfläche setzt sich aus *n* einzelnen Bodenpixeln zusammen:

$$n = \frac{273 \cdot 10^{6}\,\mathrm{m}^2}{18 \cdot 18\,\mathrm{m}^2} = 8{,}43 \cdot 10^{5}$$

Sie werden jeweils mit 8 Bit digitalisiert. Daraus resultiert eine Datenrate von 6,74 MBit/s.

A5.9: Fernrohr

a) Das Bild des Mondes entsteht wegen der großen Gegenstandsweite nahezu in der Brennweite. Für seinen Durchmesser erhält man nach **Bild A20**:

$$\tan\sigma_0 = \frac{d/2}{f_{\mathrm{Ob}}}$$
$$\Rightarrow d = 2 \cdot f_{\mathrm{Ob}} \cdot \tan\sigma_0 = 2 \cdot 0{,}6\,\mathrm{m} \cdot \tan(0{,}52°/2) = 5{,}4\,\mathrm{mm}$$

b) Für das astronomische Fernrohr gilt nach Formel 5.15:

$$\Gamma_{\mathrm{F}} = \frac{f_{\mathrm{Ob}}}{f_{\mathrm{Ok}}} = \frac{0{,}6\,\mathrm{m}}{0{,}03\,\mathrm{m}} = 20$$

c) Ebenfalls nach Formel 5.15 erhält man für den *Sehwinkel* mit Instrument:

$$\Gamma_{\mathrm{F}} = \frac{\tan\sigma_{\mathrm{mit}}}{\tan\sigma_0}$$
$$\Rightarrow \tan\sigma_{\mathrm{mit}} = \Gamma_{\mathrm{F}} \tan\sigma_0 = 0{,}09 \Rightarrow \sigma_{\mathrm{mit}} = 5{,}1°$$

Der *Öffnungswinkel* mit Instrument ist also 10,2°.

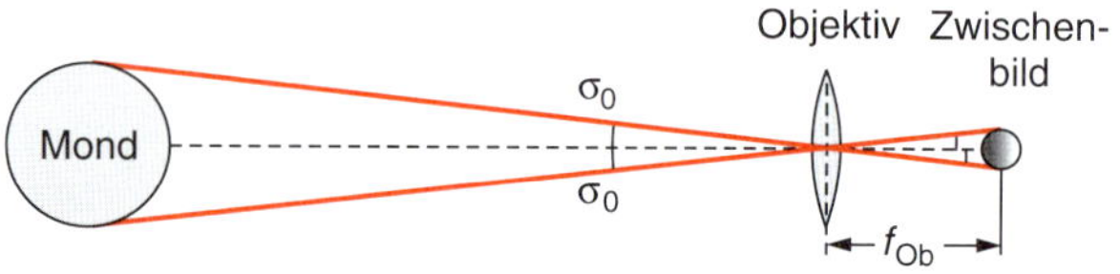

Bild A20

A5.10: Beugung am Spalt

Für das Minimum der ersten Ordnung gilt nach Formel 5.17:

$$\sin\alpha_1 = \frac{\lambda}{b}$$

Bild A21 zeigt für diesen Winkel die trigonometrische Beziehung

$$\tan\alpha_1 = \frac{d_1/2}{l}$$

Wegen des relativ kleinen Winkels gilt

$$\sin\alpha_1 \approx \tan\alpha_1 \approx \alpha_1$$

und man erhält

$$\frac{\lambda}{b} \approx \frac{d_1}{2l} \Rightarrow b \approx \frac{2l\lambda}{d_1} = \frac{2 \cdot 8\,\mathrm{m} \cdot 633 \cdot 10^{-9}\,\mathrm{m}}{0{,}3\,\mathrm{m}} = 33{,}8\,\mu\mathrm{m}$$

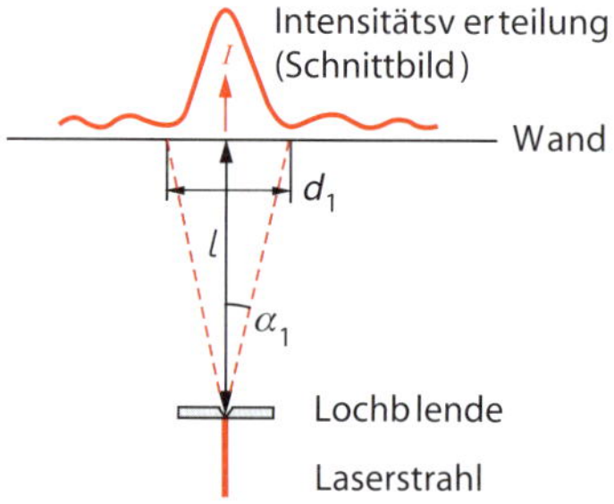

Bild A21

A5.11: Schlanker Laserstrahl

a) Da *Beugung am Loch* auftritt, sieht man auf der Wand ein Beugungsscheibchen wie in Bild 5.39.

b) Nach dem Kriterium von RAYLEIGH ist das *erste Minimum* der konzentrischen Beugungsfigur für die Dicke des Lichtpunktes relevant. Aus der Geometrie, die grundsätzlich der in **Bild A21** gleicht (allerdings entspricht die skizzierte Intensitätsverteilung nun einem Schnitt durch die konzentrische Verteilung hinter einem Loch) erhält man für den Durchmesser des dunklen Ringes:

$$\tan\alpha_1 = \frac{d_1/2}{l}$$

Die Beugungsbedingung (Formel 5.18) liefert:

$$\sin\alpha_1 = 1{,}22 \cdot \frac{\lambda}{d_L}$$

Wegen des kleinen Winkels α_1 sind die beiden trigonometrischen Funktionen annähernd gleich:

$$\frac{d_1/2}{l} \approx 1{,}22 \cdot \frac{\lambda}{d_L} \Rightarrow d_1 \approx 2 \cdot 1{,}22 \cdot \frac{l\lambda}{d_L}$$

Der Laserstrahl wird keineswegs schlanker, denn der Durchmesser des rotes Lichtpunktes bis zum ersten dunklen Ring an der Wand ist nun (mit $\lambda_{HeNe} = 633$ nm):

$$d_1 = 2{,}44 \cdot \frac{10\,\text{m} \cdot 633 \cdot 10^{-9}\,\text{m}}{10^{-3}\,\text{m}} = 15{,}4\,\text{mm}$$

A5.12: Beugung am Gitter

Nach Beispiel 5.6 ist die Normalvergrößerung dieser Lupe $\Gamma_L = 5$; der tatsächliche Abstand der Maxima beträgt also 1,3 mm.

Die Maximumsbedingung (Formel 5.20) lautet hier:

$$\alpha_1 = \frac{\lambda}{g}$$

Für diesen Beugungswinkel ermittelt man wieder aus der Geometrie der Anordnung **(Bild A22)**:

$$\tan\alpha_1 = \frac{d/2}{l}$$

Bei kleinen Winkeln (wie hier) kann man die trigonometrischen Ausdrücke gleichsetzen und erhält:

$$\frac{\lambda}{g} \approx \frac{d}{2l} \Rightarrow \lambda \approx \frac{gd}{2l} = \frac{10^{-4}\,\text{m} \cdot 1{,}3 \cdot 10^{-3}\,\text{m}}{2 \cdot 0{,}1\,\text{m}} = 650\,\text{nm}$$

Die Lichtquelle sendet also rotes Licht aus. Diese Emissionswellenlänge ist übrigens typisch für die handelsüblichen „Laserpointer".

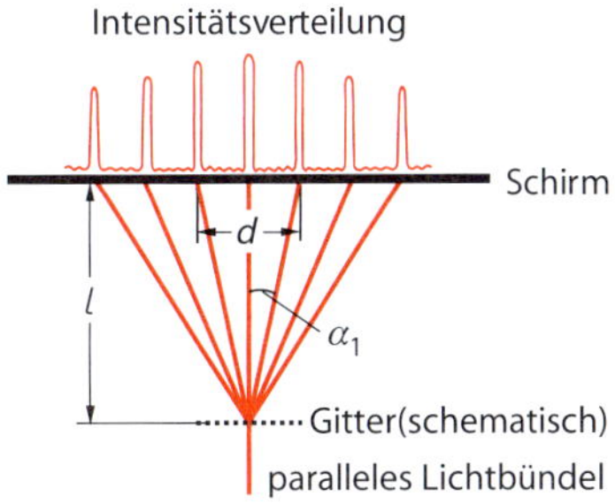

Bild A22

A5.13: Sportfotografie

Wegen der Beugung an der kreisförmigen Irisblende im Objektiv – mit der die Belichtung gesteuert wird – gilt gemäß Formel 5.18:

$$\sin\alpha_1 = 1{,}22 \frac{\lambda}{d_L}$$

In der Bildebene sind zwei Gegenstandspunkte nach dem Kriterium von RAYLEIGH auflösbar, wenn das Maximum des einen Beugungsscheibchens nicht näher als im ersten Minimum des zweiten liegt. Dann gilt für den Radius dieses dunklen Rings nach **Bild A23**:

$$\tan\alpha_1 = \frac{r_1}{b} \approx \frac{r_1}{f}$$

weil die Bildweite wegen der großen Gegenstandsweite praktisch gleich der Brennweite ist. Wegen des kleinen Winkels α_1 kann man die Winkelfunktionen gleichsetzen

$$\frac{r_1}{f} \approx 1{,}22 \frac{\lambda}{d_L}$$

und erhält

$$r_1 \approx \frac{1{,}22 \cdot \lambda \cdot f}{d_L}$$

Aus der Geometrie folgt weiterhin:

$$\frac{r_1}{r_s} = \frac{b}{g} \approx \frac{f}{g}$$

Für die Sonne gilt nach dem WIENschen Verschiebungsgesetz (Formel 3.13): $\lambda_{max} = 500$ nm. Mit dem Ergebnis für r_1 erhält man insgesamt für die Blendenzahl $k = f/d_L$ (Formel 5.11):

$$\frac{f}{d_L} = \frac{f \cdot r_s}{1{,}22 \cdot \lambda_{max} \cdot g} = \frac{1{,}2\,\text{m} \cdot 0{,}5 \cdot 10^{-3}\,\text{m}}{1{,}22 \cdot 500 \cdot 10^{-9}\,\text{m} \cdot 100\,\text{m}} = 9{,}8$$

In der praktischen Fotografie sind Blendenzahlen zwischen 5,6 und 11 ein guter Kompromiss zwischen den strahlenoptischen Abbildungsfehlern nach Abschnitt 5.2.3 und der Beugungsunschärfe.

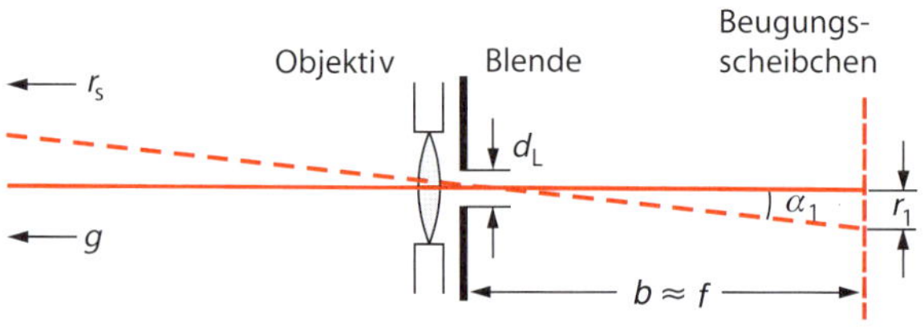

Bild A23

A5.14: Polarisation am Wasser

Nach dem Gesetz von BREWSTER (Formel 5.23) gilt für den Polarisationswinkel mit der Brechzahl von Wasser:

$$\tan\alpha_P = n_{H_2O} \Rightarrow \alpha_P = \arctan 1{,}33 = 53{,}1°$$

Mit der FRESNELschen Formel (Formel 5.3) – die eigentlich für den Reflexionskoeffizienten bei senkrechtem Durchgang des Lichtes durch eine Mediengrenze gilt – wurde bereits in Beispiel 5.2 abgeschätzt, dass der Reflexionsgrad

$$R = \left(\frac{1-1{,}33}{1+1{,}33}\right)^2 = 0{,}02$$

beträgt. Etwa 98 % des Lichtes werden also gebrochen. Nach Bild 5.51 ist der Brechungswinkel im Wasser

$$\beta = 180° - \alpha_P - 90° = 90° - \alpha_P = 36{,}9°$$

Antworten zu den Testfragen aus Kapitel 6

1. Das Wirkungsquantum kann bestimmt werden, wenn man beim äußeren Fotoeffekt die Elektronenenergie mit der Gegenspannungsmethode in Abhängigkeit von der Frequenz untersucht (Abschnitt 6.1.1.1)
2. Austrittsarbeit bzw. Ablösearbeit bei Metallen
3. Elektromagnetische Strahlungsenergie wird in einzelnen „Portionen", den *Quanten*, abgestrahlt
4. Für die Photonenenergie gilt

$$E = hf = h \cdot \frac{c_0}{\lambda}$$

Daraus erhält man (in SI-Einheiten):

$$E = \frac{6{,}6 \cdot 10^{-34}\ \text{J}\cdot\text{s} \cdot 3 \cdot 10^8\ \text{m/s}}{3 \cdot 10^{-9}\ \text{m}} = 6{,}6 \cdot 10^{-17}\ \text{J}$$

5. Die Materiewellenlänge von Elektronen ist sehr viel kleiner als die Lichtwellenlänge
6. Wie bei der Lichtintensität nach der Beugung am Spalt (Abschnitt 5.4.3 und Abschnitt 6.1.3)
7. Wirkung, J·s
8. Stabile Bahnen mit stationären Energiezuständen, beim Bahnwechsel wird die Energiedifferenz abgegeben/aufgenommen
9. Die Nebenquantenzahl beschreibt nach SOMMERFELD im Planetenmodell des Atoms verschiedene Ellipsen-Exzentrizitäten
10. Stehende dreidimensionale Elektronenwellen
11. Minima des Entladungsstroms bei denjenigen Beschleunigungsspannungen, die zur Anregung der Gasatome führen
12. Wegen des PAULI-Prinzips darf jedes (niedrigere) Niveau nur einmal besetzt sein
13. „Drehimpuls des Elektrons im Teilchenbild" (aber problematisch!); ± 1/2
14. 18, da der Spin jeweils zwei unterschiedliche Werte annehmen kann
15. Die Glühwendel ist ein Kontinuumsstrahler (Spektrum gemäß der PLANCKschen Strahlungskurve, Abschnitt 3.2.3.3), der Natriumdampf ein Quantenstrahler (Linienspektrum)
16. Besetzungsumkehr, stimulierte Emission, ggf. Resonator
17. Energiezufuhr zwecks Besetzung eines Energieniveaus oberhalb des Laserniveaus

18. Halbe Wellenlänge, hier mindestens 310 nm
19. Schwingungen um die Ruhelage; Amplitude steigt mit der Temperatur
20. Alle Energieniveaus besetzt, keine kinetische Energie erlaubt
21. Die Bandlücke („Gap") ist bei Halbleitern kleiner.
22. Photonen erreichen den pn-Übergang, innerer Fotoeffekt wie bei einer Fotodiode (Abschnitt 6.4.5)
23. Emission von Photonen beim Übergang von Leitungselektronen in das Valenzband bei LED und Laserdiode
24. Alle Photonenenergien (beziehungsweise Frequenzen), die Energiedifferenzen zwischen oberer Leitungsbandkante / unterer Valenzbandkante sowie unterer Leitungsbandkante / oberer Valenzbandkante entsprechen
25. Die „verbotene Zone" zwischen dem („verbogenen") Valenz- und Leitungsband wird durchtunnelt (Abschnitt 6.4.5)
26. Protonen mit positiver Elementarladung plus (außer bei Wasserstoff) Neutronen
27. *Quarks* tragen 1/3 bzw. 2/3 der „Elementarladung"
28. Unterschiedliche Neutronenzahl, darum unterschiedliche Masse der Kerne
29. Die *starke Kernkraft* (anziehend zwischen allen Nukleonen) ist größer als die elektrostatische Abstoßung
30. Emission von Heliumkernen (α-Strahlung), Elektronen und/oder Positronen (β-Strahlung), außerdem γ-Quanten von angeregten Kernzuständen
31. Durch Neutronenbeschuss ist eine Umwandlung der stabilen Silberisotope in radioaktive möglich
32. Massendefekt (Abschnitt 6.5.2)
33. *Kernfusion*, vor allem Verschmelzung von Wasserstoffkernen zu Helium; das Edelgas entspricht der Asche bei konventioneller Verbrennung (zum Beispiel von Kohle)
34. Unbegrenzte Brennstoff-Ressourcen, keine radioaktiven Spaltprodukte; aber: Nutzschwelle schwer erreichbar

Musterlösungen der Übungsaufgaben zu Kapitel 6

A6.1: Äußerer Fotoeffekt

Ohne Gegenspannung kann die Photonenenergie ausschließlich für die Austrittsarbeit aufgewendet werden:

$$W_A = hf_G = \frac{hc_0}{\lambda_G}$$

Die Grenzwellenlänge ist also:

$$\lambda_G = \frac{hc_0}{W_A} = \frac{6{,}6 \cdot 10^{-34}\ \mathrm{J \cdot s} \cdot 3 \cdot 10^8\ \frac{\mathrm{m}}{\mathrm{s}}}{4{,}5 \cdot 1.6 \cdot 10^{-19}\ \mathrm{J}} = 275\,\mathrm{nm}$$

Nach der vollständigen Energiebilanz (Formel 6.3) gilt:

$$hf_2 = \frac{m_e v^2}{2} + W_A$$

Wenn der Fotostrom verschwindet, ist

$$\frac{m_e v^2}{2} = eU_B$$

sodass resultiert:

$$\frac{hc_0}{\lambda_2} = eU_B + W_A \Rightarrow \lambda_2 = \frac{hc_0}{W_A + eU_B}$$

Analog zum ersten Ergebnis berechnet man aufgrund der durch die (negative) Beschleunigungsarbeit erforderlichen *höheren* Gesamtenergie die *kleinere* Wellenlänge $\lambda_2 = 180$ nm, sodass für das gesuchte Intervall resultiert:

$$\Delta\lambda = 95\,\mathrm{nm}$$

A6.2: Leuchtreklame auf dem Mond

Die erste Lösungsidee ist, dass die Leistung der Lampe als Anzahl der Photonen – also der Energiequanten – pro Sekunde beschrieben werden kann:

$$P = \frac{Z \cdot hf}{\Delta t} = \dot{Z}\frac{hc_0}{\lambda}$$

Die zweite Lösungsidee betrifft die Geometrie: Eine ungerichtete Lichtquelle beleuchtet grundsätzlich eine Kugelfläche (von innen). Das Auge empfangt einen sehr kleinen Anteil davon, der durch seine Pupillenfläche A_P gegeben ist (hier als Kreisfläche wirksam). Das Verhältnis der empfangenen Photonen N zu den insgesamt ausgestrahlten Z entspricht also dem Flächenverhältnis

$$\frac{\dot{N}}{\dot{Z}} = \frac{\pi r_P^2}{4\pi R^2}$$

wobei der Kugelradius R der Entfernung Mond – Erde entspricht und beide Photonenzahlen auf die Zeiteinheit bezogen werden. Damit wird die erste Gleichung zur Lösung:

$$P = \frac{\dot{N}hc_0}{\lambda} \cdot \frac{4\pi R^2}{\pi r_P^2}$$

Für die gelbe Natriumlinie erhält man als erforderliche Lampenleistung:

$$P = \frac{100\frac{1}{\text{s}} \cdot 6{,}626 \cdot 10^{-34}\,\text{J} \cdot \text{s} \cdot 3 \cdot 10^8\,\frac{\text{m}}{\text{s}} \cdot 4\pi\left(384 \cdot 10^6\,\text{m}\right)^2}{589 \cdot 10^{-9}\,\text{m} \cdot \pi \cdot \left(2{,}5 \cdot 10^{-3}\,\text{m}\right)^2}$$

$$= 3\,180\,000\,\frac{\text{W} \cdot \text{s}}{\text{s}} \approx 3\,\text{MW}$$

Die Werbemaßnahme muss mangels geeigneter Lampen offenbar entfallen!

A6.3: Compton-Wellenlänge

Der Energiesatz liefert für die beiden Stoßpartner vor und nach der Wechselwirkung:

$$E_{P1} + 0 = E_{P2} + E_e \Rightarrow hf_1 = E_e + hf_2 \Rightarrow \frac{hc}{\lambda_1} = E_e + \frac{hc}{\lambda_2}$$

Für die Wellenlänge λ_2 erhält man also nach ein wenig Bruchrechnung:

$$\frac{1}{\lambda_2} = \frac{1}{\lambda_1} - \frac{E_e}{hc} \Rightarrow \lambda_2 = \frac{1}{\frac{hc - \lambda_1 E_e}{\lambda_1 hc}} = \frac{\lambda_1}{1 - \frac{\lambda_1 E_e}{hc}}$$

Der Zahlenwert ist

$$\lambda_2 = \frac{11{,}2 \cdot 10^{-12}\,\text{m}}{1 - \frac{11{,}2 \cdot 10^{-12}\,\text{m} \cdot 13{,}8 \cdot 10^3 \cdot 1{,}6 \cdot 10^{-19}\,\text{J}}{6{,}6 \cdot 10^{-34}\,\text{J} \cdot \text{s} \cdot 3 \cdot 10^8\,\frac{\text{m}}{\text{s}}}} = 12{,}8\,\text{pm}$$

sodass eine Verschiebung von $\Delta\lambda = 1{,}6$ pm resultiert.

A6.4: Materie-Wellenlänge

a) Für jedes bewegte Teilchen gilt nach de Broglie:

$$\lambda = \frac{h}{mv}$$

Für das Elektron berechnet man damit:

$$\lambda_e = \frac{6{,}626 \cdot 10^{-34}\left(\text{kg} \cdot \text{m}^2/\text{s}^2\right) \cdot \text{s}}{9{,}1 \cdot 10^{-31}\,\text{kg} \cdot 300\,(\text{m/s})} = 2{,}4\,\mu\text{m}$$

Auf die gleiche Weise erhält man für die Gewehrkugel:

$$\lambda_K = 2{,}2 \cdot 10^{-34}\,\text{m}$$

Offensichtlich spielt im letzteren Fall der Wellencharakter keine Rolle, während Elektronen auch schon bei kleiner Geschwindigkeit bzw. Energie nicht als „sehr kleine Kügelchen" in Analogie zur makroskopischen Welt aufgefasst werden dürfen.

b) Bei der halben Lichtgeschwindigkeit sollte der relativistische Massenzuwachs des Elektrons nicht vernachlässigt werden ($v_r = 0{,}5c_0$ in Bild 2.51). Nach Formel 2.69 und Formel 2.72 gilt dann für die Materie-Wellenlänge:

$$\lambda_{e,r} = \frac{h}{m_e v_e}\sqrt{1 - \left(\frac{v_e}{c_0}\right)^2} = \frac{h}{m_e}\sqrt{\frac{1}{v_e^2}\left(1 - \frac{v_e^2}{c_0^2}\right)} = \frac{h}{m_e}\sqrt{\frac{4}{c_0^2} - \frac{1}{c_0^2}} = \frac{h}{m_e c_0}\sqrt{3}$$

In diesem Fall ist die Materiewellenlänge sechs Größenordnungen kleiner:

$$\lambda_{e,r} = 4{,}2 \cdot 10^{-12}\,\text{m} = 4{,}2\,\text{pm}$$

A6.5: Laser-Lichtdruck

Gemäß dem Impulssatz wird beim Stoß gegen einen Stoßpartner mit sehr viel größerer Masse (beim klassischen Stoß meistens die „feste Wand") der zweifache Impuls übertragen, da das „leichtere" Teilchen – hier das Photon – mit gleicher, aber entgegengerichteter Geschwindigkeit reflektiert wird. Mit Formel 6.6 bedeutet das für die gesamte Impulsänderung des Photons:

$$\Delta P_P = 2\frac{hf}{c_0}$$

Die Zahl der Photonen N, die den Spiegel pro Sekunde treffen, ist

$$P = \dot{N}E_P \Rightarrow \dot{N} = \frac{P}{E_P} = \frac{P}{hf}$$

Der insgesamt auf den Spiegel übertragene Impuls ist $p_S = N\Delta p_P$; damit erhält man für die zeitliche Impulsänderung:

$$\dot{p}_S = \dot{N}\Delta p_P$$

Dies ist aber nach dem zweiten NEWTONschen Axiom bzw. Formel 2.16 gerade die auf den Spiegel ausgeübte Kraft:

$$F = \dot{p}_S = \frac{P}{hf} \cdot \frac{2hf}{c_0} = \frac{2P}{c_0}$$

Sie muss gleich der Gewichtskraft sein, sodass für die erforderliche Leistung resultiert:

$$P = \frac{c_0 m_S g}{2} = \frac{3 \cdot 10^8 \frac{\text{m}}{\text{s}} \cdot 10^{-6}\ \text{kg} \cdot 9{,}81 \frac{\text{m}}{\text{s}^2}}{2} = 1{,}47\,\text{kW}$$

Solche Leistungen können Laser durchaus kontinuierlich erzeugen, allerdings würde bei der geringsten Absorption der Spiegel sofort verdampfen!

A6.6: Unscharfe Elektronenbahn

Im Grundzustand ist die Hauptquantenzahl $n = 1$, und der Bahndurchmesser entspricht dem Atomdurchmesser. Die Bahngeschwindigkeit berechnet man aus dem ersten BOHRschen Postulat (Formel 6.11) mit der Beziehung aus Formel 2.38 zur Winkelgeschwindigkeit:

$$n\hbar = m_e r^2 \omega = m_e r v \Rightarrow v = \frac{n\hbar}{m_e r}$$

Der Zahlenwert ist

$$v = \frac{1 \cdot 6{,}6 \cdot 10^{-34} \frac{\text{kg} \cdot \text{m}^2}{\text{s}^2} \cdot \text{s}}{2\pi \cdot 9{,}1 \cdot 10^{-31}\ \text{kg} \cdot 5 \cdot 10^{-11}\ \text{m}} = 2{,}3 \cdot 10^6 \frac{\text{m}}{\text{s}}$$

Ihre Unschärfe ist nach HEISENBERG (Formel 6.8)

$$\Delta v \geq \frac{\hbar}{2m_e \Delta r}$$

Wenn man für die Unbestimmtheit des Aufenthaltsortes den Durchmesser der Elektronenbahn annimmt, erhält man für die Unbestimmtheit der Bahngeschwindigkeit:

$$\Delta v = \frac{6{,}6 \cdot 10^{-34}\ \text{J} \cdot \text{s}}{4\pi \cdot 9{,}1 \cdot 10^{-31}\ \text{kg} \cdot 10^{-10}\ \text{m}} \approx 0{,}6 \cdot 10^{-6} \frac{\text{m}}{\text{s}} \approx 0{,}26 v$$

Diese Ungenauigkeit von 26 % ist mit den makroskopischen Planetenbahnen nicht zu vergleichen und weist auf die Unzulänglichkeit des Teilchenmodells hin.

A6.7: Röntgen-Bremsspektrum

Die kürzeste Wellenlänge des Bremsspektrums entsteht, wenn die gesamte kinetische Energie des beschleunigten Elektrons an ein Atom des Anodenmetalls abgegeben wird. Aus

$$hf_G = h\frac{c_0}{\lambda_G} = \frac{1}{2} m_e v_e^2 = eU_B$$

(siehe auch Formel 6.18) erhält man:

$$h = \frac{eU_B \lambda_G}{c_0}$$
$$= \frac{1{,}6 \cdot 10^{-19}\ \text{A} \cdot \text{s} \cdot 4 \cdot 10^4\ \text{V} \cdot 31 \cdot 10^{-12}\ \text{m}}{3 \cdot 10^8 \frac{\text{m}}{\text{s}}}$$
$$= 6{,}6 \cdot 10^{-34}\ \text{J} \cdot \text{s}$$

A6.8: Kontaktspannung

Im Beispiel 6.1 wurde die Grenzwellenlänge von *Wolfram* aus seiner Austrittsarbeit berechnet; offensichtlich ist dies eines der beiden Metalle. Für das andere erhält man aus λ_{G2} dessen Austrittsarbeit:

$$W = \frac{hc_0}{\lambda_G} = \frac{6{,}6 \cdot 10^{-34}\ \text{J} \cdot \text{s} \cdot 3 \cdot 10^8\ \text{m/s}}{233 \cdot 10^{-9}\ \text{m}} = 8{,}50 \cdot 10^{-19}\ \text{J} = 5{,}3\,\text{eV}$$

Nach Tabelle 4.4 ist das offenbar *Platin*. Die Potenzialdifferenz – die in Abschnitt 4.1.3 als Arbeit pro Ladung eingeführt wurde – ist hier:

$$U = \varphi_{1,2} = \frac{W_{1,2}}{Q} = \frac{W_{A1-A2}}{e} = \frac{5{,}3\,\text{eV} - 4{,}5\,\text{eV}}{e} = 0{,}8\,\text{V}$$

A6.9: Ionenbindung

Für die potenzielle Energie eines Elektrons in diesem elektrostatischen Feld ergibt sich aus der COULOMB-Kraft (Formel 4.1) und ihrer Abhängigkeit vom Abstand r:

$$|E_{pot}| = \frac{1}{4\pi\varepsilon_0} \cdot \frac{e^2}{r}$$

Das Elektron, welches das Atom „wechselt“ und damit die Bindung herstellt, hat die Energie

$$E = (5{,}11 - 3{,}62)\ \text{eV} = 1{,}49\ \text{eV}$$

Daraus erhält man den Abstand

$$r = \frac{e^2}{4\pi\varepsilon_0 |E_{pot}|}$$

mit dem Zahlenwert:

$$r = \frac{\left(1{,}6 \cdot 10^{-9}\,\text{A}\cdot\text{s}\right)^2}{4\pi \cdot 8{,}85 \cdot 10^{-12}\,\frac{\text{A}^2\cdot\text{s}^4}{\text{kg}\cdot\text{m}^3} \cdot 1{,}6\cdot 10^{-19} \cdot 1{,}49\,\text{J}} \approx 1\,\text{nm}$$

A6.10: Verbotene Zone

Die größere Wellenlänge beziehungsweise die niedrigere Frequenz entspricht der Energiedifferenz zwischen der oberen Kante des Valenzbandes und der unteren des Leitungsbandes. Hier ist die Bandlücke:

$$\Delta E = hf = \frac{hc_0}{\lambda_0}$$

Mit dem Umrechnungsfaktor von Joule in Elektronvolt erhält man den typischen Zahlenwert:

$$\Delta E = \frac{6{,}6\cdot 10^{-34}\,\text{J}\cdot\text{s}\cdot 3\cdot 10^8\,\text{m/s}}{1100\cdot 10^{-9}\,\text{m}\cdot 1{,}6\cdot 10^{-19}\,\text{J/eV}} = 1{,}1\,\text{eV}$$

Diese Energie müssen Photonen minimal besitzen, um ein Elektron ins Leitungsband zu heben.

Die kurzwellige Grenze der spektralen Empfindlichkeit entspricht den äußeren Kanten der beiden obersten Energiebänder. Photonen mit größerer Energie können nicht absorbiert werden, da die Elektronen keine Energieniveaus im Leitungsband mehr vorfinden.

Der spektrale Empfindlichkeitsbereich von ca. 500 nm bis 1100 nm ist übrigens typisch für Silizium-Fotodioden, die für sichtbares Licht die größte Bedeutung haben.

A6.11: Schwächungsgesetz

Nach dem Schwächungsgesetz für ionisierende Strahlung (Formel 6.20) gilt für eine Plattendicke *d:*

$$\frac{I}{I_0} = e^{-\mu d} \Rightarrow \ln\left(\frac{I}{I_0}\right) = -\mu d \Rightarrow \ln\left(\frac{I_0}{I}\right) = \mu d$$

Daraus erhält man:

$$d = \frac{\text{m}}{14{,}5} \cdot \ln 2 = 47{,}8\,\text{mm}$$

A6.12: Kobalt-Radioaktivität

Nach Formel 6.30 gilt für die gesuchte Aktivität:

$$A = \lambda N$$

Während man die Zerfallskonstante λ mit Formel 6.28 aus der Halbwertszeit erhält, kann man die Gesamtzahl der Kerne in der Masse *m* aus der molaren Masse *M* (Formel 3.14) mithilfe der AVOGADRO-Konstanten N_A errechnen:

$$N = \frac{mN_A}{M}$$

Insgesamt erhält man:

$$A = \frac{\ln 2}{5{,}3\,\text{a}} \cdot \frac{mN_A}{M} = \frac{\ln 2 \cdot 1\,\text{g}\cdot 6\cdot 10^{23}\,\text{mol}^{-1}}{1{,}67\cdot 10^8\,\text{s}\cdot 60\,\text{g/mol}} = 4{,}15\cdot 10^{13}\,\text{s}^{-1}$$

Die Aktivität beträgt also ungefähr 42 TBq.

A6.13: Zerfallsgesetz

Die Impulsrate ist der Anzahl der noch vorhandenen Na-24-Kerne proportional. Das Zerfallsgesetz (Formel 6.27) liefert:

$$\frac{N}{N_0} = e^{-\lambda t} \Rightarrow \ln\left(\frac{N}{N_0}\right) = -\lambda t \Rightarrow \ln N - \ln N_0 = -\lambda t$$

Mit der Halbwertszeit aus Formel 6.28 erhält man

$$\ln N = \ln N_0 - \frac{\ln 2 \cdot t}{T_{1/2}} = \ln 27000 - \frac{\ln 2 \cdot 48\,\text{h}}{14{,}96\,\text{h}} = 7{,}980$$

und für die neue Zählrate:

$$N = \text{e}^{7{,}980} = 2920 \text{ Impulse pro Minute}$$

A6.14: Archäologische Aufgabe

Im ursprünglichen Gleichgewicht der Isotope betrug die Anzahl der strahlenden C-14-Kerne:

$$N_0 = \frac{mN_A}{M} \cdot 1{,}3\cdot 10^{-12} = \frac{200\text{g}\cdot 6\cdot 10^{23}\,\text{mol}^{-1}\cdot 1{,}3\cdot 10^{-12}}{12\,\text{g/mol}} = 1{,}3\cdot 10^{13}$$

Daraus resultierte eine Aktivität von

$$A_0 = \lambda N_0 = \frac{\ln 2}{T_{1/2}} \cdot N_0 = \frac{\ln 2}{1{,}807\cdot 10^{11}\,\text{s}} \cdot 1{,}3\cdot 10^{13} = 50\,\text{Bq}$$

Da die Aktivität (Formel 6.31) mit der Anzahl der strahlenden Kerne abnimmt, erhält man aus dem Zerfallsgesetz (Formel 6.27) mit der Halbwertszeit (Formel 6.28):

$$\ln\left(\frac{N}{N_0}\right) = -\lambda t \Rightarrow t = -\frac{\ln\left(\frac{N}{N_0}\right)}{\ln 2} \cdot T_{1/2}$$

Das Knochenalter beträgt also:

$$t = -\frac{\ln\left(\frac{16\,\text{Bq}}{50\,\text{Bq}}\right)}{\ln 2} \cdot 5730\,\text{a} = 9420\,\text{a}$$

A6.15: Kernfusion

Die *relative* Atommasse von H und He aus dem Periodensystem (Tabelle 6.2) ist zahlengleich der absoluten Atommasse in der *atomaren* Masseneinheit (Formel 6.24). Der Massendefekt beträgt also in dieser Einheit:

$$\Delta m = (4 \cdot 1{,}008 - 4{,}003)\,\text{u} = 0{,}029\,\text{u}$$

Bezogen auf den Wasserstoff ist das eine Masse pro Gramm:

$$\Delta m = \frac{0{,}029}{4 \cdot 1{,}008}\,\text{g} = 0{,}00719\,\text{g}$$

Nach der EINSTEINschen Masse-Energie-Äquivalenz erhält man daraus:

$$E = \Delta m \cdot c_0^2 = 7{,}19 \cdot 10^{-6}\,\text{kg} \cdot \left(3 \cdot 10^8\,\frac{\text{m}}{\text{s}}\right)^2$$

$$= 6{,}47 \cdot 10^{11}\,\text{W} \cdot \text{s} \approx 180000\,\text{kWh}$$

NÜTZLICHE MATHEMATISCHE BEZIEHUNGEN

1. Algebra

- **Brüche:**

$$\frac{a}{b}\cdot\frac{c}{d}=\frac{ac}{bd}$$
$$\frac{a}{b}:\frac{c}{d}=\frac{ad}{bc}$$
$$\frac{a}{b}\pm\frac{c}{d}=\frac{ad\pm bc}{bd}$$

- **Exponenten:**

$$x^n x^m = x^{n+m}$$
$$x^n : x^m = x^{n-m}$$
$$x^{\frac{1}{n}} = \sqrt[n]{x}$$
$$(x^n)^m = x^{nm}$$

- **Faktoren:**

$$ax+ay+az=a(x+y+z)$$
$$(a\pm b)^2=a^2\pm 2ab+b^2$$
$$(a\pm b)^3=a^3\pm 3a^2b+3ab^2\pm b^3$$
$$a^2-b^2=(a+b)(a-b)$$

- **Quadratische Gleichung: Lösung der „Normalform" mit der „p-q-Formel":**

$$x^2+px+q=0 \Rightarrow x_{1,2}=-\frac{p}{2}\pm\sqrt{\frac{p^2}{4}-q}$$

- **Logarithmen:**

$$y=\log_{10}x=\lg x,\ \text{wenn}\ x=10^y$$

$$y=\log_e x=\ln x,\ \text{wenn}\ x=e^y=\exp y,$$
mit $e=2{,}7182818\ldots$ (Eulersche Zahl)

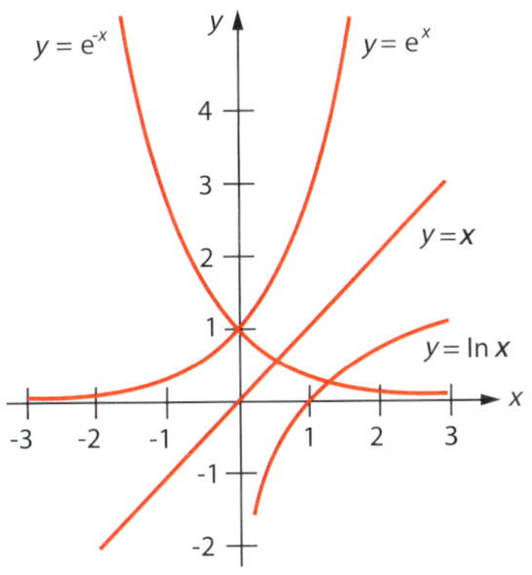

Bild M1

Siehe auch Exponential- und Logarithmusfunktion in **Bild M1**!

$$\log(ab) = \log a + \log b$$
$$\log(a:b) = \log a - \log b$$
$$\log(a^n) = n \log a$$

$$\ln e = 1$$
$$\ln e^a = a$$
$$\ln(1/a) = -\ln a$$

$$\ln x = 2{,}30259 \cdot \lg x; \quad \lg x = 0{,}43429 \cdot \ln x$$

2. Geometrie

- **Kreis:** *Umfang*: $s = 2\pi r$ *Fläche*: $A = \pi r^2$
- **Kugel (Bild M2)**: *Oberfläche*: $A = 4\pi r^2$ *Volumen:* $V = \frac{4}{3}\pi r^3$
- **Gerader Kreiszylinder (Bild M3)**: *Oberfläche*: $A = 2\pi r^2 + 2\pi rh$
  Volumen: $V = \pi r^2 h$

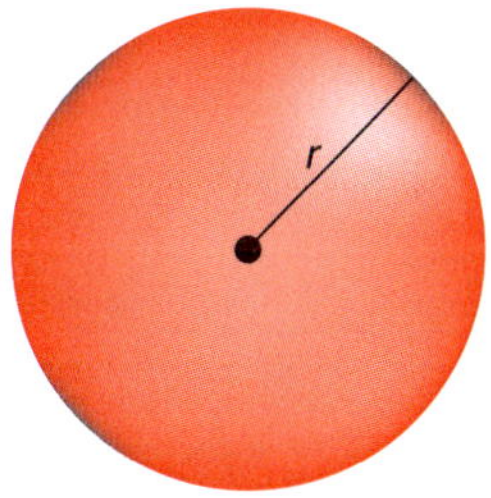

Bild M2

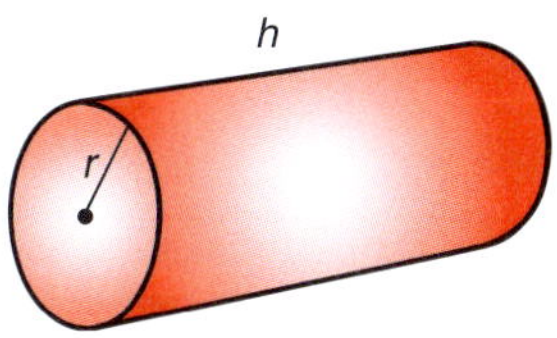

Bild M3

3. Trigonometrie

- **Satz von Pythagoras** (im rechtwinkligen Dreieck, **Bild M4**): $a^2 + b^2 = c^2$
- **Winkelfunktionen:**

$$\text{Sinus} = \frac{\text{Gegenkathete}}{\text{Hypothenuse}}, \text{ z.B. } \sin\alpha = \frac{a}{c}$$

$$\text{Kosinus} = \frac{\text{Ankathete}}{\text{Hypothenuse}}, \text{ z.B.} \cos\alpha = \frac{b}{c}$$

$$\text{Tangens} = \frac{\text{Gegenkathete}}{\text{Ankathete}}, \text{ z.B.} \tan\alpha = \frac{a}{b}$$

$$\tan\alpha = \frac{\sin\alpha}{\cos\alpha}$$

$$\sin^2\alpha + \cos^2\alpha = 1$$

$$\sin 2a = 2\sin\alpha\cos\alpha$$

$$\sin(\alpha \pm \beta) = \sin\alpha\cos\beta \pm \cos\alpha\sin\beta$$

$$\cos(\alpha \pm \beta) = \cos\alpha\cos\beta \mp \sin\alpha\sin\beta$$

$$\sin\alpha \pm \sin\beta = 2\,sin\frac{\alpha \pm \beta}{2}\cos\frac{\alpha \mp \beta}{2}$$

$$\cos\alpha + \cos\beta = 2\cos\frac{\alpha + \beta}{2}\cos\frac{\alpha - \beta}{2}$$

$$\cos\alpha - \cos\beta = 2\sin\frac{\alpha + \beta}{2}\cos\frac{\beta - \alpha}{2}$$

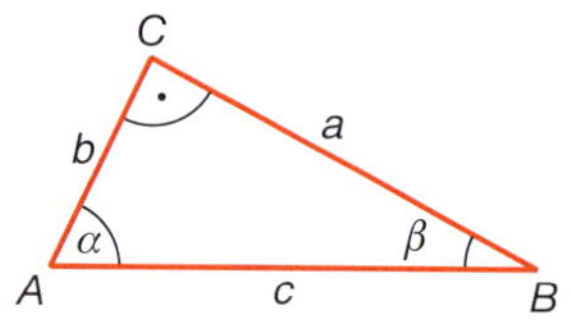

Bild M4

4. Infinitesimalrechnung

Differenzialrechnung	Integralrechnung
Einige Ableitungsregeln	**Einige Regeln für unbestimmte Integrale**
$\frac{\mathrm{d}x}{\mathrm{d}x} = 1$	$\int \mathrm{d}x = x$
$\frac{\mathrm{d}}{\mathrm{d}x}(af(x)) = a\frac{\mathrm{d}f}{\mathrm{d}x}$ für $a = \text{const.}$	$\int af(x)\mathrm{d}x = a\int f(x)\mathrm{d}x$ für a = const.
$\frac{\mathrm{d}}{\mathrm{d}x}(f(x)+g(x)) = \frac{\mathrm{d}f}{\mathrm{d}x}+\frac{\mathrm{d}g}{\mathrm{d}x}$	$\int (f(x)+g(x))\mathrm{d}x = \int f(x)\mathrm{d}x + \int g(x)\mathrm{d}x$
$\frac{\mathrm{d}}{\mathrm{d}x}(f(x)g(x)) = \frac{\mathrm{d}f}{\mathrm{d}x}g + f\frac{\mathrm{d}g}{\mathrm{d}x}$	
$\frac{\mathrm{d}}{\mathrm{d}x}(f(y)) = \frac{\mathrm{d}f}{\mathrm{d}y}\cdot\frac{\mathrm{d}y}{\mathrm{d}x}$ („Kettenregel“)	$\int u\mathrm{d}v = uv - \int v\mathrm{d}u$ „Partielle Integration“
$\frac{\mathrm{d}^2y}{\mathrm{d}x^2} = \frac{\mathrm{d}}{\mathrm{d}x}\left(\frac{\mathrm{d}y}{\mathrm{d}x}\right)$ („Zweite Ableitung“)	

Ableitung einiger Funktionen		Einige unbestimmte Integrale	
Funktion y(x)	*Ableitung*	*Funktion y(x)*	*unbestimmtes Integral*
$C = \text{const.}$	0		
x	$x^0 = 1$		
x^n	nx^{n-1}	x^n	$\frac{x^{n+1}}{n+1}$ für $n \neq -1$
e^x	e^x	e^x	e^x
$\ln x$	$\frac{1}{x}$	$\frac{1}{x}$	$\ln\lvert x\rvert$ für $x \neq 0$
$\sin x$	$\cos x$	$\cos x$	$\sin x$
$\cos x$	$-\sin x$	$\sin x$	$-\cos x$

Zu jedem unbestimmten Integral muss eine beliebige Integrationskonstante – häufig mit C bezeichnet – addiert werden.

QUELLEN- UND LITERATURVERZEICHNIS

Quellen

[Bantel]	*Bantel, M.:* Messgeräte-Praxis. Leipzig: Fachbuchverlag 2004
[Bartsch]	*Bartsch, H.-J.:* Taschenbuch mathematischer Formeln. München: Carl Hanser Verlag 2018
[Bronstein]	*Bronstein, I. N.; Semendjajew, K. A., et al.:* Taschenbuch der Mathematik. Haan-Gruiten: Europa-Lehrmittel 2016
[CODATA]	(Committee on Data of the International Council for Science): CODATA Internationally recommended 2018 values of the Fundamental Physical Constants, https://physics.nist.gov
[Dietmaier]	*Dietmaier, Ch.; Mändl, M.:* Physik für Wirtschaftsingenieure. Leipzig: Fachbuchverlag 2006
[Einstein]	*Einstein, A.:* Über die spezielle und die allgemeine Relativitätstheorie. Berlin: Springer-Verlag 2012
[Feynman]	*Feynman, R.:* Vorlesungen über Physik (3 Bände). Berlin: de Gruyter 2015
[Giancoli]	*Giancoli, D. C.*: Physik. München: Pearson Studium 2009
[Halliday]	*Halliday, D.; Resnick, R.; Walker, J.*: Physik. Weinheim: Verlag Wiley-VCH 2017
[Hering]	*Hering, E.; Modler, K.-H. (Hrsg.)*: Grundwissen des Ingenieurs. München: Carl Hanser Verlag 2007
[Kohlrausch]	*Kohlrausch, F.; Kose, V.; Wagner, S.*: Praktische Physik. Wiesbaden: Vieweg + Teubner 2012
[Kuchling]	*Kuchling, H.*: Taschenbuch der Physik. München: Carl Hanser Verlag 2014
[Leute]	*Leute, U.:* Physik und ihre Anwendungen in Technik und Umwelt. München: Carl Hanser Verlag 2004
[Lindner]	*Lindner, H.*: Physik für Ingenieure. München: Carl Hanser Verlag 2014
[Lindner et al.]	*Lindner, H.; Brauer, H.; Lehmann, C.*: Taschenbuch der Elektrotechnik und Elektronik. München: Carl Hanser Verlag 2018
[Orear]	*Orear, J.*: Physik. München: Carl Hanser Verlag 1982
[Ose]	*Ose, R.*: Elektrotechnik für Ingenieure. Band 1: Grundlagen. München: Carl Hanser Verlag 2013
[Paus]	*Paus, H. J.*: Physik in Experimenten und Beispielen. München: Carl Hanser Verlag 2007

[Schäfer] *Schäfer, W.; Trippler, G.*: Kompaktkurs Ingenieurmathematik mit Wahrscheinlichkeitsrechnung und Statistik. München: Carl Hanser Verlag 2004

[Schwister] *Schwister, K. (Hrsg.)*: Taschenbuch der Chemie. München: Carl Hanser Verlag 2010

[Tipler] *Tipler, P. A.; Mosca, G.*: Physik für Wissenschaftler und Ingenieure. Berlin/Heidelberg: Springer Spektrum 2014

[Walcher] *Walcher, W.*: Praktikum der Physik. Wiesbaden: Vieweg + Teubner 2006

[Zeitler] *Zeitler, J.; Simon, G.*: Physik für Techniker. München: Carl Hanser Verlag 2016

Weitere Physik-Lehrbücher

Hering, E.; Martin, R.; Stohrer, M.: Physik für Ingenieure. Berlin: Springer Vieweg 2017

Lüders, K.; Pohl, R. O.: Pohls Einführung in die Physik (2 Bände). Berlin: Springer Spektrum 2017

Meschede, D. (Hrsg.): Gerthsen Physik. Berlin: Springer Spektrum 2015 2006

Stroppe, H.: Physik für Studenten der Natur- und Ingenieurwissenschaften. München: Carl Hanser Verlag 2018

Zeitler, J.; Simon, G.: Physik für Techniker. Leipzig: Fachbuchverlag 2012

Physik-Aufgabensammlungen

Heinemann, H.; Krämer, H.; Müller, P.; Zimmer, H.: Physik in Aufgaben und Lösungen. München: Carl Hanser Verlag 2013

Lindner, H.: Physikalische Aufgaben. München: Carl Hanser Verlag 2013

Müller, P.; Heinemann, H.; Krämer, H.; Zimmer, H.: Übungsbuch Physik. München: Carl Hanser Verlag 2013

Stroppe, H., u. a.: Physik – Beispiele und Aufgaben. München: Carl Hanser Verlag 2016

Turtur, C. W.: Prüfungstrainer Physik. Berlin: Springer Spektrum 2013

VERZEICHNIS DER BILDQUELLEN UND BILDAUTOREN

ADAC-Luftrettung GmbH, München (2.28); [Bantel] (2.11); Carl Zeiss AG, Oberkochen (5.29); Deutsches Zentrum für Luft- und Raumfahrt e.V. (DLR), Köln (2.09, 2.23, 2.60); Draka Comteq Germany, Mönchengladbach (6.04); EuroNCAP/ADAC, (2.16); [Halliday] (3.01); Horn, Leipzig (2.55); Leibniz-Institut für Festkörper- und Werkstoffforschung (IFW), Dresden (4.16); LD Didactic GmbH, Hürth (6.10, 6.40); [Lindner] (2.60, 2.62); Marek/Nitsche, Praxis der Wärmeübertragung. Leipzig: Fachbuchverlag, 2007 (3.17); Max-Planck-Institut für Plasmaphysik (IPP), Garching (6.43); Daimler AG Stuttgart (2.63); NASA (2.23, A1.2); [Orear] (5.39); [Paus] (5.38); Physikalisch-technische Bundesanstalt (PTB), Braunschweig/Berlin (1.01, 1.02); Radmacher, Hochschule Niederrhein Krefeld (5.38); Rybach, Hochschule Niederrhein, Krefeld (2.07, 2.08, 2.15, 2.22, 2.42, 3.03, 3.04, 3.06, 3.13, 3.15, 3.32, 4.10, 4.17, 4.24, 4.35, 4.37, 4.43, 5.03, 5.38, 5.46, 5.50, 5.52, 6.21); Siemens-Electrogeräte GmbH, München (4.39); Voith Siemens Hydro Power Generation, Heidenheim (2.17); Wikipedia Commons (6.40); Zimmermann, Technische Mechanik multimedial, 2. Auflage. Leipzig: Fachbuchverlag, 2003 (2.36)

SACHWORTVERZEICHNIS

G

H

N

O

P

T